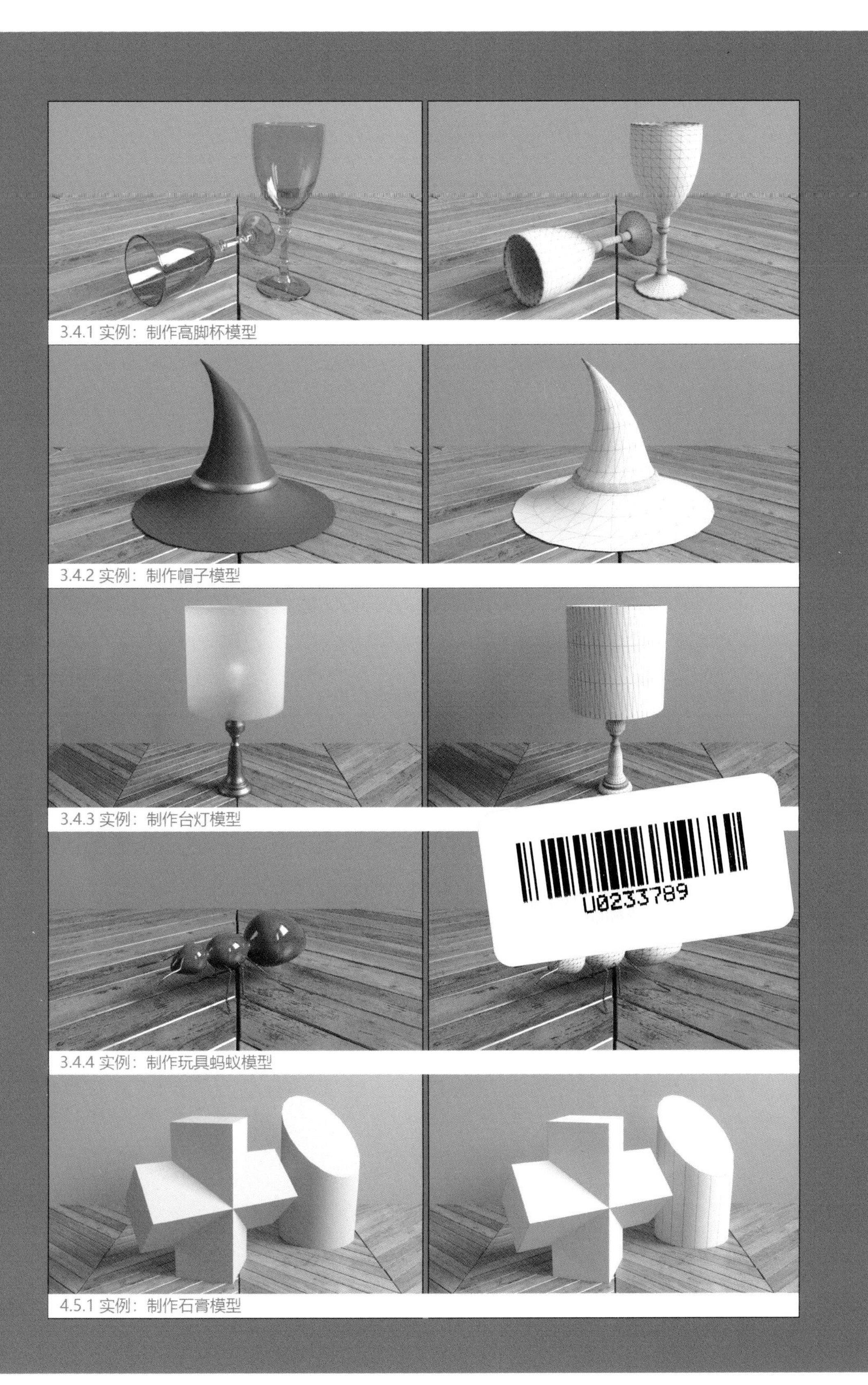
3.4.1 实例：制作高脚杯模型
3.4.2 实例：制作帽子模型
3.4.3 实例：制作台灯模型
3.4.4 实例：制作玩具蚂蚁模型
4.5.1 实例：制作石膏模型

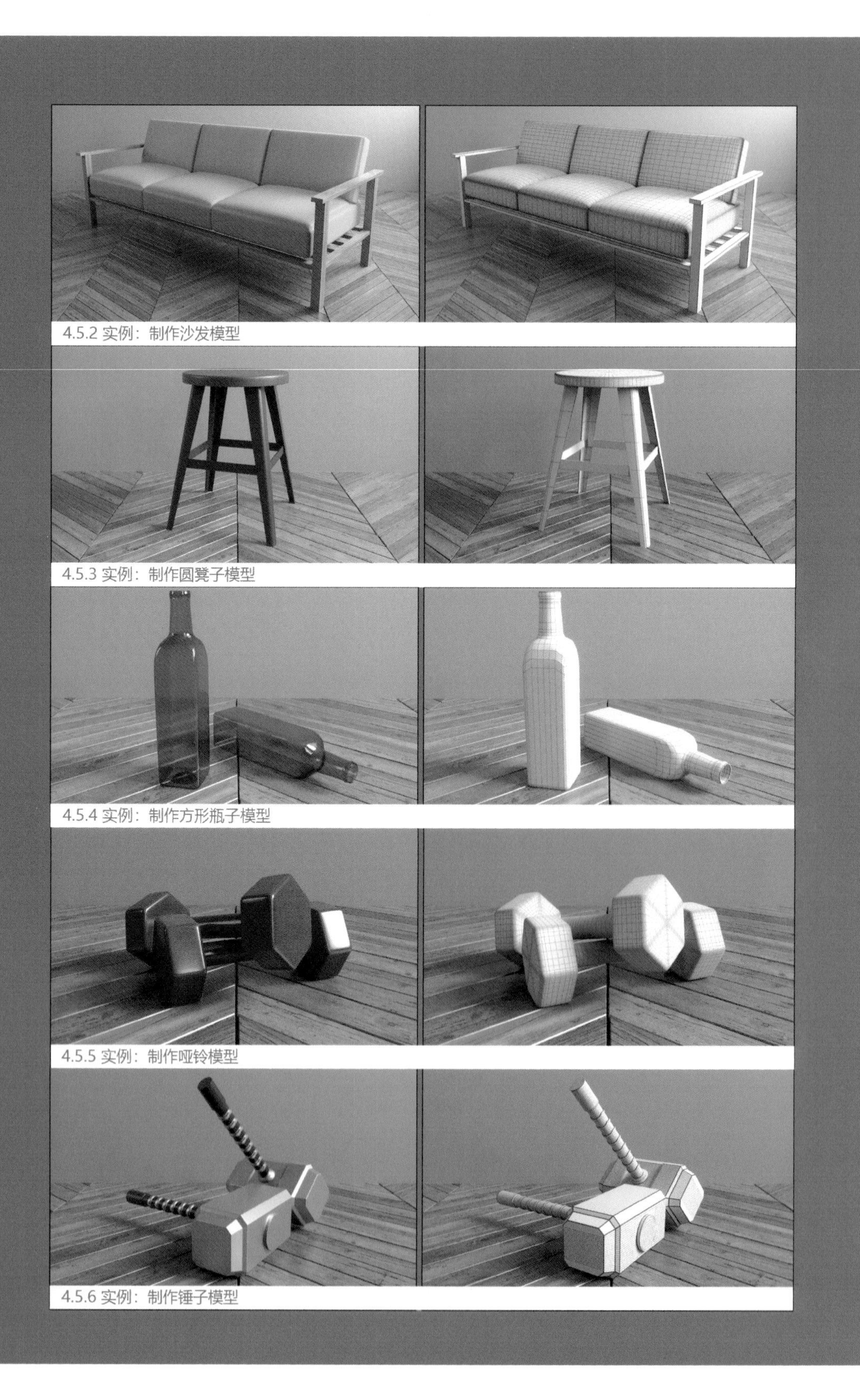

4.5.2 实例：制作沙发模型

4.5.3 实例：制作圆凳子模型

4.5.4 实例：制作方形瓶子模型

4.5.5 实例：制作哑铃模型

4.5.6 实例：制作锤子模型

5.4.1 实例：制作静物灯光照明效果

5.4.2 实例：制作室内天光照明效果

5.4.3 实例：制作室内日光照明效果

5.4.4 实例：制作荧光照明效果

5.4.5 实例：制作射灯照明效果

5.4.6 实例：制作建筑日光照明效果

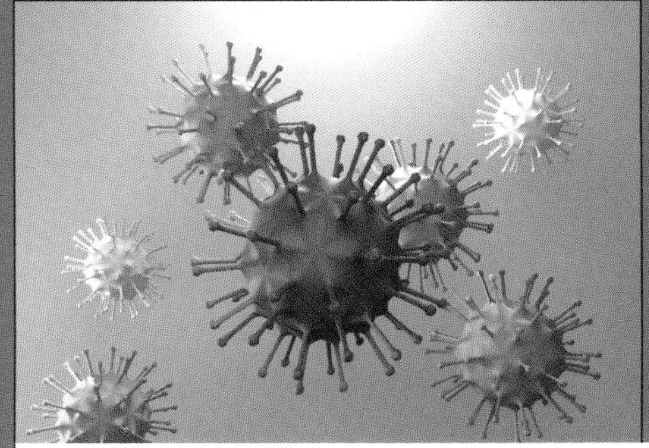
6.4.1 实例：创建摄影机

6.4.2 实例：制作景深特效

7.6.1 实例：制作玻璃材质

7.6.2 实例：制作金属材质

7.6.3 实例：制作陶瓷材质

7.6.4 实例：制作果汁材质

7.6.5 实例：制作镂空材质

7.6.6 实例：制作混合材质

7.6.7 实例：制作摆台材质

7.6.8 实例：制作线框材质

8.5 综合实例：餐桌天光表现

8.4 综合实例：会议室日光表现

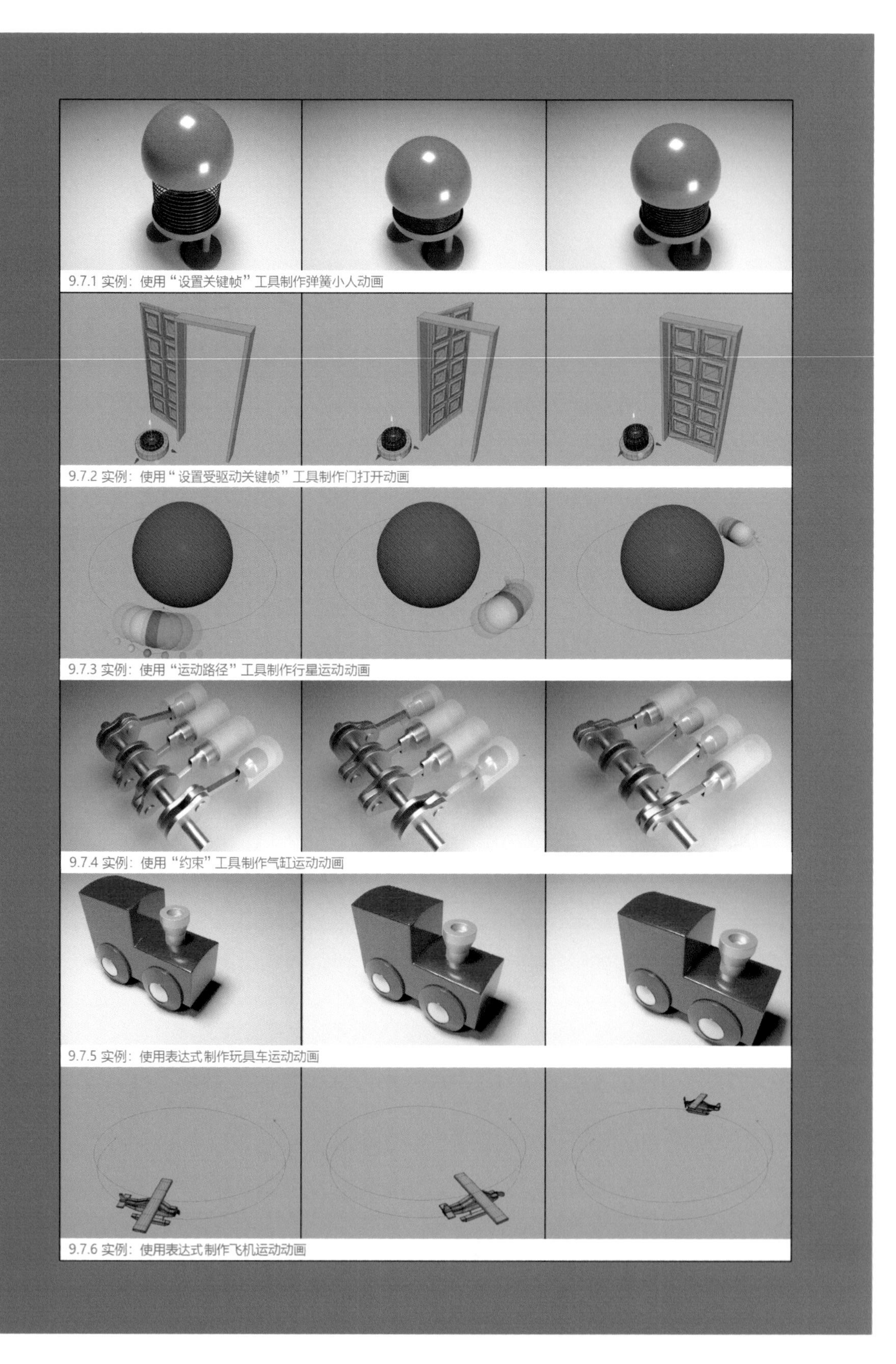

9.7.1 实例：使用“设置关键帧”工具制作弹簧小人动画

9.7.2 实例：使用“设置受驱动关键帧”工具制作门打开动画

9.7.3 实例：使用“运动路径”工具制作行星运动动画

9.7.4 实例：使用“约束”工具制作气缸运动动画

9.7.5 实例：使用表达式制作玩具车运动动画

9.7.6 实例：使用表达式制作飞机运动动画

9.7.7 实例：使用“快速绑定”工具绑定角色

10.5.1 实例：使用3D流体容器制作火焰燃烧动画特效

10.5.2 实例：使用3D流体容器制作烟雾动画特效

10.5.3 实例：使用Bifrost流体制作液体飞溅动画特效

10.5.4 实例：使用“海洋”命令制作海洋场景

10.5.5 实例：使用Boss海洋模拟系统制作海洋场景

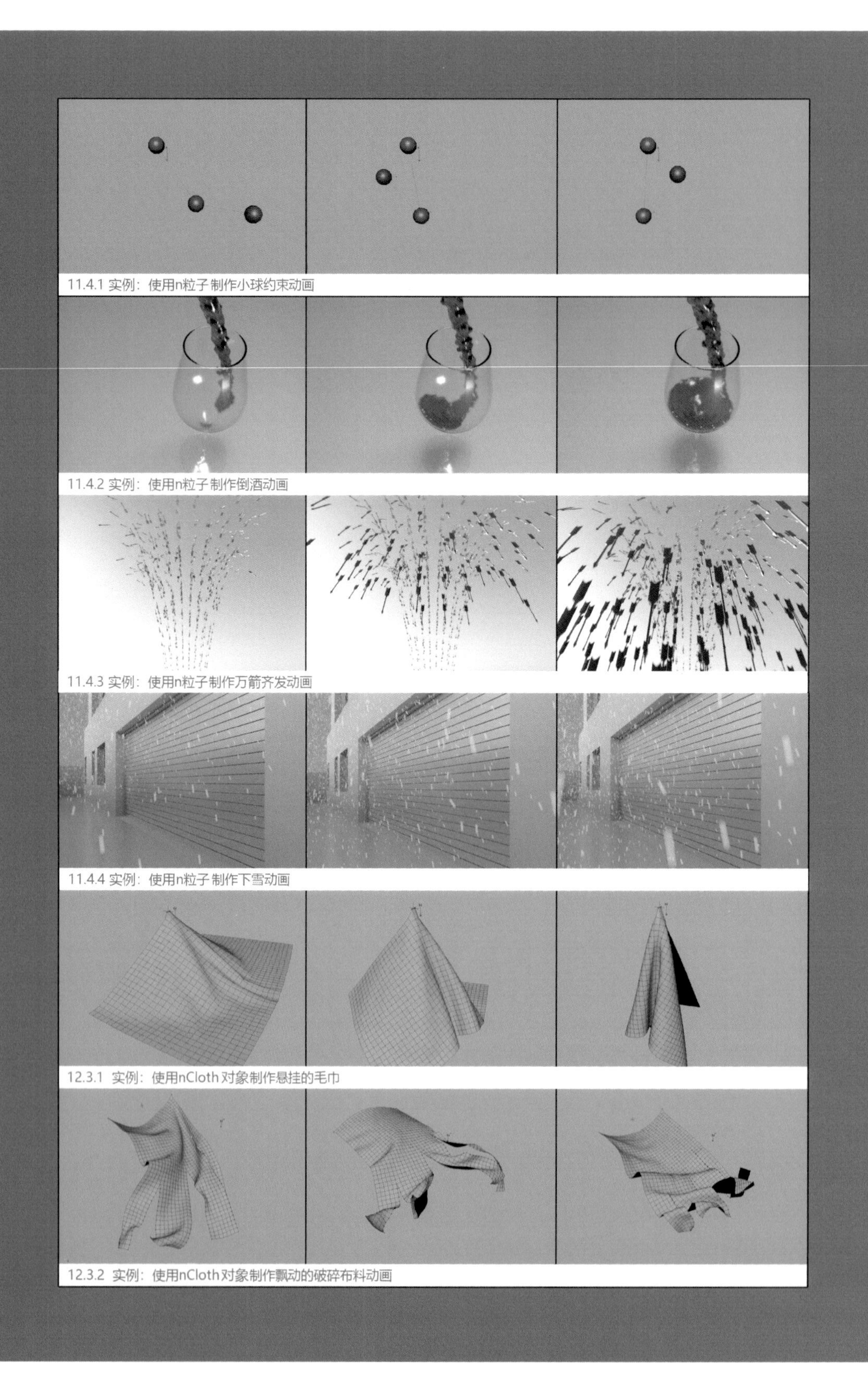

11.4.1 实例：使用n粒子制作小球约束动画

11.4.2 实例：使用n粒子制作倒酒动画

11.4.3 实例：使用n粒子制作万箭齐发动画

11.4.4 实例：使用n粒子制作下雪动画

12.3.1 实例：使用nCloth对象制作悬挂的毛巾

12.3.2 实例：使用nCloth对象制作飘动的破碎布料动画

Maya

Maya 2020 超级学习手册

来阳 编著

人民邮电出版社
北京

图书在版编目（CIP）数据

Maya 2020超级学习手册 / 来阳编著. -- 北京 : 人民邮电出版社, 2021.4（2024.6重印）
ISBN 978-7-115-55465-9

Ⅰ. ①M… Ⅱ. ①来… Ⅲ. ①三维动画软件—手册
Ⅳ. ①TP391.414-62

中国版本图书馆CIP数据核字(2020)第245695号

内 容 提 要

本书基于中文版 Maya 2020 编写，通过大量的操作实例系统地讲解了三维动画的制作技术，是一本面向零基础读者的专业教程。

全书共 12 章，详细讲解了软件的操作界面、模型制作方法、灯光技术、摄影机技术、材质贴图、渲染技术、流体特效、粒子系统等内容。本书结构清晰、内容全面、通俗易懂，第 3～12 章还设计了相应的实例，并阐述了制作原理及操作步骤，以此提升读者的实际操作能力。

本书的配套学习资源内容丰富，包括书中所有案例的工程文件、贴图文件和多媒体教学视频，便于读者自学使用。

本书适合作为高校和培训机构动画专业相关课程的教材，也可以作为广大三维动画爱好者的自学参考书。

◆ 编　　著　来　阳
责任编辑　罗　芬
责任印制　王　郁　彭志环

◆ 人民邮电出版社出版发行　　北京市丰台区成寿寺路 11 号
邮编　100164　　电子邮件　315@ptpress.com.cn
网址　https://www.ptpress.com.cn
北京九州迅驰传媒文化有限公司印刷

◆ 开本：787×1092　1/16　　彩插：4
印张：21.25　　2021 年 4 月第 1 版
字数：667 千字　　2024 年 6 月北京第 8 次印刷

定价：129.90 元

读者服务热线：(010)81055410　印装质量热线：(010)81055316
反盗版热线：(010)81055315
广告经营许可证：京东市监广登字 20170147 号

前言

PREFACE

Maya是欧特克公司旗下著名的三维动画软件，该软件集造型、渲染和动画制作于一身，目前广泛应用于动画、广告、影视特效、多媒体制作、建筑表现、游戏等不同行业的多个领域，深受广大从业人员的喜爱。为了帮助读者更轻松地学习并掌握Maya三维动画制作的相关知识和技能，我们编写了本书。

内容特点

本书基于中文版Maya 2020编写，整合了编者多年来积累的专业知识、设计经验和教学经验，从零基础读者的角度详细、系统地讲解了三维动画制作的必备知识，并对困扰初学者的重点和难点问题进行了深入解析，力求帮助读者轻松学习Maya三维动画制作，并将所学知识和技能灵活应用于实际的工作中。

适用对象

本书内容详尽、图文并茂、案例丰富、讲解细致、深入浅出，非常适合想要学习Maya三维动画制作的读者自学使用，也可作为各类院校相关专业学生的教材及参考书。

学习方法

中文版Maya 2020相较于之前的版本更加成熟、稳定，尤其是涉及Arnold渲染器的部分，更是充分考虑到用户的工作习惯，进行了大量的修改、完善。本书通过12章分别对软件的基础操作、中级技术及高级技术进行了深入讲解，完全适合零基础的读者自学。而有一定基础的读者可以根据自己的情况直接阅读自己感兴趣的章节。

为了帮助零基础读者快速上手，全书案例均录制了配套的高质量教学视频，读者可扫描下方的二维码，下载全书教学视频后离线观看。

资源下载方法

本书的配套资源包括书中所有案例的工程文件、贴图文件和多媒体教学视频。扫描下方二维码，关注微信公众号“数艺社”，并回复51页左下角5位数字，即可自动获得资源下载链接。

数艺社

致谢

写作是一件快乐的事情，在本书的出版过程中，人民邮电出版社的编辑罗芬老师做了很多工作，在此表示诚挚的感谢。由于技术能力有限，书中难免存在不足之处，读者朋友们如果在阅读本书的过程中遇到问题，或者有任何意见和建议，可以发送电子邮件至luofen@ptpress.com.cn，敬请广大读者朋友们海涵雅正。

2020年12月15日

来　阳

第 1 章

初识 Maya 2020

第 2 章

Maya 2020 基本操作

第 3 章

曲面建模

第4章 多边形建模

第5章 灯光技术

第6章

摄影机技术

第7章

材质与纹理

目录

第 8 章

渲染与输出

第 9 章

动画技术

第10章

流体动画技术

第11章

粒子动画技术

第章

布料动画技术

初识 Maya 2020

1.1 Maya 2020概述

自从1982年AutoCAD面世以来，欧特克（Autodesk）公司就不断在为全球的建筑设计、数字动画、虚拟现实及影视特效等行业提供先进的软件技术，并帮助各行各业的设计师们设计制作了大量优秀的数字可视化作品。现在，欧特克公司已经发展为一家生产多样化数字产品的软件公司，其推出的Maya系列软件在三维动画、数字建模和虚拟仿真等方面表现突出，获得了广大设计师及制作公司的高度认可，并帮助他们荣获了业内认可的多项大奖。

目前，欧特克公司出品的Maya最新版本为Maya 2020，本书即以该版本为例进行案例讲解，力求由浅入深地详细剖析Maya 2020的基础操作及中高级技术，以使读者制作出高品质的静帧及动画作品。图1-1所示为Maya 2020的启动界面。

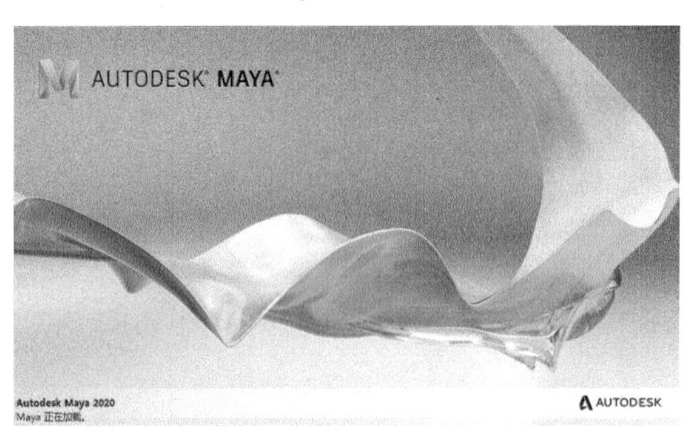

图1-1

1.2 Maya 2020的应用范围

Maya 2020为用户提供了多种不同类型的建模方式，配合功能强大的Arnold渲染器，可以帮助从事影视制作、游戏美工、产品设计、建筑表现、数字媒体等工作的设计师顺利完成项目的制作。下面通过举例来简单说明一下该软件的主要应用领域。

1.2.1 影视制作

自从工业光魔公司在1975年参与第一部《星球大战》的特效制作以来，特效技术又重新得到电影行业的认可。时至今日，工业光魔公司已然成为可以代表当今世界顶尖水准的一流电影特效制作公司，其特效作品《钢铁侠》《变形金刚》《加勒比海盗》等均给予观众无比震撼的视觉效果体验。图1-2和图1-3所示为使用三维软件制作完成的静帧图像。

图1-2

图1-3

1.2.2 游戏美工

随着移动设备的大量使用，游戏不再像以往那样只能在台式电脑上才可以安装运行。越来越多的游戏公司开始考虑将自己的电脑游戏产品移植到手机或平板电脑上，以使玩家可以随时随地进行游戏。而好的游戏不仅需要动人的剧情、有趣的关卡设计，还需要华丽的美术视觉效果。图1-4和图1-5所示为使用三维软件制作完成的游戏画面。

图1-4

图1-5

1.2.3 产品设计

在进行工业产品设计时，由于3D打印机的出现，三维软件制图已经成为工业产品设计流程中的重要一环。设计师可以通过打印出来的产品来对比各个设计数据，并且以非常真实的图像质感来表现自己的设计产品。图1-6和图1-7所示为使用三维软件制作完成的工业产品表现效果图。

图1-6

图1-7

1.2.4 建筑表现

提起建筑表现，许多人认为只有使用3ds Max才可以完成。其实Maya既然可以轻松胜任电影场景的制作，那么当然也适用于建筑及室内空间这一领域。图1-8和图1-9所示为使用Maya制作完成的三维图像作品。

图1-8

图1-9

1.2.5 数字媒体

随着数字媒体艺术、环境艺术、动画等专业的开设，三维软件图像技术已然成了这些专业的必修课，这些专业培养出了大批数字艺术创作人才。数字艺术创作出来的图形图像产品也慢慢得到了传统艺术家们的认可，使得数字艺术在美术创作比赛中占有一席之地。图1-10和图1-11所示为国内外优秀数字艺术家使用三维软件创作的静帧图像。

图1-10

图1-11

1.3 Maya 2020的安装要求

本书采用的软件版本为Maya 2020，这一版本软件的安装要求如下。

（1）在操作系统上，Maya 2020目前可以安装在微软64位的Windows 7（SP1）、Windows 10 Professional，以及更高版本的操作系统中。同时，该软件还有苹果操作系统及Linux操作系统的对应版本。

（2）欧特克公司建议用户安装并使用微软的IE浏览器、苹果的Safari浏览器、谷歌的Chrome浏览器或者Mozilla的火狐浏览器来访问联机补充内容。

（3）在计算机硬件上，需要使用支持SSE4.2指令集的64位Intel或AMD多核处理器，最低要求8GB内存，建议使用16GB或更大内存。

1.4 Maya 2020的工作界面

Maya 2020安装完成后，可以双击桌面上的软件图标来启动软件，如图1-12所示。或者在“开始”菜单中执行“Autodesk Maya 2020> Maya 2020”命令来启动软件，如图1-13所示。

图1-12

图1-13

学习使用Maya 2020时，我们首先应该熟悉软件的操作界面与布局。图1-14所示为Maya 2020打开之后的界面截图。

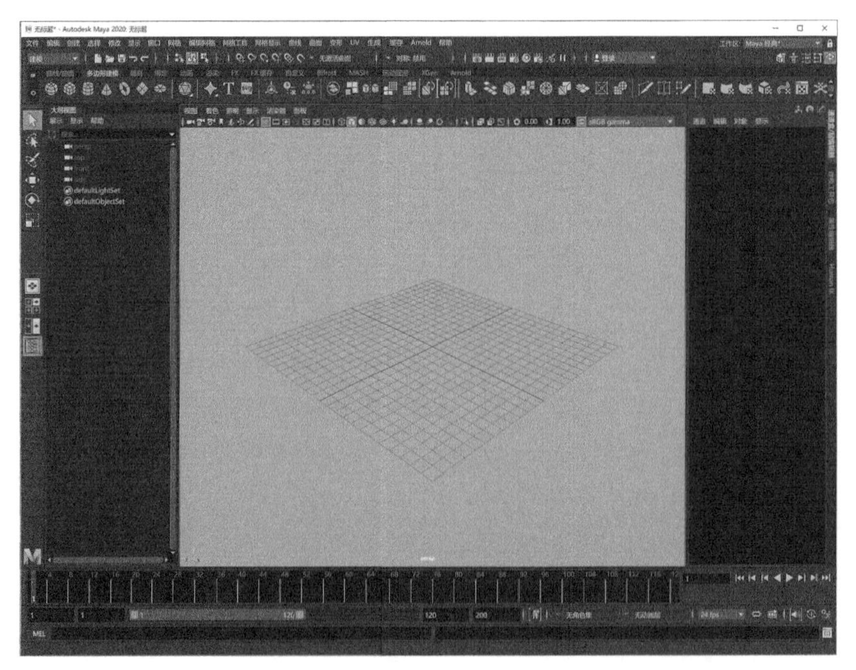

图1-14

1.4.1 菜单集

Maya 与其他软件的一个不同之处就在于 Maya 拥有多个不同的菜单栏。用户可以设置“菜单集”的类型，Maya 会显示出对应的菜单命令来方便用户的工作，如图 1-15 所示。

无标题* - Autodesk Maya 2020: 无标题
文件 编辑 创建 选择 修改 显示 窗口
建模
建模
绑定
动画
FX
渲染
自定义...
多边形建模
雕刻
绑定
帮助
persp

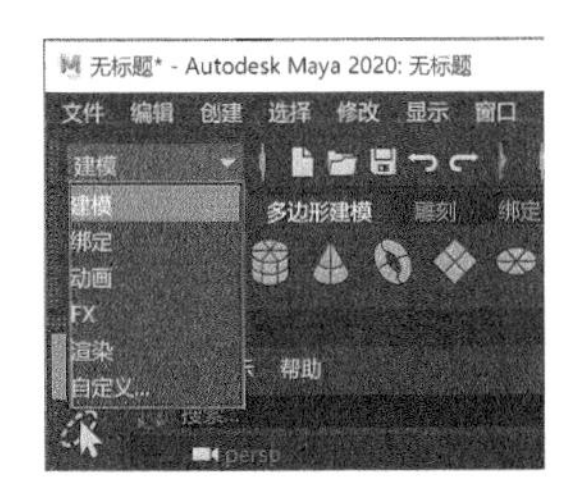

图1-15

当“菜单集”为“建模”选项时，菜单栏如图 1-16 所示。

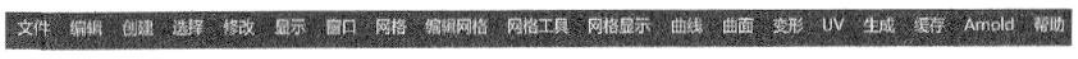

文件 编辑 创建 选择 修改 显示 窗口 网格 编辑网格 网格工具 网格显示 曲线 曲面 变形 UV 生成 缓存 Arnold 帮助

图1-16

当“菜单集”为“绑定”选项时，菜单栏如图 1-17 所示。

当“菜单集”为“动画”选项时，菜单栏如图 1-18 所示。

文件 编辑 创建 选择 修改 显示 窗口 骨架 蒙皮 变形 约束 控制 缓存 Arnold 帮助

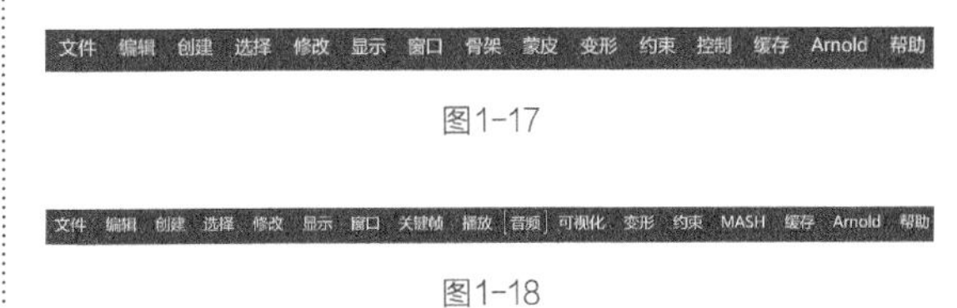

图1-17

文件 编辑 创建 选择 修改 显示 窗口 关键帧 播放 音频 可视化 变形 约束 MASH 缓存 Arnold 帮助

图1-18

当“菜单集”为“FX”选项时，菜单栏如图 1-19 所示。

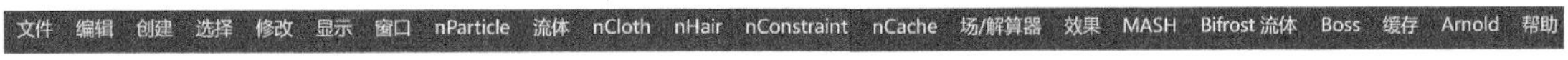

文件 编辑 创建 选择 修改 显示 窗口 nParticle 流体 nCloth nHair nConstraint nCache 场/解算器 效果 MASH Bifrost 流体 Boss 缓存 Arnold 帮助

图1-19

当“菜单集”为“渲染”选项时，菜单栏如图 1-20 所示。

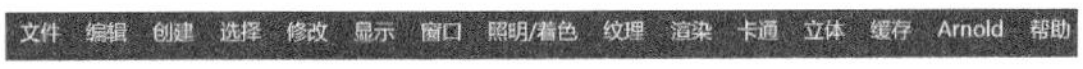

文件 编辑 创建 选择 修改 显示 窗口 照明/着色 纹理 渲染 卡通 立体 缓存 Arnold 帮助

图1-20

技巧与提示 仔细观察一下，不难发现这些菜单栏并非所有菜单命令都不一样，这些菜单栏的前 7 组菜单命令和后 3 组菜单命令是完全一样的。

用户在制作项目时，还可以单击菜单栏上方的双排虚线，将某一个菜单栏单独提取出来，如图 1-21 所示。

无标题* - Autodesk Maya 2020: 无标题
文件 编辑 创建 选择 修改 显示 窗口 照明/着色 纹理 渲染 卡通 立体 缓存 Arnold 帮助
工作区: Maya 经典
窗口
工作区
编辑器
常规编辑器
建模编辑器
动画编辑器
渲染编辑器
关系编辑器
UI 元素
设置/首选项
Bifrost Browser
大纲视图
节点编辑器
Bifrost Graph Editor
播放预览
最小化应用程序
提升主窗口
提升应用程序窗口
defaultLightSet
defaultObjectSet
persp
MEL

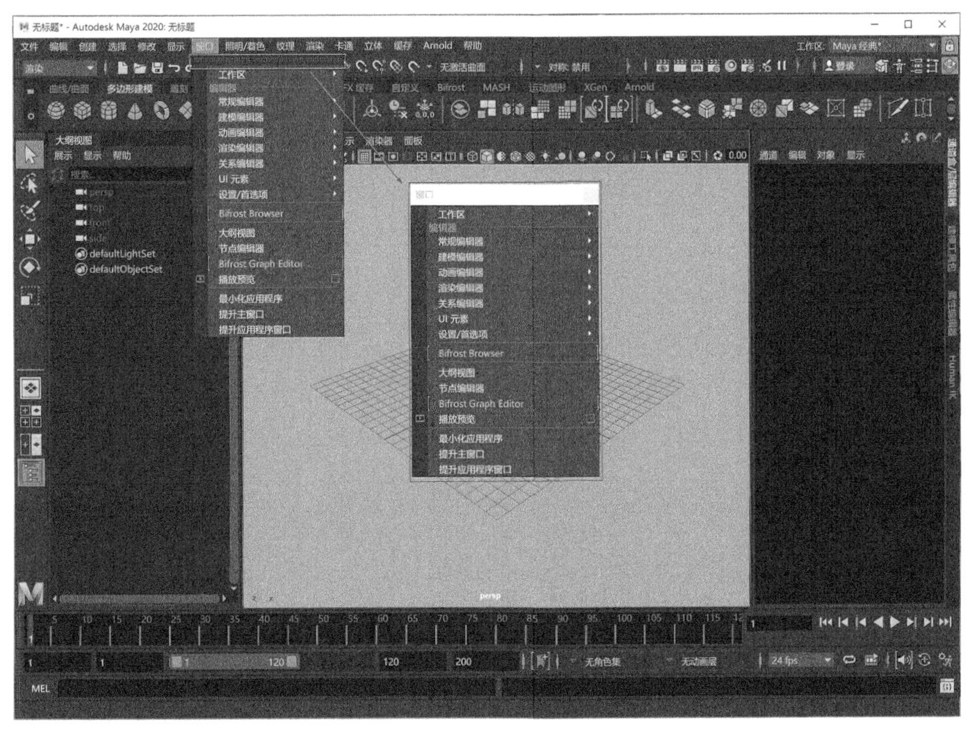

图1-21

1.4.2 “状态行”工具栏

“状态行”工具栏位于菜单栏下方，包含许多常用的工具图标，这些图标被多个垂直分隔线所隔开，用户可以单击垂直分隔线来展开和收拢图标组，如图1-22所示。

图1-22

常用工具解析

新建场景：清除当前场景并创建新的场景。

打开场景：打开保存的场景。

保存场景：使用当前名称保存场景。

撤销：撤销上次的操作。

重做：重做上次撤销的操作。

按层次和组合选择：更改选择模式以通过使用选择遮罩来选择节点层次为顶层级的项目或某一其他组合。

按对象类型选择：更改选择模式以选择对象。

按组件类型选择：更改选择模式以选择对象的组件。

捕捉到栅格：将选定项移动到最近的栅格相交点上。

捕捉到曲线：将选定项移动到最近的曲线上。

捕捉到点：将选定项移动到最近的控制顶点或枢轴点上。

捕捉到投影中心：捕捉到选定对象的中心。

捕捉到视图平面：将选定项移动到最近的视图平面上。

激活选定对象：将选定的曲面转化为激活的曲面。

选定对象的输入：控制选定对象的上游节点连接。

选定对象的输出：控制选定对象的下游节点连接。

构建历史：针对场景中的所有项目启用或禁止构建历史。

打开渲染视图：单击此按钮可打开“渲染视图”面板。

渲染当前帧：渲染“渲染视图”窗口中的场景。

IPR渲染当前帧：使用交互式真实照片级渲染器渲染场景。

显示渲染设置：单击此按钮可打开“渲染设置”面板。

显示Hypershade窗口：单击此按钮可打开“Hypershade”窗口。

启动“渲染设定”编辑器：单击此按钮可打开“渲染设置”面板。

打开“灯光编辑器”面板：单击此按钮可打开“灯光编辑器”面板。

暂停Viewport2显示更新：单击此按钮将暂停Viewport2显示更新。

1.4.3 工具架

Maya的工具架根据命令的类型及作用分为多个标签来进行显示。其中，每个标签里都包含了对应的常用命令图标，直接单击不同工具架上的标签名称即可快速切换至所选择的工具架。下面我们一起来了解一下这些不同的工具架。

1. “曲线/曲面”工具架

“曲线/曲面”工具架主要由可以创建曲线、修改曲线、创建曲面及修改曲面的相关命令图标所组成，如图1-23所示。

图1-23

2. “多边形建模”工具架

“多边形建模”工具架主要由可以创建多边形、修改多边形及设置多边形贴图坐标的相关命令图标所组成，如图1-24所示。

图1-24

3. “雕刻”工具架

“雕刻”工具架主要由对模型进行雕刻和建模的相关命令图标所组成，如图1-25所示。

图1-25

4. “绑定”工具架

“绑定”工具架主要由对角色进行骨骼绑定以及设置约束动画的相关命令图标所组成，如图1-26所示。

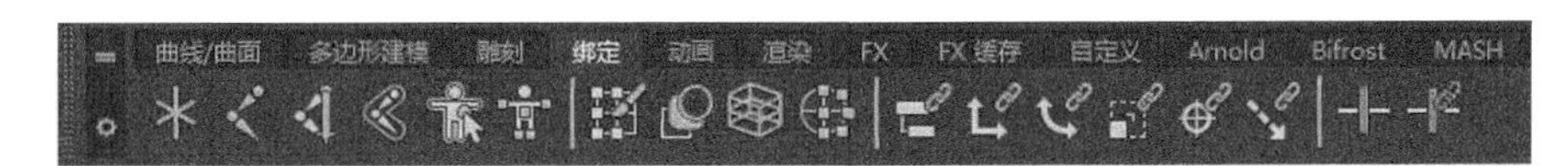

图1-26

5. “动画”工具架

“动画”工具架主要由制作动画以及设置动画约束条件的相关命令图标所组成，如图1-27所示。

图1-27

6. “渲染”工具架

“渲染”工具架主要由灯光、材质及渲染的相关命令图标所组成，如图1-28所示。

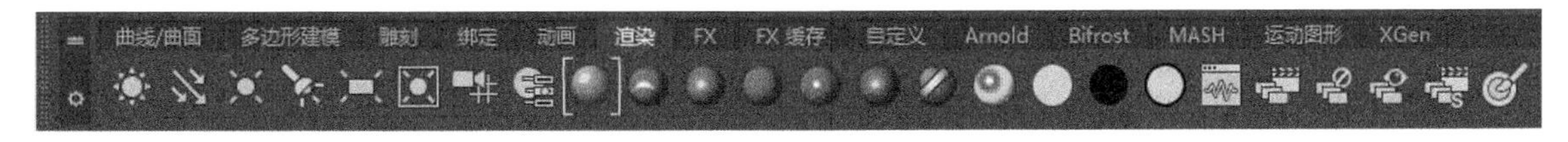

图1-28

7. “FX”工具架

“FX”工具架主要由粒子、流体及布料动力学的相关命令图标所组成，如图1-29所示。

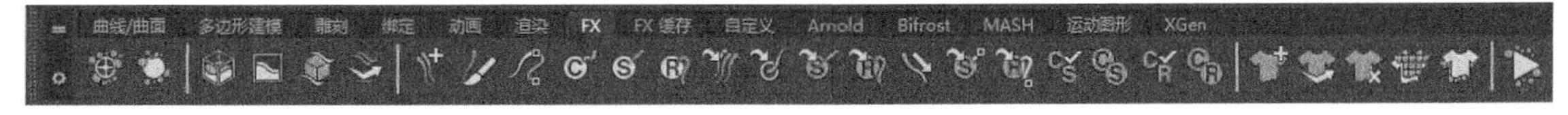

图1-29

8. “FX缓存”工具架

“FX 缓存”工具架主要由设置动力学缓存动画的相关命令图标所组成，如图1-30所示。

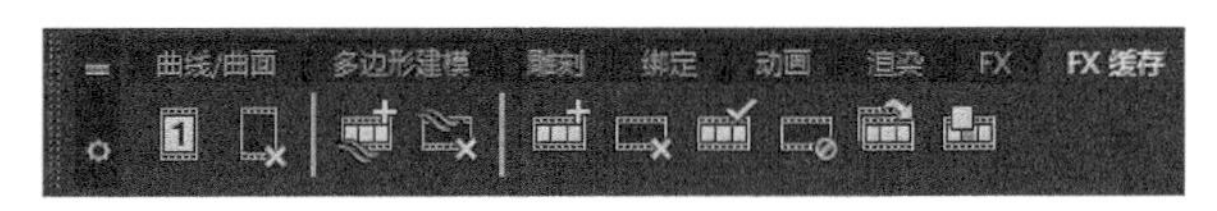

图1-30

9. “Arnold”工具架

“Arnold”工具架主要由设置真实的灯光及天空环境的相关命令图标所组成，如图 1-31 所示。

图1-31

10. “Bifrost”工具架

“Bifrost”工具架主要由设置流体动力学的相关命令图标所组成，如图 1-32 所示。

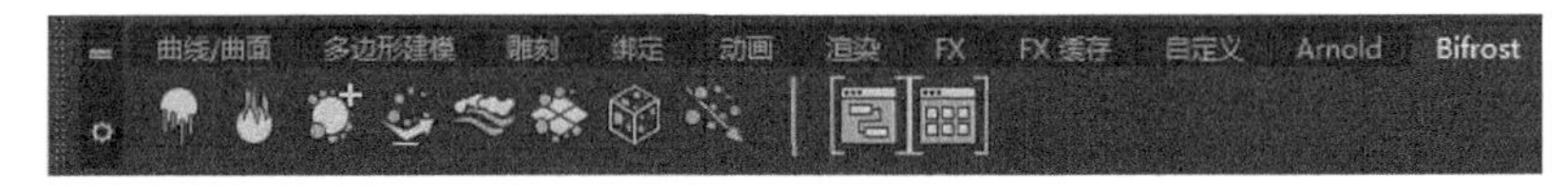

图1-32

11. “MASH”工具架

“MASH”工具架主要由创建 MASH 网格的相关命令图标所组成，如图 1-33 所示。

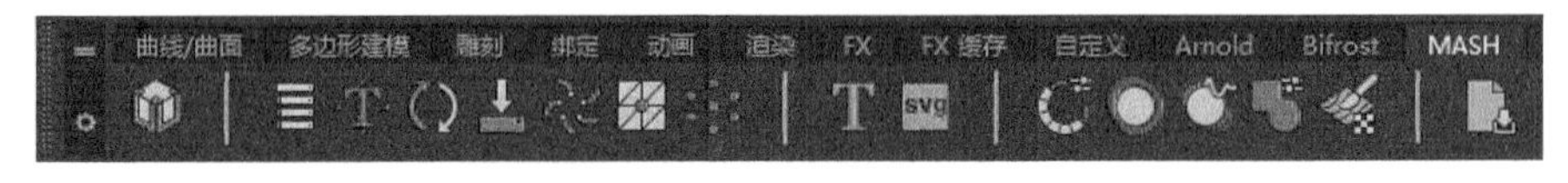

图1-33

12. “运动图形”工具架

“运动图形”工具架主要由创建几何体、曲线、灯光、粒子的相关命令图标所组成，如图 1-34 所示。

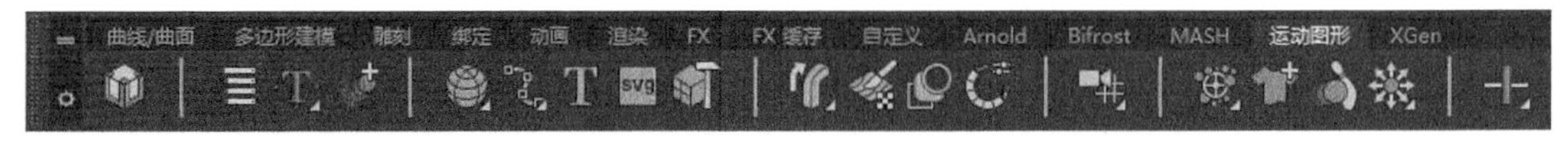

图1-34

13. “XGen”工具架

“XGen”工具架主要由设置毛发的相关命令图标所组成，如图 1-35 所示。

图1-35

1.4.4 工具箱

工具箱位于 Maya 界面的左侧，主要为用户提供进行操作的常用工具，如图 1-36 所示。

图1-36

常用工具解析

“选择”工具：选择场景和编辑器中的对象及组件。

“套索”工具：以绘制套索的方式来选择对象。

“绘制选择”工具：以用笔刷绘制的方式来选择对象。

“移动”工具：通过拖曳变换操纵器移动场景中所选择的对象。

“旋转”工具：通过拖曳变换操纵器旋转场景中所选择的对象。

“缩放”工具：通过拖曳变换操纵器缩放场景中所选择的对象。

1.4.5 “视图”面板

“视图”面板是一个便于用户查看场景中的模型对象的区域，面板中既可以显示一个视图，也可以显示多个视图。Maya 打开后，操作视图默认显示为“透视视图”，如图 1-37 所示。用户还可以执行“视图”面板菜单栏中的“面板”命令，在子菜单中有多种视图模式，用户可以根据自己的工作习惯在软件操作中随时进行切换视图操作，如图 1-38 所示。

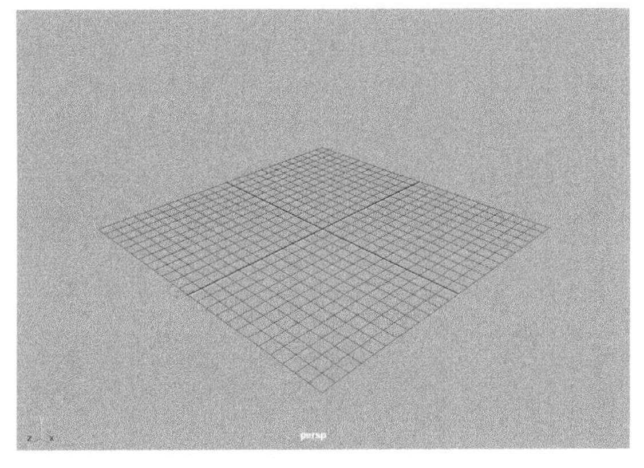

图1-37

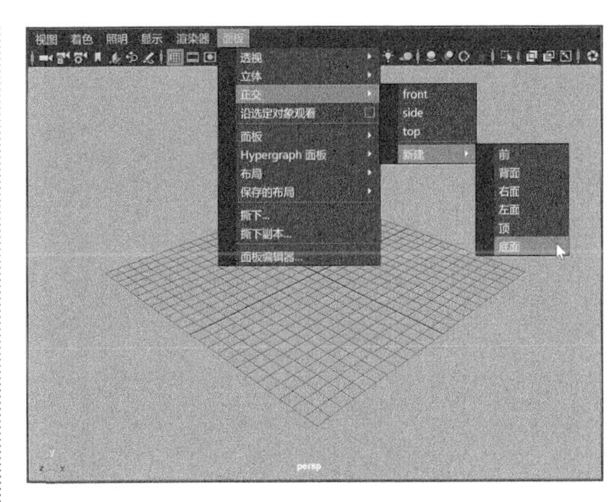

图1-38

技巧与提示 用户可以按空格键让Maya在一个视图与4个视图之间进行切换，如图1-39和图1-40所示。

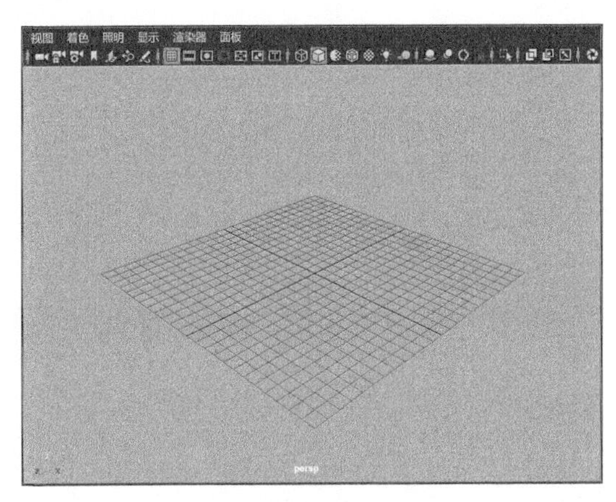

图1-39

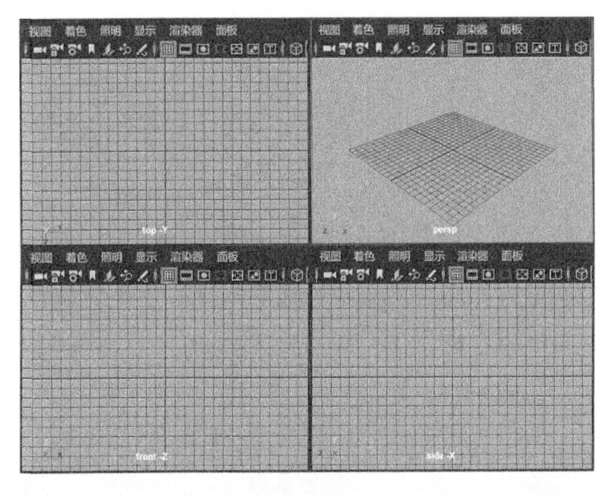

图1-40

Maya“视图”面板上方有一条工具栏，这就是“视图面板”工具栏，如图1-41所示。下面将详细介绍“视图面板”工具栏中较为常用的工具。

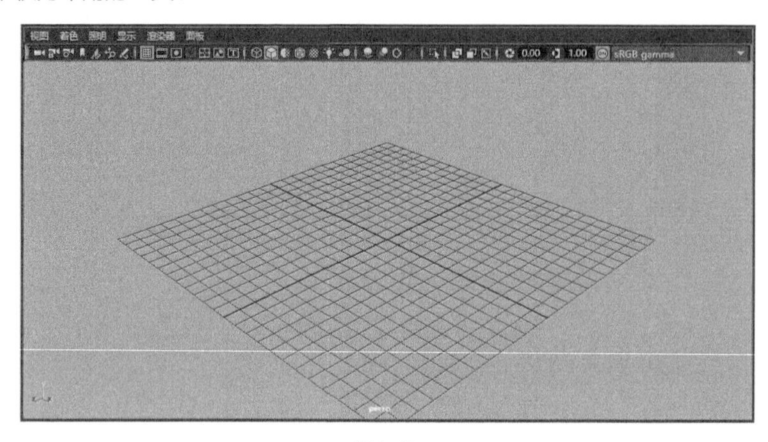

图1-41

常用工具解析

选择摄影机：在面板中选择当前摄影机。

锁定摄影机：锁定摄影机，避免意外更改摄影机位置进而更改动画。

摄影机属性：打开“摄影机属性编辑器”面板。

书签：将当前视图设定为书签。

图像平面：切换现有图像平面的显示。如果场景中不包含图像平面，则会提示用户导入图像。

二维平移/缩放：开启和关闭二维平移/缩放。

油性铅笔：单击该按钮可以打开“油性铅笔”工具栏，如图1-42所示。它允许用户使用虚拟绘制工具在屏幕上绘制图案，如图1-43所示。

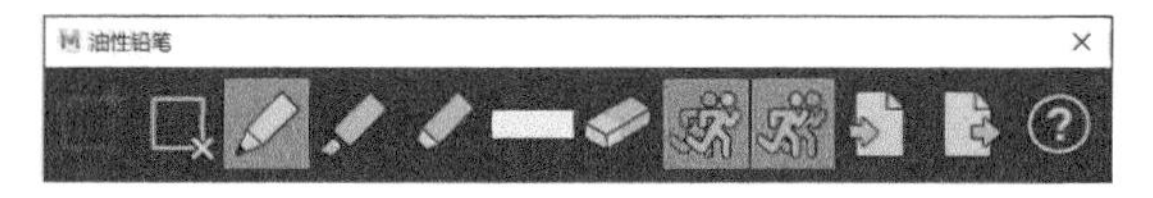

图1-42

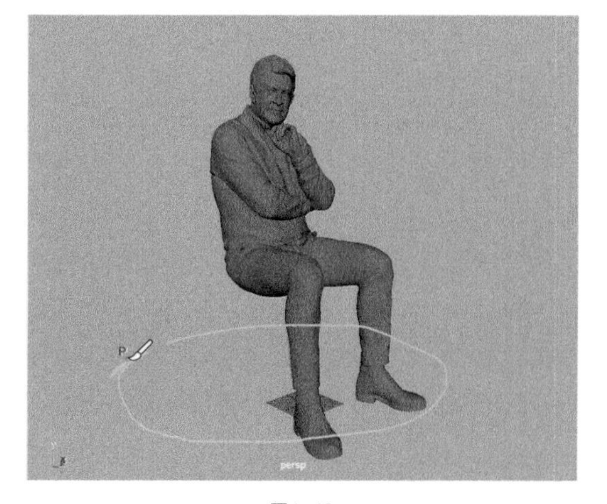

图1-43

栅格：在“视图”面板上显示栅格。图1-44所示为在视图中显示栅格前后的效果对比。

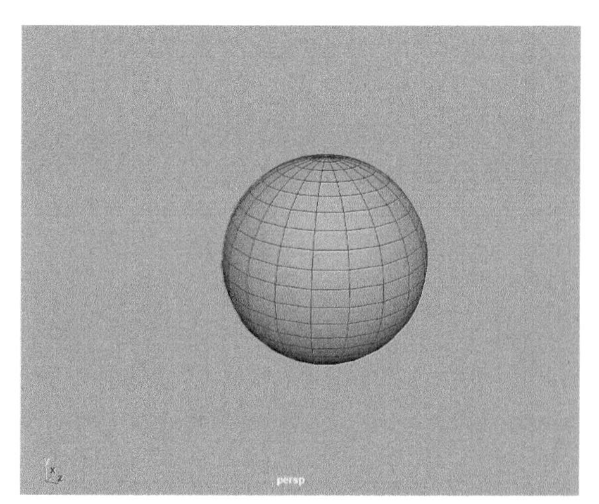

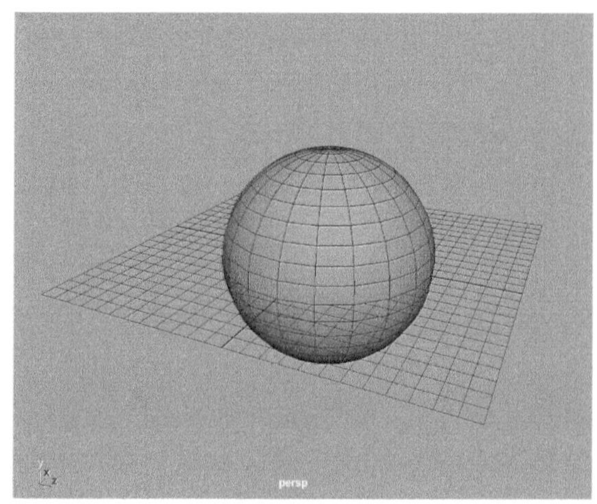

图1-44

胶片门：切换胶片门边界的显示。

分辨率门：切换分辨率门边界的显示。图1-45所示为单击该按钮前后在视图中显示的结果对比。

图1-45

门遮罩：切换门遮罩边界的显示。

区域图：切换区域图边界的显示。

安全动作：切换安全动作边界的显示。

安全标题：切换安全标题边界的显示。

线框：单击该按钮后，视图中的模型将呈线框显示效果，如图1-46所示。

对所有项目进行平滑着色处理：单击该按钮后，视图中的模型将进行平滑着色处理并显示效果，如图1-47所示。

使用默认材质：切换“使用默认材质”的显示。

着色对象上的线框：切换所有着色对象上的线框显示。

图1-46

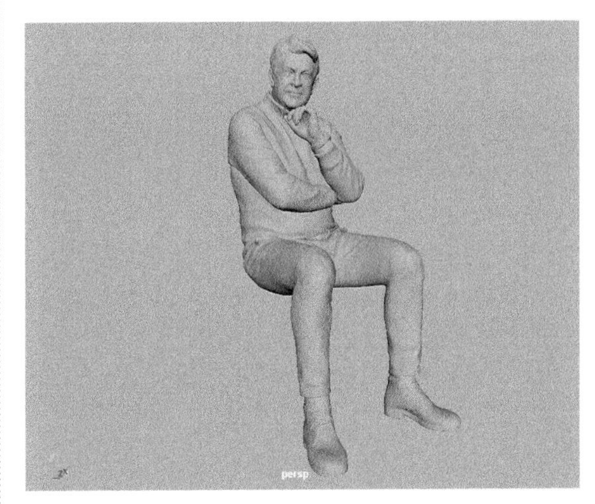

图1-47

带纹理：切换“硬件纹理”的显示。图1-48所示为单击该按钮后，模型上所显示出的贴图纹理效果。

图1-48

使用所有灯光：通过场景中的所有灯光切换曲面的照明。

阴影：切换“使用所有灯光”处于启用状态时的硬件阴影贴图。

屏幕空间环境光遮挡：在开启和关闭“屏幕空间环境光遮挡”之间进行切换。

运动模糊：在开启和关闭“运动模糊”之间进行切换。

多采样抗锯齿：在开启和关闭“多采样抗锯齿”之间进行切换。

景深：在开启和关闭“景深”之间进行切换。

隔离选择：限制“视图”面板以仅显示选定对象。

X 射线显示：单击该按钮后，视图中的模型将呈半透明显示效果，如图 1-49 所示。

图1-49

X 射线显示活动组件：在其他着色对象的顶部切换活动组件的显示。

X 射线显示关节：在其他着色对象的顶部切换骨架关节的显示。

曝光：调整显示亮度，减少曝光可查看默认在高光下看不见的细节。单击该按钮在默认值和修改值之间进行切换。

Gamma：调整要显示的图像的对比度和中间调亮度，增大 Gamma 值可查看图像阴影部分的细节。

视图变换：控制从用于显示的工作颜色空间转化颜色的视图变换。

1.4.6 工作区选择器

“工作区”可以理解为多种窗口、面板以及其他界面选项根据不同的工作需要而形成的一种排列方式。Maya 允许用户根据自己的喜好随意更改当前工作区，如打开、关闭和移动窗口、面板和其他 UI 元素，以及停靠和取消停靠窗口和面板，这就创建了属于自己的自定义工作区。此外，Maya 还为用户提供了多种工作区的显示模式，这些不同的工作区可以使用户非常方便地进行不同种类的工作，如图 1-50 所示。

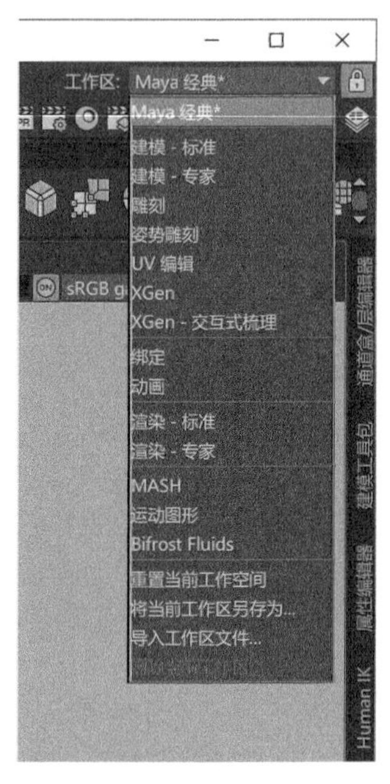

图1-50

1. “Maya经典”工作区

Maya 打开的默认工作区即为“Maya 经典”工作区，如图 1-51 所示。

2. “建模－标准”工作区

当切换至“建模－标准”工作区后，Maya 界面上的“时间滑块”及“动画播放控件”等部分将隐藏起来，这样会使得 Maya 的视图工作区显示得更大一些，方便了建模的操作过程，如图 1-52 所示。

3. “建模－专家”工作区

当切换至“建模－专家”工作区后，Maya 几乎隐藏了绝大部分的工具图标，这一工作区仅适合对 Maya相当熟悉的高级用户进行建模操作，如图1-53 所示。

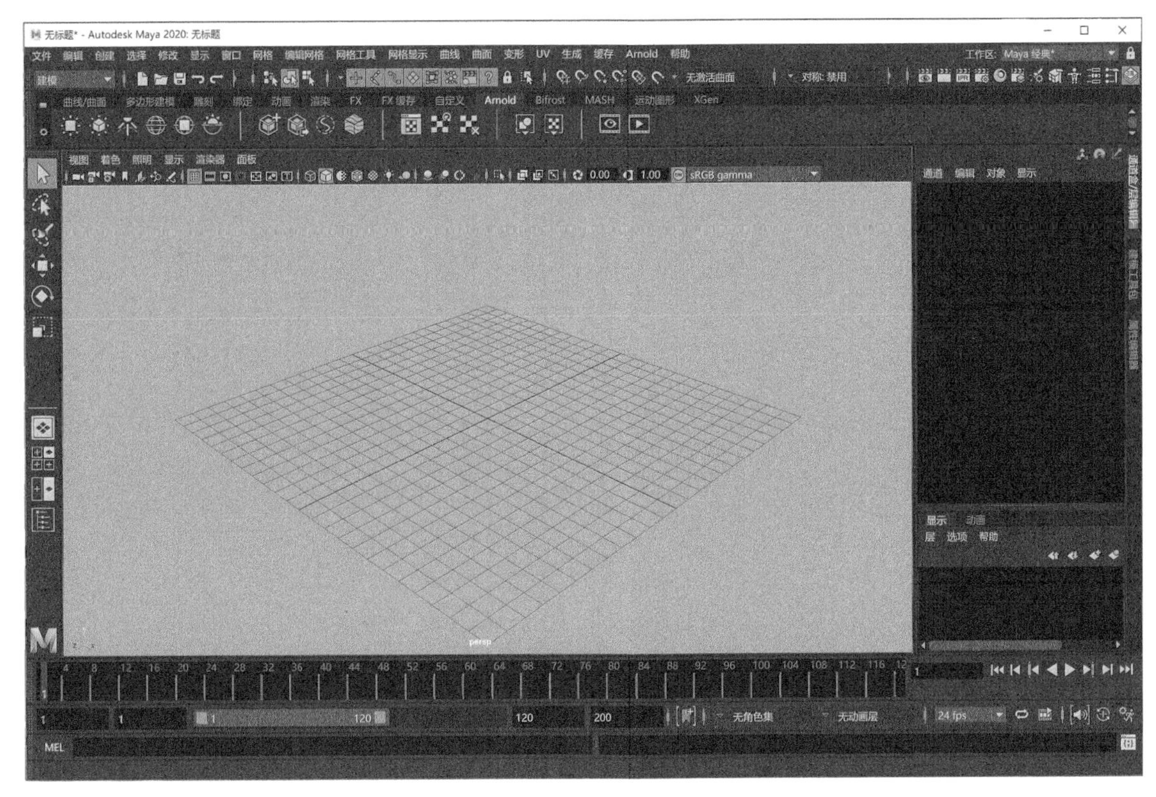
无标题* - Autodesk Maya 2020: 无标题
文件 编辑 创建 选择 修改 显示 窗口 网格 编辑网格 网格工具 网格显示 曲线 曲面 变形 UV 生成 缓存 Arnold 帮助
工作区: Maya 经典*
无激活曲面
对称: 禁用
曲线/曲面 多边形建模 雕刻 绑定 动画 渲染 FX FX 缓存 自定义 Arnold Bifrost MASH 运动图形 XGen
视图 着色 照明 显示 渲染器 面板
0.00 1.00 sRGB gamma
通道 编辑 对象 显示
显示 动画
层 选项 帮助
persp
无角色集 无动画层 24 fps
MEL

图1-51

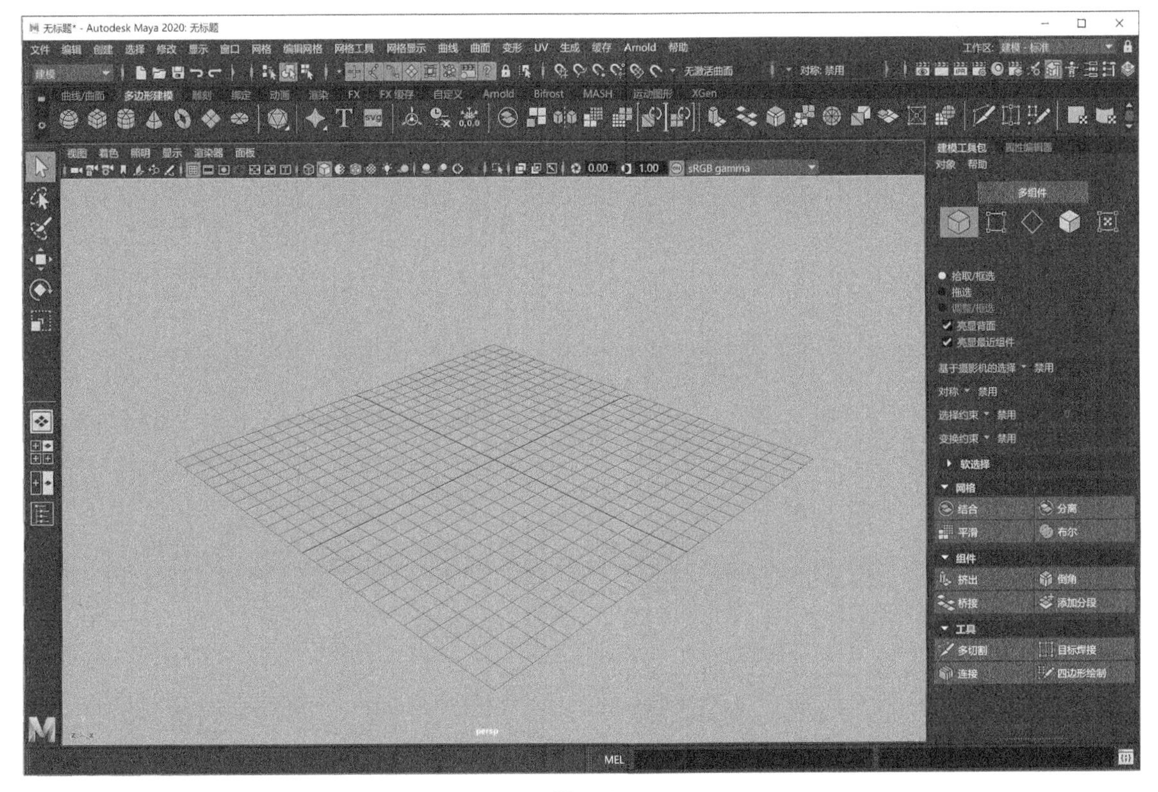
无标题* - Autodesk Maya 2020: 无标题
文件 编辑 创建 选择 修改 显示 窗口 网格 编辑网格 网格工具 网格显示 曲线 曲面 变形 UV 生成 缓存 Arnold 帮助
工作区: 建模 - 标准
无激活曲面
对称: 禁用
曲线/曲面 多边形建模 雕刻 绑定 动画 渲染 FX FX 缓存 自定义 Arnold Bifrost MASH 运动图形 XGen
视图 着色 照明 显示 渲染器 面板
0.00 1.00 sRGB gamma
建模工具包 属性编辑器
对象 帮助
多组件
拾取/框选
拖选
亮显背面
亮显最近组件
基于摄影机的选择 禁用
对称 禁用
选择约束 禁用
变换约束 禁用
软选择
网格
结合 分离
平滑 布尔
组件
挤出 倒角
桥接 添加分段
工具
多切割 目标焊接
连接 四边形绘制
persp
MEL

图1-52

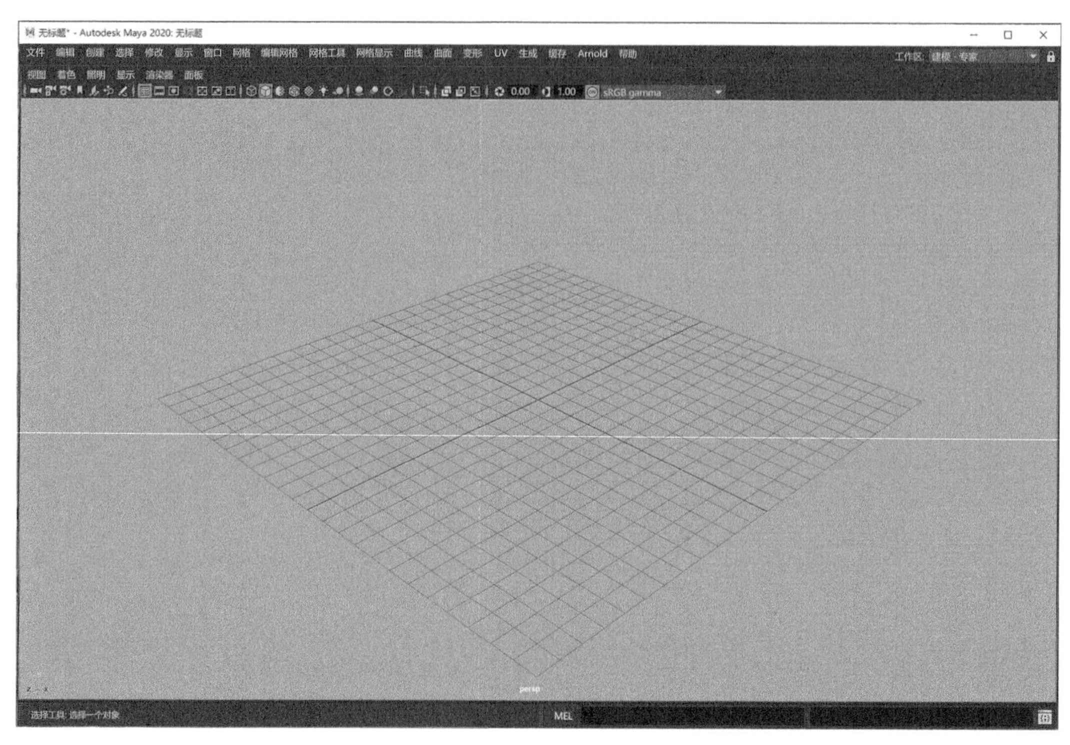

图1-53

4. “雕刻”工作区

当切换至“雕刻”工作区后，Maya 会自动显示出“雕刻”工具架，这一工作区适合进行雕刻建模操作的用户使用，如图 1-54 所示。

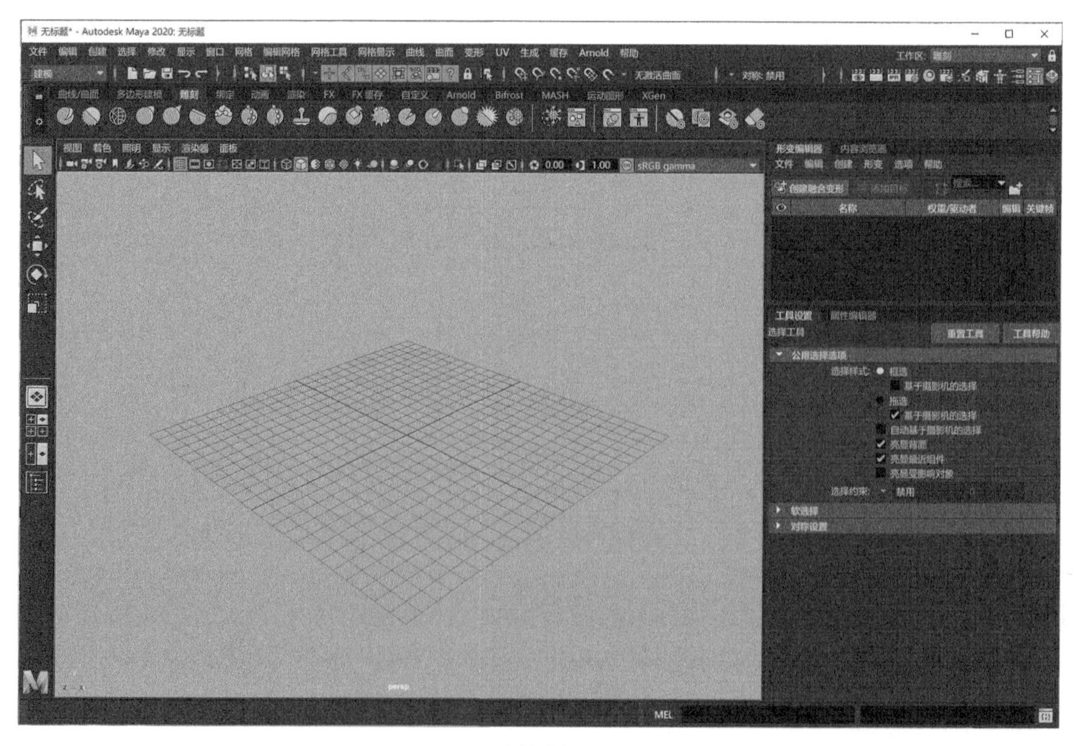

图1-54

5. “姿势雕刻”工作区

当切换至“姿势雕刻”工作区后，Maya 会自动显示出“雕刻”工具架以及姿势编辑器，这一工作区适合进行姿势雕刻操作的用户使用，如图 1-55 所示。

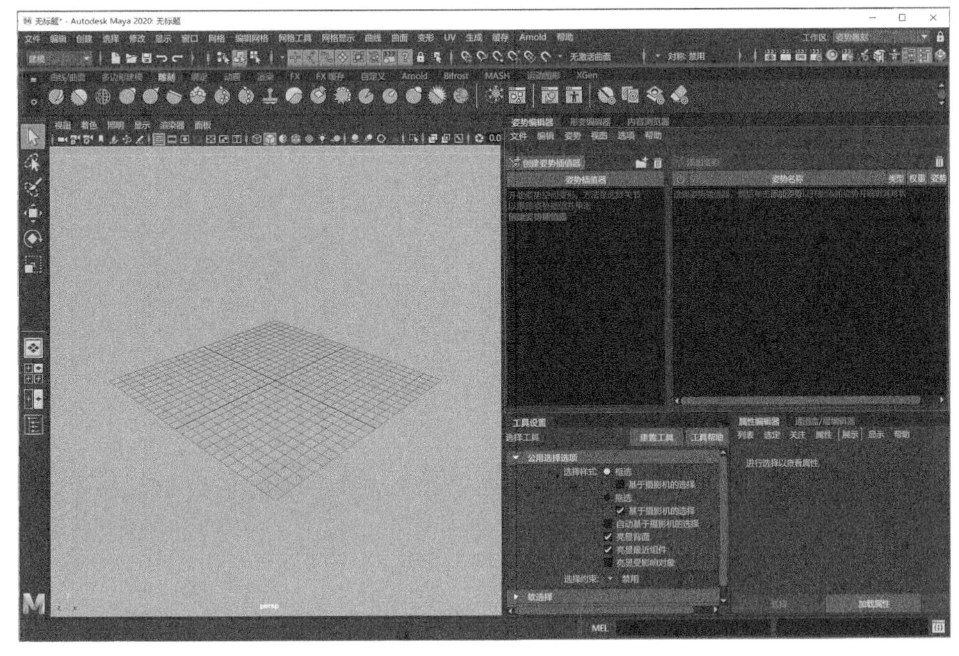

图1-55

6. “UV 编辑”工作区

当切换至“UV 编辑”工作区后，Maya 会自动显示出 UV 编辑器，这一工作区适合进行 UV 贴图编辑操作的用户使用，如图 1-56 所示。

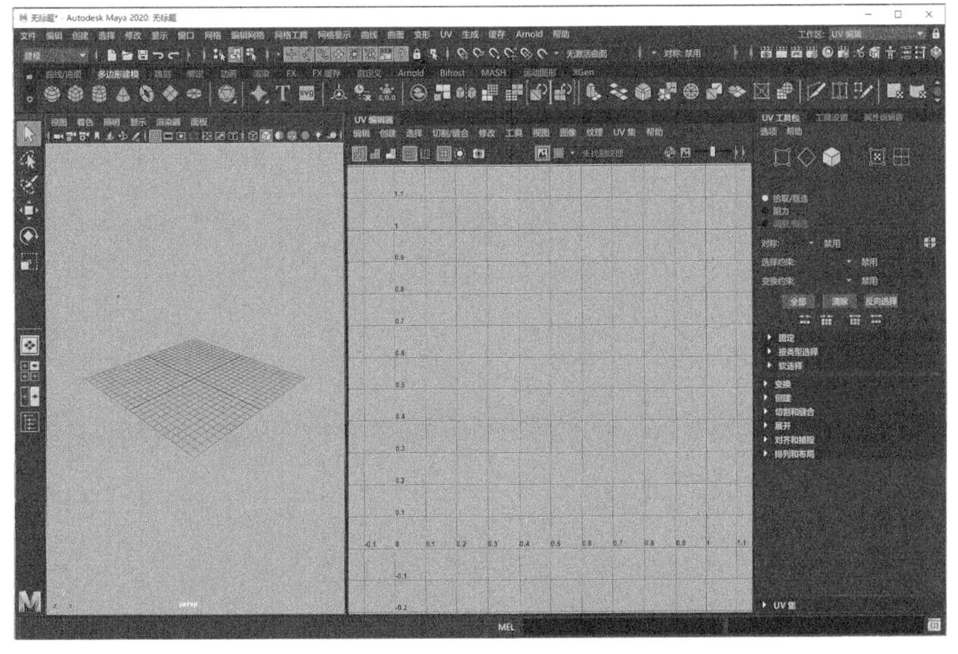

图1-56

7. “XGen”工作区

当切换至“XGen”工作区后，Maya 会自动显示出“XGen”工具架以及 XGen 操作面板，这一工作区适合制作毛发、草地、岩石等对象，如图 1-57 所示。

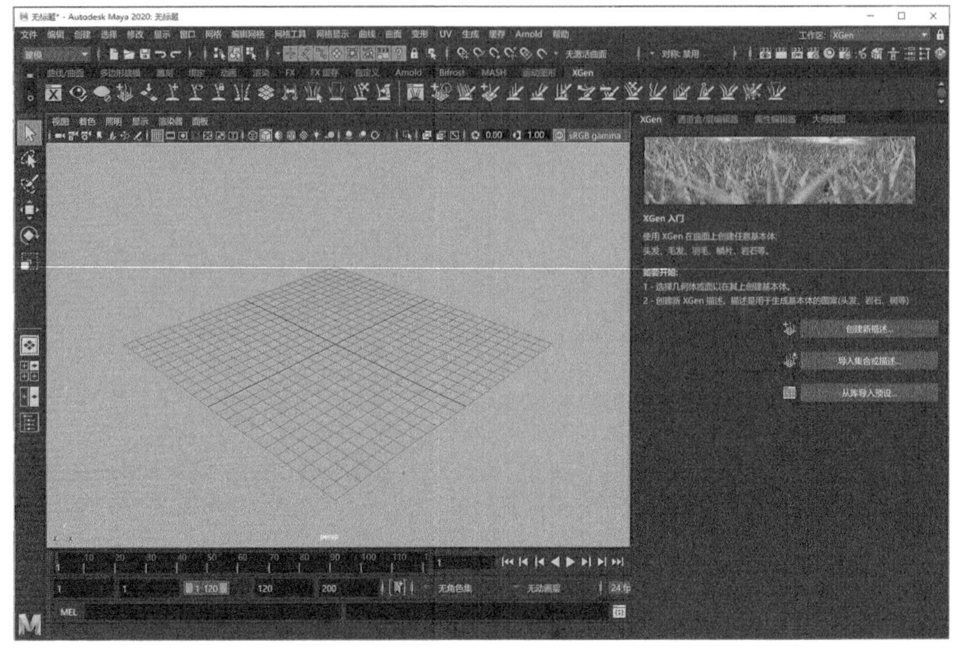

图1-57

8. “绑定”工作区

当切换至“绑定”工作区后，Maya 会自动显示出“绑定”工具架以及节点编辑器，这一工作区适合制作角色装备的用户使用，如图 1-58 所示。

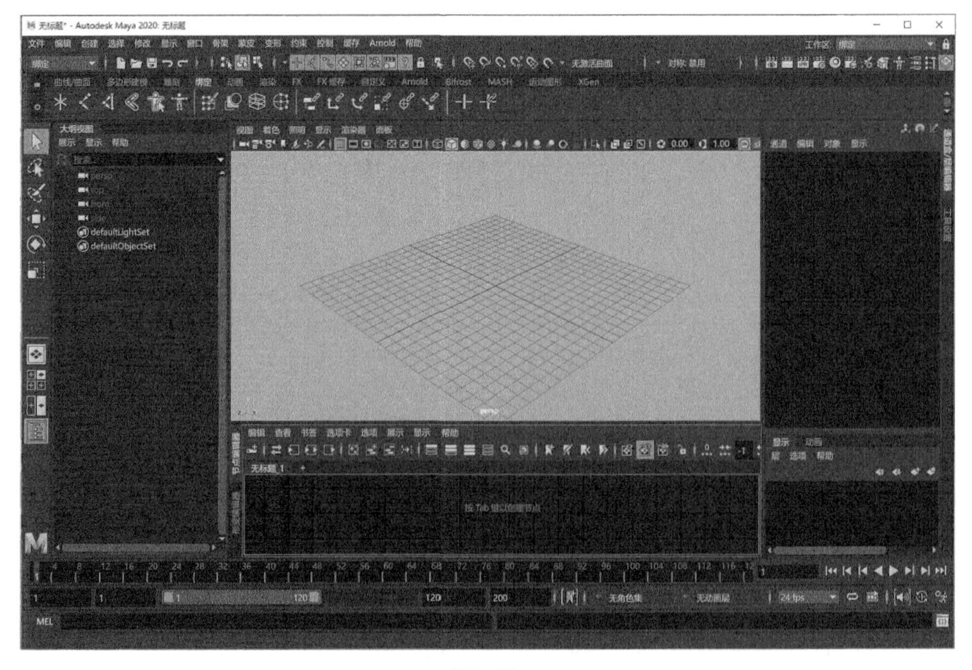

图1-58

9. “动画”工作区

当切换至“动画”工作区后，Maya 会自动显示出“动画”工具架以及曲线图编辑器，这一工作区适合制作动画的用户使用，如图 1-59 所示。

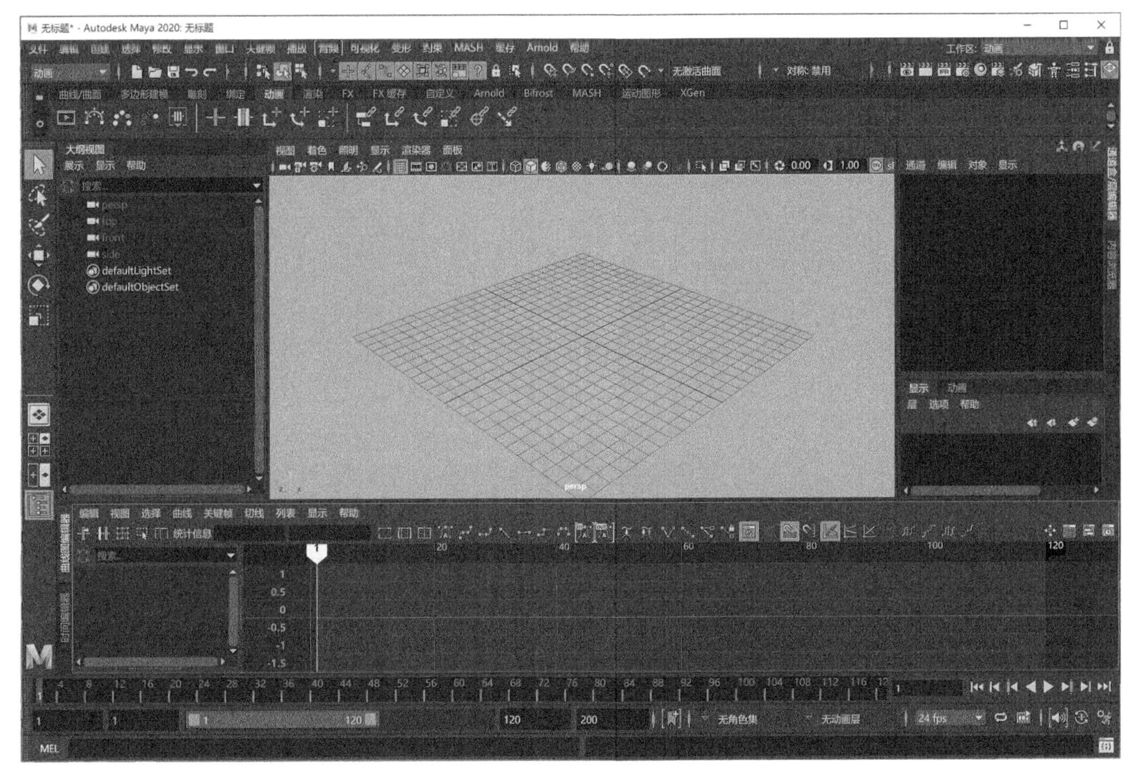

图1-59

1.4.7 通道盒/层编辑器

“通道盒 / 层编辑器”面板位于 Maya 界面的右侧，与“建模工具包”和“属性编辑器”面板叠加在一起，是用于快速高效编辑对象属性的主要工具。它允许用户快速更改属性的参数值，在可设置关键帧的属性上设置关键帧，锁定或解除锁定属性以及创建属性的表达式。

“通道盒 / 层编辑器”面板在默认状态下是没有命令的，如图 1-60 所示。只有当用户在场景中选择了对象才会出现对应的命令，如图 1-61 所示。

“通道盒 / 层编辑器”面板内的参数值可以通过键盘输入的方式进行更改，如图 1-62 所示。也可以将鼠标指针放置于想要修改的参数值上，并按住鼠标左键以拖曳滑块的方式进行更改，如图 1-63 所示。

图1-60

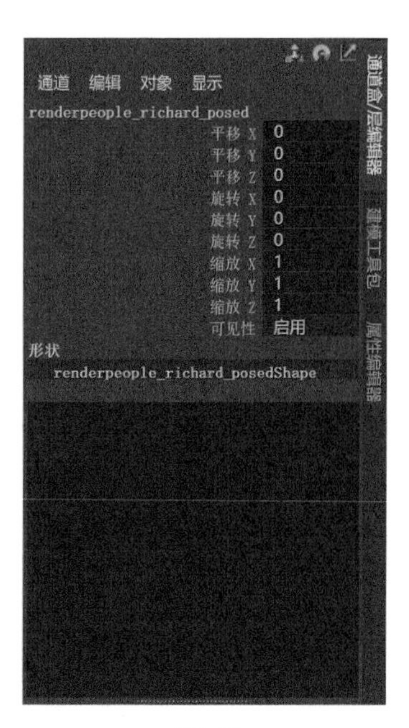

图1-61

图1-62

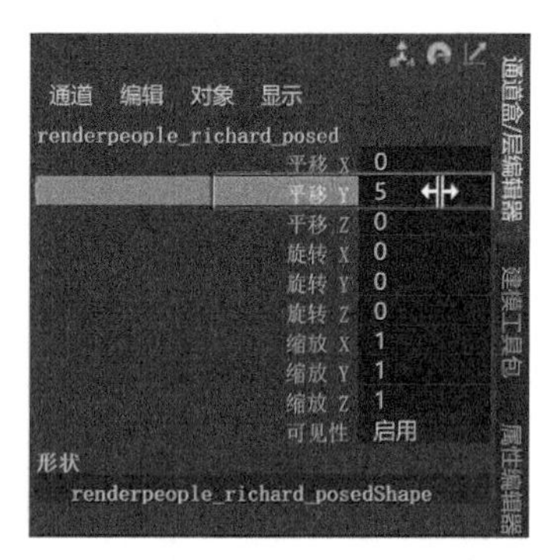

图1-63

1.4.8 建模工具包

"建模工具包"面板是Maya为用户提供的一个便于进行多边形建模的命令集合面板，通过这一面板，用户可以很方便地进入多边形的顶点、边、面以及UV中对模型进行修改编辑，如图1-64所示。

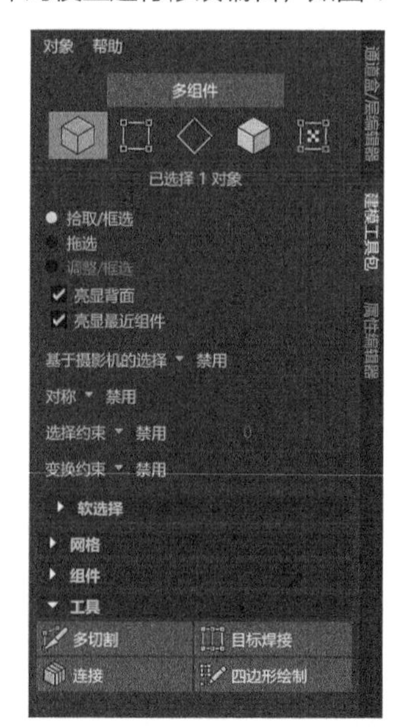

图1-64

1.4.9 属性编辑器

"属性编辑器"面板主要用来修改物体的自身属性，从功能上来说与"通道盒/层编辑器"面板的作用非常类似，但是"属性编辑器"面板为用户提供了更加全面、完整的节点命令以及图形控件，如图1-65所示。

图1-65

技巧与提示 "属性编辑器"面板内的参数值可以在按住Ctrl键的同时按鼠标左键拖曳进行滑动更改。

1.4.10 播放控件

播放控件是一组播放动画和遍历动画的按钮，播放范围显示在“时间滑块”中，如图1-66所示。

图1-66

常用工具解析

转至播放范围开头：单击该按钮转到播放范围的起点。

后退一帧：单击该按钮后退一个时间单位（或帧）。

后退到前一关键帧：单击该按钮后退一个关键帧。

向后播放：单击该按钮以反向播放。

向前播放：单击该按钮以正向播放。

前进到下一关键帧：单击该按钮前进一个关键帧。

前进一帧：单击该按钮前进一个时间单位（或帧）。

转至播放范围末尾：单击该按钮转到播放范围的结尾。

1.4.11 命令行和帮助行

Maya界面的最下方就是命令行和帮助行。其中，命令行的左侧区域用于输入单个MEL命令，右侧区域用于提供反馈。如果用户熟悉Maya的MEL脚本语言，则可以使用这些区域。帮助行则主要显示工具和菜单项的简短描述，另外，此行还会提示用户使用工具或完成工作流所需的步骤，如图1-67所示。

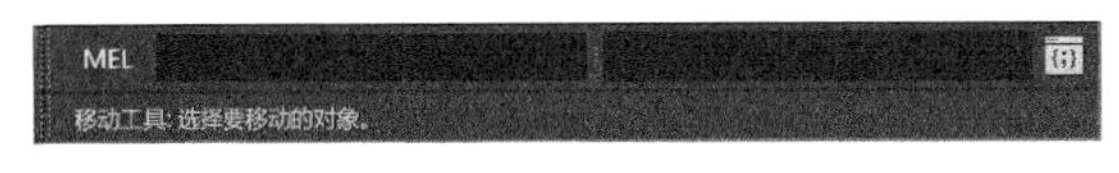

图1-67

Maya 2020 基本操作

2.1 新建场景

启动 Maya，系统会直接新建一个场景，我们可以直接在这个场景中进行创作，但这往往使许多初学者忽略了在 Maya 中“新建场景”时需要掌握的知识。单击菜单栏“文件 > 新建场景”命令后面的方块按钮，如图 2-1 所示，可以打开“新建场景选项”面板，如图 2-2 所示。学习该面板中的参数设置可以让我们对 Maya 场景中的单位及时间帧的设置有一个基本的了解。

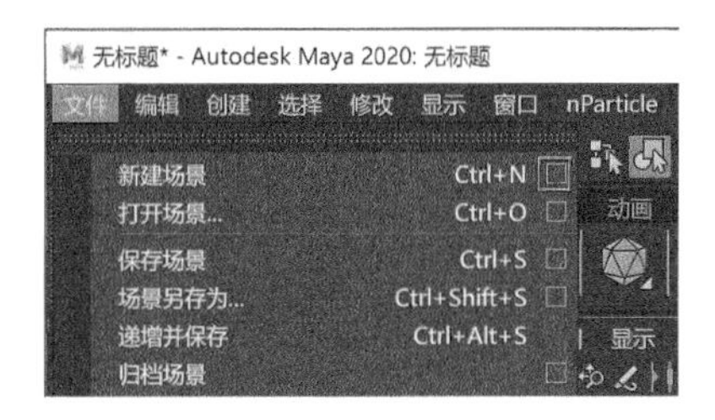

图2-1

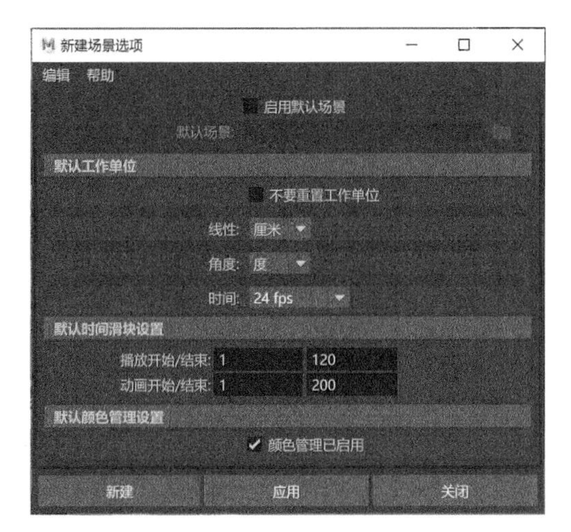

图2-2

常用参数解析

启用默认场景：勾选该选项，用户可以选择每次启动新场景时需要加载的特定文件，同时，还会激活下方的“默认场景”浏览功能。

♦ “默认工作单位”卷展栏

不要重置工作单位：勾选该选项，将允许用户暂时禁用下方的单位设置命令。

线性：为 Maya 中的“线性”值设置度量单位，默认为厘米。

角度：为 Maya 中使用“角度”值的操作设置度量单位，默认是度。

时间：设置 Maya 中的动画工作时间单位。

♦ “默认时间滑块设置”卷展栏

播放开始/结束：指定播放范围的开始和结束时间。

动画开始/结束：指定动画范围的开始和结束时间。

♦ “默认颜色管理设置”卷展栏

颜色管理已启用：指定是否对新场景启用或禁用颜色管理。

2.2 文件保存

Maya 为用户提供了多种保存文件的方式，在菜单栏的“文件”菜单内即可看到与保存有关的命令，如图 2-3 所示。

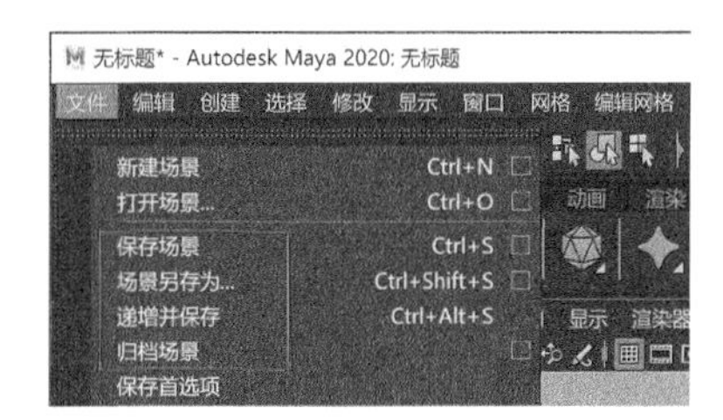

图2-3

2.2.1 保存场景

执行菜单栏“文件 > 保存场景”命令，即可对当前的场景进行保存。我们还可以使用快捷键 Ctrl+S 来执行这一操作。此外，单击 Maya 界面上的“保存”按钮也可以完成文件的存储，如图 2-4 所示。

图2-4

2.2.2 场景另存为

执行菜单栏“文件 > 场景另存为”命令，系统会自动弹出“另存为”面板，如图 2-5 所示。

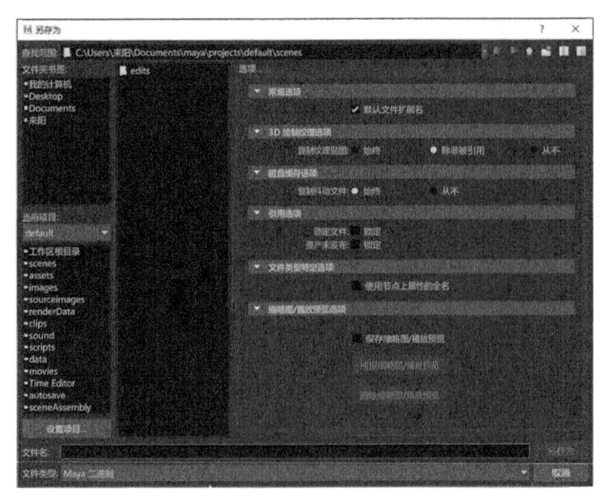

图2-5

常用参数解析

♦ “常规选项”卷展栏

默认文件扩展名：勾选该选项，Maya 默认的保存文件类型为“Maya 二进制”，扩展名为 .mb。

♦ “3D 绘制纹理选项”卷展栏

复制纹理贴图：用于设置用户保存场景时，如何保存使用“3D 绘制”工具创建的文件纹理，有“始终”、“除非被引用”和“从不”这 3 个选项可用。

♦ “磁盘缓存选项”卷展栏

复制抖动文件：用于设置是否创建抖动磁盘缓存文件的副本。

♦ “引用选项”卷展栏

锁定文件：当从其他场景文件引用该文件时，阻止编辑该文件。

2.2.3 递增并保存

Maya 还为用户提供了一种“递增并保存”文件的方法，也叫“保存增量文件”。即以在当前文件的名称后添加数字后缀的方式，不断对工作中的文件进行存储。默认情况下，新版本的文件名称为 <filename>.0001.mb。每次创建新版本的文件时，文件名就会递增 1。保存完成后，原始文件将关闭，新版本的文件将成为当前文件。此外，用户还可以使用快捷键 Ctrl+Alt+S 完成此操作。

2.2.4 归档场景

使用“归档场景”命令可以很方便地将与当前场景相关的文件打包为一个 .zip 文件，这一命令对于快速收集场景中所用到的贴图非常有用。需要注意的是，使用这一命令之前一定要先保存场景，否则会出现错误提示，如图 2-6 所示。

图2-6

2.3 对象选择

在大多数情况下，在 Maya 中的任意对象上执行某个操作之前，首先要选中它们，也就是说选择操作是建模和设置动画过程的基础。Maya 为用户提供了多种选择的方式，如“选择”工具、“变换对象”工具以及在“大纲视图”中对场景中的对象进行选择等。

2.3.1 选择模式

Maya 的选择模式分为“层次”“对象”和“组件”，用户可以在“状态行”中工具栏找到这 3 种不同选择模式所对应的图标，如图 2-7 所示。

图2-7

1. 层次选择模式

当激活该模式后，用户只需要在场景中单击已经设置为成组对象中的任何一个对象，即可快速选择整个对象组合，如图 2-8 所示。

图2-8

2. 对象选择模式

对象选择模式是Maya默认的选择对象模式，也是最常用的选择模式。不过需要注意的是，在该模式下，选择设置成组的多个对象还是以单个对象的方式进行选择，而不是一次就选择了所有成组的对象，如图2-9所示。另外，如果在Maya中以按住Shift键的方式进行多个对象的加选，则最后一个选择的对象总是呈绿色线框显示，如图2-10所示。

图2-9

图2-10

3. 组件选择模式

组件选择模式是指对成组对象中的单个对象进行选择。例如，我们要对模型中的顶点、边或是面进行编辑，那么需要在组件选择模式下进行操作，如图2-11所示。

技巧与提示 要想取消选择，只需要在视口中的空白区域单击即可。

加选对象：如果当前选择了一个对象，但还想增加选择其他对象，可以按住Shift键来加选其他的对象。

减选对象：如果当前选择了多个对象，但想要减去某个不想选择的对象，也可以按住Shift键来减选对象。

图2-11

2.3.2 在"大纲视图"中选择

Maya的"大纲视图"为用户提供了一种按对象名称选择物体的方式，当我们的场景中放置了较多的模型而不易在场景中选择时，在"大纲视图"中按名称来选择对象就显得非常方便。同时，"大纲视图"中还可以根据对象名称前面的图标来判断该对象属于什么类型，例如是灯光、摄影机、骨骼、曲线、曲面模型又或是多边形模型。除此之外，在"大纲视图"中还可以判断出对象是处于"隐藏"还是"显示"状态，以及各个对象之间的层级关系，如图2-12所示。

如果"大纲视图"不小心关闭了，可以通过执行菜单栏"窗口 > 大纲视图"命令打开"大纲视图"面板，如图2-13所示。或者单击"视图"面板中的"大纲视图"按钮来显示"大纲视图"，如图2-14所示。

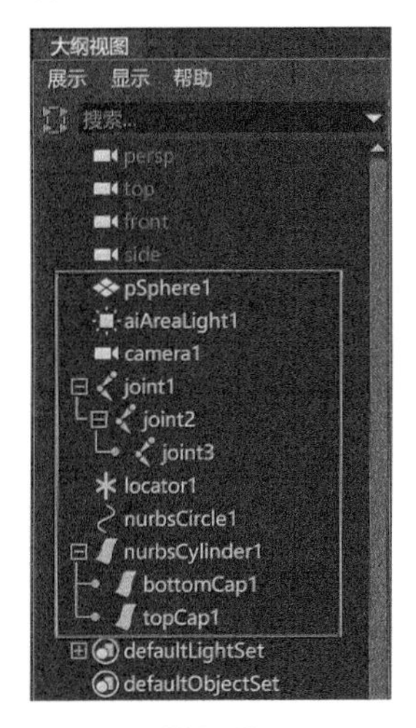

图2-12

图2-13

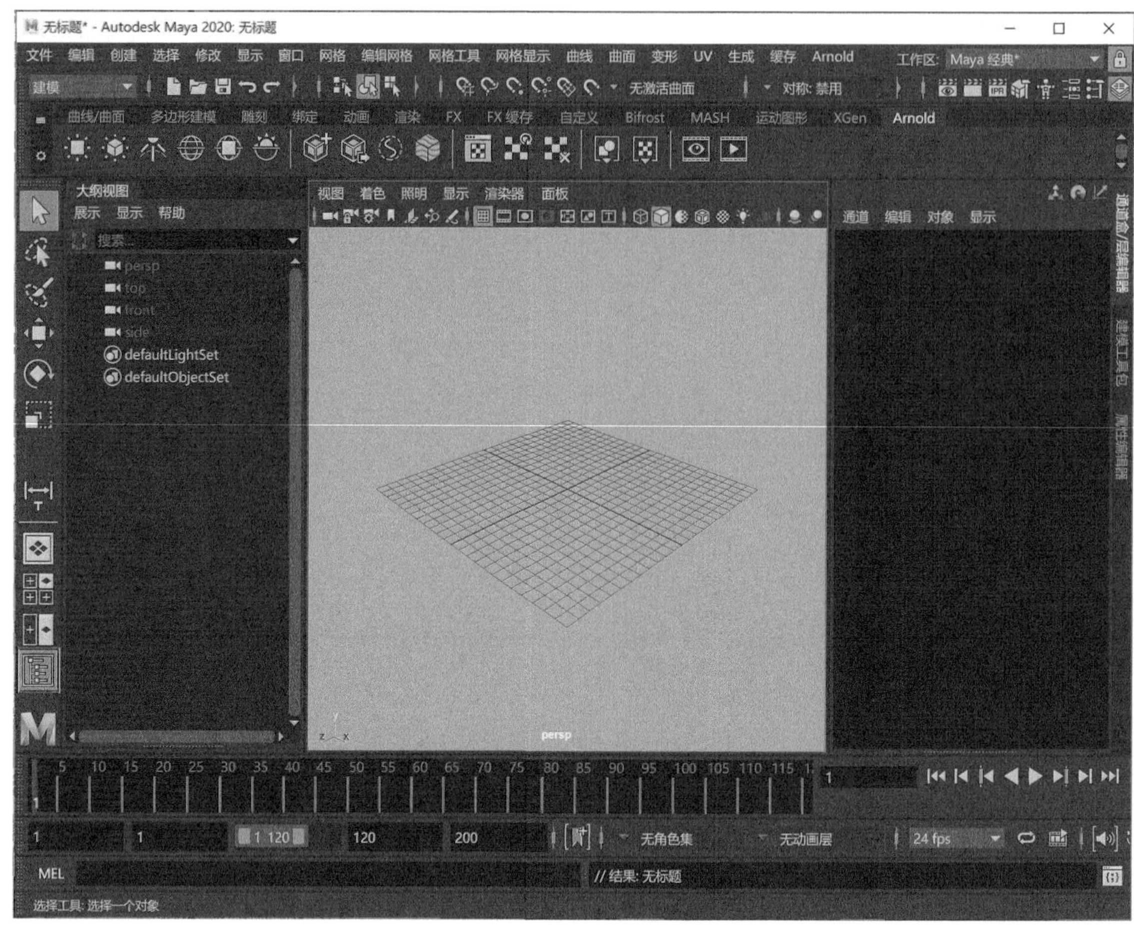

图2-14

2.3.3 软选择

当模型师在制作模型时，可以使用“软选择”功能调整顶点、边或面来带动周围的网格结构，以制作非常柔和的曲面造型。这一功能非常有利于在模型上创建平滑的渐变造型，而不必手动调整每一个顶点或是面的位置。“软选择”的工作原理是从选择的一个组件到选择区周围的其他组件保持一个衰减选择，以此来创建平滑过渡效果。在“工具设置”面板中展开“软选择”卷展栏，可以看到其参数设置，如图 2-15 所示。

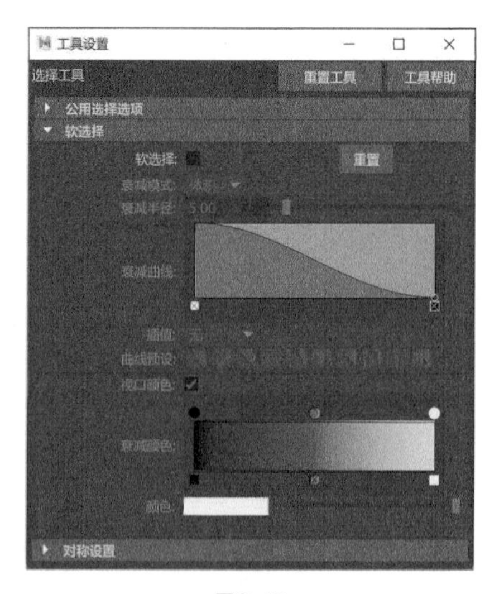

图2-15

常用参数解析

软选择：勾选该选项，即可启用“软选择”功能。

衰减模式：Maya 为用户提供了多种不同的“衰减模式”，有“体积”“表面”“全局”和“对象”这 4 种方式，如图 2-16 所示。

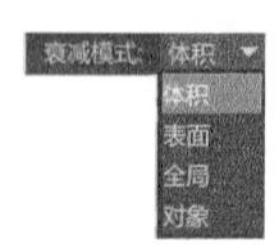

图2-16

衰减半径：控制“软选择”的影响范围。

衰减曲线：控制“软选择”影响周围网格的变化程度，同时，Maya还提供了多达10种的“曲线预设”供用户选择使用。

视口颜色：控制是否在视口中看到“软选择”的颜色提示。

衰减颜色：更改“软选择”的视口颜色。默认颜色是以黑色、红色和黄色这3种颜色来显示网格衰减的影响程度，我们也可以通过更改衰减颜色来自定义“软选择”的视口颜色。图2-17所示分别为默认状态下的视口颜色显示和自定义的视口颜色显示的结果对比。

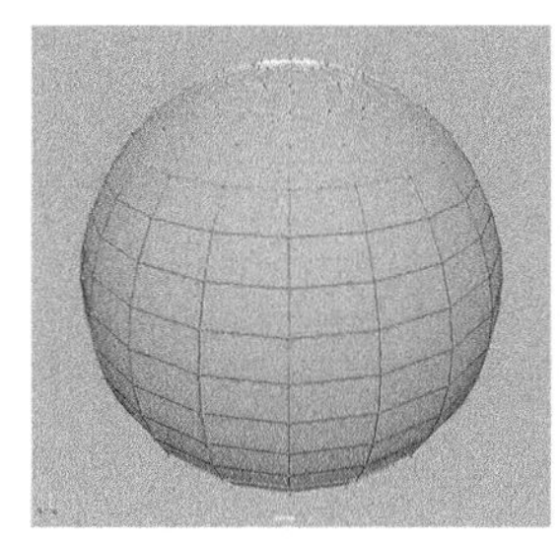
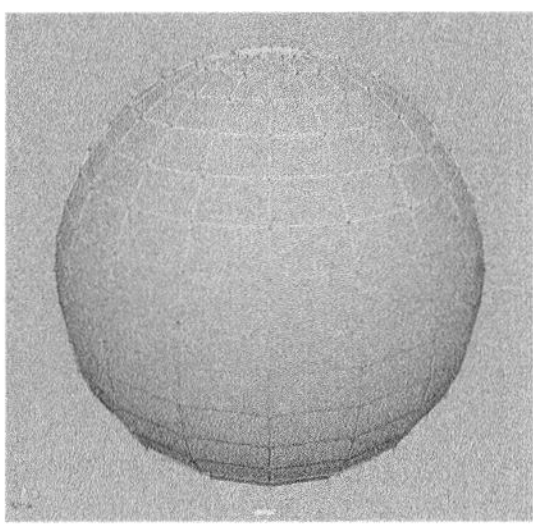

图2-17

颜色：更改“衰减颜色”上的各个色彩节点的颜色。

2.4 变换对象

2.4.1 变换操作

“变换操作”可以改变对象的位置、方向和大小，但是不会改变对象的形状。Maya的“工具箱”为用户提供了多种用于变换对象操作的工具，常用的有“移动”工具、“旋转”工具和“缩放”工具这3种，用户可以单击对应的按钮在场景中进行相应的变换操作，如图2-18所示。

技巧与提示 用户还可以按下对应的快捷键来进行变换操作切换：“移动”工具的快捷键是W，“旋转”工具的快捷键是E，“缩放”工具的快捷键是R。

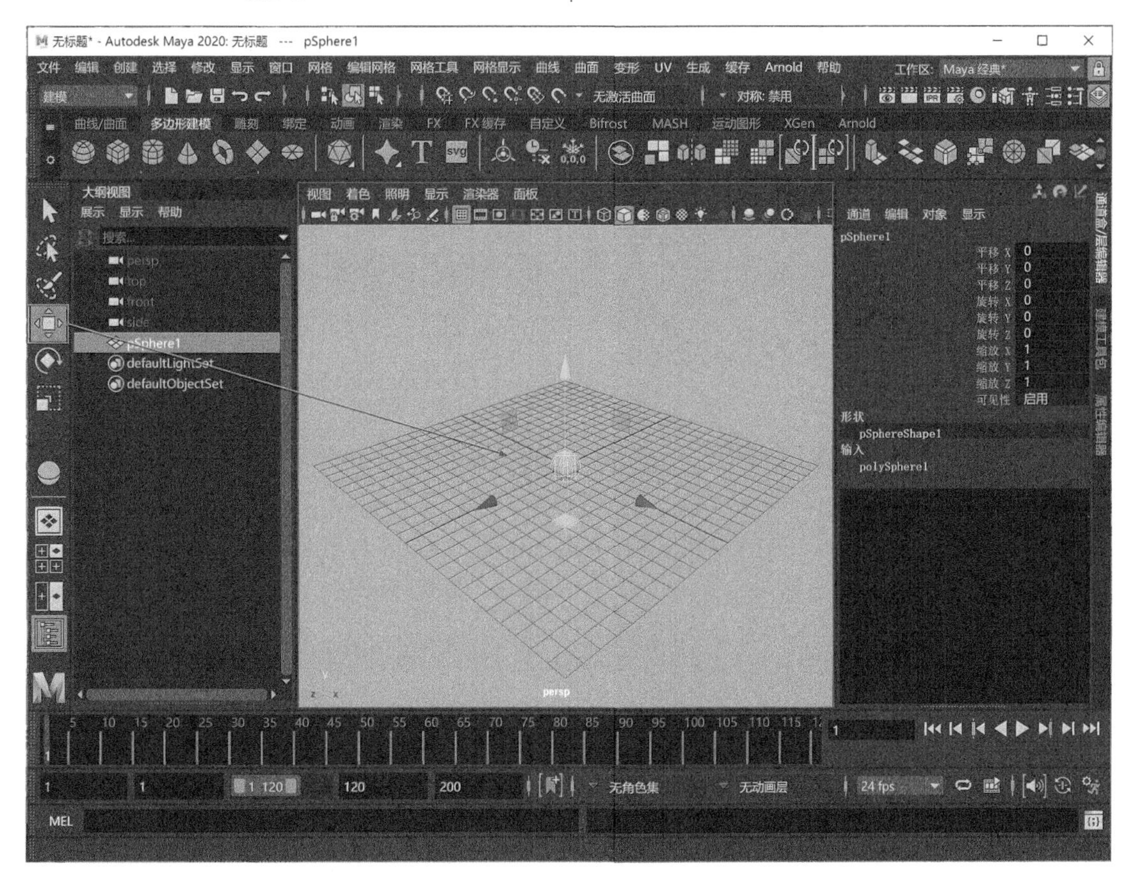

图2-18

2.4.2 变换命令控制柄

在 Maya 中，使用不同的变换操作，其变换命令的控制柄的显示状态也都有着明显的区别。图 2-19~图 2-21 所示分别为变换命令是“移动”“旋转”和“缩放”的控制柄显示状态。

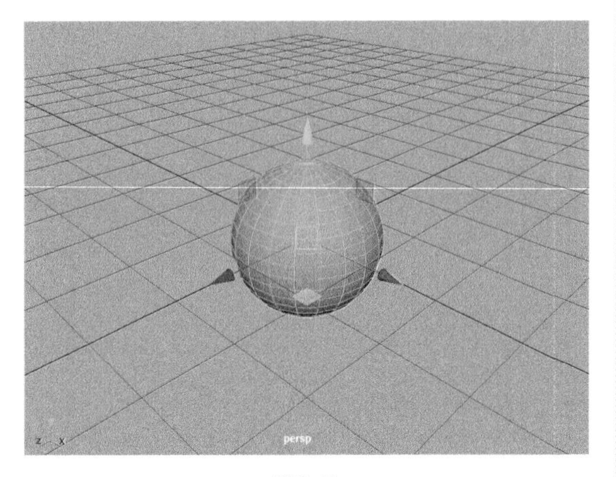

图2-19

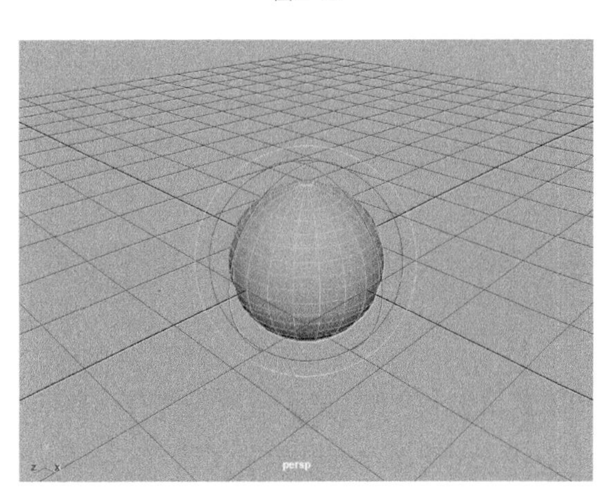

图2-20

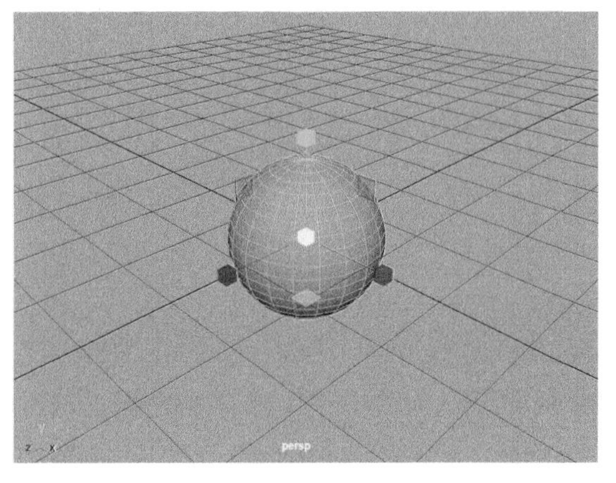

图2-21

当我们对场景中的对象进行变换操作时，可以使用快捷键 + 来放大变换命令的控制柄的显示状态；同样，使用快捷键 - 可以缩小变换命令的控制柄的显示状态，如图 2-22 和图 2-23 所示。

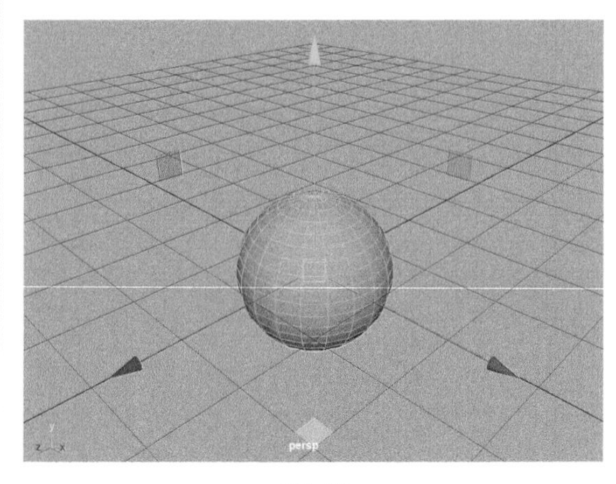

图2-22

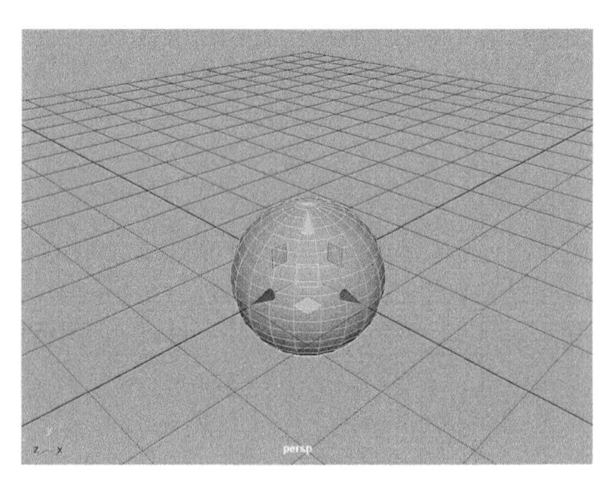

图2-23

2.5 复制对象

2.5.1 复制

我们在进行模型制作时，经常需要在场景中摆放一些相同的模型，这时，就需要使用“复制”命令来执行操作。图 2-24 所示的吊灯模型中就包含了多个一模一样的灯泡模型。

在 Maya 中复制对象主要有 3 种方式。

第 1 种：选择要复制的对象，执行菜单栏“编辑 > 复制”命令即可原地复制出一个相同的对象。

图2-24

第 2 种：选择要复制的对象，使用快捷键 Ctrl+D 也可原地复制出一个相同的对象。

第 3 种：选择要复制的对象，按住 Shift 键并配合变换操纵器也可以复制对象。

2.5.2 特殊复制

使用“特殊复制”命令可以在预先设置好的变换属性下对对象进行复制，如果希望复制出来的对象与原对象的属性相关联，那么也需要使用到此命令，具体操作步骤如下。

第 1 步：新建场景，单击“多边形建模”工具架中的“多边形球体”按钮，在场景中创建一个多边形球体模型，如图 2-25 所示。

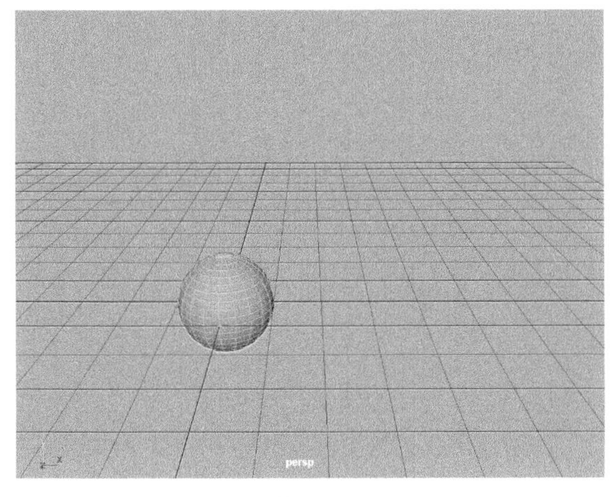

图2-25

第 2 步：选择球体，单击菜单栏“编辑 > 特殊复制”命令后面的方块按钮，如图 2-26 所示，打开“特殊复制选项”面板。

第 3 步：在“特殊复制选项”面板中设置“几何体类型”为“实例”，“平移”值为（5，0，0），如图 2-27 所示。

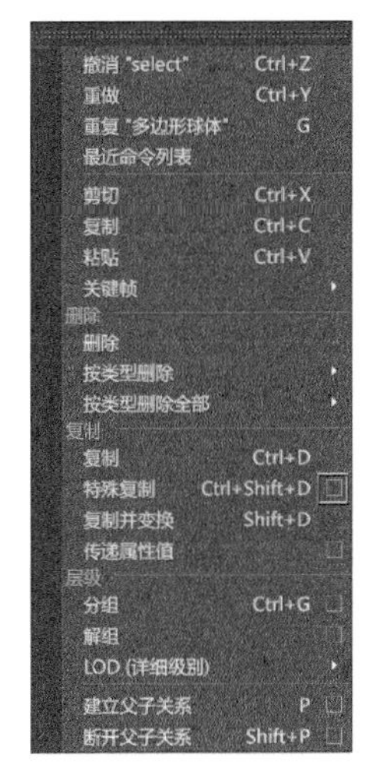

图2-26

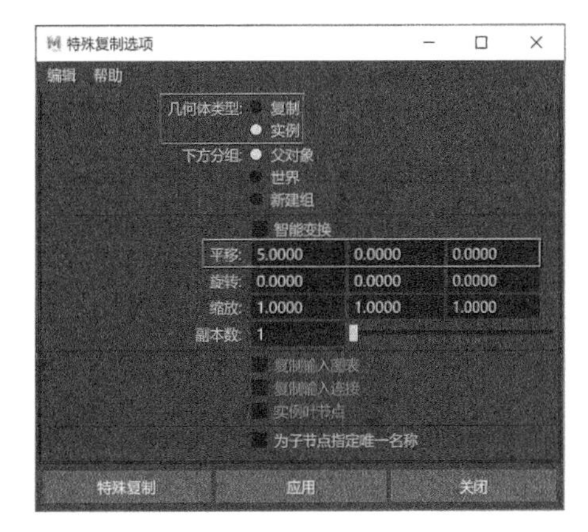

图2-27

第 4 步：单击“特殊复制”按钮，关闭“特殊复制选项”面板，即可看到场景中新复制出来的球体模型，如图 2-28 所示。

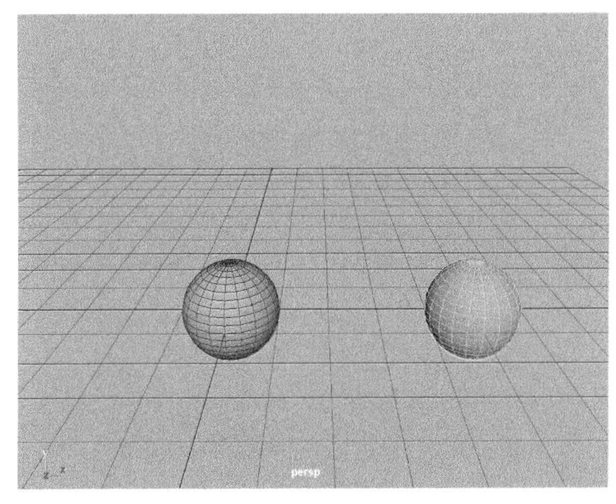

图2-28

第 5 步：选择场景中复制出来的球体，在“属性编辑器”面板中展开“多边形球体历史”卷展栏，更改球体模型的“半径”值，如图 2-29 所示。

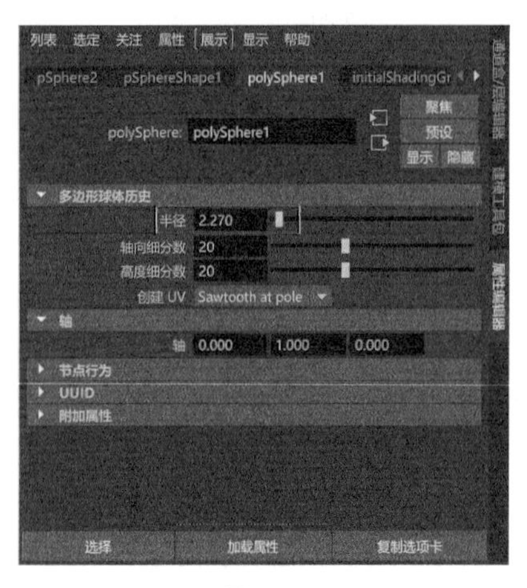

图2-29

第 6 步：这时，可以在场景中观察到两个球体的大小会一起产生变化，如图 2-30 所示。

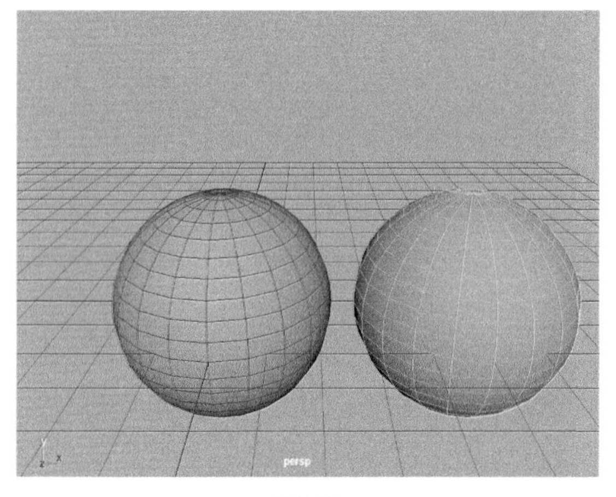

图2-30

“特殊复制选项”面板中的参数设置如图 2-31 所示。

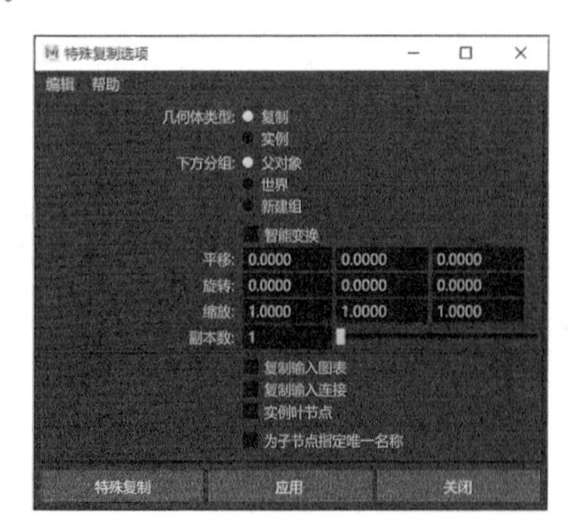

图2-31

常用参数解析

几何体类型：选择希望如何复制选定对象。

下方分组：将对象分组到父对象、世界对象或新建组对象之内。

智能变换：当复制和变换对象的单一副本或实例时，Maya 可将相同的变换应用至选定副本的全部后续副本。

副本数：指定要复制的对象数量。

复制输入图表：勾选此选项，可以强制对全部引导至选定对象的上游节点进行复制。

复制输入连接：勾选此选项，除了复制选定节点外，也会对为选定节点提供内容的相连节点进行复制。

实例叶节点：对除叶节点之外的整个节点层次进行复制，而将叶节点实例化至原始层次。

为子节点指定唯一名称：复制层次时会重命名子节点。

2.5.3 复制并变换

“复制并变换”命令的操作结果有点像 3ds Max 中的“阵列”命令，使用该命令可以快速复制出大量间距相同的对象，具体操作步骤如下。

第 1 步：新建场景，创建一个多边形球体模型，如图 2-32 所示。

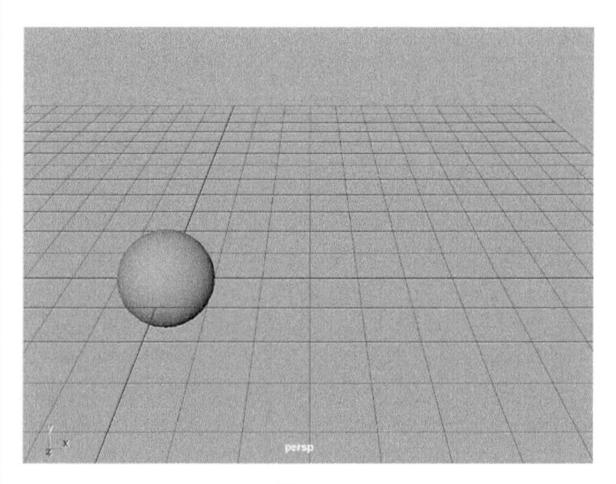

图2-32

第 2 步：选择球体，按住 Shift 键，使用“移动”工具对球体进行拖曳，我们看到从原来球体的位置处复制并拖曳出了一个新的球体模型，如图 2-33 所示。

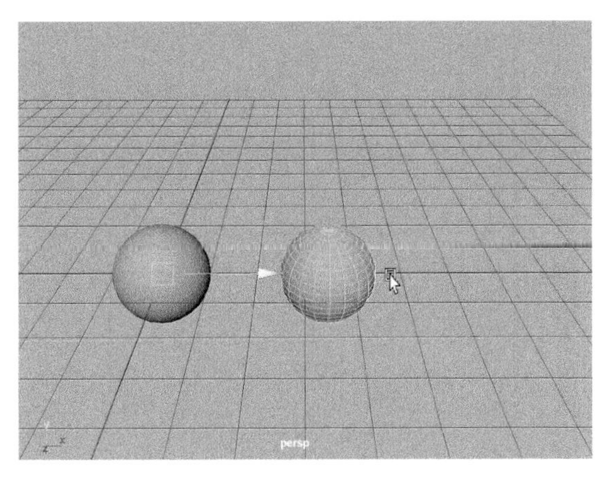

图2-33

第 3 步：使用快捷键 Shift+D 对球体进行“复制并变换”操作，可以看到 Maya 复制出来的第 3 个球体会自动继承第 2 个球体相对于第 1 个球体的位移数据，如图 2-34 所示。

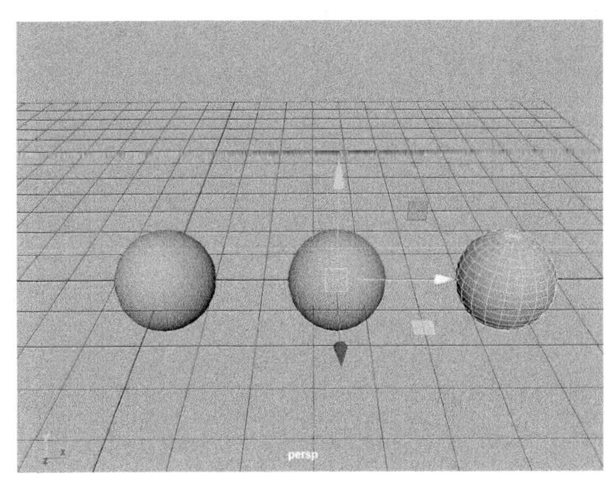

图2-34

第3章 曲面建模

扫码在线观看
案例讲解视频

3.1 曲面建模概述

曲面建模也叫作“NURBS（Non-Uniform Rational B-Spline）建模”，是一种基于几何基本体和绘制曲线的 3D 建模方式。通过 Maya 的“曲线 / 曲面”工具架中的工具集合，用户有两种方式可以创建曲面模型：一是通过创建曲线的方式来构建曲面的基本轮廓，并配合相应的命令来生成模型；二是通过创建曲面基本体的方式来绘制简单的三维对象，然后再使用相应的工具修改其形状来获得我们想要的几何形体。由于 NURBS 用于构建曲面的曲线具有平滑和最小特性，因此它对于构建各种有机 3D 形状十分有用。NURBS 曲面类型广泛应用于动画、游戏、科学可视化和工业设计领域，如图 3-1 所示。

使用曲面建模可以制作出任何形状的、精度非常高的三维模型，这一优势使得曲面建模慢慢成为一个广泛应用于工业建模领域的标准。这一建模方式同时也非常容易学习及使用，用户通过较少的控制点即可得到复杂的流线型几何形体，这也是曲面建模技术的方便之处。将“工具架”切换至“曲线 / 曲面”，在这里我们可以找到与曲面建模有关的常用工具，如图 3-2 所示。

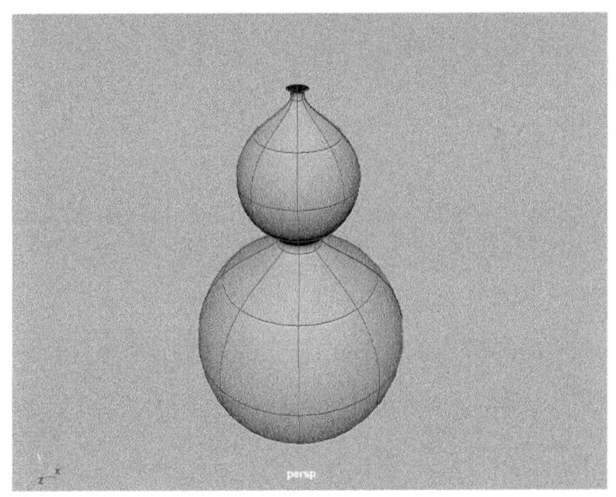

图3-1

图3-2

3.2 曲线工具

学习曲面建模之前，我们应先掌握如何在 Maya 中绘制曲线并修改曲线的形状，这些与曲线有关的工具可以在“曲线 / 曲面”工具架的前半部分找到，如图 3-3 所示。

图3-3

3.2.1 NURBS圆形

“曲线 / 曲面”工具架中的第一个图标就是“NURBS 圆形”图标，单击该按钮即可在场景中生成一个圆形图形，如图 3-4 所示。同时，观察“大纲视图”可以看到“大纲视图”中多出一个曲线对象。

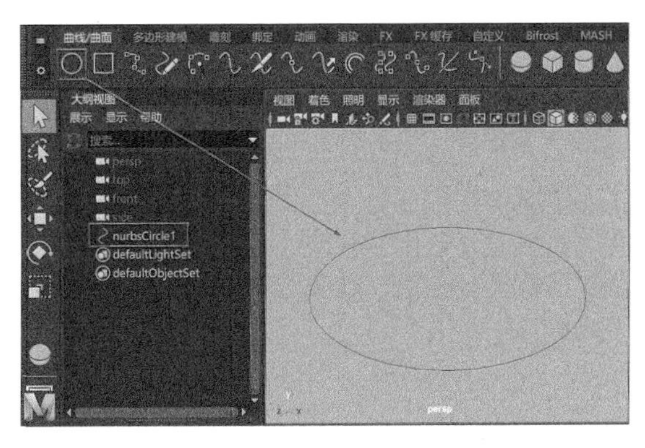

图3-4

默认状态下，Maya 是关闭用户“交互式创建”命令的，如需开启此命令，需要执行菜单栏“创建

>NURBS 基本体 > 交互式创建”命令，如图 3-5 所示。这样就可以在场景中以绘制的方式来创建“NURBS 圆形”图形了。

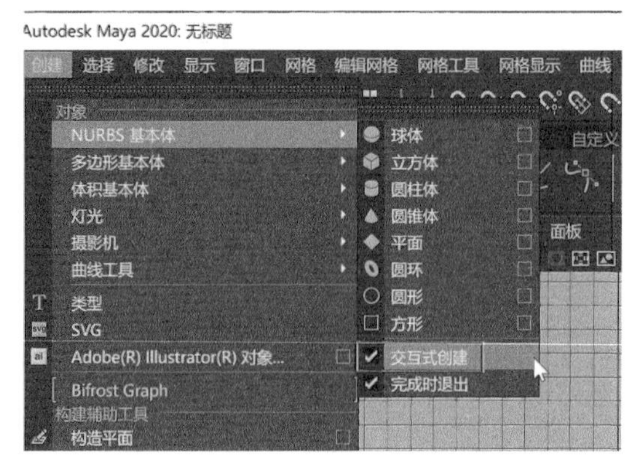

图3-5

在“属性编辑器”面板中找到“makeNurbCircle1”选项卡，展开“圆形历史”卷展栏，我们可以看到“NURBS 圆形”图形的参数设置，如图 3-6 所示。

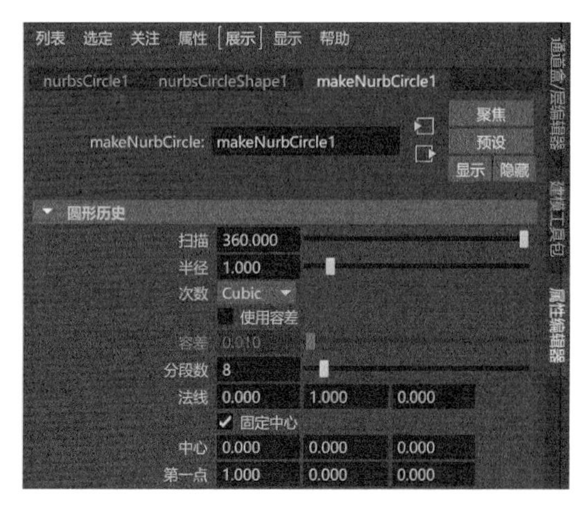

图3-6

常用参数解析

扫描：设置 NURBS 圆形的弧长范围，最大值为 360，为一个圆形；较小的值则可以得到一段圆弧。图 3-7 所示为此值分别是 180 和 360 时的图形结果对比。

半径：设置 NURBS 圆形的半径大小。

次数：设置 NURBS 圆形的显示方式，有“Linear”(线性)和“Cubic”(立方)两种选项可选。图 3-8 所示为“次数”分别是“Linear”(线性)和“Cubic”(立方)时的图形结果对比。

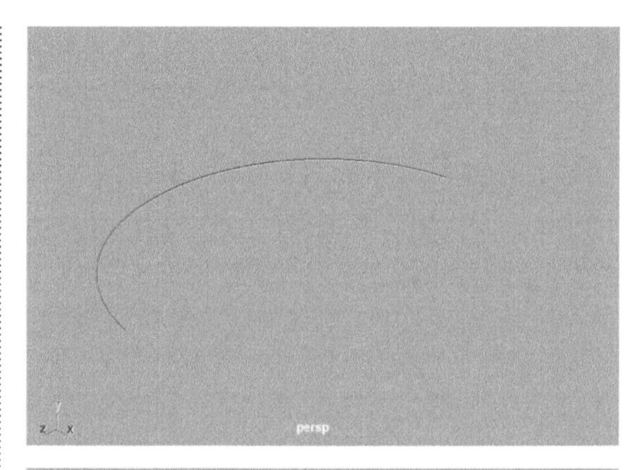

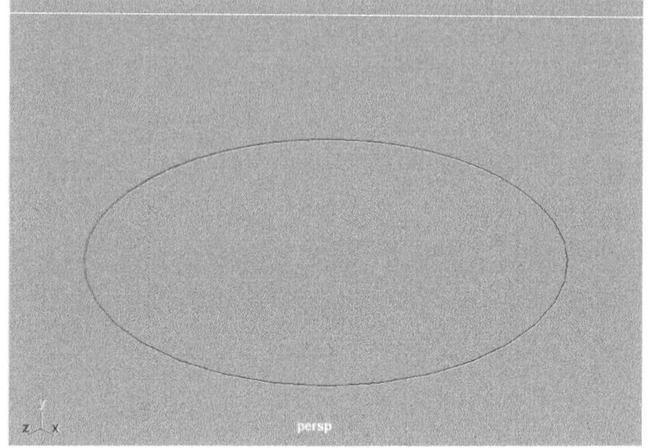

图3-7

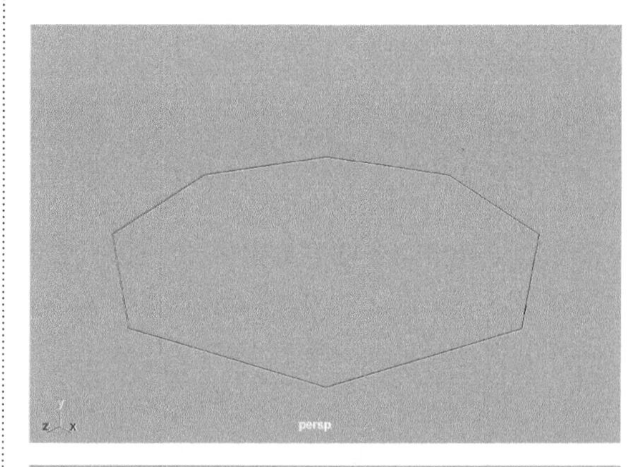

图3-8

分段数：当NURBS圆形的“次数”设置为“Linear”（线性）时，NURBS圆形显示为一个多边形，通过设置“分段数”即可设置边数。图3-9所示为“分段数”分别是5和12时的图形结果对比。

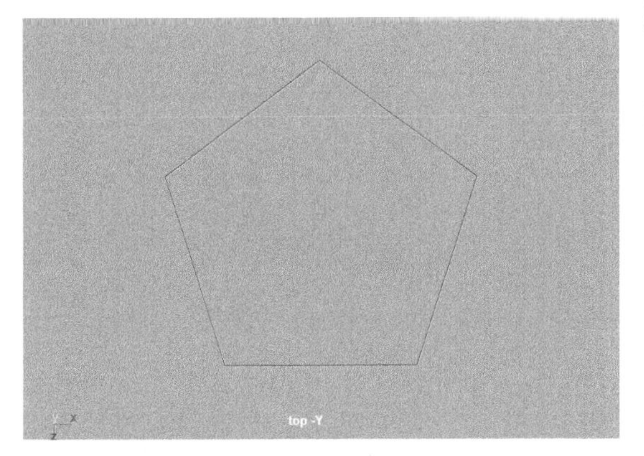

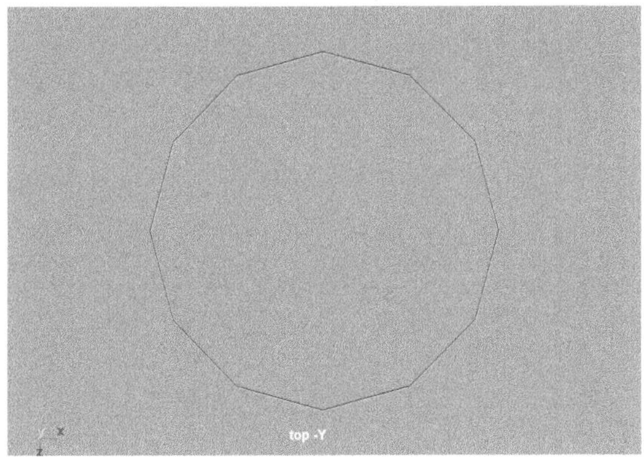

图3-9

技巧与提示 “分段数”的最小值可以设置为1，但是此值无论是1还是2，其图形显示结果均和3相同。另外，如果创建出来的“NURBS圆形”对象的“属性编辑器”面板中没有“makeNurbCircle1”选项卡，则可以单击按钮启用“构建历史”功能后再重新创建NURBS圆形，这样其“属性编辑器”面板中就会有该选项卡了。

3.2.2 NURBS方形

单击“曲线/曲面”工具架中的“NURBS方形”按钮，即可在场景中创建一个方形图形，如图3-10所示。

在“大纲视图”中，可以看到NURBS方形实际上是一个包含了4条曲线的组合，如图3-11所示。NURBS方形创建完成后，在默认状态下，鼠标指针选择的是这个组合的名称，所以此时展开“属性编辑器”面板后，只有一个“nurbsSquare1”选项卡，如图3-12所示。

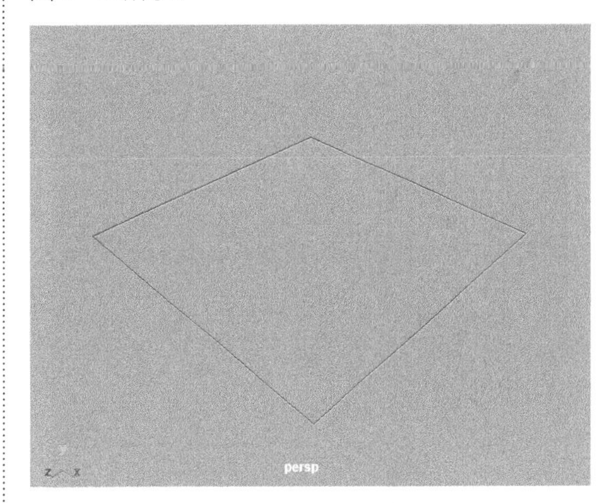

图3-10

图3-11

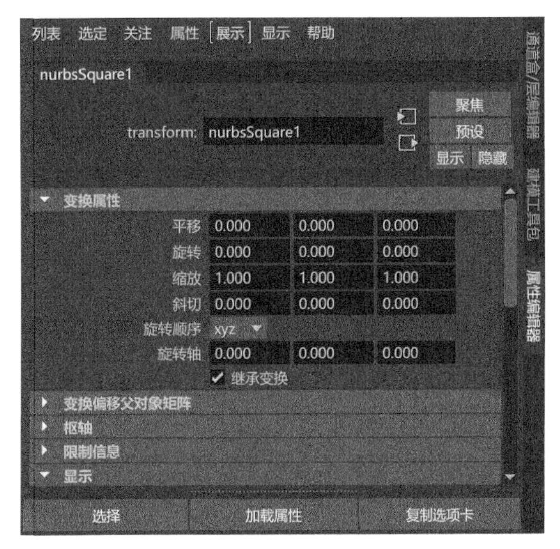

图3-12

在场景中选择构成NURBS方形的任意一条边线，在“属性编辑器”面板中找到“makeNurbsSquare1”选项卡，展开“方形历史”卷展栏，通过修改该卷展栏中的相应参数值即可更改NURBS方形的大小，如图3-13所示。

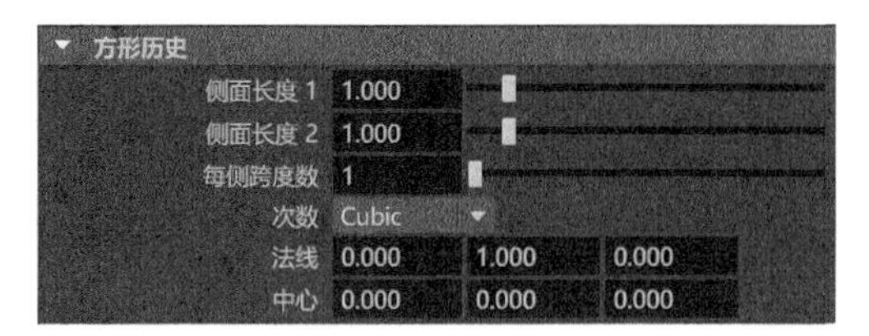

图3-13

常用参数解析

侧面长度1、侧面长度2：分别用来调整NURBS方形的长度和宽度。

3.2.3 EP曲线工具

单击“曲线/曲面”工具架中的“EP曲线工具”按钮，即可在场景中以单击创建编辑点的方式来绘制曲线，绘制完成后，需要按一下Enter键来结束曲线绘制操作，如图3-14所示。

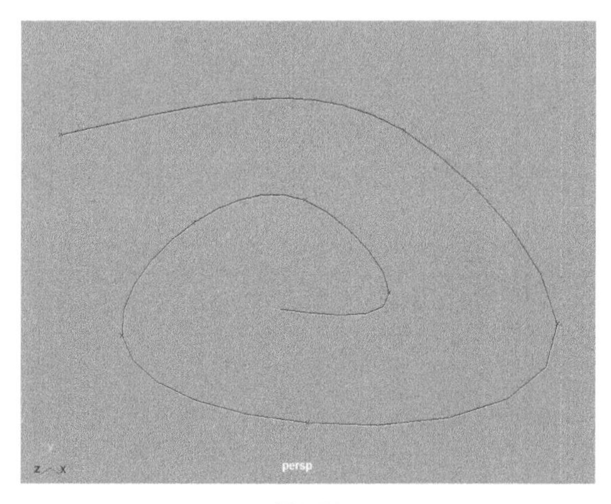

图3-14

曲线绘制完成后，可以按住鼠标右键，在弹出的菜单中执行“控制顶点”或“编辑点”命令来进行曲线的修改操作，如图3-15所示。

在“控制顶点”层级中，可以更改曲线的控制顶点的位置来改变曲线的弧度，如图3-16所示。在“编辑点”层级中，可以更改曲线的编辑点的位置来改变曲线的形状，如图3-17所示。

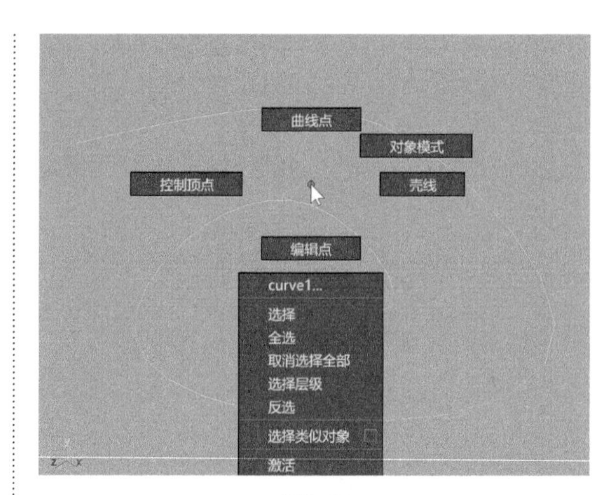

图3-15

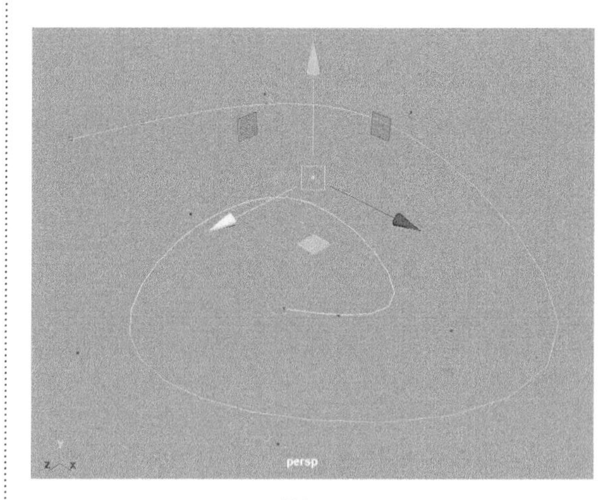

图3-16

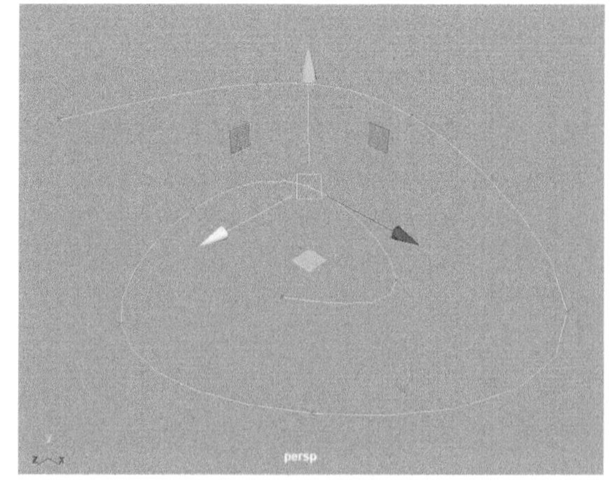

图3-17

在创建EP曲线前，还可以在工具架中双击“EP曲线工具”按钮，打开“工具设置”面板，其中的参数设置如图3-18所示。

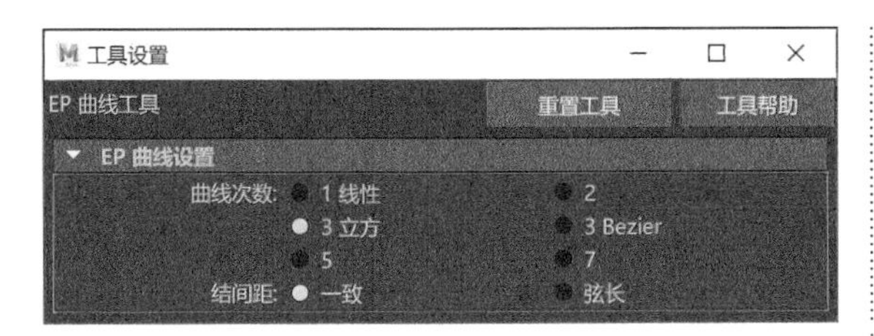

图3-18

常用参数解析

曲线次数：该值越大，曲线越平滑。默认设置（3 立方）适用于大多数曲线。

结间距：指定 Maya 如何将 U 位置值指定给结。

3.2.4 三点圆弧

单击“曲线 / 曲面”工具架中的“三点圆弧”按钮，即可在场景中以单击创建编辑点的方式来绘制圆弧曲线，绘制完成后，需要按一下 Enter 键来结束曲线绘制操作，如图 3-19 所示。

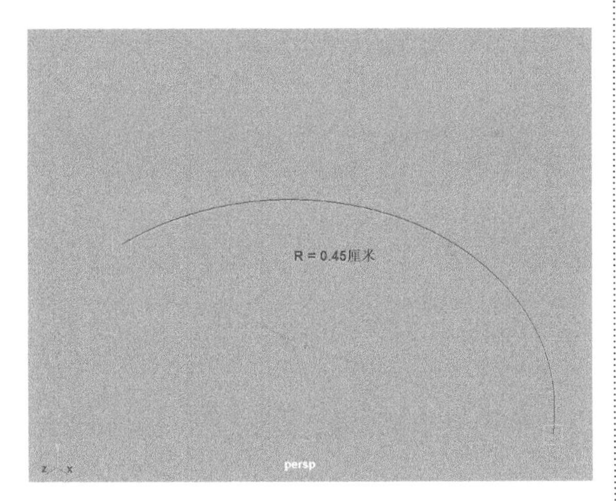

图3-19

在“属性编辑器”面板中展开“三点圆弧历史”卷展栏，其参数设置如图 3-20 所示。

三点圆弧历史

点 1	-0.235	0.000	0.448
点 2	0.147	0.000	0.116
点 3	0.657	0.000	0.246
次数	Cubic		
分段数	8		

图3-20

常用参数解析

点 1、点 2、点 3：更改这些点的坐标位置可以微调圆弧的形状。

3.2.5 Bezier曲线工具

单击“曲线 / 曲面”工具架中的“Bezier 曲线工具”按钮，即可在场景中以单击或拖曳的方式来绘制曲线，绘制完成后，需要按一下 Enter 键来结束曲线绘制操作。这一绘制曲线的方式与在 3ds Max 中绘制曲线的方式一样，如图 3-21 所示。

图3-21

曲线绘制完成后，可以按住鼠标右键，在弹出的菜单中执行“控制顶点”命令来进行曲线的修改操作，如图 3-22 和图 3-23 所示。

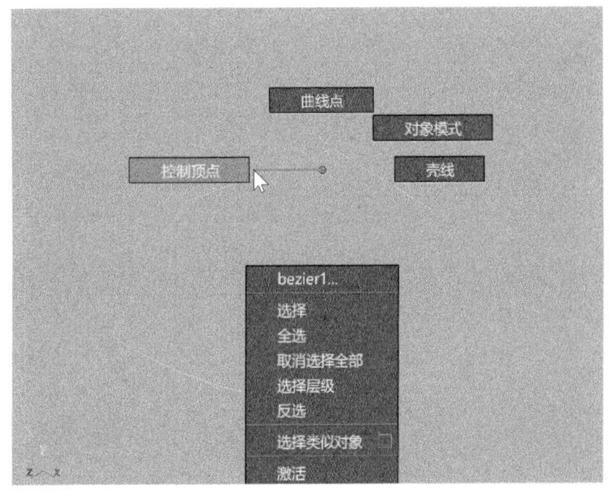

图3-22

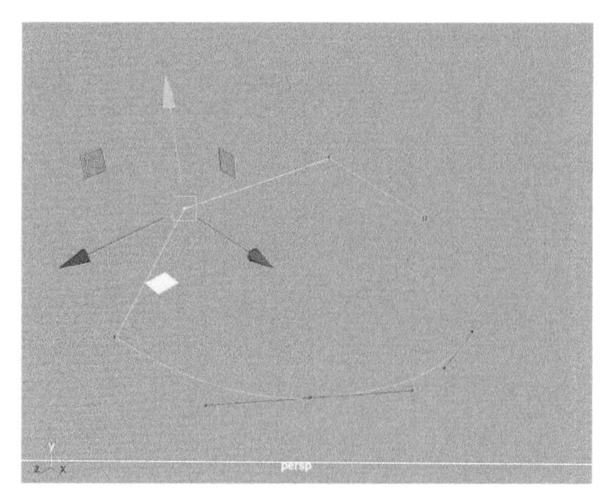

图3-23

3.2.6 曲线修改工具

在“曲线/曲面”工具架中，可以找到常用的曲线修改工具，如图3-24所示。

图3-24

常用工具解析

附加曲线：将两条或两条以上的曲线附加成一根曲线。

分离曲线：根据曲线上的控制点来断开曲线。

插入结：为曲线添加一个控制点。

延伸曲线：选择曲线或曲面上的曲线来延伸该曲线。

偏移曲线：将曲线复制并偏移一些。

重建曲线：将选择的曲线上的控制点重新进行排列。

添加点工具：选择要添加点的曲线来进行加点操作。

曲线编辑工具：使用操纵器来更改所选择的曲线。

3.3 曲面工具

Maya提供了多种基本几何形体的曲面工具供用户选择使用，一些常用的跟曲面有关的工具可以在“曲线/曲面”工具架的后半部分找到，如图3-25所示。

图3-25

3.3.1 NURBS球体

单击“曲线/曲面”工具架中的“NURBS球体”按钮，即可在场景中生成一个球形曲面模型，同时，在“大纲视图”中观察曲面对象的图标，如图3-26所示。

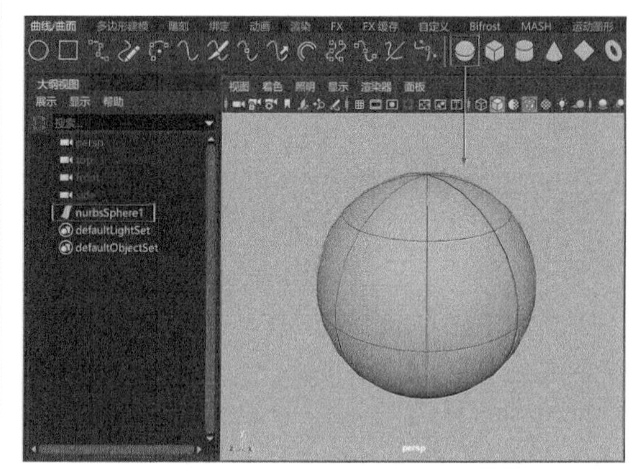

图3-26

在“属性编辑器”面板中单击“makeNurbSphere1”选项卡，展开“球体历史”卷展栏，可以看到“NURBS球体”模型的参数值，如图3-27所示。

图3-27

常用参数解析

开始扫描：设置NURBS球体的起始扫描度数，

默认值为 0。

结束扫描：设置 NURBS 球体的结束扫描度数，默认值为 360。

半径：设置 NURBS 球体的半径大小。

次数：有“Linear”（线性）和“Cubic”（立方）两种方式可选，用来控制 NURBS 球体的显示结果。

分段数：设置 NURBS 球体的竖向分段。

跨度数：设置 NURBS 球体的横向分段。

3.3.2 NURBS立方体

单击“曲线 / 曲面”工具架中的“NURBS 立方体”按钮，即可在场景中生成一个方形曲面模型。在“大纲视图”中可以看到 NURBS 立方体实际上是一个由 6 个平面所组成的立方体组合，这 6 个平面被放置于一个名称叫“nurbsCube1”的组里，如图 3-28 所示。我们可以在视图中单击选择任意一个曲面并移动它的位置，如图 3-29 所示。

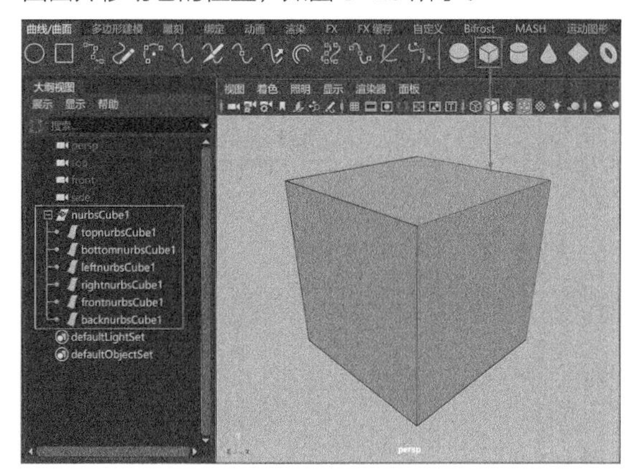

图3-28

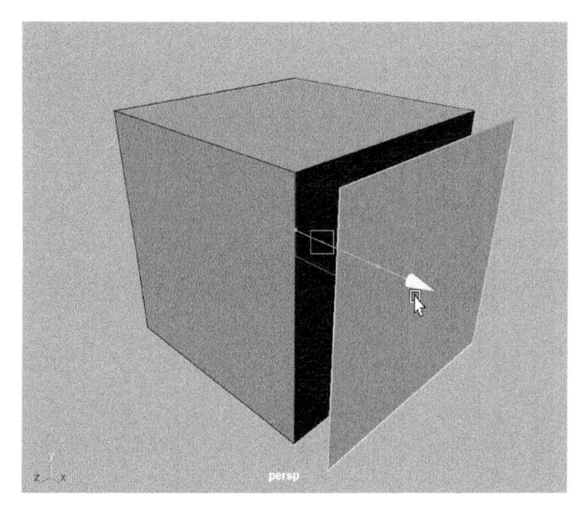

图3-29

在场景中选择构成 NURBS 立方体的任意一个面，在“属性编辑器”面板中找到“makeNurbCube1”选项卡，展开“立方体历史”卷展栏，通过修改该卷展栏中的相应参数值即可更改 NURBS 立方体的大小，如图 3-30 所示。

图3-30

常用参数解析

U 向面片数：控制 NURBS 立方体 U 向的分段数。

V 向面片数：控制 NURBS 立方体 V 向的分段数。

宽度：控制 NURBS 立方体的整体比例大小。

长度比、高度比：分别调整 NURBS 立方体的长度和高度。

3.3.3 NURBS圆柱体

单击“曲线 / 曲面”工具架中的“NURBS 圆柱体”按钮，即可在场景中生成一个圆柱形曲面模型。在“大纲视图”中观察 NURBS 圆柱体，可以看到 NURBS 圆柱体实际上是由 3 个曲面对象所组合而成的，如图 3-31 所示。

图3-31

在“makeNurbCylinder1”选项卡中展开“圆柱体历史”卷展栏，其参数设置如图3-32所示。

图3-32

常用参数解析

开始扫描：设置NURBS圆柱体的起始扫描度数，默认值为0。

结束扫描：设置NURBS圆柱体的结束扫描度数，默认值为360。

半径：设置NURBS圆柱体的半径大小。注意，调整此值的同时也会影响NURBS圆柱体的高度。

分段数：设置NURBS圆柱体的竖向分段。

跨度数：设置NURBS圆柱体的横向分段。

高度比：调整NURBS圆柱体的高度。

3.3.4 NURBS圆锥体

单击“曲线/曲面”工具架中的“NURBS圆锥体”按钮，即可在场景中生成一个圆锥形曲面模型。在“大纲视图”中观察NURBS圆锥体，可以看到它是由侧面和底面这两部分组成的，如图3-33所示。

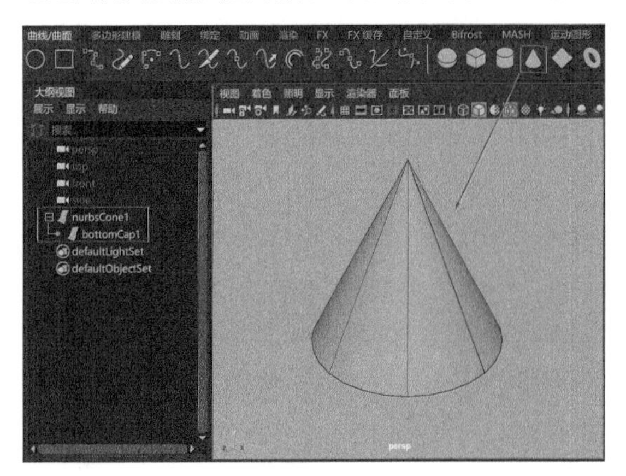

图3-33

技巧与提示 NURBS圆锥体的“属性编辑器”面板中的参数设置与NURBS圆柱体的很相似，故在这里不再重复讲解。

3.3.5 曲面修改工具

在“曲线/曲面”工具架中，可以找到常用的曲面修改工具，如图3-34所示。

图3-34

常用工具解析

旋转：根据所选择的曲线来旋转生成一个曲面模型。

放样：根据所选择的多个曲线来放样生成曲面模型。

平面：根据闭合的曲面来生成曲面模型。

挤出：根据所选择的曲线来挤出模型。

双轨成形1工具：让一条轮廓线沿着两条曲线进行扫描来生成曲面模型。

倒角+：根据一条曲线来生成带有倒角的曲面模型。

在曲面上投影曲线：将曲线投影到曲面上，从而生成曲面曲线。

曲面相交：在曲面的交界处产生一条相交曲线。

修剪工具：根据曲面上的曲线来对曲面进行修剪操作。

取消修剪曲面：取消对曲面的修剪操作。

附加曲面：将两个曲面模型附加为一个曲面模型。

分离曲面：根据曲面上的等参线来分离曲面模型。

开放/闭合曲面：将曲面在U方向或V方向进行打开或者封闭操作。

插入等参线：在曲面的任意位置插入新的等参线。

延伸曲面：根据所选择的曲面来延伸曲面模型。

重建曲面：在曲面上重新构造等参线以生成布线均匀的曲面模型。

雕刻几何体工具：使用笔刷绘制的方式在曲面模型上进行雕刻操作。

曲面编辑工具：使用操纵器来更改曲面上的点。

3.4 技术实例

3.4.1 实例：制作高脚杯模型

本实例将使用“EP 曲线工具”来制作一个高脚杯模型，模型的最终渲染效果如图 3-35 所示，线框渲染效果如图 3-36 所示。

图3-35

图3-36

（1）启动 Maya，按住空格键单击“Maya”按钮，在弹出的菜单中执行“右视图”命令，即可将当前视图切换至“右视图”，如图 3-37 所示。

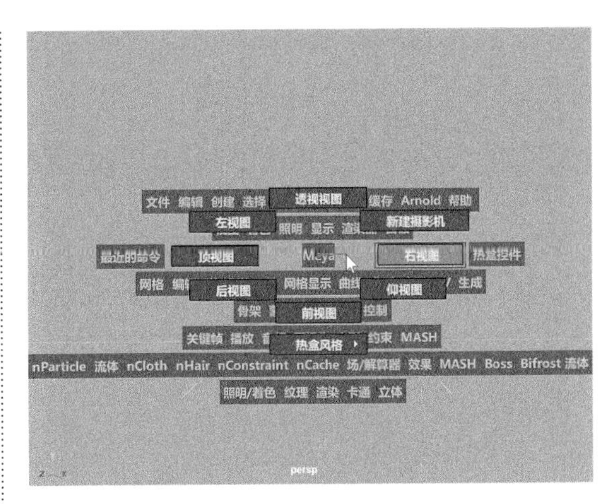

图3-37

（2）单击“曲线 / 曲面”工具架中的“EP 曲线工具”按钮，在“右视图”中绘制出酒杯的剖面图形，如图 3-38 所示。

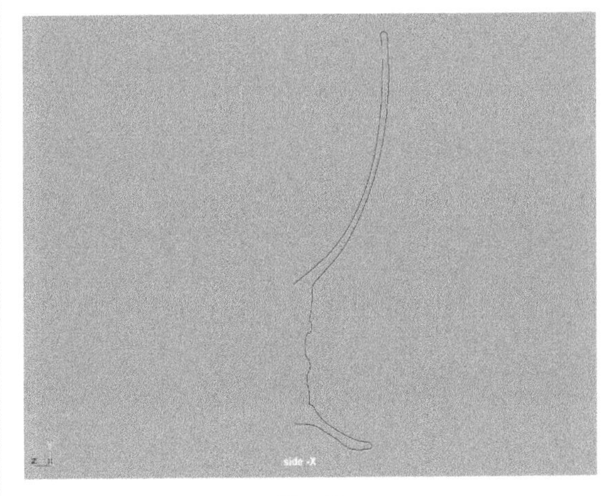

图3-38

（3）按住鼠标右键，在弹出的菜单中执行“控制顶点”命令，如图 3-39 所示。

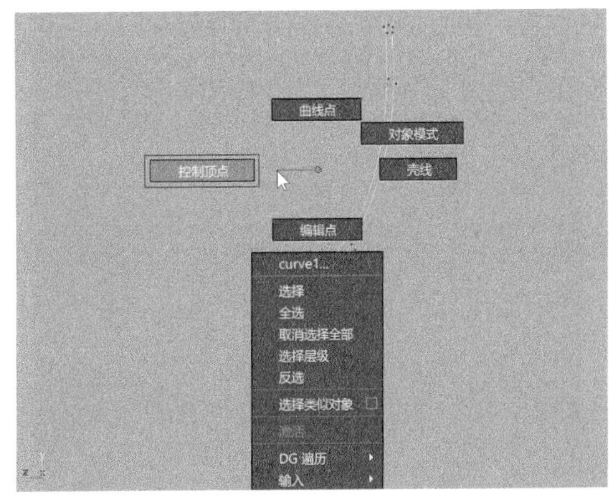

图3-39

（4）调整曲线的控制顶点的位置，仔细修改曲线的形态细节，如图3-40所示。

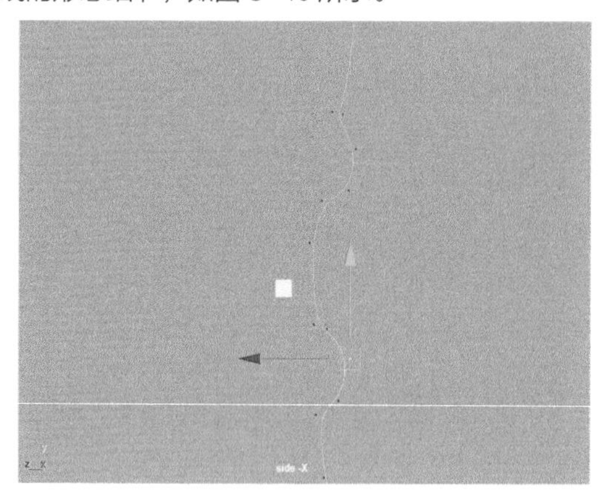

图3-40

（5）调整完成后，按住鼠标右键，在弹出的菜单中执行“对象模式”命令，如图3-41所示，即可退出曲线编辑状态。

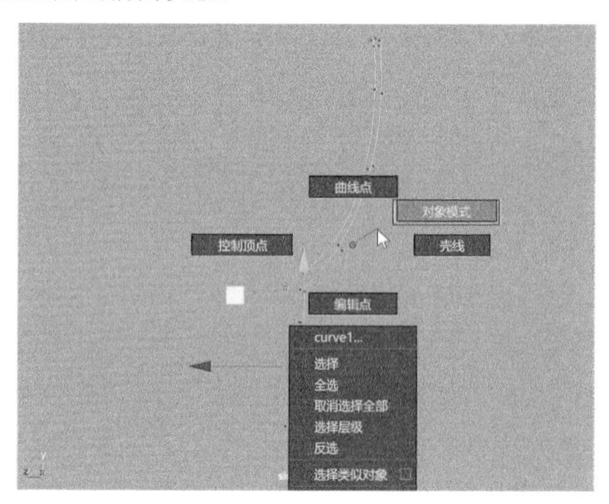

图3-41

（6）观察绘制完成的曲线形态，如图3-42所示。

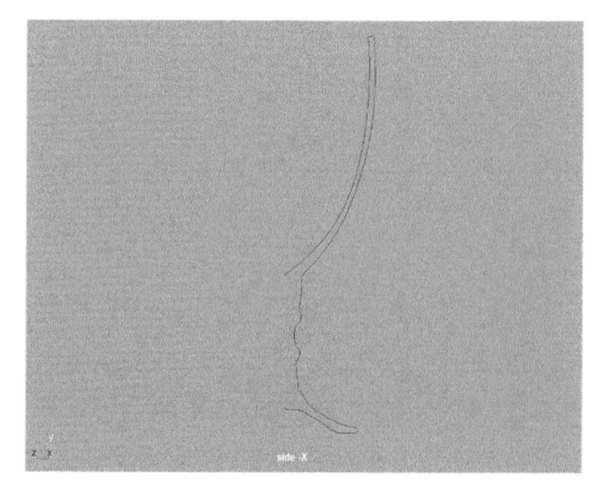

图3-42

（7）选择场景中绘制完成的曲线，单击“曲线/曲面”工具架中的“旋转”按钮，即可在场景中看到曲线经过“旋转”后得到的曲面模型，如图3-43所示。

图3-43

（8）在默认状态下，当前的曲面模型结果显示为黑色，可以执行菜单栏“曲面 > 反转方向”命令来更改曲面模型的面方向，这样就可以得到正确的曲面模型显示结果，如图3-44所示。

图3-44

（9）按住Shift键，以拖曳的方式复制出一个高脚杯模型，如图3-45所示。

图3-45

（10）按住鼠标右键，在弹出的菜单中执行“控制顶点”命令，如图 3-46 所示。

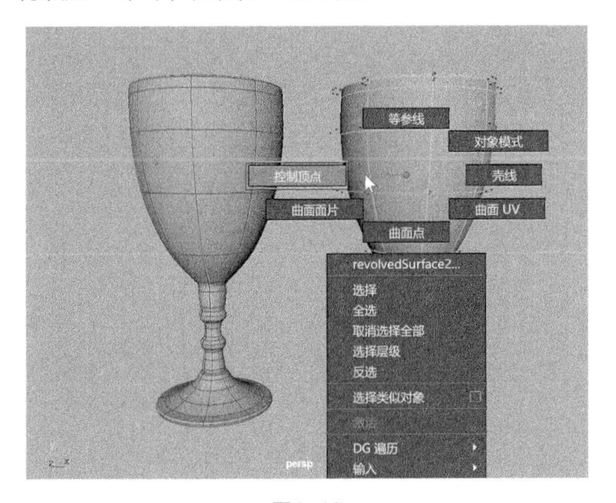

图3-46

（11）选择图 3-47 所示的顶点，沿 Y 轴向上移动，制作出另一款式的高脚杯模型。

图3-47

（12）本实例制作完成后的高脚杯模型最终效果如图 3-48 所示。

图3-48

3.4.2　实例：制作帽子模型

本实例将使用“NURBS 圆形”来制作一个帽子模型，模型的最终渲染效果如图 3-49 所示，线框渲染效果如图 3-50 所示。

图3-49

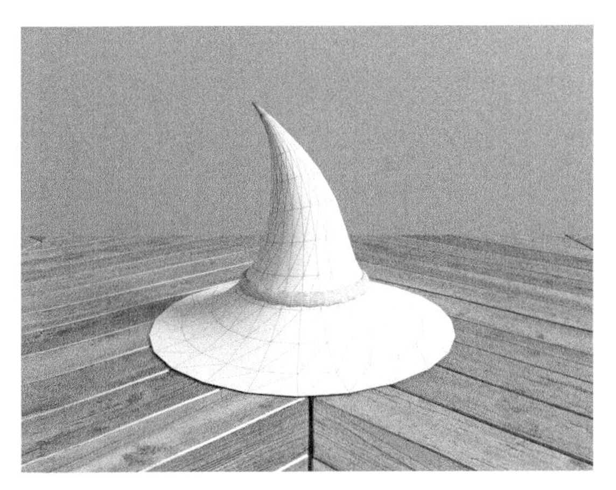

图3-50

（1）启动 Maya，单击“曲线 / 曲面”工具架中的“NURBS 圆形”按钮，如图 3-51 所示。

图3-51

（2）在场景中绘制一个圆形，如图 3-52 所示。

（3）在“通道盒 / 层编辑器”面板中设置圆形的“平移 X”“平移 Y”和“平移 Z”值均为 0，如图 3-53 所示。

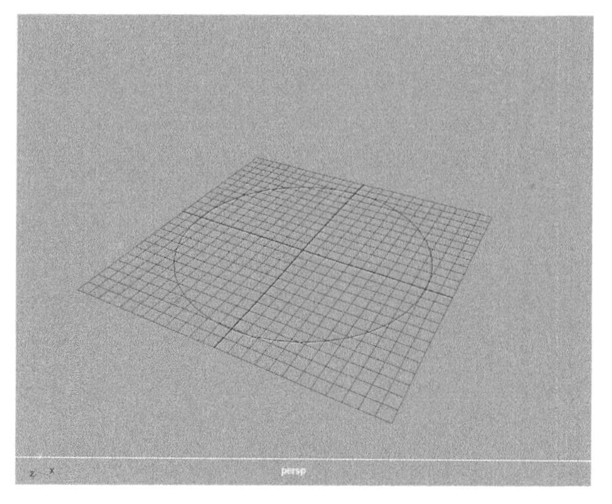

图3-52

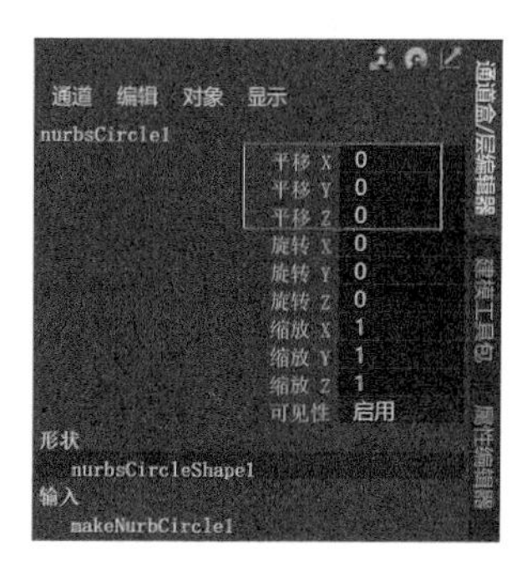

图3-53

（4）选择绘制完成的圆形，按住 Shift 键并配合“移动”工具，向上拖曳复制出一个圆形，如图 3-54 所示。

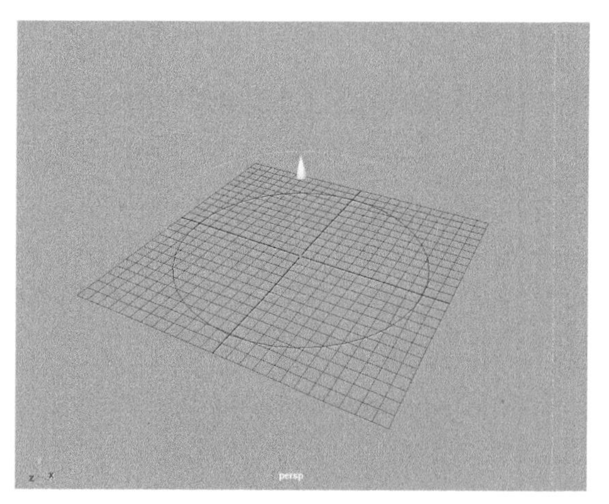

图3-54

（5）使用“缩放”工具调整其大小，如图 3-55 所示。

（6）重复以上操作，复制出多个圆形，分别调整其大小、位置和角度，如图 3-56 所示，制作出帽子模型的多个剖面曲线。

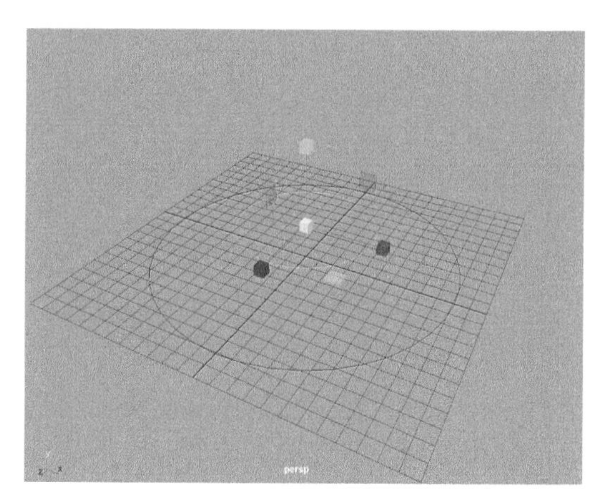

图3-55

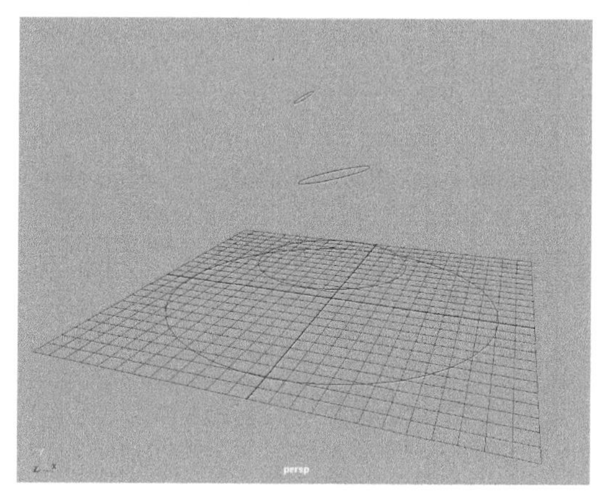

图3-56

（7）在场景中，按照创建圆形图形的顺序，依次选择这些图形，单击“曲线 / 曲面”工具架中的“放样”按钮，如图 3-57 所示。

图3-57

（8）得到图 3-58 所示的帽子模型。

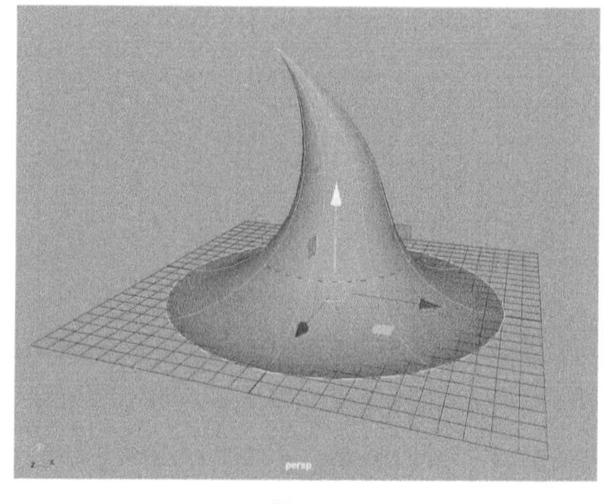

图3-58

（9）将操作视图切换至“前视图”，单击“曲线 / 曲面”工具架中的“NURBS 圆形”按钮在场景中绘制一个圆形，并调整其方向和位置，如图 3-59 所示。

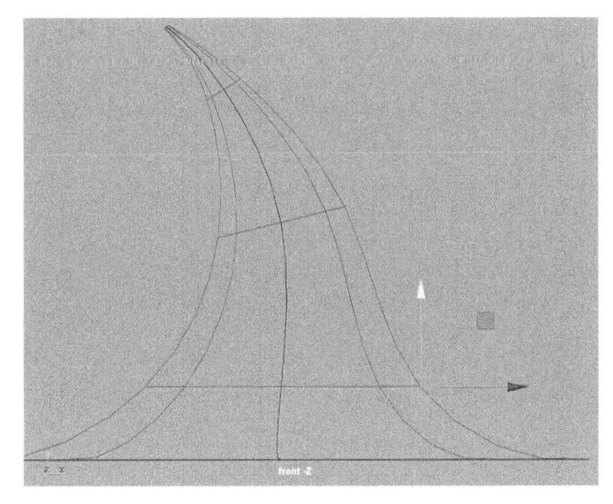

图3-59

（10）按住 Shift 键加选场景中的圆形曲线，如图 3-60 所示。

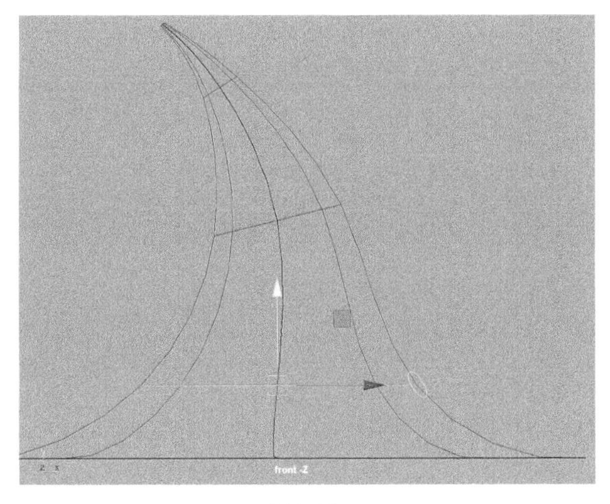

图3-60

（11）双击“曲线 / 曲面”工具架中的“挤出”按钮，如图 3-61 所示。

图3-61

（12）打开“挤出选项”面板，设置“样式”为“管”，“方向”为“路径方向”，如图 3-62 所示。

（13）单击“挤出选项”面板下方的“挤出”按钮，即可制作出帽子上的环形结构，如图 3-63 所示。

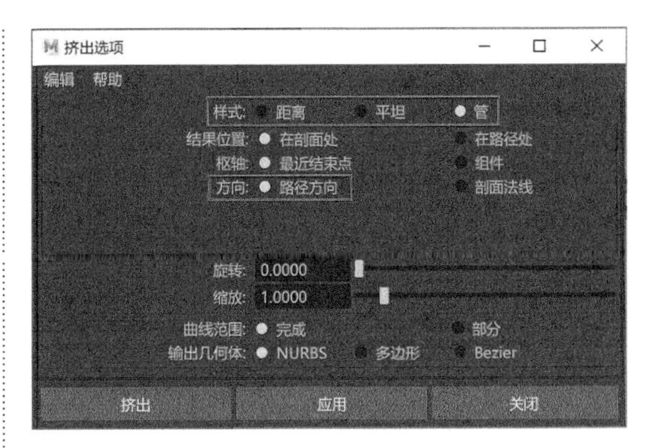

图3-62

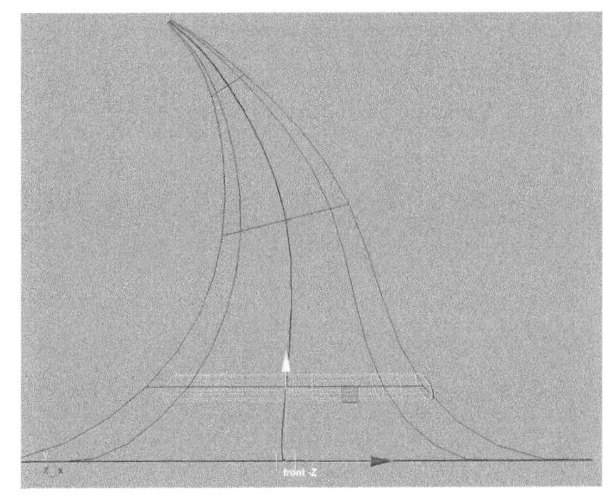

图3-63

（14）在“透视视图”中微调环形结构在帽子上的位置，如图 3-64 所示。至此，本实例的帽子模型已制作完成。

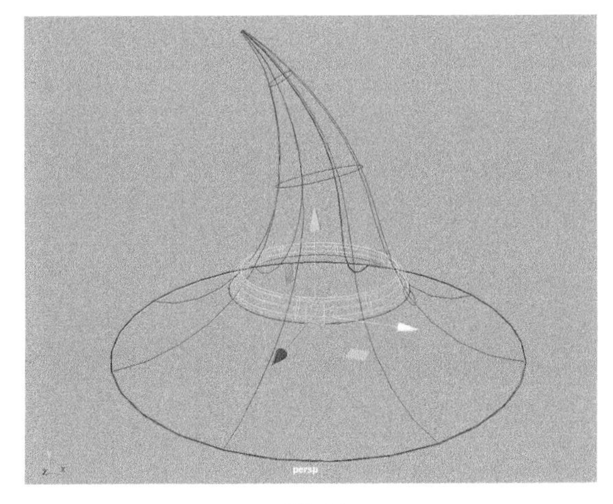

图3-64

（15）本实例的帽子模型制作完成后的效果如图 3-65 所示。

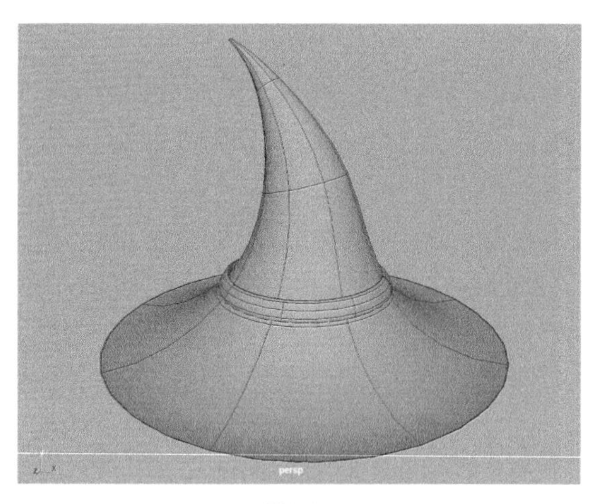

图3-65

3.4.3 实例：制作台灯模型

本实例将使用“Bezier 曲线工具”来制作一个台灯模型，模型的最终渲染效果如图 3-66 所示，线框渲染效果如图 3-67 所示。

图3-66

图3-67

（1）启动 Maya，将默认的操作视图切换至“右视图”，如图 3-68 所示。

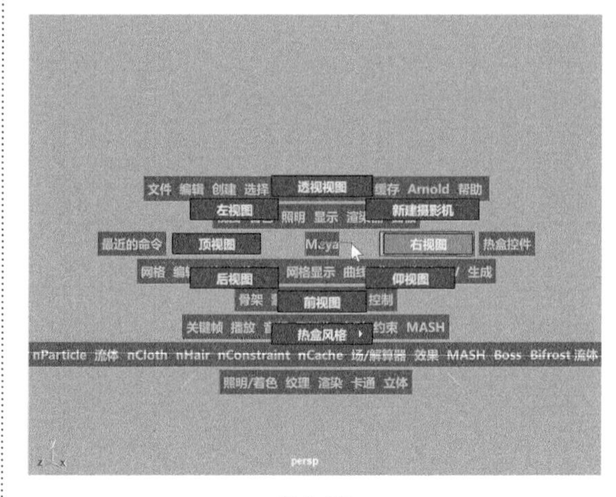

图3-68

（2）单击“曲线 / 曲面”工具架中的“Bezier 曲线工具”按钮，如图 3-69 所示。

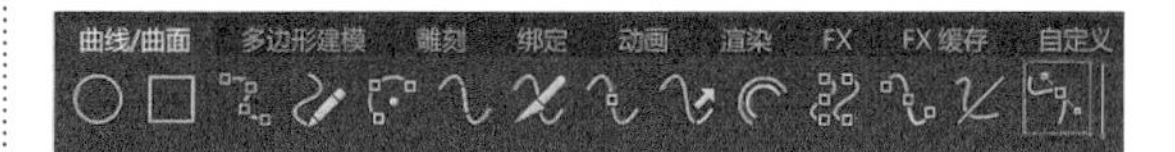

图3-69

（3）在场景中绘制出台灯底座的剖面曲线，如图 3-70 所示。

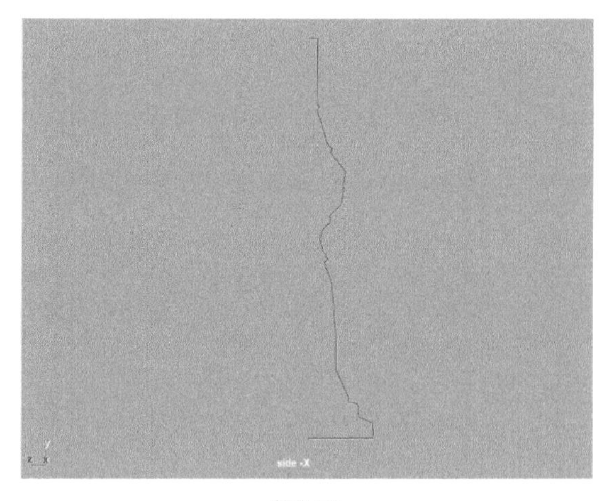

图3-70

（4）选择绘制好的曲线，按住鼠标右键，在弹出的菜单中执行“控制顶点”命令，如图 3-71 所示。这样，我们就可以对曲线上的顶点进行编辑了。

（5）选择曲线上的所有顶点，按住 Shift 键，再按住鼠标右键，在弹出的菜单中执行“Bezier 角点”命令。这样，即可将所选择的顶点类型更改为“Bezier 角点”，如图 3-72 所示。

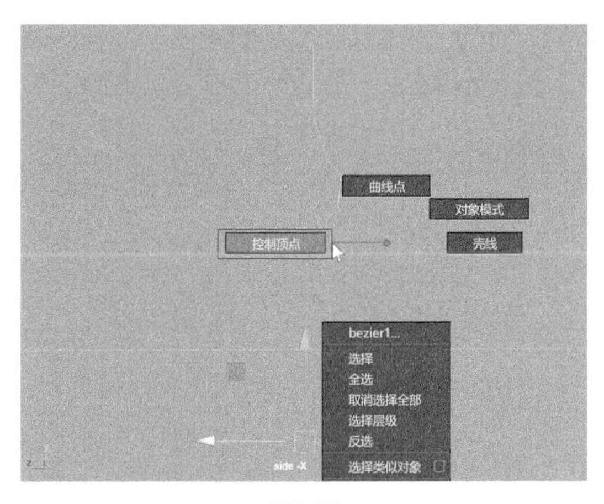

图3-71

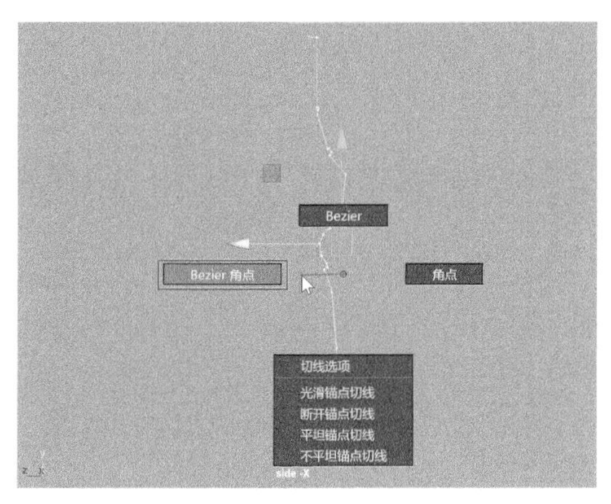

图3-72

（6）我们可以通过调整每个顶点两侧的手柄来控制曲线的弧度，如图 3-73 所示。曲线调整完成后的效果如图 3-74 所示。

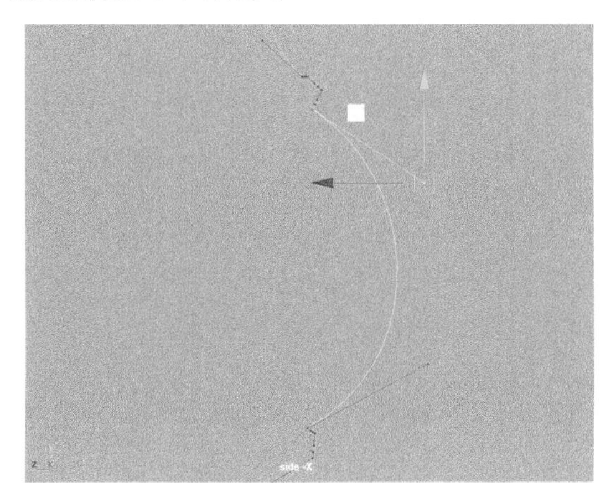

图3-73

（7）选择调整完成后的曲线，单击“曲线 / 曲面”工具架中的“旋转”按钮，如图 3-75 所示，即可得到台灯的底座模型，如图 3-76 所示。

图3-74

图3-75

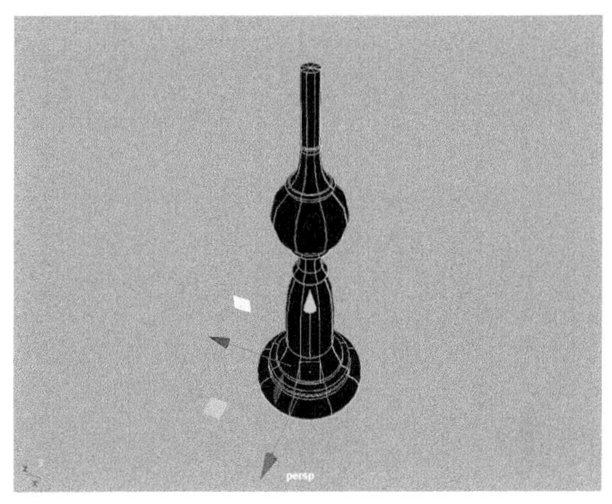

图3-76

（8）现在我们在“透视视图”中观察到新生成的台灯底座模型显示为黑色，可以通过执行菜单栏“曲面 > 反转方向”命令更改曲面模型的法线方向，得到图 3-77 所示的模型结果。

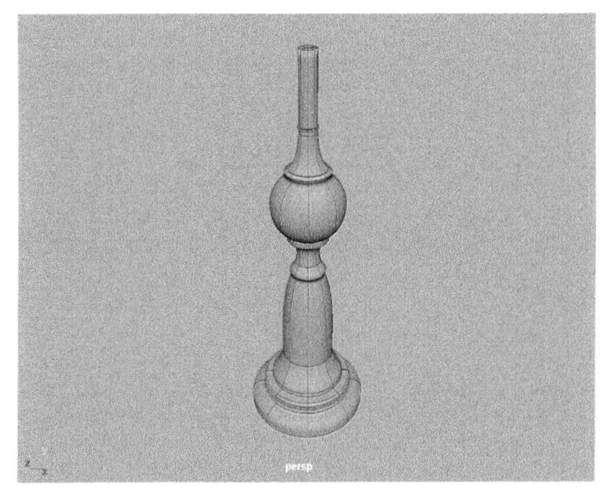

图3-77

（9）在“右视图”中使用“Bezier 曲线工具”绘制出灯泡模型的剖面，如图 3-78 所示。

图3-78

（10）使用相同的操作步骤调整曲线的形态，如图 3-79 所示。

图3-79

（11）对绘制好的曲线使用“旋转”命令，生成的灯泡模型如图 3-80 所示。

图3-80

（12）选择灯泡模型，执行菜单栏“曲面 > 反转方向”命令更改曲面模型的法线方向，得到图 3-81 所示的模型结果。

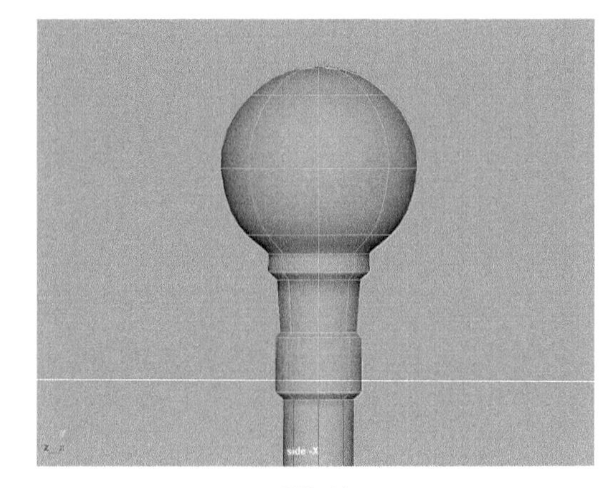

图3-81

（13）单击“曲线 / 曲面”工具架中的“NURBS 圆柱体”按钮，在场景中绘制出一个圆柱体模型，如图 3-82 所示。

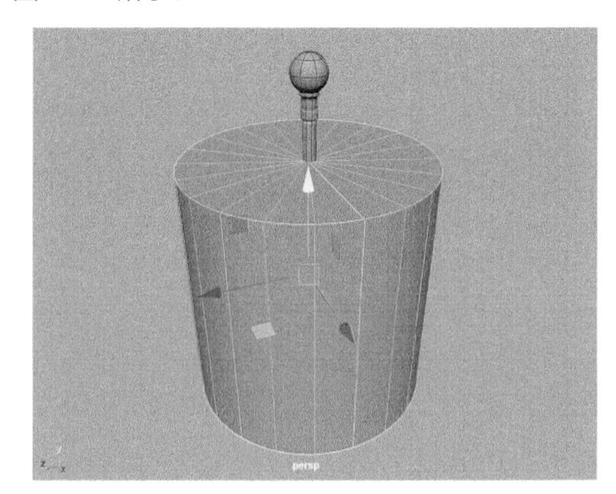

图3-82

（14）选择圆柱体模型的顶面和底面，将其删除，只保留圆柱体模型的侧面，如图 3-83 所示。

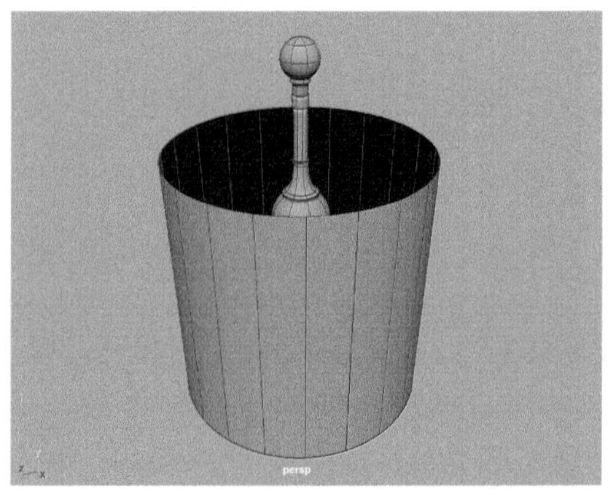

图3-83

（15）调整圆柱体模型的位置，如图 3-84 所示。

图3-84

（16）选择圆柱体模型，按快捷键 Ctrl+D 复制出一个圆柱体模型，并对其缩放至图 3-85 所示的大小，然后执行菜单栏“曲面 > 反转方向”命令反转圆柱体的法线方向。

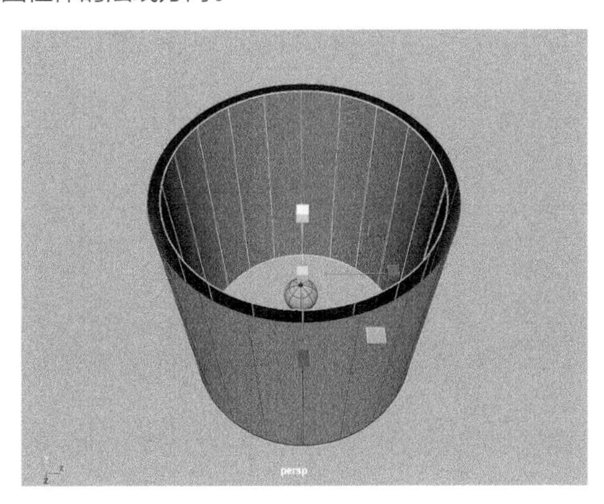

图3-85

（17）按住鼠标右键，在弹出的菜单中执行“等参线”命令，如图 3-86 所示。

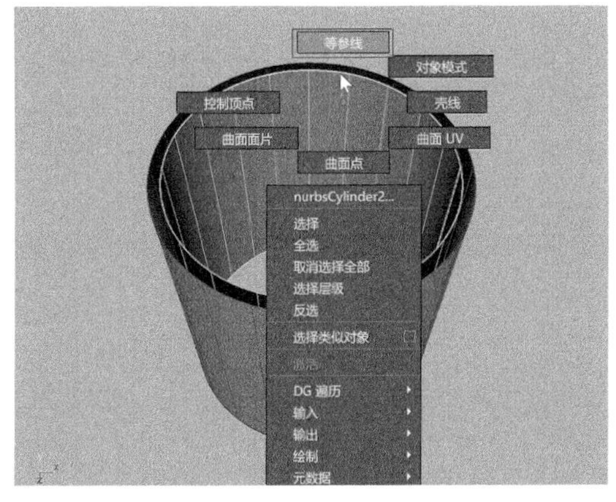

图3-86

（18）按住 Shift 键加选第一个圆柱体模型，如图 3-87 所示。

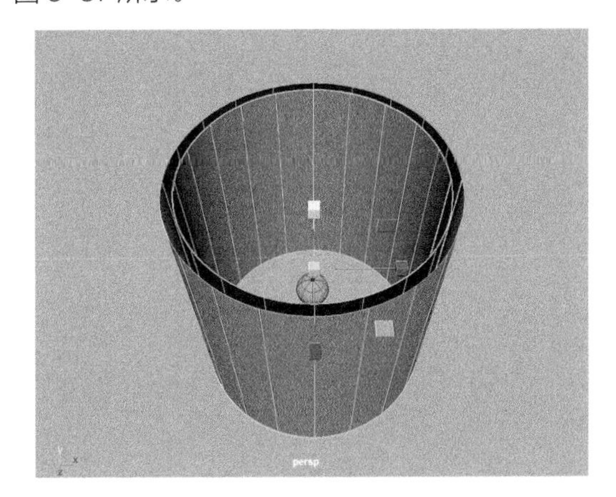

图3-87

（19）按住鼠标右键，在弹出的菜单中执行“等参线”命令，然后选择图 3-88 所示的边线。

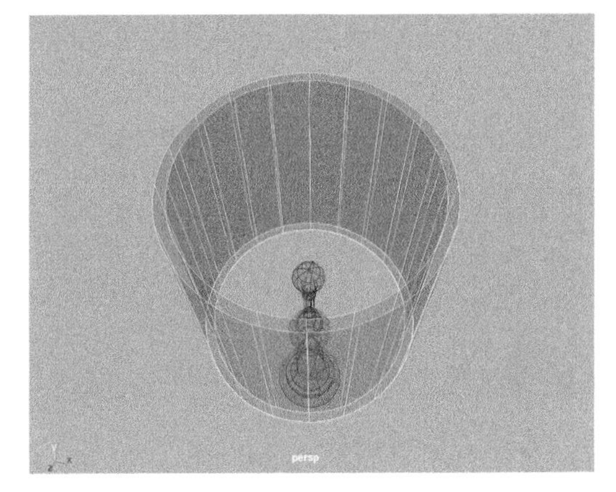

图3-88

（20）单击“曲线 / 曲面”工具架中的“平面”按钮，制作出两个圆柱体上方间隔的模型结构，如图 3-89 所示。

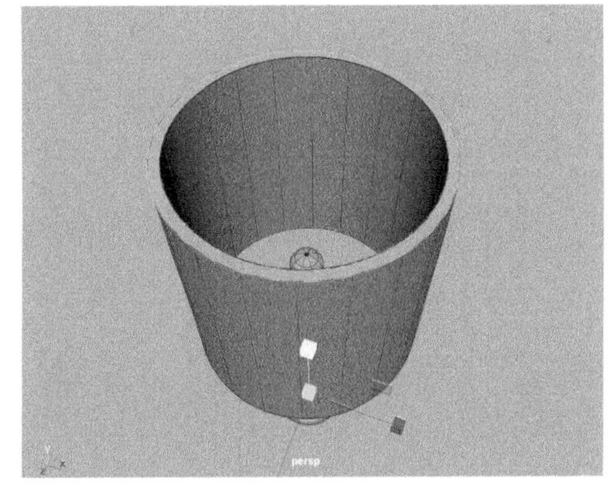

图3-89

（21）本实例的模型最终完成效果如图 3-90 所示。

图3-90

💡 **技巧与提示** 有时候，我们制作出来的曲面模型在视图中看起来可能不是很平滑。这时，可以在“NURBS 曲面显示”卷展栏中增大“曲线精度着色”参数值，如图 3-91 所示。图 3-92 所示为该值分别是 4 和 15 的模型显示结果对比。

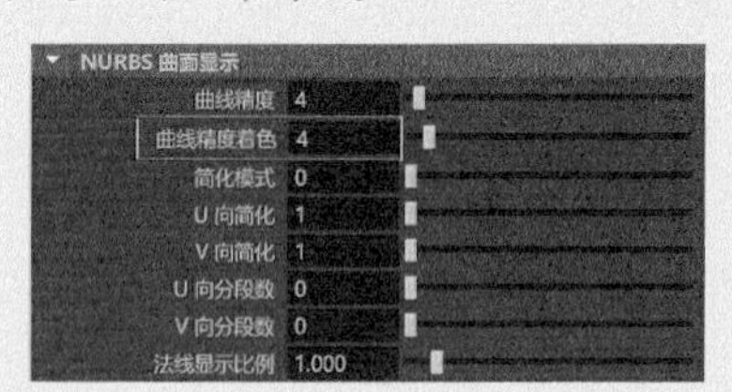

图3-91

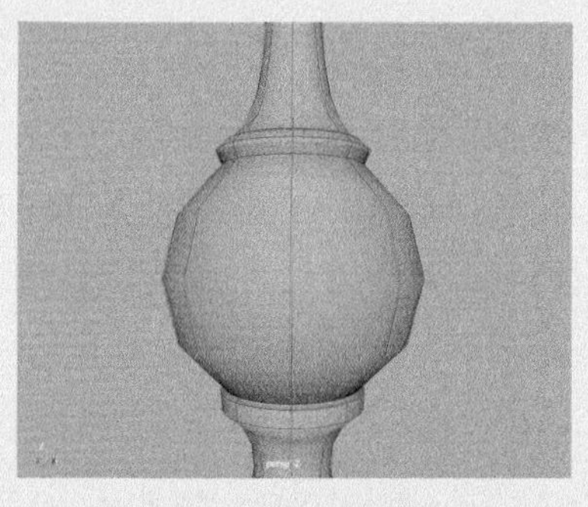

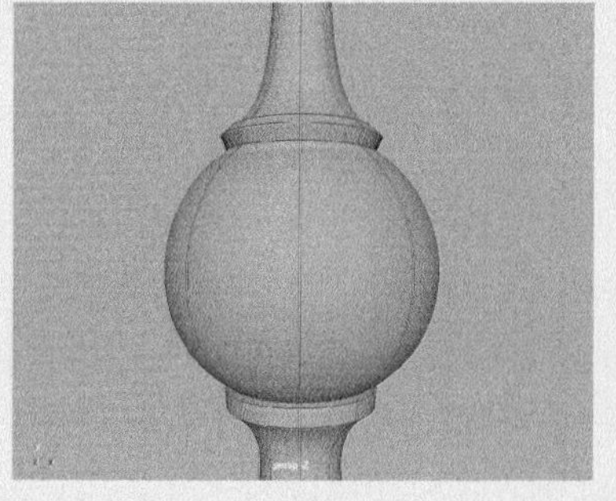

图3-92

3.4.4 实例：制作玩具蚂蚁模型

本实例将使用“NURBS 球体”和“EP 曲线工具”来制作一个玩具蚂蚁模型，模型的最终渲染效果如图 3-93 所示，线框渲染效果如图 3-94 所示。

图3-93

图3-94

（1）启动 Maya，单击“曲线 / 曲面”工具架中的“NURBS 球体”按钮，在场景中创建一个球体模型，如图 3-95 所示。

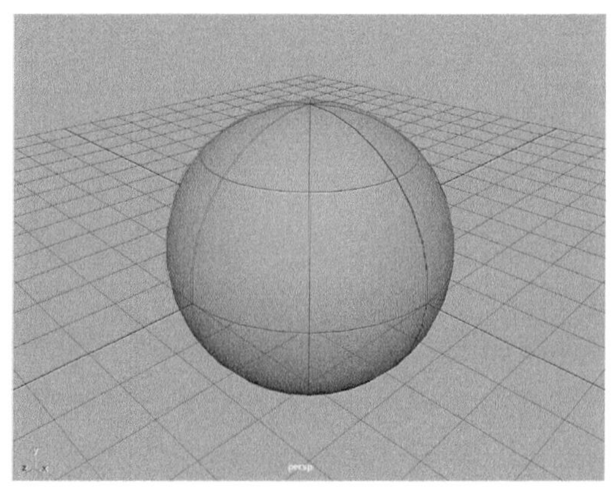

图3-95

（2）在“通道盒/层编辑器”面板中，设置球体模型的“平移X”“平移Y”和“平移Z”值均为0；设置“旋转X”值为90，如图3-96所示。

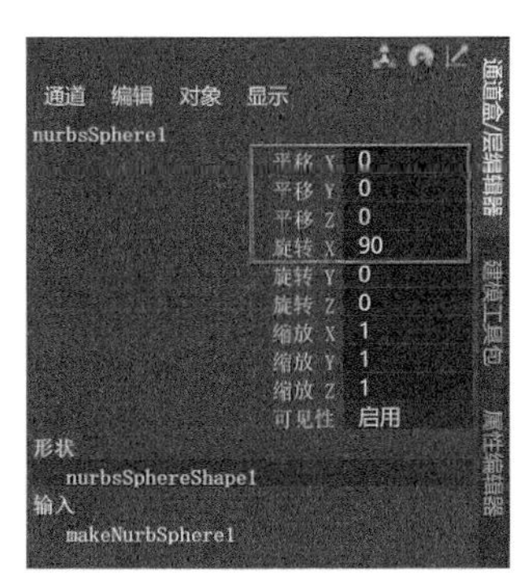

图3-96

（3）将操作视图切换至“右视图”，按住Shift键，使用“移动”工具以拖曳的方式复制出两个球体模型，如图3-97所示。

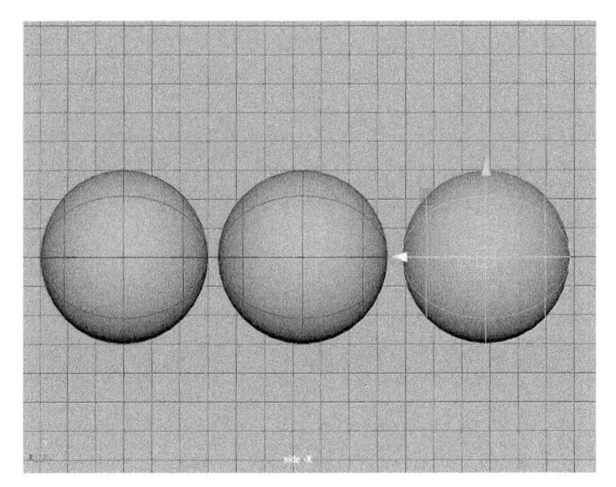

图3-97

（4）选择第一个球体模型，按住鼠标右键，在弹出的菜单中执行“控制顶点”命令，如图3-98所示。

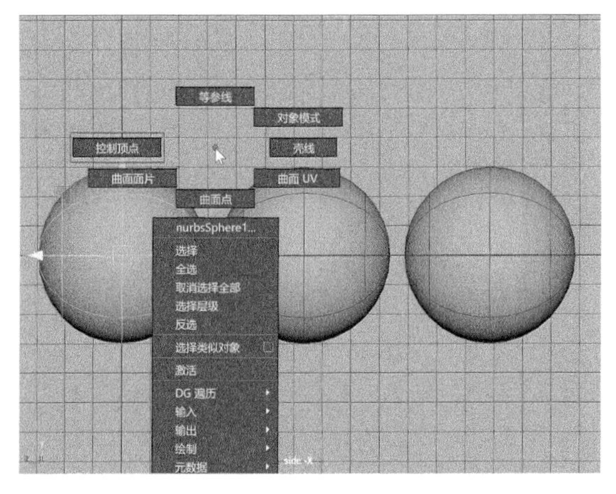

图3-98

（5）调整球体模型的顶点的位置，制作出蚂蚁的头部，如图3-99所示。

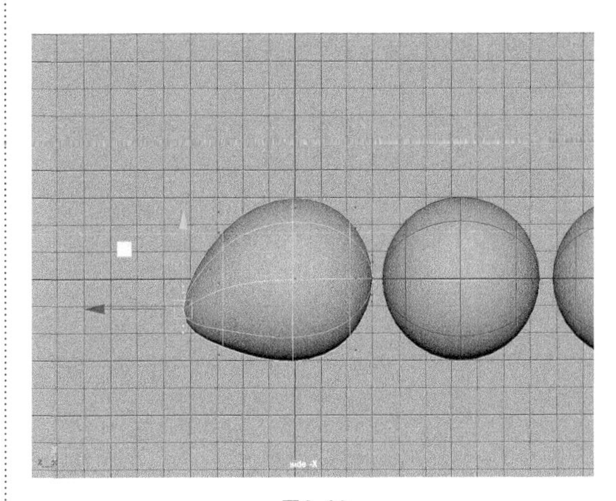

图3-99

（6）使用相同的操作步骤，将另外两个球体模型调整成图3-100所示的形态，制作出蚂蚁的躯干部分。

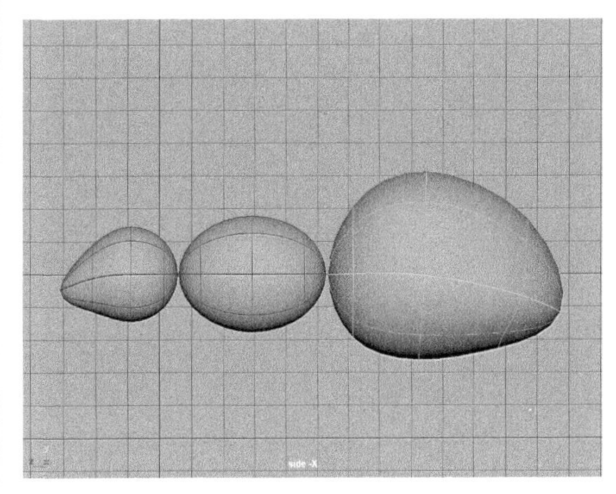

图3-100

（7）选择左边两个球体模型，单击“曲线/曲面”工具架中的“附加曲面”按钮，如图3-101所示，得到图3-102所示的模型结果。

图3-101

（8）使用相同的操作步骤将蚂蚁的腹部结构也附加进来，制作出图3-103所示的模型效果。

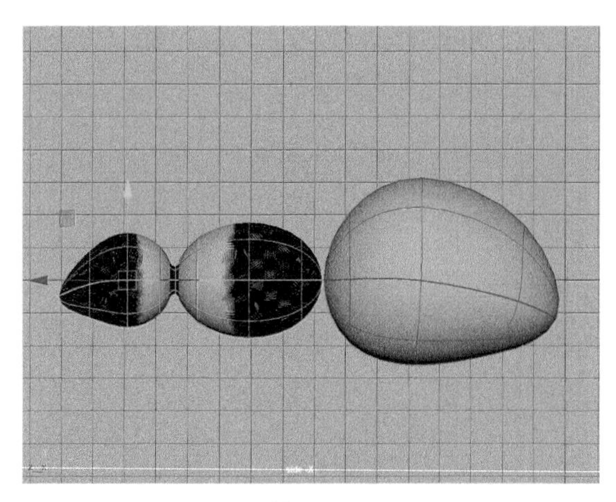

图3-102

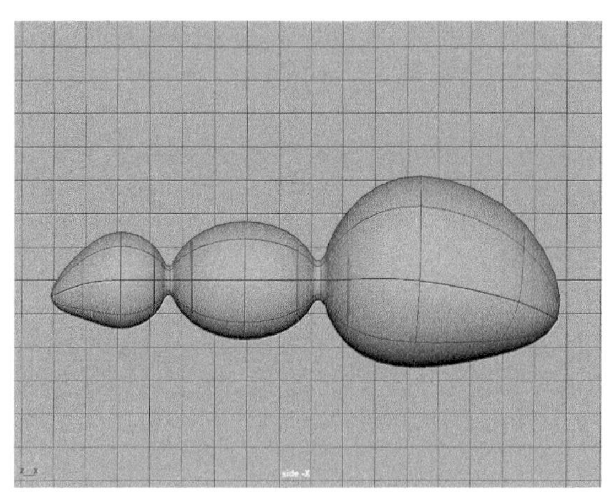

图3-103

（9）将视图切换至“前视图”，单击“曲线/曲面”工具架中的“EP 曲线工具”按钮，在场景中绘制出图 3-104 所示的曲线，用来制作蚂蚁的腿结构。

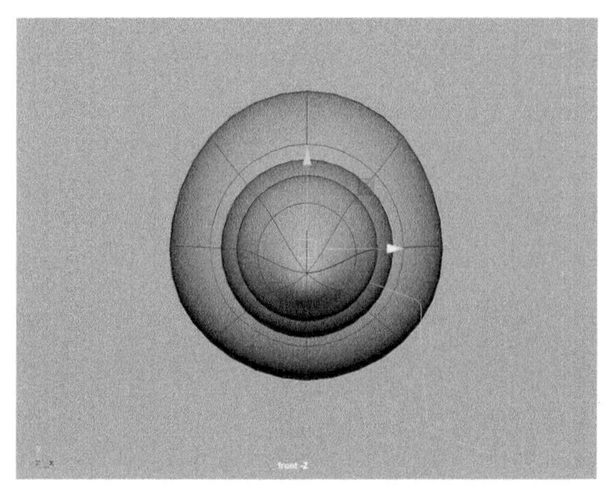

图3-104

（10）在“右视图”中调整曲线的形态和位置，如图 3-105 所示。

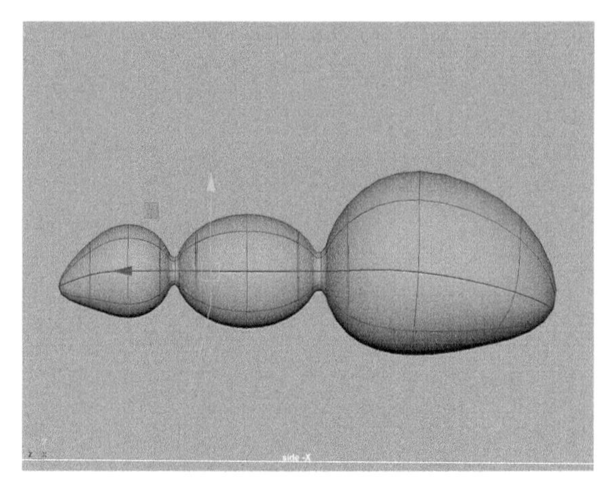

图3-105

（11）使用相同的操作步骤，使用“EP 曲线工具”绘制出蚂蚁的其他腿的线条和头部触角的线条，如图 3-106 所示。

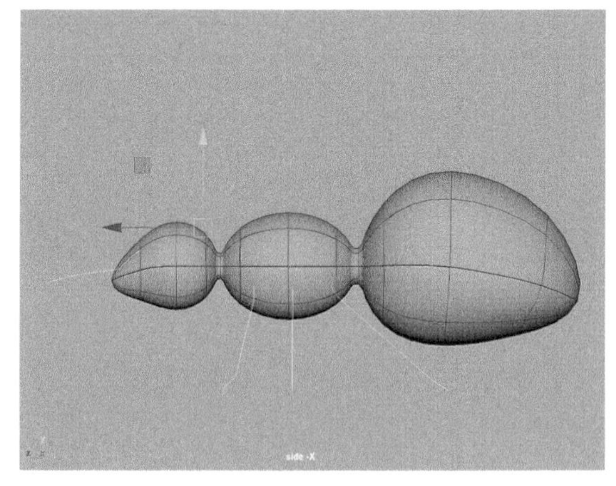

图3-106

（12）选择这些线条，如图 3-107 所示。按快捷键 Ctrl+D 原地复制出一组线条，并对其进行“缩放”，制作出蚂蚁另一侧的结构，如图 3-108 所示。

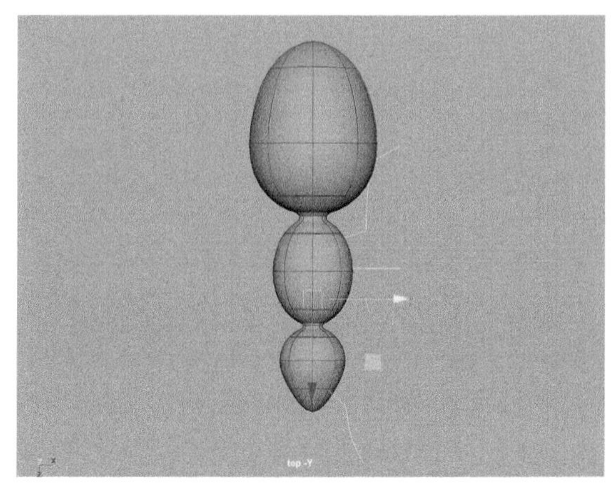

图3-107

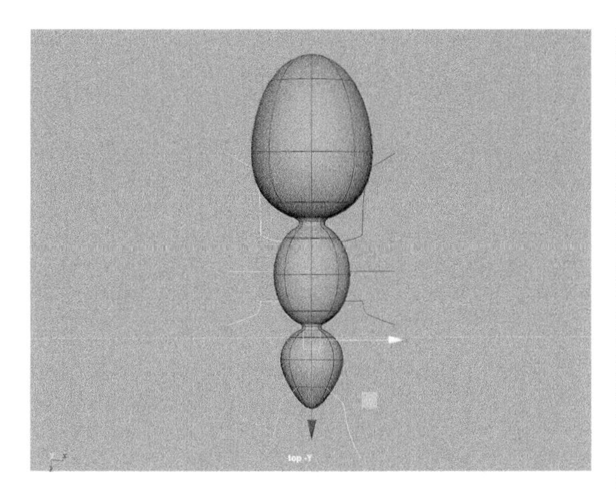

图3-108

（13）本实例的模型最终完成效果如图 3-109 所示。

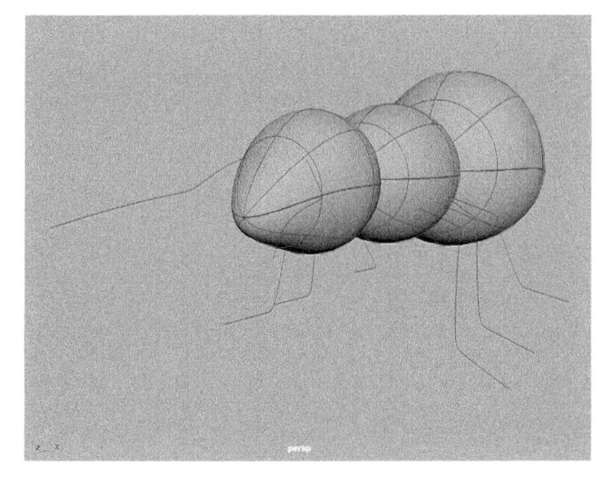

图3-109

技巧与提示 Maya 中的曲线在默认状态下是无法渲染的，需要在“属性编辑器”面板中展开“Arnold”卷展栏，勾选“Render Curve”（渲染曲线）选项，并设置“Curve Width”（曲线宽度）的值，以及在“Curve Shader”（曲线着色）属性中指定材质球后才可以渲染出来，如图 3-110 所示。

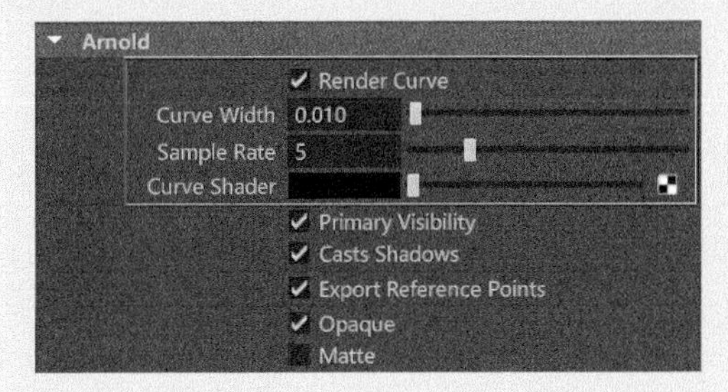

图3-110

资源获取验证码：00136

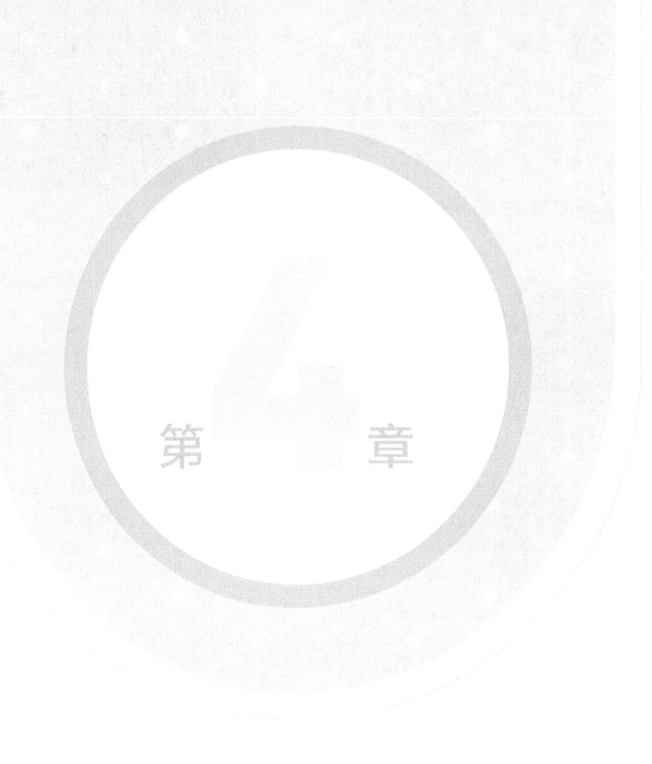

多边形建模

扫码在线观看
案例讲解视频

4.1 多边形建模概述

大多数三维软件都提供了多种建模的方式以供广大建模师选择使用，Maya 也不例外，我们在学习了上一章的建模技术之后，对曲面建模已经有了一个大概的了解，同时也会发现曲面建模技术中的一些不太方便的地方。例如，在 Maya 中创建出来的 NURBS 长方体模型、NURBS 圆柱体模型和 NURBS 圆锥体模型不像 NURBS 球体模型一样是一个对象，而是由多个结构拼凑而成的，那么我们使用曲面建模技术在处理这些形体边角连接的地方时会很麻烦，如果我们在 Maya 中使用多边形建模技术来进行建模的话，这些问题将变得非常简单。多边形由顶点和连接它们的边来定义形体的结构，多边形的内部区域称之为“面”，这些要素的命令编辑就构成了多边形建模技术。经过几十年的应用发展，多边形建模技术如今被广泛应用于电影、游戏、虚拟现实等领域的动画模型的开发制作。图 4-1 所示为笔者在 Maya 中使用多边形建模技术制作完成的角色头部模型。

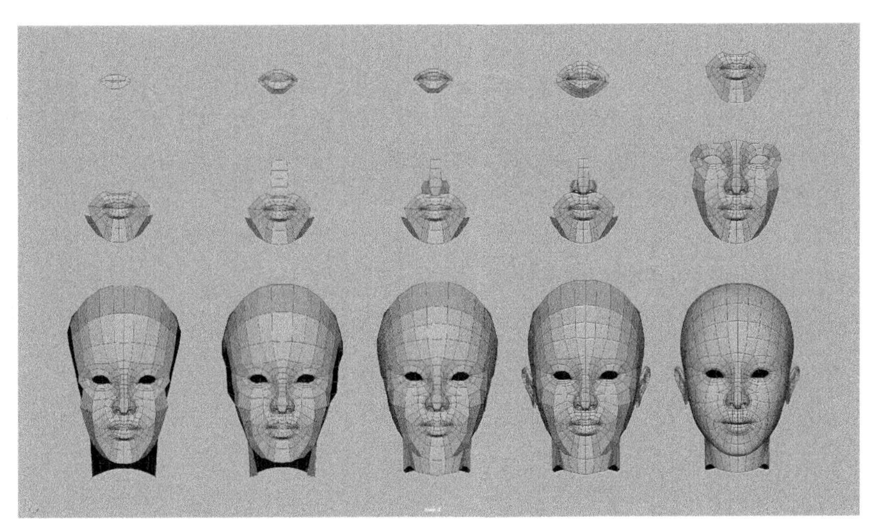

图4-1

多边形建模技术与曲面建模技术的差异比较明显：曲面模型有严格的 UV 走向，编辑起来略微麻烦一些；而多边形模型由于是三维空间里的多个顶点相互连接而成的一种立体拓扑结构，因此编辑起来非常自由。Maya 的多边形建模技术已经发展得相当成熟，通过使用“建模工具包”面板，用户可以非常方便地利用这些多边形编辑命令快速地完成模型的制作。在“多边形建模”工具架中，我们可以找到与多边形建模有关的大部分常用工具，如图 4-2 所示。

图4-2

4.2 创建多边形对象

“多边形建模”工具架的前半部分为用户提供了许多基本几何体的创建工具，如图 4-3 所示，熟练掌握这些基本几何形体的创建工具可以帮助我们在 Maya 中制作出精美的三维模型。

图4-3

常用工具解析

多边形球体：创建多边形球体。

多边形立方体：创建多边形立方体。

多边形圆柱体：创建多边形圆柱体。

多边形圆锥体：创建多边形圆锥体。

多边形圆环：创建多边形圆环。

多边形平面：创建多边形平面。

多边形圆盘：创建多边形圆盘。

柏拉图多面体：创建柏拉图多面体。

超形状：创建多边形超形状。

多边形类型：创建多边形文字模型。

SVG：使用剪贴板中的可扩展向量图形或导入的SVG文件来创建多边形模型。

中心枢轴：快速设置模型的坐标轴于自身的中心位置处。

删除历史：删除模型的构建历史记录。

冻结变换：快速冻结所选对象的变换属性。

技巧与提示 个别图标的右下方还标有一个灰色的三角符号，说明该图标还内置有其他的几何形体选项。将鼠标指针移动至这些图标上，单击鼠标右键，可以在弹出的菜单中找到这些几何形体的创建方式，如图4-4和图4-5所示。

图4-4

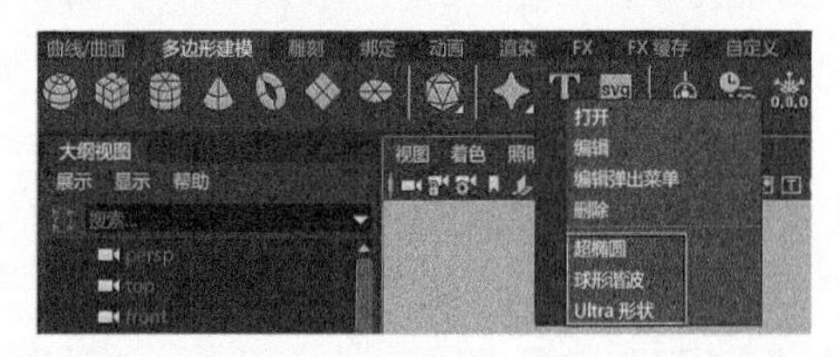

图4-5

此外，还可以按住Shift键，并按住鼠标右键，在弹出的菜单中找到创建多边形对象的相关命令，如图4-6所示。

更多的创建多边形的命令可以通过执行菜单栏“创建 > 多边形基本体”命令找到，如图4-7所示。

4.2.1 多边形球体

在“多边形建模”工具架中单击“多边形球体”按钮，即可在场景中创建一个多边形球体模型，如图4-8所示。

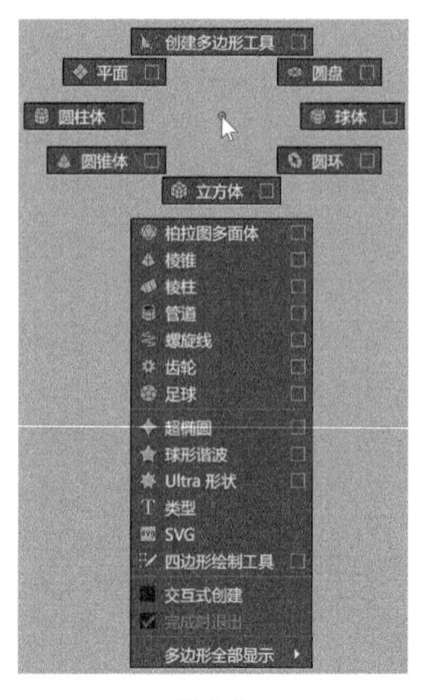

图4-6

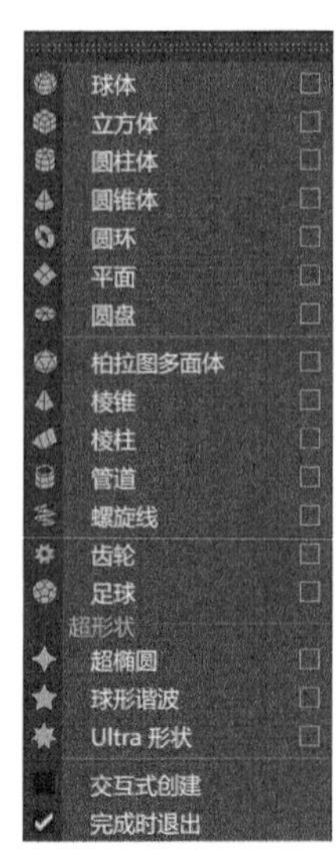

图4-7

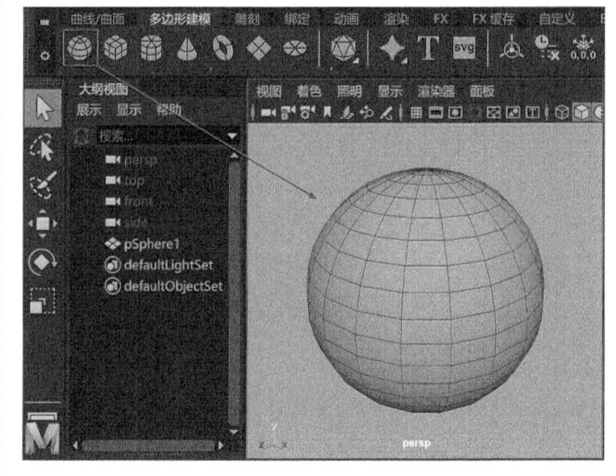

图4-8

在“属性编辑器”面板里的“polySphere1”选项卡中，展开“多边形球体历史”卷展栏，可以看到多边形球体的参数设置，如图4-9所示。

图4-9

常用参数解析

半径：控制多边形球体的半径大小。

轴向细分数：设置多边形球体轴向方向上的细分段数。

高度细分数：设置多边形球体高度上的细分段数。

4.2.2 多边形立方体

在“多边形建模”工具架中单击“多边形立方体”按钮，即可在场景中创建一个多边形立方体模型，如图 4-10 所示。

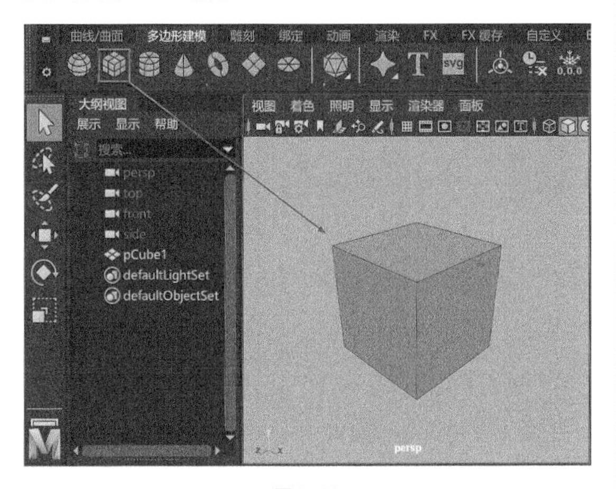

图4-10

在其“属性编辑器”面板中的“多边形立方体历史”卷展栏中可以看到多边形立方体的参数设置，如图 4-11 所示。

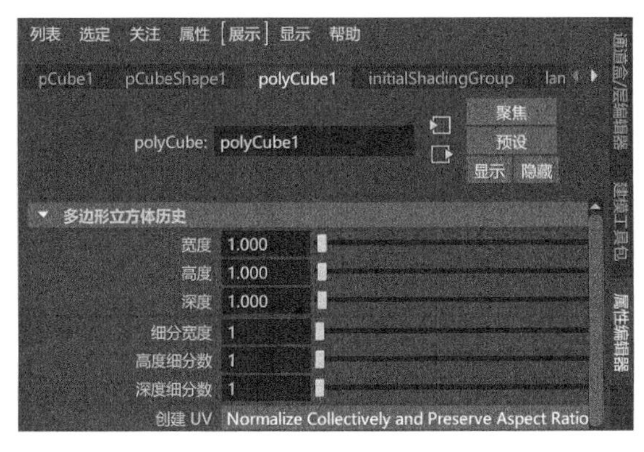

图4-11

常用参数解析

宽度：设置多边形立方体的宽度。

高度：设置多边形立方体的高度。

深度：设置多边形立方体的深度。

细分宽度：设置多边形立方体在宽度上的分段数量。

高度细分数、深度细分数：分别设置多边形立方体在高度和深度上的分段数量。

4.2.3 多边形圆柱体

在“多边形建模”工具架中单击“多边形圆柱体”按钮，即可在场景中创建一个多边形圆柱体模型，如图 4-12 所示。

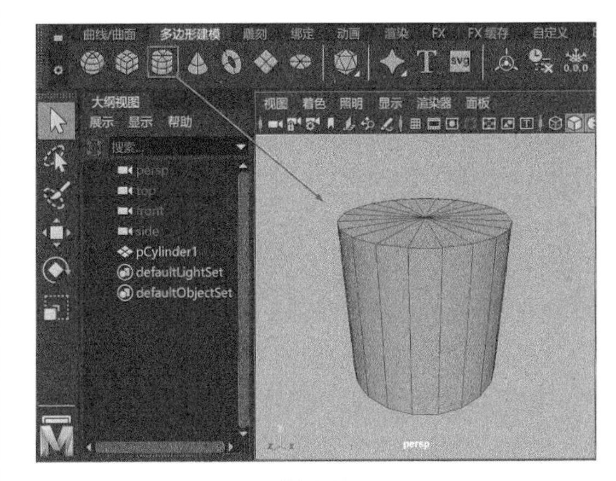

图4-12

在其“属性编辑器”面板中的“多边形圆柱体历史”卷展栏中可以看到多边形圆柱体的参数设置，如图 4-13 所示。

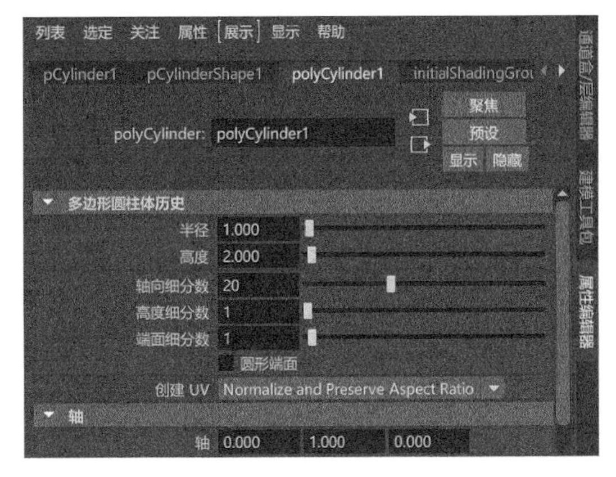

图4-13

常用参数解析

半径：设置多边形圆柱体的半径值。

高度：设置多边形圆柱体的高度值。

轴向细分数、高度细分数、端面细分数：分别设置多边形圆柱体的轴向、高度和端面的分段数值。

4.2.4 多边形圆锥体

在“多边形建模”工具架中单击“多边形圆锥体”按钮，即可在场景中创建一个多边形圆锥体模型，如图 4-14 所示。

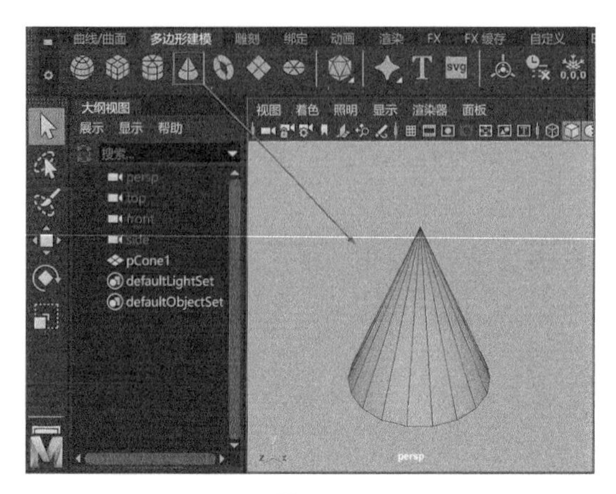

图4-14

在其“属性编辑器”面板中的“多边形圆锥体历史”卷展栏中可以看到多边形圆锥体的参数设置，如图 4-15 所示。

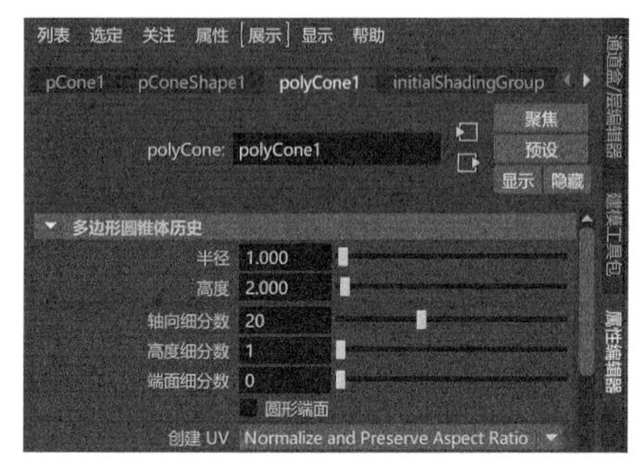

图4-15

常用参数解析

半径：设置多边形圆锥体的半径值。

高度：设置多边形圆锥体的高度值。

轴向细分数、高度细分数、端面细分数：分别设置多边形圆锥体的轴向、高度和端面的分段数值。

4.2.5 多边形圆环

在“多边形建模”工具架中单击“多边形圆环”按钮，即可在场景中创建一个多边形圆环模型，如图 4-16 所示。

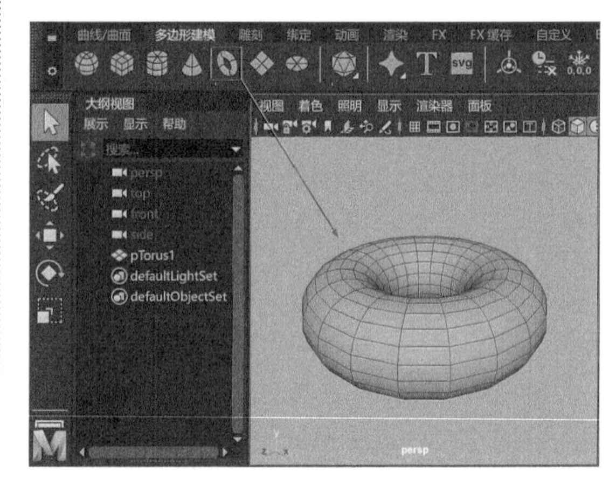

图4-16

在其“属性编辑器”面板中的“多边形圆环历史”卷展栏中可以看到多边形圆环的参数设置，如图 4-17 所示。

图4-17

常用参数解析

半径：设置多边形圆环的半径值。

截面半径：设置多边形圆环的截面半径值。

扭曲：设置多边形圆环的扭曲值。

轴向细分数、高度细分数：分别设置多边形圆环的轴向和高度的分段数值。

4.2.6 多边形类型

在“多边形建模”工具架中单击“多边形类型”按钮，即可在场景中快速创建出多边形文本模型，如图 4-18 所示。

在“属性编辑器”面板中找到“type1”选项卡，即可看到“多边形类型”工具的参数设置，如图 4-19 所示。

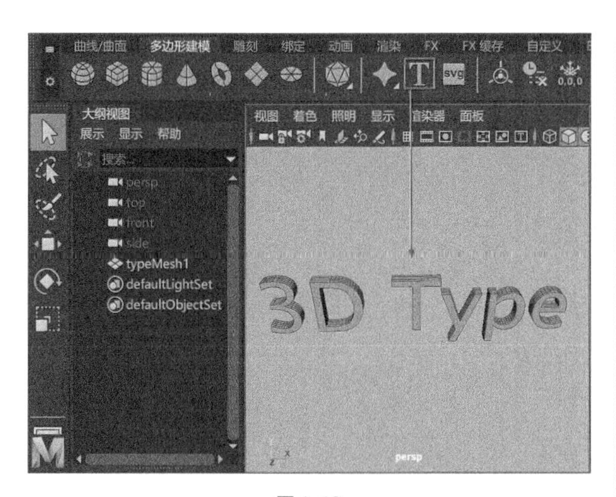
图4-18

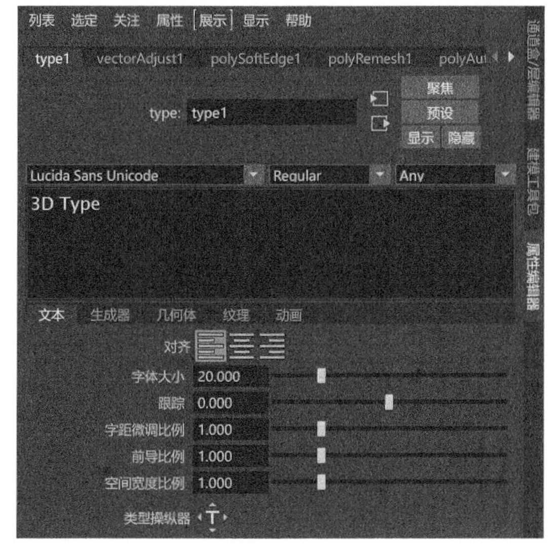
图4-19

常用参数解析

选择字体和样式：在该下拉列表框中，用户可以更改文字的字体及样式，如图 4-20 所示。

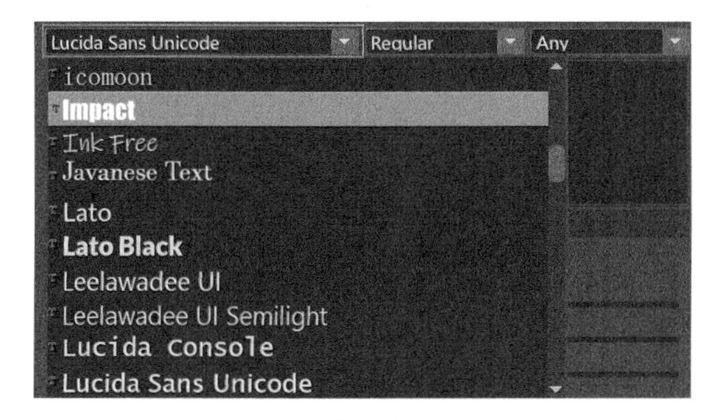
图4-20

选择写入系统：在该下拉列表框中，用户可以更改文字语言，如图 4-21 所示。

图4-21

输入一些类型：用户可在该文本框中随意更改输入的文字。

1. “文本”选项卡

“文本”选项卡内的参数设置如图 4-22 所示。

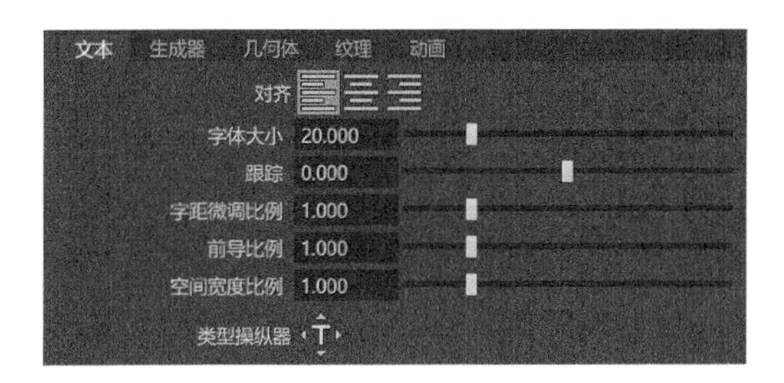
图4-22

常用参数解析

对齐：Maya 为用户提供了“类型左对齐”“中心类型”“类型右对齐”3 种对齐方式。

字体大小：设置字体的大小。

跟踪：根据相同的方形边界框均匀地调整所有字母之间的水平间距。

字距微调比例：根据每个字母的特定形状均匀地调整所有字母之间的水平间距。

前导比例：均匀地调整所有线之间的垂直间距。

空间宽度比例：手动调整空间的宽度。

2. “几何体”选项卡

“几何体”选项卡主要有“网格设置”“挤出”“倒角”这 3 个卷展栏，如图 4-23 所示。

图4-23

展开“网格设置”卷展栏，可以看到其中还细分出一个“可变形类型”卷展栏，其中的参数设置如图 4-24 所示。

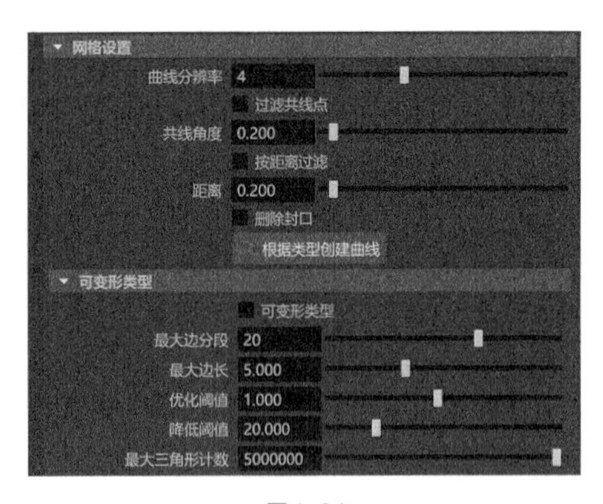

图4-24

常用参数解析

♦ “网格设置”卷展栏

曲线分辨率：指定每个文字的平滑部分的边数。图 4-25 所示为“曲线分辨率”值分别是 1 和 6 的模型结果显示对比。

图4-25

过滤共线点：移除位于由“共线角度”所指定容差内的共线顶点，其中相邻顶点位于沿网格宽度或高度方向的同一条边。

共线角度：指定勾选“过滤共线点”后，某个顶点视为与相邻顶点共线时所处的容差角度。

按距离过滤：移除位于由“距离”属性所指定某一距离内的顶点。

距离：指定勾选“按距离过滤”后，移除顶点所依据的距离。

删除封口：移除多边形网格前后的面。

根据类型创建曲线：单击该按钮，可以根据当前类型网格的封口边创建一组 NURBS 曲线。

♦ “可变形类型”卷展栏

可变形类型：根据“可变形类型”卷展栏中的属性，通过边分割和收拢操作三角形化网格。勾选该选项前后的模型布线结果对比如图 4-26 所示。

最大边分段：指定可以按顶点拆分边的最大次数。图 4-27 所示为“最大边分段”值分别是 1 和 15 的模型布线结果对比。

图4-26

图4-27

最大边长：沿类型网格的剖面分割所有长于此处以世界单位指定的长度的边。图 4-28 所示为“最大边长”值分别是 2 和 15 的模型布线结果对比。

图4-28

优化阈值：分割类型网格的正面和背面所有长于此处以世界单位指定的长度的边，主要用于控制端面细分的密度。图 4-29 所示为“优化阈值”值分别是 0.5 和 1.3 的模型布线结果对比。

图4-29

降低阈值：收拢所有小于此处指定的“优化阈值”值百分比的边，主要用于清理端面细分。图 4-30 所示为“降低阈值”值分别是 5 和 100 的模型布线结果对比。

最大三角形计数：限制生成的网格中允许的三角形数。

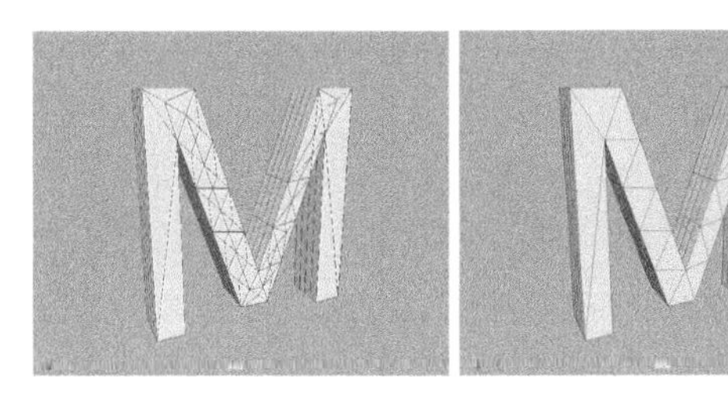

图4-30

展开“挤出”卷展栏，其中的参数设置如图4-31所示。

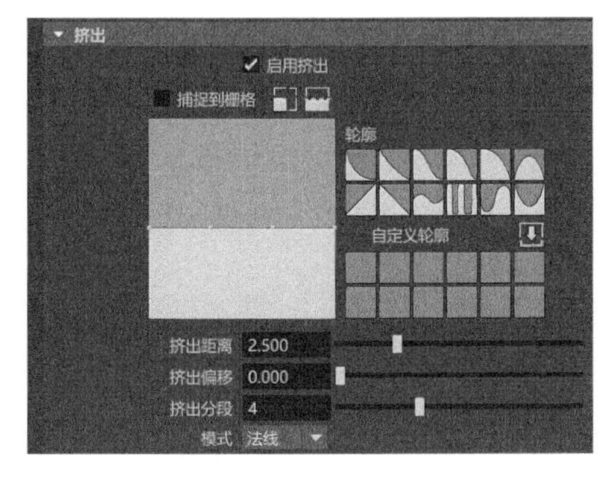

图4-31

常用参数解析

启用挤出：勾选时，文字向前挤出以增加深度，否则保持为平面。默认设置为勾选。

捕捉到栅格：勾选时，“挤出剖面曲线”中的控制点捕捉到经过的图形点。

轮廓：Maya为用户提供了12个预设的图形来控制挤出的形状，如图4-32所示。

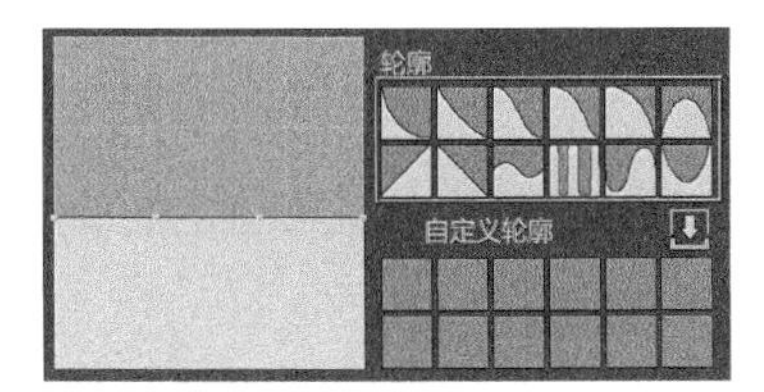

图4-32

自定义轮廓：Maya最多允许用户保存12个自定义“挤出剖面曲线”形状。

挤出距离：控制挤出多边形的距离。

挤出偏移：设置网格挤出偏移。

挤出分段：控制沿挤出面的细分数。

展开“倒角”卷展栏，可以看到其中还细分出一个“倒角剖面”卷展栏，其中的参数设置如图4-33所示。

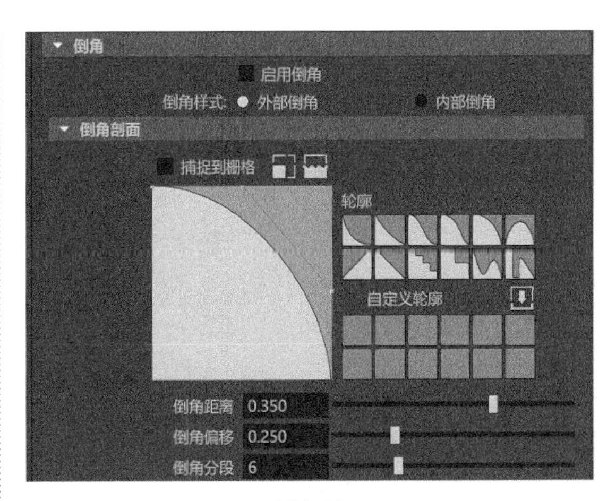

图4-33

倒角样式：确定要应用的倒角类型。

技巧与提示 “倒角剖面”卷展栏中的参数设置与“挤出”卷展栏中的参数设置非常相似，故不再重复讲解。

4.3 多边形组件

多边形组件分为“顶点”“边”和“面”，如果我们要对多边形网格进行编辑，在大多数情况下都需要先进入对应的组件中，再选择要编辑的部分进行修改。在“建模工具包”面板中，我们也可以看到该面板最上面的部分就是组件的选择，如图4-34所示。

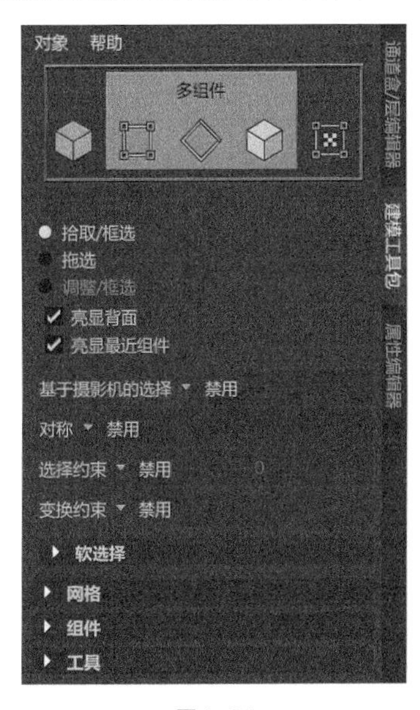

图4-34

在场景中选择多边形对象，按住鼠标右键，在弹出的菜单中可以对多边形的组件进行快速访问，如图 4-35 所示。

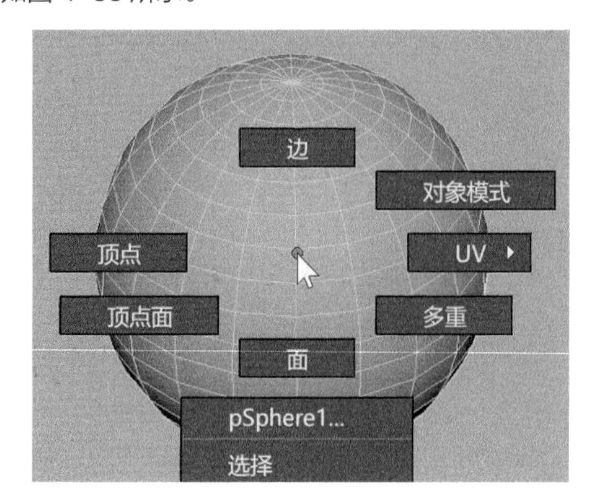

图4-35

技巧与提示 我们也可以通过快捷键来访问多边形对象的组件："对象选择"的快捷键为F8，"顶点选择"的快捷键为F9，"边选择"的快捷键为F10，"面选择"的快捷键为F11，"UV选择"的快捷键为F12。

"建模工具包"面板中还在"网格""组件"和"工具"这 3 个卷展栏中内置了常用建模工具，这些工具的用法与"多边形建模"工具架中图标的用法一样，我们将在下一节为大家介绍它们的使用方法。

4.4 常用建模工具

Maya 为用户提供了许多建模工具，并且将较为常用的工具集成在了"多边形建模"工具架的中间部分，如图 4-36 所示。

图4-36

常用工具解析

结合：将所选择的多个多边形对象组合到一个多边形网格之中。

提取：从多边形网格中分离出所选择的面。

镜像：沿对称轴镜像选择多边形网格。

平滑：对多边形网格进行平滑处理。

减少：减少所选择的多边形网格组件数量。

重新划分网格：通过分割边来重新定义网格的拓扑结构。

重新拓扑：保留所选择的网格的曲面特征以生成新的拓扑结构。

挤出：从所选择的边或面挤出新的边或面结构。

桥接：在选定的成对边或面之间构造出多边形网格。

倒角组件：沿所选择的边或面创建倒角形态。

合并：将所选择的顶点或边合并为一个对象。

合并到中心：将所选定的组件合并到中心点。

翻转三角形边：翻转两个三角形之间的边。

复制：将所选择的面复制为新对象。

收拢：通过合并相邻的顶点来移除选定组件。

圆形圆角：将所选择的顶点变形为与网格曲面对齐的圆。

多切割工具：可以在多边形网格上进行切割操作。

目标焊接工具：将两个边或顶点合并为一个对象。

四边形绘制工具：在激活对象上放置点以创建新的面。

4.4.1 结合

在"多边形建模"工具架中双击"结合"按钮，系统会自动弹出"组合选项"面板，参数设置如图 4-37 所示。

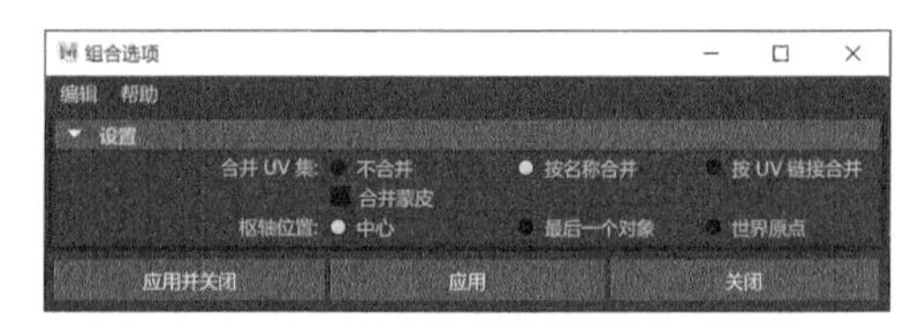

图4-37

常用参数解析

合并 UV 集：用户可从"不合并""按名称合并"和"按 UV 链接合并"这 3 个选项中选择一种作为 UV 集在合并时的行为方式。

枢轴位置：用于确定组合对象的枢轴点所在的位置。

4.4.2 提取

在"多边形建模"工具架中双击"提取"按

钮，系统会自动弹出“提取选项”面板，参数设置如图 4-38 所示。

图4-38

常用参数解析

分离提取的面：勾选该选项，可以在提取面后自动进行分离操作。

偏移：通过输入数值来偏移提取的面。图 4-39 所示为该值分别为 0 和 1 时的模型结果对比。

图4-39

4.4.3 镜像

在“多边形建模”工具架中双击“镜像”按钮，系统会自动弹出“镜像选项”面板，参数设置如图 4-40 所示。

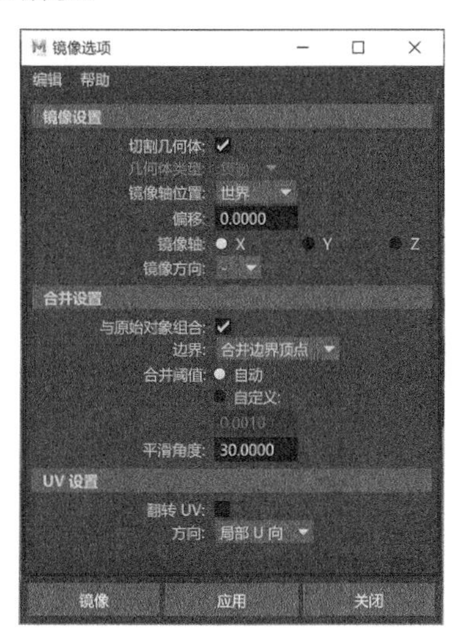

图4-40

常用参数解析

♦ “镜像设置”卷展栏

切割几何体：勾选该选项，系统会对模型进行切割操作。图 4-41 所示为该选项勾选前后的模型结果对比。

图4-41

几何体类型：确定使用该工具后，Maya 生成的网格类型。

镜像轴位置：设置要镜像的模型的对称平面的位置，有“边界框”“对象”和“世界”这 3 个选项可选。

镜像轴：设置要镜像的模型的轴。

镜像方向：设置“镜像轴”镜像模型的方向。

♦ “合并设置”卷展栏

与原始对象组合：默认该选项为勾选状态，指将镜像出来的模型与原始模型组合到一个网格中。

边界：设置使用何种方式将镜像模型接合到原始模型之中，有“合并边界顶点”“桥接边界边”和“不合并边界”这 3 个选项可选。

♦ “UV 设置”卷展栏

翻转 UV ：用于设置使用副本或选定对象来翻转 UV。

方向：指定在 UV 空间中翻转 UV 壳的方向。

4.4.4 平滑

在“多边形建模”工具架中双击“平滑”按钮，系统会自动弹出“平滑选项”面板，参数设置如图 4-42 所示。

常用参数解析

♦ “设置”卷展栏

添加分段：设置使用“指数”还是“线性”的方式来为模型添加分段。

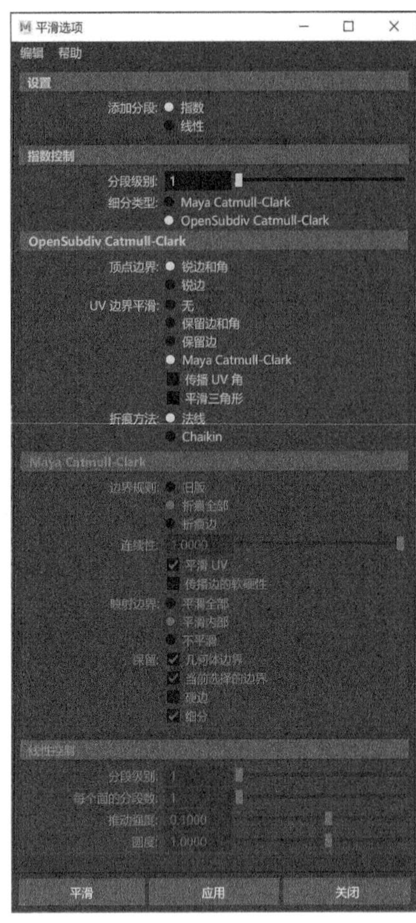

图4-42

♦ “指数控制”卷展栏

分段级别：该值越大，平滑效果越明显。图 4-43 所示为该值分别是 1 和 2 的模型显示结果对比。

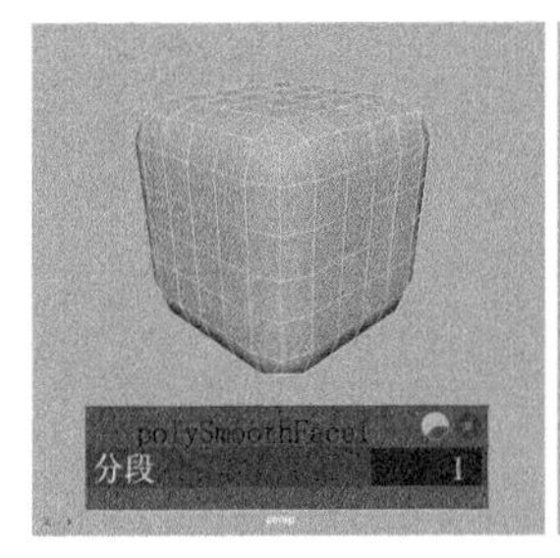

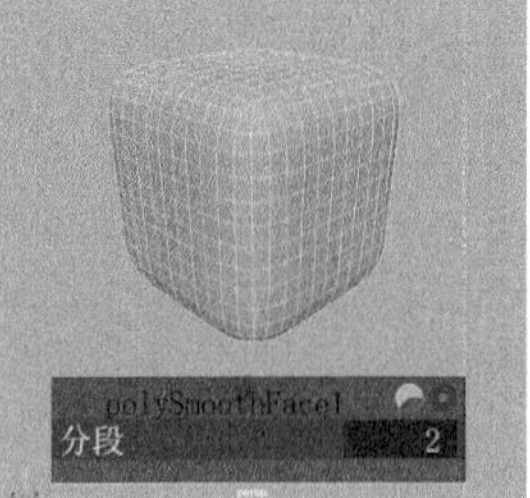

图4-43

细分类型：设置平滑网格的计算方法，有“Maya Catmull-Clark”和“OpenSubdiv Catmull-Clark”这两个选项可用。

♦ “线性控制”卷展栏

分段级别：该值越大，对象就越平滑，且生成的面也越多。

每个面的分段数：用户使用该值可以很方便地控制每个面的分段数量。

推动强度：控制向外缩放网格的程度。

圆度：控制曲面凸起的效果。

4.4.5 挤出

在“多边形建模”工具架中双击“挤出”按钮，系统会自动弹出“挤出面选项”面板，参数设置如图 4-44 所示。

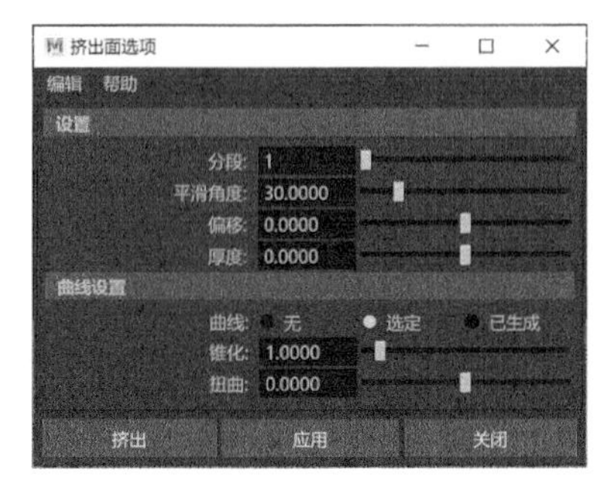

图4-44

常用参数解析

♦ “设置”卷展栏

分段：控制挤出长度的分段数。图 4-45 所示为该值分别是 1 和 4 的模型挤出效果对比。

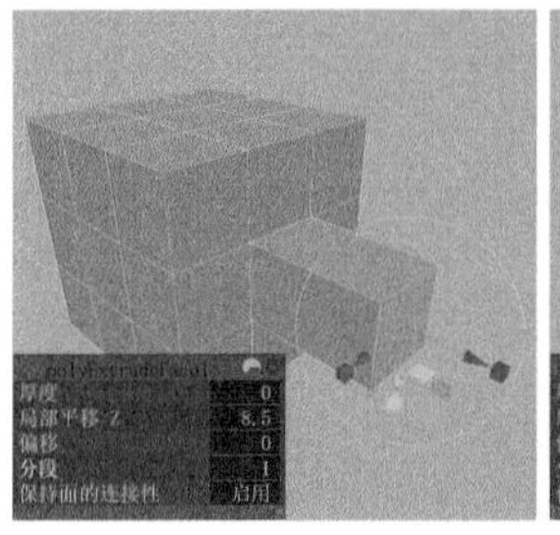

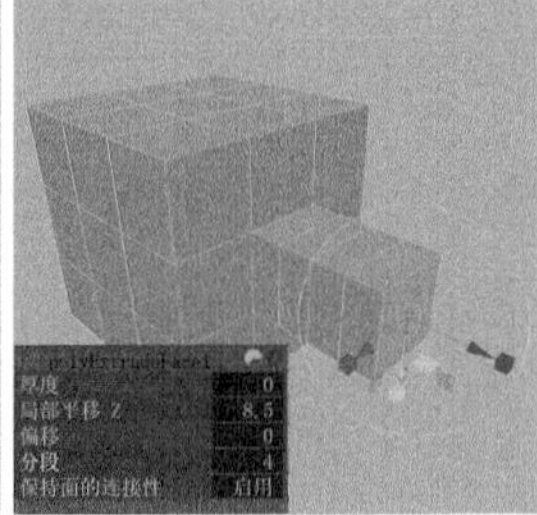

图4-45

平滑角度：控制挤出的面的平滑效果。图 4-46 所示为该值分别是 30 和 180 的模型挤出效果对比。

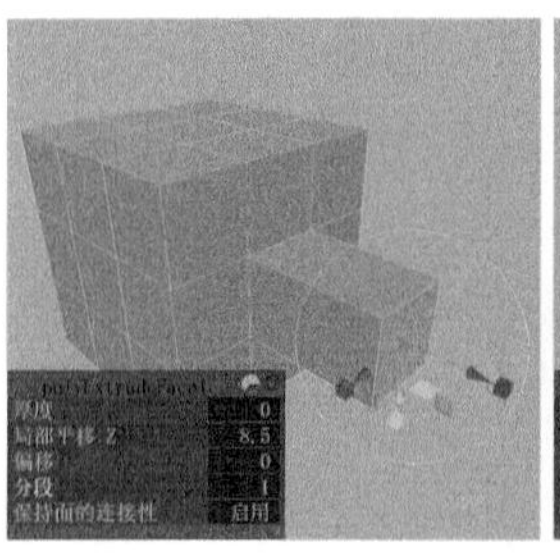

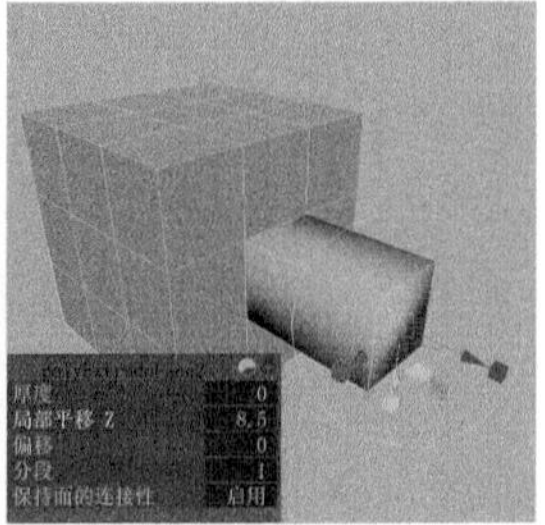

图4-46

偏移：设置偏移面的程度。图4-47所示为该值分别是0.5和1的模型挤出效果对比。

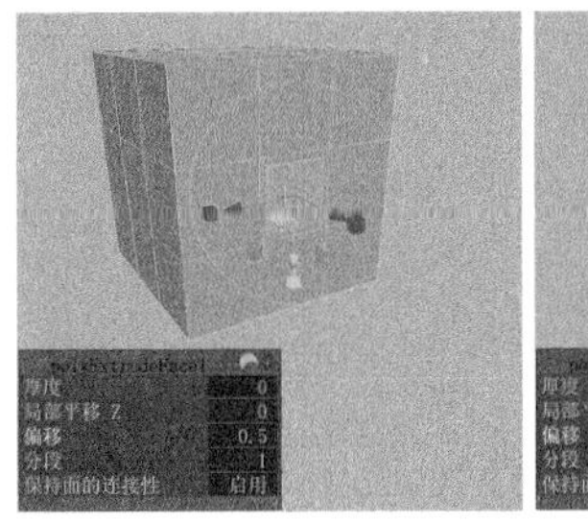

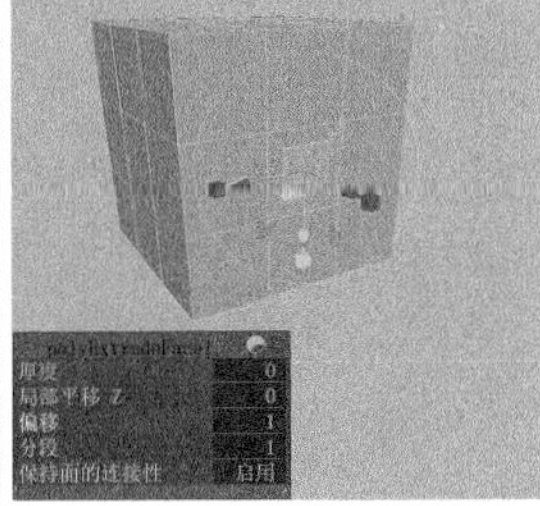

图4-47

厚度：控制选定面的深度。

♦ “曲线设置”卷展栏

曲线：设置以何种方式根据曲线来挤出面，有“无”“选定”和“已生成”这3个选项可选。

锥化：控制在挤出多边形时是否缩放面。图4-48所示为该值分别是1和0.3的模型挤出效果对比。

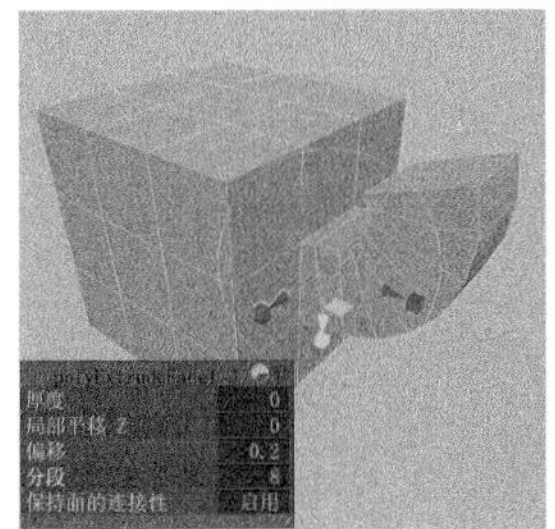

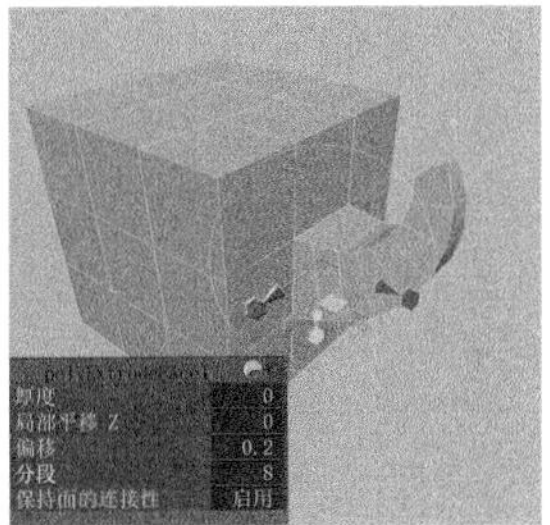

图4-48

扭曲：控制在挤出多边形时是否扭曲面。图4-49所示为该值分别是1和0.3的模型挤出效果对比。

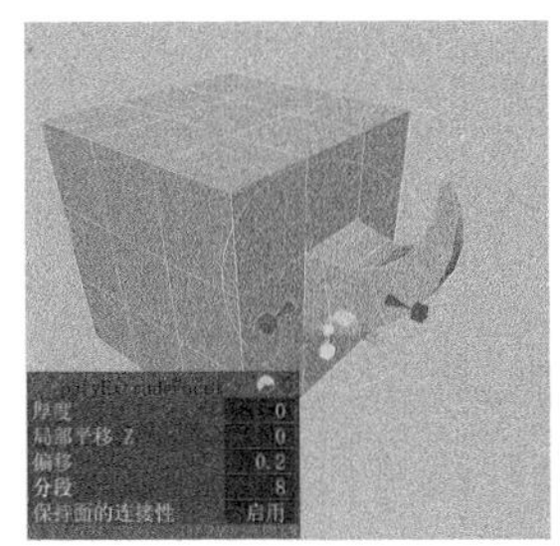

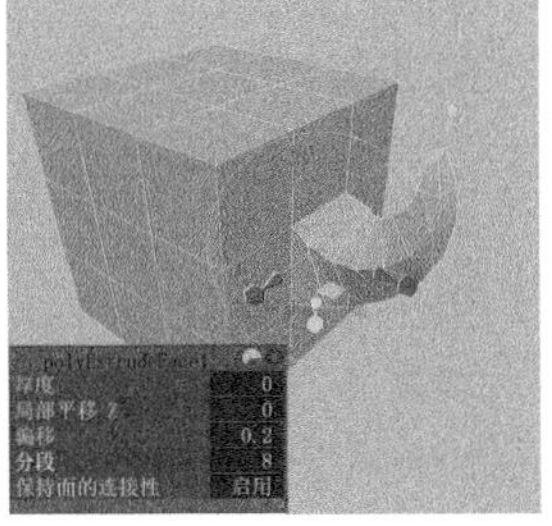

图4-49

4.4.6 桥接

在“多边形建模”工具架中双击“桥接”按钮，系统会自动弹出“桥接选项”面板，参数设置如图4-50所示。

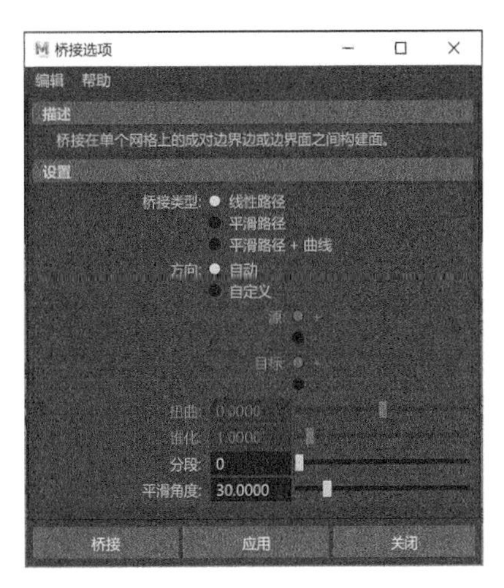

图4-50

常用参数解析

♦ “描述”卷展栏

对该工具的作用进行介绍。

♦ “设置”卷展栏

桥接类型：控制桥接区域的剖面形状。

方向：确定桥接的方向。

扭曲：控制桥接部分的扭曲程度。图4-51所示为该值分别是0和50的模型桥接效果对比。

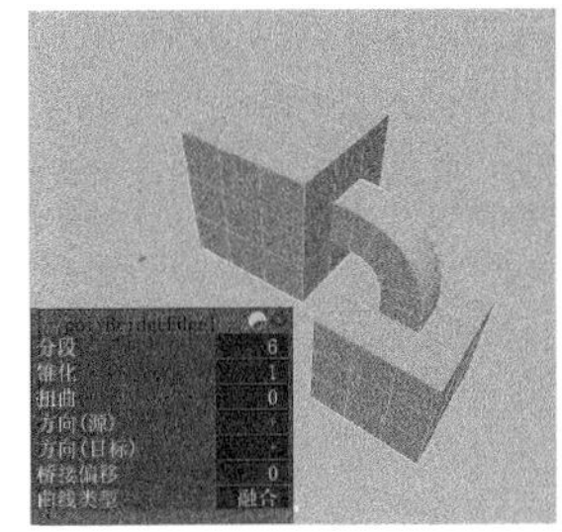

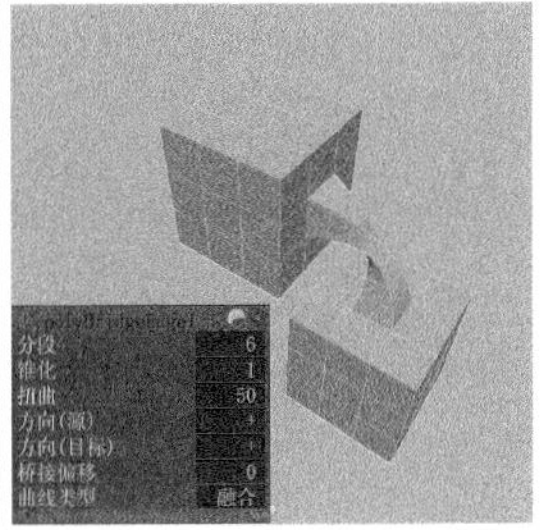

图4-51

锥化：控制桥接部分的缩放程度。图4-52所示为该值分别是1.5和0.2的模型桥接效果对比。

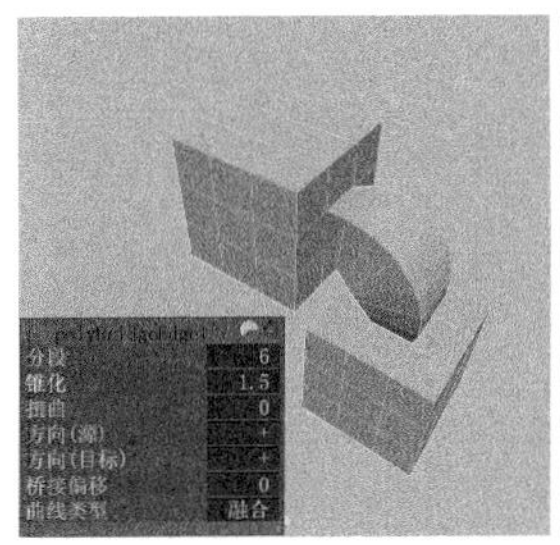

图4-52

分段：设置桥接部分的分段数量。

平滑角度：控制桥接部分的平滑效果。

4.4.7 倒角

在“多边形建模”工具架中双击“倒角”按钮，系统会自动弹出“倒角选项”面板，参数设置如图 4-53 所示。

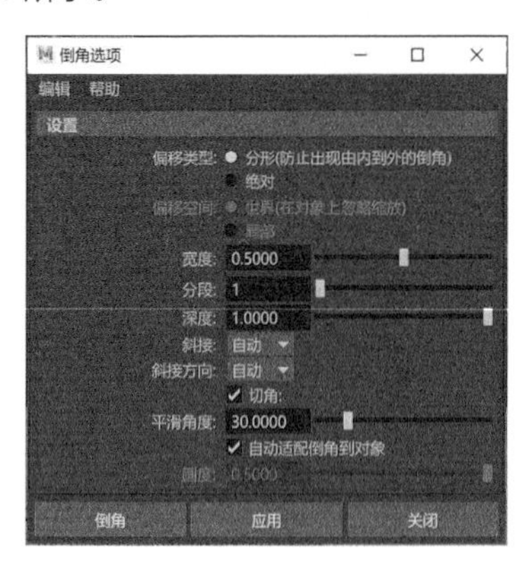

图4-53

常用参数解析

偏移类型：选择计算倒角宽度的方式。

偏移空间：确定应用到已缩放对象的倒角是否也将按照对象上的缩放进行缩放。

宽度：也叫“分数”，控制倒角后边之间的宽度。图 4-54 所示为该值分别是 0.2 和 0.5 的模型倒角结果对比。

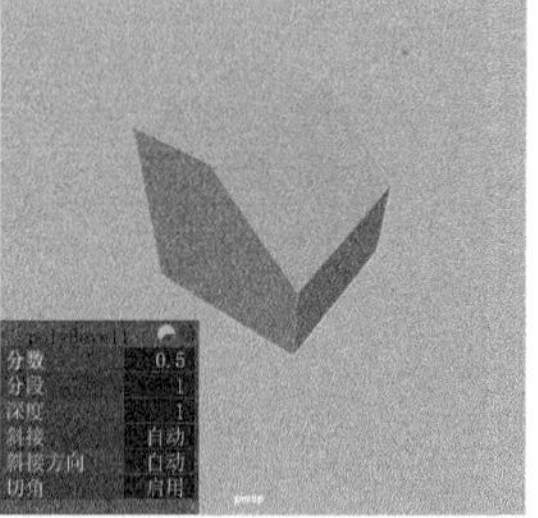

图4-54

分段：确定倒角边所产生的分段数量。图 4-55 所示为该值分别是 1 和 5 的模型倒角结果对比。

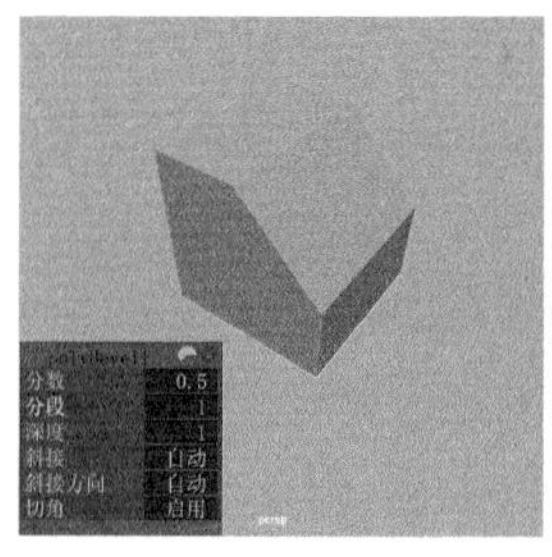
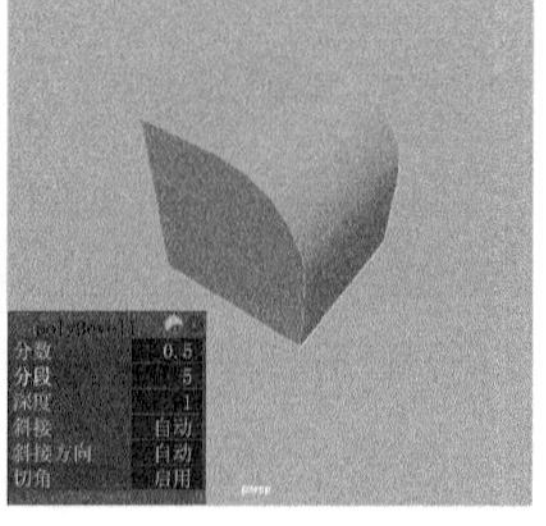

图4-55

深度：用于控制倒角产生面是否具有凸起或凹陷的效果。图 4-56 所示为该值分别是 1 和 -1 的模型倒角结果对比。

图4-56

4.4.8 圆形圆角

在“多边形建模”工具架中双击“圆形圆角”按钮，系统会自动弹出“多边形圆形圆角选项”面板，参数设置如图 4-57 所示。

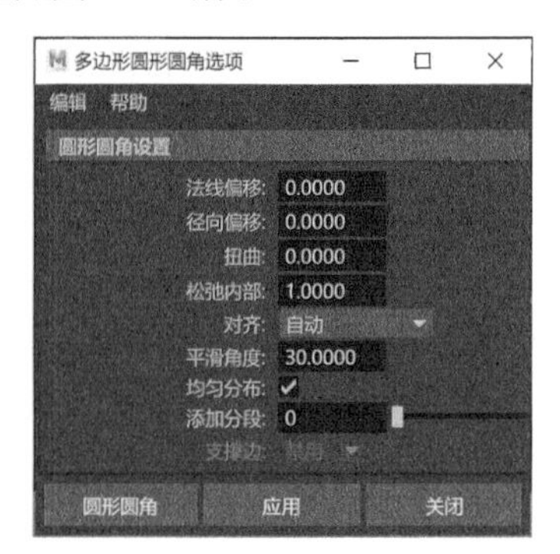

图4-57

常用参数解析

法线偏移：根据所有选定组件的平均法线调整初始挤出量。

径向偏移：调整圆的初始半径。图 4-58 所示为该值分别是 -1 和 0 的模型效果对比。

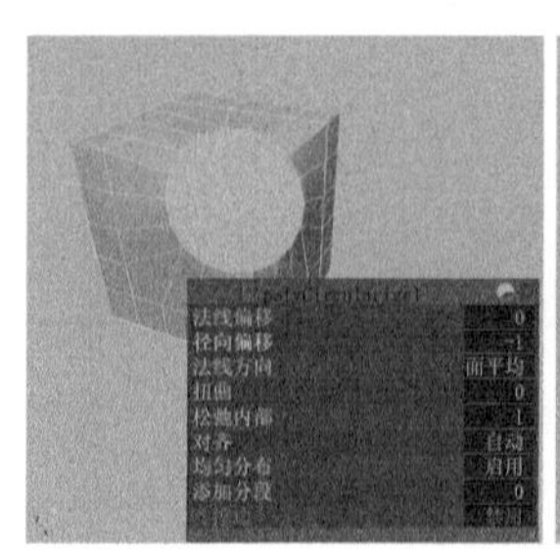
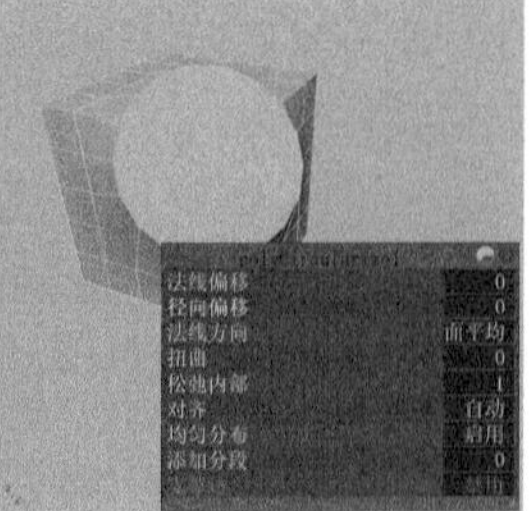

图4-58

扭曲：确定组件绕圆心旋转的程度。

松弛内部：调整组件之间的间距，使它们保持在圆内，同时保持均匀分布。

对齐：控制生成圆形的面的方向。图 4-59 所示为该选项分别设置为“自动”和“曲面（平均）”的模型效果对比。

图4-59

4.5 技术实例

4.5.1 实例：制作石膏模型

本实例我们将使用“多边形建模”工具架中的图标来制作一组石膏的模型，通过此练习让读者熟练掌握多边形几何体的创建方式及参数设置技巧。图 4-60 所示为本实例的最终完成效果，图 4-61 所示为本实例的线框渲染效果。

图4-60

（1）启动 Maya，单击“多边形建模”工具架中的“多边形立方体”按钮，如图 4-62 所示，在场景中创建一个长方体模型，如图 4-63 所示。

图4-61

图4-62

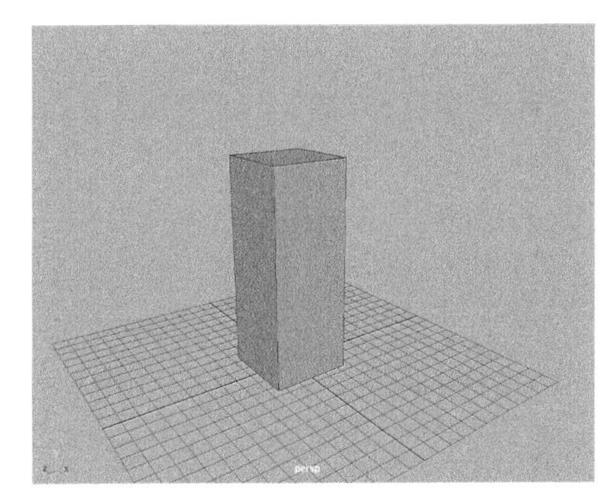

图4-63

（2）在“通道盒 / 层编辑器”面板中设置长方体模型的“平移 X”值为 0，“平移 Y”值为 6.5，“平移 Z”值为 0，“宽度”值为 5，“高度”值为 13，“深度”值为 5，确定长方体的基本大小和位置，如图 4-64 所示。

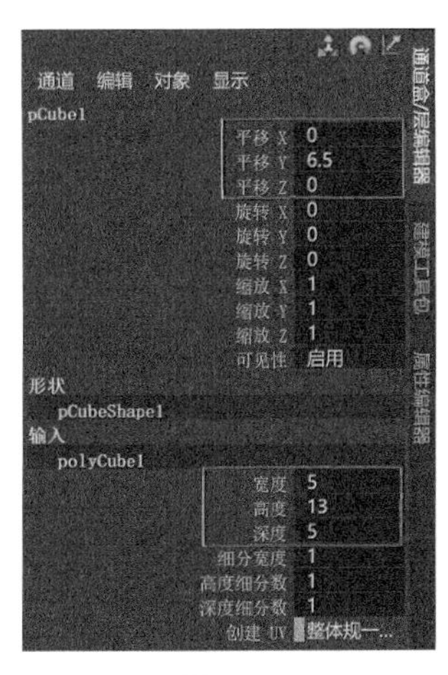

图4-64

（3）按住 Shift 键并配合“旋转”工具对长方体模型进行复制并旋转，如图 4-65 所示。

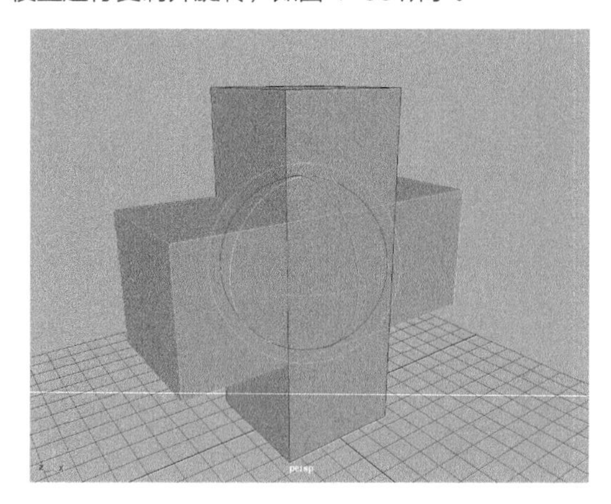

图4-65

（4）使用“旋转”工具分别旋转这两个长方体模型，如图 4-66 所示，制作出长方体十字柱石膏模型。

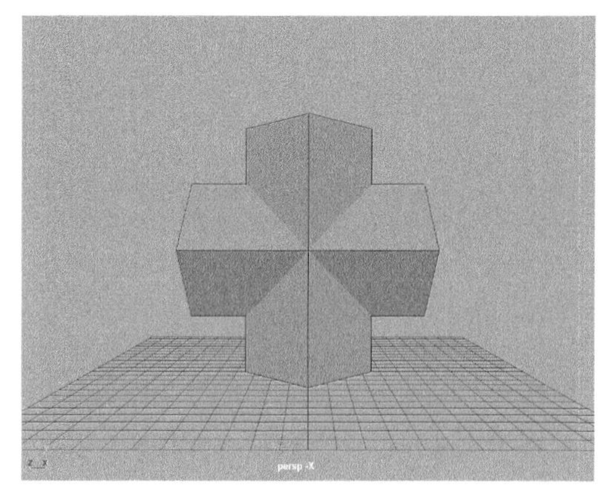

图4-66

（5）单击“多边形建模”工具架中的“多边形圆柱体”按钮，在场景中绘制一个圆柱体模型，如图 4-67 所示。

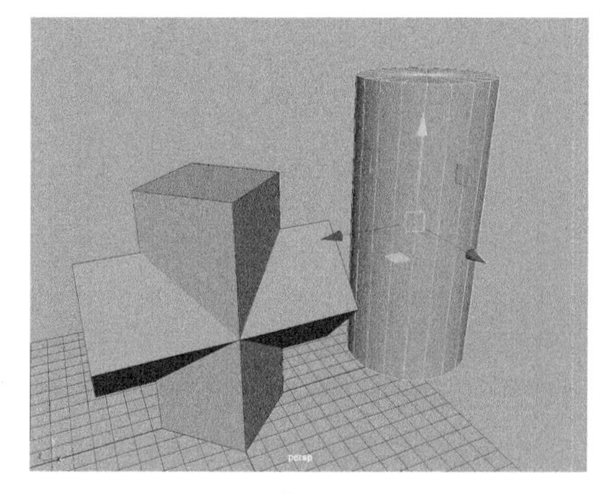

图4-67

（6）双击“多边形建模”工具架中的“镜像”按钮，打开“镜像选项”面板，设置“镜像轴位置”为“对象”，取消勾选“与原始对象组合”选项，如图 4-68 所示。

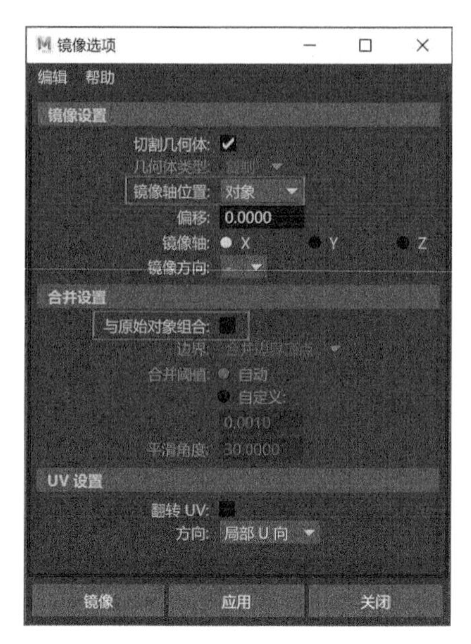

图4-68

（7）设置完成后，单击“镜像”按钮关闭“镜像选项”面板。旋转镜像轴，对圆柱体模型进行切割，如图 4-69 所示。

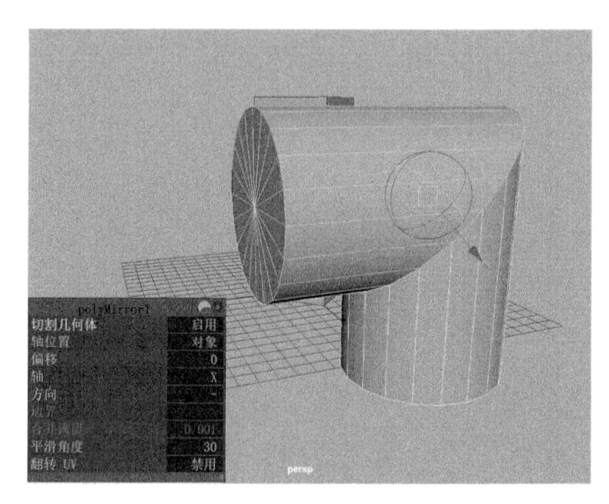

图4-69

（8）将镜像生成的多余的圆柱体模型删除后，得到图 4-70 所示的斜柱模型。

（9）选择斜柱模型，执行菜单栏“网格 > 填充洞”命令，即可将斜柱模型上缺少的面补上，如图 4-71 所示。

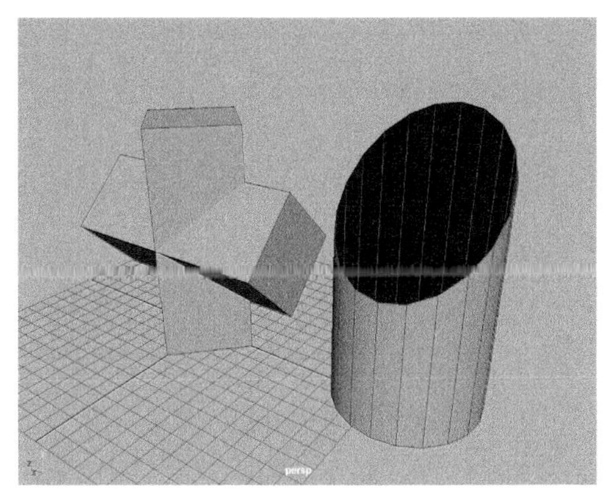

图4-70

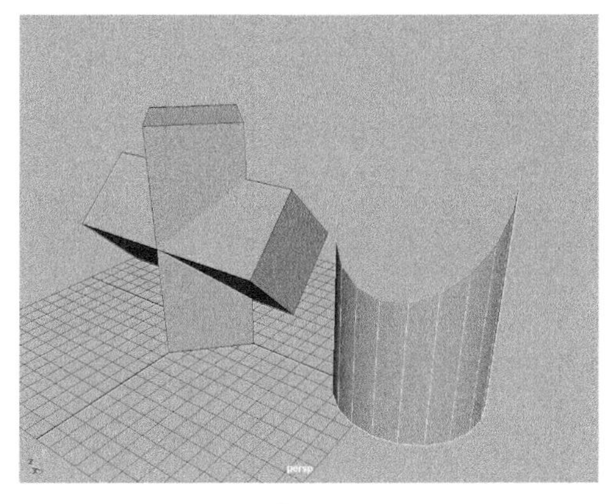

图4-71

（10）本实例制作的两个石膏模型的最终完成效果如图 4-72 所示。

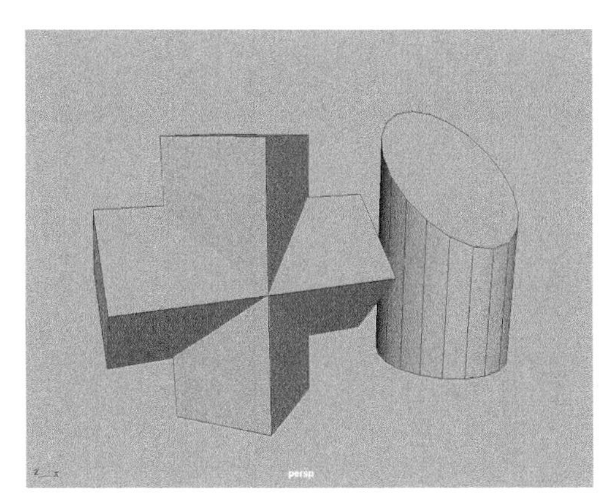

图4-72

4.5.2 实例：制作沙发模型

在本实例中，我们通过制作一个沙发模型来学习 Maya 中的多边形建模技术。本实例的最终渲染效果如图4-73所示，线框渲染效果如图4-74所示。

图4-73

图4-74

（1）启动 Maya，单击“多边形建模”工具架中的“多边形立方体”按钮，如图 4-75 所示，在场景中创建一个长方体模型，如图 4-76 所示。

图4-75

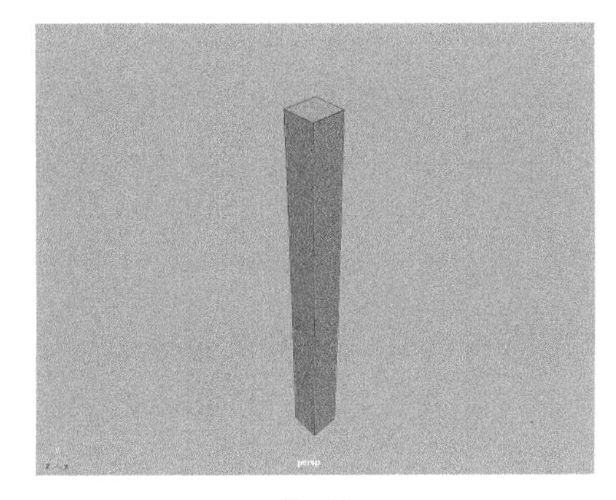

图4-76

（2）在“属性编辑器”面板中展开“多边形立方体历史”卷展栏，设置长方体模型的“宽度”值为5，“高度”值为56，“深度”值为5，如图4-77所示。

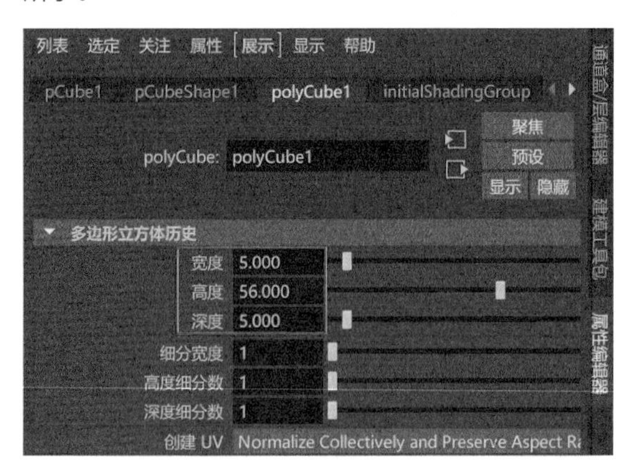

图4-77

（3）按住Shift键，使用“移动”工具拖曳复制出一个新的长方体模型，如图4-78所示。

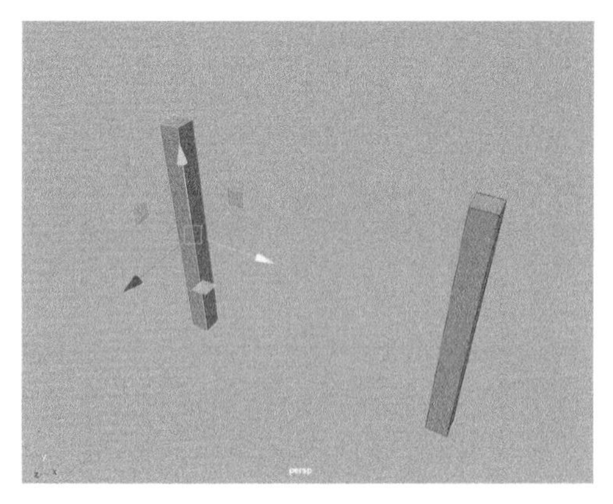

图4-78

（4）在场景中再次创建一个长方体模型，并调整其大小和位置，如图4-79所示。

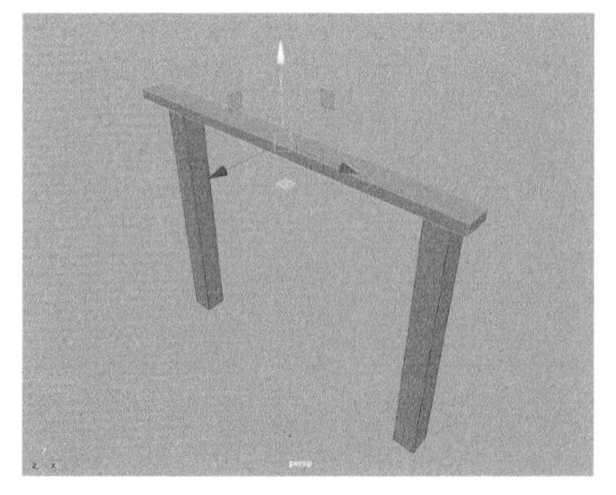

图4-79

（5）将长方体模型再次复制一个，并调整其大小和位置，如图4-80所示。

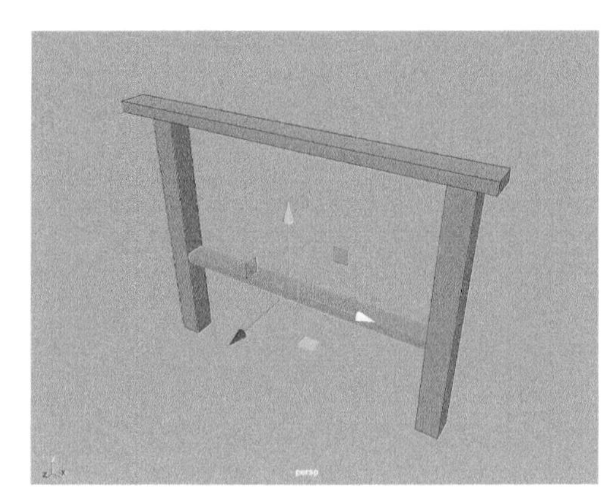

图4-80

（6）重复以上操作，制作出整个沙发模型的木制支撑结构，如图4-81所示。

图4-81

（7）将场景中的所有长方体模型一起选中，单击“多边形建模”工具架中的“结合”按钮，如图4-82所示，将其组合为一个整体模型，如图4-83所示。

图4-82

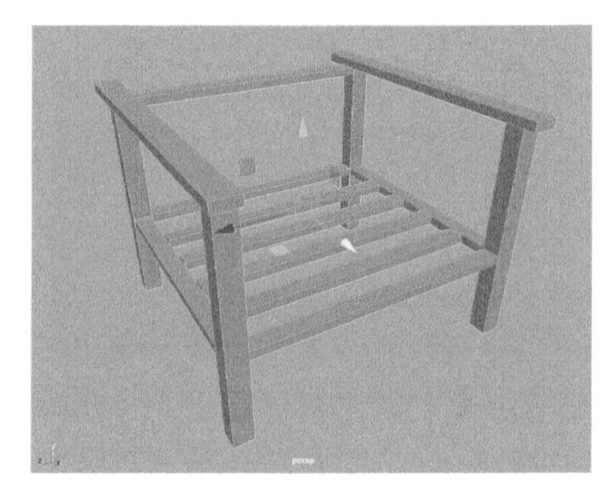

图4-83

（8）选择模型，按住鼠标右键，在弹出的菜单中执行“边”命令，如图4-84所示。

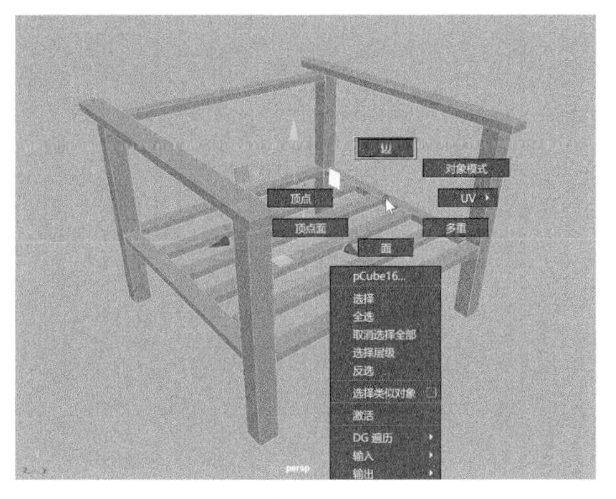

图4-84

（9）选择模型所有的边，单击“多边形建模”工具架中的“倒角”按钮，如图4-85所示，对模型的边进行倒角，制作出图4-86所示的模型效果。

图4-85

图4-86

（10）设置完成后，退出模型的编辑状态，并单击“多边形建模”工具架中的“按类型删除：历史”按钮删除模型的构建历史，如图4-87所示。

图4-87

（11）在场景中创建一个长方体模型，并调整其大小和位置，如图4-88所示，用来制作沙发的坐垫。

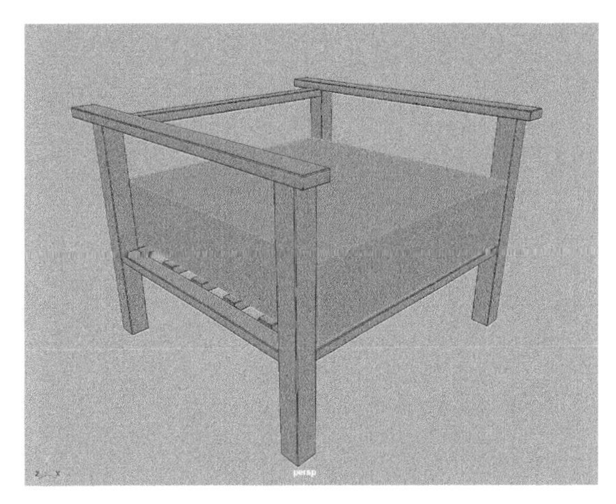

图4-88

（12）选择长方体模型上的所有边线，对其进行“倒角”操作，制作出图4-89所示的模型效果。

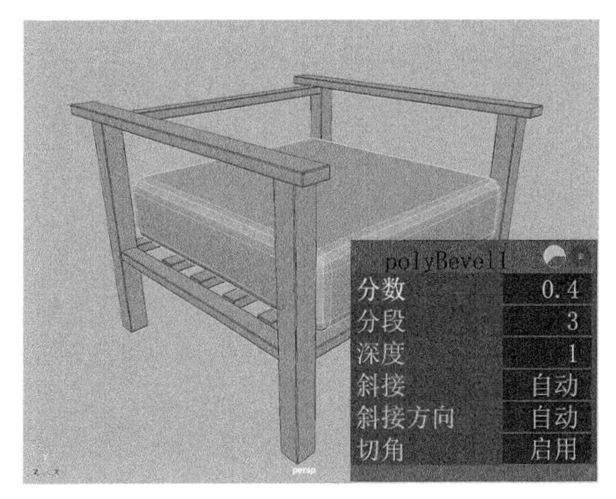

图4-89

（13）选择图4-90所示的面，使用“移动”工具对其进行微调，制作出图4-91所示的模型效果。

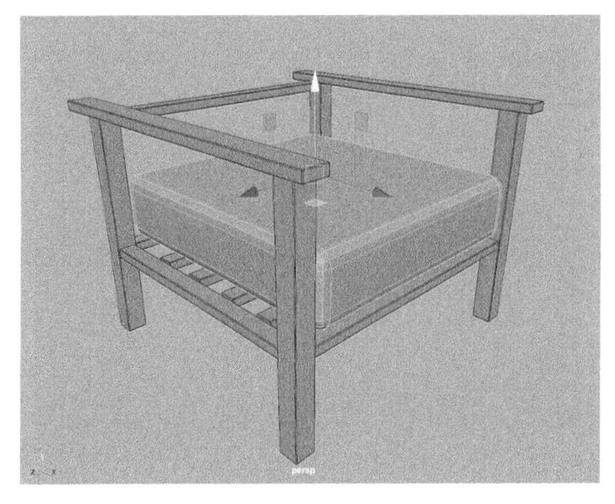

图4-90

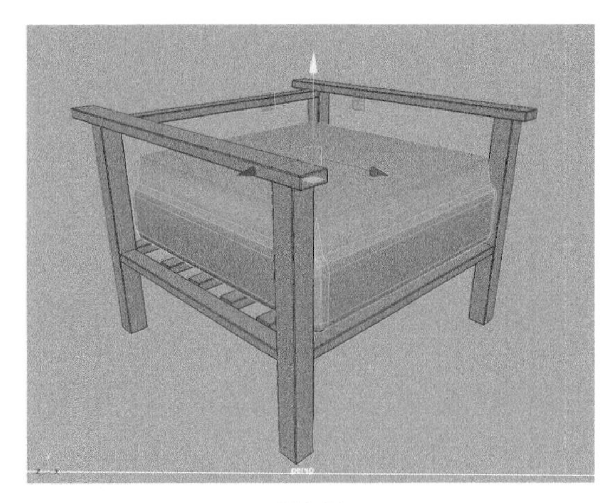

图4-91

（14）设置完成后，按住鼠标右键，在弹出的菜单中执行“对象模式”命令，退出模型的编辑状态，如图 4-92 所示。再按快捷键 3 对模型进行平滑显示，得到图 4-93 所示的模型效果。

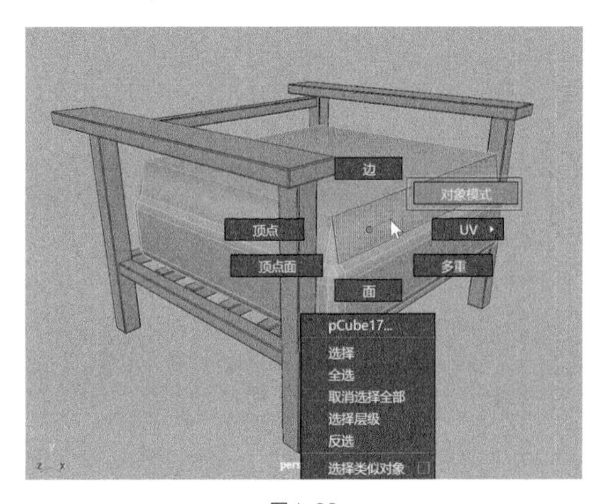

图4-92

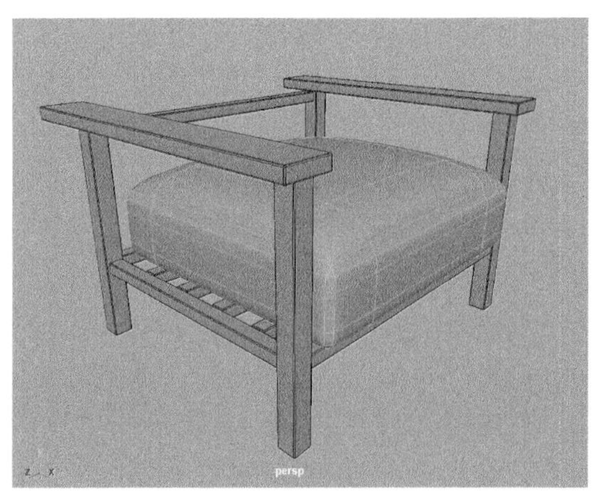

图4-93

（15）将制作完成的坐垫模型复制一个，并调整位置和大小，如图 4-94 所示，制作出沙发的靠背结构。

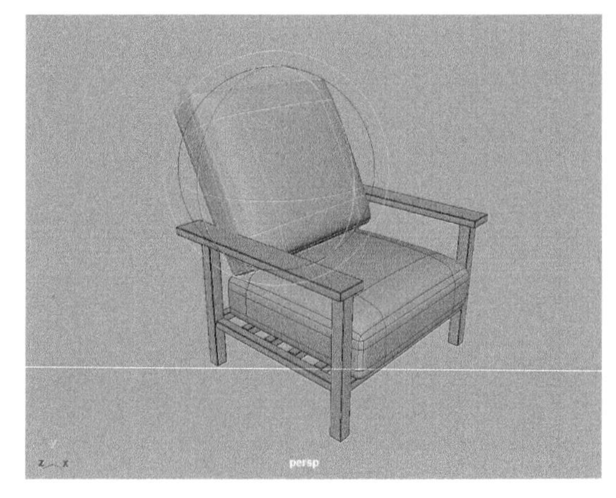

图4-94

（16）使用“缩放”工具和“移动”工具微调沙发靠背模型，如图 4-95 所示。

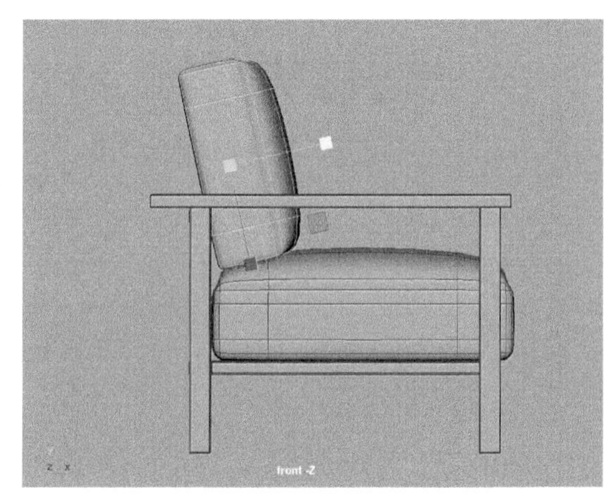

图4-95

（17）单人沙发模型的完成效果如图 4-96 所示。

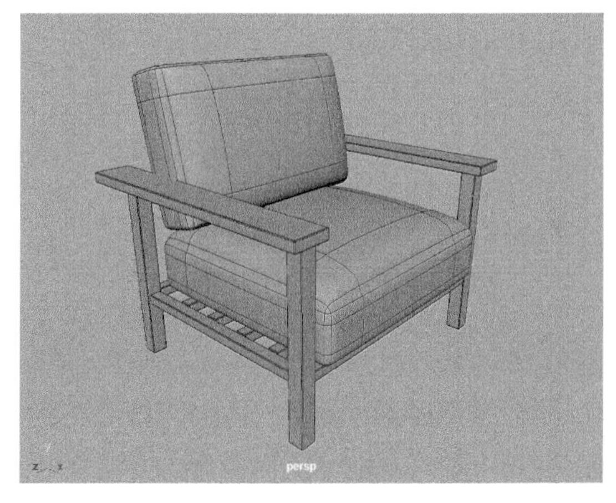

图4-96

（18）将视图切换至“顶视图”，将制作好的单人沙发模型复制一个，如图 4-97 所示。

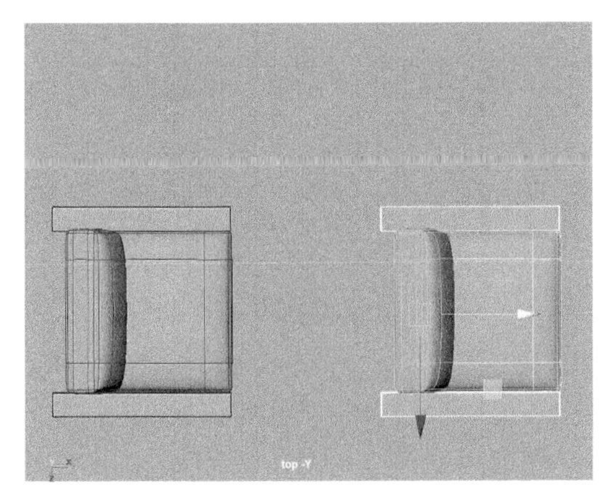

图4-97

（19）选择靠背模型和坐垫模型，对其进行复制，如图 4-98 所示。

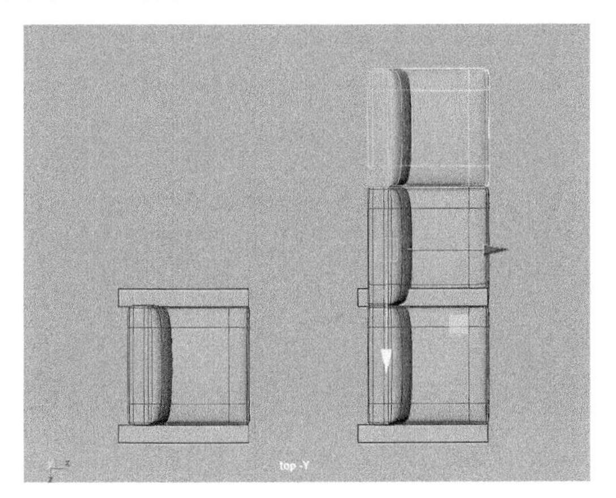

图4-98

（20）选择沙发的支撑结构，调整其顶点位置，如图 4-99 所示。这样，一个长款的沙发模型就制作完成了。

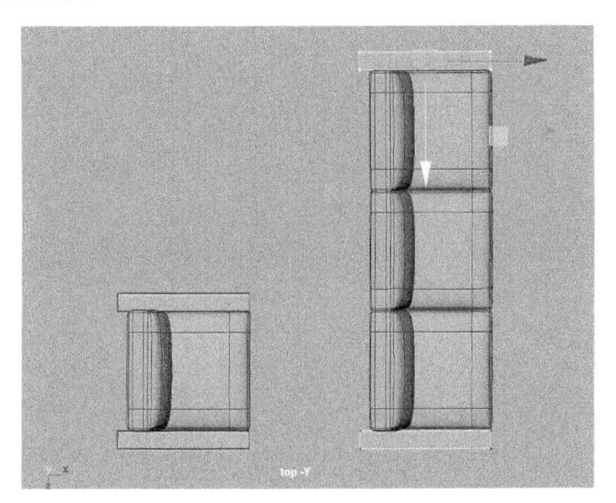

图4-99

（21）本实例的模型最终完成效果如图 4-100 所示。

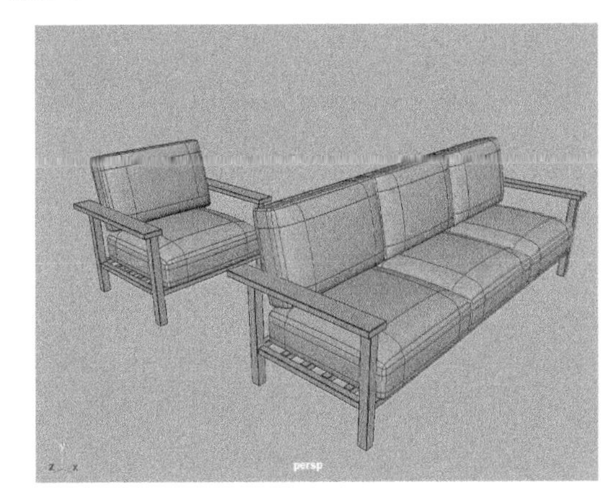

图4-100

4.5.3 实例：制作圆凳子模型

在本实例中，我们通过制作一个圆凳子模型来学习 Maya 中的多边形建模技术。本实例的最终渲染效果如图 4-101 所示，线框渲染效果如图 4-102 所示。

图4-101

图4-102

（1）启动Maya，单击“多边形建模”工具架中的“多边形圆柱体”按钮，如图4-103所示，在场景中创建一个圆柱体模型，如图4-104所示。

图4-103

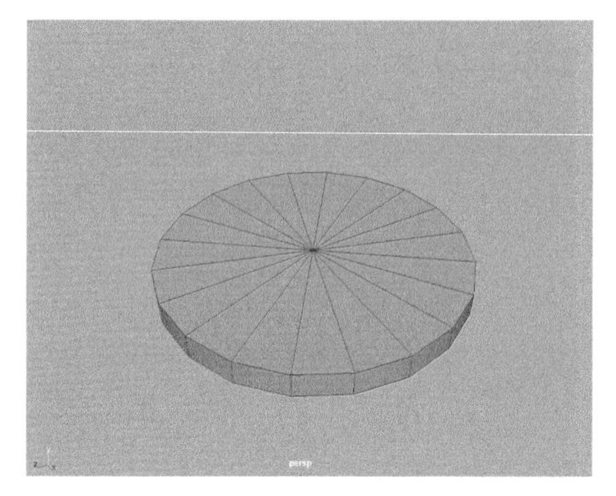

图4-104

（2）在“属性编辑器”面板中展开“多边形圆柱体历史”卷展栏，设置圆柱体模型的“半径”值为17，“高度”值为2.5，“轴向细分数”值为20，“高度细分数”和“端面细分数”值均为1，如图4-105所示。

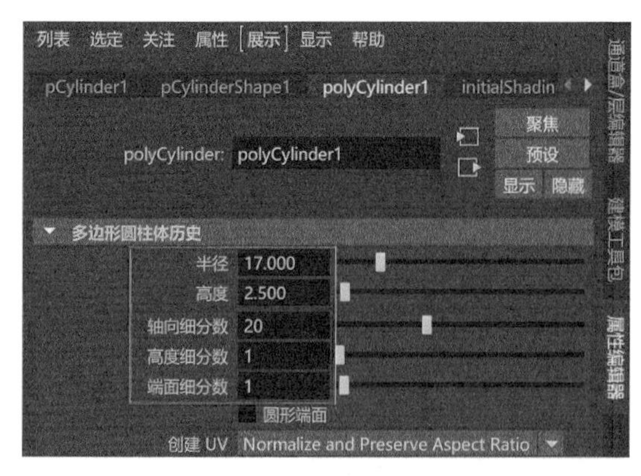

图4-105

（3）在“通道盒/层编辑器”面板中，设置圆柱体模型的“平移X”值为0，“平移Y”值为47，“平移Z”值为0，如图4-106所示。由于Maya的默认单位为厘米，因此本实例所要制作的凳子模型高度大约为47厘米。

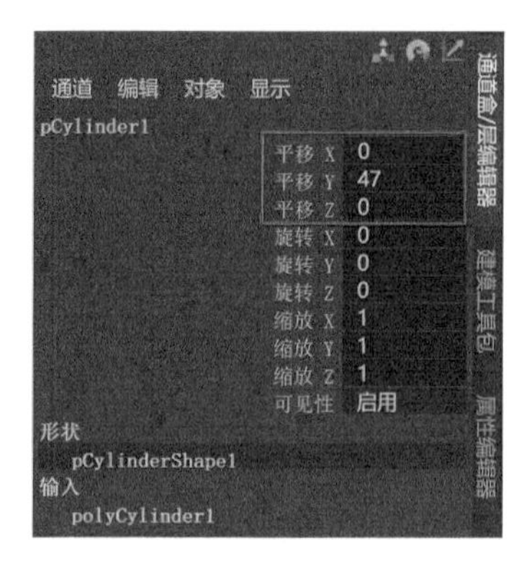

图4-106

（4）选择圆柱体模型，按住鼠标右键，在弹出的菜单中执行“面”命令后，选择图4-107所示的面，对其进行删除操作，如图4-108所示。

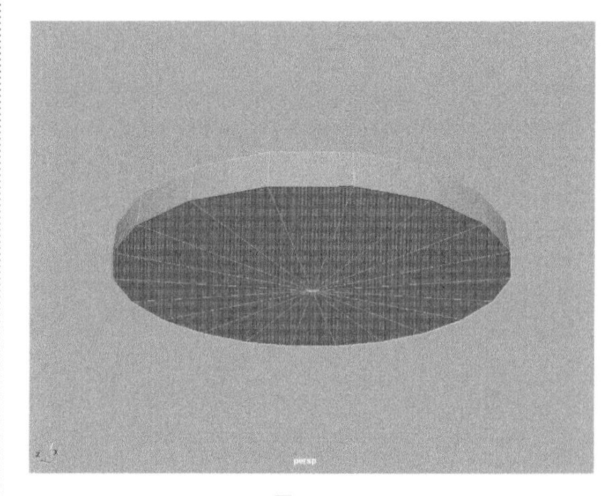

图4-107

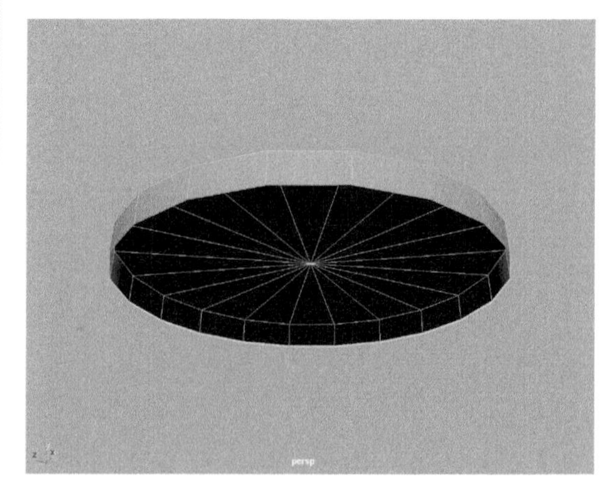

图4-108

（5）选择图4-109所示的边，对其进行倒角操作，得到图4-110所示的模型结果。

（6）选择模型上所有的面，对其进行挤出操作，制作出凳面的厚度，如图4-111所示。

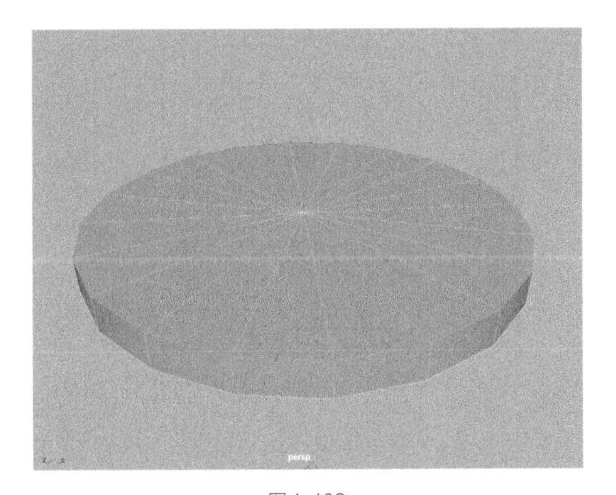

图4-109

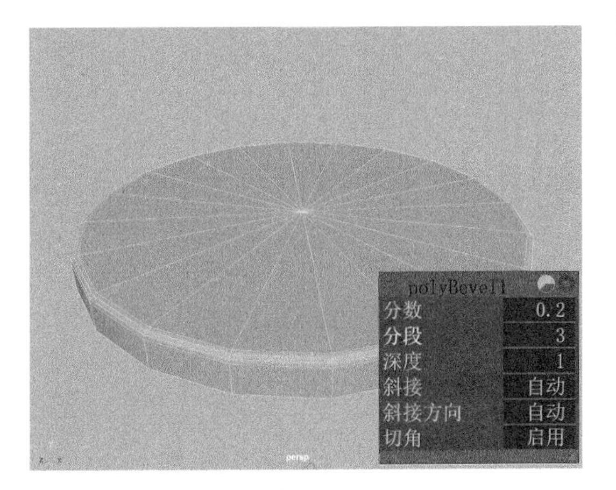

图4-110

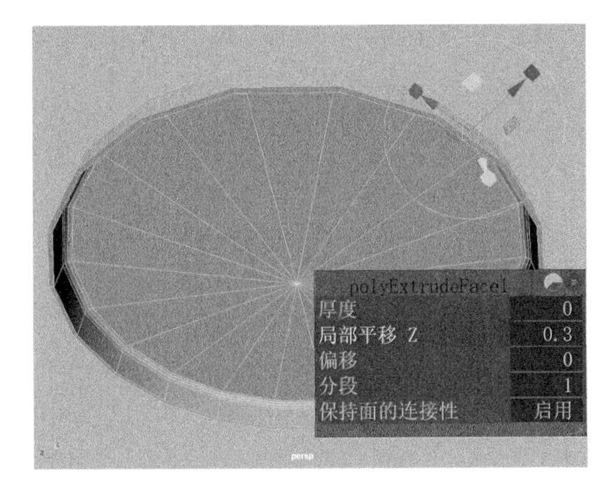

图4-111

（7）选择图 4-112 所示的面，对其进行挤出操作，制作出图 4-113 所示的模型效果。

（8）按住鼠标右键，在弹出的菜单中执行“对象模式”命令。退出模型的编辑状态，然后单击“多边形建模”工具架中的“平滑”按钮，如图 4-114 所示。

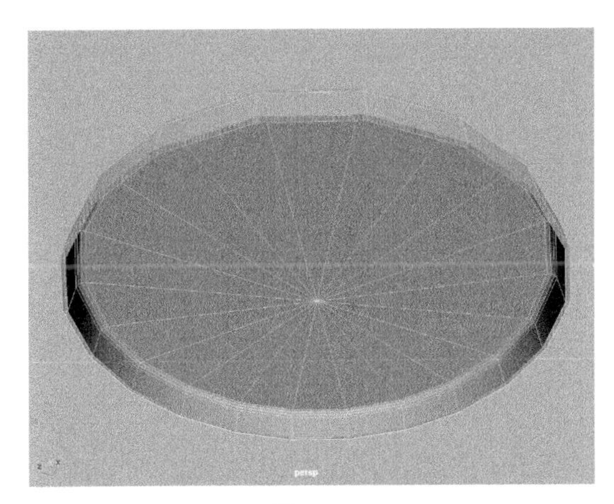

图4-112

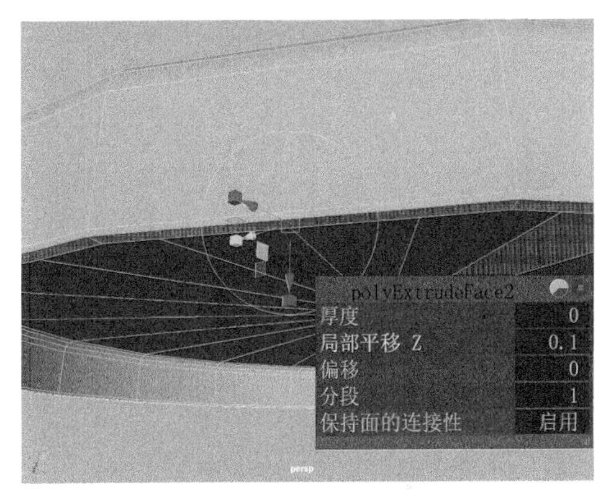

图4-113

图4-114

（9）凳子面的完成效果如图 4-115 所示。

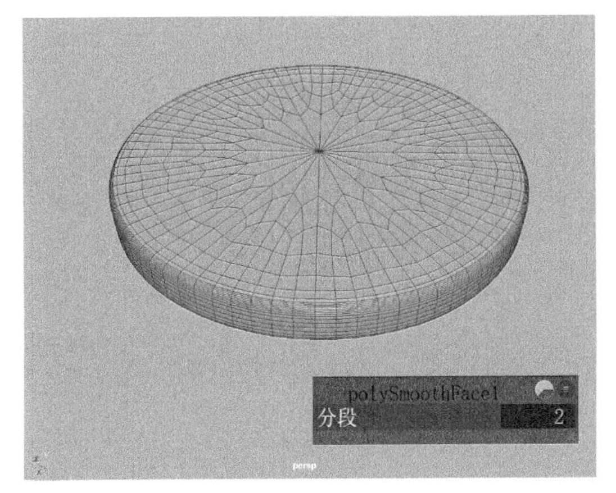

图4-115

（10）下面制作凳子的支撑结构。单击“多边形建模”工具架中的“多边形立方体”按钮，在场景中创建一个长方体模型，作为凳子的凳腿部分，如图 4-116 所示。

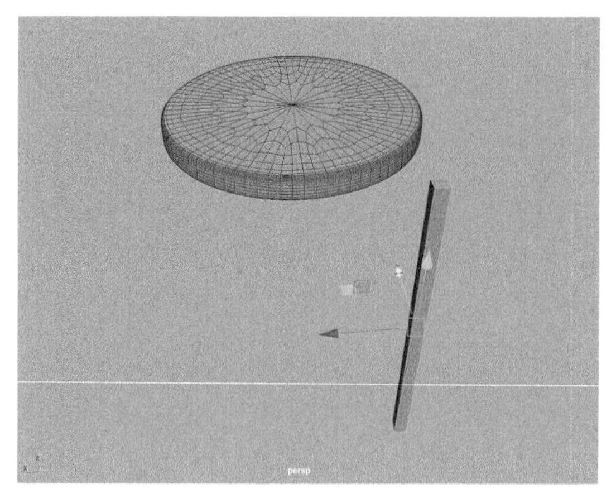

图4-116

（11）在“属性编辑器”面板中设置长方体模型的“宽度”值为 2，“高度”值为 46，“深度”值为 2，如图 4-117 所示。

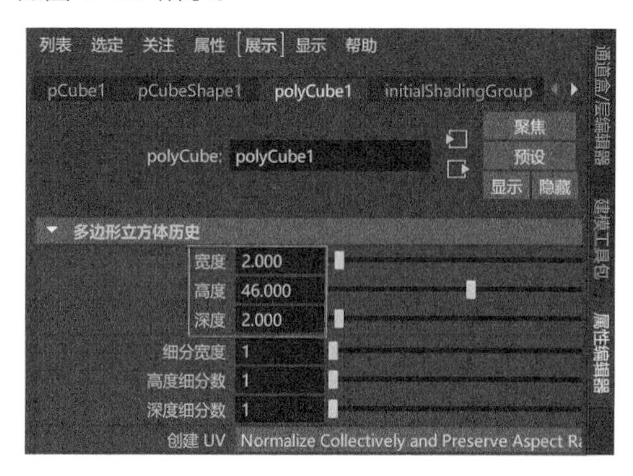

图4-117

（12）选择图 4-118 所示的面，对其进行位移操作，并缩放至图 4-119 所示的大小。

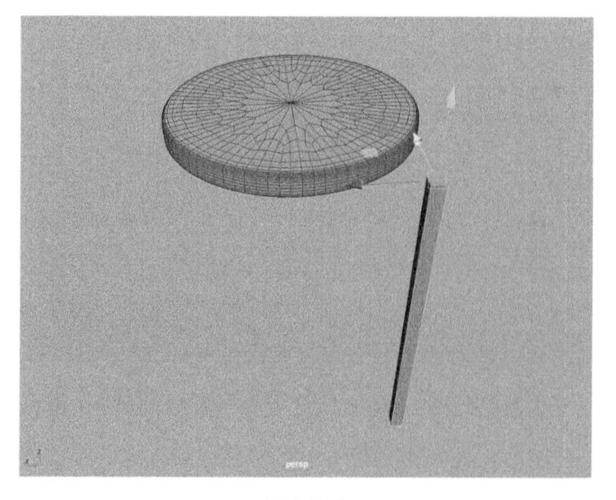

图4-118

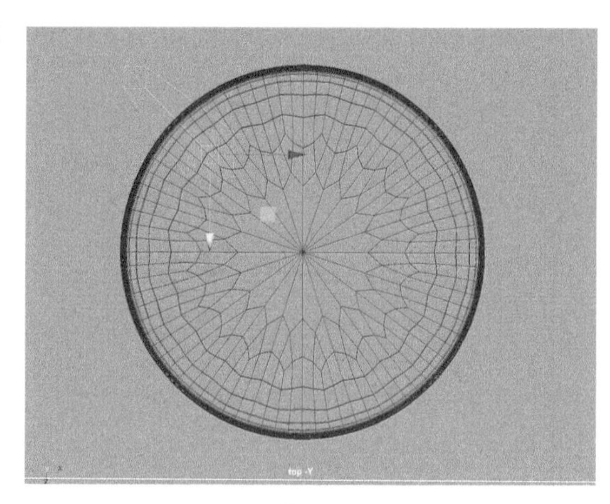

图4-119

（13）删除不需要的面后，得到图 4-120 所示的模型结果。

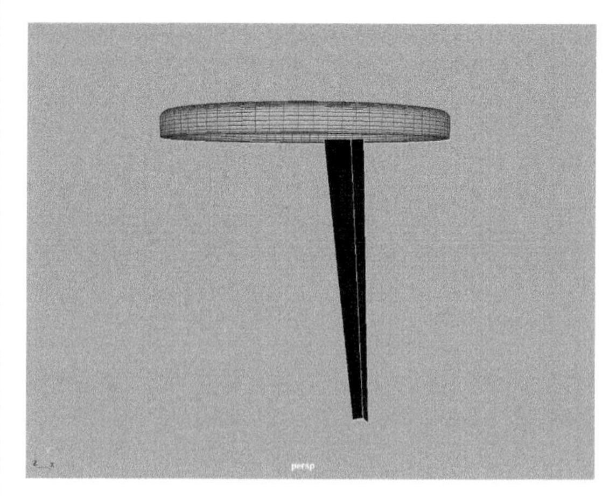

图4-120

（14）选择图 4-121 所示的边，对其进行倒角操作，制作出图 4-122 所示的模型效果。

图4-121

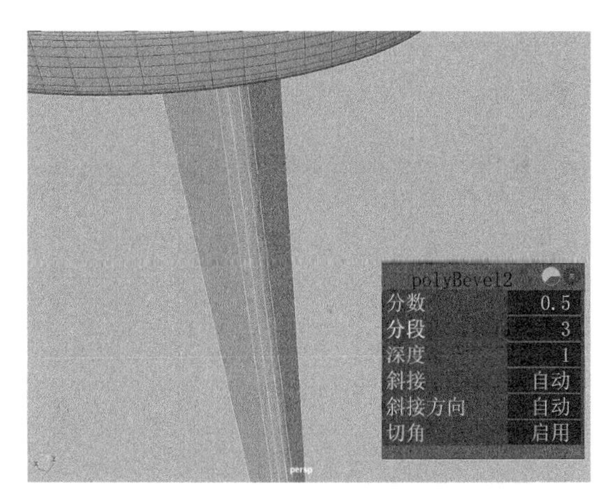

图4-122

（15）选择凳腿上所有的面，对其进行多次挤出操作，得到图 4-123 所示的模型结果。

图4-123

（16）选择图 4-124 所示的边，对其进行连接操作，为模型添加边线，如图 4-125 所示。

图4-124

（17）退出模型的编辑状态，单击“多边形建模”工具架中的“镜像”按钮，如图 4-126 所示。在自动弹出的“polyMirror1”对话框中，设置“方向”为 +，得到图 4-127 所示的模型结果。

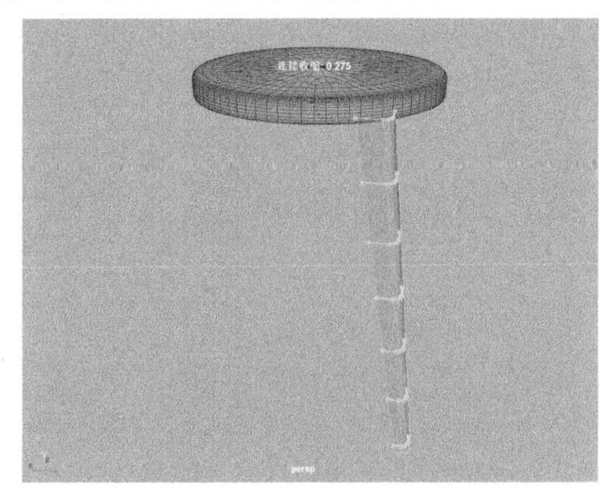

图4-125

图4-126

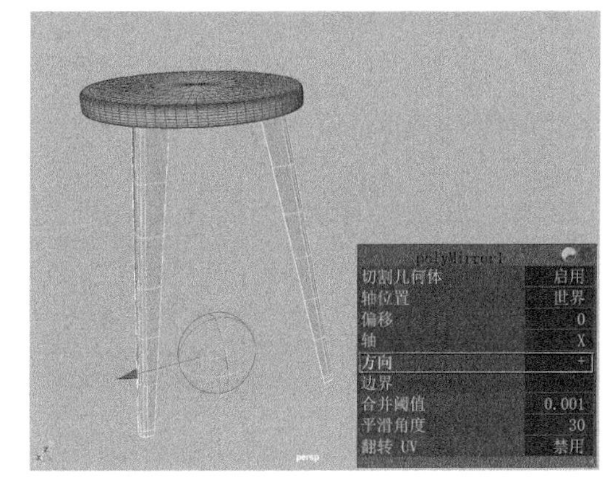

图4-127

（18）再次对凳腿模型进行镜像操作，在自动弹出的“polyMirror2”对话框中，设置“轴”为“Z”，“方向”为 +，得到图 4-128 所示的模型结果。

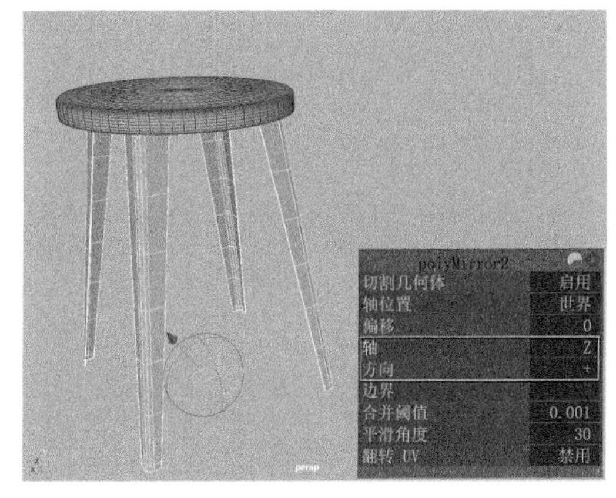

图4-128

（19）单击“多边形建模”工具架中的“多边形立方体”按钮，在场景中创建一个长方体模型，并调整其位置和大小，如图 4-129 所示，制作出两条凳子腿间相连的结构。

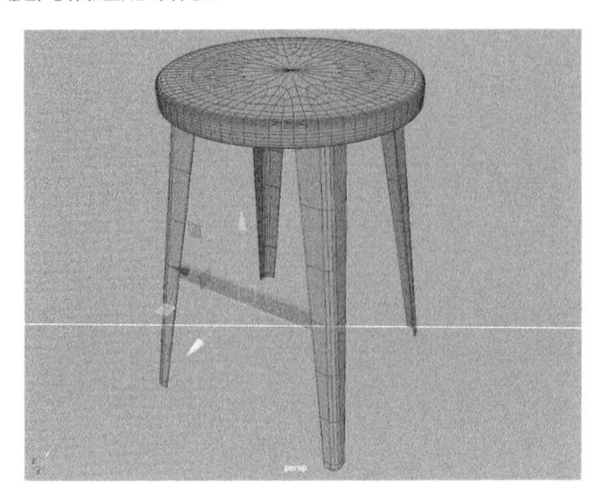

图4-129

（20）对其进行镜像操作，得到凳子模型另一侧的结构，如图 4-130 所示。

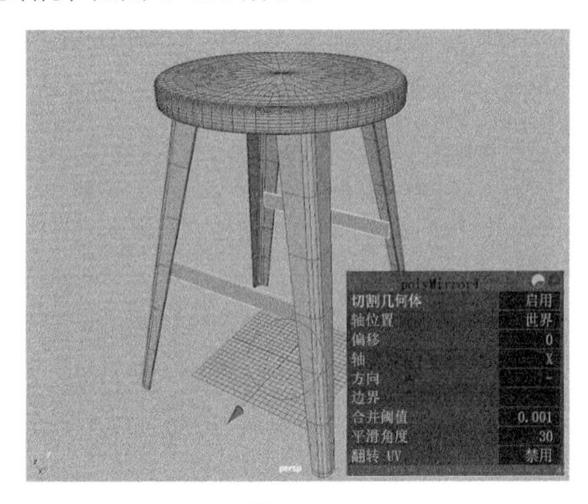

图4-130

（21）对两条凳子腿间相连的结构进行复制，并旋转角度，完善整个凳子的支撑结构，如图 4-131 所示。

图4-131

（22）本实例的模型最终完成效果如图 4-132 所示。

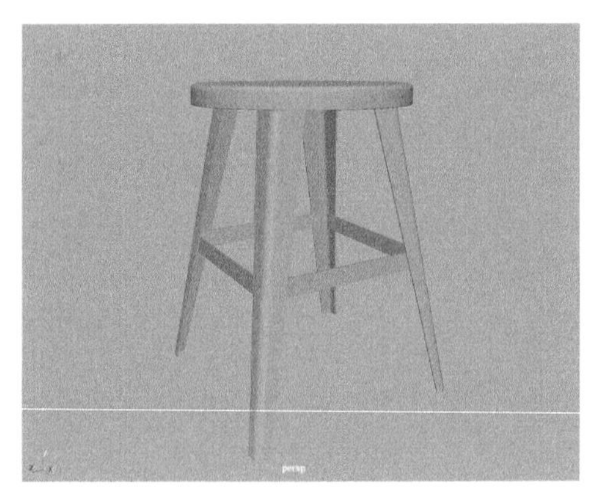

图4-132

4.5.4　实例：制作方形瓶子模型

在本实例中，我们通过制作一个方形的瓶子模型来学习 Maya 中的多边形建模技术。本实例的最终渲染效果如图 4-133 所示，线框渲染效果如图 4-134 所示。

图4-133

图4-134

（1）启动 Maya，单击“多边形建模”工具架中的“多边形立方体”按钮，在场景中创建一个长方体模型，如图 4-135 所示。

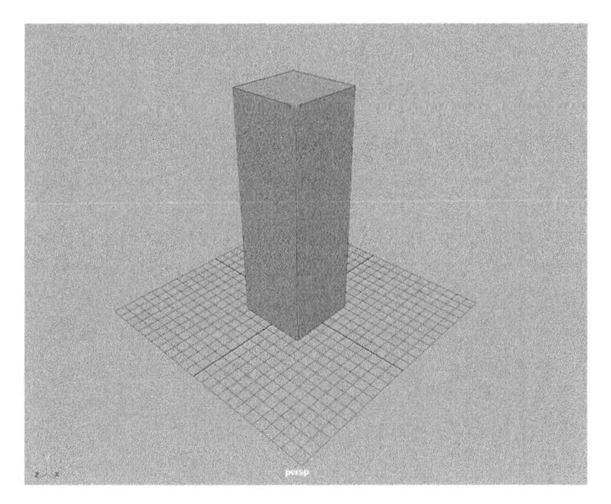

图4-135

（2）在“通道盒 / 层编辑器”面板中设置长方体模型的“平移 X”值为 0，“平移 Y”值为 10，“平移 Z”值为 0，“宽度”值为 6.5，“高度”值为 20，“深度”值为 6.5，确定瓶子的基本大小和位置，如图 4-136 所示。

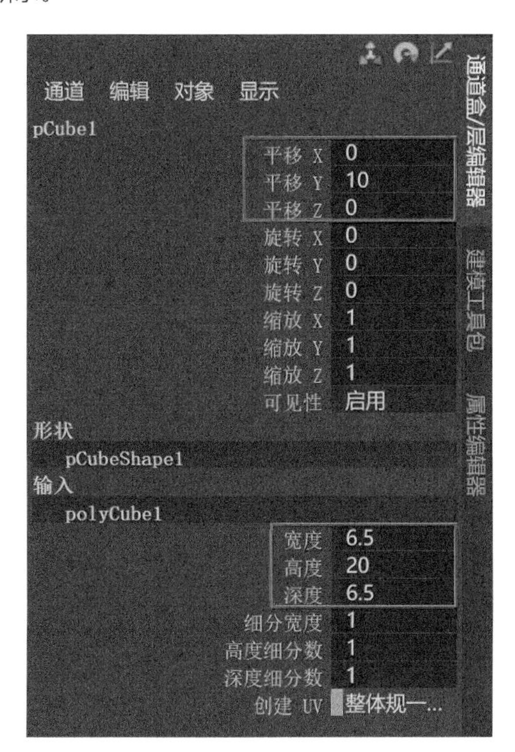

图4-136

（3）选择长方体模型，按住鼠标右键，在弹出的菜单中执行“边”命令，如图 4-137 所示。

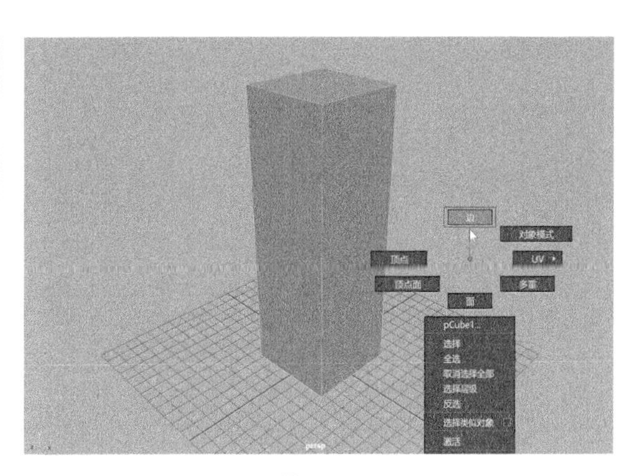

图4-137

（4）选择模型上的所有边，单击“多边形建模”工具架中的“倒角”按钮，制作出图 4-138 所示的模型效果。

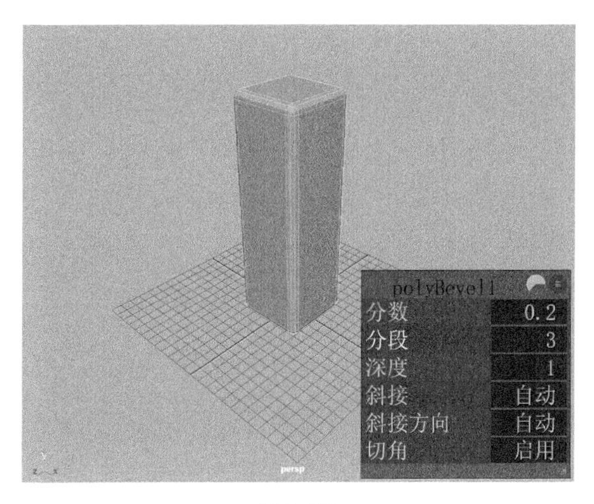

图4-138

（5）选择图 4-139 所示的边，对其进行连接操作，为模型添加边线，如图 4-140 所示。

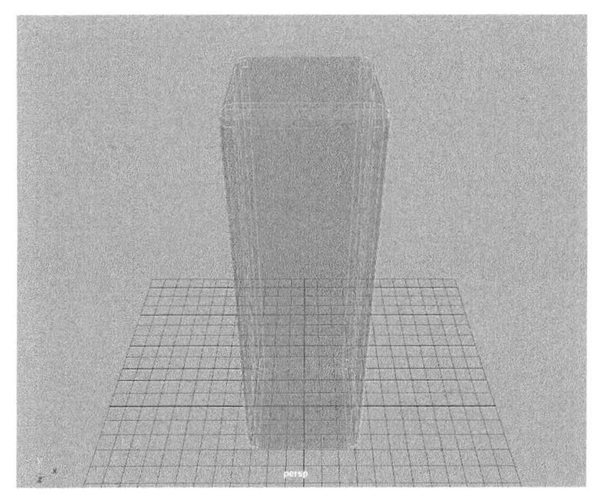

图4-139

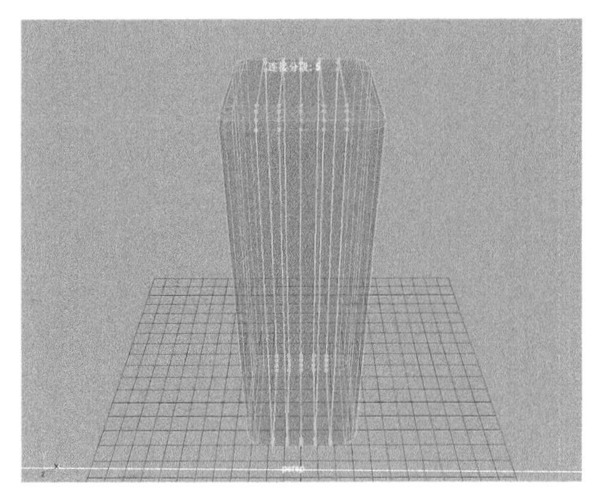

图4-140

（6）对长方体模型另一侧的边也进行同样的操作，制作出图 4-141 所示的模型效果。

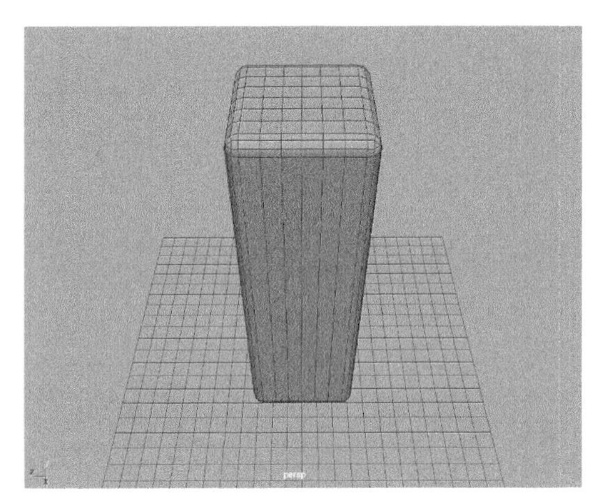

图4-141

（7）选择图 4-142 所示的面，按快捷键 B 开启“软选择”模式，沿 Y 轴向上微调所选择面的位置，如图 4-143 所示。

图4-142

图4-143

（8）再次按快捷键 B 键关闭“软选择”模式，单击“多边形建模”工具架中的“圆形圆角”按钮，制作出图 4-144 所示的模型效果。

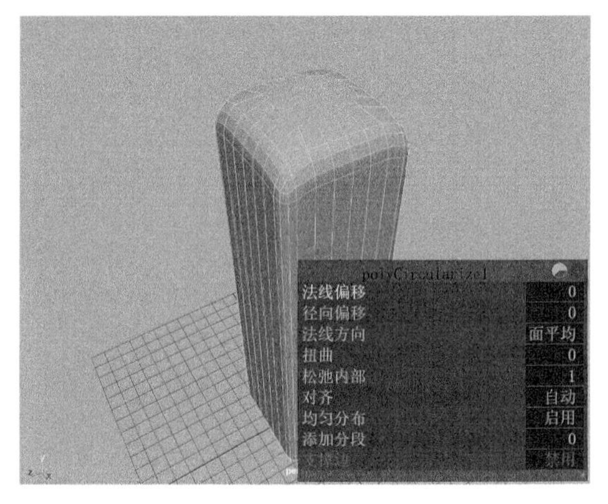

图4-144

（9）对所选择的面进行多次挤出操作，并配合“缩放”工具进行微调，制作出图 4-145 所示的模型效果。

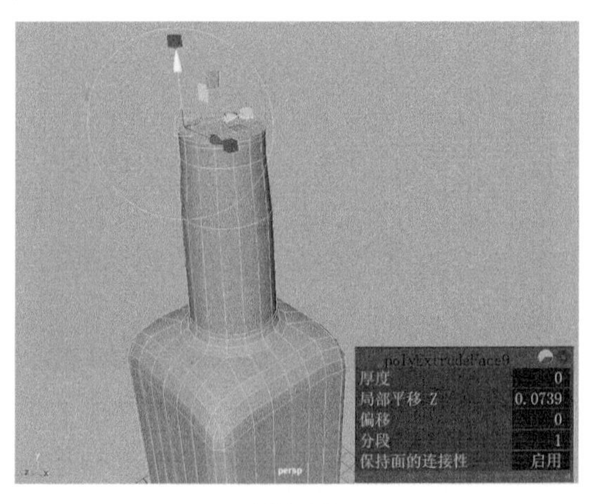

图4-145

（10）将瓶口上方的面删除，如图 4-146 所示。

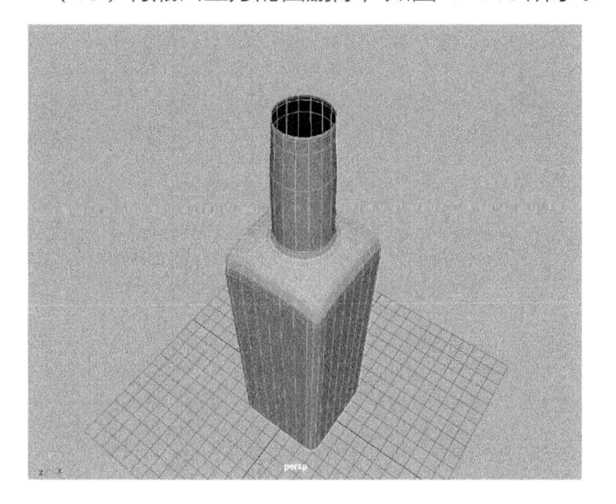

图4-146

（11）选择瓶底的面，如图 4-147 所示，使用“圆形圆角”工具制作出图 4-148 所示的模型效果。

图4-147

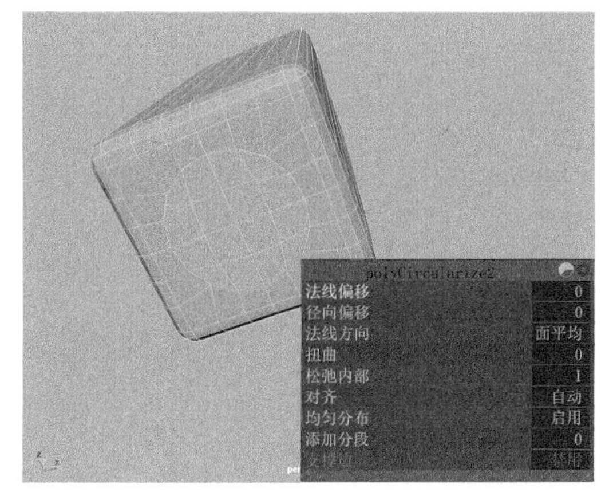

图4-148

（12）对所选择的面进行挤出操作，并配合“缩放”工具微调模型，制作出瓶底的结构细节，如图 4-149 所示。

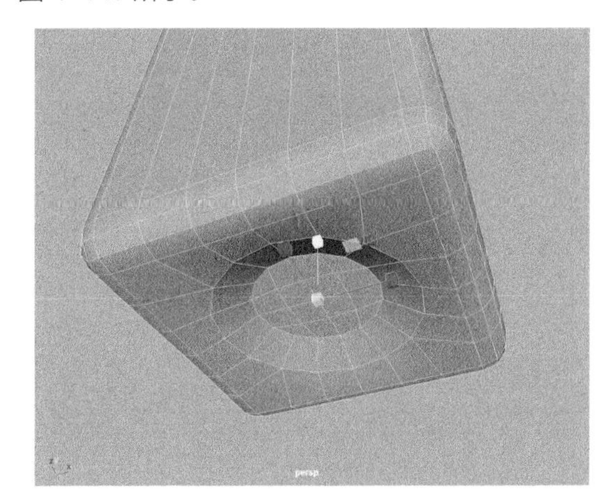

图4-149

（13）选择瓶子模型上的所有面，对其进行挤出操作，制作出瓶子的厚度，如图 4-150 所示。

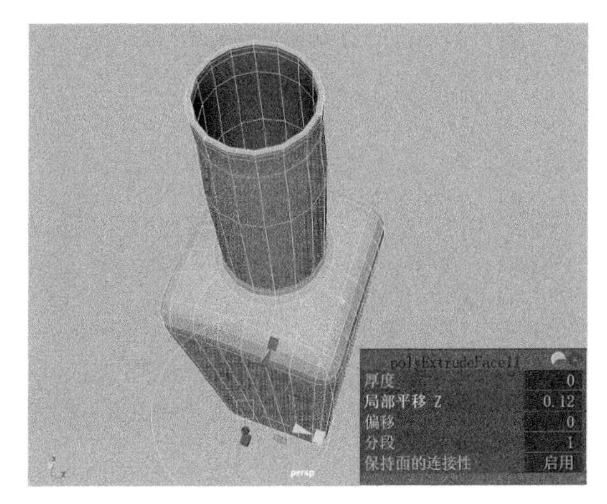

图4-150

（14）选择图 4-151 所示的顶点，执行菜单栏中的“变形 > 晶格”命令，微调瓶颈部分的形状，如图 4-152 所示。

图4-151

图4-152

（15）按住鼠标右键，在弹出的菜单中执行“晶格点”命令，如图 4-153 所示，使用“移动”工具微调模型的形状，如图 4-154 所示。

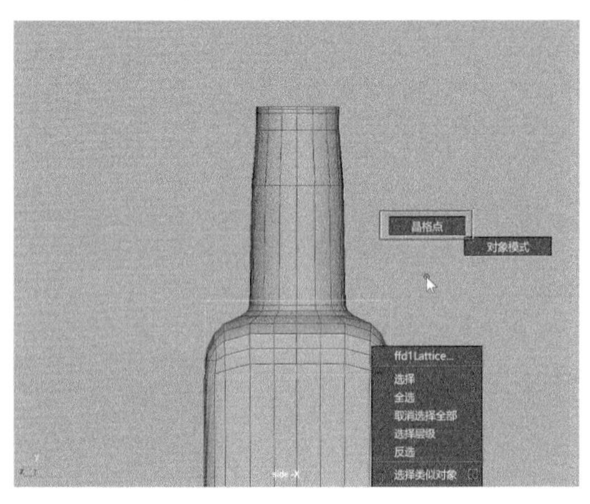

图4-153

图4-154

（16）选择图 4-155 所示瓶口附近的面，对其进行多次挤出操作，并配合“缩放”工具丰富瓶口的细节，如图 4-156 所示。

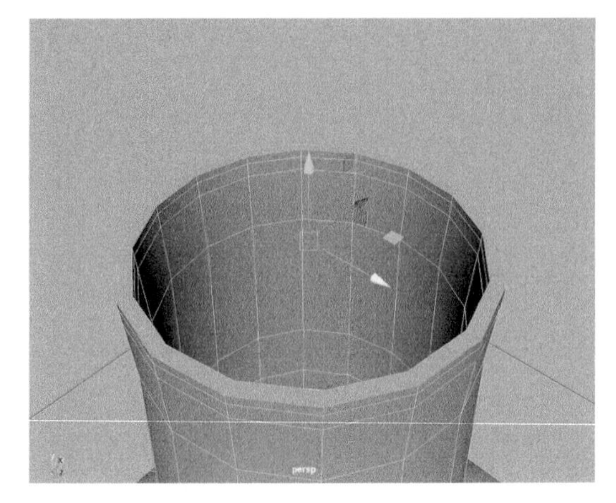

图4-155

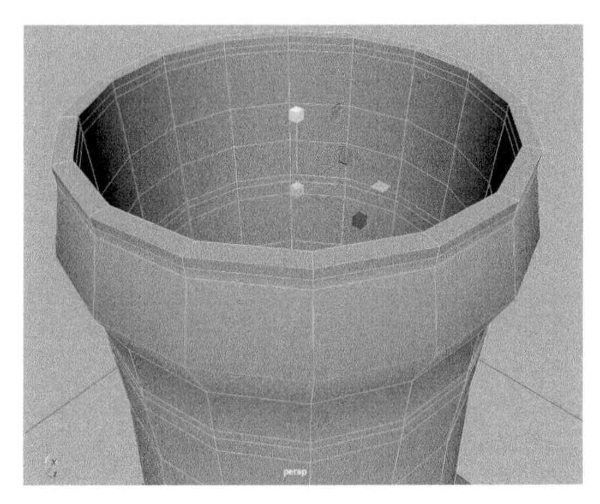

图4-156

（17）调整完成后，退出模型的编辑状态，选择瓶子模型，按快捷键 3 观看瓶子光滑后的显示效果，如图 4-157 所示。

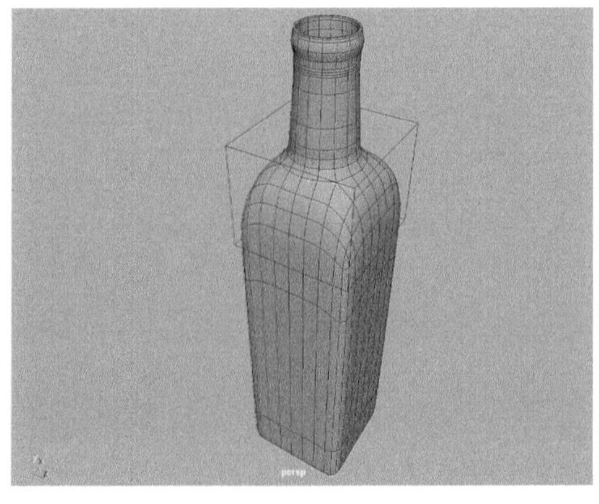

图4-157

（18）选择瓶子模型，单击“多边形建模”工具架中的“按类型删除：历史”按钮删除模型的建构历史，如图 4-158 所示。

图4-158

（19）本实例的模型最终完成效果如图 4-159 所示。

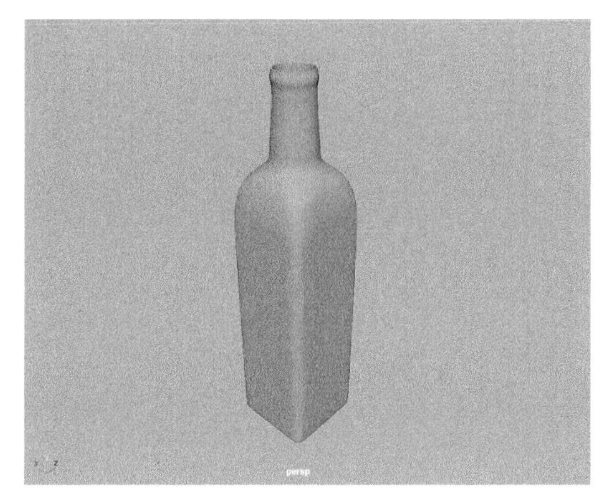

图4-159

4.5.5 实例：制作哑铃模型

在本实例中，我们通过制作一个哑铃模型来详细讲解 Maya 的常用建模工具的使用方法及技巧，本实例的最终渲染效果如图 4-160 所示，线框渲染效果如图 4-161 所示。

图4-160

（1）启动 Maya，单击“多边形建模”工具架中的“多边形圆柱体”按钮，如图 4-162 所示。在“右视图”中创建一个圆柱体模型，如图 4-163 所示。

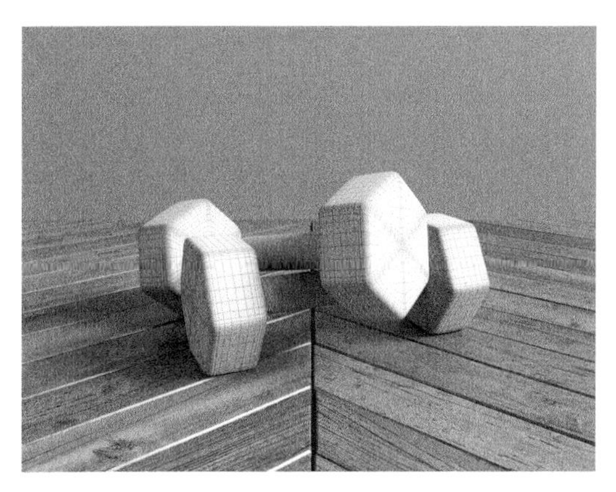

图4-161

图4-162

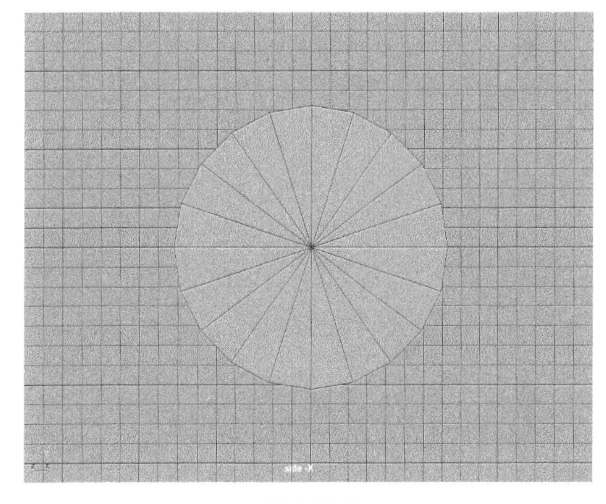

图4-163

（2）在“通道盒 / 层编辑器”面板中设置圆柱体模型的“平移 X”“平移 Y”和“平移 Z”值均为 0，设置“半径”值为 5，“高度”值为 4，“轴向细分数”值为 6，如图 4-164 所示。

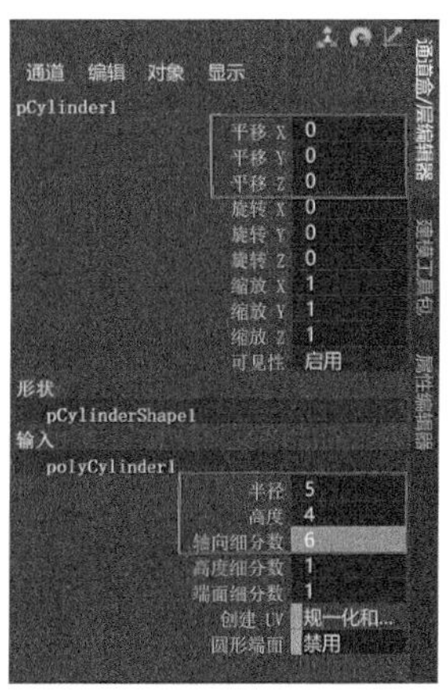

图4-164

（3）将视图切换至“透视视图”，使用“移动”工具沿 X 轴移动圆柱体的位置，如图 4-165 所示。

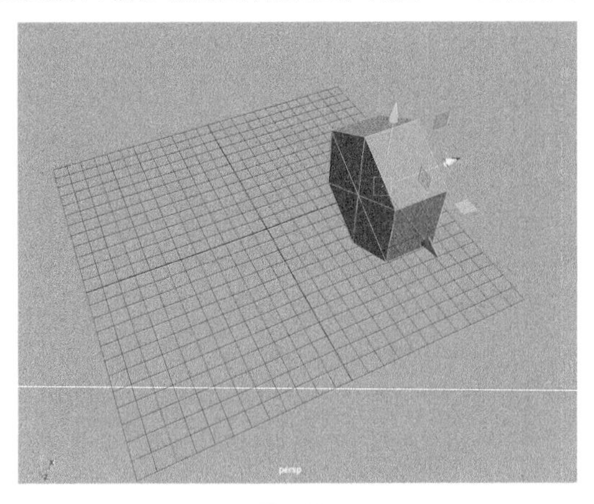

图4-165

（4）按住鼠标右键，在弹出的菜单中执行“边”命令，如图 4-166 所示。

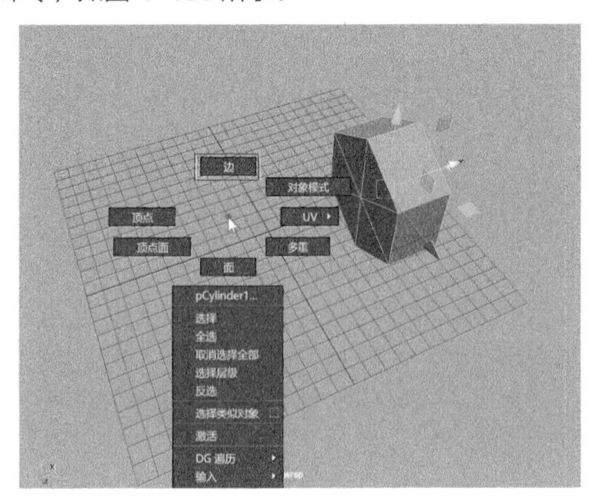

图4-166

（5）选择圆柱体上所有的边，单击“多边形建模”工具架中的“倒角”按钮，制作出图 4-167 所示的模型效果。

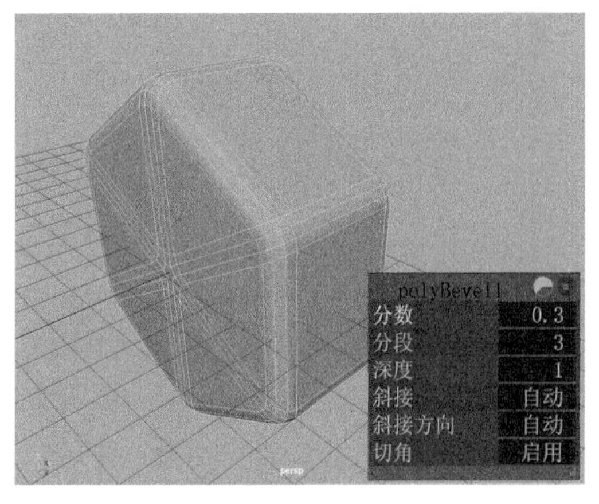

图4-167

（6）选择图 4-168 所示的 6 条边。

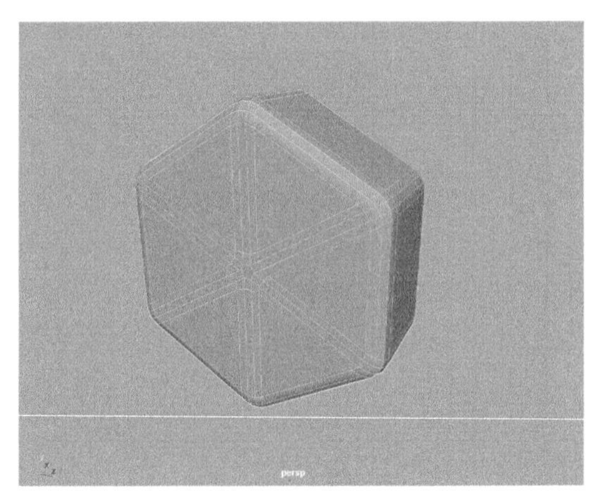

图4-168

（7）按住 Ctrl 键，再按住鼠标右键，在弹出的菜单中执行“环形边工具 > 到环形边”命令，如图 4-169 和图 4-170 所示，这样就可以快速选择图 4-171 所示的边。

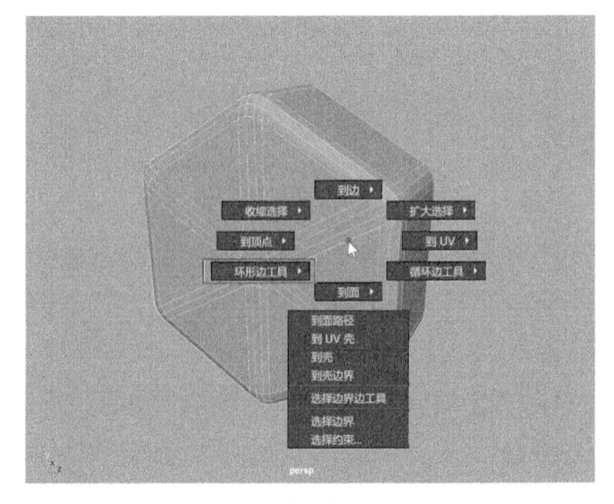

图4-169

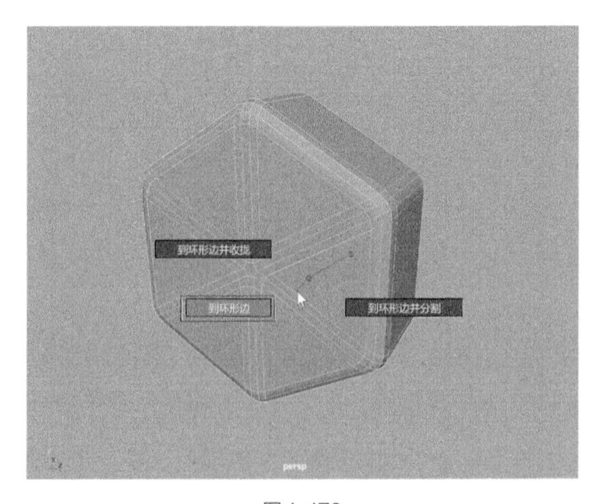

图4-170

图4-171

（8）对所选择的边进行连接操作，为其添加连线，如图 4-172 所示。

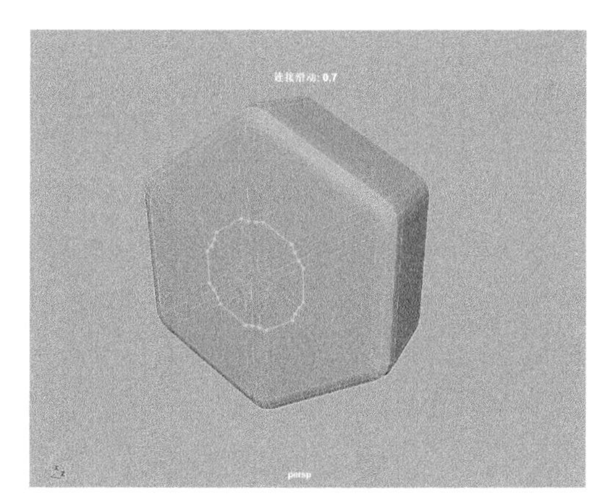

图4-172

（9）选择图 4-173 所示的面，单击“多边形建模”工具架中的“圆形圆角”按钮，制作出图 4-174 所示的模型效果。

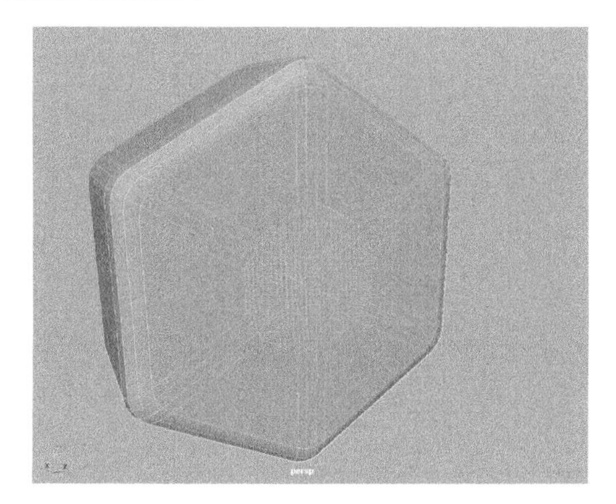

图4-173

（10）对所选择的面进行多次挤出操作，并配合“缩放”工具微调模型，制作出图 4-175 所示的模型效果。

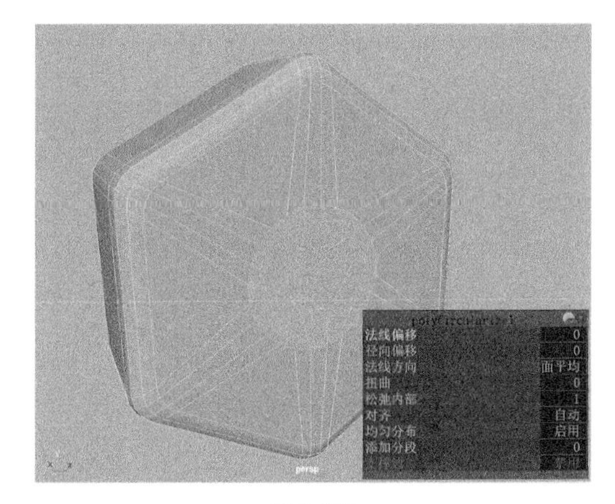

图4-174

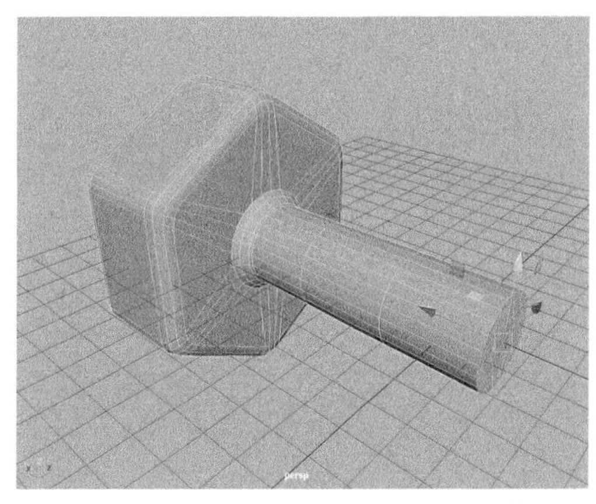

图4-175

（11）设置完成后，按住鼠标右键，在弹出的菜单中执行“对象模式”命令，退出模型的编辑状态，如图 4-176 所示。

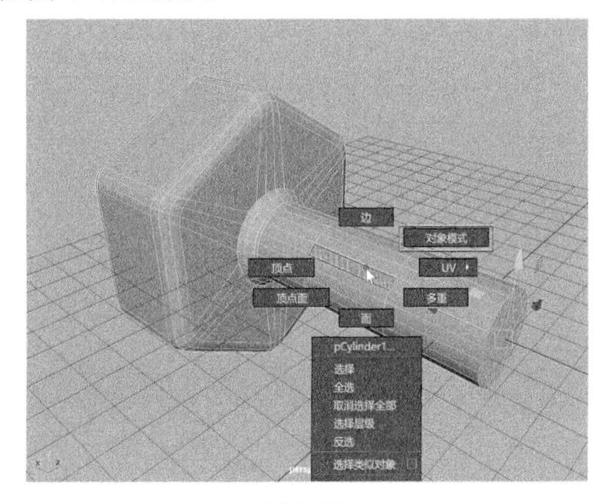

图4-176

（12）单击“多边形建模”工具架中的“镜像”按钮，如图 4-177 所示，得到图 4-178 所示的模型结果。

图4-177

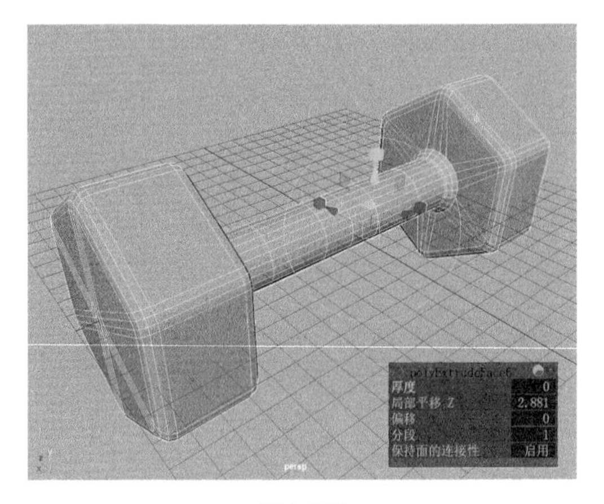

图4-178

（13）按快捷键 3 键，在视图中观察添加了平滑效果之后的哑铃模型，如图 4-179 所示。

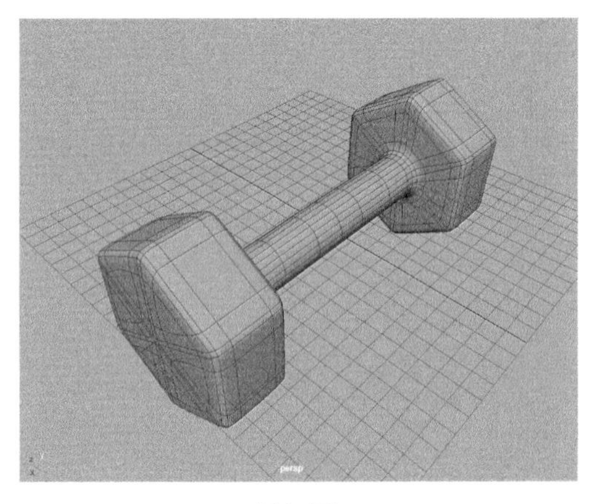

图4-179

（14）取消线框显示后，本实例的模型最终完成效果如图 4-180 所示。

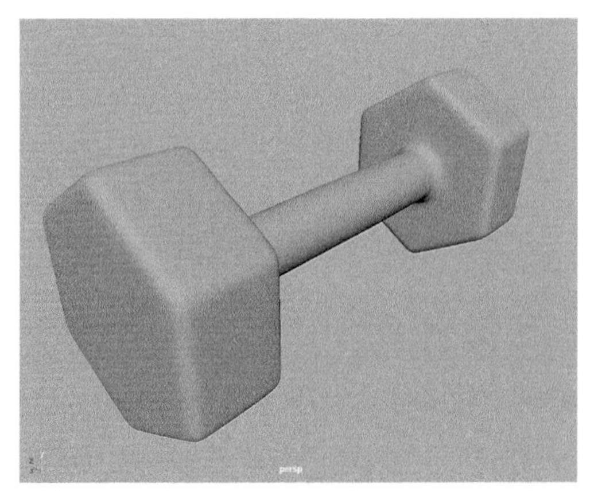

图4-180

4.5.6 实例：制作锤子模型

本实例将详细讲解如何使用 Maya 为我们提供的建模工具，将一个多边形长方体变成一把锤子模型。锤子模型的最终渲染效果如图 4-181 所示，线框渲染效果如图 4-182 所示。

图4-181

图4-182

（1）启动 Maya，单击“多边形建模”工具架中的第二个按钮“多边形立方体”，在场景中创建一个长方体模型，如图 4-183 所示。

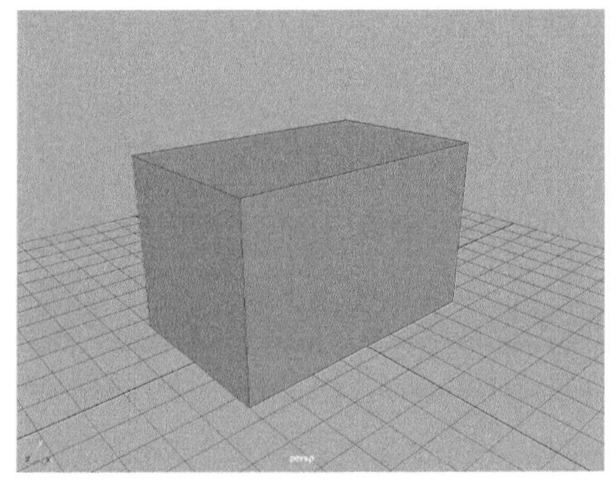

图4-183

（2）在“属性编辑器”面板中展开“多边形立方体历史”卷展栏，设置长方体模型的“宽度”值为5，“高度”值为5，“深度”值为8，如图4-184所示。

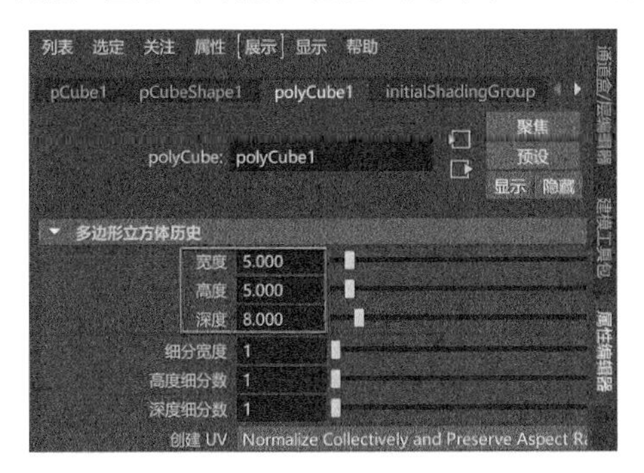

图4-184

（3）在“通道盒/层编辑器”面板中设置长方体模型的“平移X”值为0，“平移Y”值为2.5，“平移Z”值为0，如图4-185所示，使得长方体模型的位置处于场景中坐标原点的位置处。

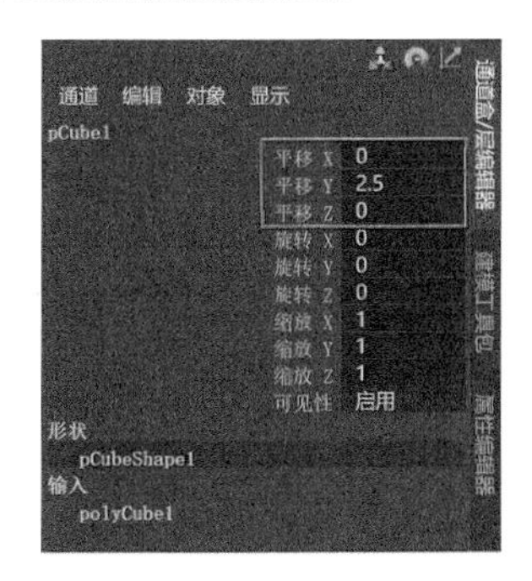

图4-185

（4）选择长方体模型，按住鼠标右键，在弹出的菜单中执行“面”命令，如图4-186所示。

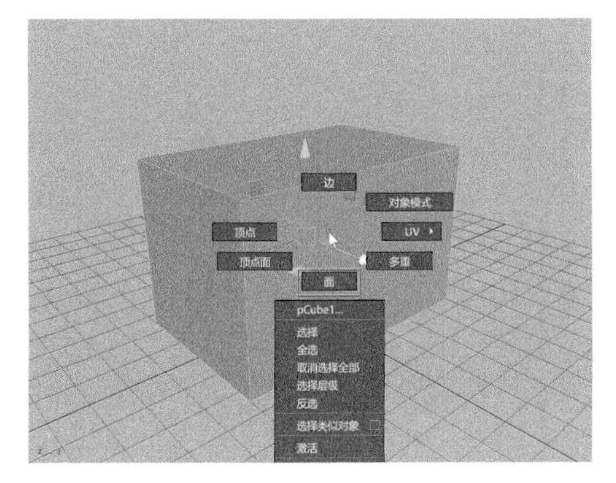

图4-186

（5）在场景中选择图4-187所示的两个面，对其进行挤出操作，制作出图4-188所示的模型效果。

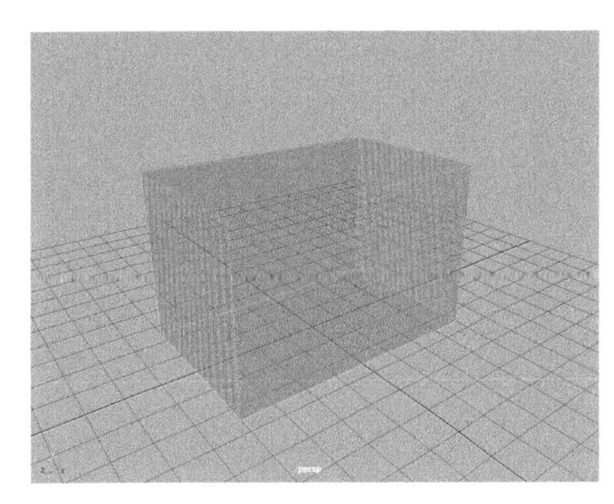

图4-187

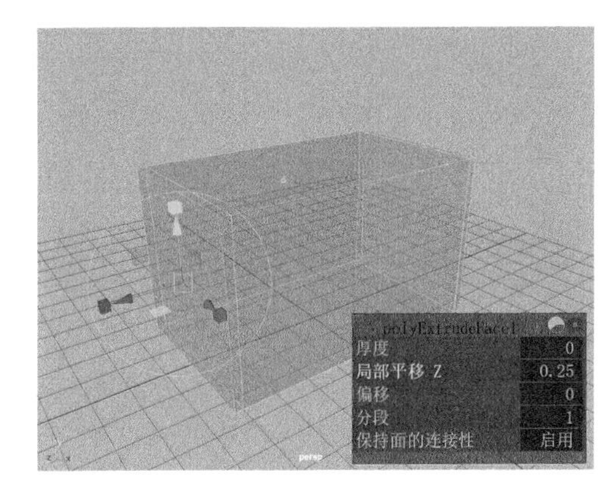

图4-188

（6）按快捷键G重复上一次操作，再次将所选择的面挤出至图4-189所示的形态。

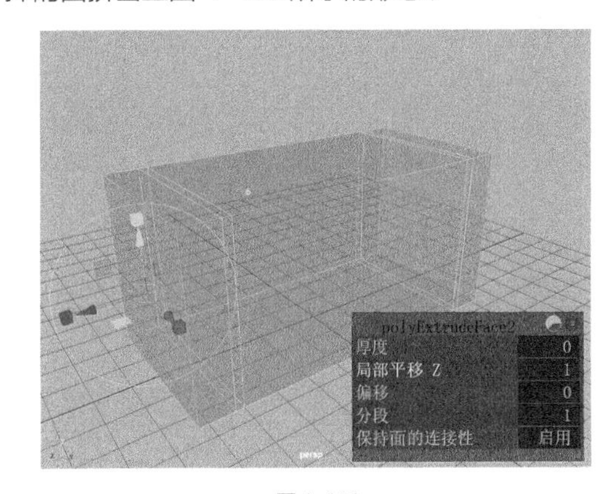

图4-189

（7）选择图4-190所示的边，对其进行倒角操作，制作出图4-191所示的模型效果。

（8）对模型的边线和面使用“缩放”工具进行微调，制作出锤子模型大概的形态，如图4-192所示。

（9）选择模型上的所有边线，如图4-193所示，使用“倒角”工具对模型进行细化操作，制作出图4-194所示的模型效果。

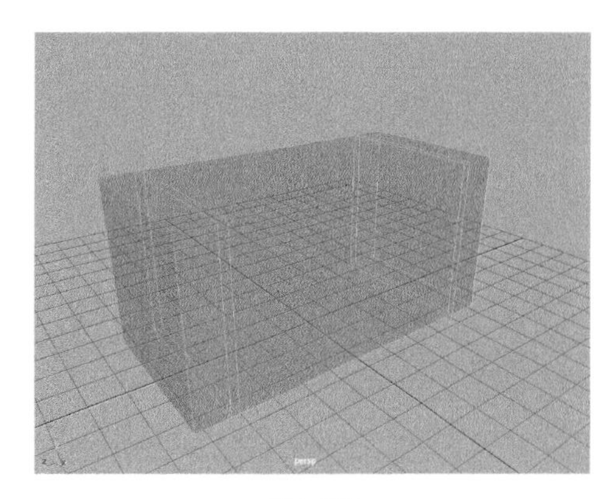

图4-190

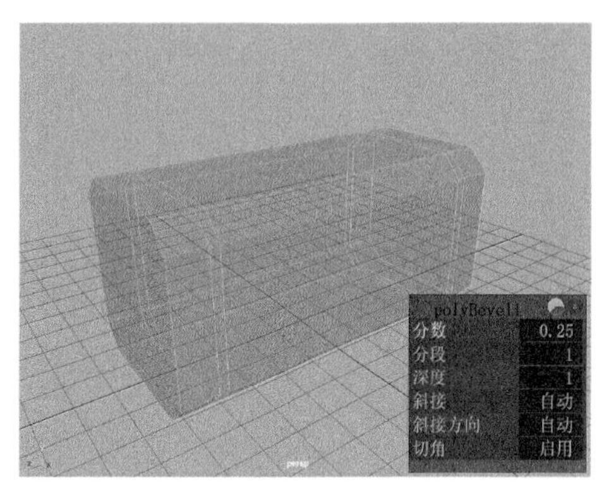

图4-191

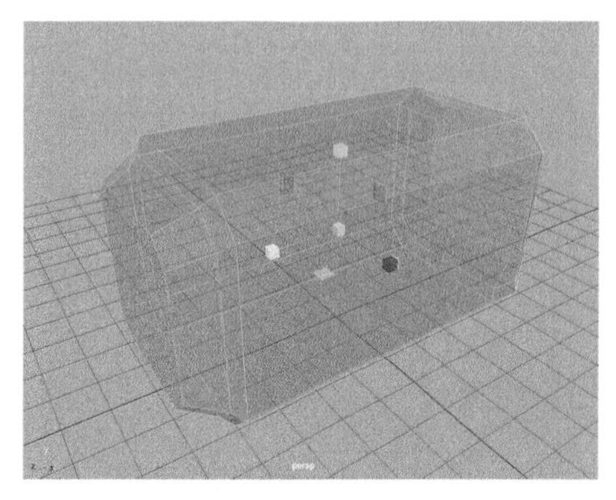

图4-192

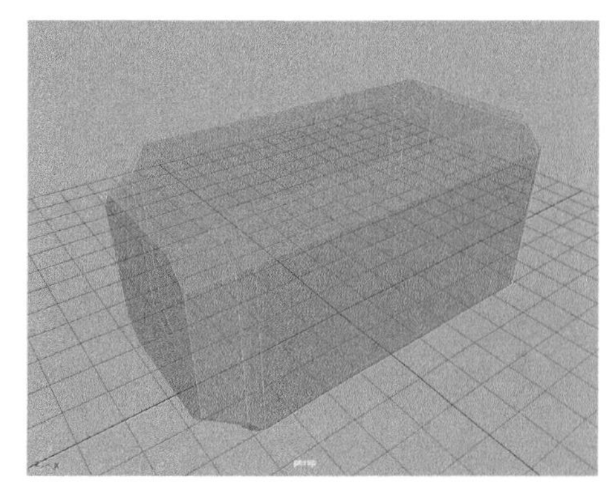

图4-193

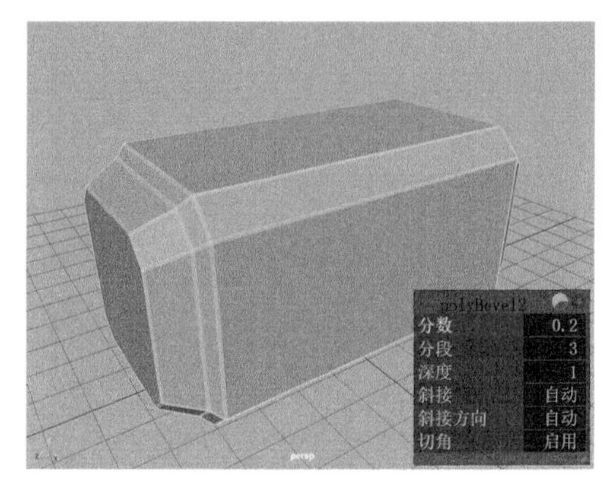

图4-194

（10）选择图 4-195 所示的边，使用“连接”工具为模型增加边线，如图 4-196 所示。

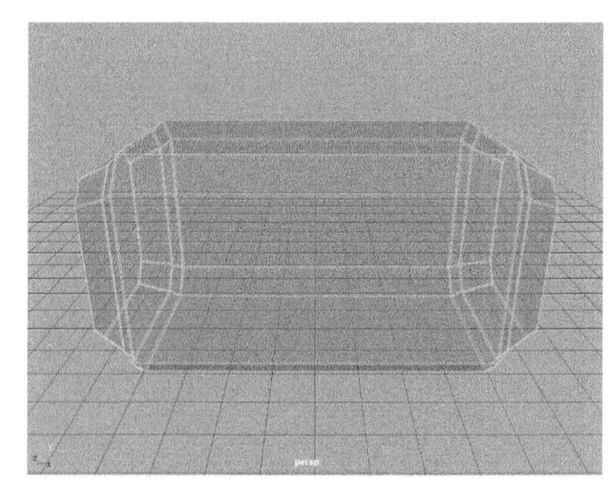

图4-195

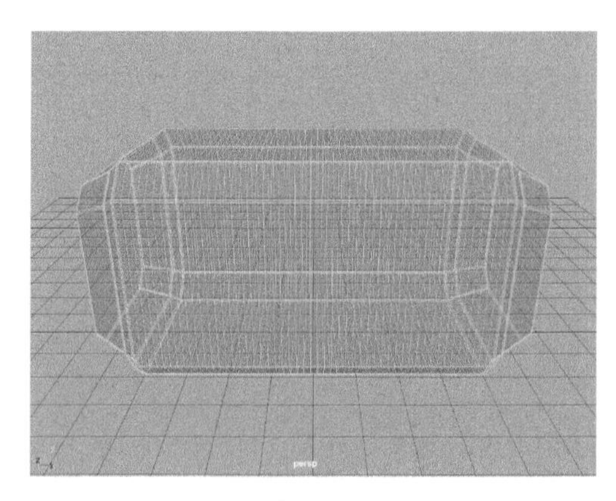

图4-196

（11）选择图 4-197 所示的边，再次使用“连接”工具为模型增加边线，如图 4-198 所示。

（12）在“右视图”中选择图 4-199 所示的面，使用“圆形圆角”工具制作出图 4-200 所示的模型效果。

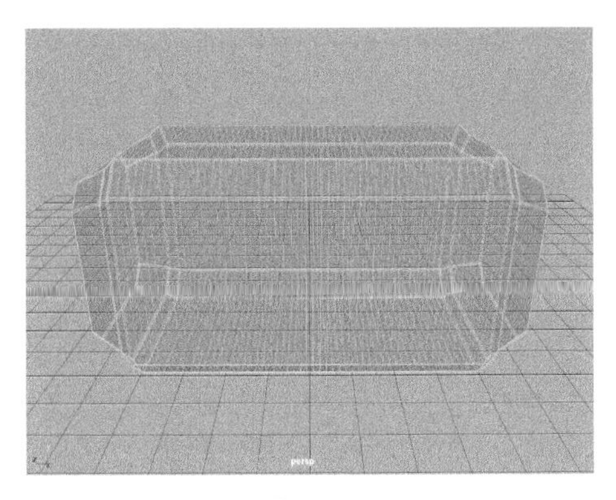
图4-197

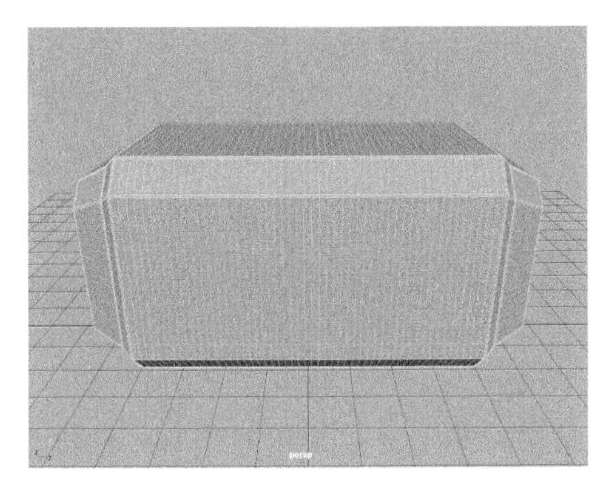
图4-198

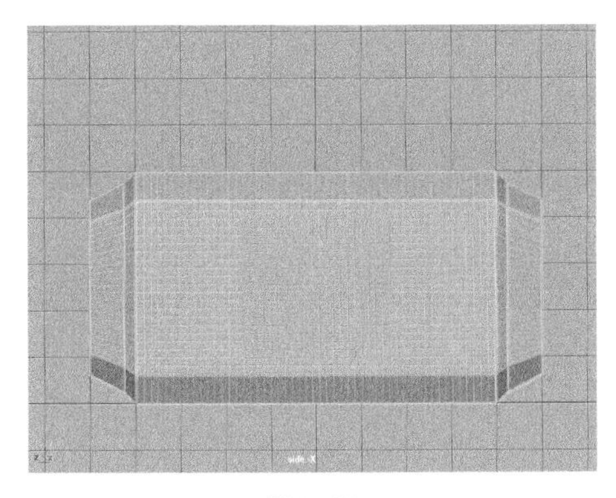
图4-199

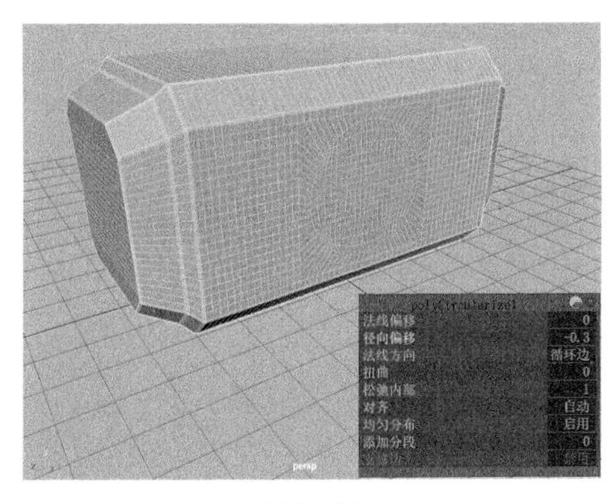

图4-200

（13）使用“挤出”工具对所选择的面进行多次挤出操作，制作出图 4-201 所示的模型效果。

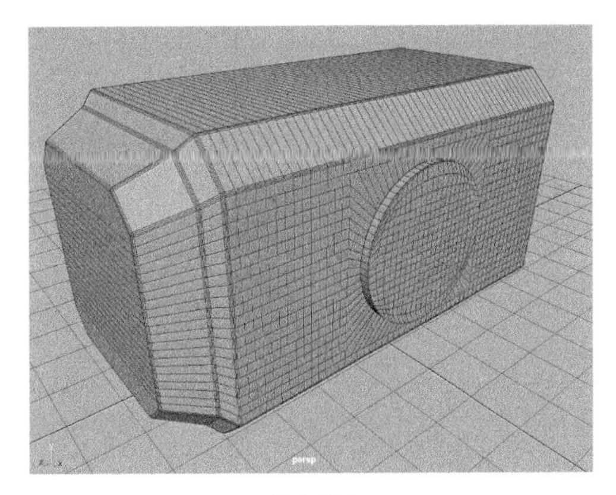
图4-201

（14）设置完成后，我们可以先退出模型的编辑状态。按快捷键 3 在视图中观察添加了平滑效果之后的模型结果，如图 4-202 所示。

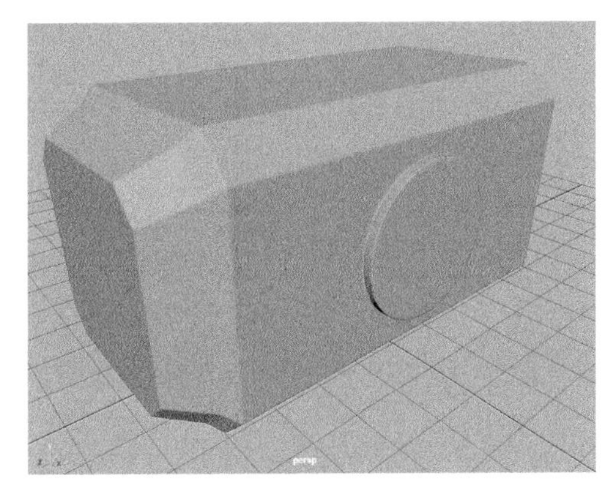
图4-202

（15）在“顶视图”中选择图 4-203 所示的顶点，使用“移动”工具对其进行微调，制作出图 4-204 所示的模型效果。

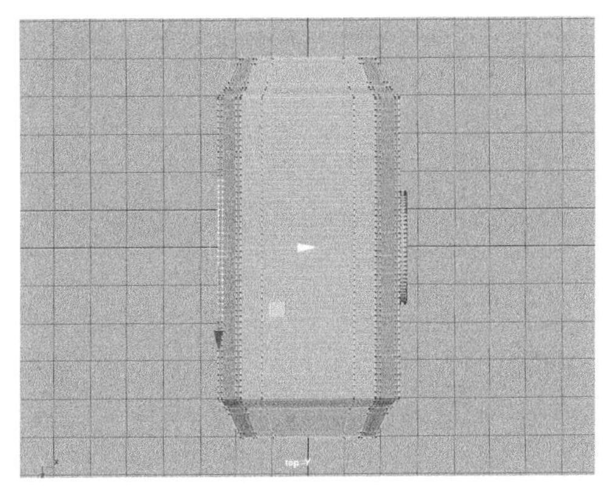
图4-203

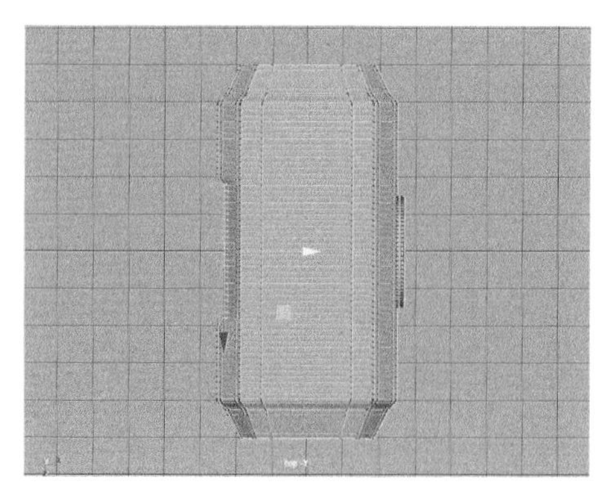

图4-204

（16）在“左视图”中选择图4-205所示的面，对其使用“圆形圆角”工具制作出图4-206所示的模型效果。

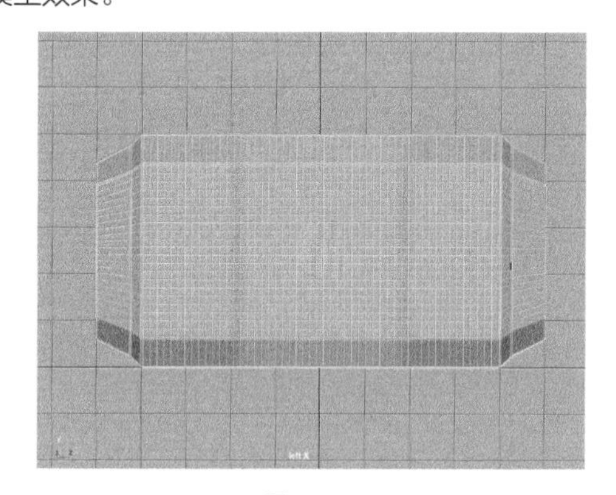

图4-205

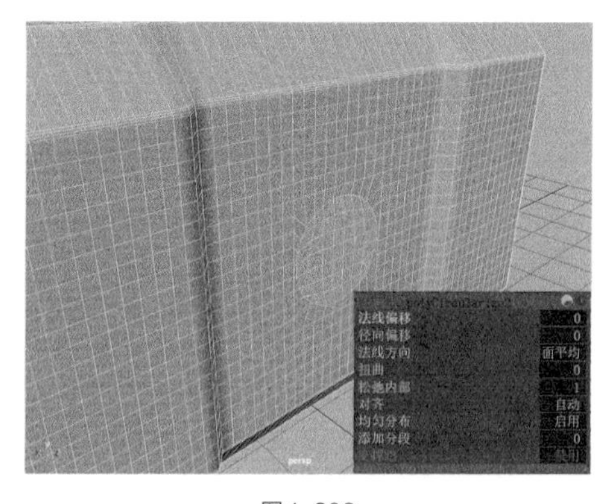

图4-206

（17）对所选择的面使用“挤出”工具进行多次挤出操作，并配合“缩放”工具制作出图4-207所示的模型效果。

（18）在场景中选择图4-208所示的边，使用“连接”工具对其进行增加边线操作，制作出图4-209所示的模型效果。

（19）使用“倒角”工具细化模型，如图4-210所示。

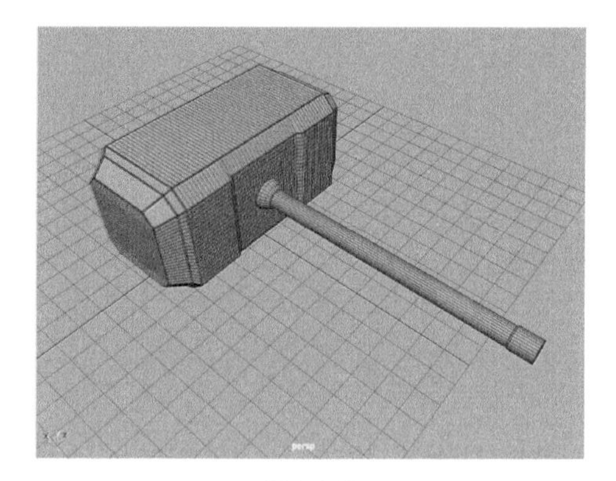

图4-207

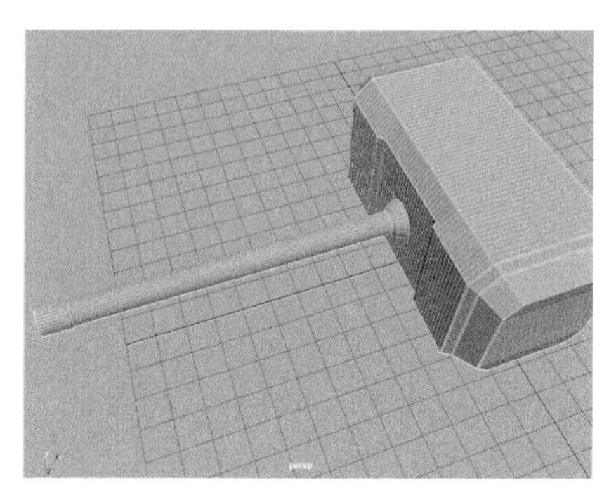

图4-208

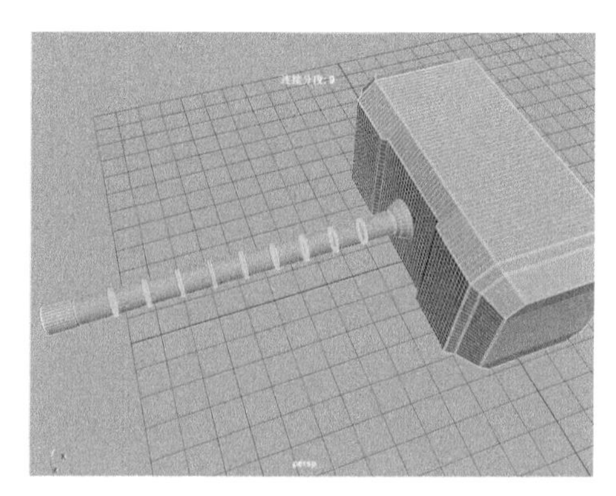

图4-209

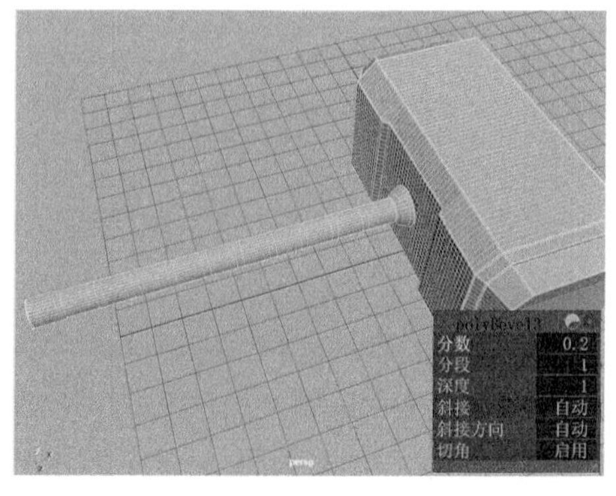

图4-210

（20）选择图 4-211 所示的面，对其多次使用“挤出”工具，制作出图 4-212 所示的模型效果。

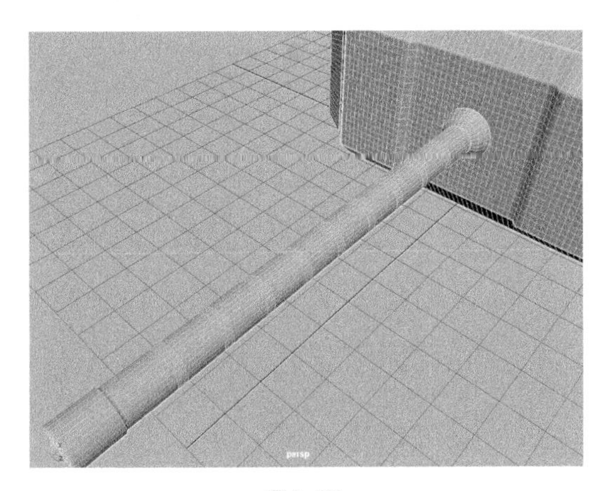

图4-211

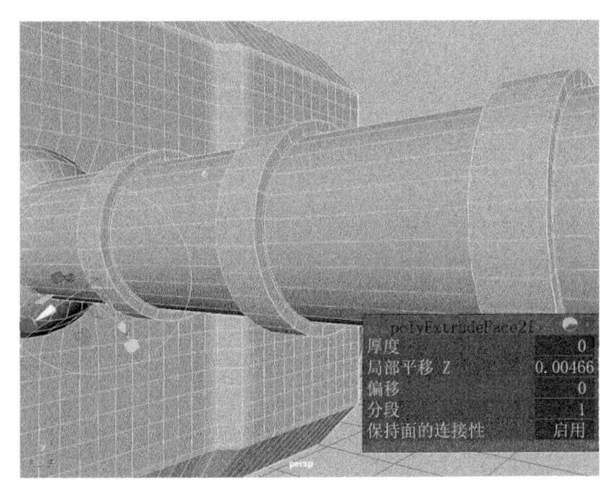

图4-212

（21）选择图 4-213 所示的顶点。

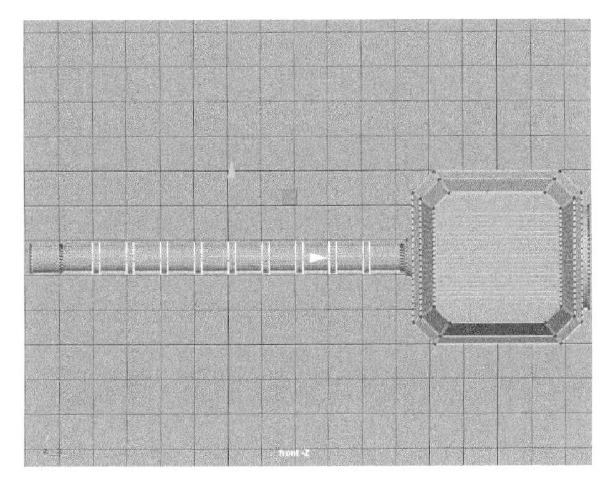

图4-213

（22）单击菜单栏“变形 > 晶格”命令后面的方块按钮，打开“晶格选项”面板，设置“分段”值为（2，5，2），如图 4-214 所示。

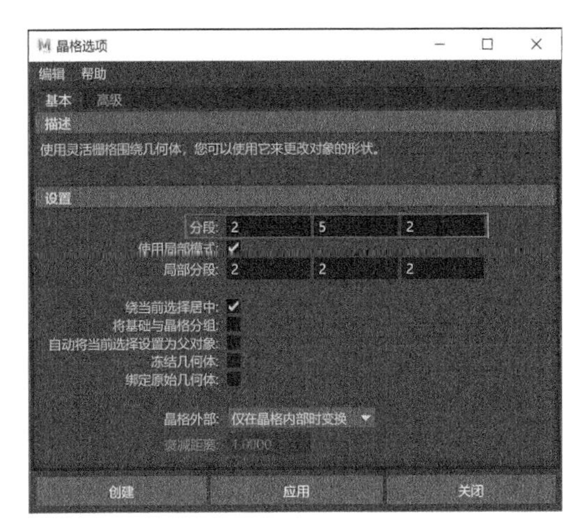

图4-214

（23）设置完成后，在视图中可以观察到锤子模型所选择的点附近多了一个晶格对象，如图 4-215 所示。

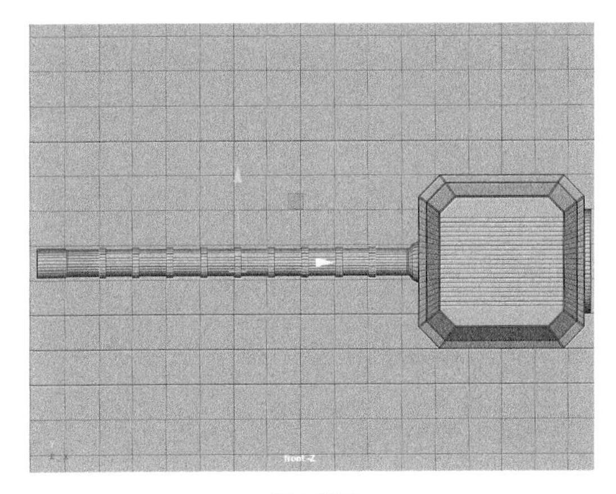

图4-215

（24）按住鼠标右键，在弹出的菜单中执行“晶格点”命令，如图 4-216 所示。

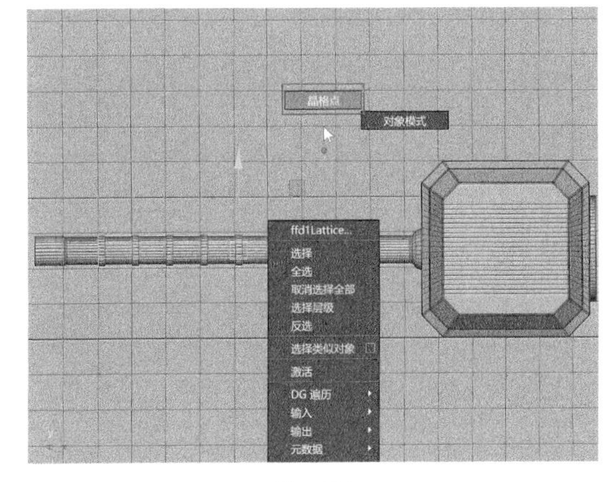

图4-216

（25）在视图中使用“移动”工具微调晶格点的位置，如图 4-217 所示，细化锤子模型手柄上的纹理的细节，如图 4-218 所示。

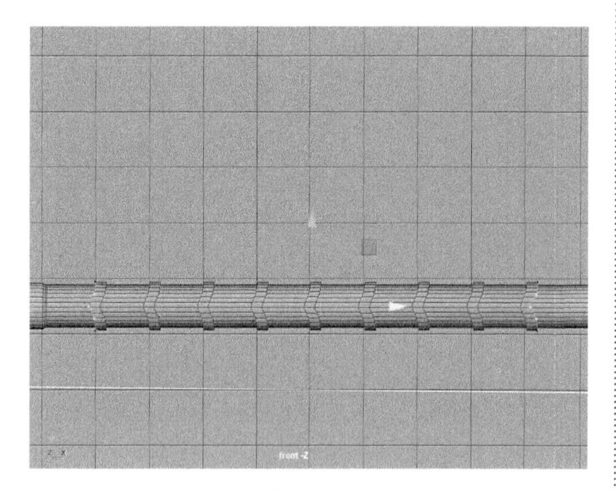

图4-217

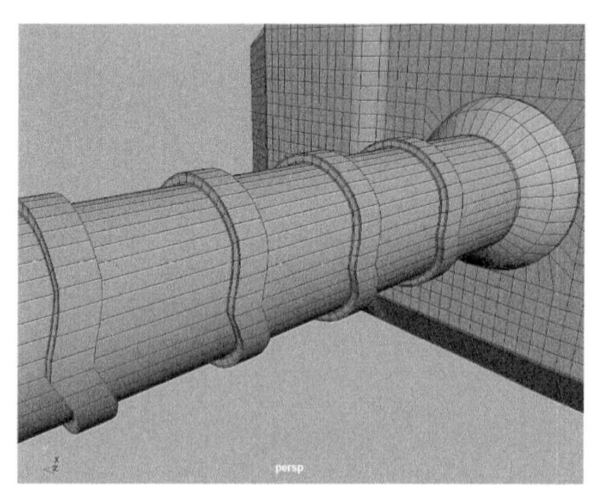

图4-218

（26）调整完成后，退出晶格的编辑模式，完成锤子模型的制作。单击“多边形建模”工具架中的“按类型删除：历史”按钮，清空锤子模型建模过程中产生的命令节点记录，如图 4-219 所示。

图4-219

（27）选择锤子模型，按快捷键 3 对模型进行平滑显示，本实例的模型最终完成效果如图 4-220 和图 4-221 所示。

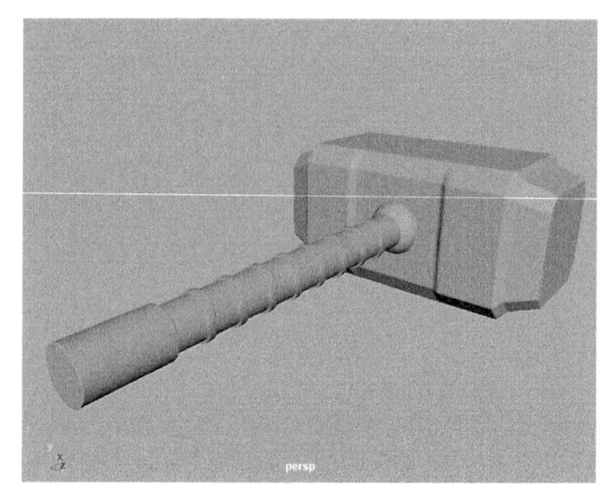

图4-220

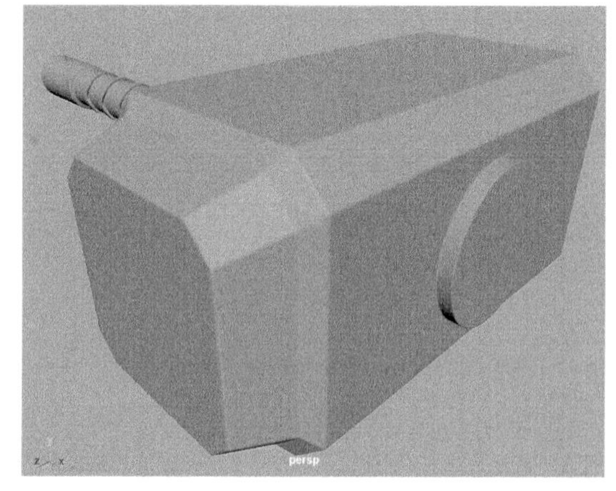

图4-221

灯光技术

扫码在线观看
案例讲解视频

5.1 灯光概述

在学习完三维软件的建模技术之后，本章将介绍灯光技术。将灯光知识放在建模的后面，是因为我们做好模型后还需要进行渲染，才能查看模型的最终视觉效果。Maya 的默认渲染器是 Arnold 渲染器，如果场景中没有灯光的话，场景的渲染结果将会是一片漆黑，什么都看不到。将灯光知识放在材质的前面进行讲解也是因为这个原因，如果没有一个理想的照明环境，什么好看的材质都无法渲染出来。所以，读者在学习完建模技术之后、在学习材质技术之前，熟练掌握灯光的设置尤为重要！学习灯光技术时，我们首先要对模拟的灯光环境有所了解，建议读者多留意身边的光影现象，并拍下照片用来当作项目制作时的重要参考素材。图 5-1 ~ 图 5-4 所示分别为笔者平时在生活中所拍摄的几张有关光影特效的照片素材。

图5-1

图5-2

图5-3

图5-4

Maya 为用户提供了两套灯光系统：一套是 Maya 早期版本一直延续下来的标准灯光系统，我们在“渲染”工具架中可以找到；另一套是 Arnold 渲染器提供的灯光系统，我们在“Arnold”工具架中可以找到。下面将分别对其进行讲解。

5.2 Maya内置灯光

Maya 的内置灯光系统在“渲染”工具架的前半部分可以找到，如图 5-5 所示；或者执行菜单栏“创建 > 灯光”命令，在打开的子菜单中也可以找到它们，如图 5-6 所示。

图5-5

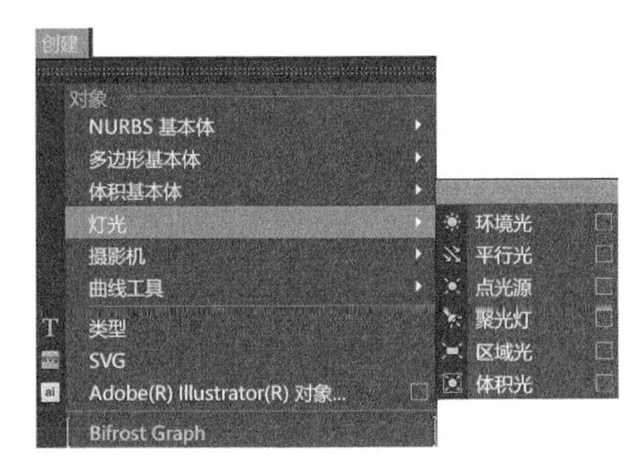

图5-6

5.2.1 环境光

“环境光”通常用来模拟场景中的对象受到来自四周环境的均匀光线照射的照明效果。单击“渲染”工具架中的“环境光”按钮，即可在场景中创建出一个环境光，如图 5-7 所示。

图5-7

在“属性编辑器”面板中展开“环境光属性”卷展栏，可以查看环境光的参数设置，如图 5-8 所示。

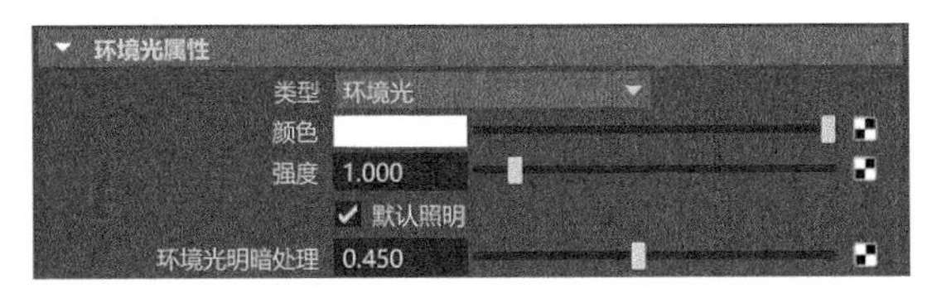

图5-8

常用参数解析

类型：切换当前所选灯光的类型。

颜色：设置灯光的颜色。

强度：设置灯光的光照强度。

环境光明暗处理：设置平行光与泛向（环境）光的比例。

5.2.2 平行光

“平行光”通常用来模拟类似日光直射的接近平行光线照射的照明效果。平行光的箭头代表灯光的照射方向，缩放平行光图标以及移动平行光的位置均对场景照明没有任何影响。单击“渲染”工具架中的“平行光”按钮，即可在场景中创建出一个平行光，如图 5-9 所示。

图5-9

1. “平行光属性”卷展栏

在“属性编辑器”面板中展开“平行光属性”卷展栏，可以查看平行光的参数设置，如图 5-10 所示。

图5-10

常用参数解析

类型：切换当前所选灯光的类型。

颜色：设置灯光的颜色。

强度：设置灯光的光照强度。

2. “深度贴图阴影属性”卷展栏

展开“深度贴图阴影属性”卷展栏，其中的参数设置如图 5-11 所示。

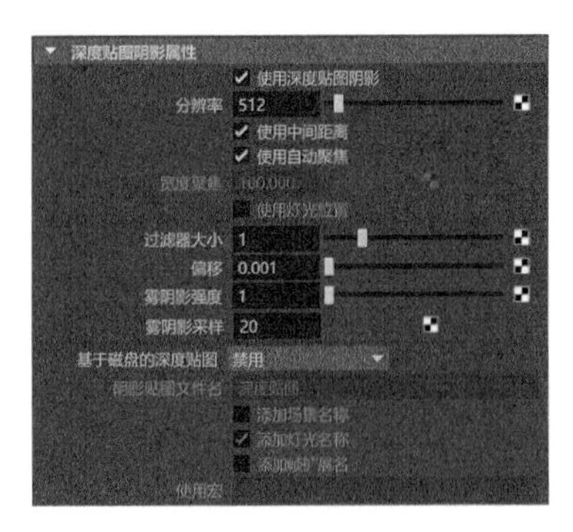

图5-11

常用参数解析

使用深度贴图阴影：当该选项处于勾选状态时，灯光会产生深度贴图阴影。

分辨率：灯光的阴影深度贴图的分辨率。过小的参数值会产生明显的锯齿化（像素化）效果，过大的参数值则会增加不必要的渲染时间。图 5-12 所示为该值分别是 514 和 2048 的渲染结果对比。

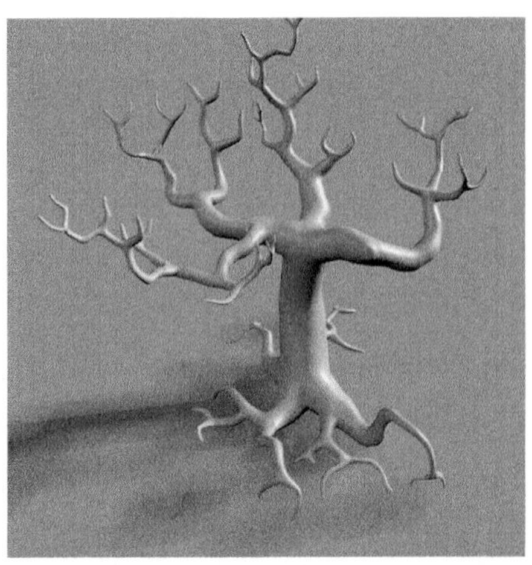

图5-12

使用中间距离：取消勾选该选项，Maya 会为深度贴图中的每个像素计算灯光与最近阴影投射曲面之间的距离。

使用自动聚焦：如果勾选该选项，Maya 会自动缩放深度贴图，使其仅填充灯光所照明的区域中包含阴影投射对象的区域。

宽度聚焦：在灯光照明的区域内缩放深度贴图的角度。

过滤器大小：控制阴影边的柔和度。图 5-13 所示为该值分别是 1 和 2 的阴影渲染结果对比。

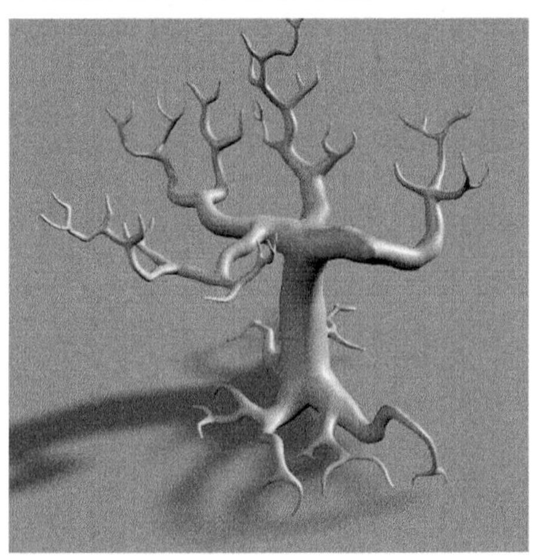

图5-13

偏移：控制深度贴图移向或远离灯光的偏移程度。

雾阴影强度：控制出现在灯光雾中的阴影的黑暗程度，有效范围为 1 到 10，默认值为 1。

雾阴影采样：控制出现在灯光雾中的阴影的粒度。

基于磁盘的深度贴图：可以将灯光的深度贴图保

存到磁盘上，并在后续渲染过程中重用它们。

阴影贴图文件名：保存到磁盘上的深度贴图文件的名称。

添加场景名称：将场景名添加到保存到磁盘上的深度贴图文件的名称中。

添加灯光名称：将灯光名添加到保存到磁盘上的深度贴图文件的名称中。

添加帧扩展名：如果勾选，Maya 会为每个帧保存一个深度贴图，然后将帧扩展名添加到深度贴图文件的名称中。

使用宏：仅当“基于磁盘的深度贴图”设置为“重用现有深度贴图”时才可用；它是指宏脚本的路径和名称，Maya 会运行该宏脚本以在从磁盘中读取深度贴图时更新该深度贴图。

3. “光线跟踪阴影属性”卷展栏

展开“光线跟踪阴影属性”卷展栏，其中的参数设置如图 5-14 所示。

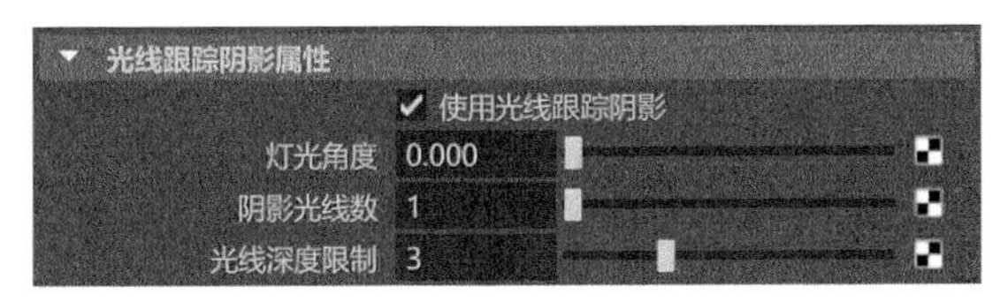

图5-14

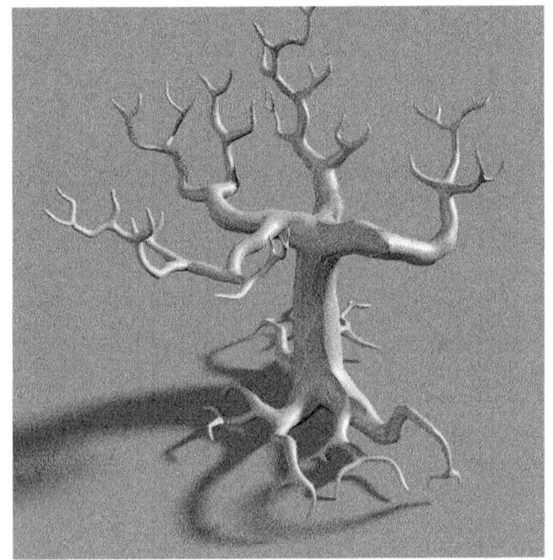

图5-15

常用参数解析

使用光线跟踪阴影：勾选该选项，Maya 将使用光线跟踪阴影计算。

灯光角度：控制阴影边的柔和度。图 5-15 所示为该值分别是 0 和 3 的阴影渲染结果对比。

阴影光线数：控制软阴影边的粒度。

光线深度限制：光线深度指定可以反射（折射）光线但仍然导致对象投射阴影的最长时间。在这些点之间（光线会改变方向）的透明对象将不会对光线的终止造成影响。

5.2.3 点光源

“点光源”可以用来模拟灯泡、蜡烛等由一个小范围的点来照明环境的灯光效果，单击“渲染”工具架中的“点光源”按钮，即可在场景中创建出一个点光源，如图 5-16 所示。

图5-16

1. “点光源属性”卷展栏

展开“点光源属性”卷展栏，其中的参数设置如图 5-17 所示。

图5-17

常用参数解析

类型：切换当前所选灯光的类型。

颜色：设置灯光的颜色。

强度：设置灯光的光照强度。

2. “灯光效果”卷展栏

展开“灯光效果”卷展栏，其中的参数设置如图5-18所示。

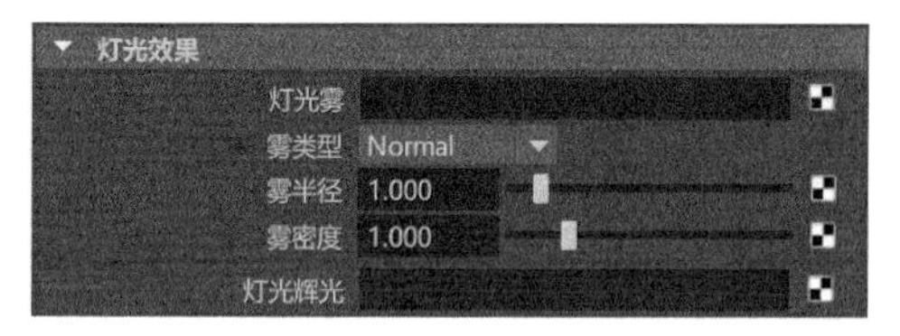

图5-18

常用参数解析

灯光雾：设置雾效果。

雾类型：有“Normal”“inear”和“Exponential”这3种类型可选。

雾半径：设置雾的半径。

雾密度：设置雾的密度。

灯光辉光：设置辉光特效。

5.2.4 聚光灯

“聚光灯”可以用来模拟舞台射灯、手电筒等灯光的照明效果，单击“渲染”工具架中的“聚光灯”按钮，即可在场景中创建出一个聚光灯，如图5-19所示。

展开“聚光灯属性”卷展栏，其中的参数设置如图5-20所示。

常用参数解析

类型：切换当前所选灯光的类型。

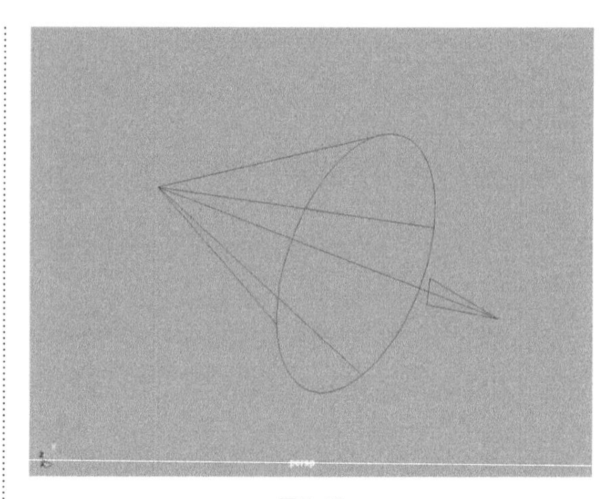

图5-19

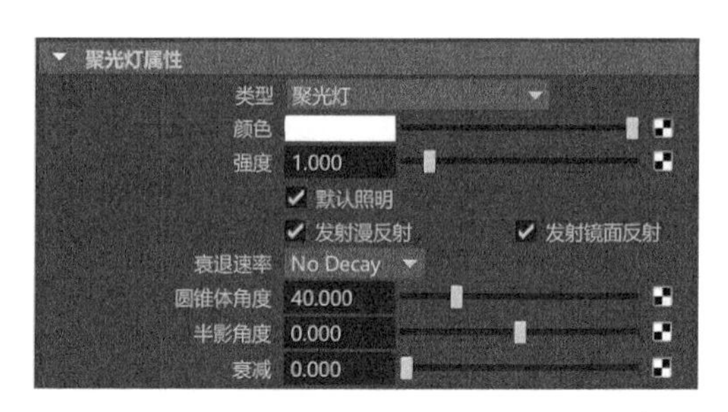

图5-20

颜色：设置灯光的颜色。

强度：设置灯光的光照强度。

衰退速率：控制灯光的光照强度随着距离而下降的速度。

圆锥体角度：聚光灯光束边到边的角度。

半影角度：聚光灯光束的边的角度，在该边上，聚光灯的光照强度以线性方式下降到0。

衰减：控制灯光光照强度从聚光灯光束中心到边缘的衰减速率。

5.2.5 区域光

“区域光”是一个范围灯光，常常被用来模拟室内窗户的照明效果，单击“渲染”工具架中的“区域光”按钮，即可在场景中创建出一个区域光，如图5-21所示。

展开“区域光属性”卷展栏，其中的参数设置如图5-22所示。

常用参数解析

类型：切换当前所选灯光的类型。

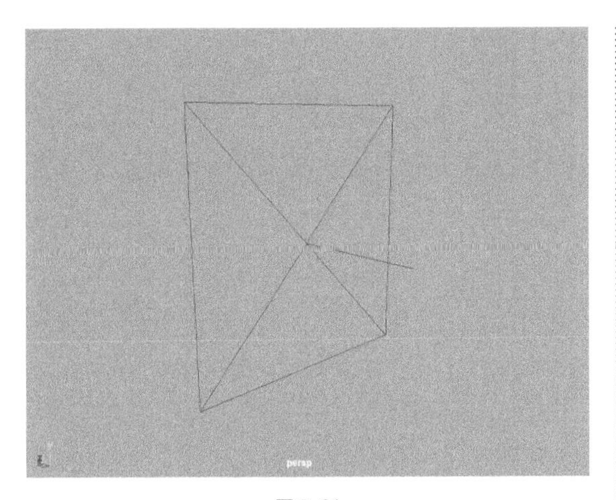

图5-21

图5-22

颜色：设置灯光的颜色。

强度：设置灯光的光照强度。

衰退速率：控制灯光的光照强度随着距离而下降的速度。

5.2.6 体积光

"体积光"可以用来照亮有限距离内的对象。单击"渲染"工具架中的"体积光"按钮，即可在场景中创建出一个体积光，如图5-23所示。

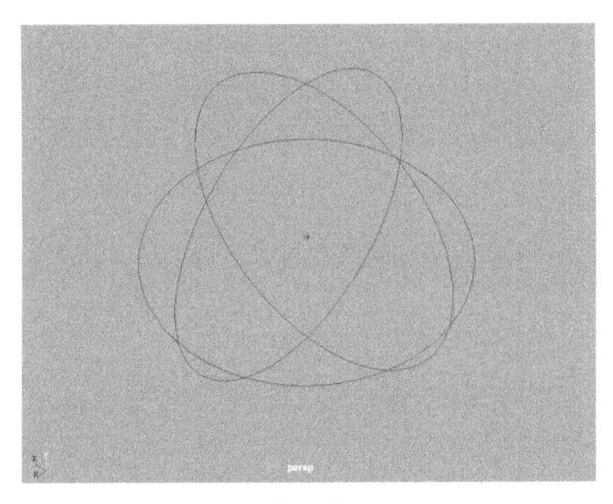

图5-23

1. "体积光属性"卷展栏

展开"体积光属性"卷展栏，其中的参数设置如图5-24所示。

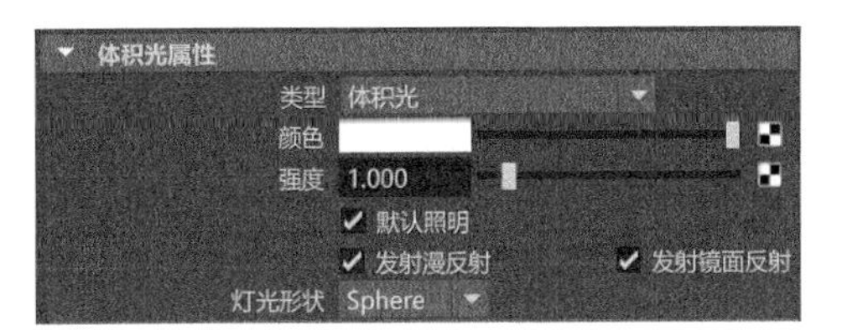

图5-24

常用参数解析

类型：切换当前所选灯光的类型。

颜色：设置灯光的颜色。

强度：设置灯光的光照强度。

灯光形状：体积光的灯光形状有"Box"（长方体）、"Sphere"（球体）、"Cylinder"（圆柱体）和"Cone"（圆锥体）这4种可选，如图5-25所示。

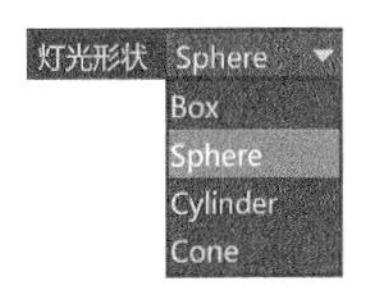

图5-25

2. "颜色范围"卷展栏

展开"颜色范围"卷展栏，其中的参数设置如图5-26所示。

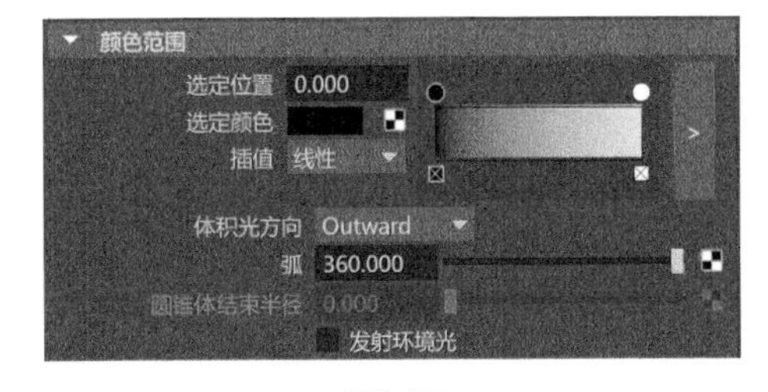

图5-26

常用参数解析

选定位置：控制活动颜色条目在渐变中的位置。

选定颜色：控制活动颜色条目的颜色。

插值：控制颜色在渐变中的混合方式。

体积光方向：控制体积内的灯光的方向。

弧：通过指定旋转度数，来创建部分球体、圆锥体、圆柱体灯光形状。

圆锥体结束半径：该选项仅适用于圆锥体灯光形状。

发射环境光：勾选后，灯光将以多向方式影响曲面。

3. “半影”卷展栏

展开“半影”卷展栏，其中的参数设置如图 5-27 所示。

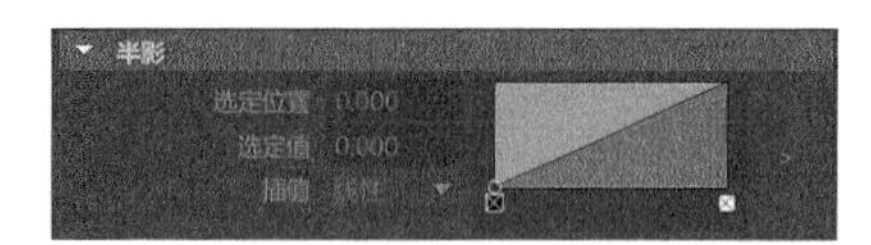

图5-27

常用参数解析

选定位置：影响图形中的活动条目，同时在图形的 X 轴上显示。

选定值：影响图形中的活动条目，同时在图形的 Y 轴上显示。

插值：控制计算值的方式。

5.3 Arnold灯光

Maya 整合了全新的 Arnold 灯光系统，使用这一套灯光系统并配合 Arnold 渲染器，用户可以渲染出超写实的画面效果。用户可以在“Arnold”工具架中找到并使用这些灯光工具，如图 5-28 所示。

图5-28

用户还可以执行菜单栏“Arnold>Lights”命令，在打开的子菜单中找到这些灯光工具，如图 5-29 所示。

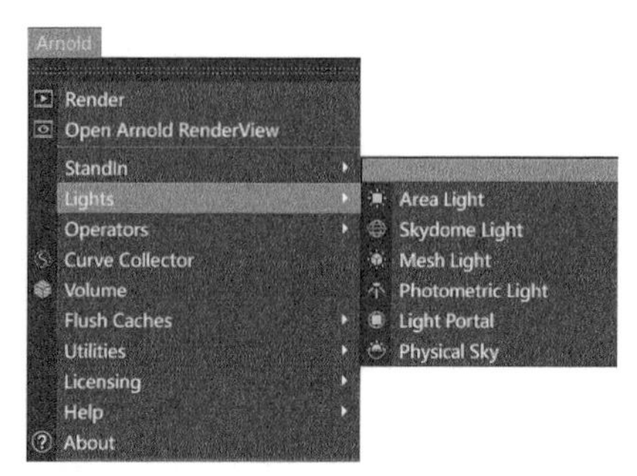

图5-29

5.3.1 Area Light（区域光）

“Area Light”（区域光）与 Maya 自带的“区域光”非常相似，都是面光源。单击“Arnold”工具架中的“Create Area Light”按钮，即可在场景中创建出一个区域光，如图 5-30 所示。

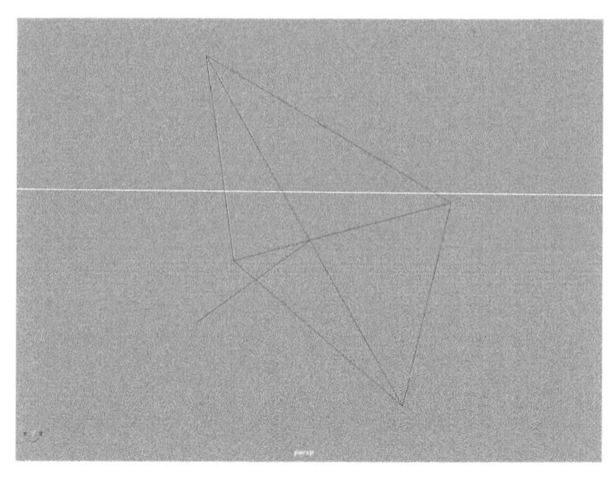

图5-30

在“属性编辑器”面板中展开“Arnold Area Light Attributes”（Arnold 区域光属性）卷展栏，可以查看 Arnold 区域光的参数设置，如图 5-31 所示。

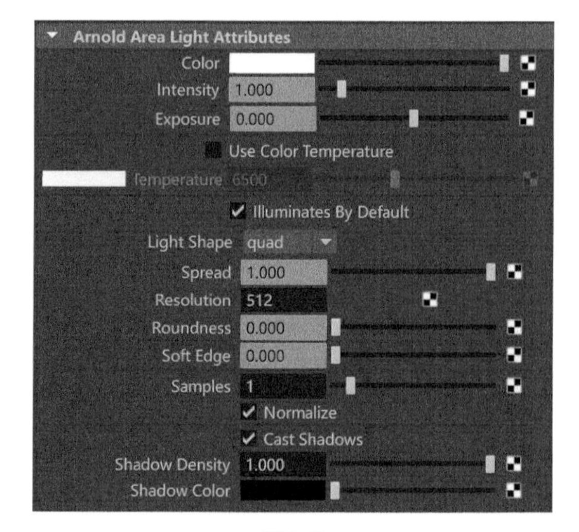

图5-31

常用参数解析

Color：控制灯光的颜色。

Intensity：设置灯光光照强度的倍增值。

Exposure：设置灯光的曝光值。

Use Color Temperature：勾选该选项，可以通过改变色温来控制灯光的颜色。

技巧与提示　色温以开尔文为单位，主要用于控制灯光的颜色。其默认值为6500，是国际照明委员会（CIE）所认定的白色。当色温小于6500K时会偏向于红色，当色温大于6500K时则会偏向于蓝色。图5-32所示为不同单位的色温值对场景所产生的光照色彩影响。另外，需要注意的是，当我们勾选了“使用色温”选项后，将覆盖掉灯光的默认颜色，并包括指定给颜色属性的任何纹理。

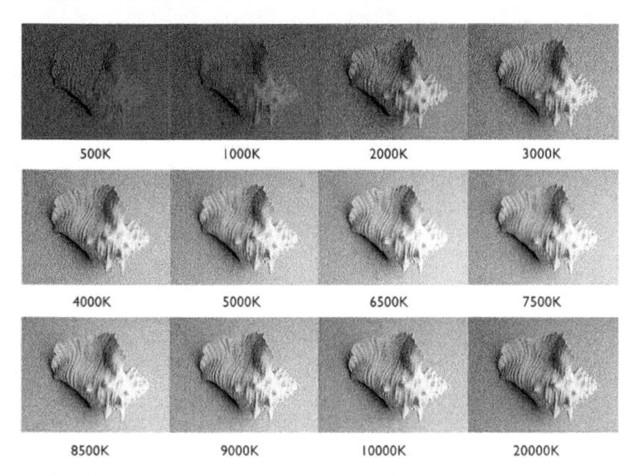

图5-32

Temperature：设置色温值。

Illuminates By Default：勾选该选项，开启默认照明设置。

Light Shape：设置灯光的形状。

Resolution：设置灯光计算的细分值。

Samples：设置灯光的采样值。该值越大，渲染图像的噪点越少，反之亦然。图5-33所示为该值分别是1和10的图像渲染结果对比。通过图像对比可以看出，较大的采样值可以渲染出更加细腻的光影效果。

图5-33

Cast Shadows：勾选该选项，可以开启灯光的阴影计算。

Shadow Density：设置阴影的密度。该值越小，影子越淡。图5-34所示为该值分别是0.8和1的图像渲染结果对比。需要注意的是，较小的密度值可能会导致图像看起来不太真实。

图5-34

Shadow Color：设置阴影颜色。

5.3.2　SkyDome Light（天空光）

在Maya中，“SkyDome Light”（天空光）可以用来模拟阴天环境下的室外光照的照明效果，如图5-35所示。

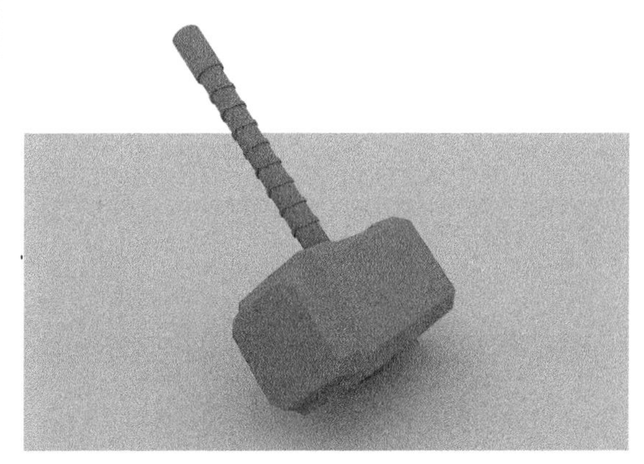

图5-35

技巧与提示　“SkyDome Light”（天空光）、“Mesh Light”（网格灯光）和“Photometric Light”（光度学灯光）的参数设置与“Area Light”（区域光）非常相似，故不再重复讲解。

5.3.3　Mesh Light（网格灯光）

“Mesh Light”（网格灯光）可以将场景中的任意多边形对象设置为光源，执行该命令之前需要用户先在场景中选择一个多边形模型对象。图5-36所示为将一个多边形圆环模型设置为“Mesh Light”（网格灯光）后的显示结果。

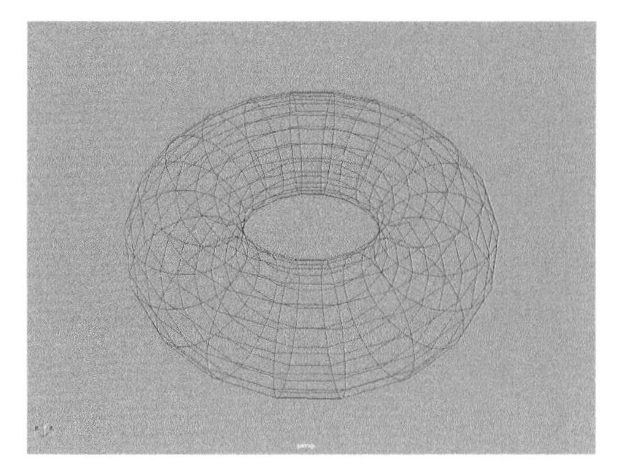

图5-36

5.3.4 Photometric Light（光度学灯光）

“Photometric Light”（光度学灯光）常常用来模拟射灯所产生的照明效果，单击“Arnold”工具架中的“Create Photometric Light”按钮，即可在场景中创建出一个光度学灯光，如图 5-37 所示。在“属性编辑器”面板中添加光域网文件，可以制作出形状各异的光照效果，如图 5-38 所示。

图5-37

图5-38

5.3.5 Physical Sky（物理天空）

“Physical Sky”（物理天空）主要用来模拟真实的日光照明及天空效果。单击“Arnold”工具架中的“Create Physical Sky”按钮，即可在场景中添加物理天空，如图 5-39 所示，其参数设置如图 5-40 所示。

图5-39

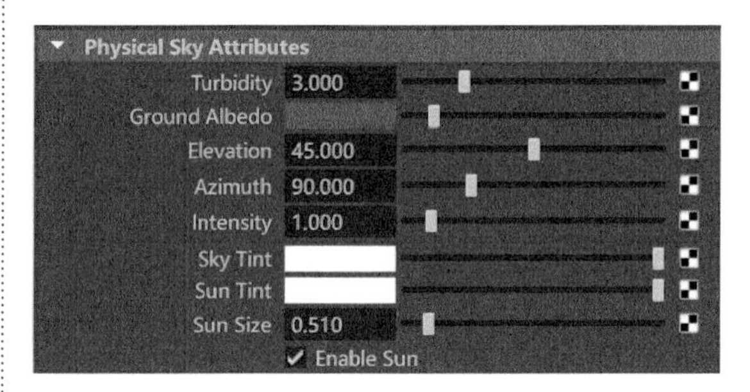

图5-40

常用参数解析

Turbidity：控制天空的大气浊度。图 5-41 和图 5-42所示分别为该值是1和10的图像渲染结果对比。

图5-41

图5-42

Ground Albedo：控制地平面以下的大气颜色。

Elevation：设置太阳的高度。该值越大，太阳的位置越高，天空越亮，物体的影子越短；反之太阳的位置越低，天空越暗，物体的影子越长。图 5-43 和图 5-44 所示分别为该值是 70 和 10 的图像渲染结果对比。

图5-43

图5-44

Azimuth：设置太阳的方位。

Intensity：设置阳光强度的倍增值。

Sky Tint：用于设置天空的色调，默认为白色。将“Sky Tint”设置为黄色，图像渲染结果如图5-45所示，可以用来模拟沙尘天气效果；将“Sky Tint”设置为蓝色，图像渲染结果如图 5-46 所示，可以加强天空的色彩饱和度，使渲染出来的画面更加艳丽，从而显得天空更加晴朗。

图5-45

图5-46

Sun Tint：设置太阳色调，使用方法跟“Sky Tint”极为相似。

Sun Size：设置太阳的大小。图 5-47 和图 5-48 所示分别为该值是 1 和 5 的图像渲染结果对比。此外，该值还会对物体的阴影产生影响，该值越大，物体的投影越虚。

Enable Sun：勾选该选项，可以开启太阳效果。

图5-47

图5-48

5.4 技术实例

5.4.1 实例：制作静物灯光照明效果

在本实例中，我们将使用“Area Light”（区域光）来制作室内静物的灯光照明效果，图 5-49 所示为本实例的最终完成效果。

图5-49

（1）启动 Maya，打开本书配套资源“虫子模型.mb”文件，场景中有一个虫子的摆件模型，并预先设置好了材质和摄影机的机位，如图 5-50 所示。

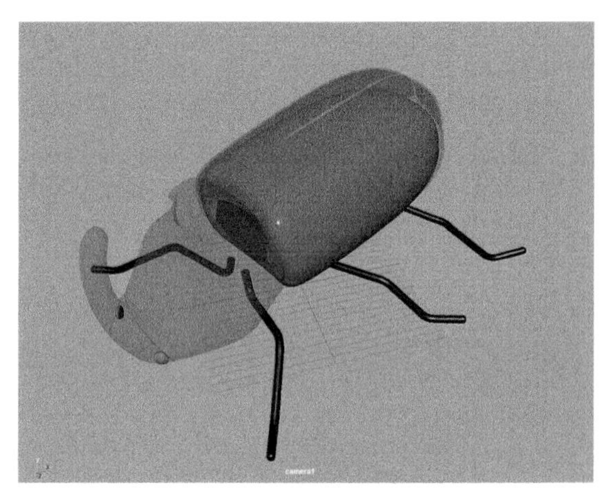

图5-50

（2）将工具架切换至“Arnold”工具架，单击“Create Area Light”（创建区域光）按钮，如图 5-51 所示。

图5-51

（3）在场景中创建一个区域光，并缩放区域光的大小，如图 5-52 所示，方便我们选择并查看。

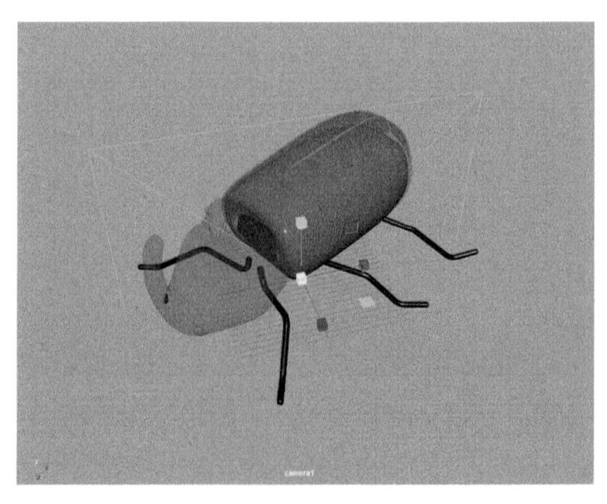

图5-52

（4）调整区域光的位置及角度，如图5-53所示，使灯光从虫子模型的正上方照射下来。

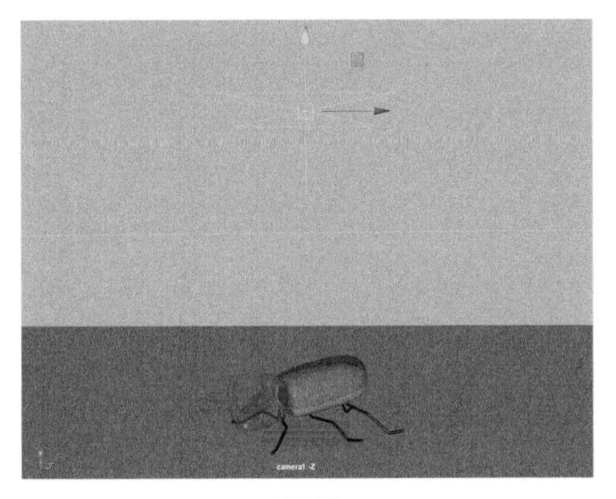

图5-53

（5）在“属性编辑器”面板中展开“Arnold Area Light Attributes（Arnold区域光属性）”卷展栏，设置灯光的“Intensity”值为1000，“Exposure”值为5，如图5-54所示。

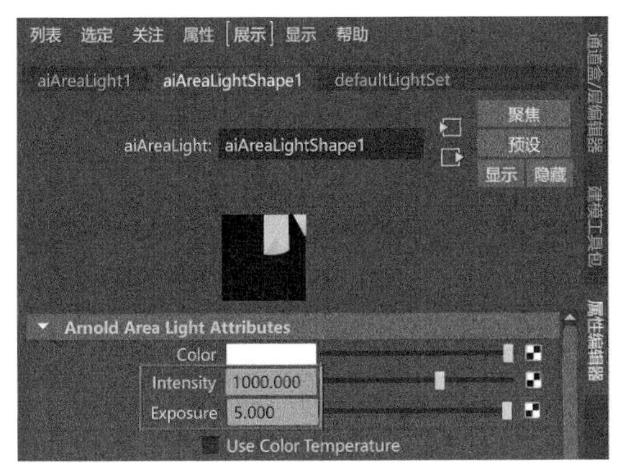

图5-54

（6）设置完成后，单击“Arnold”工具架中的“Render”（渲染）按钮，如图5-55所示。

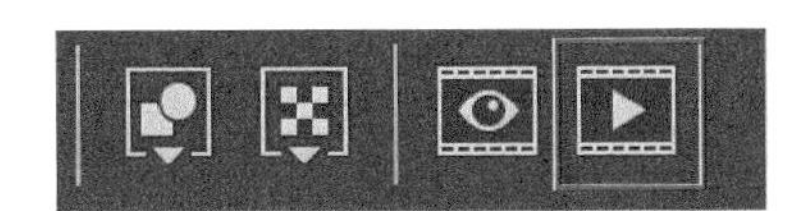

图5-55

（7）渲染场景，渲染结果如图5-56所示。

（8）从渲染结果上来看，虫子模型下方的阴影过于黑了。这时，我们可以考虑在场景中添加辅助光源来提亮画面的暗部。将之前的区域光进行复制，并调整其位置和角度，如图5-57所示。

图5-56

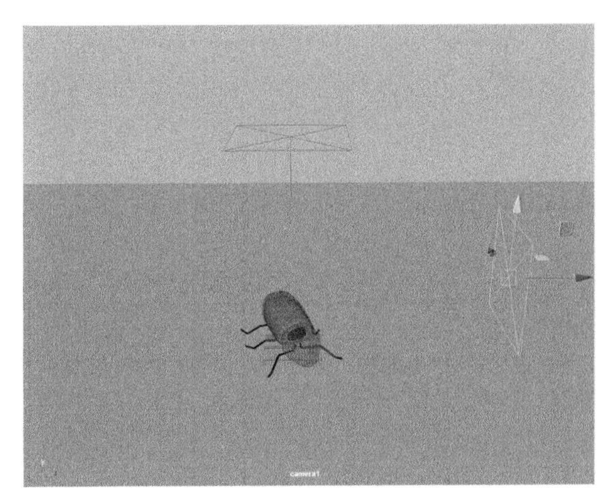

图5-57

（9）在“属性编辑器”面板中展开“Arnold Area Light Attributes”（Arnold区域光属性）卷展栏，将灯光的“Intensity”值减小为200，如图5-58所示。

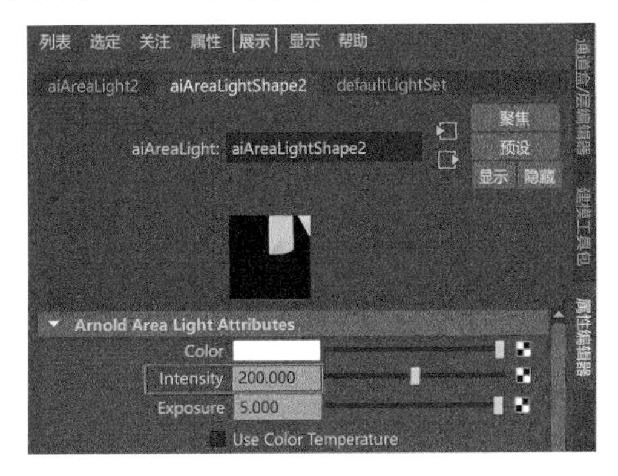

图5-58

（10）设置完成后，回到摄影机视图，再次渲染场景，渲染结果如图5-59所示。

图5-59

（11）我们使用Arnold渲染器渲染图像后，如果渲染出来的图像亮度只是稍微暗一些的话，可以通过调整图像的“Gamma”值和“Exposure”值来增加图像的亮度，而不必调整灯光参数值重新进行渲染计算。单击“Display Settings”（显示设置）按钮，在“Display”（显示）选项卡中设置渲染图像的“Gamma”值为1.5，这样可以提高渲染图像的整体亮度，如图5-60所示。

图5-60

（12）本实例的最终渲染结果如图5-61所示。

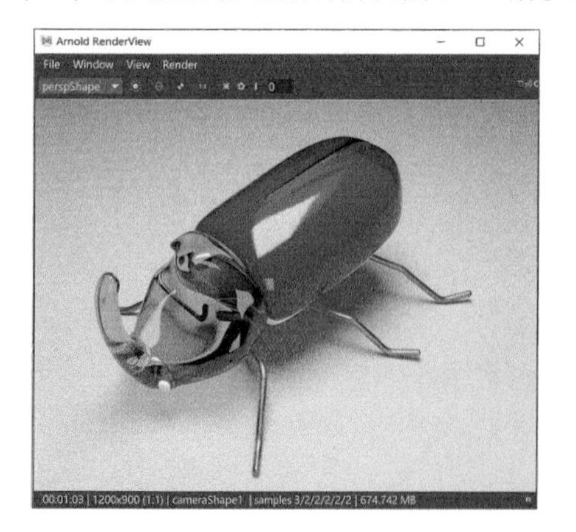

图5-61

5.4.2 实例：制作室内天光照明效果

在本实例中，我们将学习室内天光照明效果的制作技巧，图5-62所示为本实例的最终完成效果。

图5-62

（1）启动Maya，打开本书配套资源“卧室场景.mb”文件，这是一个室内的场景模型，并预先设置好了材质、摄影机及渲染角度，如图5-63所示。

图5-63

（2）单击“Arnold”工具架中的“Create Area Light”（创建区域光）按钮，在场景中创建一个区域光，如图5-64所示。

图5-64

（3）按快捷键 R，使用“缩放”工具对区域光进行缩放，调整其大小，如图 5-65 所示，与场景中房间的窗户大小相近即可。

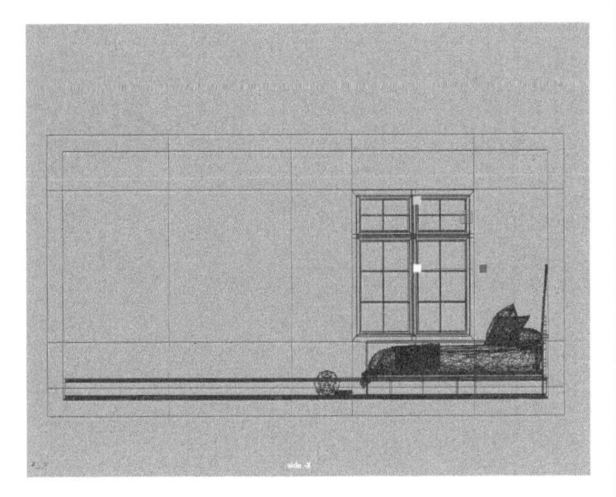

图5-65

（4）使用“移动”工具调整区域光的位置，如图 5-66 所示，将灯光放置在房间中窗户模型的位置处。

图5-66

（5）在“属性编辑器”面板中展开“Arnold Area Light Attributes”（Arnold 区域光属性）卷展栏，设置灯光的“Intensity”值为 300，“Exposure”值为10，提高区域光的照明强度，如图5-67 所示。

（6）观察场景中的房间模型，我们可以看到该房间的一侧墙上有两个窗户。将刚刚创建的区域光选中，按住 Shift 键并配合“移动”工具复制一个，调整其位置至另一个窗户模型的位置处，如图 5-68 所示。

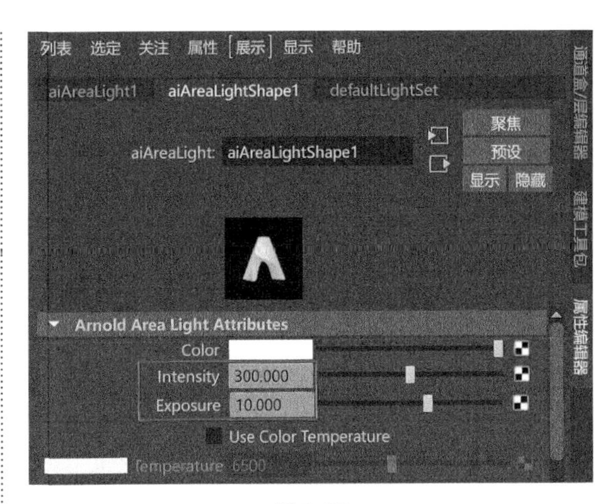

图5-67

图5-68

（7）设置完成后，渲染场景。可以看到默认状态下渲染出来的画面略微偏暗一些，如图 5-69 所示。

图5-69

（8）设置渲染图像的“View Transform”为“sRGB gamma”，“Gamma”值为2，可以发现渲染画面的亮度明显增加了许多，如图5-70所示。

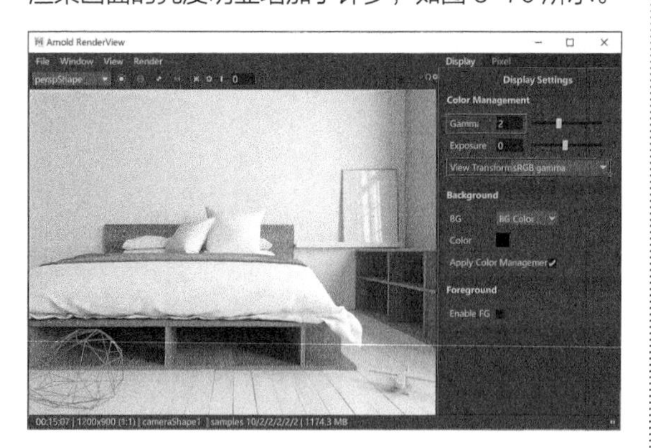

图5-70

（9）本实例的最终渲染结果如图5-71所示。

图5-71

5.4.3 实例：制作室内日光照明效果

本实例仍然使用上一实例的场景文件来为大家讲解怎样制作阳光透过窗户照射进屋内的照明效果，本实例的最终渲染效果如图5-72所示。

（1）启动Maya，打开本书配套资源“卧室场景.mb”文件，如图5-73所示。

（2）本实例打算模拟阳光直射进室内的照明效果，所以在灯光工具的选择上使用“Arnold”工具架中的“Create Physical Sky”（创建物理天空）工具，如图5-74所示。

图5-72

图5-73

图5-74

（3）单击“Create Physical Sky”（创建物理天空）按钮后，系统会在场景中创建一个物理天空灯光，如图5-75所示。

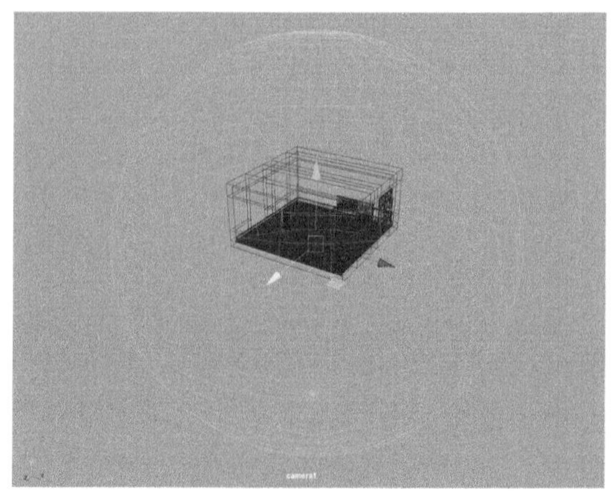

图5-75

（4）在“属性编辑器”面板中展开“Physical Sky Attributes”（物理天空属性）卷展栏，设置“Elevation”值为25，“Azimuth”值为45，调整阳光的照射角度；设置“Intensity”值为15，增加阳光的亮度；设置“Sun Size”值为0.6，调整太阳的大小，该值会影响阳光对模型产生的阴影效果；“Sky Tint”和“Sun Tint”的颜色保持默认，如图5-76所示。

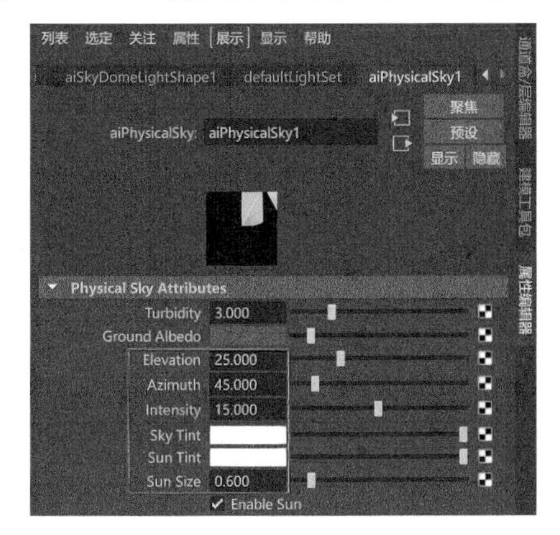

图5-76

（5）设置完成后，渲染场景，渲染结果如图5-77所示。

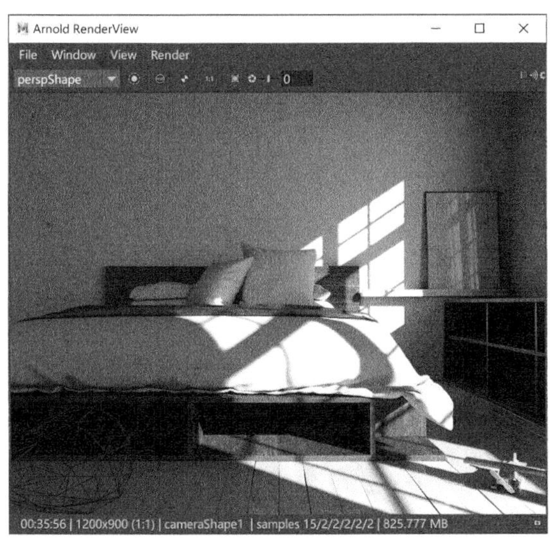

图5-77

（6）观察渲染结果，可以看到渲染出来的图像略微偏暗。这时可以调整渲染窗口右边“Display”选项卡中的“Gamma”值为2，将渲染图像调亮，得到较为理想的光影渲染效果，如图5-78所示。

（7）执行渲染窗口上方的菜单栏“File>Save Image Options”命令，如图5-79所示。

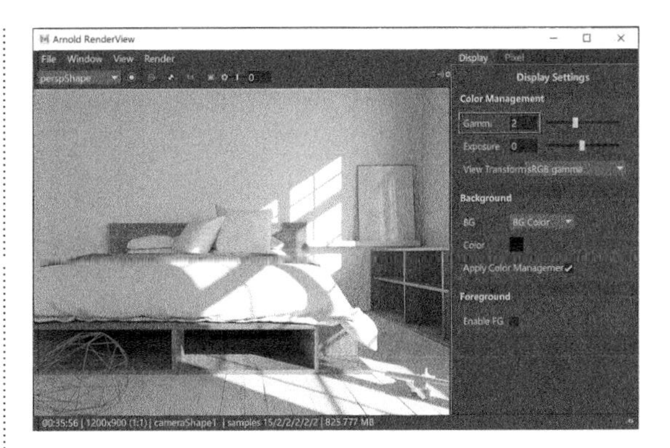

图5-78

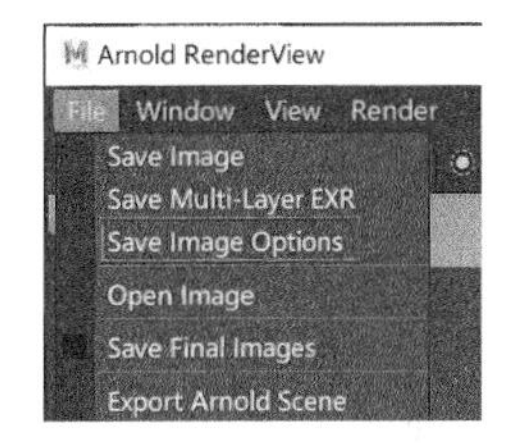

图5-79

（8）在弹出的“Save Image Options”对话框中，勾选“Apply Gamma/Exposure”选项，如图5-80所示。这样，我们在保存渲染图像时，就可以将调整了图像“Gamma”值的渲染结果保存到本地硬盘上了。

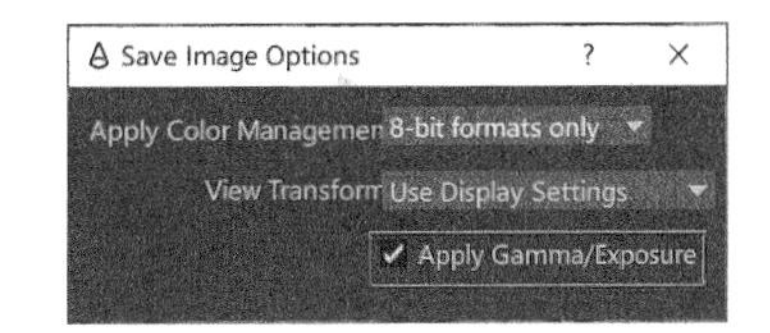

图5-80

（9）本实例的最终渲染结果如图5-81所示。

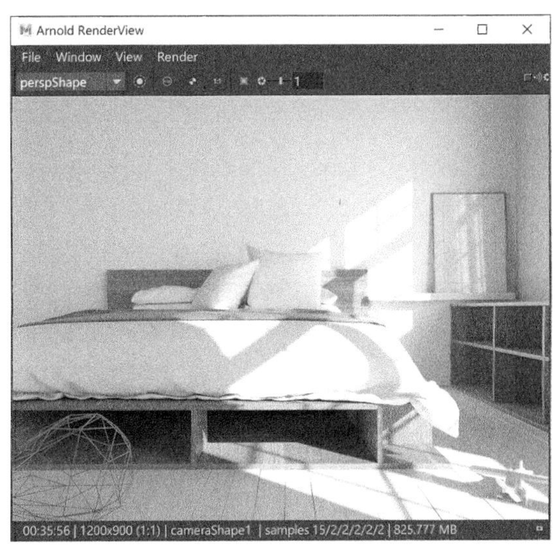

图5-81

5.4.4 实例：制作荧光照明效果

在本实例中，我们将学习物体发射荧光的照明效果的制作技巧，图5-82所示为本实例的最终完成效果。

图5-82

（1）启动Maya，打开本书配套资源“玩具车.mb”文件，如图5-83所示。

图5-83

（2）单击“Arnold”工具架中的“Create Area Light”（创建区域光）按钮，为场景创建主光源照明效果，如图5-84所示。

图5-84

（3）对区域光进行缩放，并调整其位置，如图5-85所示。

（4）在“属性编辑器”面板中展开“Arnold Area Light Attributes”（Arnold区域光属性）卷展栏，设置灯光的“Intensity”值为300，“Exposure”值为4，如图5-86所示。

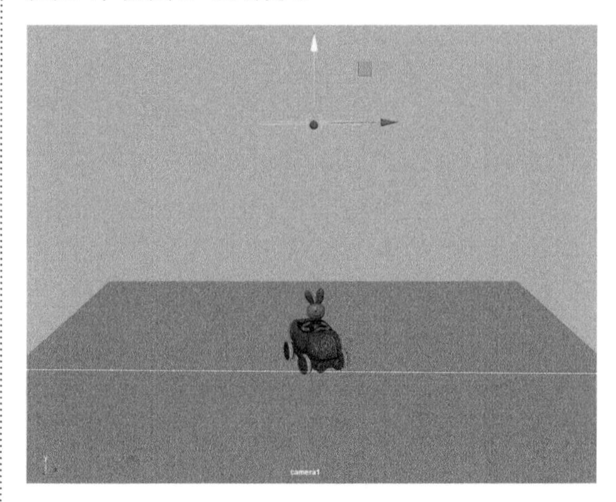

图5-85

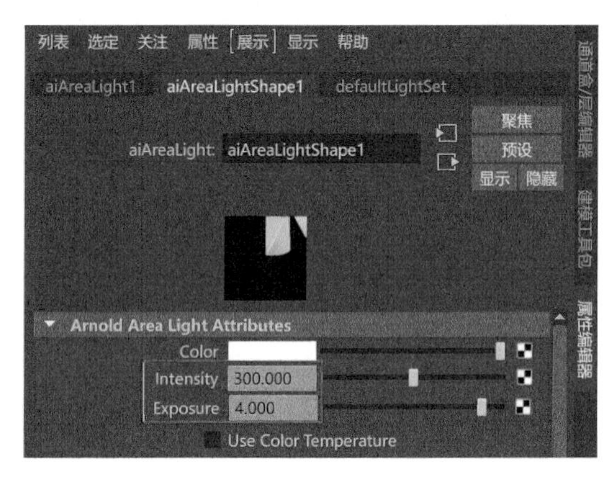

图5-86

（5）设置完成后，渲染场景，渲染效果如图5-87所示。

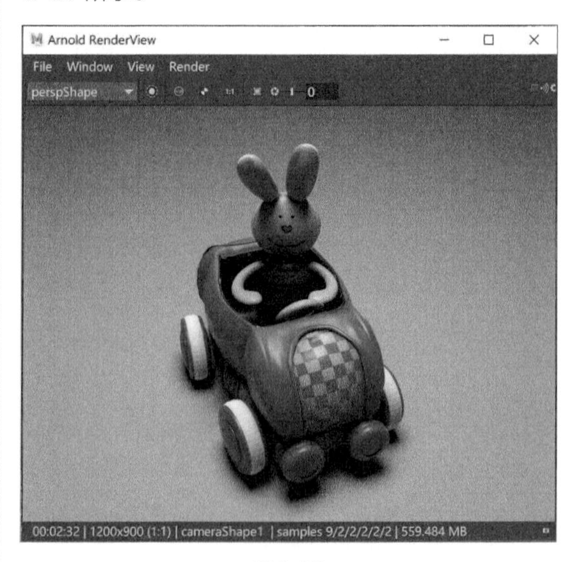

图5-87

（6）选择场景中的车轮模型，如图5-88所示。

图5-88

（7）单击“Arnold”工具架中的“Create Mesh Light”（创建网格灯光）按钮，如图5-89所示，即可将所选择的多边形模型设置为灯光。

图5-89

（8）设置完成后，观察场景，可以看到车轮模型呈红色线框显示，如图5-90所示。

图5-90

（9）在“属性编辑器”面板中展开“Light Attributes”（灯光属性）卷展栏，设置灯光的“Color”为蓝色，更改灯光的颜色；设置“Intensity”值为300，“Exposure”值为1，提高灯光的照明强度；勾选“Light Visible”选项，设置灯光为可渲染状态，如图5-91所示。

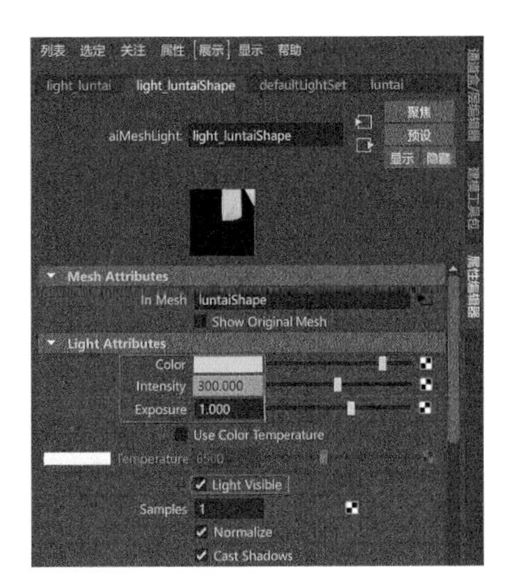

图5-91

（10）设置完成后，渲染场景，渲染结果如图5-92所示。

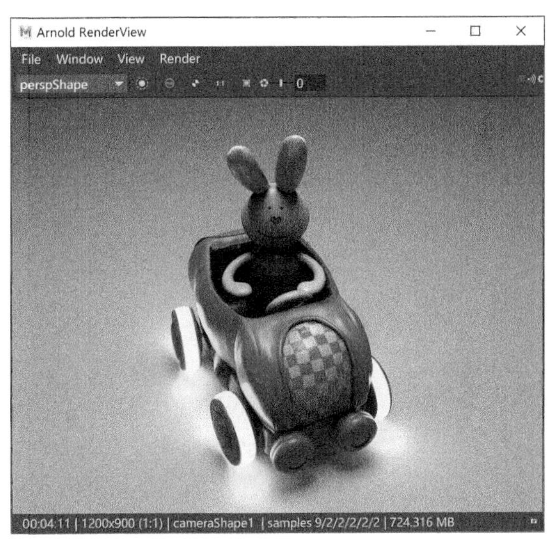

图5-92

（11）设置渲染图像的“View Transform”选项为“sRGB gamma”，“Gamma”值为2，可以发现渲染画面的亮度明显增加了许多，如图5-93所示。

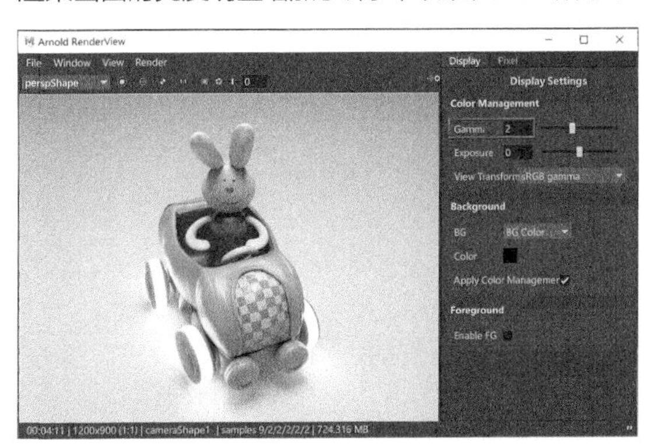

图5-93

（12）本实例的最终渲染结果如图 5-94 所示。

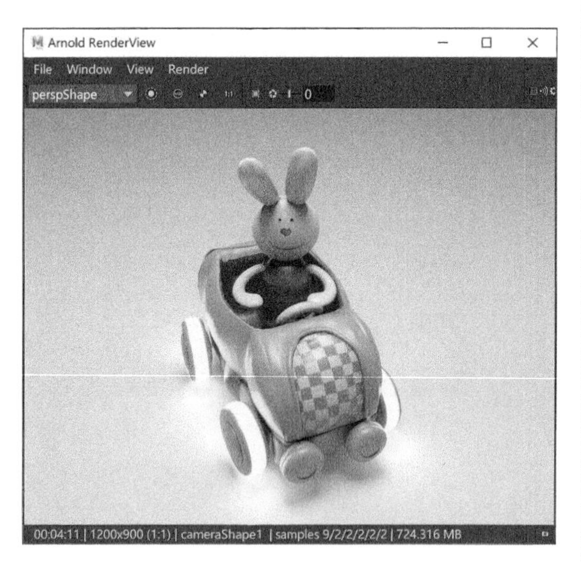

图5-94

5.4.5 实例：制作射灯照明效果

在本实例中，我们将学习射灯照明效果的制作技巧，图 5-95 所示为本实例的最终完成效果。

图5-95

（1）启动 Maya，打开本书配套资源“厨房场景 .mb”文件，如图 5-96 所示。

（2）本场景中已经预先设置好了材质和主光源，如图 5-97 所示。渲染场景，使用默认参数值的渲染结果如图 5-98 所示。

（3）下面我们开始制作射灯照明效果。单击“Arnold”工具架中的“Create Photometric Light”（创建光度学灯光）按钮，如图 5-99 所示。

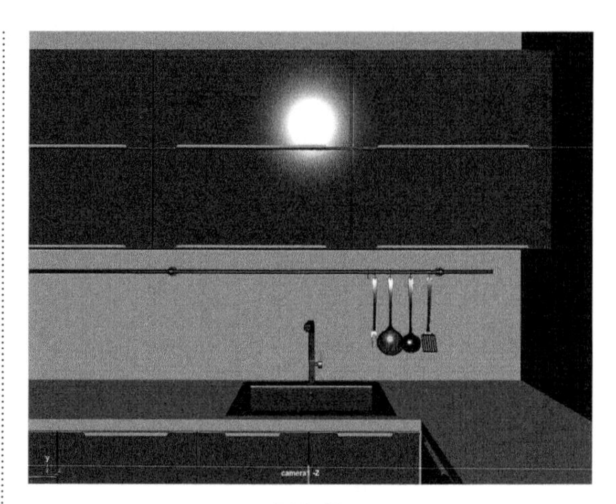

图5-96

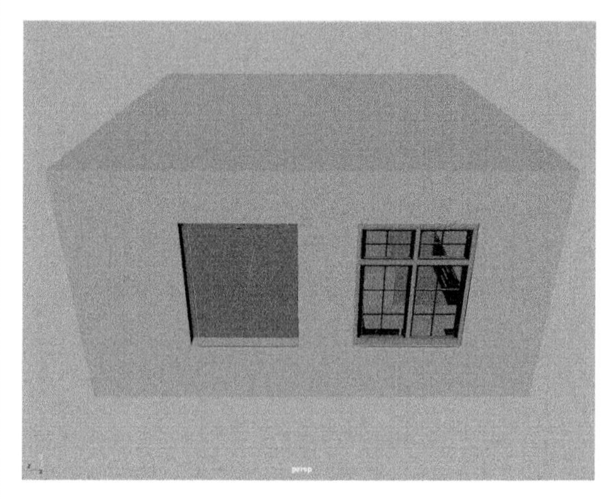

图5-97

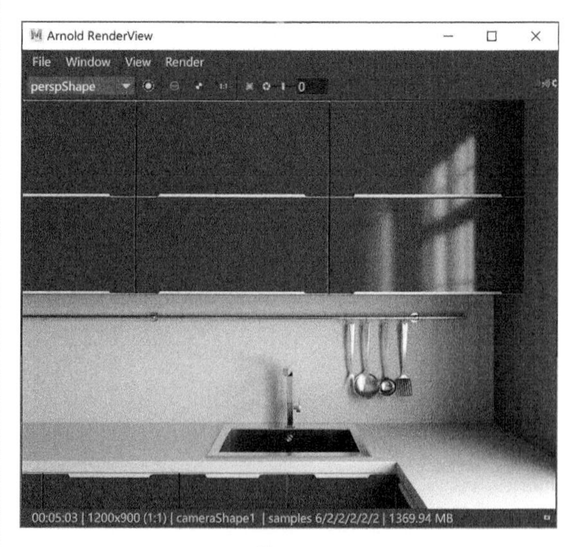

图5-98

图5-99

（4）场景中坐标原点位置处将生成一个光度学灯光，在“右视图”中使用“移动”工具和“缩放”工具调整其位置和大小，如图 5-100 所示。

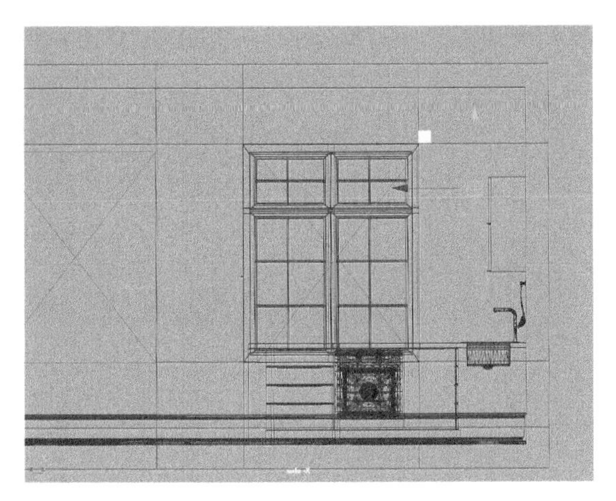

图5-100

（5）将视图切换至“前视图”，调整灯光的位置，如图 5-101 所示。

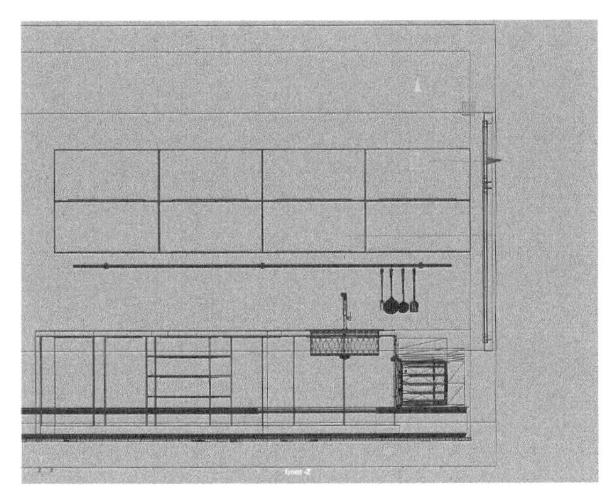

图5-101

（6）在“属性编辑器”面板中展开“Photometric Light Attributes”（光度学灯光属性）卷展栏，单击“Photometry File”属性后面的“文件夹”按钮，为该属性添加一个“射灯 .ies”光域网文件；设置“Intensity”值为 300，“Exposure”值为 2，如图 5-102 所示。

（7）设置完成后，按住 Shift 键并配合“移动”工具以拖曳的方式对灯光进行复制，如图 5-103 所示。

（8）设置完成后，渲染“摄影机视图”，渲染结果如图 5-104 所示。

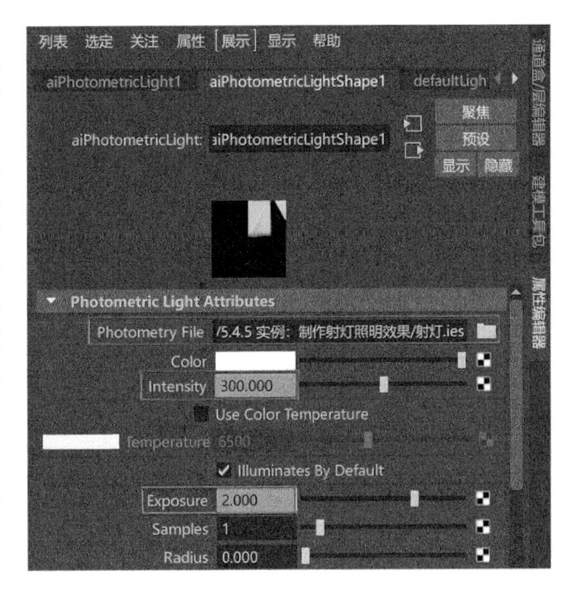

图5-102

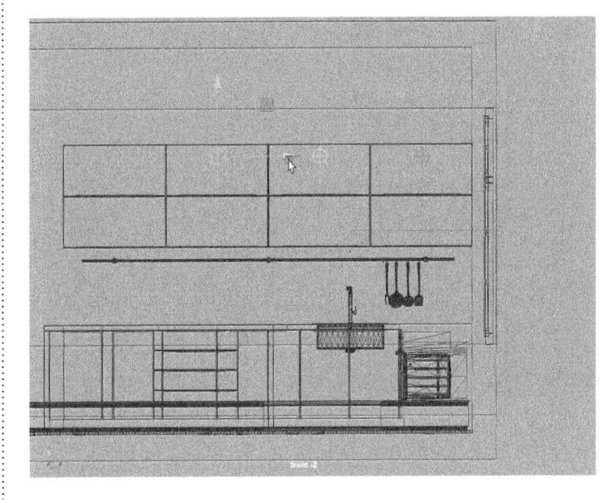

图5-103

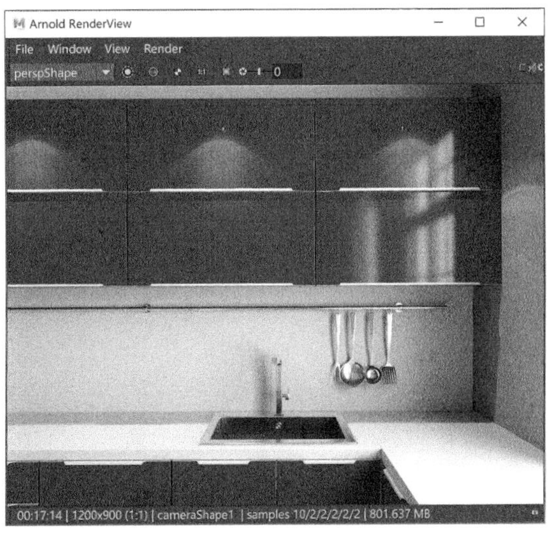

图5-104

（9）观察渲染结果，可以看到渲染出来的图像略微偏暗，这时可以调整渲染窗口右边“Display”选项卡中的“Gamma”值为1.3，将渲染图像调亮，得到较为理想的光影渲染效果，如图5-105所示。

图5-105

（10）本实例的最终渲染结果如图5-106所示。

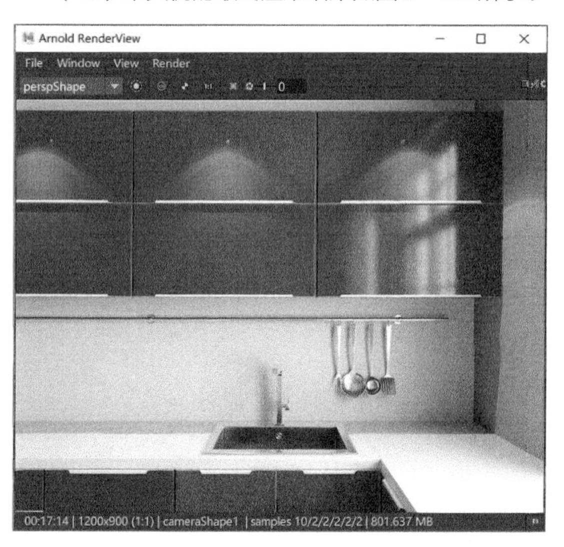

图5-106

5.4.6 实例：制作建筑日光照明效果

在本实例中，我们将学习阳光照射到建筑上的照明效果的制作技巧，图5-107所示为本实例的最终完成效果。

（1）启动Maya，打开本书配套资源“建筑模型.mb”文件，如图5-108所示。

（2）单击“Arnold”工具架中的“Create Physical Sky”（创建物理天空）按钮，如图5-109所示。

图5-107

图5-108

图5-109

（3）场景中即可自动创建一个Arnold渲染器的“Physical Sky”（物理天空），如图5-110所示。

图5-110

（4）在“属性编辑器”面板中展开“Physical Sky Attributes”（物理天空属性）卷展栏，设置“Elevation”值为20，“Azimuth”值为70，调整太阳的高度及照射角度；设置“Intensity”值为3，提高灯光的照明强度，如图5-111所示。

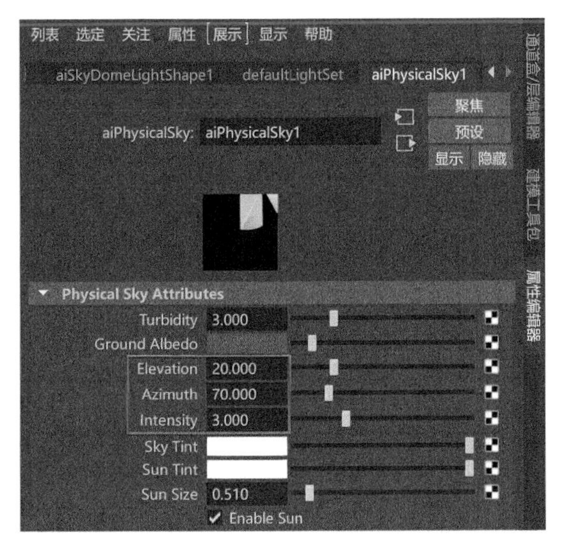

图5-111

（5）设置完成后，渲染场景，渲染结果如图5-112所示。

图5-112

（6）在“Display”选项卡中设置渲染图像的“Exposure”值为0.2，为渲染图像增加亮度，如图5-113所示。

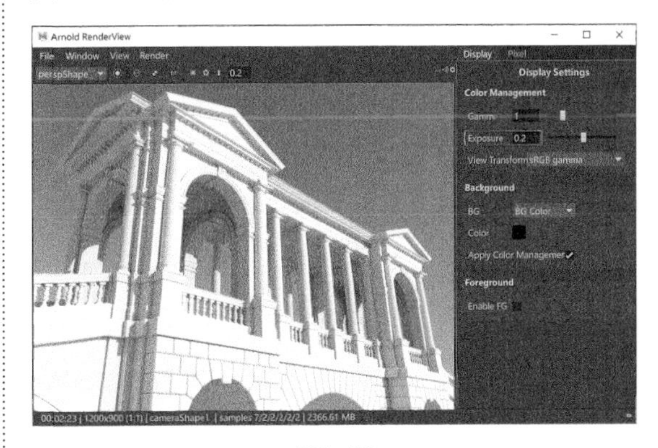

图5-113

（7）本实例的最终渲染结果如图5-114所示。

图5-114

摄影机技术

扫码在线观看
案例讲解视频

6.1 摄影机概述

摄影机中所包含的参数设置与现实当中我们所使用的摄影机的参数设置非常相似，如焦距、光圈、快门、曝光等，也就是说如果用户是一个摄影爱好者，那么学习本章的内容将会得心应手。Maya 提供了多种类型的摄影机以供用户选择使用，通过为场景设置摄影机，用户可以轻松地在三维软件里记录自己摆放好的镜头位置并设置动画。摄影机的参数设置相对较少，但是却并不意味着每个人都可以轻松地掌握摄影机技术。学习摄影机技术就像我们拍照一样，读者最好还要额外学习有关画面构图的知识。图 6-1 ~ 图 6-4 所示为笔者在日常生活中所拍摄的一些画面。

图6-1

图6-2

我国对光影的研究历史悠久，早在公元前 4 世纪的春秋战国时期，思想家墨子所著的《墨子·经下》中就有“景到，在午有端，与景长，说在端”等多处与光学有关的记录，这些记录里不但包含了光影关系，还提到了“针孔成像”这一光学现象。从 1839 年法国发明家达盖尔发明了世界上第一台可携式木箱照相机开始，随着科技的发展和社会的进步，摄影机无论是在外观、结构，还是在功能上都发生了翻天覆地的变化。最初的相机结构相对简单，仅包括暗箱、镜头和感光的材料，拍摄出来的画面效果也不尽人意。而现代的相机具有精密的镜头、光圈、快门、测距、输片、对焦等系统，并融合了光学、机械、电子、化学等技术，可以随时随地完美记录我们的生活画面，将一瞬间的精彩永久保留。在学习 Maya 的摄影机技术之前，用户应该对真实摄影机的结构和相关术语进行必要的了解。任何一款相机的基本结构都是极为相似的，都会包含诸如镜头、取景器、快门、光圈、机身等元件，图 6-5 所示为尼康出品的一款摄影机的内部结构透视图。

图6-3

图6-4

图6-5

6.2 摄影机的类型

启动 Maya 后，我们在“大纲视图”中可以看到场景中已经有了 4 台摄影机。这 4 台摄影机的名称的颜色呈灰色，说明这 4 台摄影机目前正处于隐藏状态，并分别用来控制“透视视图”“顶视图”“前视图”和“侧视图”，如图 6-6 所示。

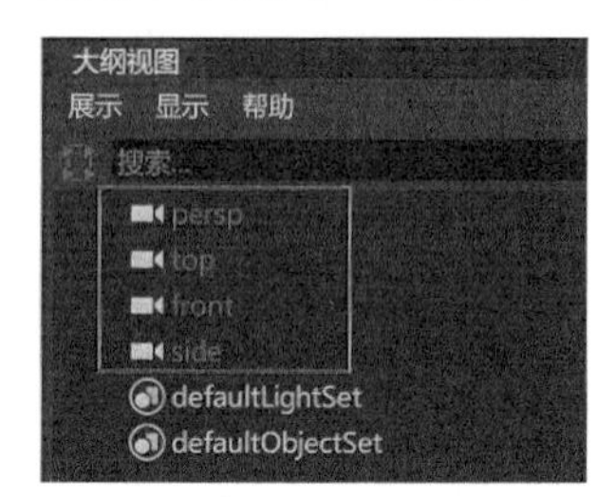

图6-6

在场景中进行各个视图的切换操作，实际上就是在这些摄影机视图里完成的。我们可以通过按住空格键，在弹出的菜单中单击中间的“Maya”按钮进行各个视图的切换，如图 6-7 所示。如果我们将当前视图切换至“后视图”“左视图”或“仰视图”，则会在当前场景中新建一个对应的摄影机。图 6-8 所示为切换至“左视图”后，在“大纲视图”中出现的摄影机对象。

图6-7

图6-8

此外，通过执行菜单栏“创建 > 摄影机”命令，我们还可以看到 Maya 为用户提供的多种类型的摄影机，如图 6-9 所示。

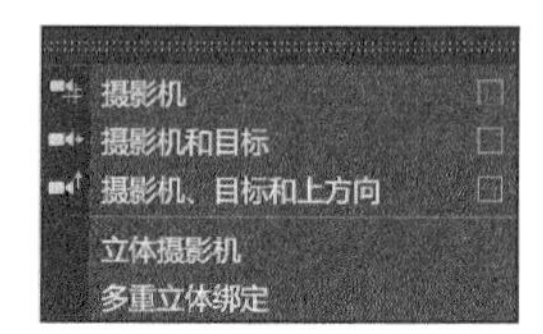

图6-9

6.2.1 摄影机

Maya 的摄影机工具广泛用于静态及动态场景当中，是使用频率最高的工具之一，如图 6-10 所示。

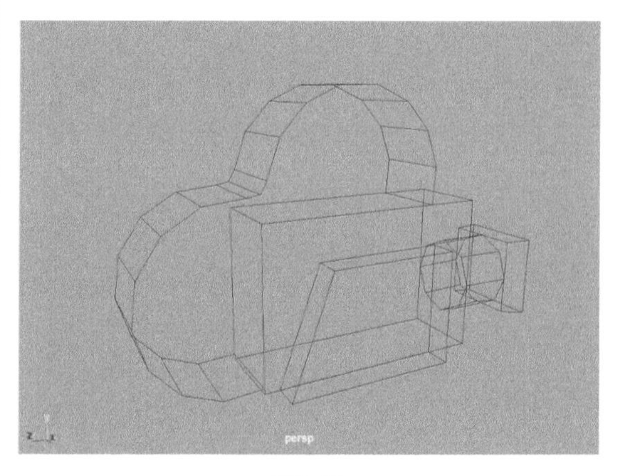

图6-10

6.2.2 摄影机和目标

使用“摄影机和目标”命令创建的摄影机还会自动生成一个目标点，这种摄影机可以应用在场景里需要一直追踪的对象上，如图 6-11 所示。

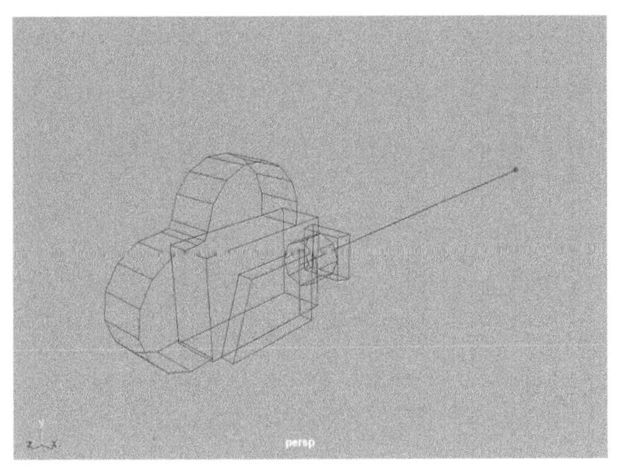

图6-11

6.2.3 摄影机、目标和上方向

使用“摄影机、目标和上方向”命令创建的摄影机则带有两个目标点，一个目标点的位置在摄影机的前方，另一个目标点的位置在摄影机的上方，有助于适应更加复杂的动画场景，如图6-12所示。

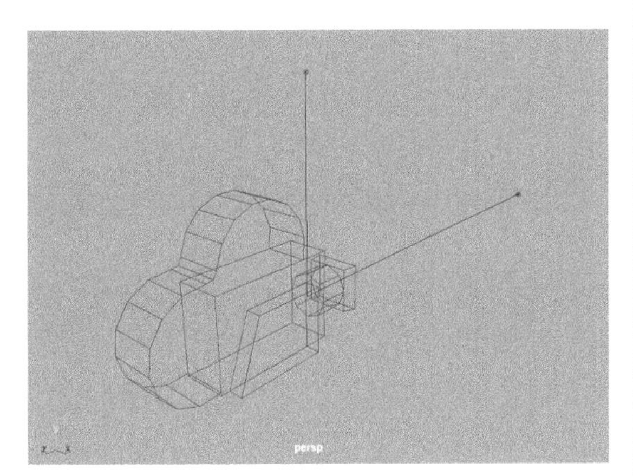

图6-12

6.2.4 立体摄影机

使用“立体摄影机”命令创建的摄影机为一个由3台摄影机间隔一定距离并排而成的摄影机组合，如图6-13所示。使用立体摄影机可创建具有三维景深的三维渲染效果。当渲染立体场景时，Maya会考虑所有的立体摄影机的属性，并执行计算以生成可被其他程序合成的立体图或平行图像。

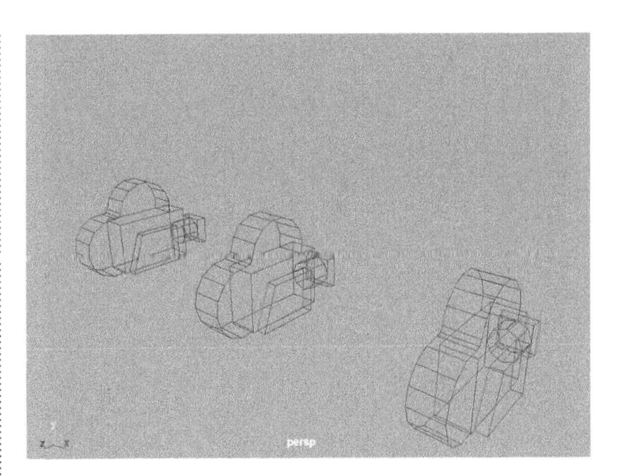

图6-13

6.3 摄影机的参数设置

摄影机创建完成后，用户可以通过“属性编辑器”面板来对场景中的摄影机参数值进行调试，如控制摄影机的视角、制作景深效果或是更改渲染画面的背景颜色等。这需要我们在不同的卷展栏内对相应的参数值重新进行设置，如图6-14所示。

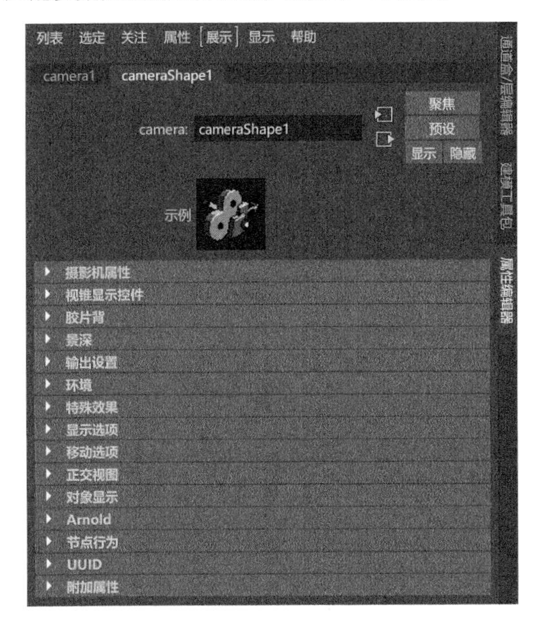

图6-14

6.3.1 “摄影机属性”卷展栏

展开“摄影机属性”卷展栏，其中的参数设置如图6-15所示。

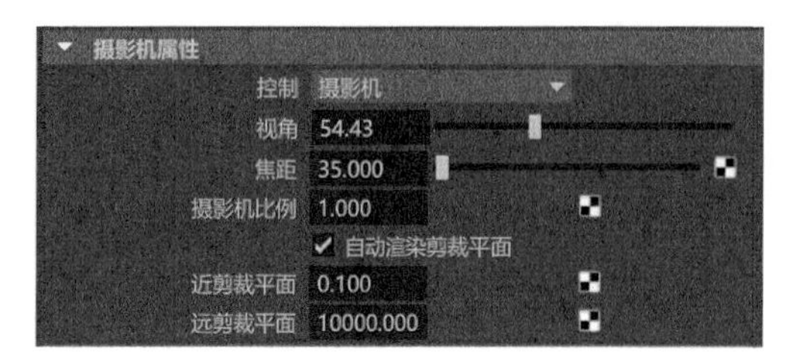

图6-15

常用参数解析

控制：切换当前摄影机的类型，包含“摄影机”“摄影机和目标”和“摄影机、目标和上方向”这 3 个选项，如图 6-16 所示。

图6-16

视角：控制摄影机所拍摄画面的宽广程度。

焦距：增大“焦距”值可拉近摄影机镜头，并放大对象在摄影机视图中的大小。减小“焦距”值可拉远摄影机镜头，并缩小对象在摄影机视图中的大小。

摄影机比例：根据场景缩放摄影机的大小。

自动渲染剪裁平面：此选项处于勾选状态时，会自动设置“近剪裁平面”和“远剪裁平面”。

近剪裁平面：用于确定离摄影机较近的、不需要渲染的范围。

远剪裁平面：超过该值的范围，摄影机不会进行渲染计算。

6.3.2 “视锥显示控件”卷展栏

展开“视锥显示控件”卷展栏，其中的参数设置如图 6-17 所示。

图6-17

常用参数解析

显示近剪裁平面：勾选此选项，可显示近剪裁平面，如图 6-18 所示。

图6-18

显示远剪裁平面：勾选此选项，可显示远剪裁平面，如图 6-19 所示。

图6-19

显示视锥：勾选此选项，可显示视锥，如图6-20 所示。

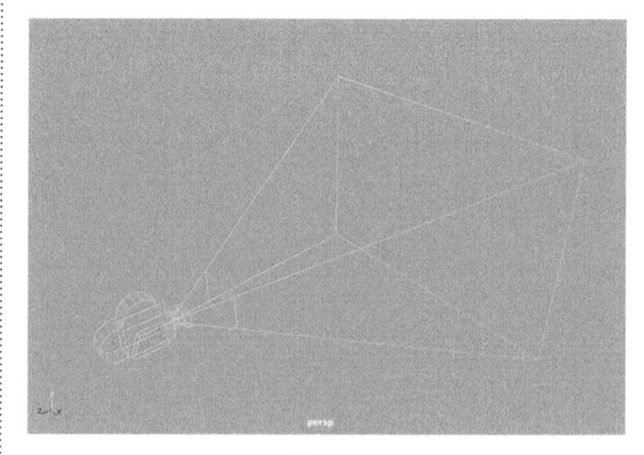

图6-20

6.3.3 “胶片背”卷展栏

展开“胶片背”卷展栏，其中的参数设置如图 6-21 所示。

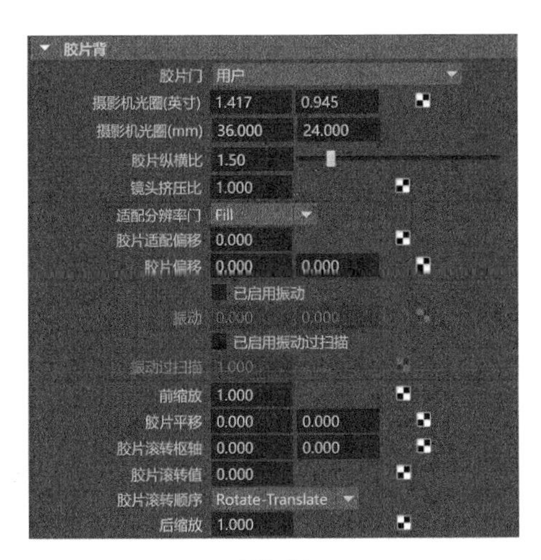

图6-21

常用参数解析

胶片门：允许用户选择某个预设的摄影机类型。Maya会自动设置“摄影机光圈（英寸/mm）”“胶片纵横比”和“镜头挤压比”。若要单独设置这些属性，可以设置“用户”胶片门，除了“用户”选项外，Maya还提供了额外10种其他选项供用户选择，如图6-22所示。

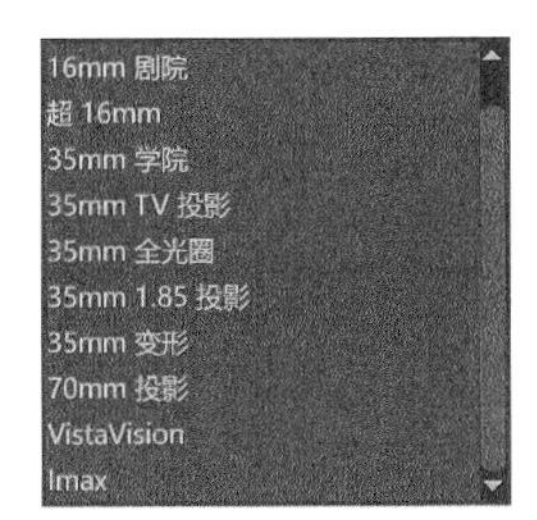

图6-22

摄影机光圈（英寸）、摄影机光圈（mm）：控制摄影机的“胶片门”的高度和宽度设置。

胶片纵横比：设置摄影机光圈的宽度和高度的比。

镜头挤压比：设置摄影机镜头水平压缩图像的程度。

适配分辨率门：控制分辨率门相对于胶片门的大小。

胶片偏移：更改该值可以生成2D轨迹。“胶片偏移”的测量单位是英寸，默认设置为0。

已启用振动：勾选该选项，可以应用一定量的2D转换到胶片背。曲线或表达式可以连接到“振动”属性来渲染真实的振动效果。

振动过扫描：指定了胶片光圈的倍数。此属性用于渲染较大的区域，并在摄影机不振动时需要用到。此属性会影响输出渲染效果。

前缩放：该值用于模拟2D摄影机缩放。输入一个值，将在胶片滚转之前应用该值。

胶片平移：该值用于模拟2D摄影机平移。

胶片滚转枢轴：此值用于摄影机的后期投影矩阵计算。

胶片滚转值：以度为单位指定了胶片背的旋转量。旋转围绕指定的枢轴点发生。该值用于计算胶片滚转矩阵，是后期投影矩阵的一个组件。

胶片滚转顺序：指定如何相对于枢轴的值应用滚动，有“Rotate-Translate”（旋转平移）和“Translate-Rotate”（平移旋转）两种方式可选，如图6-23所示。

图6-23

后缩放：此值代表模拟的2D摄影机缩放。输入一个值，将在胶片滚转之后应用该值。

6.3.4 “景深”卷展栏

“景深”效果是摄影师常用的一种拍摄手法。当相机的镜头对着某一物体聚焦清晰时，在镜头中心所对的位置，垂直镜头轴线的同一平面的点都可以在胶片或者接收器上形成相当清晰的图像，在这个平面沿着镜头轴线的前面和后面一定范围的点也可以形成眼睛可以接受的较清晰的像点。把这个平面的前面和后面的所有景物的距离叫作相机的“景深”。在渲染中使用“景深”特效常常可以虚化配景，从而起到表现出画面的主体的作用。图6-24～图6-27所示分别为笔者在生活中拍摄的一些带有“景深”效果的照片。

图6-24

图6-25

图6-26

图6-27

展开“景深”卷展栏，其中的参数设置如图6-28所示。

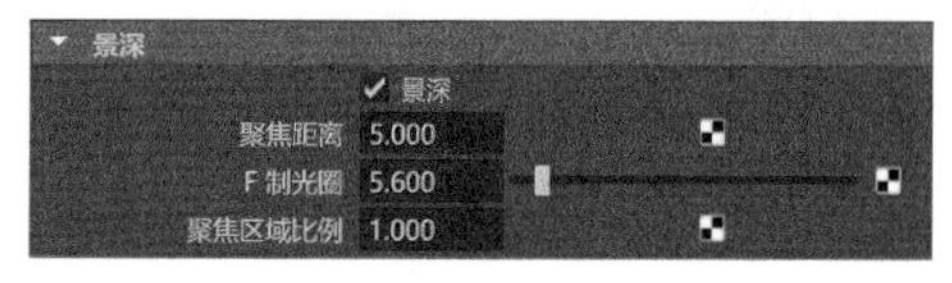

图6-28

常用参数解析

景深：如果勾选，取决于对象与摄影机的距离，焦点将聚焦于场景中的某些对象，而其他对象会渲染计算为模糊效果。

聚焦距离：聚焦的对象与摄影机之间的距离，在场景中使用线性工作单位测量。减小“聚焦距离”值也将降低景深，有效范围为0到无穷大，默认值为5。

F制光圈：控制景深的渲染效果。

聚焦区域比例：成倍数地控制“聚焦距离”的值。

6.3.5 “输出设置”卷展栏

展开“输出设置”卷展栏，其中的参数设置如图6-29所示。

图6-29

常用参数解析

可渲染：如果勾选，摄影机可以在渲染期间创建图像文件、遮罩文件或深度文件。

图像：如果勾选，摄影机将在渲染过程中创建图像文件。

遮罩：如果勾选，摄影机将在渲染过程中创建遮罩文件。

深度：如果勾选，摄影机将在渲染过程中创建深度文件。深度文件是一种数据文件类型，用于表示对象到摄影机的距离。

深度类型：确定如何计算每个像素的深度。

基于透明度的深度：根据透明度确定哪些对象离摄影机最近。

预合成模板：通过此属性可以在“合成”中使用预合成。

6.3.6 “环境”卷展栏

展开“环境”卷展栏，其中的参数设置如图

6-30 所示。

图6-30

常用参数解析

背景色：用于控制渲染场景的背景颜色。

图像平面：用于为渲染场景的背景指定一个图像文件。

6.4 技术实例

6.4.1 实例：创建摄影机

本实例主要讲解摄影机的创建方法，以及如何固定摄影机的位置，本实例的最终渲染效果如图 6-31 所示。

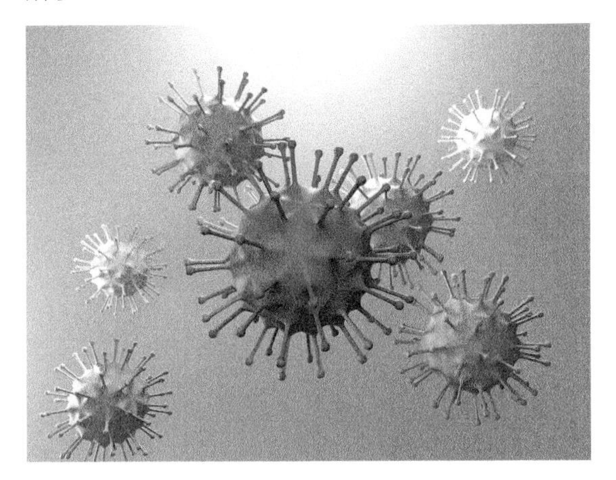

图6-31

（1）打开本书配套资源“病毒场景 .mb”文件，可以看到该场景中随意摆放了一些病毒模型，并且设置好了材质及灯光，如图 6-32 所示。

（2）在“渲染”工具架中单击“创建摄影机”按钮，即可在场景中的坐标原点处创建一台摄影机，如图 6-33 所示。

（3）执行菜单栏“面板 > 透视 >camera1”命令，即可将当前视图切换至“摄影机视图”，如图 6-34 所示。

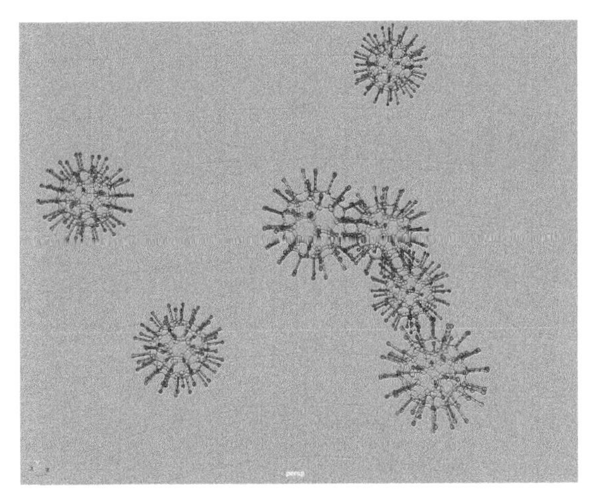

图6-32

图6-33

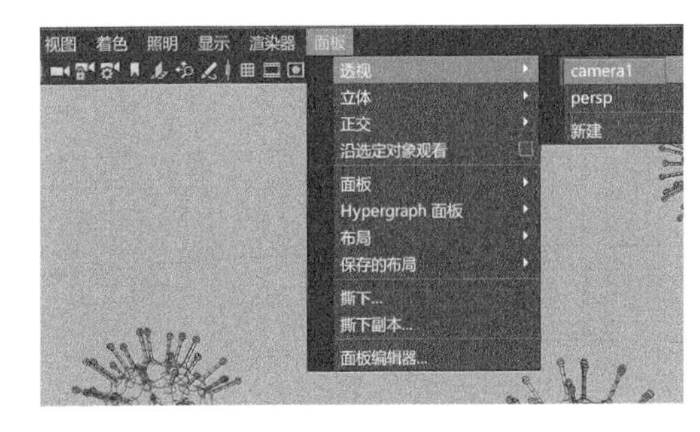

图6-34

（4）在“大纲视图”中选择名称为“pSolid1”的病毒模型并按 F 键，即可在“摄影机视图”中快速显示场景中的名称为“pSolid1”的病毒模型，同时，也意味着现在场景中摄影机的位置移动到了该模型的前方，如图 6-35 所示。

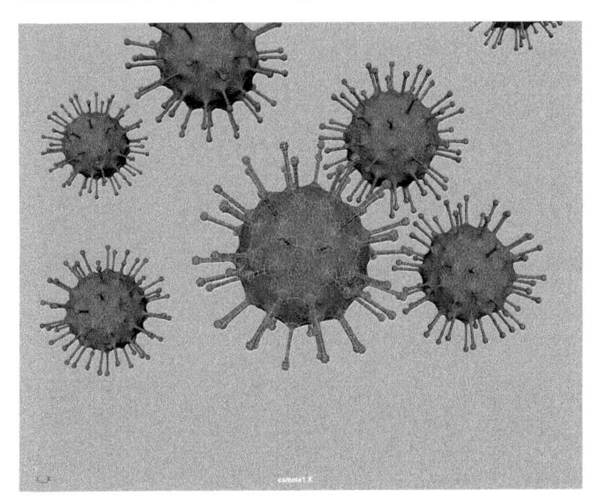

图6-35

（5）在“摄影机视图”中仔细调整画面构图，最终使摄影机的观察视角如图6-36所示。

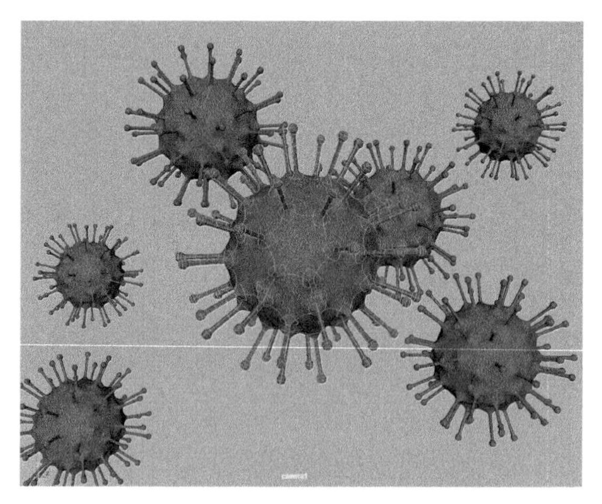

图6-36

（6）单击“分辨率门”按钮，即可在“摄影机视图”中显示出渲染画面的精准位置，如图6-37所示。

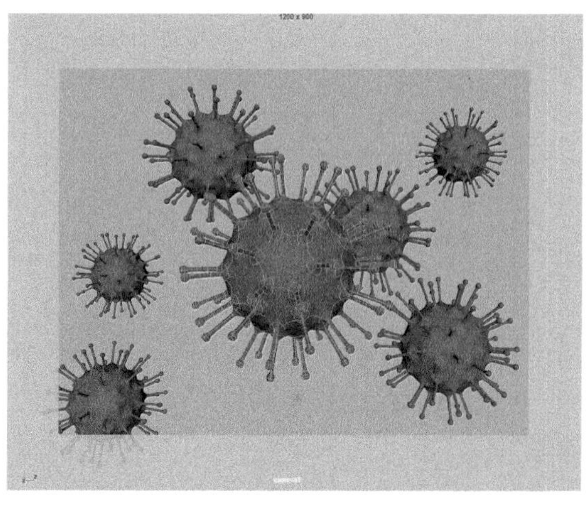

图6-37

（7）在“属性编辑器”面板中展开“摄影机属性”卷展栏，设置“视角”值为60，如图6-38所示，可以使摄影机渲染的范围增加，如图6-39所示。

（8）我们还需要固定摄影机的机位，以保证摄影机所拍摄的画面的位置不变。在“大纲视图”中选择摄影机后，在“通道盒/层编辑器”面板中对摄影机的“平移X”“平移Y”“平移Z”“旋转X”“旋转Y”“旋转Z”“缩放X”“缩放Y”和“缩放Z”这几个属性设置关键帧，如图6-40所示。这样，以后不管我们怎么在“摄影机视图”中改变摄影机观察的视角，只需要拖曳一下时间滑块，“摄影机视图”就会快速恢复至我们刚刚设置好的拍摄角度。

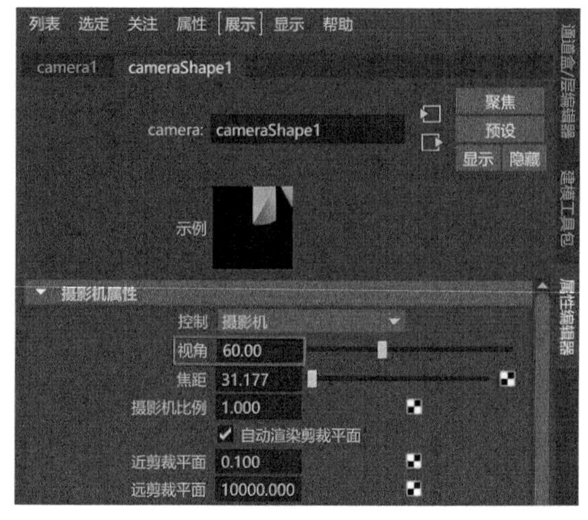

图6-38

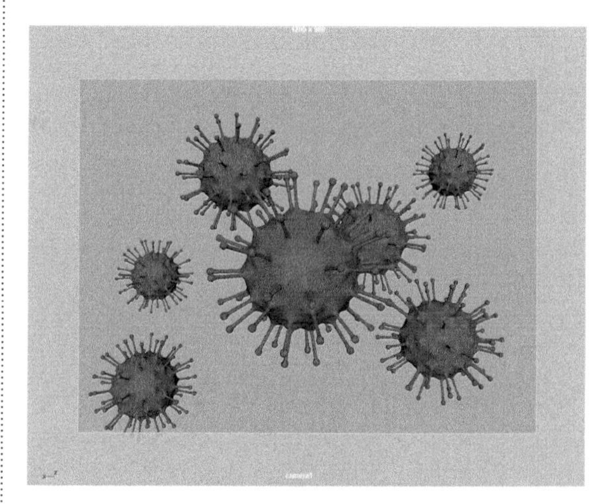

图6-39

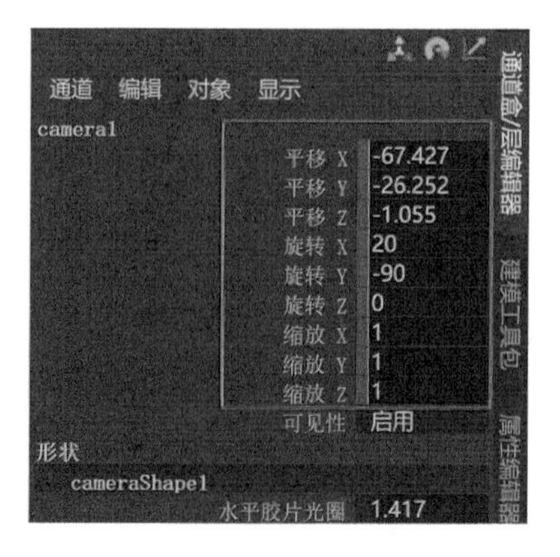

图6-40

（9）设置完成后，渲染摄影机视图，本实例的最终渲染结果如图 6-41 所示。

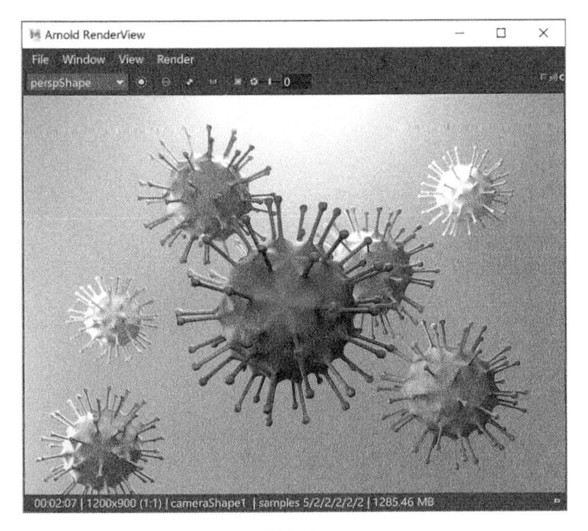

图6-41

6.4.2 实例：制作景深特效

本实例中我们将使用 Arnold 渲染器来渲染一个带有景深效果的图像，图 6-42 所示为本实例的最终渲染效果。

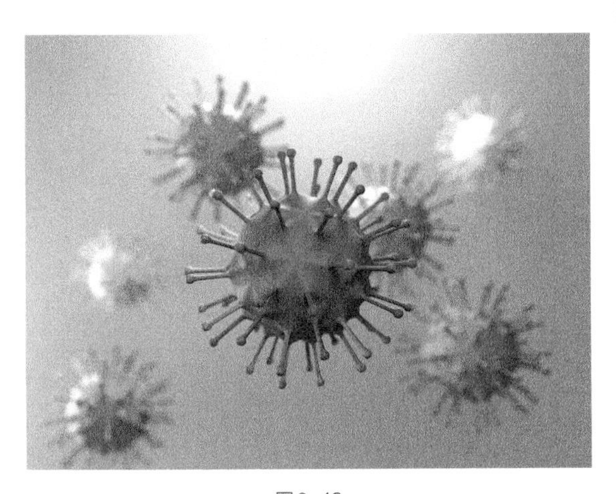

图6-42

（1）打开本书配套资源“病毒场景 - 摄影机完成 .mb”文件，如图 6-43 所示。

（2）执行菜单栏“创建 > 测量工具 > 距离工具”命令，如图 6-44 所示。在“前视图”中测量出摄影机和场景中名称为“pSolid1”的病毒模型的距离值，如图 6-45 所示。

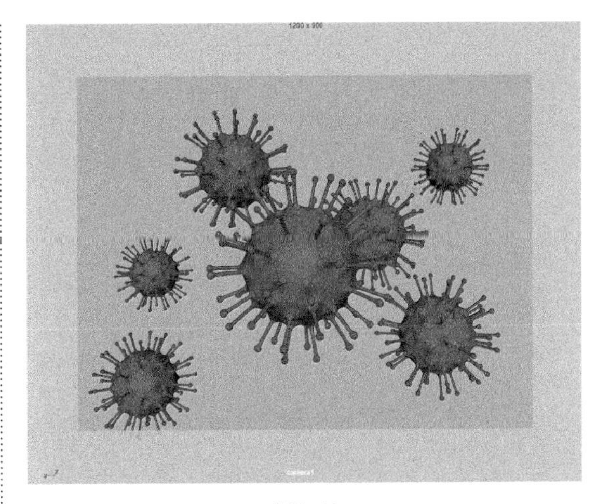

图6-43

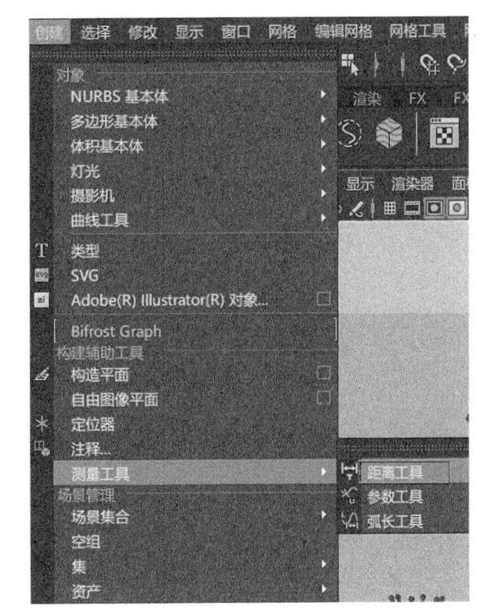

图6-44

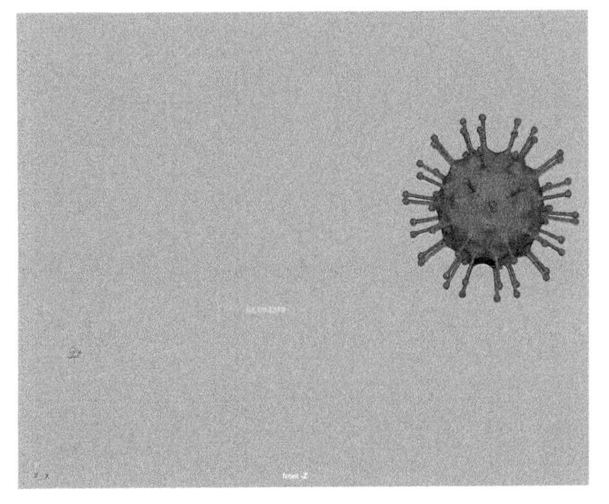

图6-45

（3）选择场景中的摄影机，在“属性编辑器”面板中展开“Arnold”卷展栏，勾选“Enable DOF”选项开启景深计算；设置“Focus Distance”值为64，该值也就是我们在上一个步骤里所测量出来的值；设置“Aperture Size”值为1，如图6-46所示。

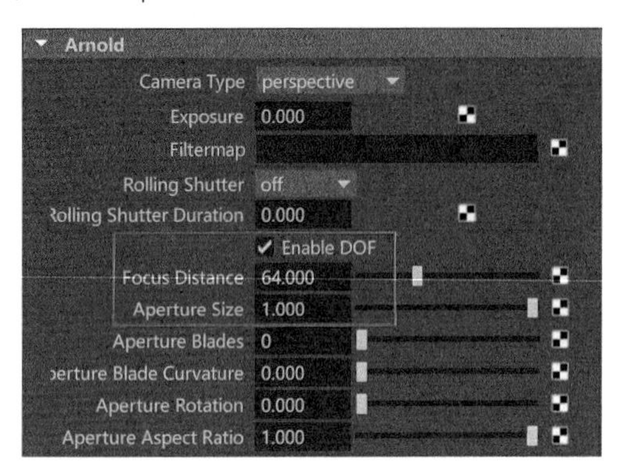

图6-46

（4）设置完成后，渲染摄影机视图，读者可以将渲染结果与上一个实例的渲染结果进行对比。现在我们可以看到渲染出来的画面带有明显的景深效果，如图6-47所示。

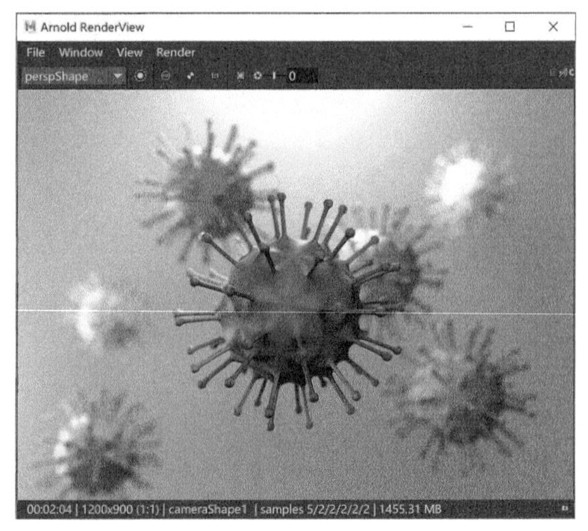

图6-47

材质与纹理

扫码在线观看
案例讲解视频

7.1 材质概述

Maya 为用户提供了功能强大的材质编辑系统，用于模拟自然界中存在的各种各样的物体质感。就像是绘画中的色彩一样，材质可以为我们的三维模型注入生命，使得场景充满活力，渲染出来的作品仿佛原本就存在于这真实的世界之中一样。Maya 2020 新增的功能“标准曲面材质”包含了物体的表面纹理、高光、透明度、自发光、反射及折射等多种属性，要想利用好这些属性制作出效果逼真的质感纹理，读者应多多观察身边真实物体的质感特征。图 7-1 ~ 图 7-4 所示为笔者所拍摄的几种较为常见的物体质感照片。

图7-1

图7-2

Maya 在默认状态下为场景中的所有曲面模型和多边形模型都赋予了一个公用的材质——Lambert 材质。选择场景中的模型，在“属性编辑器”面板的最后一个选项卡中可以看到该材质的所有属性，如图 7-5 所示。如果我们更改了该材质的颜色属性，那么会对之后创建出来的所有模型产生影响。

图7-3

图7-4

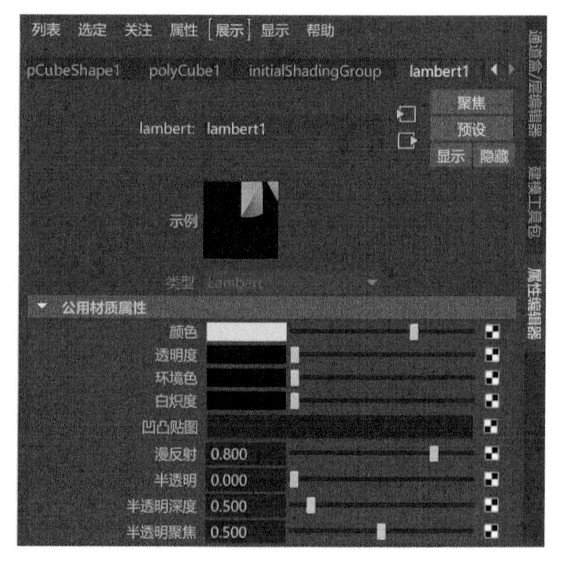

图7-5

Maya 为用户提供了多种指定材质的方法，用户可以选择自己习惯的方式来为模型设置材质。将工具架切换至“渲染”工具架，我们可以在这里找到一些较为常用的材质球，如图 7-6 所示。在场景中选择模型并单击这些材质球，即可为所选择的模型添加对应的材质。

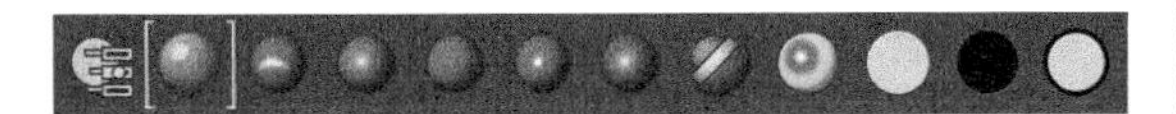

图7-6

常用工具解析

编辑材质属性：显示着色组属性编辑器。

标准曲面材质：将新的标准曲面材质指定给活动对象。

各项异性材质：将新的各项异性材质指定给活动对象。

Blinn 材质：将新的 Blinn 材质指定给活动对象。

Lambert 材质：将新的 Lambert 材质指定给活动对象。

Phong 材质：将新的 Phong 材质指定给活动对象。

Phong E 材质：将新的 Phong E 材质指定给活动对象。

分层材质：将新的分层材质指定给活动对象。

渐变材质：将新的渐变材质指定给活动对象。

着色贴图：将新的着色贴图指定给活动对象。

表面材质：将新的表面材质指定给活动对象。

使用背景：将新的使用背景材质指定给活动对象。

此外，用户还可以选择场景中的模型，按住鼠标右键，在弹出的菜单中执行“指定新材质”命令，如图 7-7 所示。在弹出的“指定新材质”面板中为所选择的模型指定更多种类的材质，如图 7-8 所示。

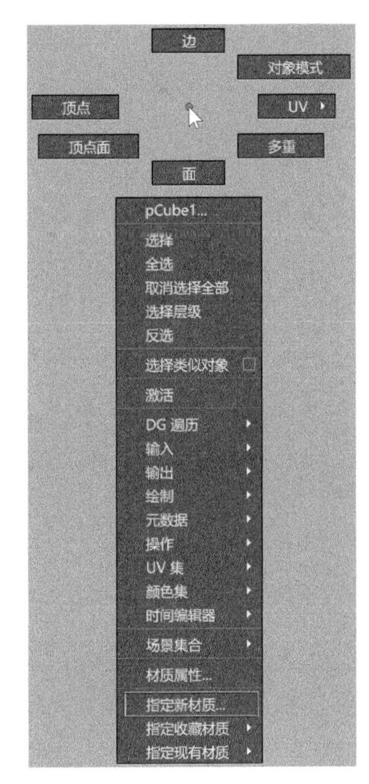

图7-7

图7-8

7.2 “Hypershade”窗口

Maya 为用户提供了一个用于管理场景里所有材质球的工作界面，即“Hypershade”窗口。如果用户对 3ds Max 有一点了解的话，我们就可以把“Hypershade”窗口理解为 3ds Max 里的材质编辑器。执行菜单栏“窗口 > 渲染编辑器 >Hypershade”命令即可打开“Hypershade”窗口，该窗口由多个不同功能的面板组合而成，包括“浏览器”面板、“材质查看器”面板、“创建”面板、“存储箱”面板、“工作区”面板及“特性编辑器”面板，如图7-9所示。不过，我们在项目的制作过程中，很少去打开“Hypershade”窗口，因为在Maya中调整物体的材质，只需要在“属性编辑器”面板中进行调试即可。

图7-9

7.2.1 “浏览器”面板

“Hypershade”窗口中的面板可以以拖曳的方式单独提出来，其中，“浏览器”面板里的参数设置如图7-10所示。

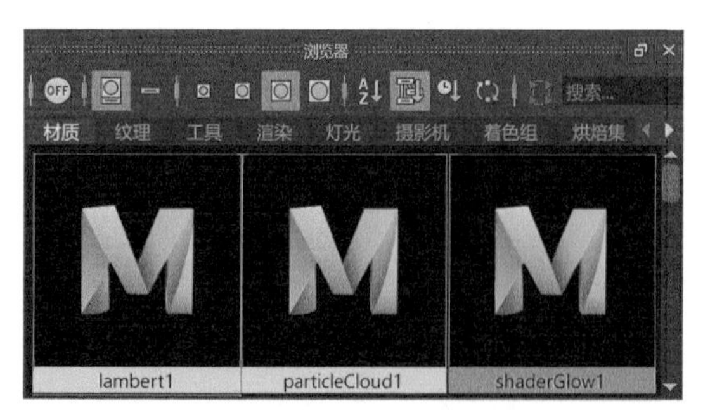

图7-10

常用参数解析

材质和纹理的样例生成：提示用户现在启用材质和纹理的样例生成功能。

关闭材质和纹理的样例生成：提示用户现在关闭材质和纹理的样例生成功能。

作为图标查看：以图标的方式显示材质球，如图7-11所示。

图7-11

作为列表查看：以列表的方式显示材质球，如图7-12所示。

图7-12

作为小样例查看：以小样例的方式显示材质球，如图7-13所示。

作为中等样例查看：以中等样例的方式显示材质球，如图7-14所示。

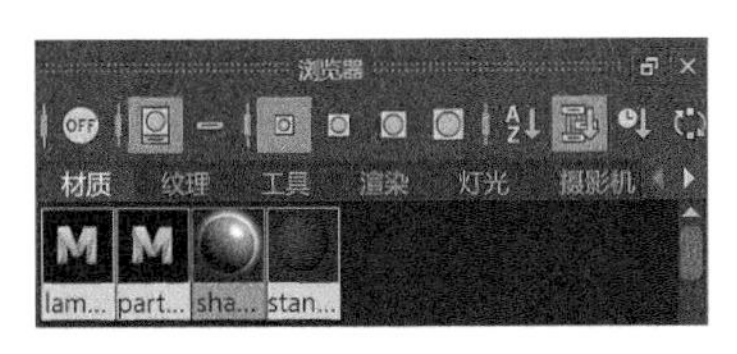

图7-13

图7-14

作为大样例查看：以大样例的方式显示材质球，如图 7-15 所示。

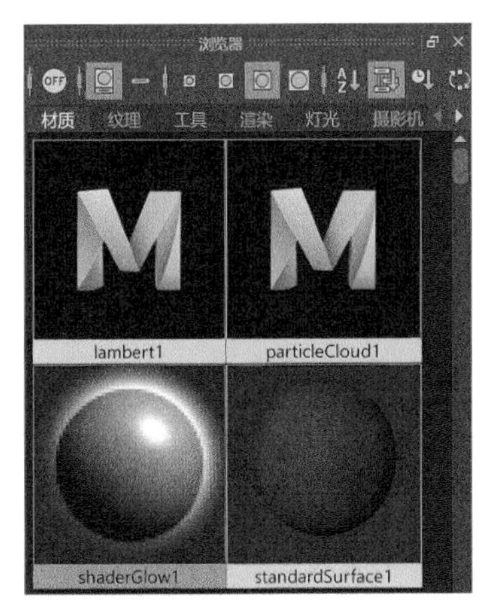

图7-15

作为超大样例查看：以超大样例的方式显示材质球，如图 7-16 所示。

图7-16

按名称排序：按材质球字母的排序来排列材质球。

按类型排序：按材质球的类型来排列材质球。

按时间排序：按材质球的创建时间先后顺序来排列材质球。

按反转顺序排序：可以反转排序指定的名称、类型或时间。

7.2.2 “创建”面板

“创建”面板主要用来查找 Maya 中的材质节点，并在“Hypershade”窗口中进行材质创建，其中的参数设置如图 7-17 所示。

图7-17

7.2.3 “材质查看器”面板

“材质查看器”面板里提供了多种形体，可以直观地显示调试材质的预览，而不是仅仅以一个材质球的方式来显示材质。材质的形态计算采用了“硬件”和“Arnold”这两种材质计算方式，图 7-18 和图 7-19 所示分别是使用这两种计算方式计算相同材质的显示结果。

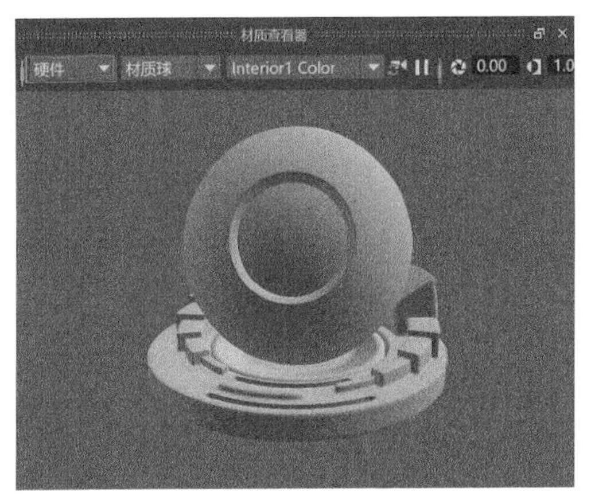

图7-18

图7-19

“材质查看器”面板里的“材质样例”下拉列表框中提供了多种形体用于材质的显示，如图7-20所示。有“材质球”“布料”“茶壶”“海洋”“海洋飞溅”“玻璃填充”“玻璃飞溅”“头发”“球体”和“平面”这10种方式可选，显示效果分别如图7-21～图7-30所示。

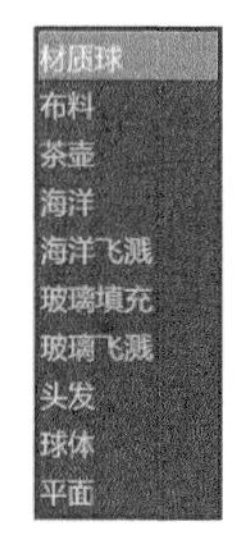

图7-20

图7-21

图7-22

图7-23

图7-24

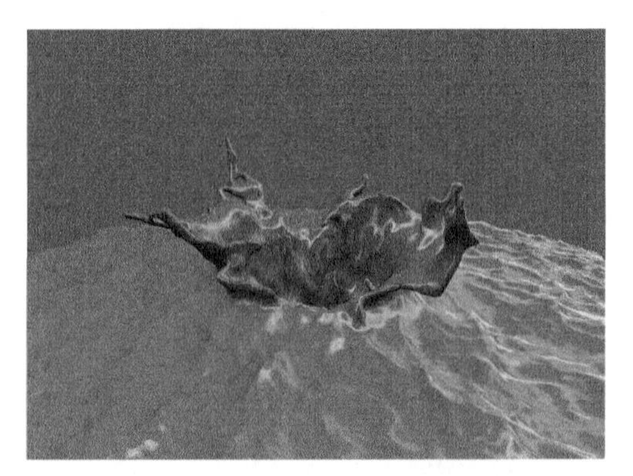

图7-25

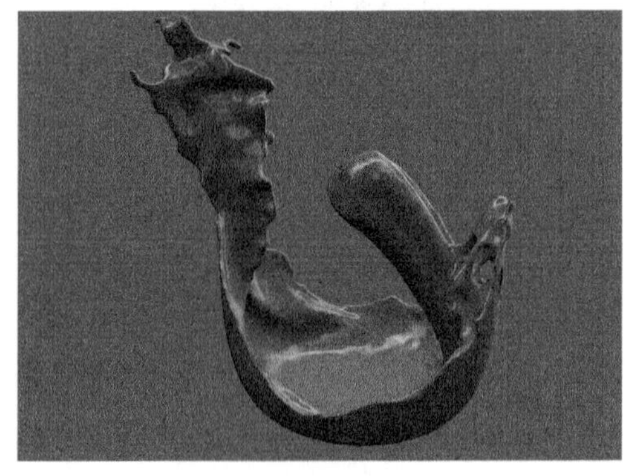

图7-26

图7-27

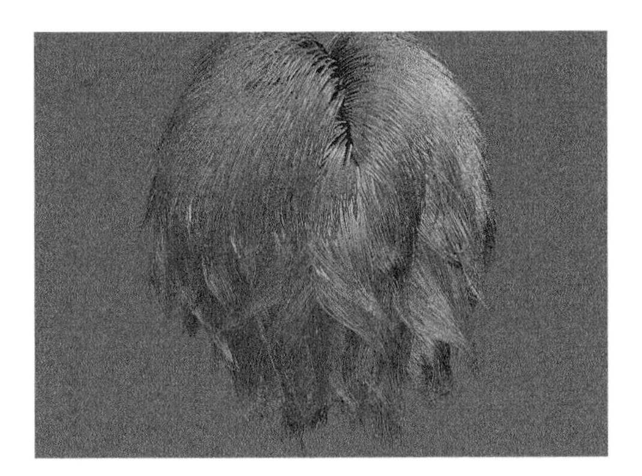

图7-28

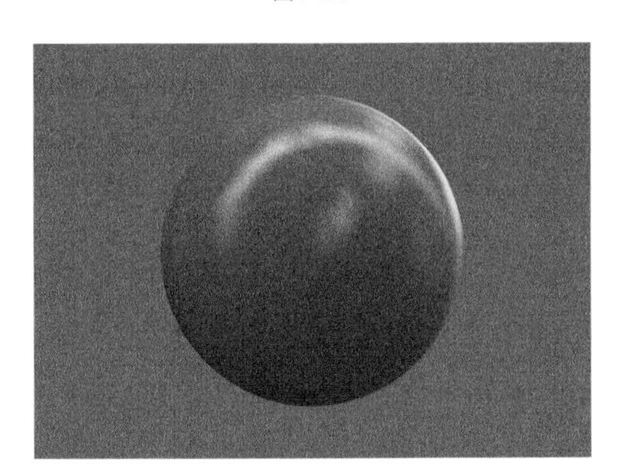

图7-29

图7-30

7.2.4 “工作区”面板

“工作区”面板主要用来显示以及编辑 Maya 中的材质节点，单击材质节点上的命令，可以在“特性编辑器”面板中显示出所对应的一系列相关参数，如图 7-31 所示。

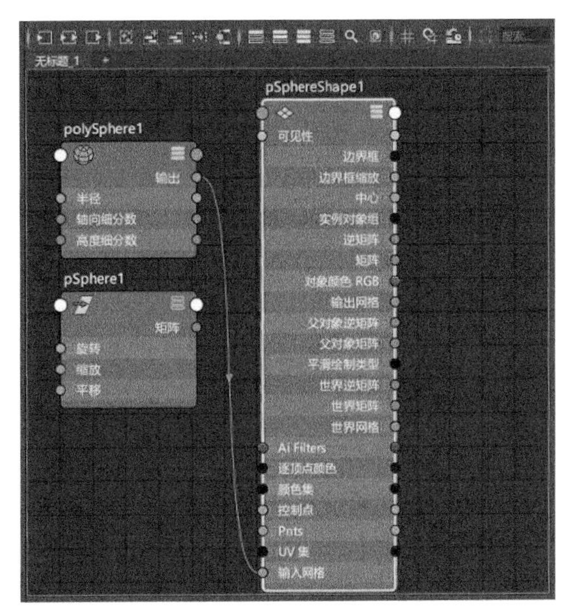

图7-31

7.3 材质类型

7.3.1 标准曲面材质

标准曲面材质是Maya 2020的新增功能之一，其参数设置与 Arnold 渲染器提供的 aiStandardSurface（ai 标准曲面）材质几乎一模一样。它与 Arnold 渲染器兼容性良好，而且中文显示的属性名称更加方便我们在 Maya 中进行材质的制作。该材质是一种基于物理的着色器，能够生成许多类型的材质。它包括漫反射层，适用于金属的具有复杂菲涅尔的镜面反射层，适用于玻璃的镜面反射透射，适用于蒙皮的次表面散射，适用于水和冰的薄散射、次镜面反射涂层和灯光发射。可以说，标准曲面材质和 aiStandardSurface（ai 标准曲面）材质几乎可以用来制作日常我们所能见到的大部分材质，图 7-32

和图 7-33 所示的三维图像里的材质均为使用这两个材质球制作完成的。

图7-32

图7-33

标准曲面材质的属性主要分布于“基础”“镜面反射”“透射”“次表面”“涂层”“发射”“薄膜”“几何体”等多个卷展栏内，如图 7-34 所示。

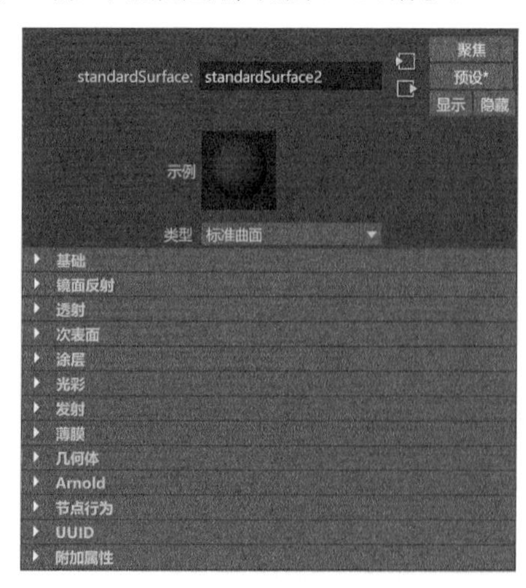

图7-34

1. “基础”卷展栏

展开“基础”卷展栏，其中的参数设置如图 7-35 所示。

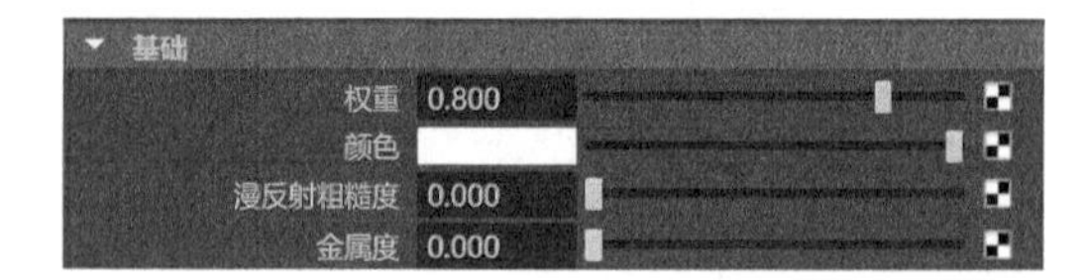

图7-35

常用参数解析

权重：设置基础颜色的权重。

颜色：设置材质的基础颜色。

漫反射粗糙度：设置材质的漫反射粗糙度。

金属度：设置材质的金属度，当该值为 1 时，材质表现为明显的金属特性。图 7-36 所示为该值分别是 0 和 1 的材质显示结果对比。

图7-36

2. “镜面反射”卷展栏

展开“镜面反射”卷展栏，其中的参数设置如图 7-37 所示。

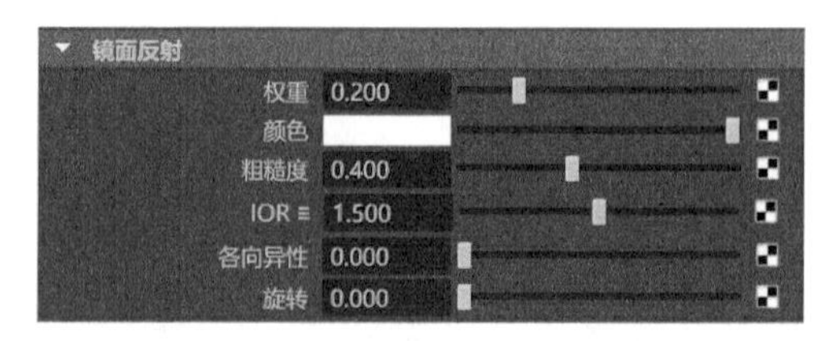

图7-37

常用参数解析

权重：用于控制镜面反射的权重。

颜色：用于调整镜面反射的颜色，调试该值可以为材质的高光部分进行染色。图 7-38 所示为将颜色分别更改为黄色和蓝色的材质显示结果对比。

图7-38

粗糙度：控制镜面反射的光泽度。该值越小，反射越清晰。对于两种极限条件，该值为 0 将带来完美清晰的镜像反射效果，而该值为 1.0 则会产生接近漫反射的反射效果。图 7-39 所示为该值分别是 0、0.2、0.3 和 0.6 的材质显示结果对比。

图7-39

IOR：控制材质的折射率，在制作玻璃、水、钻石等透明材质时非常重要。图 7-40 所示为该值分别是 1.1 和 1.6 的材质显示结果对比。

图7-40

各向异性：控制高光的各向异性属性，用来得到具有椭圆形状的反射及高光效果。图 7-41 所示为该值分别是 0 和 1 的材质显示结果对比。

图7-41

旋转：控制材质 UV 空间中各向异性反射的方向。图 7-42 所示为该值分别是 0 和 0.25 的材质显示结果对比。

图7-42

3. “透射”卷展栏

展开“透射”卷展栏，其中的参数设置如图 7-43 所示。

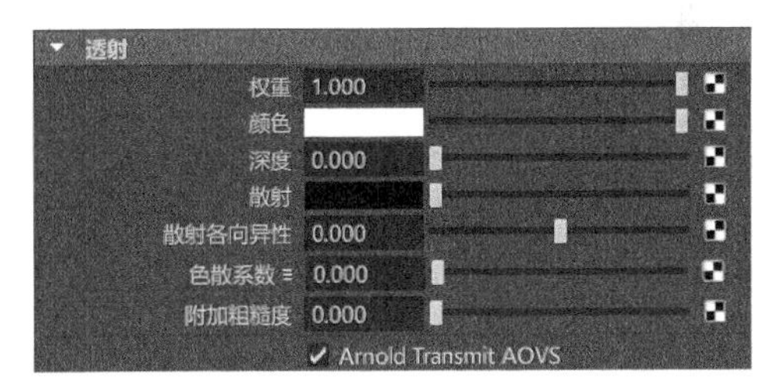

图7-43

常用参数解析

权重：设置灯光穿过物体表面时所产生的散射权重。

颜色：此属性会根据折射光线的传播距离过滤折射。灯光在网格内传播得越长，受透射颜色的影响就会越大。因此，当光线穿过较厚的部分时，绿色玻璃的颜色将更深。此效应呈指数递增，可以使用比尔定律进行计算。建议使用精细的浅颜色值。图 7-44 所示为颜色分别是浅红色和深红色的材质显示结果对比。

图7-44

深度：控制透射颜色在体积中达到的深度。

散射：散射适用于各类相当稠密的液体或者有足够多的液体能使散射可见的情况，如深水体或蜂蜜。

散射各向异性：控制散射的方向偏差或各向异性。

色散系数：指定材质的色散系数，用于描述折射率随波长变化的程度。对于玻璃和钻石，此值通常介于10到70之间，值越小，色散越多。默认值为0，表示禁用色散。图7-45所示为该值分别是0和100的材质显示结果对比。

图7-45

附加粗糙度：对使用各向同性微面BTDF所计算的折射增加一些额外的模糊度，范围从0（无粗糙度）到1。

4. “次表面”卷展栏

展开“次表面”卷展栏，其中的参数设置如图7-46所示。

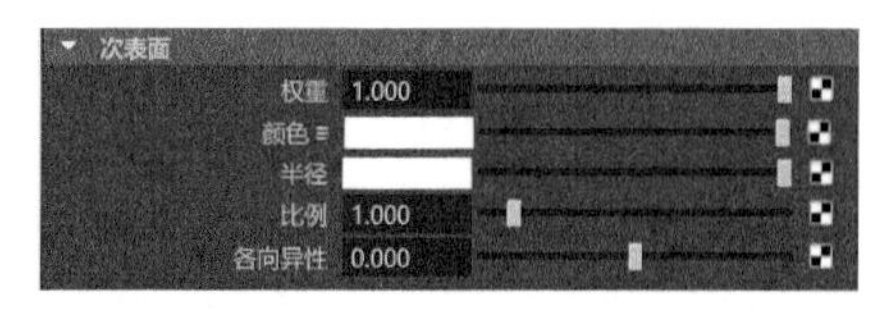

图7-46

常用参数解析

权重：控制漫反射和次表面散射之间的混合权重。

颜色：确定次表面散射效果的颜色。

半径：设置光线在散射出曲面前在曲面下可能传播的平均距离。

比例：控制灯光在再度反射出曲面前在曲面下可能传播的距离。它将扩大散射半径，并增加SSS半径颜色。

5. “涂层”卷展栏

展开“涂层”卷展栏，其中的参数设置如图7-47所示。

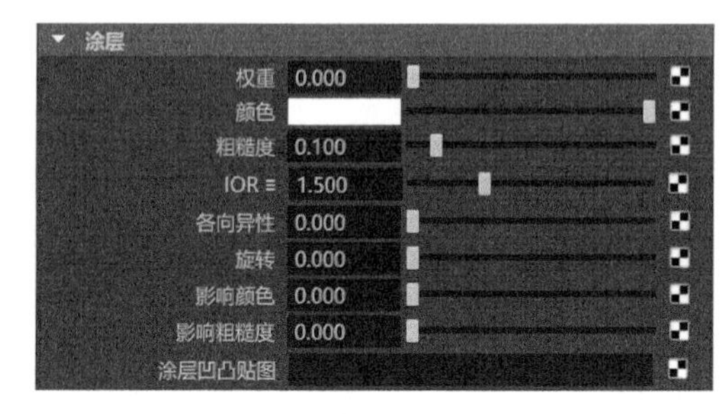

图7-47

常用参数解析

权重：控制材质涂层的权重值。

颜色：控制涂层的颜色。

粗糙度：控制镜面反射的光泽度。

IOR：控制材质的菲涅尔反射率。

6. “发射”卷展栏

展开“发射”卷展栏，其中的参数设置如图7-48所示。

图7-48

常用参数解析

权重：控制发射的灯光量。

颜色：控制发射的灯光颜色。

7. “薄膜”卷展栏

展开“薄膜”卷展栏，其中的参数设置如图7-49所示。

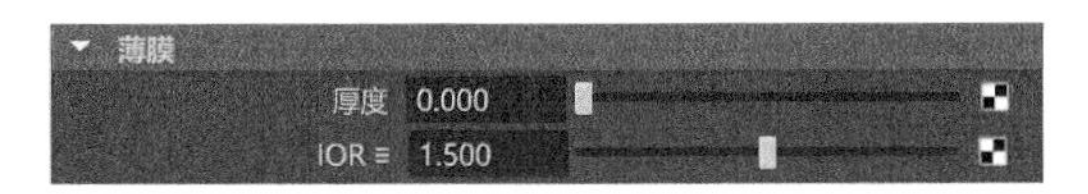

图7-49

常用参数解析

厚度：定义薄膜的实际厚度。

IOR：材质周围介质的折射率。

8. “几何体”卷展栏

展开“几何体”卷展栏，其中的参数设置如图 7-50 所示。

图7-50

常用参数解析

薄壁：勾选该选项可以创建从背后照亮半透明对象的效果。

不透明度：控制不允许灯光穿过的程度。

凹凸贴图：通过添加贴图来设置材质的凹凸属性。图 7-51 所示为设置了凹凸贴图前后的南瓜模型显示结果对比。

图7-51

各向异性切线：为镜面反射各向异性着色指定一个自定义切线。

7.3.2 aiStandardSurface材质

aiStandardSurface（ai 标准曲面）材质是 Arnold 渲染器提供的标准曲面材质，功能强大。由于其属性与 Maya 2020 新增的标准曲面材质几乎一样，因此不再重复讲解。另外，需要读者注意的是，aiStandardSurface（ai 标准曲面）材质里的属性名称目前都是英文的，而标准曲面材质里面的属性名称都是中文的，读者可以自行对照进行学习。图 7-52 所示为标准曲面材质与 aiStandardSurface（ai 标准曲面）材质的卷展栏对比，从中可以看到这两个材质的前 9 个卷展栏的名称一模一样。

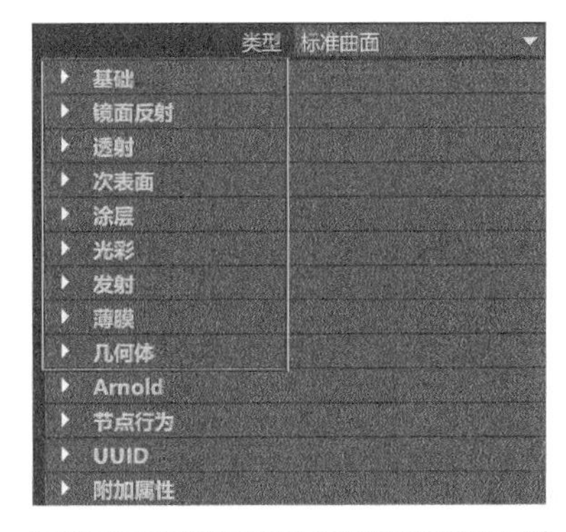

图7-52

此外，读者还应该注意，使用 Maya 2020 保存的文件在 Maya 2018 和 Maya 2019 这两个版本中也可以打开，如果读者安装的是早期版本，则可以使用 aiStandardSurface（ai 标准曲面）材质来学习本章中的案例。对习惯使用 Maya 2017、Maya 2018 和 Maya 2019 的用户来说，该材质是使用频率最高的材质球。

7.3.3 各项异性材质

使用各项异性材质可以制作出椭圆形的高光，非常适合用来制作 CD 碟、绸缎、金属等物体的材质效果，其属性主要由“公用材质属性”“镜面反射着色”“特殊效果”和“光线跟踪选项”这几个卷展栏组成，如图 7-53 所示。

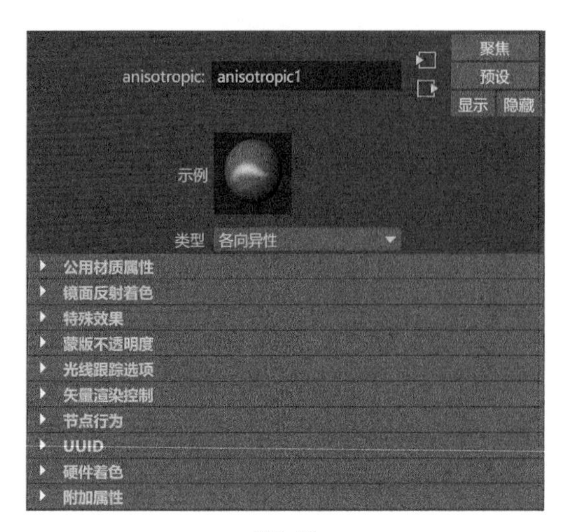

图7-53

1. “公用材质属性”卷展栏

顾名思义，“公用材质属性”卷展栏是 Maya 中多种类型的材质球公用的一个材质属性命令集合，如 Blinn 材质、Lambert 材质、Phong 材质等均有这样一个相同的卷展栏。其参数设置如图 7-54 所示。

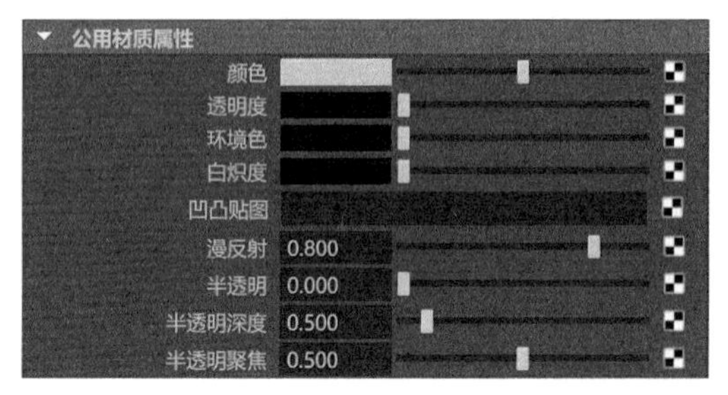

图7-54

常用参数解析

颜色：控制材质的基本颜色。

透明度：控制材质的透明程度。

环境色：用来模拟环境对该材质球所产生的色彩影响。

白炽度：用来控制材质发射灯光的颜色及亮度。

凹凸贴图：通过纹理贴图来控制材质表面的粗糙纹理及凹凸程度。

漫反射：使得材质能够在所有方向上反射灯光。

半透明：使得材质可以透射和漫反射灯光。

半透明深度：模拟灯光穿透半透明对象的程度。

半透明聚集：控制半透明灯光的散射程度。

2. “镜面反射着色”卷展栏

“镜面反射着色”卷展栏主要用来控制材质反射灯光的方式及程度，其参数设置如图 7-55 所示。

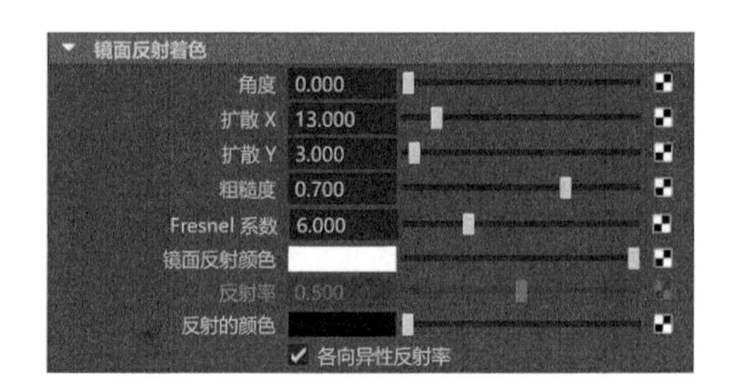

图7-55

常用参数解析

角度：确定高光角度的方向。

扩散 X、扩散 Y：分别确定高光在 X 和 Y 轴方向上的扩散程度。

粗糙度：确定曲面的总体粗糙度。范围为 0.01 至 1.0，默认值为 0.7。较小的值对应较平滑的曲面，并且镜面反射高光较集中。较大的值对应较粗糙的曲面，并且镜面反射高光较分散。

Fresnel 系数：计算将反射光波连接到传入光波的 Fresnel 因子。

镜面反射颜色：表面上闪耀的高光的颜色。

反射率：控制材质表面反射周围物体的程度。

反射的颜色：控制材质反射光的颜色。

各向异性反射率：如果勾选，Maya 将自动计算“反射率”作为“粗糙度”的一部分。

3. “特殊效果”卷展栏

“特殊效果”卷展栏用来模拟一些发光的特殊材质，其参数设置如图 7-56 所示。

图7-56

常用参数解析

隐藏源：勾选该选项可以隐藏该物体渲染，仅进行辉光渲染计算。图 7-57 所示为该选项勾选前后的渲染结果对比。

图7-57

辉光强度：控制物体材质的发光程度。

4. “光线跟踪选项”卷展栏

“光线跟踪选项”卷展栏主要用来控制材质折射的相关属性，其参数设置如图 7-58 所示。

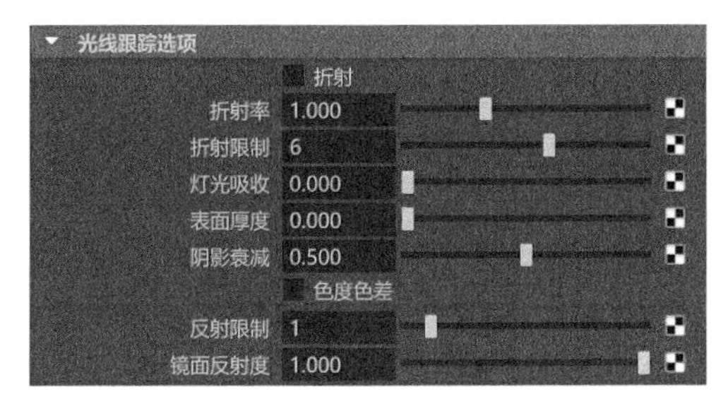

图7-58

常用参数解析

折射：勾选时，穿过透明或半透明对象跟踪的光线将折射，或根据材质的折射率弯曲。

折射率：光线穿过透明对象时的弯曲量。要想模拟出真实的效果，该值的设置可以参考现实中不同物体的折射率。

折射限制：曲面允许光线折射的最大次数。折射的次数应该由具体的情况所决定，如图 7-59 所示。

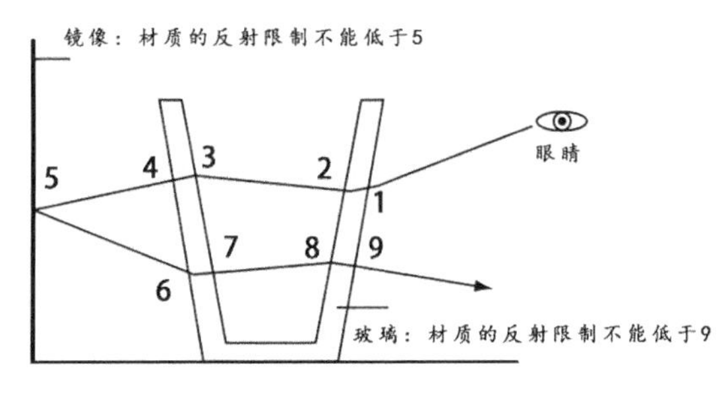

图7-59

灯光吸收：控制材质吸收灯光的程度。

表面厚度：控制材质所要模拟的厚度。

阴影衰减：通过控制阴影来影响灯光的聚焦效果。

色度色差：在光线跟踪期间，灯光透过透明曲面时以不同角度折射的不同波长。

反射限制：曲面允许光线反射的最大次数。

镜面反射度：控制镜面高光在反射中的影响程度。

7.3.4 Blinn材质

Blinn 材质可以用来模拟具有柔和镜面反射高光的金属曲面及玻璃制品，其参数设置与各项异性材质基本相同，不过在“镜面反射着色”卷展栏中的参数设置略有不同，如图 7-60 所示。

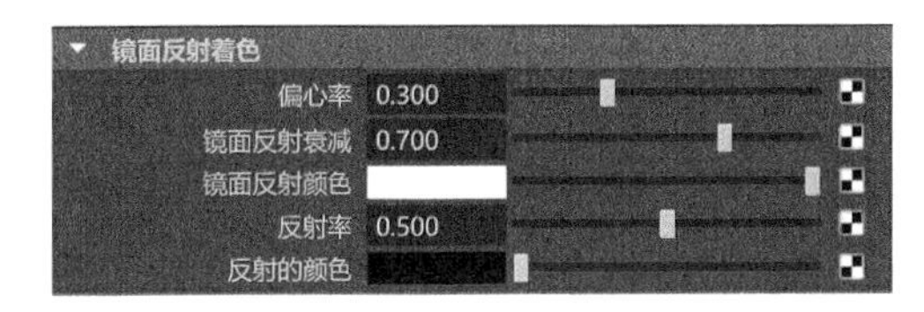

图7-60

常用参数解析

偏心率：控制曲面上发亮的高光区的大小。

镜面反射衰减：控制曲面高光的强弱。

镜面反射颜色：控制镜面反射高光的颜色。

反射率：控制材质反射物体的程度。

反射的颜色：控制材质反射的颜色。

7.3.5 Lambert材质

Lambert 材质没有跟高光有关的属性，是 Maya 为场景中所有物体添加的默认材质。该材质的属性可以参考各项异性材质中各个卷展栏中的属性。

7.3.6 Phong材质

Phong 材质常常用来模拟具有清晰的镜面反射高光的、像玻璃一样的或有光泽的曲面，如汽车、电话、浴室金属配件等。其参数设置与各项异性材质基本相同，不过与 Blinn 材质相似，Phong 材质也是在“镜面反射着色”卷展栏中有部分参数设置与各项异性材质和 Blinn 材质略有不同，如图 7-61

所示。

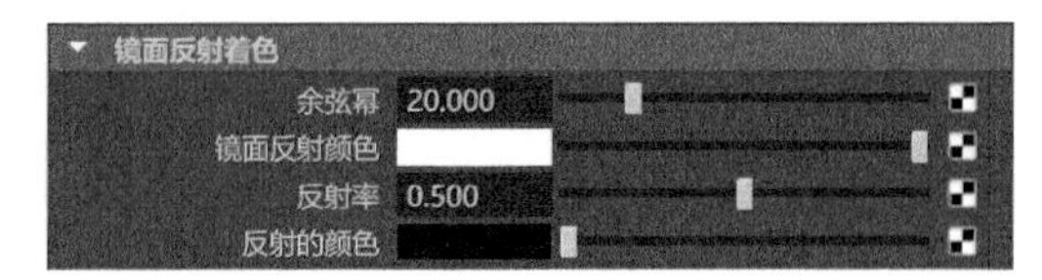

图7-61

常用参数解析

余弦幂：控制曲面上反光的高光区的大小。

镜面反射颜色：控制镜面反射高光的颜色。

反射率：控制材质反射物体的程度。

反射的颜色：控制材质反射的颜色。

7.3.7 Phong E材质

Phong E 材质是 Phong 材质的简化版本，Phong E 曲面上的镜面反射高光较 Phong 曲面上的更为柔和，且 Phong E 曲面渲染的速度更快。其“镜面反射着色”卷展栏中的参数设置与其他材质略有不同，如图 7-62 所示。

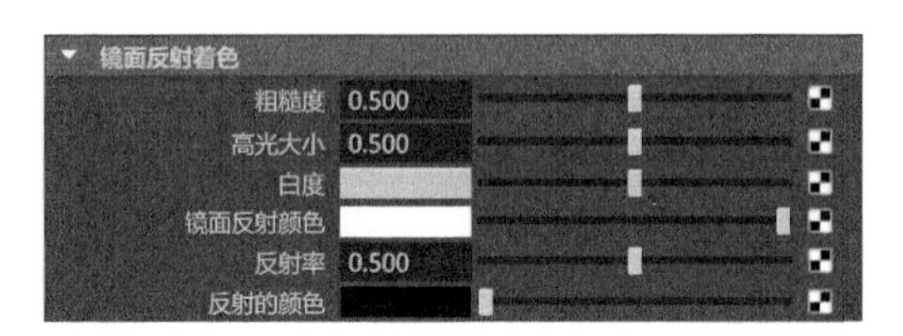

图7-62

常用参数解析

粗糙度：控制镜面反射度的焦点。

高光大小：控制镜面反射高光的数量。

白度：控制镜面反射高光的强度。

镜面反射颜色：控制镜面反射高光的颜色。

反射率：控制材质反射物体的程度。

反射的颜色：控制材质反射的颜色。

7.3.8 使用背景材质

使用背景材质可以将物体渲染成跟当前场景背景一样的颜色，如图 7-63 所示。

其参数设置如图 7-64 所示。

图7-63

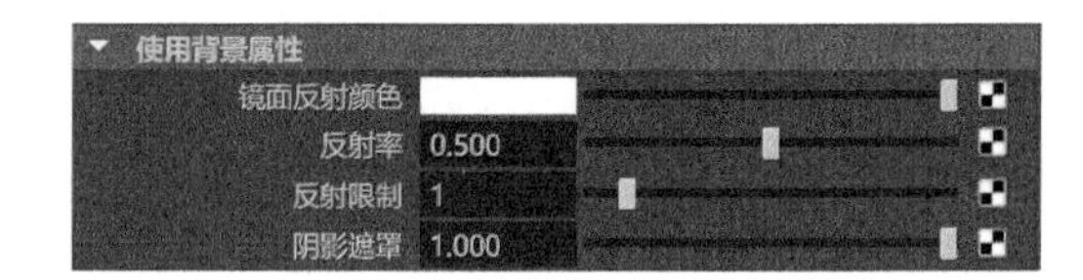

图7-64

常用参数解析

镜面反射颜色：定义材质的镜面反射颜色。如果更改此颜色或指定其纹理，场景中的反射将会显示这些更改。

反射率：控制该材质的反射程度。

反射限制：控制材质反射的距离。

阴影遮罩：确定材质阴影遮罩的密度。如果更改此值，阴影遮罩将变暗或变亮。

7.4 纹理

使用贴图纹理要比仅使用单一颜色能更加直观地表现出物体的真实质感，添加了纹理，可以使得物体的表面看起来更加细腻、逼真，配合材质的反射、折射、凹凸等属性，可以使得渲染出来的场景更加真实和自然。图 7-65 和图 7-66 所示为笔者所拍摄的一些纹理照片，读者想要调试出效果真实的材质，离不开这些来自生活中的纹理图像。

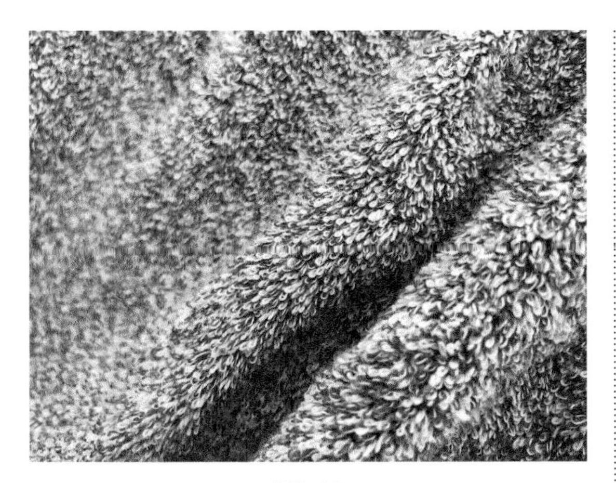

图7-65

图7-66

Maya 的纹理类型主要分为“2D 纹理”“3D 纹理”“环境纹理”和“其他纹理”这 4 种，打开“Hypershade”窗口，在其中的“创建”面板中，可以看到这些纹理分类，如图 7-67 所示。下面就为读者介绍几种较为常用的纹理。

图7-67

7.4.1 “文件”纹理

“文件”纹理属于“2D 纹理”，该纹理允许用户使用硬盘中的任意图像文件来作为材质表面的纹理贴图，是使用频率较高的纹理。其参数设置如图 7-68 所示。

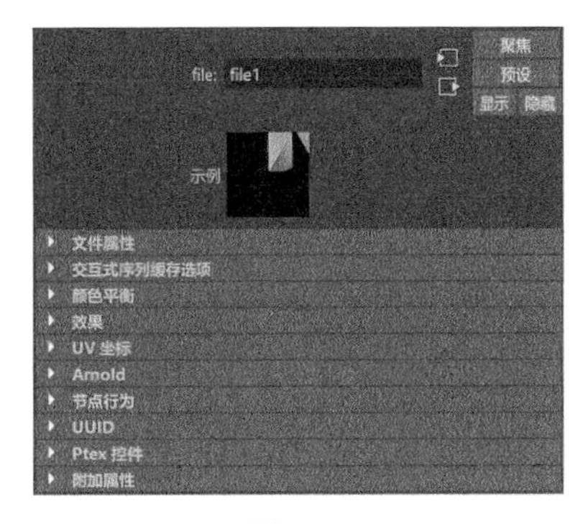

图7-68

1. “文件属性”卷展栏

展开“文件属性”卷展栏，其中的参数设置如图 7-69 所示。

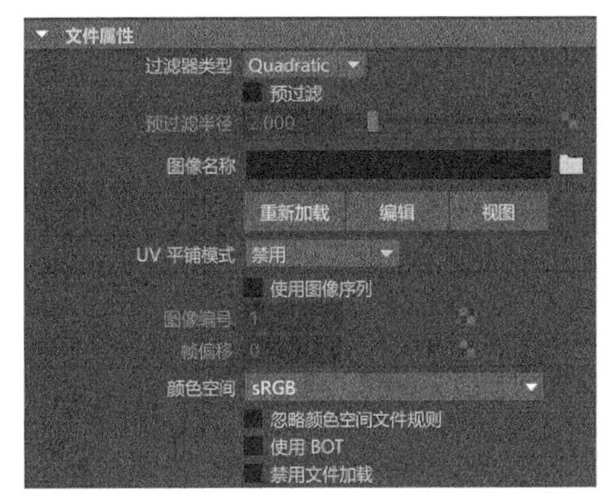

图7-69

常用参数解析

过滤器类型：渲染过程中应用于图像文件的采样技术。

预过滤：用于校正已混淆的、或者在不需要的区域中包含噪波的“文件”纹理。

预过滤半径：确定过滤半径的大小。

图像名称：“文件”纹理使用的图像文件或影片文件的名称。

“重新加载”按钮：单击该按钮可强制刷新纹理。

“编辑”按钮：单击该按钮将启动外部应用程序，

以便能够编辑纹理。

“视图”按钮：单击该按钮将启动外部应用程序，以便能够查看纹理。

UV 平铺模式：可使用单个“文件”纹理节点加载、预览和渲染包含对应于 UV 布局中栅格平铺的多个图像的纹理。

使用图像序列：勾选该选项后，可以将连续的图像序列作为纹理贴图使用。

图像编号：设置序列图像的编号。

帧偏移：设置偏移帧的数值。

颜色空间：指定图像使用的输入颜色空间。

2.“交互式序列缓存选项”卷展栏

展开“交互式序列缓存选项”卷展栏，其中的参数设置如图 7-70 所示。

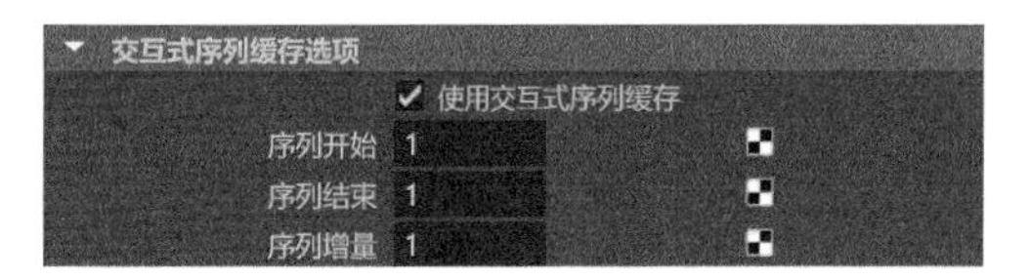

图7-70

常用参数解析

使用交互式序列缓存：勾选该选项，在为纹理设置动画以便以正常速度播放动画时，可以缓存“文件”纹理。

序列开始：设置加载到内存中的第一帧的编号。

序列结束：设置加载到内存中的最后一帧的编号。

序列增量：设置每间隔几帧来加载图像序列。

7.4.2 “棋盘格”纹理

“棋盘格”纹理属于“2D 纹理”，用于快速设置两种颜色呈棋盘格式整齐排列的贴图，其参数设置如图 7-71 所示。

图7-71

常用参数解析

颜色 1、颜色 2：分别设置“棋盘格”纹理的两种不同颜色。

对比度：设置两种颜色之间的对比程度。

7.4.3 “布料”纹理

“布料”纹理用于快速模拟纺织物的纹理效果，其参数设置如图 7-72 所示。

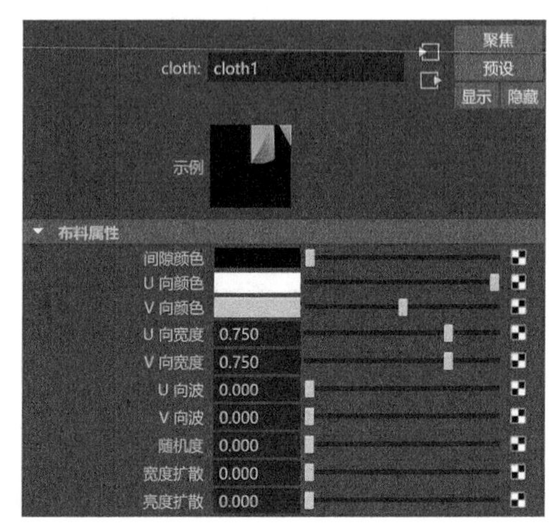

图7-72

常用参数解析

间隙颜色：设置经线（U 方向）和纬线（V 方向）之间区域的颜色。较浅的“间隙颜色”常常用来模拟更软、更加透明的线织成的布料。

U 向颜色、V 向颜色：分别设置 U 方向和 V 方向线的颜色。双击颜色条就可以打开颜色选择器，然后选择颜色使用。

U 向宽度、V 向宽度：分别设置 U 方向和 V 方向线的宽度。如果线的宽度为 1，则丝线相接触，间隙为零；如果线的宽度为 0，则丝线将消失。宽度范围为 0 到 1，默认值为 0.75。

U 向波、V 向波：分别设置 U 方向和 V 方向线的波纹，以创建特殊的编织效果。范围为 0 到 0.5，默认值为 0。

随机度：设置在 U 方向和 V 方向随机涂抹纹理。调整“随机度”值，可以用不规则的丝线创建看起来很自然的布料，也可以避免在非常精细的“布料”纹理上出现锯齿和云纹图案。

宽度扩散：设置沿着每条线的长度随机化线的

宽度。

亮度扩散：设置沿着每条线的长度随机化线的亮度。

7.4.4 “木材”纹理

“木材”纹理可以在缺乏木材真实照片贴图的情况下，使用程序来创建木纹效果，其参数设置如图 7-73 所示。

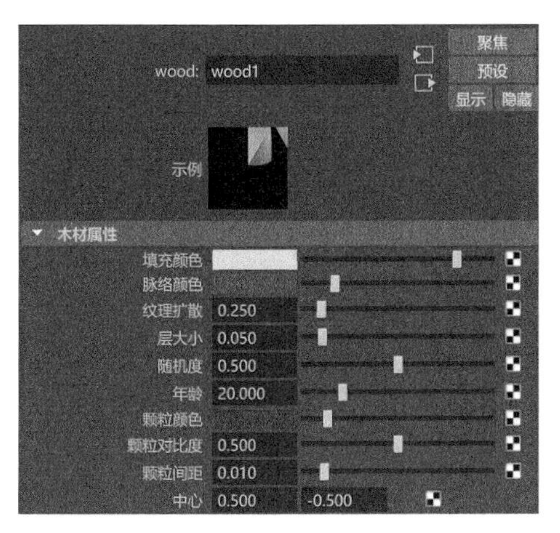

图7-73

常用参数解析

填充颜色：设置纹理之间的间距的颜色。

脉络颜色：设置木材的脉络颜色。

纹理扩散：设置漫反射到填充颜色中的脉络颜色数量。

层大小：设置每个层或环形的平均厚度。

随机度：随机化各个层或环形的厚度。

年龄：设置木材的年龄（以年为单位）。该值用来确定纹理中的层或环形的总数，并影响中间层和外层的相对厚度。

颗粒颜色：设置木材中的随机颗粒的颜色。

颗粒对比度：控制漫反射到周围木材颜色的“颗粒颜色”量。范围是从 0 到 1，默认值为 1。

颗粒间距：设置颗粒斑点之间的平均距离。

中心：设置纹理的同心环中心在 U 和 V 方向的位置。范围是从 -1 到 2，默认值为 0.5 和 -0.5。

7.4.5 “aiWireframe”纹理

“aiWireframe”纹理主要用来制作线框材质，其参数设置如图 7-74 所示。

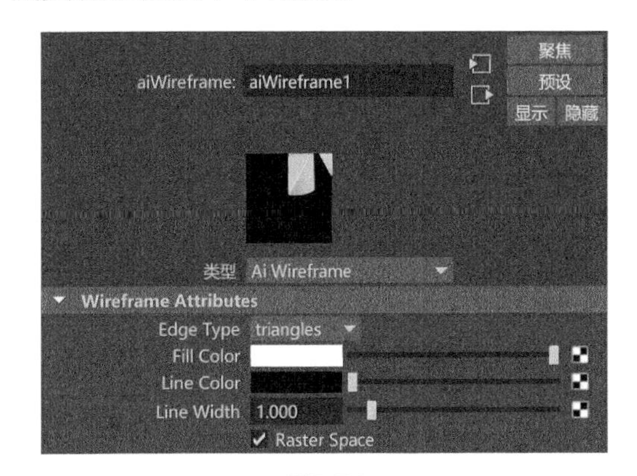

图7-74

常用参数解析

Edge Type：设置模型上渲染边线的类型，有“triangles”“polygons”和“patches”这 3 个选项可用。

Fill Color：设置模型的填充颜色。

Line Color：设置线框的颜色。

Line Width：设置线框的宽度。

7.5 UV

UV 指的是二维贴图坐标。当我们在 Maya 中制作三维模型后，常常需要将合适的贴图贴到这些三维模型上。例如，选择一张树叶的贴图指定给叶片模型时，Maya 并不能自动确定树叶的贴图是以什么样的方向平铺到叶片模型上的，这时就需要我们使用 UV 来控制贴图的方向以得到正确的贴图效果，如图 7-75 所示。

图7-75

虽然 Maya 在默认情况下会为许多基本多边形模型自动创建 UV，但是在大多数情况下，还是需要我们重新为对象指定 UV。根据模型形状的不同，

Maya 为用户提供了平面映射、圆柱形映射、球形映射和自动映射这几种现成的 UV 贴图方式以供选择使用。如果模型的贴图过于复杂，那么还可以使用“UV 编辑器”面板来对贴图的 UV 进行细微调整，在“多边形建模”工具架中我们可以找到有关 UV 的常用工具图标，如图 7-76 所示。

图7-76

常用工具解析

平面：为选定对象添加平面投影形状的 UV 纹理坐标。

圆柱形：为选定对象添加圆柱形投影形状的 UV 纹理坐标。

球形：为选定对象添加球形投影形状的 UV 纹理坐标。

自动：为选定对象同时自动添加多个平面投影形状的 UV 纹理坐标。

轮廓拉伸：创建沿选定面轮廓的 UV 纹理坐标。

UV 编辑器：单击该按钮可以弹出“UV 编辑器”面板。

3DUV 抓取工具：用于抓取 3D 视口中的 UV。

3D 切割和缝合 UV 工具：直接在模型上以交互的方式切割 UV，按住 Ctrl 键可以缝合 UV。

7.5.1 平面映射

“平面映射”通过平面将 UV 投影到模型上，非常适合应用在较为平坦的三维模型上，如图 7-77 所示。单击菜单栏“UV> 平面”命令后面的方块按钮，即可打开“平面映射选项”面板，如图 7-78 所示。

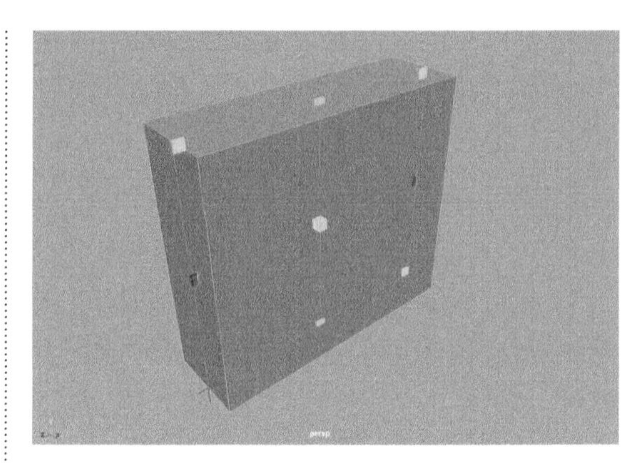

图7-77

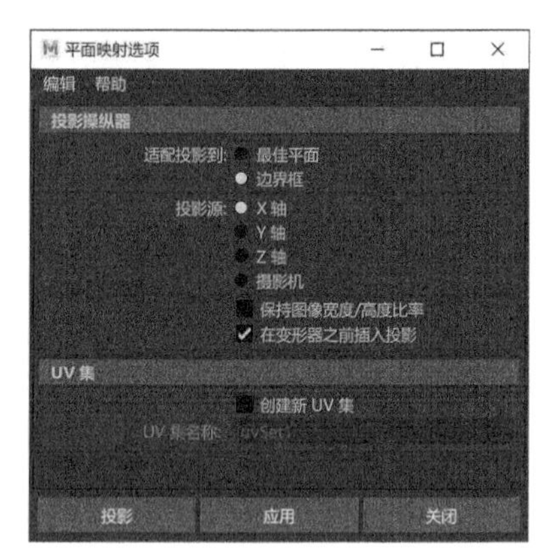

图7-78

常用参数解析

适配投影到：默认情况下，投影操纵器将根据“最佳平面”或“边界框”这两个设置之一自动定位。

最佳平面：如果要为对象的一部分面映射 UV，则可以选择将“最佳平面”和投影操纵器捕捉到一个角度并直接指向选定面的旋转。

边界框：将 UV 映射到对象的所有面或大多数面时，该选项最有用，它将捕捉投影操纵器以适配对象的边界框。

投影源：选择（X 轴、Y 轴、Z 轴），以便投影操纵器指向对象的大多数面。如果大多数模型的面不是直接指向沿 X、Y 或 Z 轴的某个位置，则选择“摄影机”选项，该选项将根据当前的活动视图为投影操纵器定位。

保持图像宽度 / 高度比率：勾选该选项，可以保留图像的宽度与高度之比，使图像不会扭曲。

在变形器之前插入投影：当多边形对象中应用变形时，需要勾选“在变形器之前插入投影”选项。如果该选项已禁用且已为变形设置动画，则纹理放置将受顶点位置更改的影响。

创建新 UV 集：勾选该选项，可以创建新 UV 集并放置由投影在该集中创建的 UV。

7.5.2 圆柱形映射

“圆柱形映射”非常适合应用在接近圆柱体的三

维模型上，如图 7-79 所示。单击菜单栏“UV> 圆柱形”命令后的方块按钮，即可打开“圆柱形映射选项”面板，如图 7-80 所示。

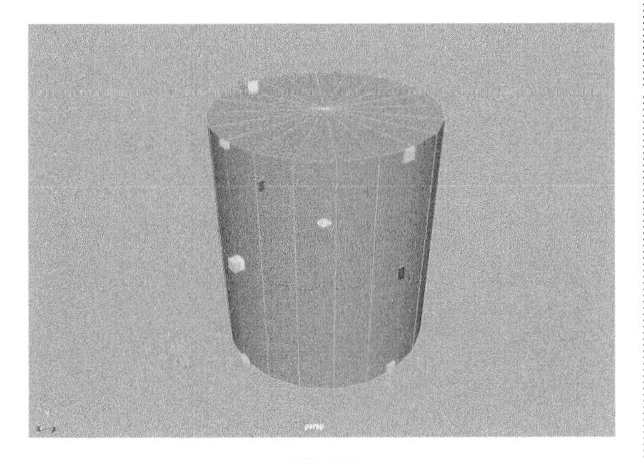

图7-79

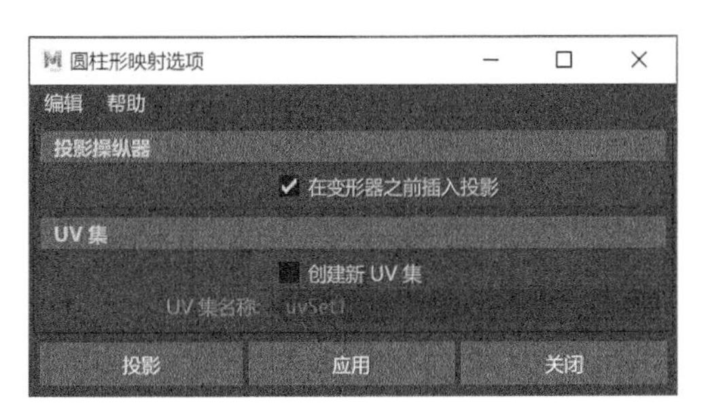

图7-80

常用参数解析

在变形器之前插入投影：勾选该选项，可以在应用变形器前将纹理放置并应用到多边形模型上。

创建新 UV 集：勾选该选项，可以创建新 UV 集并放置由投影在该集中创建的 UV。

7.5.3 球形映射

“球形映射”非常适合应用在接近球体的三维模型上，如图 7-81 所示。单击菜单栏“UV> 球形”命令后的方块按钮，即可打开“球形映射选项”面板，如图 7-82 所示。

常用参数解析

在变形器之前插入投影：勾选该选项，可以在应用变形器前将纹理放置并应用到多边形模型上。

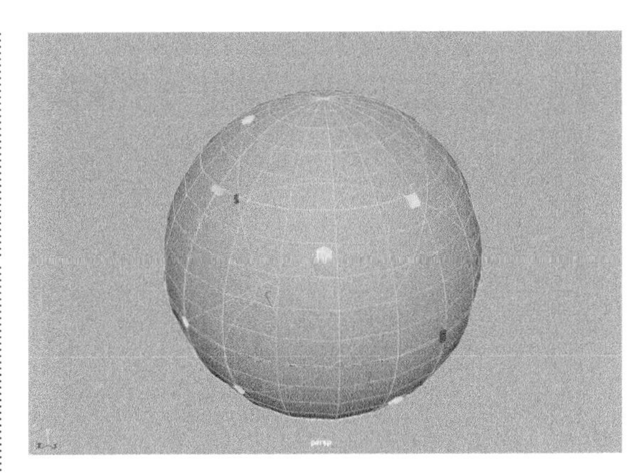

图7-81

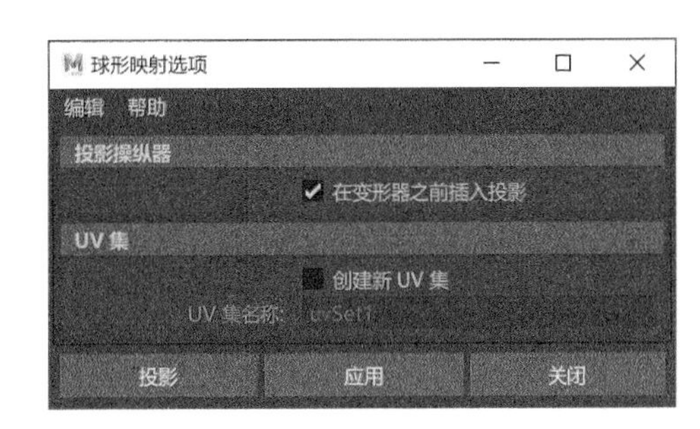

图7-82

创建新 UV 集：勾选该选项，可以创建新 UV 集并放置由投影在该集中创建的 UV。

7.5.4 自动投影

“自动映射”非常适合应用在较为规则的三维模型上，如图 7-83 所示。单击菜单栏“UV> 自动”命令后的方块按钮，即可打开“多边形自动映射选项”面板，如图 7-84 所示。

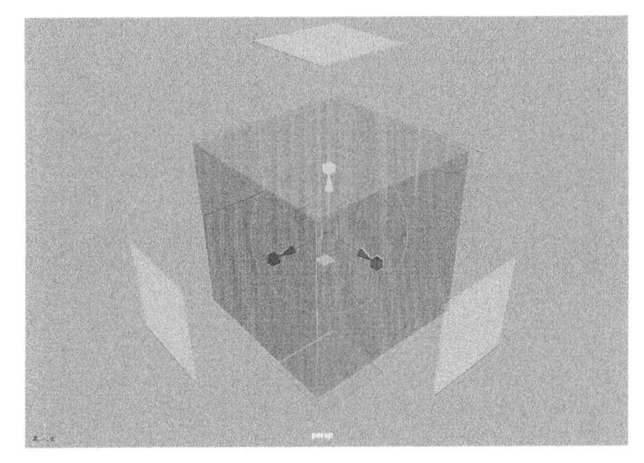

图7-83

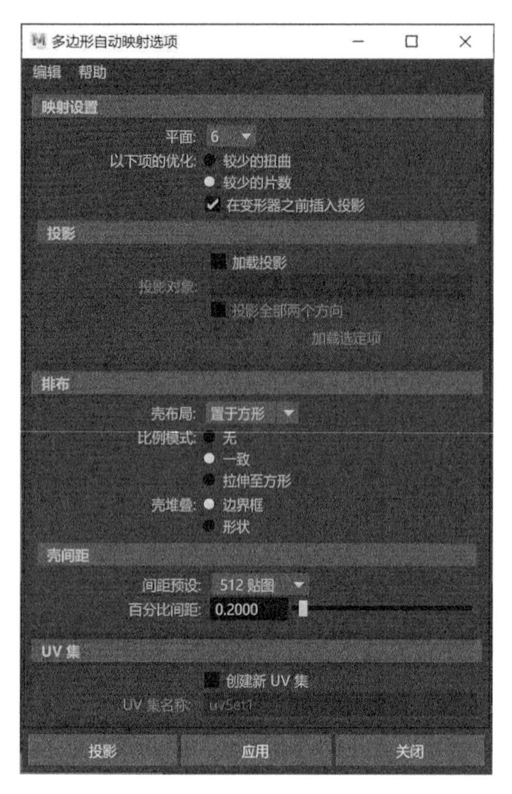

图7-84

常用参数解析

♦ “映射设置”卷展栏

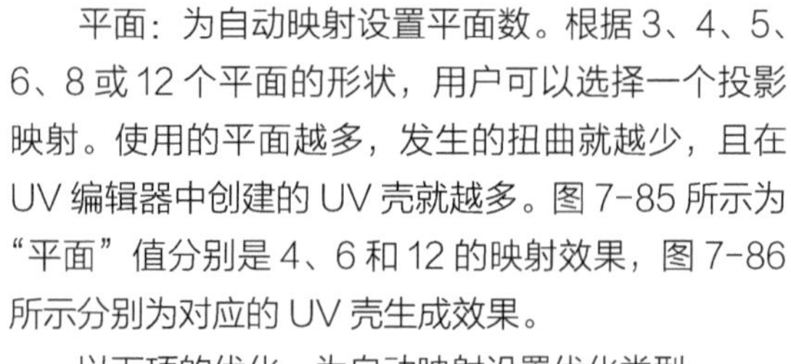

平面：为自动映射设置平面数。根据 3、4、5、6、8 或 12 个平面的形状，用户可以选择一个投影映射。使用的平面越多，发生的扭曲就越少，且在 UV 编辑器中创建的 UV 壳就越多。图 7-85 所示为“平面”值分别是 4、6 和 12 的映射效果，图 7-86 所示分别为对应的 UV 壳生成效果。

以下项的优化：为自动映射设置优化类型。

较少的扭曲：均衡投影所有平面。该方法可以为任何面提供最佳投影，但结束时可能会创建更多的壳。如果用户有对称模型并且需要投影的壳是对称的，此方法尤其有用。

较少的片数：投影每个平面，直到投影遇到不理想的投影角度为止。这可能会导致壳增大，而壳的数量减少。

在变形器之前插入投影：勾选该选项，可以在应用变形器前将纹理放置并应用到多边形模型上。

♦ “投影”卷展栏

加载投影：允许用户指定一个自定义多边形对象作为用于自动映射的投影对象。

投影对象：标识当前在场景中加载的投影对象，通过在该属性后输入投影对象的名称指定投影对象。另外，当选中场景中所需的对象并单击“加载选定项”按钮时，投影对象的名称将显示在该属性中。

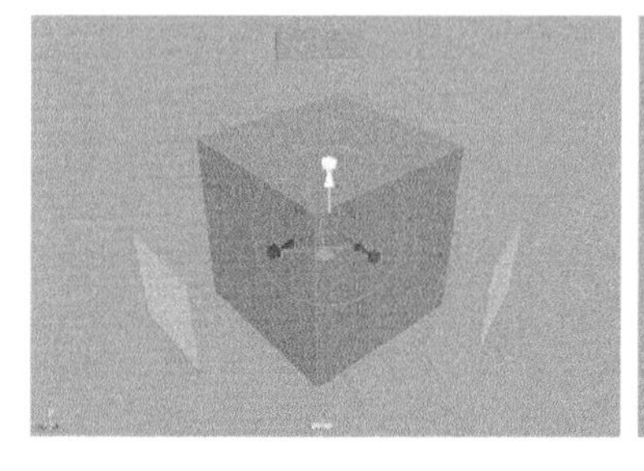
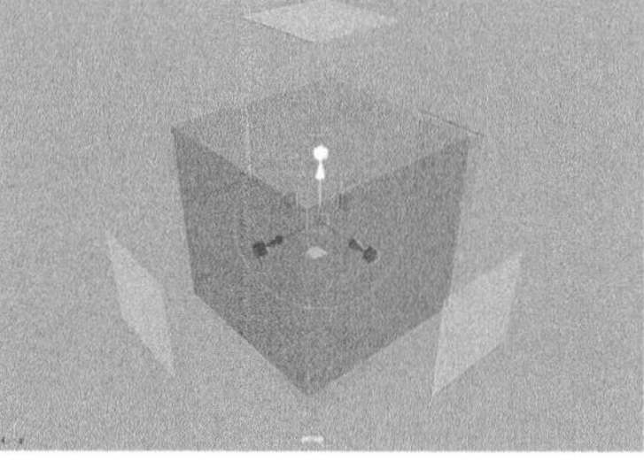
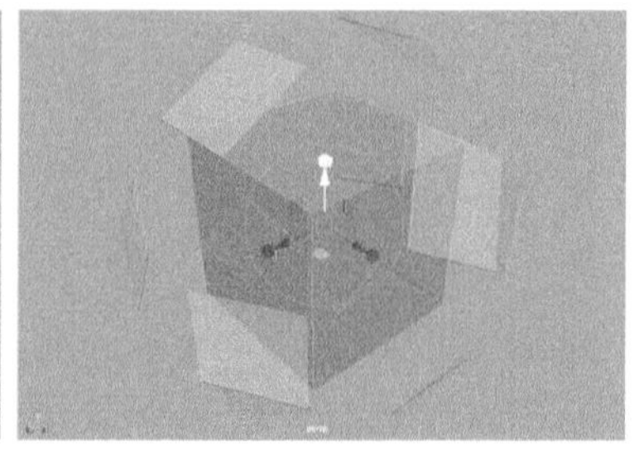

图7-85

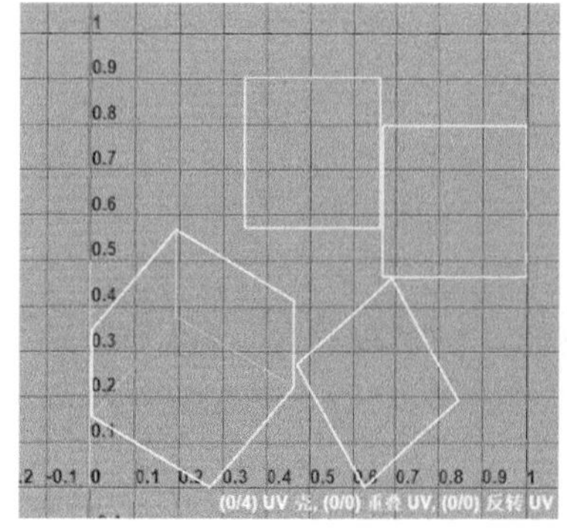

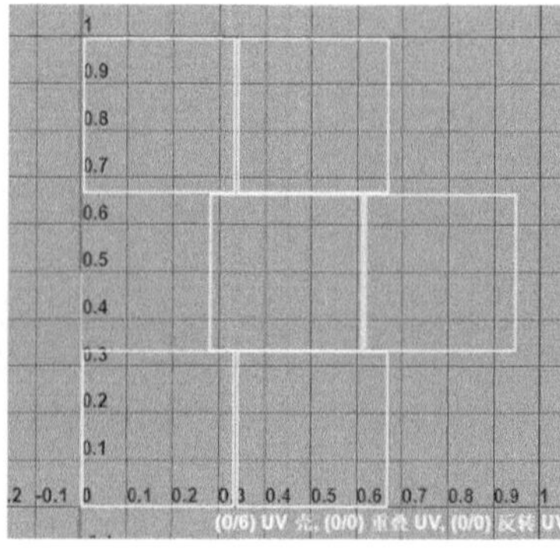

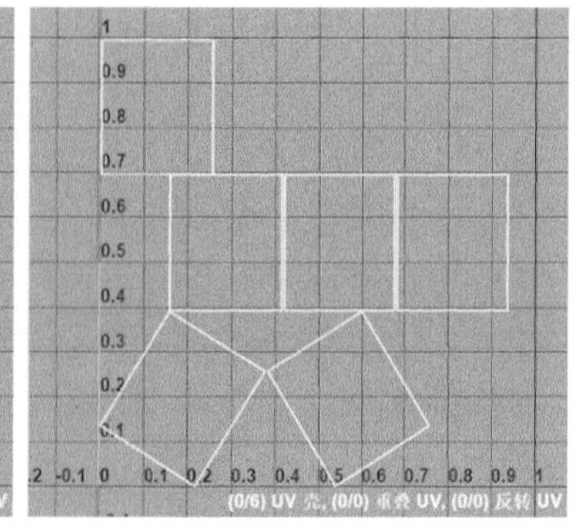

图7-86

投影全部两个方向：当“投影全部两个方向”禁用时，加载投影会将 UV 投影到多边形对象上，该对象的法线指向与加载投影对象的投影平面大致相同的方向。

加载选定项：加载当前在场景中选定的多边形面作为指定的投影对象。

♦ “排布”卷展栏

壳布局：设置排布的 UV 壳在 UV 纹理空间中的位置。不同的“壳布局”方式可以导致 Maya 在 UV 编辑器中生成不同的贴图拆分形态，如图 7-87 所示。

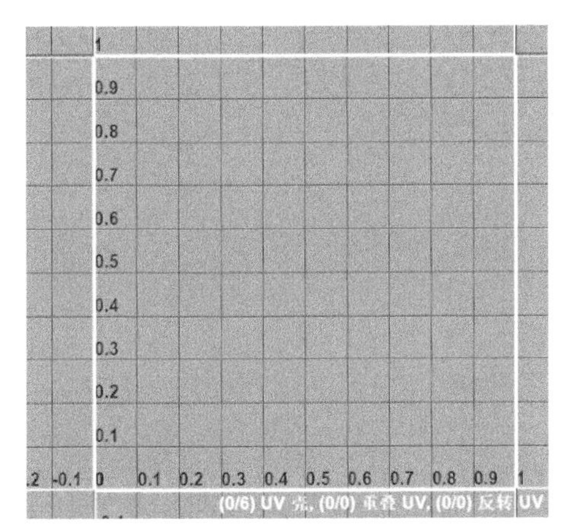

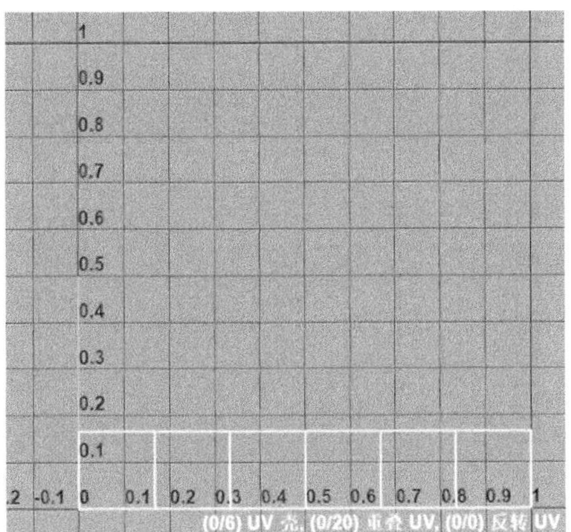

图7-87

比例模式：设置 UV 壳在 UV 纹理空间中的缩放方式。

壳堆叠：确定 UV 壳在 UV 编辑器中排布时相互堆叠的方式。

♦ “壳间距”卷展栏

间距预设：设置壳的边界距离。

百分比间距：按照贴图大小的百分比输入来控制边界框之间的间距大小。

♦ “UV 集”卷展栏

创建新 UV 集：勾选该选项，可创建新的 UV 集，并在该集中放置新创建的 UV。

UV 集名称：输入 UV 集的名称。

7.6 技术实例

7.6.1 实例：制作玻璃材质

本实例主要讲解如何使用“标准曲面材质”来制作玻璃材质，最终渲染效果如图 7-88 所示。

图7-88

（1）打开本书配套资源“玻璃材质场景 .mb”文件，本实例为一个简单的室内模型，里面主要包含一组玻璃瓶模型以及简单的配景模型，并且已经设置好了灯光及摄影机，如图 7-89 所示。

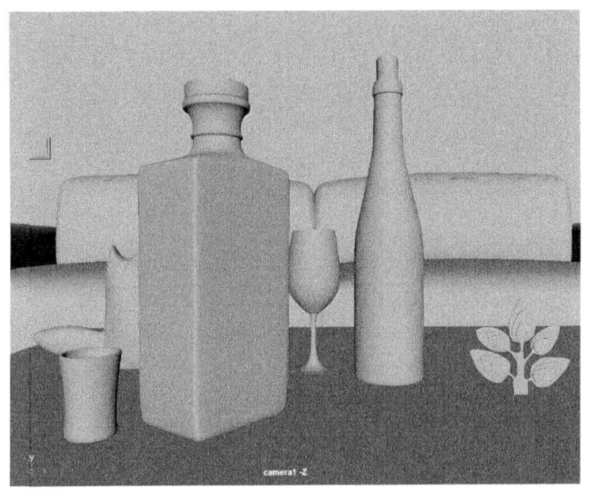

图7-89

（2）选择场景中的瓶子和酒杯模型，如图7-90所示。

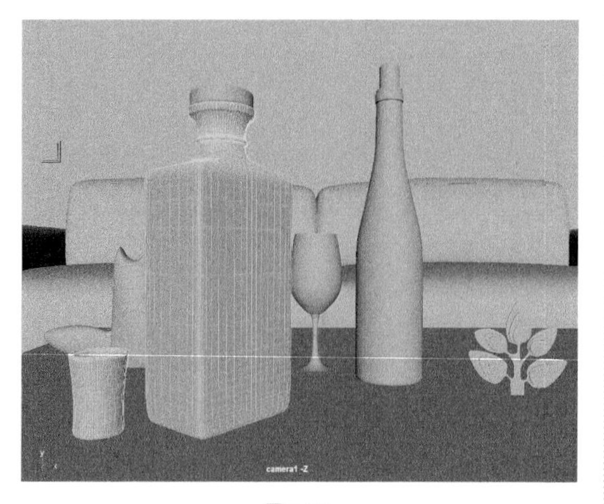

图7-90

（3）单击“渲染”工具架中的“标准曲面材质”按钮，如图7-91所示，为选择的模型指定标准曲面材质。

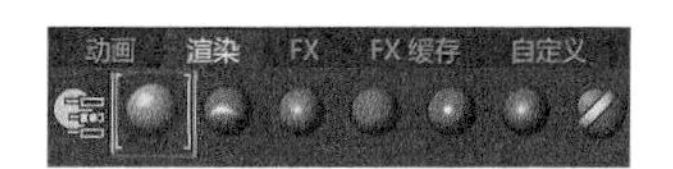

图7-91

（4）在“属性编辑器”面板中展开“镜面反射”卷展栏，设置“权重”值为1，“粗糙度”值为0.05，增强材质的镜面反射效果，如图7-92所示。

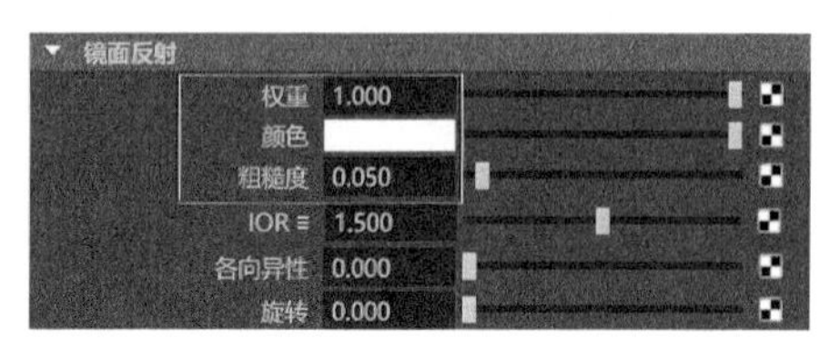

图7-92

（5）展开“透射”卷展栏，设置“权重”值为1，提高材质的透明度，如图7-93所示。

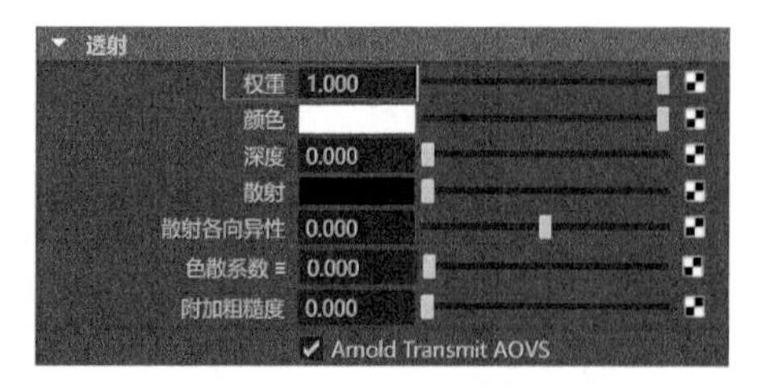

图7-93

（6）调整完成后，玻璃材质在“材质查看器”中的显示结果如图7-94所示。

（7）选择场景中的另一个瓶子和酒杯模型，并为其指定一个新的标准曲面材质，如图7-95所示。

图7-94

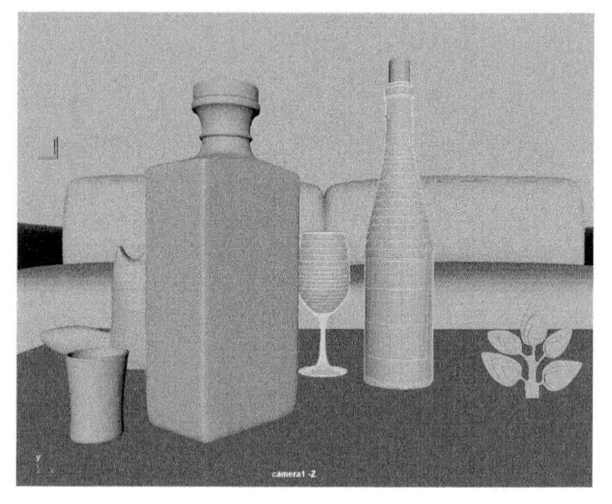

图7-95

（8）在“属性编辑器”面板中展开“镜面反射”卷展栏，设置“权重”值为1，“粗糙度”值为0.05，增强材质的镜面反射效果，如图7-96所示。

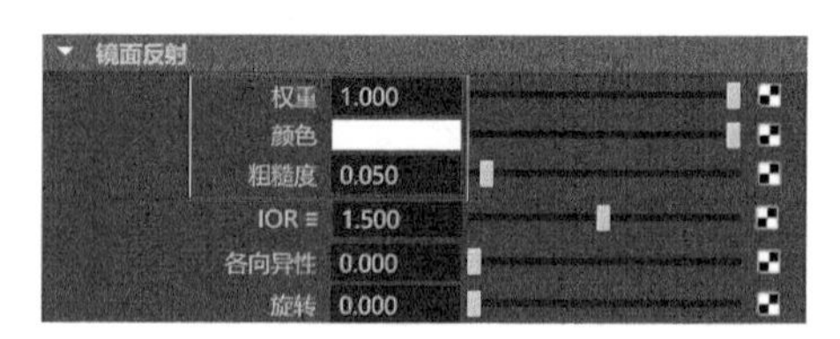

图7-96

（9）展开“透射”卷展栏，设置“权重”值为1，“颜色”为浅蓝色，如图7-97所示。“颜色”的具体设置读者可以参考图7-98所示的参数值。

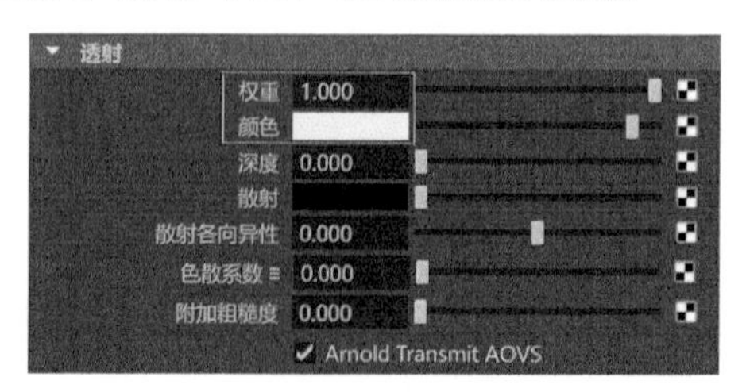

图7-97

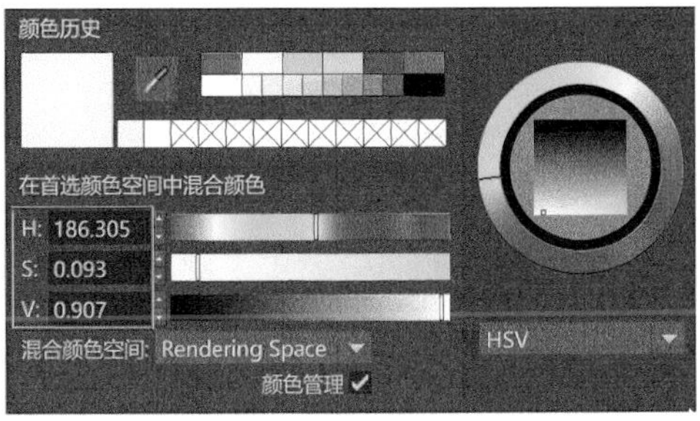

图7-98

（10）调整完成后，该玻璃材质在“材质查看器”中的显示结果如图 7-99 所示。

图7-99

（11）渲染场景，本实例的玻璃材质最终渲染结果如图 7-100 所示。

图7-100

7.6.2 实例：制作金属材质

本实例主要讲解如何使用标准曲面材质来制作金属材质，最终渲染效果如图 7-101 所示。

图7-101

（1）打开本书配套资源“金属材质场景 .mb”文件，本实例为一个简单的室内模型，里面主要包含水壶模型、杯子模型以及简单的配景模型，并且已经设置好了灯光及摄影机，如图 7-102 所示。

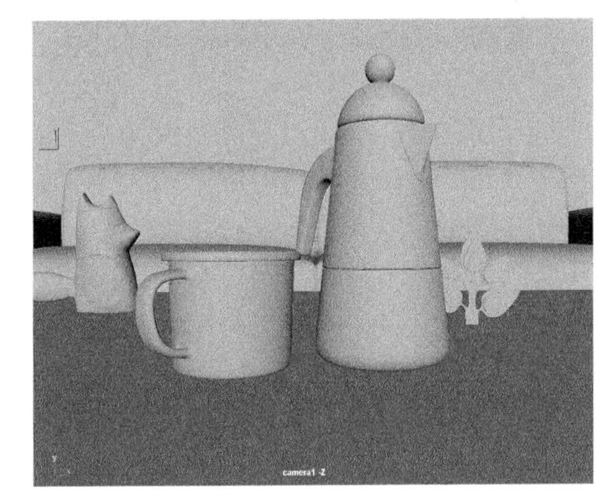

图7-102

（2）选择场景中的水壶模型，如图 7-103 所示。在“渲染”工具架中单击“标准曲面材质”按钮，为选择的对象指定标准曲面材质。

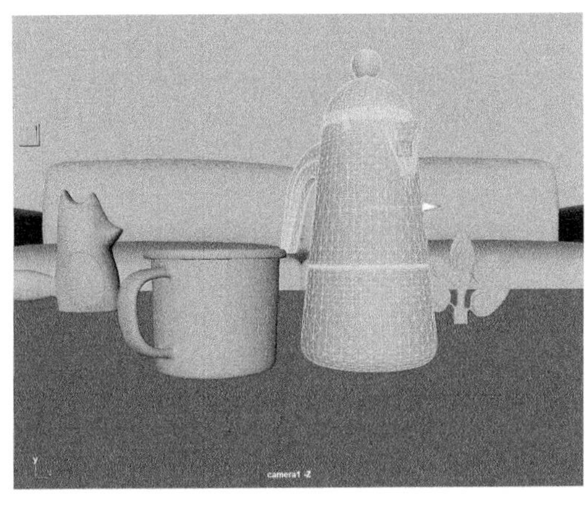

图7-103

（3）在“属性编辑器”面板中展开“基础”卷展栏，调整材质的“颜色”为黄色，如图7-104所示。

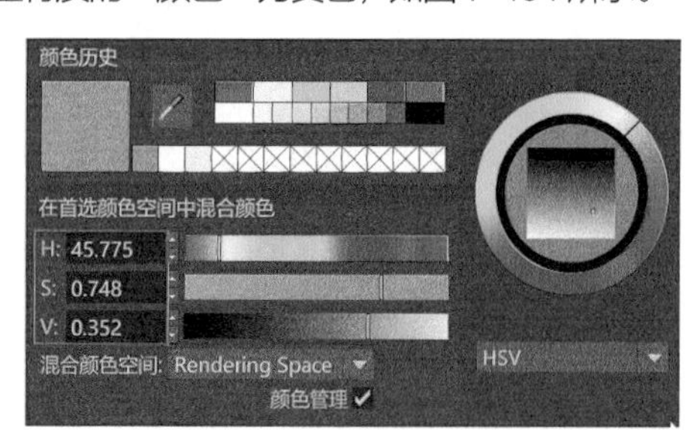

图7-104

（4）设置“金属度”值为1，即可使当前材质具备明显的金属特征，如图7-105所示。

图7-105

（5）展开“镜面反射”卷展栏，设置“权重”值为1，提高材质的高光亮度；设置“粗糙度”值为0.1，增强金属材质的镜面反射效果，如图7-106所示。

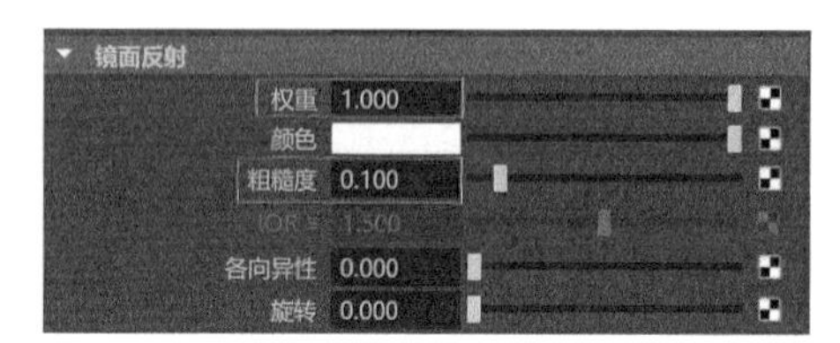

图7-106

（6）调整完成后，金属水壶材质在“材质查看器”中的显示结果如图7-107所示。

图7-107

（7）选择场景中的水杯模型，如图7-108所示。在“渲染”工具架中单击“标准曲面材质”按钮，为选择的对象指定标准曲面材质。

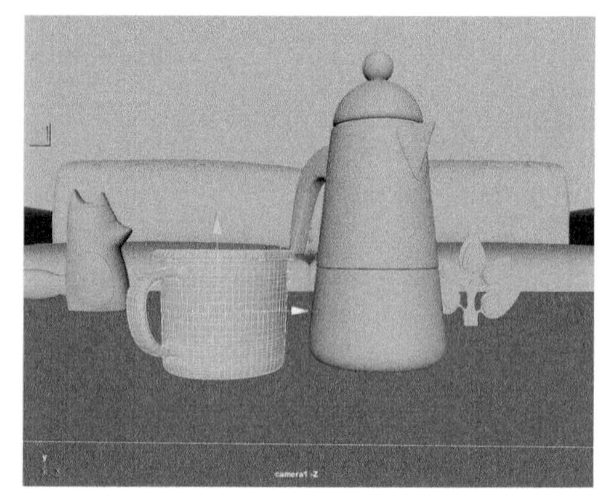

图7-108

（8）展开“基础”卷展栏，设置“金属度”值为1，如图7-109所示。

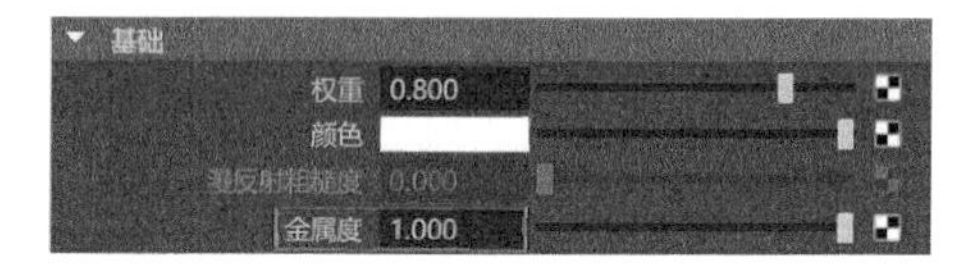

图7-109

（9）展开“镜面反射”卷展栏，设置“权重”值为1，提高材质的高光亮度；设置“粗糙度”的值为默认的0.4，这样金属材质的镜面反射效果较弱，制作出来的金属材质具有明显的亚光效果，如图7-110所示。

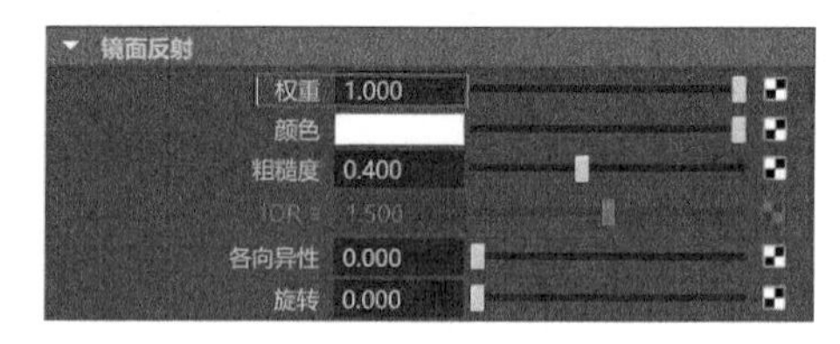

图7-110

（10）调整完成后，金属水杯材质在“材质查看器”中的显示结果如图7-111所示。

图7-111

（11）渲染场景，本实例中水杯和水壶的金属材质最终渲染结果如图 7-112 所示。

图7-112

7.6.3　实例：制作陶瓷材质

本实例主要讲解如何使用标准曲面材质来制作陶瓷材质，最终渲染效果如图 7-113 所示。

图7-113

（1）打开本书配套资源“陶瓷材质场景 .mb”文件，本实例为一个简单的室内模型，里面主要包含茶壶模型、茶杯模型、盘子模型以及简单的配景模型，并且已经设置好了灯光及摄影机，如图 7-114 所示。

（2）选择场景中的茶壶模型、茶杯模型和盘子模型，如图 7-115 所示。在“渲染”工具架中单击“标准曲面材质”按钮，为选择的对象指定标准曲面材质。

图7-114

图7-115

（3）在“属性编辑器”面板中，展开“基础”卷展栏，设置“颜色”为蓝色，如图 7-116 所示。

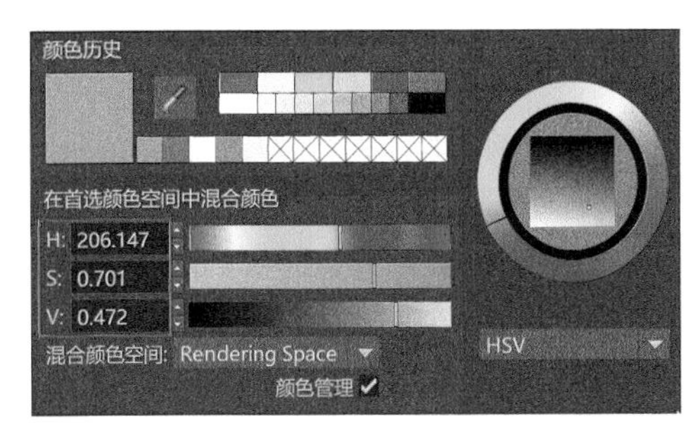

图7-116

（4）展开“镜面反射”卷展栏，设置“权重”值为 1，提高材质的高光亮度；设置“粗糙度”值为 0.1，提高陶瓷材质的镜面反射强度，如图 7-117 所示。

（5）调整完成后，陶瓷材质在“材质查看器”中的显示结果如图 7-118 所示。

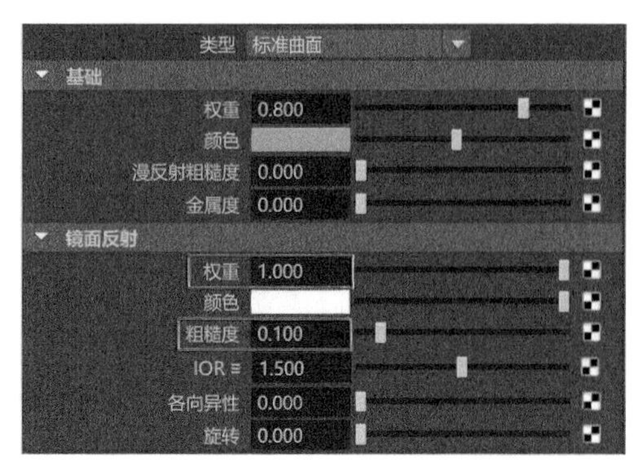

图7-117

图7-118

（6）渲染场景，本实例中陶瓷材质的最终渲染结果如图 7-119 所示。

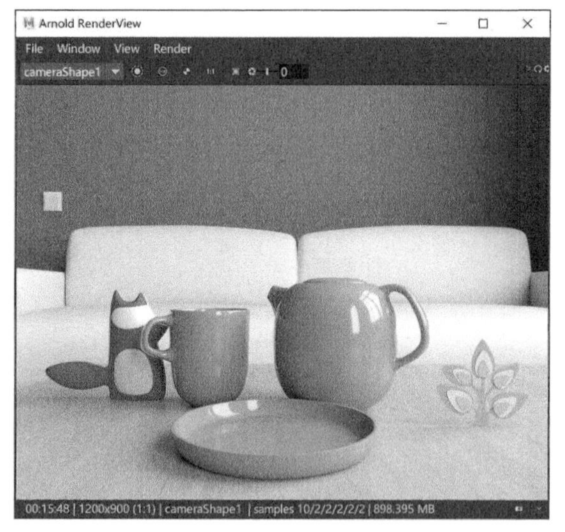

图7-119

7.6.4 实例：制作果汁材质

本实例主要讲解如何使用标准曲面材质来制作果汁材质，最终渲染效果如图 7-120 所示。

图7-120

（1）打开本书配套资源“果汁材质场景 .mb”文件，本实例为一个简单的室内模型，里面主要包含了一组盛放了果汁的器皿模型以及简单的配景模型，并且已经设置好了灯光及摄影机，如图 7-121 所示。

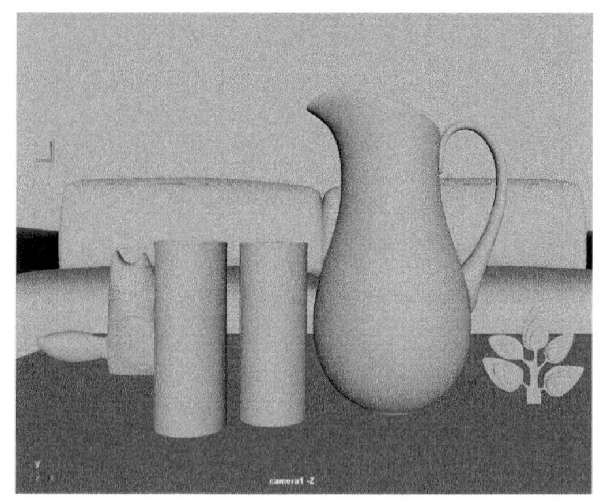

图7-121

（2）选择场景中的果汁模型，如图 7-122 所示。在“渲染”工具架中单击“标准曲面材质”按钮，为选择的对象指定标准曲面材质。

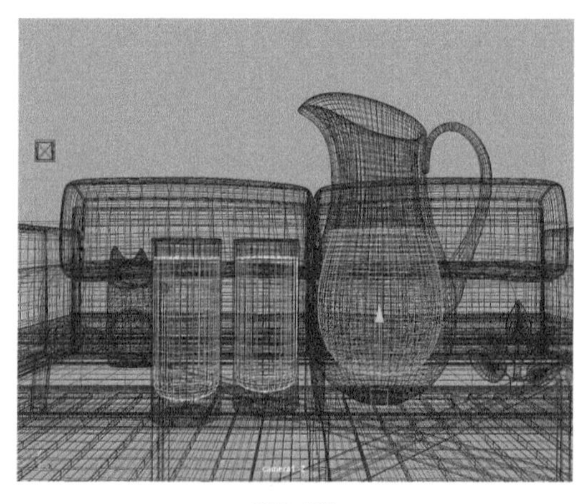

图7-122

（3）在“属性编辑器”面板中，展开“基础”卷展栏，设置“颜色”为橙色，如图7-123所示。其中，“颜色”的设置读者可以参考图7-124所示的参数值。

图7-123

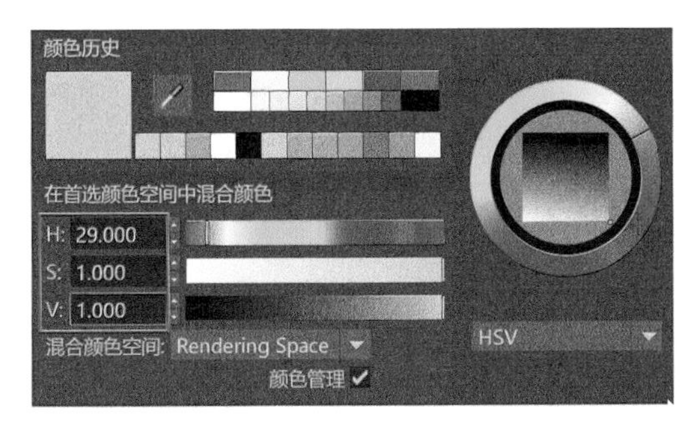

图7-124

（4）展开“镜面反射”卷展栏，设置“权重”值为0.2，“粗糙度”值为0.2，“IOR”值为1.33，如图7-125所示。

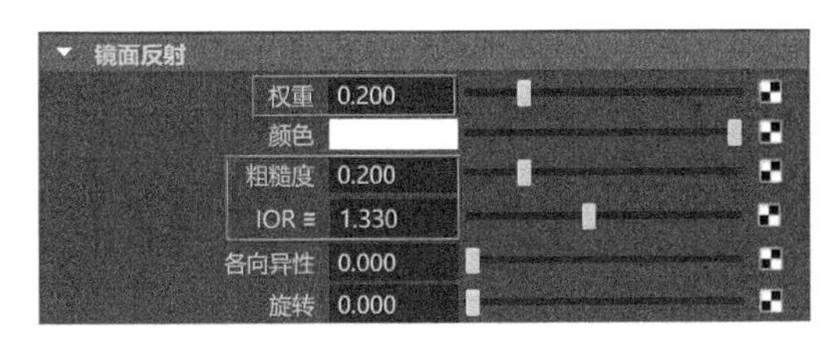

图7-125

（5）展开“透射”卷展栏，设置“权重”值为0.5，“颜色”为橙色，如图7-126所示。其中，“颜色”的设置读者可以参考图7-124所示的参数值。

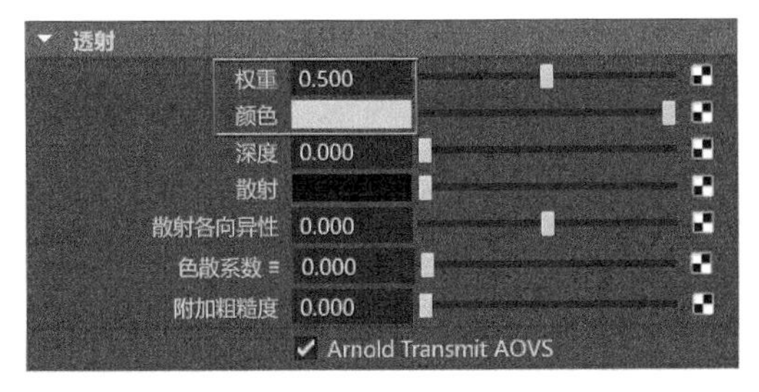

图7-126

（6）展开“次表面”卷展栏，设置“权重”值为1，“颜色”为橙色，“比例”值为1.5，如图7-127所示。其中，“颜色”的设置读者可以参考图7-124所示的参数值。

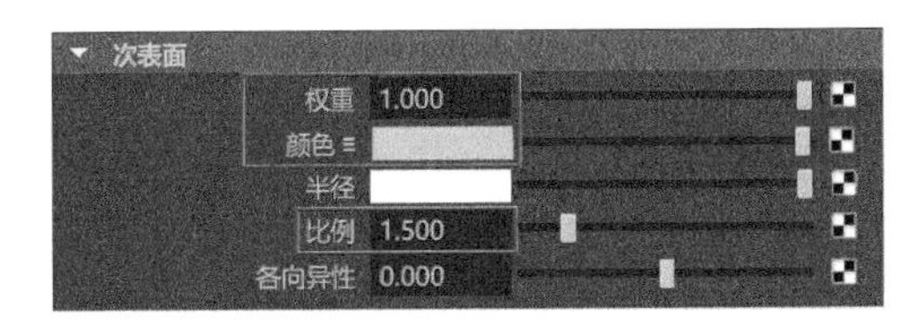

图7-127

（7）设置完成后，果汁材质在“材质查看器”中的显示结果如图7-128所示。

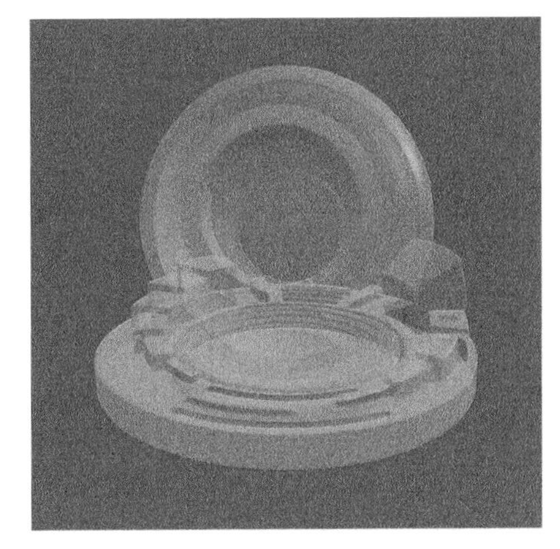

图7-128

（8）渲染场景，本实例中果汁材质的最终渲染结果如图7-129所示。

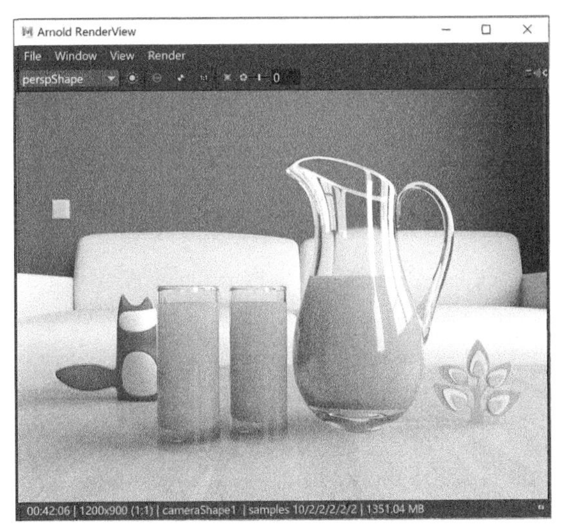

图7-129

7.6.5　实例：制作镂空材质

本实例主要讲解如何使用“标准曲面材质”来制作镂空效果的金属垃圾桶材质，最终渲染效果如图7-130所示。

图7-130

（1）打开本书配套资源“镂空材质场景.mb”文件，本实例为一个简单的室内模型，里面主要包含一个垃圾桶模型以及简单的配景模型，并且已经设置好了灯光及摄影机，如图7-131所示。

图7-131

（2）选择场景中的垃圾桶模型，如图7-132所示。在“渲染”工具架中单击“标准曲面材质”按钮，为选择的对象指定标准曲面材质。

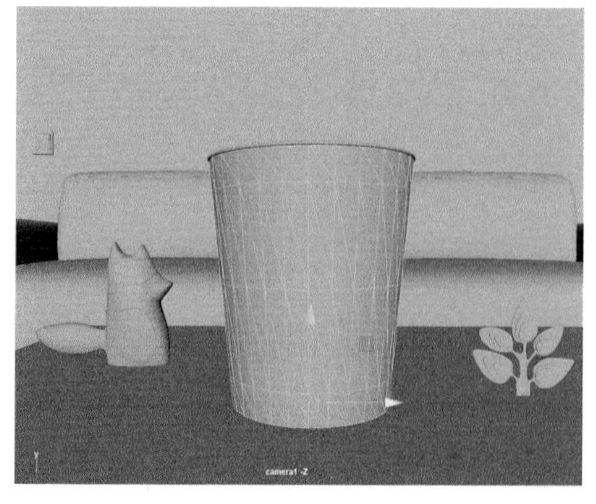

图7-132

（3）在“属性编辑器”面板中展开“基础”卷展栏，设置“颜色”为深灰色，“金属度”值为1，如图7-133所示。其中，颜色的设置读者可以参考图7-134所示的参数值。

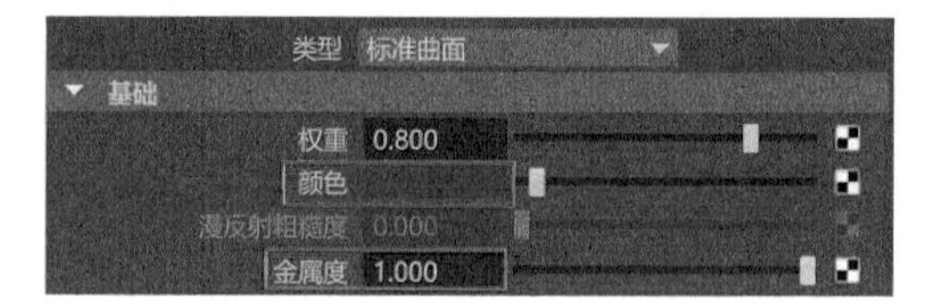

图7-133

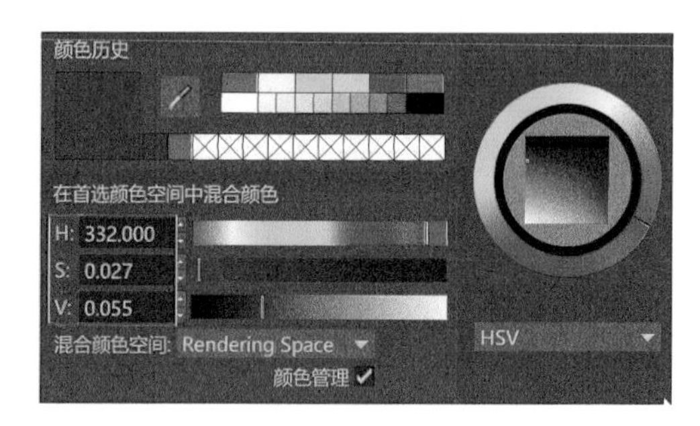

图7-134

（4）展开“镜面反射”卷展栏，设置“权重”值为1，“粗糙度”值为0.2，提高材质的高光亮度和镜面反射强度，如图7-135所示。

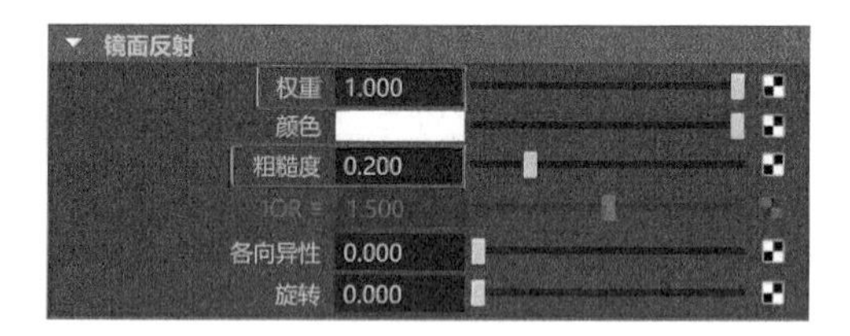

图7-135

（5）展开“几何体”卷展栏，为“不透明度”指定一张“圆点.jpg”贴图文件，制作出垃圾桶的镂空效果，如图7-136所示。

图7-136

（6）在“2D纹理放置属性”卷展栏中，设置“UV向重复”值为（0.5，0.5），如图7-137所示。

（7）设置完成后，镂空材质在“材质查看器”中的显示结果如图7-138所示。

（8）渲染场景，本实例中镂空材质的最终渲染结果如图7-139所示。

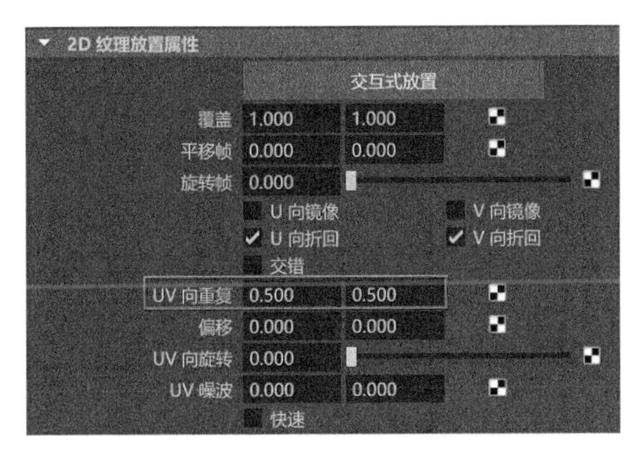

图7-137

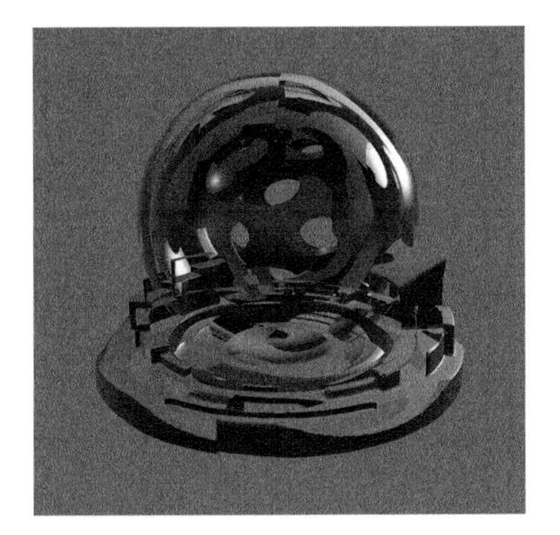

图7-138

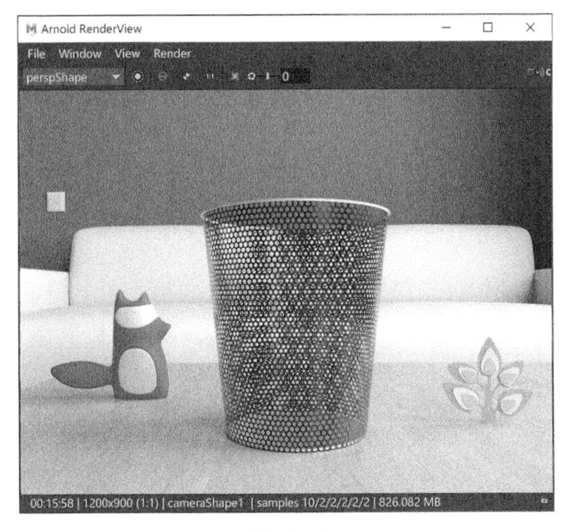

图7-139

7.6.6　实例：制作混合材质

本实例主要讲解如何在 Maya 中将两个不同的材质球混合在一起，混合材质的最终渲染效果如图 7-140 所示。

图7-140

（1）打开本书配套资源“混合材质场景 .mb”文件，本实例为一个简单的室内模型，里面主要包含一个珊瑚形状的摆件模型以及简单的配景模型，并且已经设置好了灯光及摄影机，如图 7-141 所示。

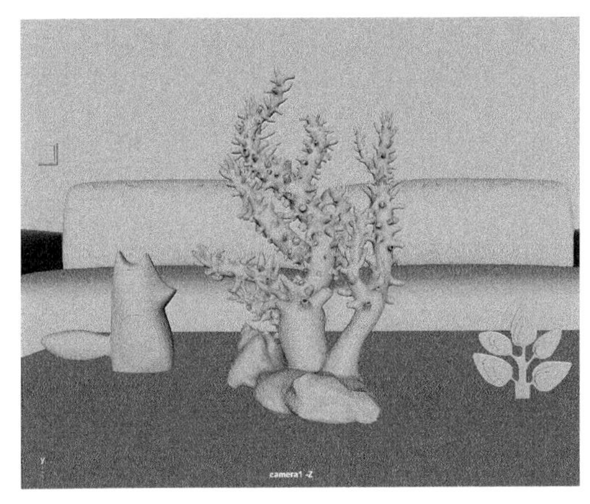

图7-141

（2）选择场景中的珊瑚摆件模型，如图 7-142 所示。按住鼠标右键，在弹出的菜单中执行“指定新材质”命令。

图7-142

（3）在弹出的“指定新材质”面板中选择“aiMixShader”，为模型添加混合着色材质球，如图7-143所示。

图7-143

（4）在“属性编辑器”面板中为混合着色材质的“shader1”和“shader2”这两个属性分别指定标准曲面材质，如图7-144所示。

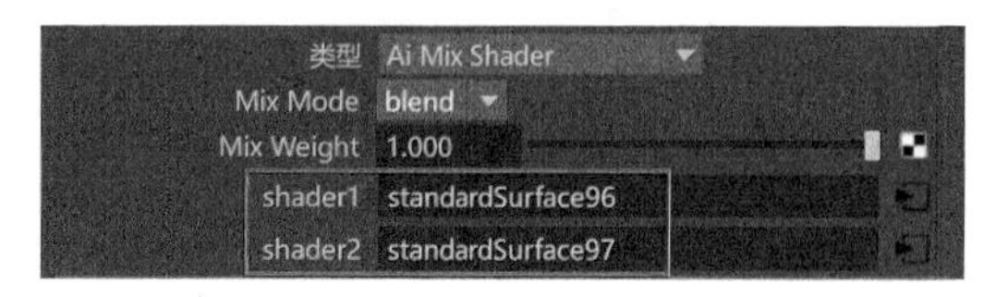

图7-144

（5）设置“shader1”属性中的标准曲面材质球参数值。展开“镜面反射”卷展栏，设置“权重”值为1，“粗糙度”值为0.1，如图7-145所示。

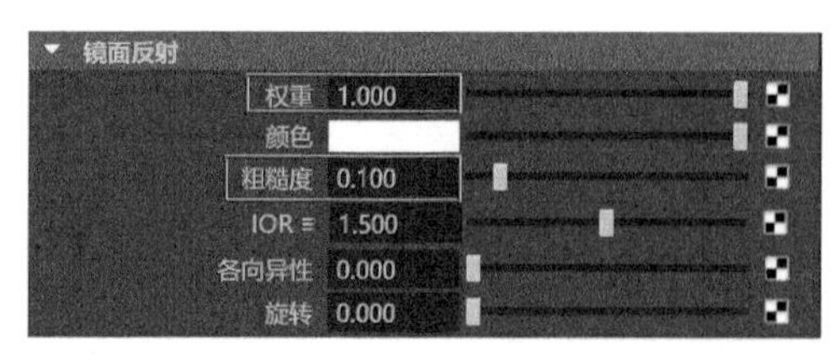

图7-145

（6）展开“透射”卷展栏，设置“权重”值为1，如图7-146所示。

（7）设置“shader2”属性中的标准曲面材质球参数值。展开“基础”卷展栏，设置“颜色”为红色，如图7-147所示，“颜色”的设置读者可以参考图7-148所示的参数值。

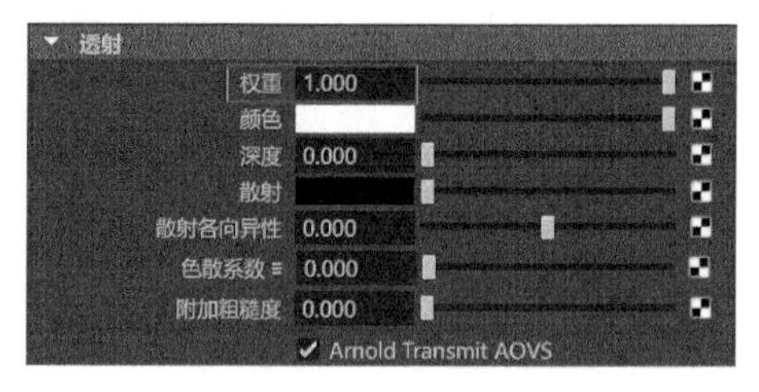

图7-146

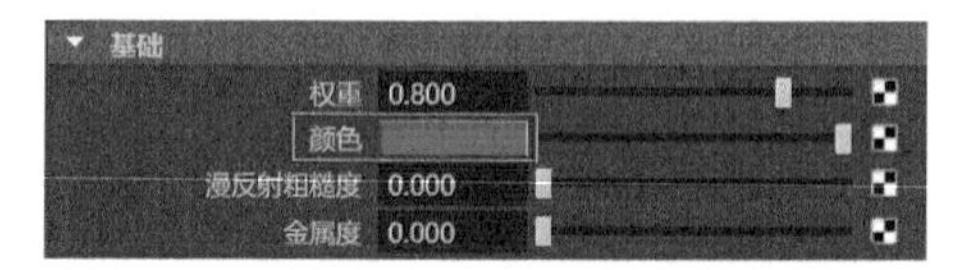

图7-147

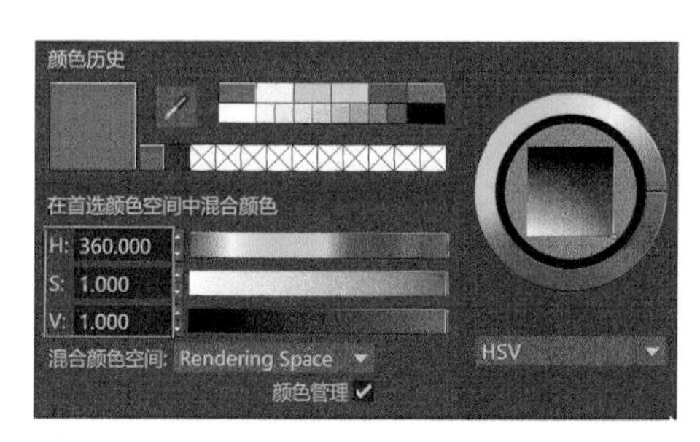

图7-148

（8）展开“镜面反射”卷展栏，设置“权重”值为1，“粗糙度”值为0.1，如图7-149所示。

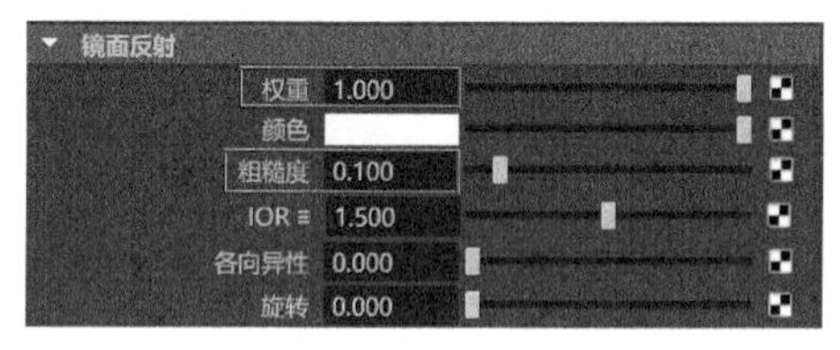

图7-149

（9）现在设置这两种标准曲面材质的混合方式。在“Mix Weight”属性上添加“渐变”渲染节点，如图7-150所示。

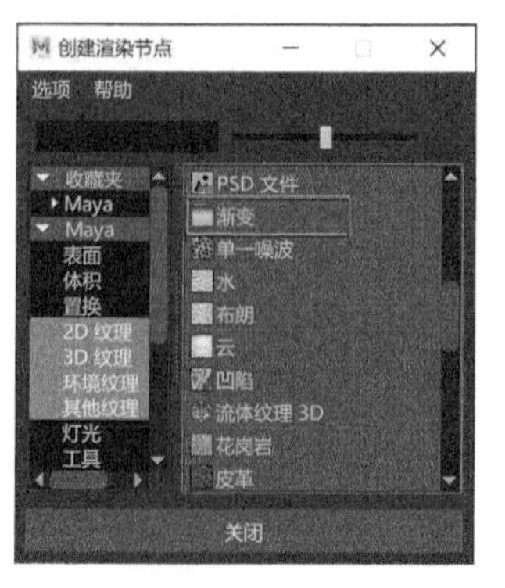

图7-150

（10）展开“渐变属性”卷展栏，设置“类型”为“V Ramp”，“插值”为“Exponential Down”，并调整渐变的色彩，如图7-151所示。

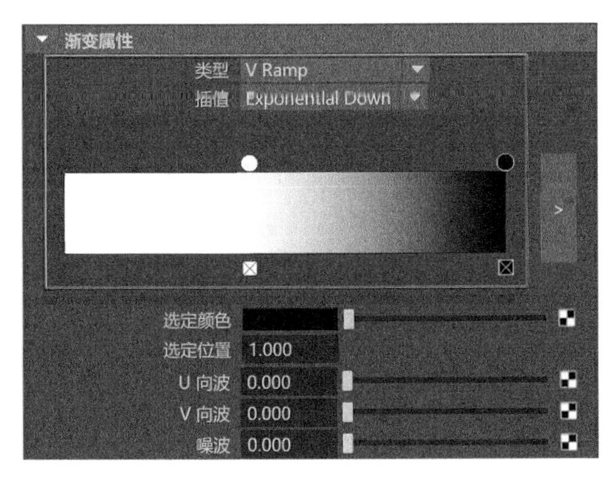

图7-151

（11）我们还需要为珊瑚摆件模型设置UV贴图坐标，以匹配刚刚设置好的“渐变”渲染节点。选择珊瑚摆件模型，单击“多边形建模”工具架中的“平面”按钮，如图7-152所示，即可为所选择的模型添加平面形状的UV贴图坐标，如图7-153所示。

图7-152

图7-153

（12）设置完成后，混合材质在材质查看器中的显示结果如图7-154所示。

（13）渲染场景，本实例中混合材质的最终渲染结果如图7-155所示。

图7-154

图7-155

7.6.7 实例：制作摆台材质

本实例主要讲解如何在Maya中为一个模型的不同部分分别指定不同的材质，摆台材质的最终渲染效果如图7-156所示。

图7-156

（1）打开本书配套资源“摆台材质场景.mb”文件，本实例为一个简单的室内模型，里面主要包含一个相框摆台模型以及简单的配景模型，并且已经设置好了灯光及摄影机，如图7-157所示。

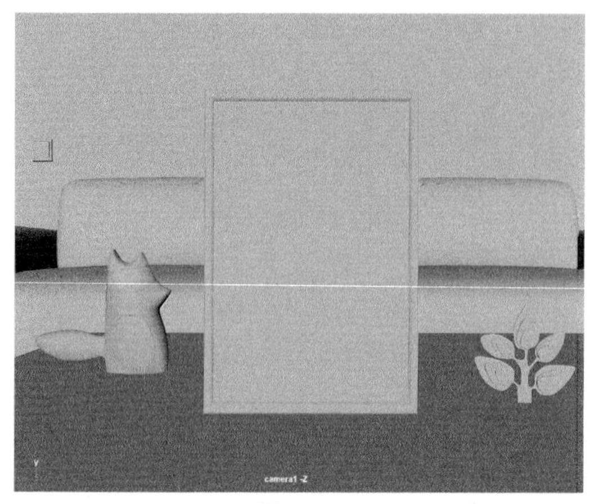

图7-157

（2）选择场景中的摆台模型，如图7-158所示。在“渲染”工具架中单击“标准曲面材质”按钮，为选择的对象指定标准曲面材质。

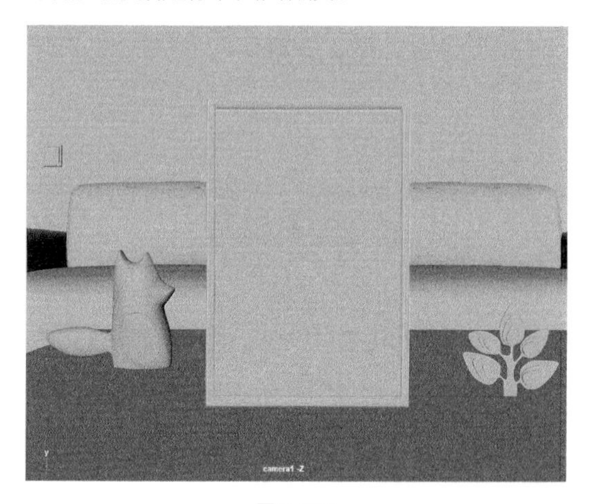

图7-158

（3）制作摆台相框的材质。在“属性编辑器”面板中展开“基础”卷展栏，设置“颜色”为深灰色，如图7-159所示。

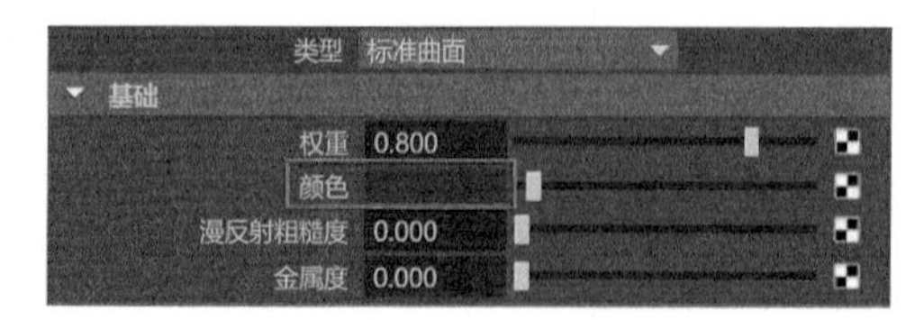

图7-159

（4）展开“镜面反射”卷展栏，设置“权重”值为1，增强摆台相框材质的高光效果，如图7-160所示。

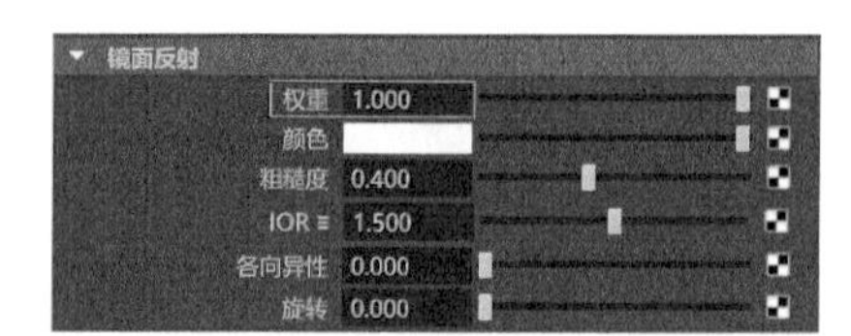

图7-160

（5）制作完成的摆台相框材质球如图7-161所示。

图7-161

（6）制作相框内的相片材质。按住鼠标右键，在弹出的菜单中执行“面”命令，如图7-162所示，然后选择图7-163所示的面。

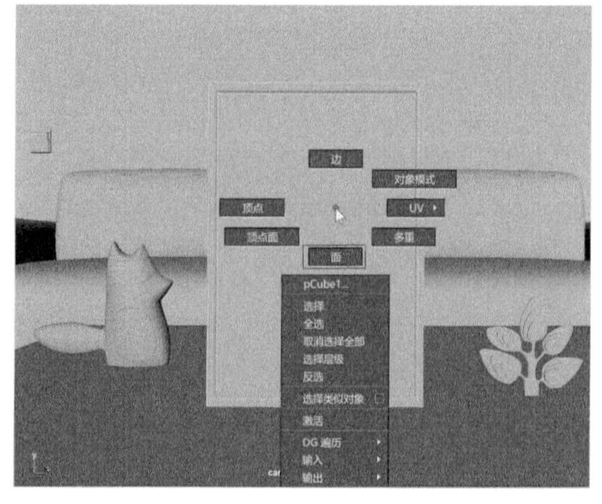

图7-162

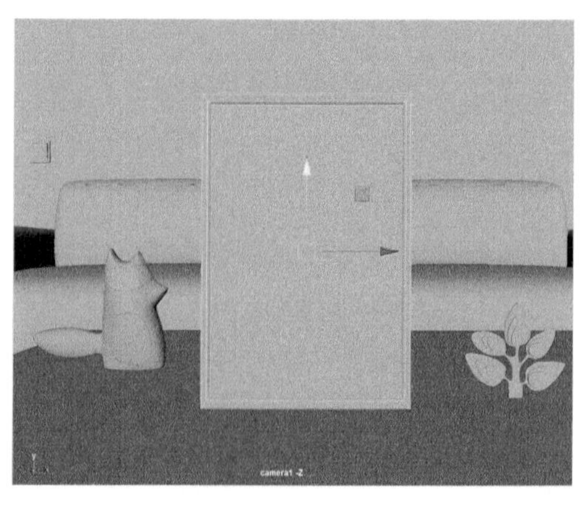

图7-163

（7）再次单击“渲染”工具架中的“标准曲面材质”按钮。展开“基础”卷展栏，为“颜色”添加一张“照片.jpg”贴图文件，如图7-164所示。

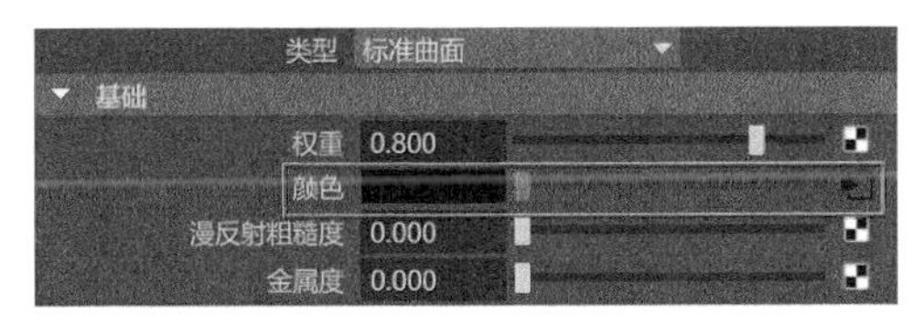

图7-164

（8）在“透视视图”中观察模型默认的贴图效果，如图7-165所示。接下来，我们需要给模型添加UV纹理坐标来控制贴图的方向和位置。

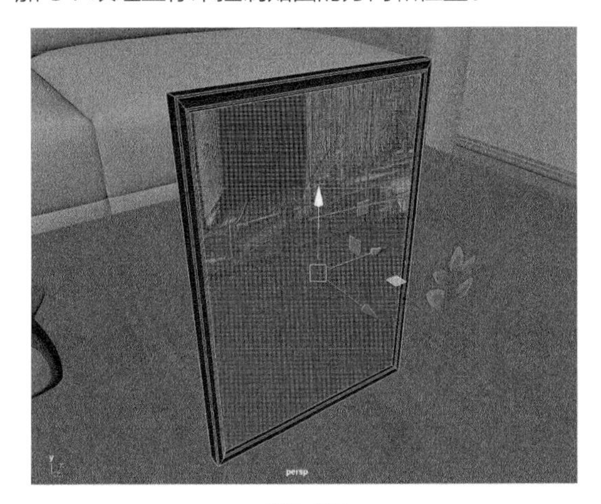

图7-165

（9）单击“多边形建模”工具架中的“平面”按钮，如图7-166所示，为所选择的面添加平面形状的UV纹理坐标，如图7-167所示。

图7-166

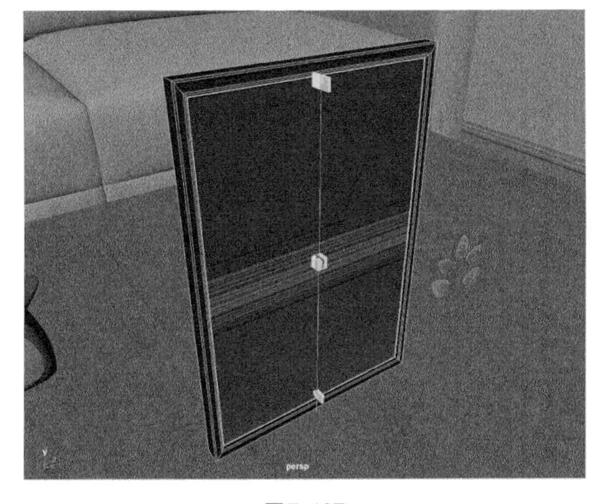

图7-167

（10）在“属性编辑器”面板中展开“投影属性”卷展栏，设置“投影宽度”值为22，“旋转”值为（0，0，-90），如图7-168所示。

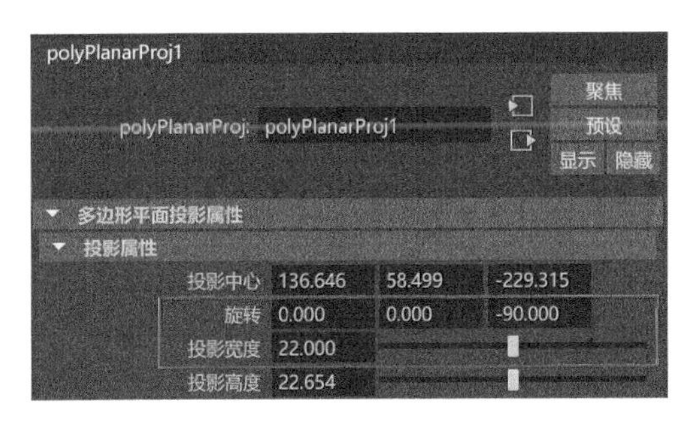

图7-168

（11）设置完成后，在“透视视图”中，相片的贴图效果如图7-169所示。

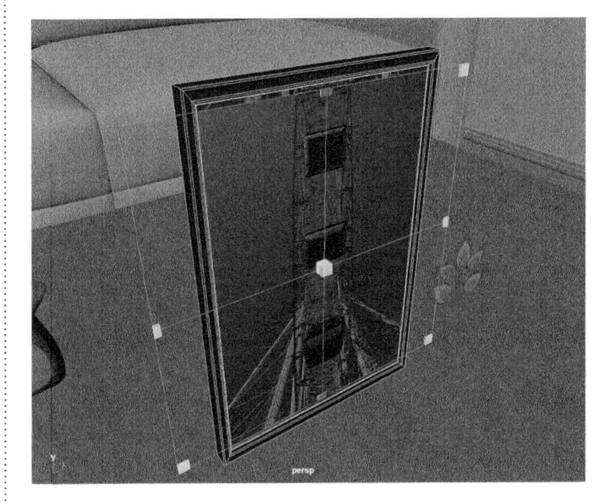

图7-169

（12）调整UV的边框大小，如图7-170所示，完成相片模型UV纹理坐标的设置。

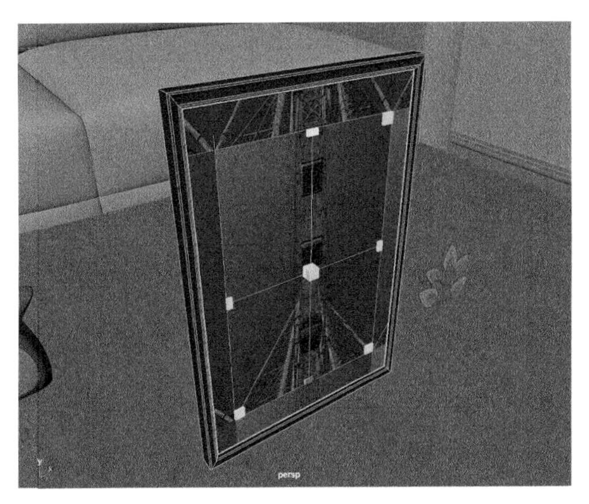

图7-170

（13）展开“2D 纹理放置属性”卷展栏，取消勾选“U 向折回”和“V 向折回”选项，如图 7-171 所示。

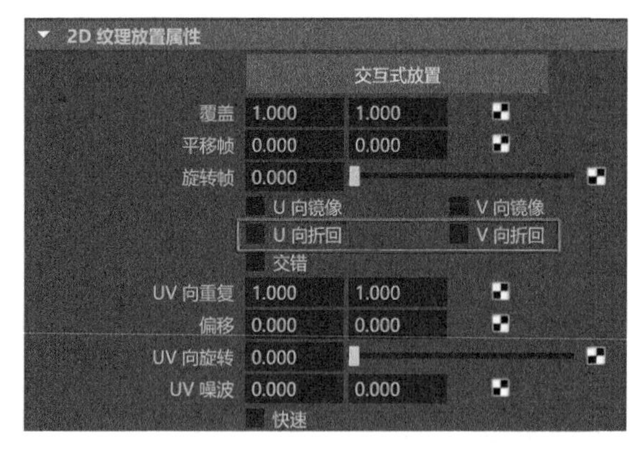

图7-171

（14）展开“颜色平衡”卷展栏，设置“默认颜色”为白色，这样相片背景的边框颜色将会更改为白色，如图 7-172 所示。

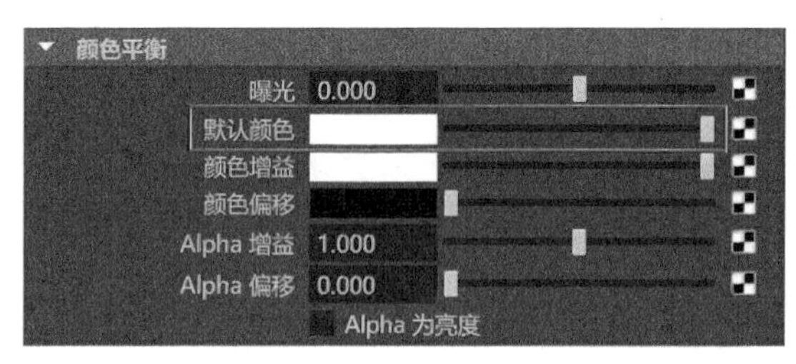

图7-172

（15）设置完成后，相片的贴图效果如图 7-173 所示。

图7-173

（16）展开“镜面反射”卷展栏，设置“权重”值为 1，“粗糙度”值为 0.05，增强相片的镜面反射效果，如图 7-174 所示。

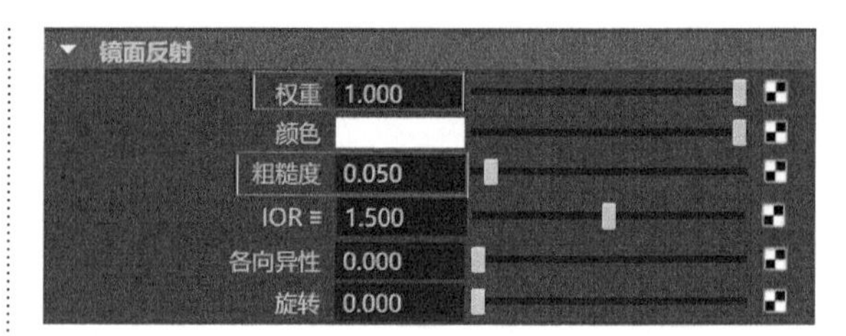

图7-174

（17）制作好的相片材质在材质查看器中的显示结果如图 7-175 所示。

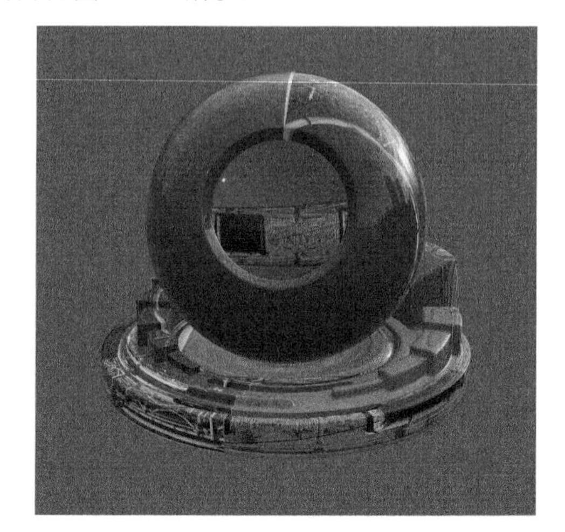

图7-175

（18）渲染场景，本实例的最终渲染结果如图 7-176 所示。

图7-176

7.6.8 实例：制作线框材质

本实例主要讲解如何在 Maya 中制作线框材质，

线框材质的最终渲染效果如图 7-177 所示。

图7-177

（1）启动 Maya，打开本书配套资源“线框材质场景 .mb”文件，本实例为一个简单的室内模型，里面主要包含一组图书模型以及简单的配景模型，并且已经设置好了灯光及摄影机，如图 7-178 所示。

图7-178

（2）选择场景中的图书模型，如图 7-179 所示。在“渲染”工具架中单击“标准曲面材质”按钮，为选择的对象指定标准曲面材质。

（3）在“属性编辑器”面板中展开“基础”卷展栏，单击“颜色”后面的“纹理贴图”按钮，在弹出的“创建渲染节点”面板中选择“aiWireframe”渲染节点，如图 7-180 所示。

（4）在“Wireframe Attributes”卷展栏中设置“Edge Type”为“polygons”，“Fill Color”为灰白色，“Line Color”为深灰色，如图 7-181 所示。

图7-179

图7-180

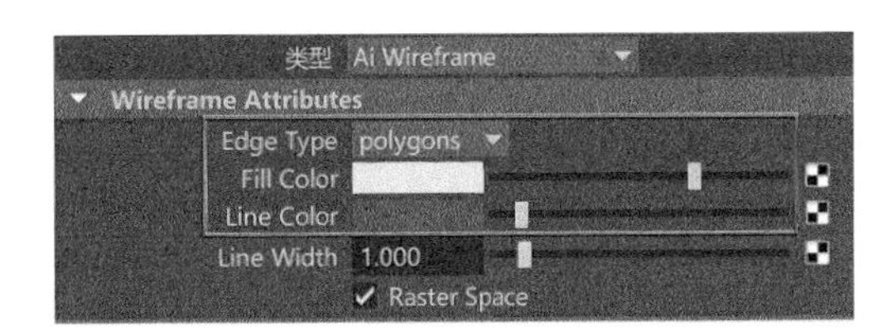

图7-181

（5）在“镜面反射”卷展栏中设置“权重”值为 0，删除材质的高光效果，如图 7-182 所示。

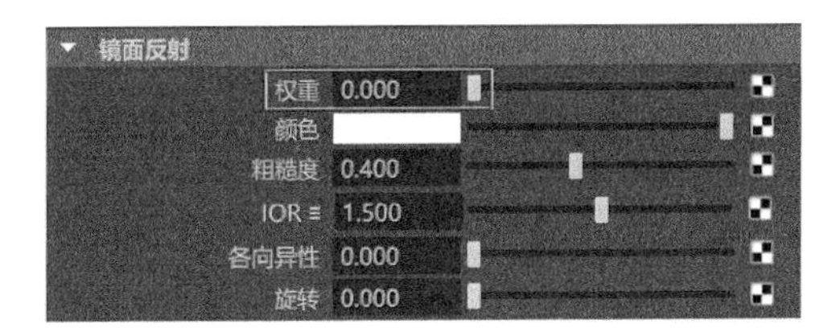

图7-182

（6）制作好的线框材质在材质查看器中的显示结果如图 7-183 所示。

图7-183

（7）渲染场景，本实例中线框材质的最终渲染结果如图 7-184 所示。

图7-184

渲染与输出

扫码在线观看
案例讲解视频

8.1 渲染概述

我们在 Maya 中制作出来的场景模型无论多么细致，都离不开材质和灯光的辅助；我们在视图中所看到的画面无论显示得多么精美，也比不了执行了渲染命令后所计算得到的图像结果。可以说没有渲染，我们永远也无法将最优秀的作品展示给观众。那什么是“渲染”呢？狭义来讲，渲染通常指我们在 Maya 中的“渲染面板”中进行的参数设置。广义来讲，渲染则包括对模型的材质制作、灯光设置、摄影机摆放等一系列的工作流程。这个过程与拍照很相似，我们拿起手机就可以随时对自己进行拍照，但要想拍出一定的水准，那还得去专业的摄影店里先化妆，再到精心布置好灯光的场景中经由专业摄影机找好角度再进行拍摄。

此外，从 Maya 的“渲染”工具架中工具图标的设置上来看，该工具架中不仅有与渲染相关的工具图标，还包含灯光、摄影机和材质的工具图标，也就是说，在具体的项目制作中，渲染还包括了灯光设置、摄影机摆放和材质制作等工作流程，如图 8-1 所示。

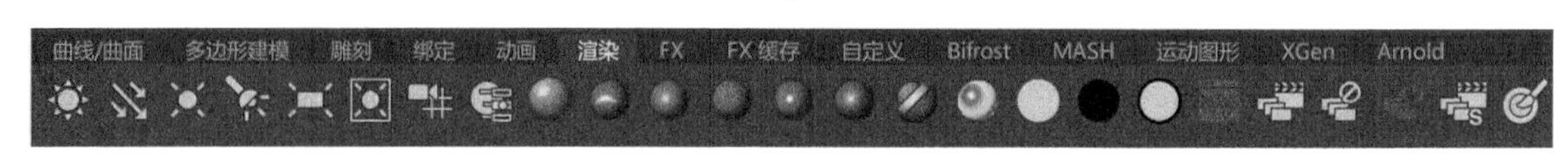

图8-1

使用 Maya 来制作三维项目时，常见的工作流程大多是按照“建模 > 灯光 > 材质 > 摄影机 > 渲染”来进行的。渲染放在最后，说明这一操作是计算之前流程的最终步骤，其计算过程相当复杂，所以我们需要认真学习并掌握其关键技术。图 8-2 和图 8-3 所示为一些非常优秀的三维渲染作品。

图8-2

图8-3

8.1.1 选择渲染器

渲染器可以简单理解成三维软件进行最终图像计算的方法，Maya 2020 本身就提供了多种渲染器以供用户选择使用，并且还允许用户自行购买及安装由第三方软件生产商所提供的渲染器插件来进行渲染。单击“渲染设置”按钮，即可打开“渲染设置”面板，在“渲染设置”面板中可以查看当前场景文件所使用的渲染器名称，在默认状态下，Maya 使用的渲染器为“Arnold Renderer”，如图 8-4 所示。

图8-4

如果想要快速更换渲染器，可以在“渲染设置”面板中选择“使用以下渲染器渲染”下拉列表框中的选项来完成此操作，渲染器有 4 个选项可选，如图 8-5 所示。

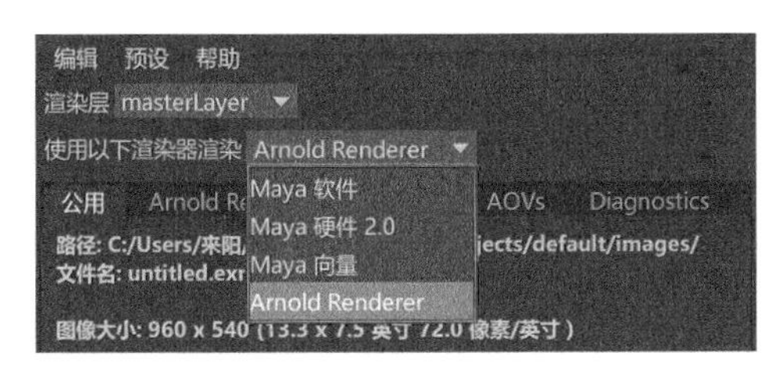

图8-5

8.1.2 "渲染视图"窗口

在 Maya 界面上方单击"渲染视图"按钮，即可打开 Maya 的"渲染视图"窗口，如图 8-6 所示。

"渲染视图"窗口的工具主要集中在其"工具栏"这一部分，如图 8-7 所示。

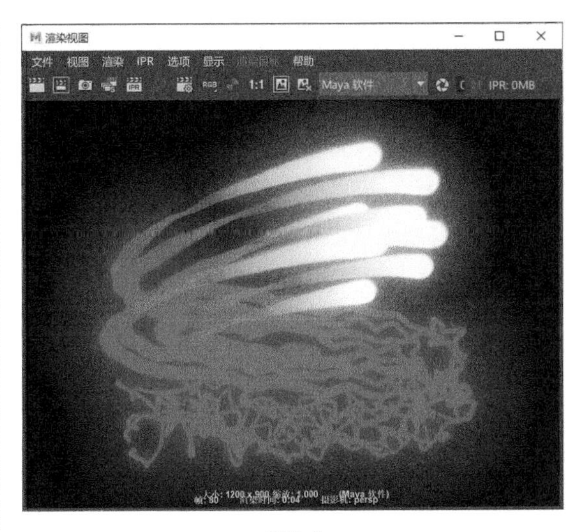

图8-6

图8-7

常用工具解析

渲染当前帧：渲染"渲染视图"窗口中的场景。

渲染区域：仅渲染鼠标指针在"渲染视图"窗口中绘制的区域，如图 8-8 所示。

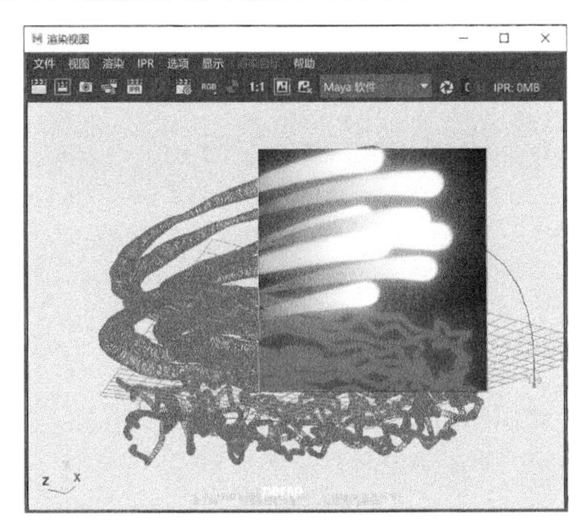

图8-8

快照：用于为当前视图保存一个快照，如图 8-9 所示。

渲染序列：渲染当前动画序列中的所有帧。

IPR 渲染当前帧：使用交互式真实照片级渲染器渲染场景。

刷新 IPR 图像：刷新 IPR 图像。

显示渲染设置：打开"渲染设置"面板。

显示 RBG 通道：显示 RGB 通道，也可以通过单击鼠标右键显示其他颜色通道，图 8-10 所示为仅显示了红色通道的渲染结果。

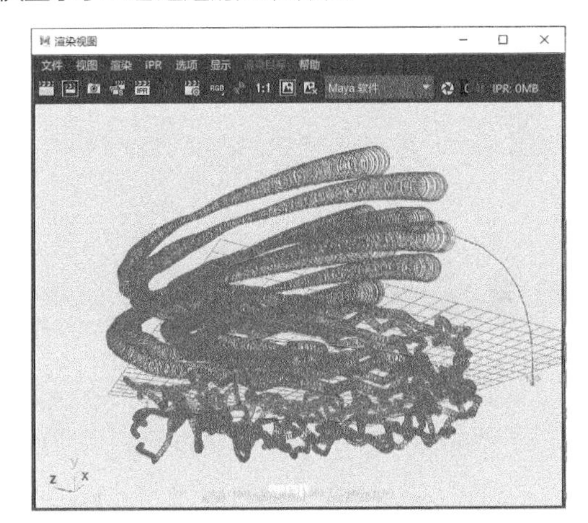

图8-9

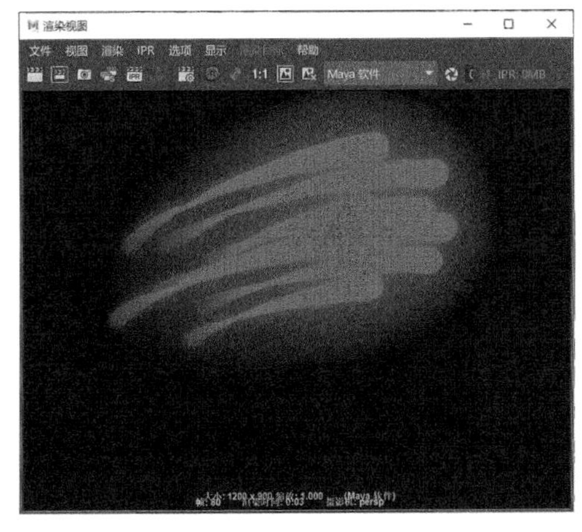

图8-10

显示Alpha通道：显示Alpha通道，如图8-11所示。

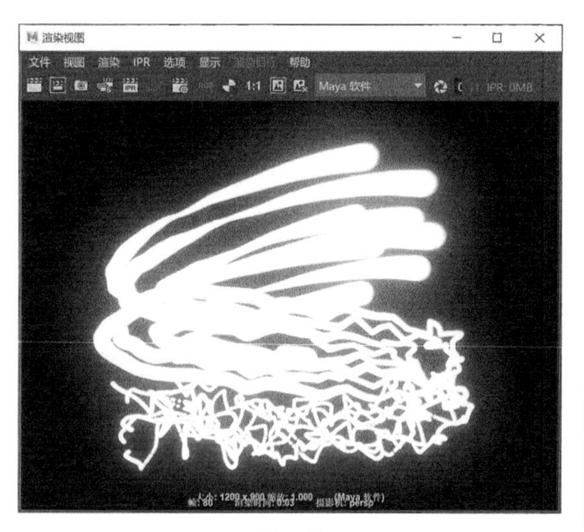

图8-11

1:1显示实际大小：显示实际大小。

保持图像：保存当前图像。

移除图像：移除当前图像。

曝光：调整图像的亮度。

Gamma：调整图像的 Gamma 值。

8.2 “Maya软件”渲染器

“Maya 软件”渲染器是早期版本 Maya 的默认渲染器，也是 Maya 用户最常使用的主流渲染器之一。在“渲染设置”面板中，将渲染器切换至“Maya 软件”，即可看到该渲染器为用户提供了“公用”和“Maya 软件”这两个选项卡，如图 8-12 所示。

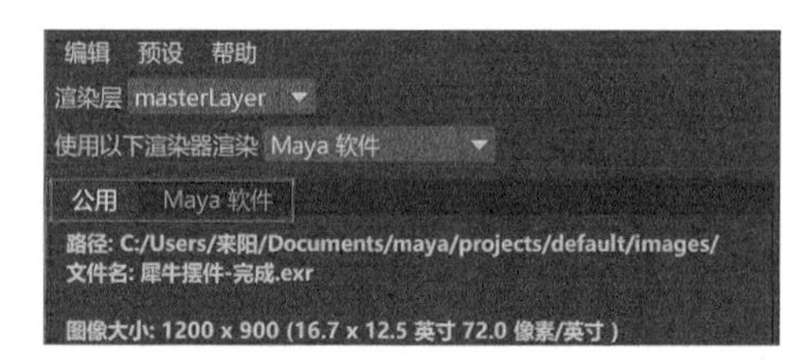

图8-12

8.2.1 “公用”选项卡

“公用”选项卡主要为用户提供了有关文件输出方面的具体设置，分为“颜色管理”“文件输出”“帧范围”“可渲染摄影机”“图像大小”“场景集合”和“渲染选项”这几个卷展栏，如图 8-13 所示。下面介绍几个常用的卷展栏设置。

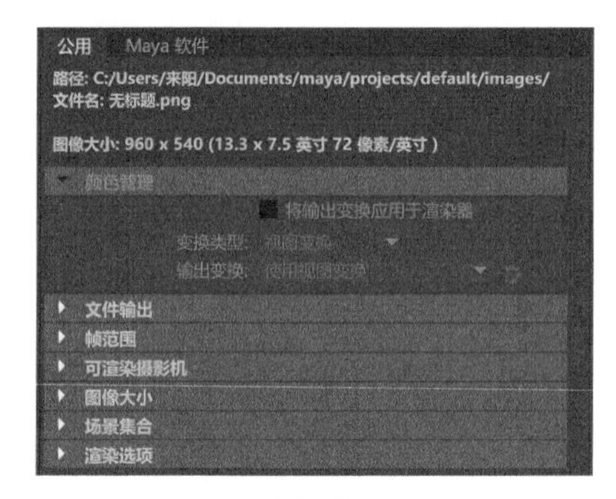

图8-13

1. “文件输出”卷展栏

“文件输出”卷展栏内的参数设置如图 8-14 所示。

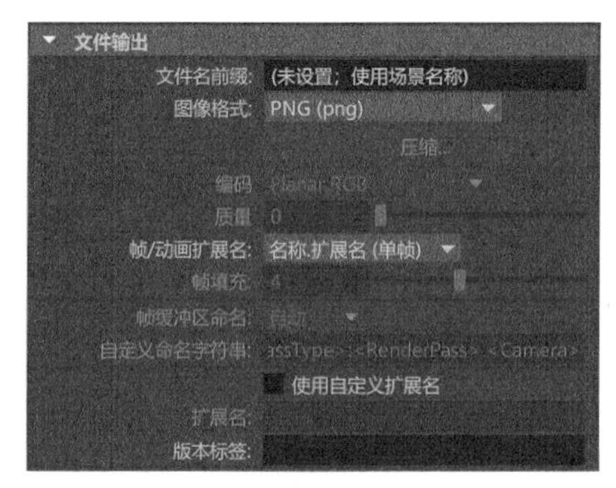

图8-14

常用参数解析

文件名前缀：用于设置渲染序列帧的名称，如果未设置，将使用该场景的名称来命名。

图像格式：用于保存渲染图像文件的格式。

压缩：单击该按钮可以为 AVI（Windows）或 QuickTime（Mac OS）影片文件选择压缩方法。

帧 / 动画扩展名：设置渲染图像文件名的格式。

帧填充：帧编号扩展名的位数。

自定义命名字符串：可以自己选择渲染标记来自定义 OpenEXR 文件中的通道命名。

使用自定义扩展名：可以对渲染图像文件名使用自定义文件格式扩展名。

版本标签：可以将版本标签添加到渲染输出文件名中。

2. “帧范围”卷展栏

“帧范围”卷展栏内的参数设置如图 8-15 所示。

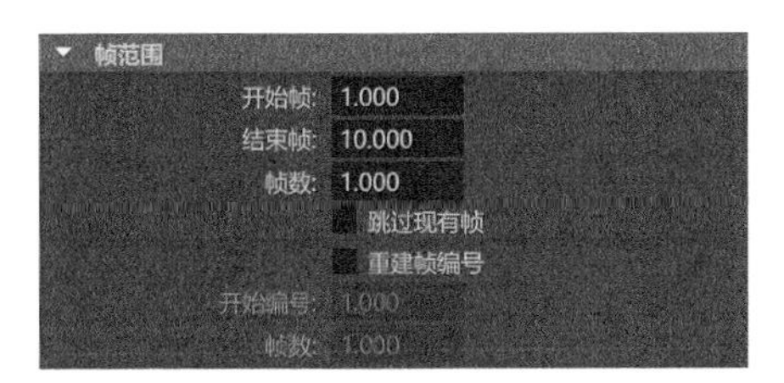

图8-15

常用参数解析

开始帧、结束帧：分别用于指定要渲染的第一个帧（开始帧）和最后一个帧（结束帧）。

帧数：要渲染的帧之间的增量。

跳过现有帧：勾选此选项，渲染器将检测并跳过已渲染的帧。此功能可节省渲染时间。

重建帧编号：可以更改动画的渲染图像文件的编号。

开始编号：第一个渲染图像文件名具有的帧编号扩展名。

帧数：渲染图像文件名具有的帧编号扩展名之间的增量。

3. “可渲染摄影机”卷展栏

“可渲染摄影机”卷展栏内的参数设置如图 8-16 所示。

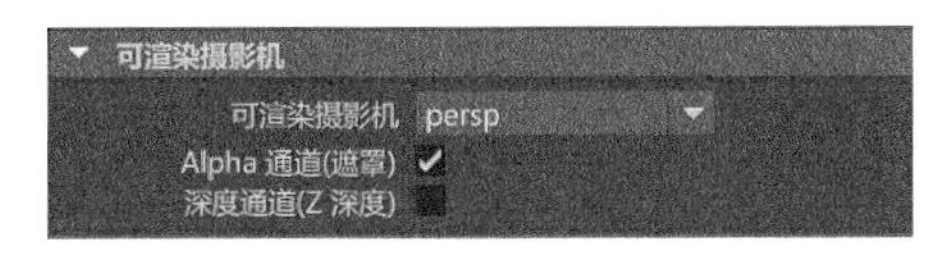

图8-16

常用参数解析

可渲染摄影机：用于设置使用哪个摄影机进行场景渲染。

Alpha 通道（遮罩）：控制渲染图像是否包含遮罩通道。

深度通道（Z 深度）：控制渲染图像是否包含深度通道。

4. “图像大小”卷展栏

“图像大小”卷展栏内的参数设置如图 8-17 所示。

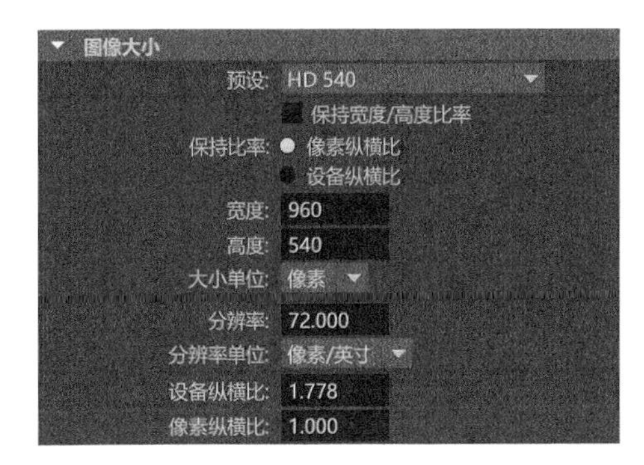

图8-17

常用参数解析

预设：从下拉列表框中选择胶片或视频行业标准分辨率，如图 8-18 所示。

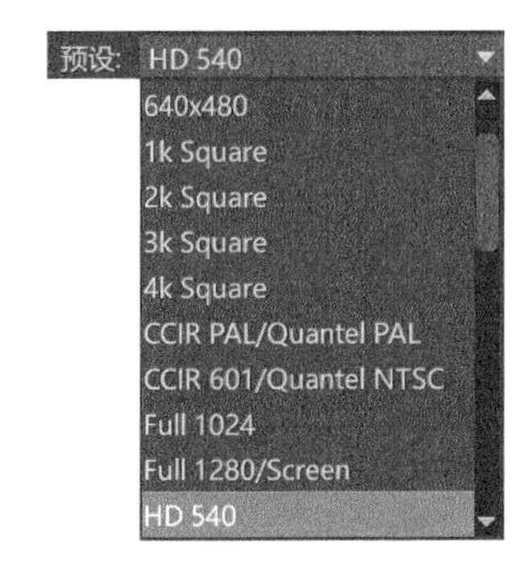

图8-18

保持宽度 / 高度比率：在设置宽度和高度时，成比例地缩放图像大小。

保持比率：指定要使用的渲染分辨率的类型，如“像素纵横比”或“设备纵横比”。

宽度、高度：分别用于设置渲染图像的宽度和高度。

大小单位：设置指定图像大小时要采用的单位。可以从像素、英寸、厘米、毫米、点和派卡中选择。

分辨率：使用“分辨率单位”指定的单位设置图像的分辨率。TIFF、IFF 和 JPEG 格式可以存储该信息，以便在第三方应用程序（如 Adobe Photoshop）中打开图像时保持它。

分辨率单位：设置指定图像分辨率时要采用的单位。可以从像素 / 英寸或像素 / 厘米中选择。

设备纵横比：渲染图像的显示设备的纵横比；设备纵横比为图像纵横比乘以像素纵横比。

像素纵横比：渲染图像的显示设备的各个像素的纵横比。

8.2.2 “Maya软件”选项卡

“Maya 软件”选项卡主要为用户提供有关文件渲染质量的具体设置，分为“抗锯齿质量”“场选项”“光线跟踪质量”“运动模糊”“渲染选项”“内存与性能选项”“IPR 选项”和“Paint Effects 渲染选项”这几个卷展栏，如图 8-19 所示。下面介绍几个常用的卷展栏设置。

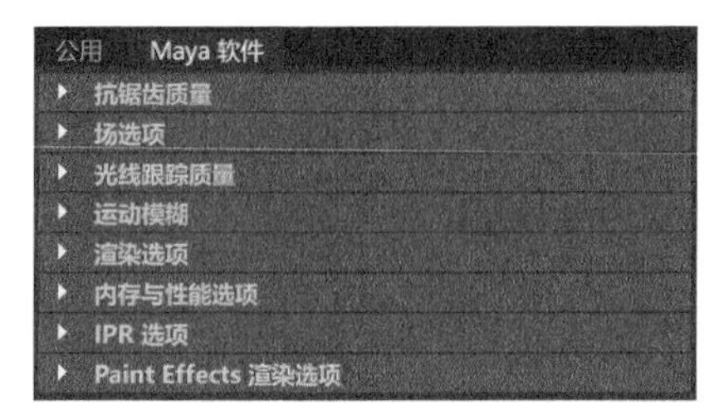

图8-19

1. “抗锯齿质量”卷展栏

“抗锯齿质量”卷展栏内的参数设置如图 8-20 所示。

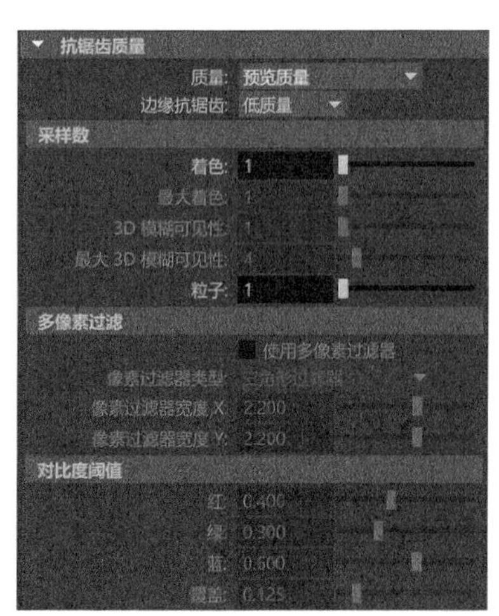

图8-20

常用参数解析

质量：可以从下拉列表框中选择一个预设的抗锯齿质量，如图 8-21 所示。

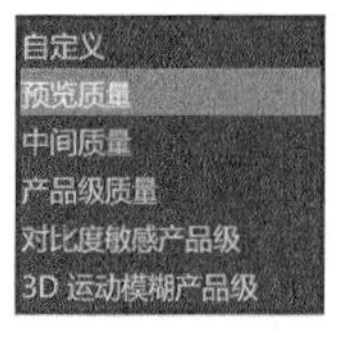

图8-21

边缘抗锯齿：控制对象的边缘在渲染过程中如何进行抗锯齿处理。从下拉列表框中选择一种质量设置。质量越低，对象的边缘锯齿状越明显，但渲染速度较快；质量越高，对象的边缘越平滑，但渲染速度较慢。

着色：用于设置所有曲面的着色采样数。

最大着色：用于设置所有曲面的最大着色采样数。

3D 模糊可见性：当一个移动对象通过另一个对象时，Maya 精确计算移动对象可见性所需的可见性采样数。

最大 3D 模糊可见性：在启用“运动模糊”的情况下为获得可见性而对一个像素进行采样的最大次数。

粒子：粒子的着色采样数。

使用多像素过滤器：如果勾选，Maya 通过对渲染图像中的每个像素使用其相邻像素进行插值来处理、过滤或柔化整个渲染图像。

像素过滤器宽度 X、像素过滤器宽度 Y：当“使用多像素过滤器”处于勾选状态时，控制用于对渲染图像中每个像素进行插值的过滤器宽度。如果大于 1，它使用来自相邻像素的信息。该值越大，图像越模糊。

2. “场选项”卷展栏

“场选项”卷展栏内的参数设置如图 8-22 所示。

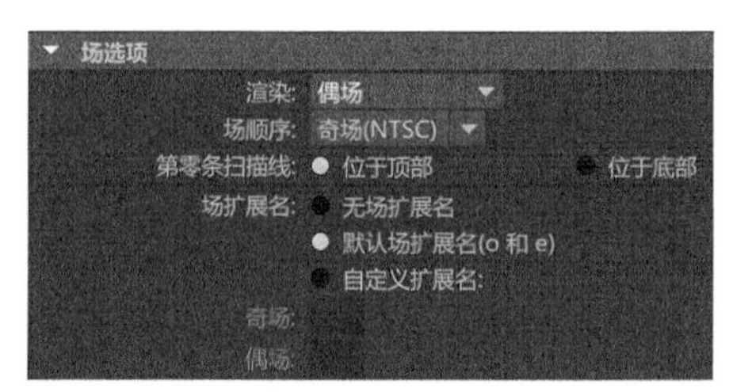

图8-22

常用参数解析

渲染：控制 Maya 将图像渲染为帧还是场，用于输出到视频。

场顺序：控制 Maya 按何种顺序进行场景渲染。

第零条扫描线：控制 Maya 渲染的第一个场的第一行是在图像顶部还是在底部。

场扩展名：用于设置场扩展名以何种方式来命名。

3. “光线跟踪质量”卷展栏

“光线跟踪质量”卷展栏内的参数设置如图 8-23 所示。

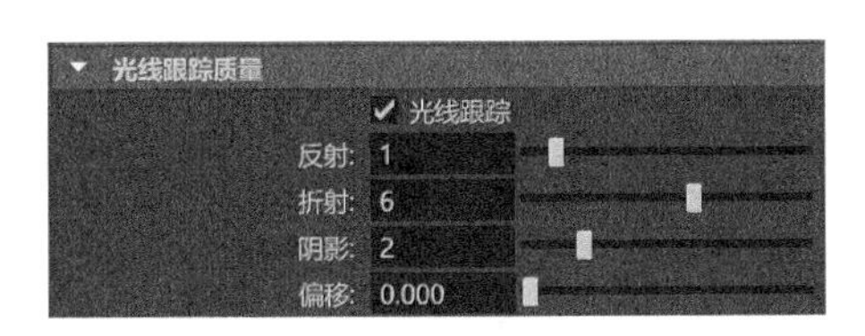

图8-23

常用参数解析

光线跟踪：如果勾选，Maya 在渲染期间将对场景进行光线跟踪。光线跟踪可以产生精确反射、折射和阴影。

反射：设置灯光光线可以反射的最大次数。

折射：设置灯光光线可以折射的最大次数。

阴影：设置灯光光线可以反射或折射且仍然导致对象投射阴影的最大次数。该值为 0 表示禁用阴影。

偏移：如果场景中包含 3D 运动模糊对象和光线跟踪阴影，那么可能会在运动模糊对象上发现暗区域或错误的阴影；若要解决此问题，可以考虑将“偏移”值设置在 0.05 到 0.1 之间。

4.“运动模糊”卷展栏

“运动模糊”卷展栏内的参数设置如图 8-24 所示。

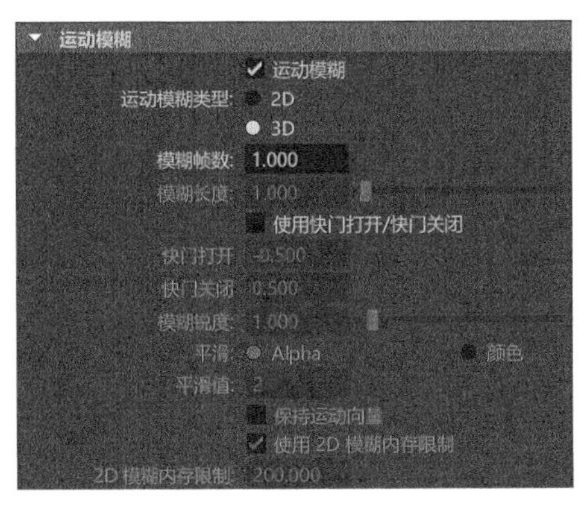

图8-24

常用参数解析

运动模糊：勾选该选项后，Maya 渲染时将计算运动模糊效果。

运动模糊类型：用于设置 Maya 对对象进行运动模糊处理的方法。

模糊帧数：对移动对象进行模糊处理的量。该值越大，应用于对象的运动模糊越显著。

模糊长度：缩放移动对象模糊处理的量。有效范围是 0 到无限，默认值为 1。

快门打开、快门关闭：用于设置快门打开和关闭的值。

模糊锐度：控制运动模糊对象的锐度。

平滑值：Maya 模糊运动模糊边的量。该值越大，运动模糊抗锯齿的效果会越强。有效范围是 0 到无限，默认值为 2。

保持运动向量：如果勾选，Maya 将保存所有在渲染图像中可见对象的运动向量信息，但是不会模糊图像。

使用 2D 模糊内存限制：可以指定用于 2D 模糊操作的内存的最大数量。Maya 使用所有可用内存以完成 2D 模糊操作。

2D 模糊内存限制：可以指定操作使用的内存的最大数量。

5.“渲染选项”卷展栏

“渲染选项”卷展栏内的参数设置如图 8-25 所示。

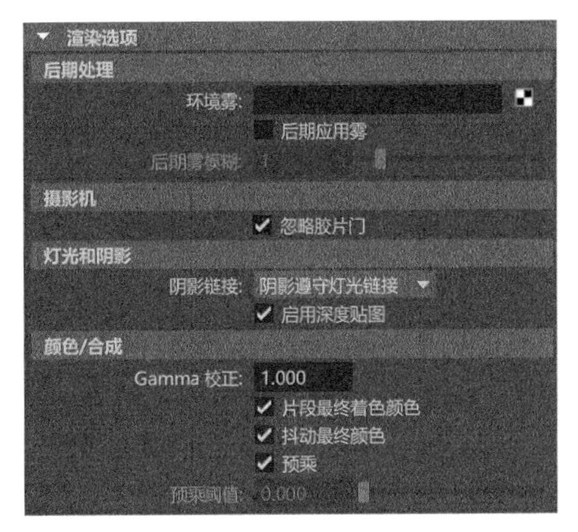

图8-25

常用参数解析

环境雾：创建环境雾节点。

后期应用雾：仅在后期处理渲染雾。

后期雾模糊：允许环境雾效果看起来好像正在从几何体的边上溢出，增大该值将获得更多模糊。

忽略胶片门：如果勾选，Maya 将渲染在“分辨率门”中可见的场景区域。

阴影链接：用于缩短场景所需的渲染时间，采用的方法是链接灯光与曲面，以使只有指定的曲面包含在给定灯光的阴影或照明的计算中。

启用深度贴图：如果勾选，Maya 针对所有深度贴图阴影启用的灯光将渲染所有的深度贴图阴影；如果取消勾选，Maya 不渲染深度贴图阴影。

Gamma 校正：根据 Gamma 公式颜色校正渲染图像。

片段最终着色颜色：如果勾选，渲染图像中的所有颜色值将保持在 0 到 1 之间。这样可以确保图像的任何部分都不会曝光过度。

抖动最终颜色：如果勾选，则图像的颜色将抖动以减少条纹。

预乘：如果此选项处于勾选状态，则 Maya 将进行预乘计算。

预乘阈值：如果此选项处于勾选状态，则每个像素的颜色值仅在像素的 Alpha 通道值高于在此设置的阈值时才输出。

8.3 “Arnold Renderer”渲染器

“Arnold Renderer”渲染器是由 Solid Angle 公司开发的一款基于物理定律的高级跨平台渲染器，可以安装在 Maya、3ds Max、Softimage、Houdini 等多款三维软件之中，备受众多动画公司及影视制作公司喜爱。“Arnold Renderer”渲染器使用先进的算法，可以高效地利用计算机的硬件资源，其简洁的命令设计架构极大地简化了着色和照明设置的步骤，使渲染出来的图像真实、可信。

“Arnold Renderer”渲染器是一种基于高度优化设计的光线跟踪引擎，不提供会导致出现渲染瑕疵的缓存算法，如光子贴图、最终聚集等。使用该渲染器所提供的专业材质和灯光系统渲染图像会使最终结果具有更强的可预测性，从而大大节省渲染师后期处理图像的步骤，缩短项目制作所消耗的时间。图 8-26 和图 8-27 所示为“Arnold Renderer”渲染器在其公司官方网站上的应用案例。

打开“渲染设置”面板，在“使用以下渲染器渲染”下拉列表框中选择“Arnold Renderer”，即可将当期文件的渲染器切换为“Arnold Renderer”渲染器，如图 8-28 所示。“Arnold Renderer”渲染器使用方便，用户只需要调试少量值参数值即可得到令人满意的渲染效果，接下来将详细讲解较为常用的属性。

图8-26

图8-27

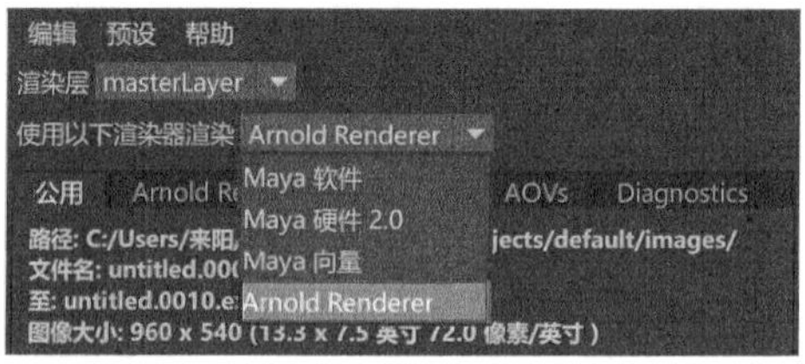

图8-28

8.3.1 “Sampling”（采样）卷展栏

当 Arnold 渲染器进行渲染计算时，会先收集场景中模型、材质及灯光等信息，并跟踪大量、随机的光线传输路径，这一过程就是“采样”。“采样”的设置主要用来控制渲染图像的采样质量。增大采样值会有效减少渲染图像中的噪点，但是也会显著增加渲染所消耗的时间。“Sampling”（采样）卷展栏中的参数设置如图 8-29 所示。

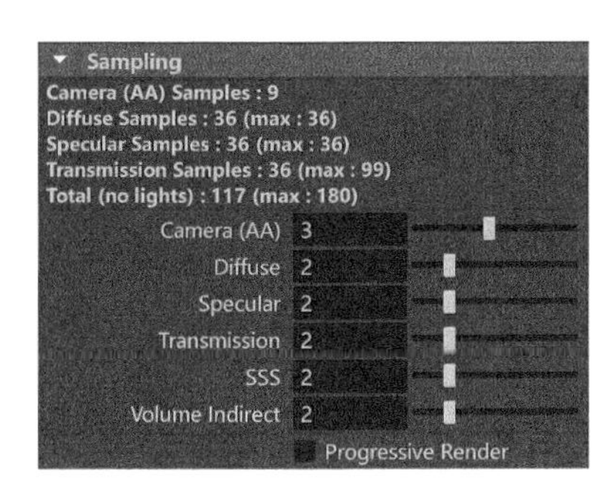

图8-29

常用参数解析

Camera（AA）（摄影机 AA）：摄影机会通过渲染屏幕窗口的每个所需像素向场景中投射多束光线；而该值则用于控制像素超级采样率或从摄影机跟踪的每像素光线数。采样数越多，抗锯齿质量就越高，但渲染时间也越长。图 8-30 和图 8-31 所示为该值分别是 1 和 5 的渲染结果对比，从对比图可以看出，该值设置较高可以有效减少渲染画面中出现的噪点。

图8-30

图8-31

Diffuse（漫反射）：用于控制漫反射采样精度。

Specular（镜面）：用于控制场景中的镜面反射采样精度，过于小的值会严重影响物体镜面反射部分的计算结果。

Transmission（透射）：用于控制场景中的物体的透射采样精度。

SSS：用于控制场景中的 SSS 材质采样精度，过于小的值会导致材质的透光性非常粗糙，并产生较多的噪点。

8.3.2 “Ray Depth”（光线深度）卷展栏

“Ray Depth”（光线深度）卷展栏的参数设置如图 8-32 所示。

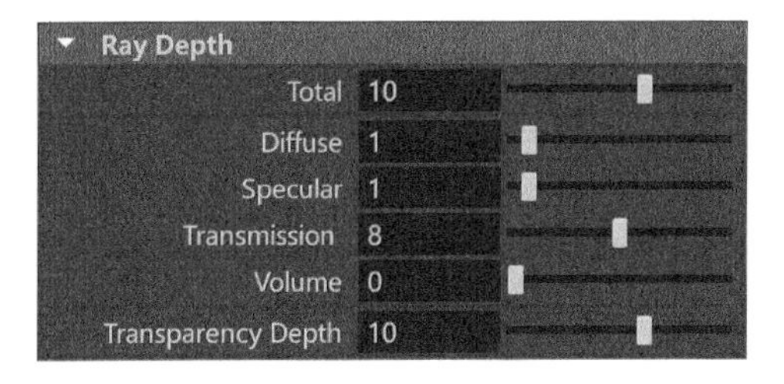

图8-32

常用参数解析

Total（总计）：用于控制光线深度的总体计算效果。

Diffuse（漫反射）：用于控制场景中物体漫反射的间接照明效果。

Specular（镜面）：控制物体表面镜面反射的细节计算。

Transmission（透射）：用于控制材质投射计算的精度。

Volume（量）：用于控制材质的计算次数。

8.4 综合实例：会议室日光表现

现在，越来越多的影片开始采用三维软件来构建逼真的虚拟场景，从而大大降低了搭建真实场景所消耗的资金成本。本实例通过一个会议室场景的渲染制作来为大家详细讲解材质、灯光及渲染设置的综合运用，最终渲染效果如图 8-33 所示，线框渲染效果如图 8-34 所示。

图8-33

图8-34

打开本书配套资源“会议室 .mb”文件，如图 8-35 所示。

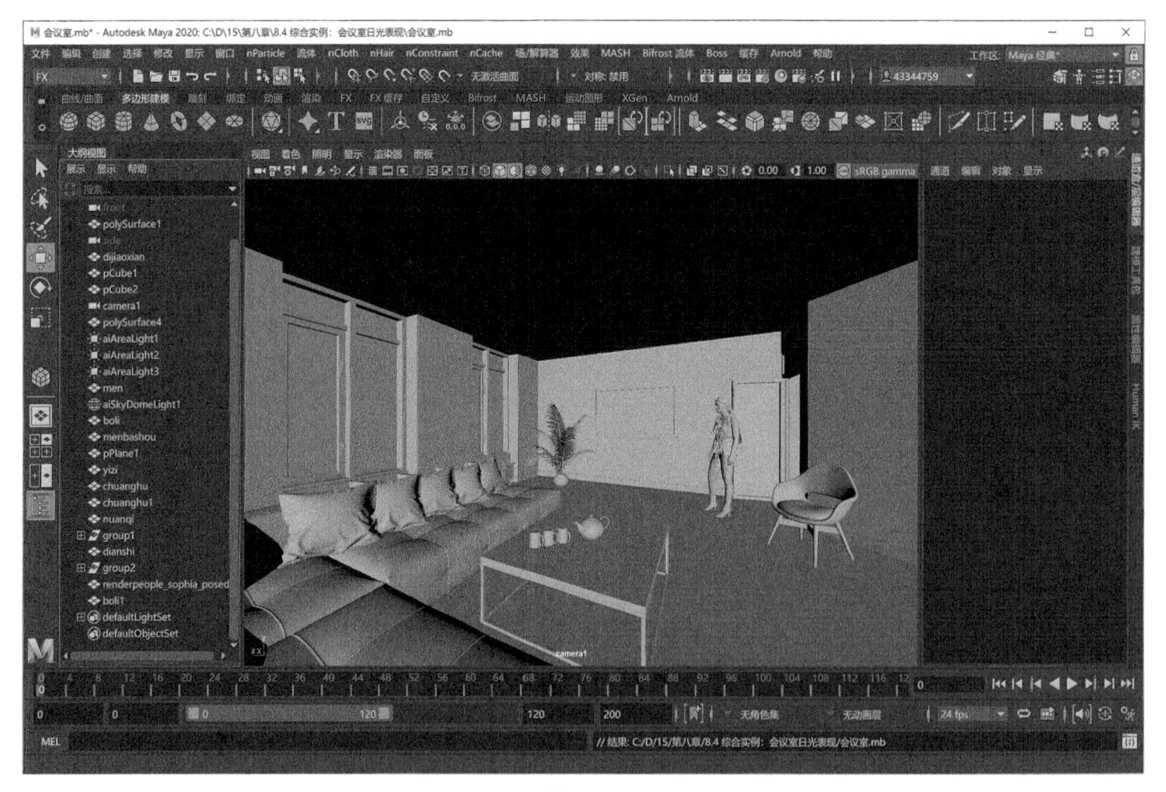

图8-35

8.4.1 制作地砖材质

本实例中的地砖材质渲染结果如图 8-36 所示，具体制作步骤如下。

（1）在场景中选择地砖模型，如图 8-37 所示。

（2）单击“渲染”工具架中的“标准曲面材质”按钮，为所选择的地板模型指定标准曲面材质，如图 8-38 所示。

（3）在“属性编辑器”面板中展开“基础”卷展栏，为“颜色”属性添加“文件”渲染节点，如图 8-39 所示。

图8-36

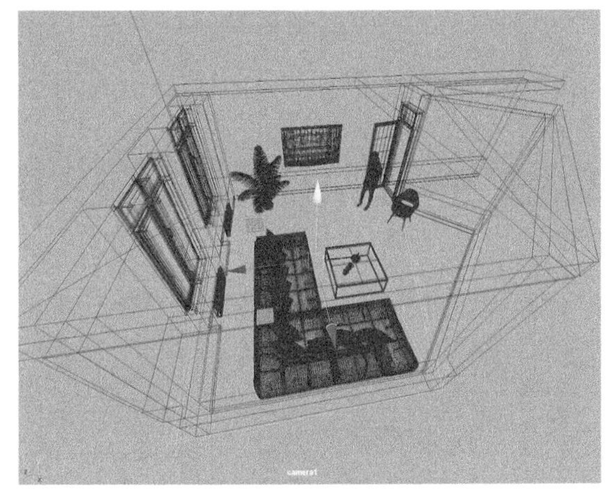

图8-37

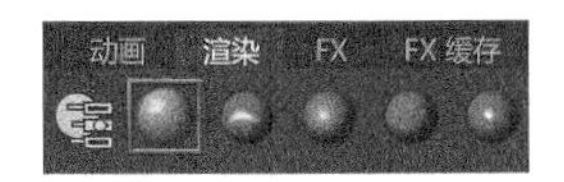

图8-38

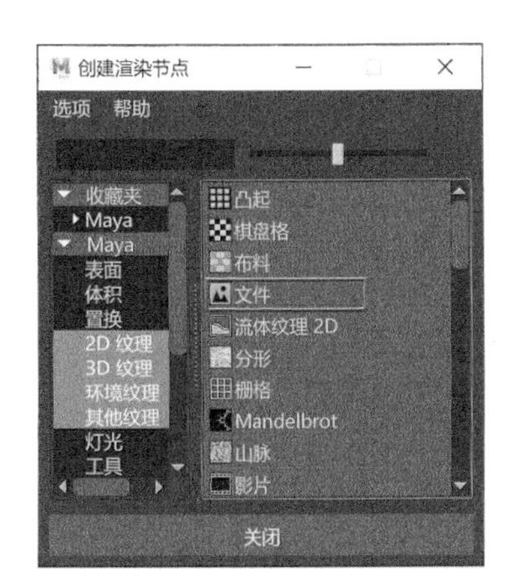

图8-39

（4）在“文件属性”卷展栏中，单击“图像名称”后面的“文件夹”按钮，浏览并添加本书配套资源“地砖 .jpg”贴图文件，制作出地砖材质的表面纹理，如图 8-40 所示。

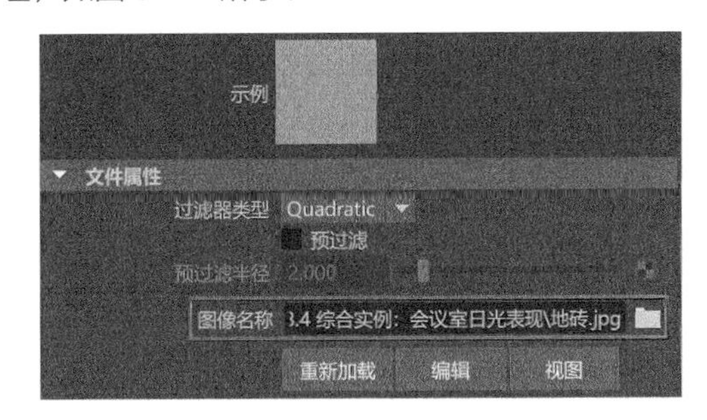

图8-40

（5）展开“镜面反射”卷展栏，设置“权重”值为 1，“粗糙度”值为 0.4，制作出地砖材质的反射效果，如图 8-41 所示。

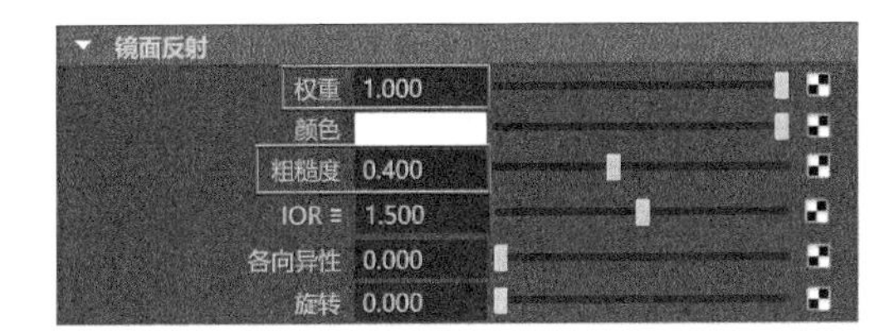

图8-41

（6）展开“2D 纹理放置属性”卷展栏，设置“UV 向重复”值为（7，7），提高地砖纹理的密度，如图 8-42 所示。

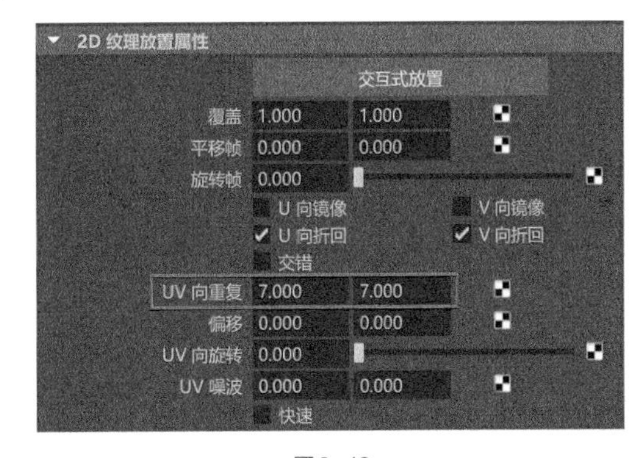

图8-42

（7）展开“几何体”卷展栏，以相同的方式为“凹凸贴图”设置“地砖 .jpg”贴图文件，制作地砖材质的凹凸效果，如图 8-43 所示。

图8-43

（8）制作完成后的地砖材质球如图 8-44 所示。

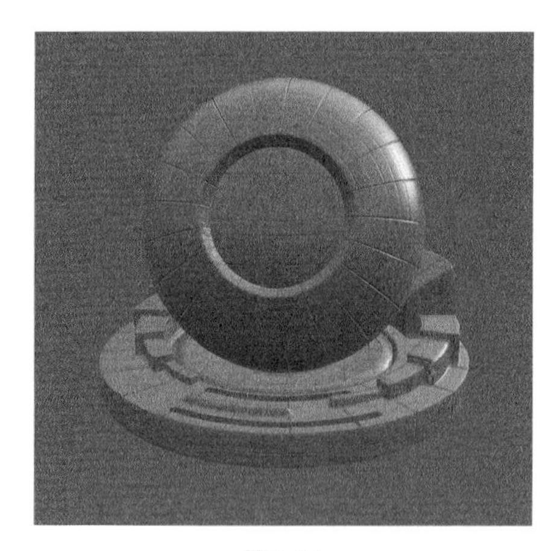

图8-44

8.4.2 制作门玻璃材质

本实例中的门玻璃材质渲染结果如图 8-45 所示，具体制作步骤如下。

图8-45

（1）在场景中选择门玻璃模型，如图 8-46 所示。

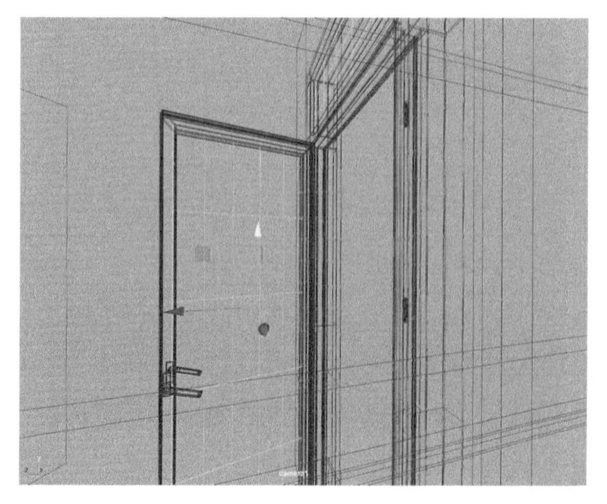

图8-46

（2）单击“渲染”工具架中的“标准曲面材质”按钮，为所选择的门玻璃模型指定标准曲面材质，如图 8-47 所示。

图8-47

（3）在“属性编辑器”面板中展开“镜面反射”卷展栏，设置“权重”值为 1，“粗糙度”值为 0.05，提高玻璃材质的镜面反射效果，如图 8-48 所示。

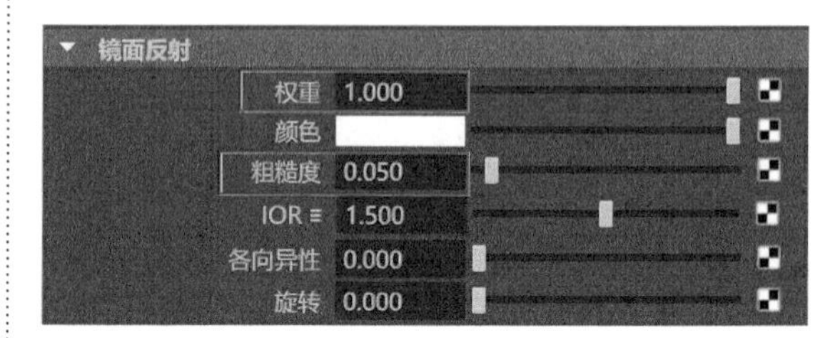

图8-48

（4）在“透射”卷展栏中设置“权重”值为 1，将材质设置成透明效果，将“颜色”设置为浅蓝色，如图 8-49 所示。其中，“颜色”的设置读者可以参考图 8-50 所示的参数值。

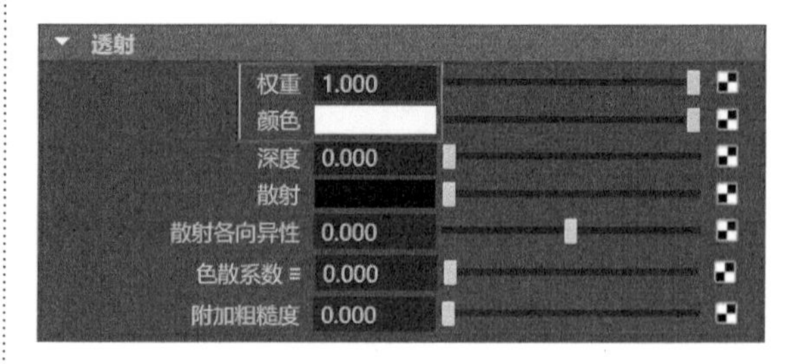

图8-49

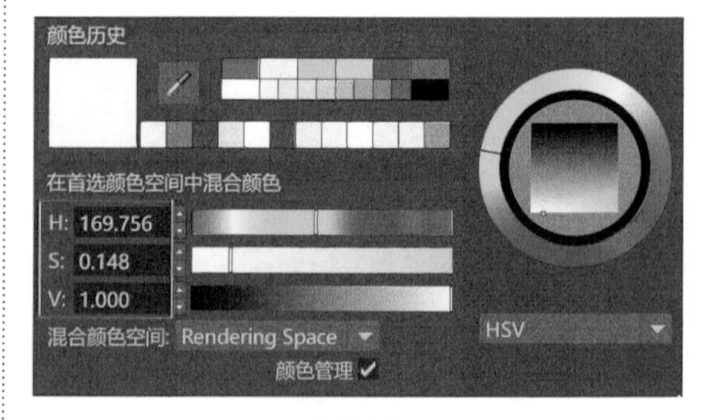

图8-50

（5）制作完成后的门玻璃材质球如图 8-51 所示。

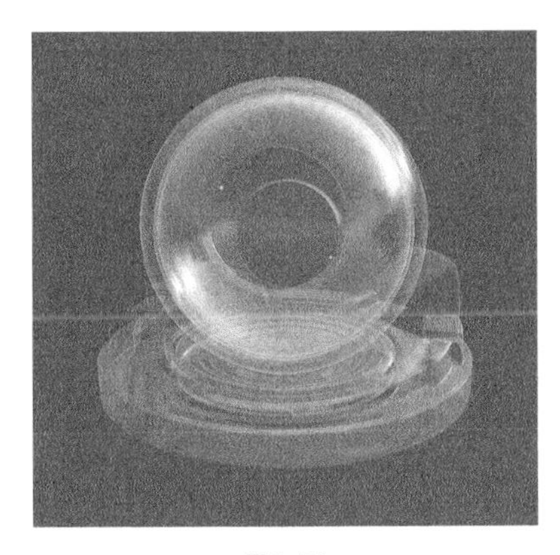

图8-51

8.4.3　制作金属门把手材质

本实例中的金属门把手渲染结果如图 8-52 所示，具体制作步骤如下。

图8-52

（1）在场景中选择门把手模型，如图8-53所示，并为其指定标准曲面材质。

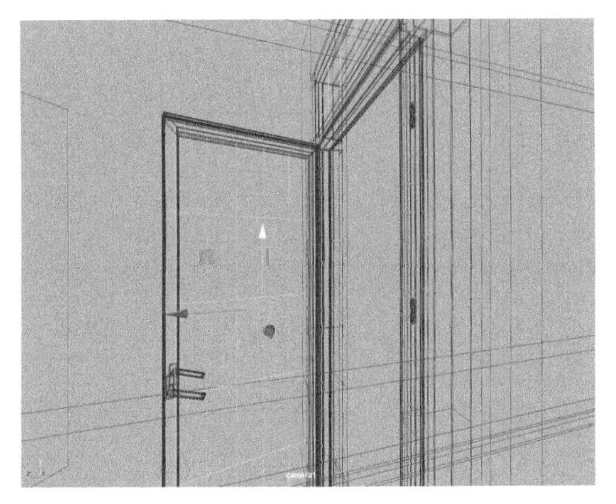

图8-53

（2）在“属性编辑器”面板中展开“基础”卷展栏，设置“颜色”为黄色，“金属度”值为 1，开启材质的金属特性计算效果，如图 8-54 所示。“颜色”的设置读者可以参考图 8-55 所示的参数值。

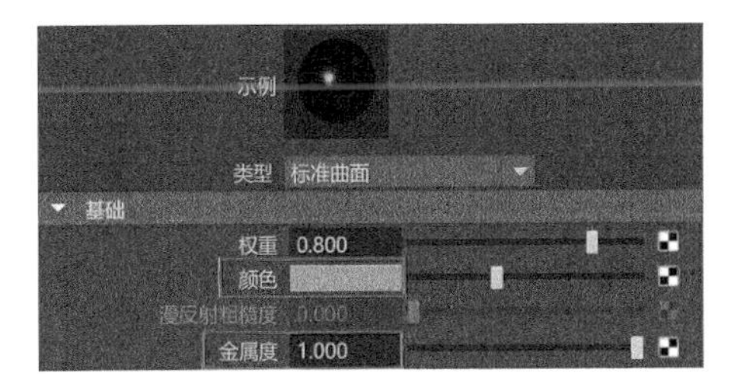

图8-54

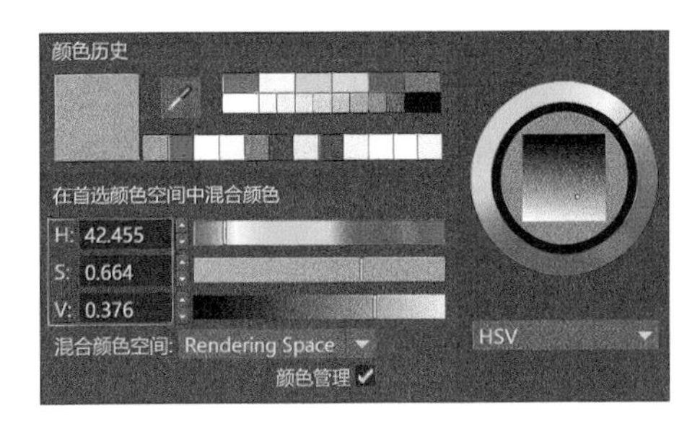

图8-55

（3）展开“镜面反射”卷展栏，设置“权重”值为 1，“颜色”为默认的白色，“粗糙度”值为 0.4，降低金属材质的镜面反射效果，得到反光较弱的磨砂亚光效果，如图 8-56 所示。

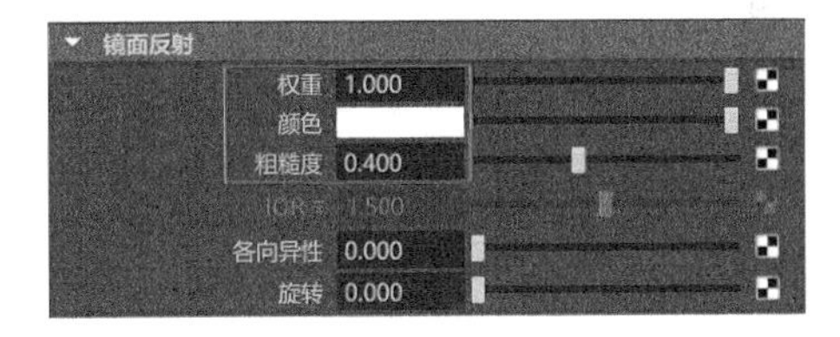

图8-56

（4）制作完成后的金属门把手材质球如图 8-57 所示。

图8-57

8.4.4 制作陶瓷材质

本实例中的陶瓷材质渲染结果如图 8-58 所示，具体制作步骤如下。

图8-58

（1）在场景中选择茶几上的杯子和茶壶模型，如图 8-59 所示，并为其指定标准曲面材质。

图8-59

（2）在“属性编辑器”面板中展开“基础”卷展栏，设置杯子材质的“颜色”为粉红色，参数值如图 8-60 所示。

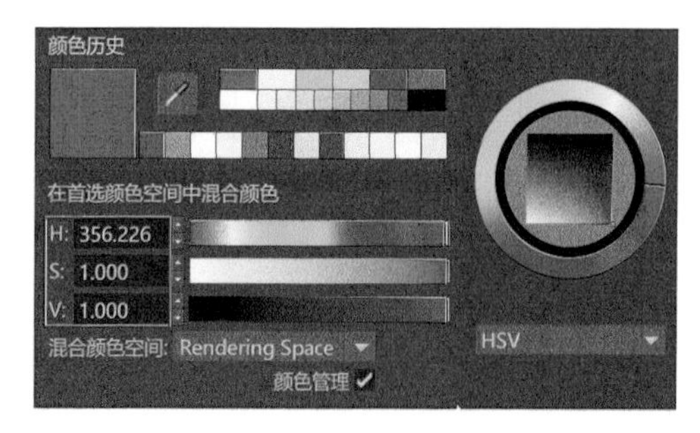

图8-60

（3）在“镜面反射”卷展栏中设置“权重”值为1，“粗糙度”值为 0.2，如图 8-61 所示。

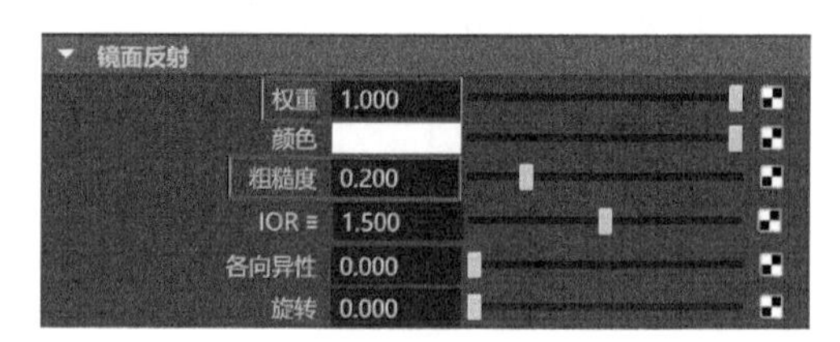

图8-61

（4）制作完成后的陶瓷材质球如图 8-62 所示。

图8-62

8.4.5 制作沙发材质

本实例中的沙发材质渲染结果如图 8-63 所示，具体制作步骤如下。

图8-63

（1）在场景中选择沙发模型，如图 8-64 所示，并为其指定标准曲面材质。

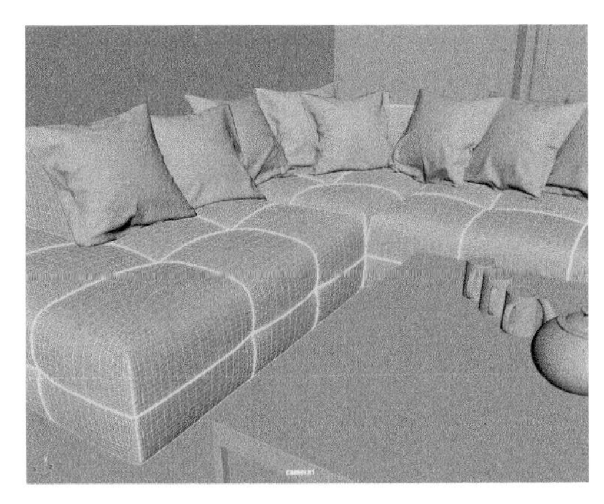

图8-64

（2）在“属性编辑器”面板中展开“基础”卷展栏，设置杯子材质的“颜色”为浅黄色，如图 8-65 所示。

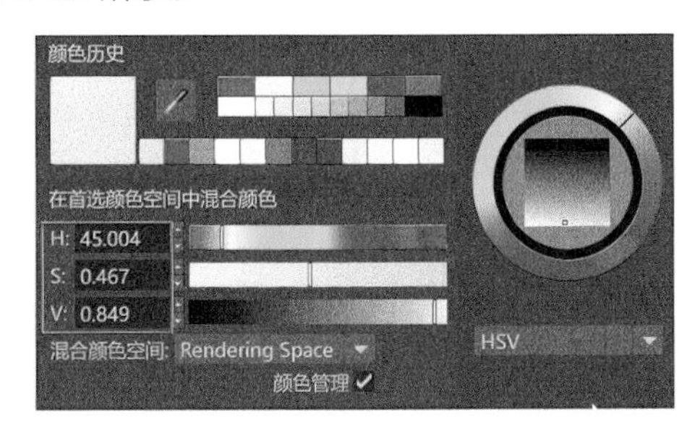

图8-65

（3）在“镜面反射”卷展栏中设置“权重”值为1，如图 8-66 所示。

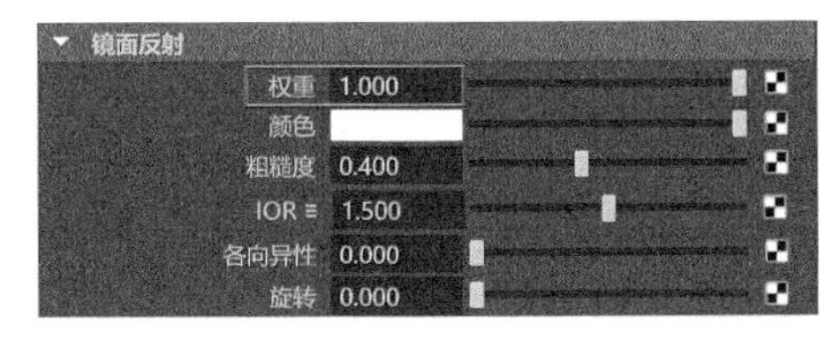

图8-66

（4）制作完成后的沙发材质球如图 8-67 所示。

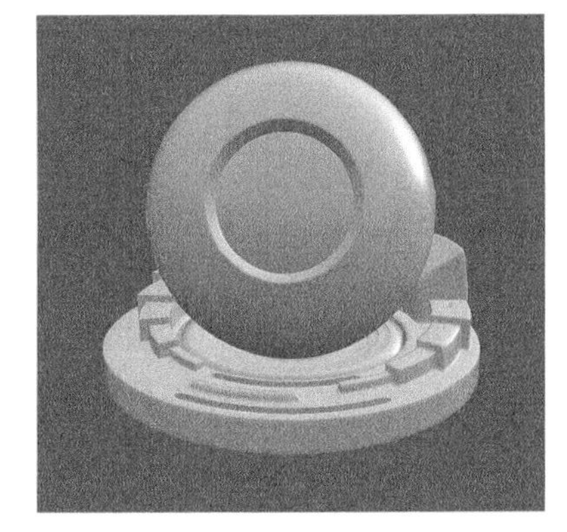

图8-67

8.4.6 制作抱枕材质

本实例中的抱枕材质渲染结果如图 8-68 所示，具体制作步骤如下。

图8-68

（1）在场景中选择沙发上的抱枕模型，如图 8-69 所示，并为其指定标准曲面材质。

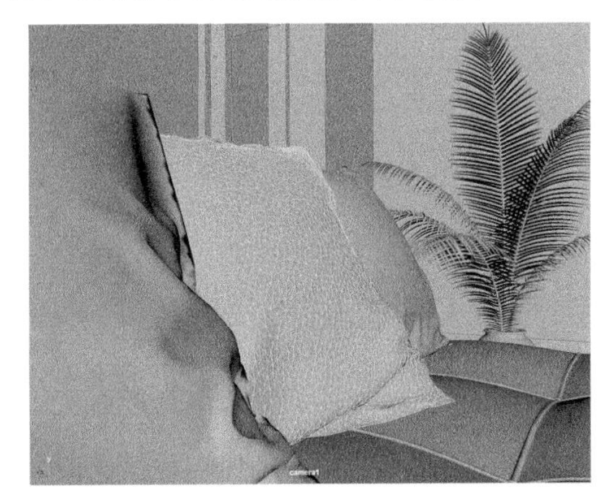

图8-69

（2）在“属性编辑器”面板中展开“基础”卷展栏，为“颜色”属性添加“文件”渲染节点，如图 8-70 所示。

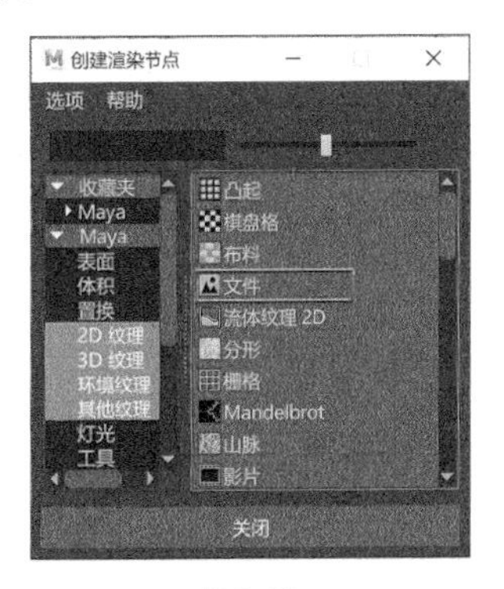

图8-70

（3）在“文件属性”卷展栏中单击“图像名称”后面的“文件夹”按钮，浏览并添加本书配套资源“抱枕.jpg”贴图文件，制作出抱枕材质的表面纹理，如图8-71所示。

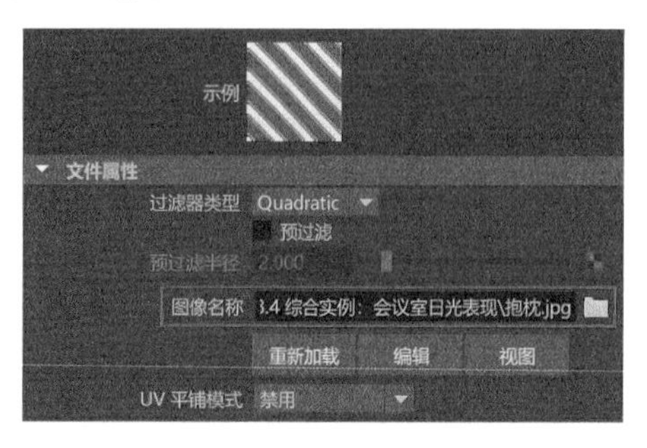

图8-71

（4）制作完成后的抱枕材质球如图8-72所示。

图8-72

8.4.7 制作花盆材质

本实例中的花盆材质渲染结果如图8-73所示，具体制作步骤如下。

图8-73

（1）在场景中选择花盆模型，如图8-74所示，并为其指定标准曲面材质。

图8-74

（2）在“属性编辑器”面板中展开“基础”卷展栏，设置花盆材质的“颜色”为棕黄色，如图8-75所示，“颜色”的设置读者可以参考图8-76所示的参数值。

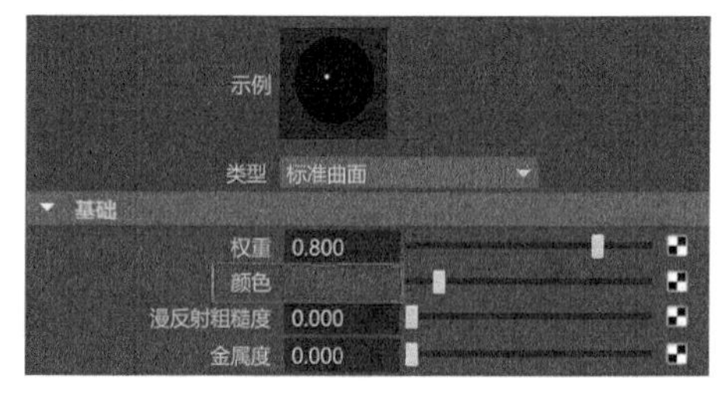

图8-75

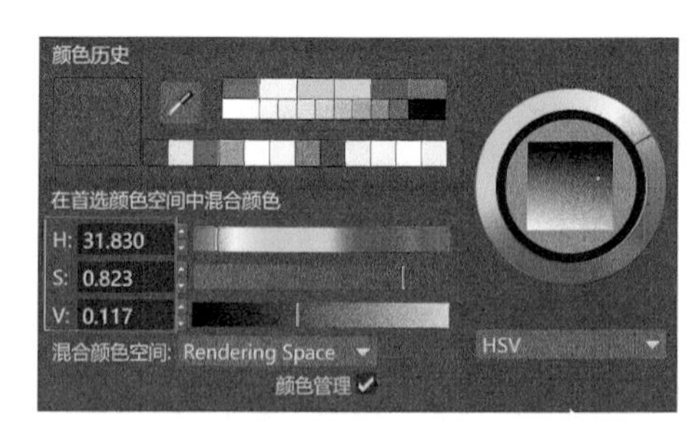

图8-76

（3）在“镜面反射”卷展栏中设置“权重”值为1，“粗糙度”值为0.2，如图8-77所示。

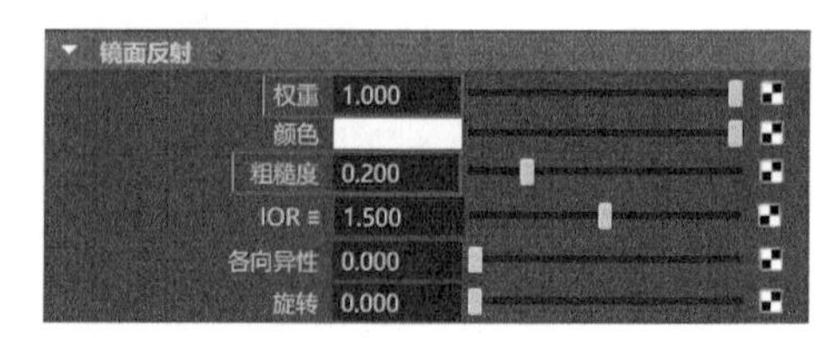

图8-77

（4）制作完成后的花盆材质球如图 8-78 所示。

图8-78

8.4.8　制作日光照明效果

（1）在本实例中还需要为场景添加灯光来模拟阳光从窗外照射进来的照明效果。在“Arnold”工具架中单击“Create Physical Sky”（创建物理天空）按钮，如图 8-79 所示，在场景中创建一个物理天空灯光，如图 8-80 所示。

图8-79

图8-80

（2）在“属性编辑器”面板中展开“Physical Sky Attributes”（物理天空属性）卷展栏，设置灯光的“Intensity”值为 6，提高灯光的照明强度；设置“Elevation”值为 25，更改太阳的高度；设置“Azimuth”值为 70，更改太阳的照射方向；设置“Sun Size”值为 6，控制日光的投影，如图 8-81 所示。

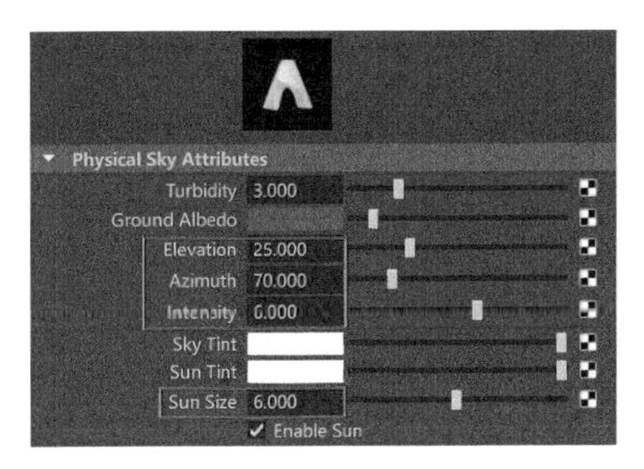

图8-81

（3）设置完成后，渲染场景，可以从预览图上看到添加了物理天空灯光后的渲染效果，如图 8-82 所示。

图8-82

（4）从预览图上可以看到，现在阳光从房间模型的窗户位置处透射进来并照到了桌子上。但是图像的整体亮度还较弱，所以还需要在场景中创建辅助照明灯光以提亮整体画面。

8.4.9　添加天光照明效果

（1）在“Arnold”工具架中单击“Create Area Light”（创建区域光）按钮，如图 8-83 所示，在场景中创建一个 Arnold 渲染器的区域灯光。

图8-83

（2）按快捷键 R，使用“缩放”工具对区域灯光进行缩放，在“前视图”中调整其大小和位置，如图 8-84 所示，与场景中房间的窗户大小相近即可。

图8-84

（3）使用“移动”工具调整区域光的位置，如图 8-85 所示，将灯光放置在房间中窗户模型的位置处。

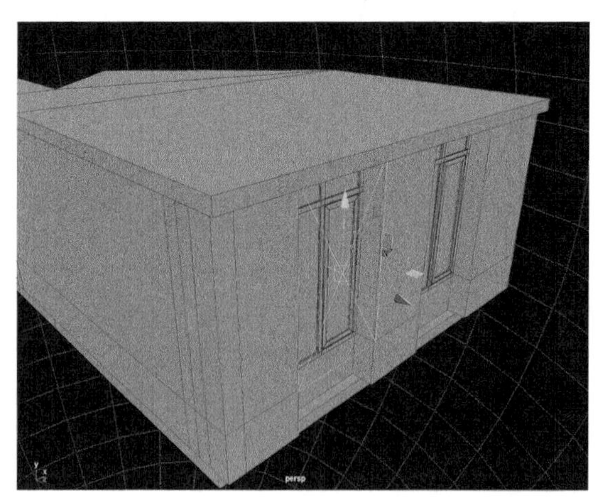

图8-85

（4）在“属性编辑器”面板中，展开“Arnold Area Light Attributes”（Arnold 区域灯光属性）卷展栏，设置灯光的“Intensity”值为 300，Exposure 值为 9，提高区域光的照明强度，如图 8-86 所示。

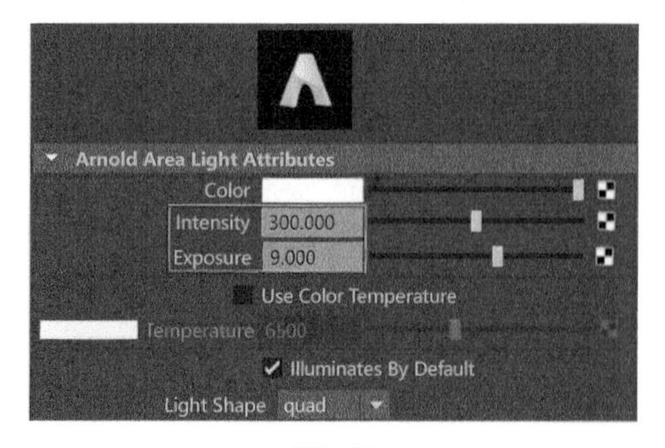

图8-86

（5）观察场景中的房间模型，我们可以看到，该房间的一侧墙上有两个窗户。我们将刚刚创建的区域灯光复制一个，并调整其至另一个窗户模型的位置处，如图 8-87 所示。

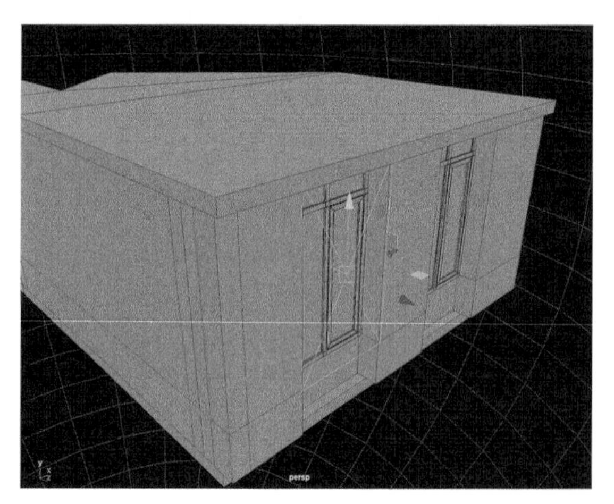

图8-87

（6）再次复制一个区域灯光，并调整其位置，如图 8-88 所示，制作出门外走廊透进来的天光效果。

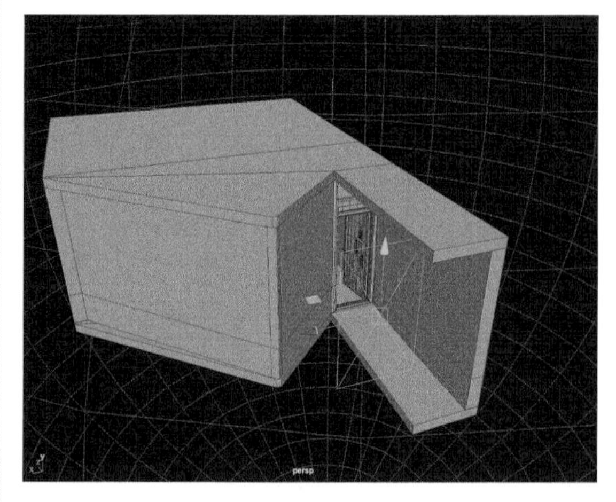

图8-88

8.4.10 渲染设置

（1）打开“渲染设置”面板，在“公用”选项卡中展开“图像大小”卷展栏，设置渲染图像的“宽度”为 1600 像素，“高度”为 1200 像素，如图 8-89 所示。

（2）在“Arnold Renderer”选项卡中展开“Sampling”卷展栏，设置“Camera（AA）”值为 6，提高渲染图像的计算采样精度，如图 8-90 所示。

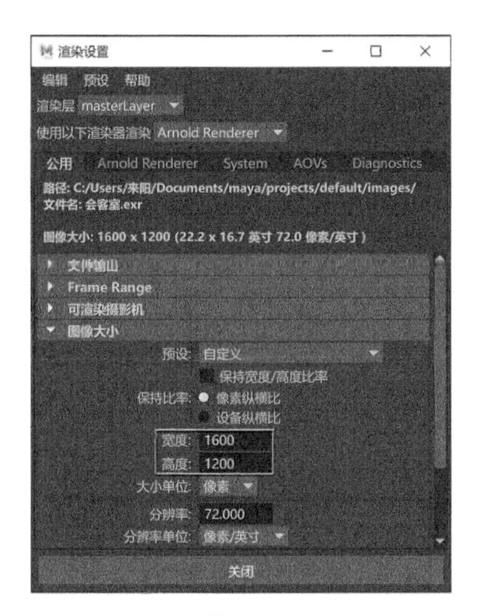

图8-89

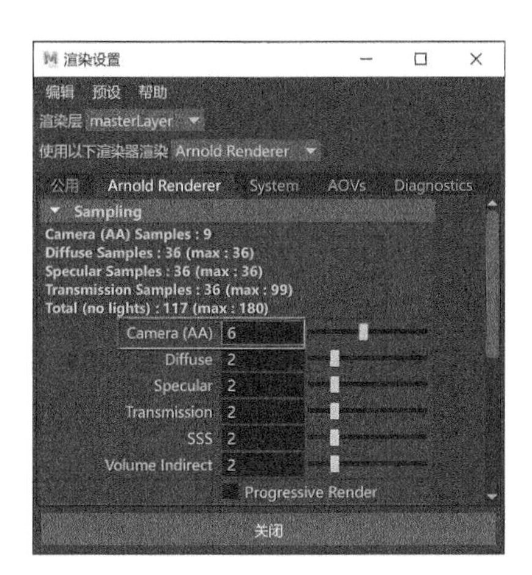

图8-90

（3）设置完成后，渲染场景，渲染结果如图8-91所示。

图8-91

（4）在“Arnold RenderView”（Arnold渲染窗口）右侧的“Display”（显示）选项卡中，设置渲染图像的“Gamma”值为2，如图8-92所示。

图8-92

（5）本实例的最终渲染结果如图8-93所示。

图8-93

8.5 综合实例：餐桌天光表现

本实例通过一个餐桌场景的渲染制作来为大家详细讲解材质、灯光及渲染设置的综合运用，最终渲染效果如图8-94所示，线框渲染效果如图8-95所示。

打开本书配套资源“餐桌.mb”文件，如图8-96所示。

图8-94

图8-95

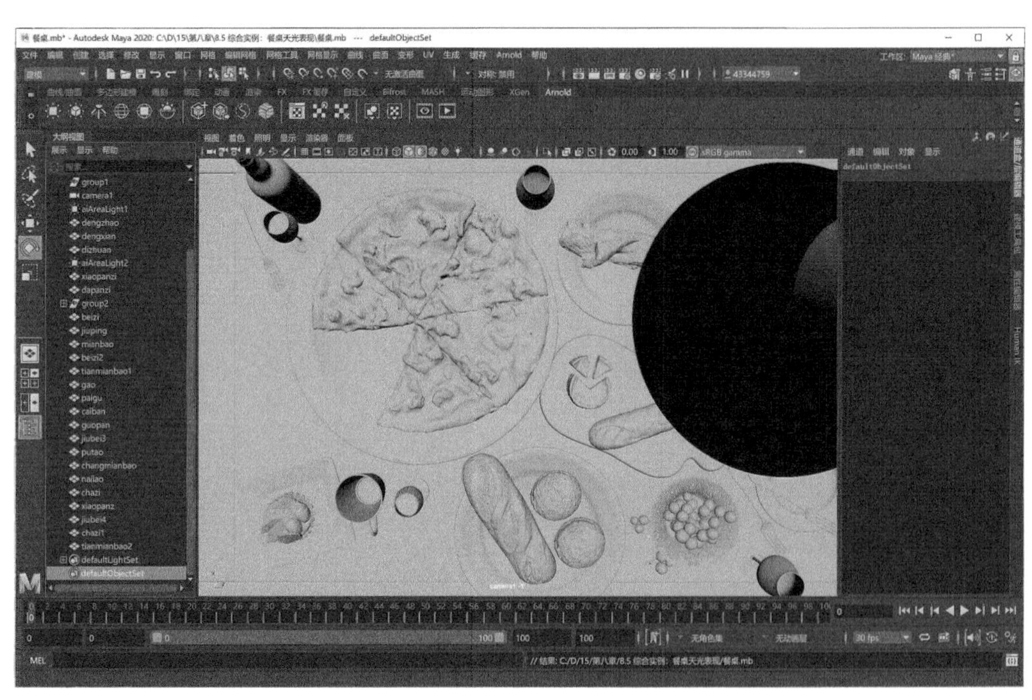

图8-96

8.5.1 制作酒瓶材质

本实例中的地砖材质渲染结果如图 8-97 所示，具体制作步骤如下。

（1）在场景中选择酒瓶模型，如图 8-98 所示。

（2）单击“渲染”工具架中的“标准曲面材质”按钮，为所选择的酒瓶模型指定标准曲面材质，如图 8-99 所示。

（3）在“属性编辑器”面板中展开“镜面反射”卷展栏，设置“权重”值为 1，“粗糙度”值为 0.05，增强酒瓶材质的镜面反射效果，如图 8-100 所示。

图8-97

图8-98

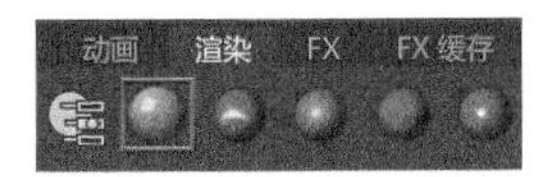

图8-99

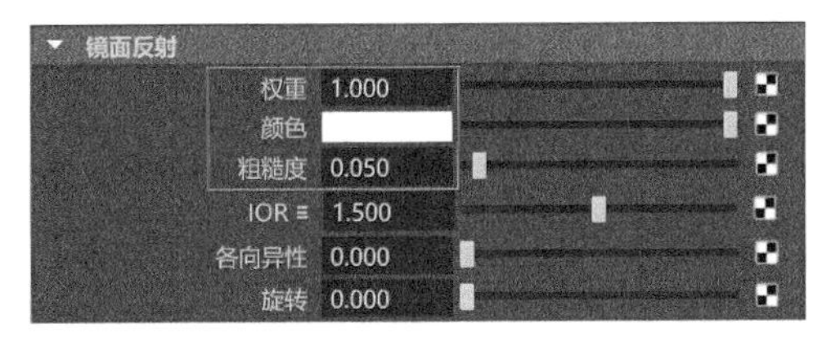

图8-100

（4）在“透射”卷展栏中设置“权重”值为1，将材质设置成透明效果，将“颜色”设置为棕色，如图8-101所示。其中，“颜色”的设置读者可以参考图8-102所示的参数值。

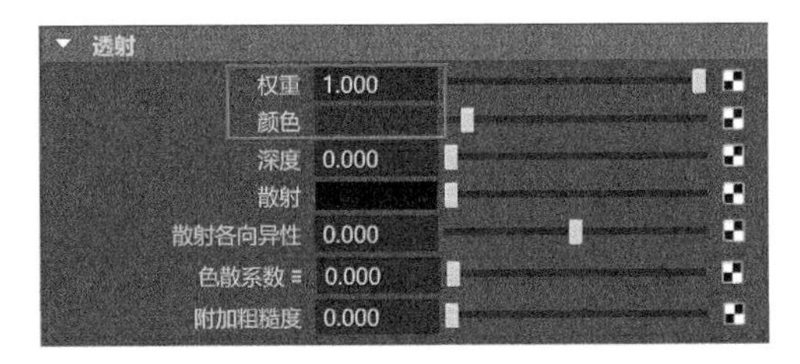

图8-101

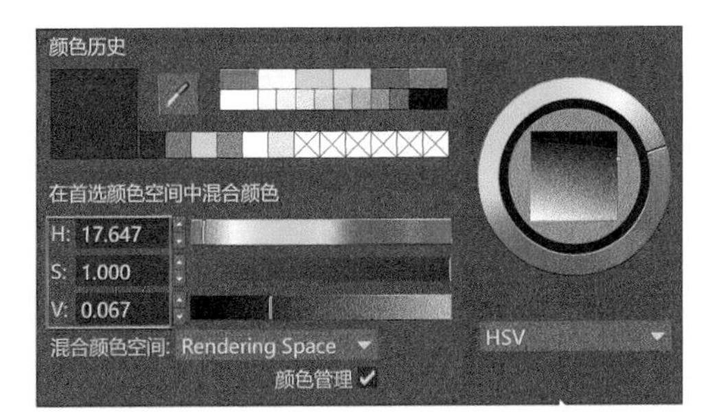

图8-102

（5）制作完成后的酒瓶材质球如图8-103所示。

图8-103

8.5.2 制作酒水材质

本实例中的酒水材质渲染结果如图8-104所示，具体制作步骤如下。

图8-104

（1）在场景中选择酒水模型，如图8-105所示。

图8-105

（2）单击“渲染”工具架中的“标准曲面材质”按钮，为所选择的酒水模型指定标准曲面材质，如图 8-106 所示。

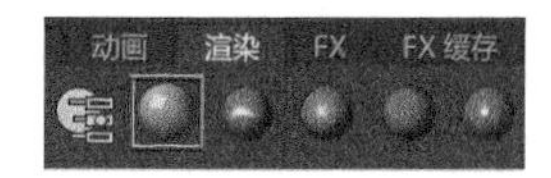

图8-106

（3）在“属性编辑器”面板中展开“镜面反射”卷展栏，设置“权重”值为 1，“粗糙度”值为 0.05，增强酒瓶材质的镜面反射效果，设置“IOR”值为 1.33，如图 8-107 所示。

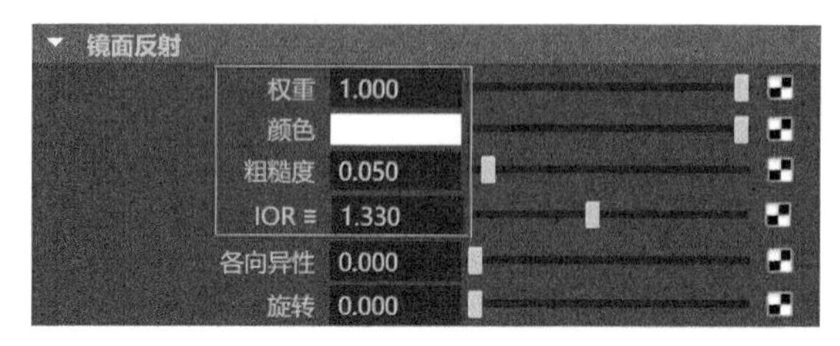

图8-107

（4）在“透射”卷展栏中设置“权重”值为 1，将材质设置成透明效果，将“颜色”设置为酒红色，如图 8-108 所示。其中，“颜色”的设置读者可以参考图 8-109 所示的参数值。

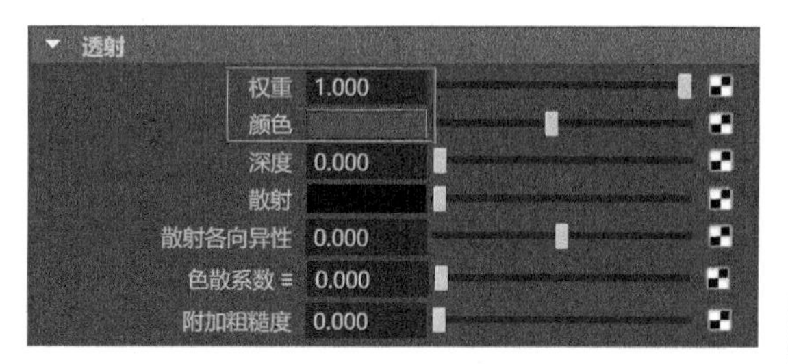

图8-108

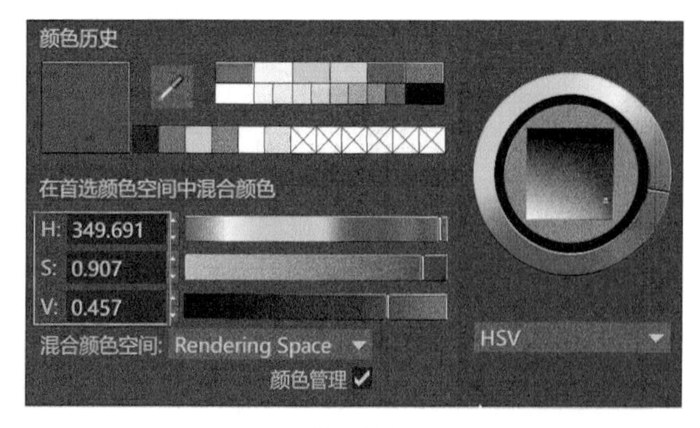

图8-109

（5）制作完成后的酒水材质球如图 8-110 所示。

图8-110

8.5.3 制作金属叉子材质

本实例中的金属叉子材质渲染结果如图 8-111 所示，具体制作步骤如下。

图8-111

（1）在场景中选择叉子模型，如图 8-112 所示，并为其指定标准曲面材质。

图8-112

（2）在“属性编辑器”面板中展开“基础”卷展栏，设置“金属度”值为1，开启材质的金属特性计算，如图8-113所示。

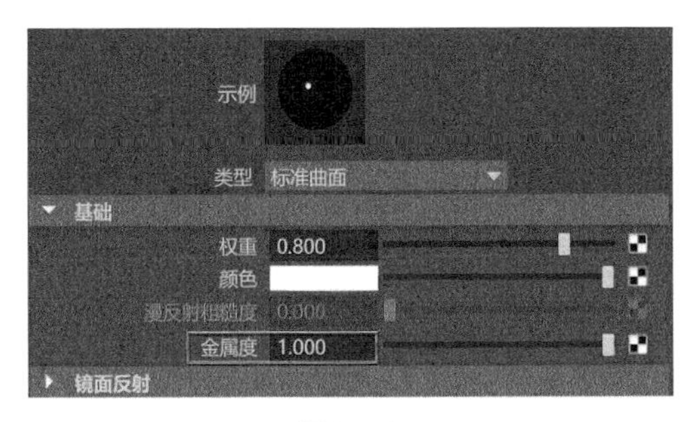

图8-113

（3）展开“镜面反射”卷展栏，设置“权重”值为1，“颜色”为白色，“粗糙度”值为0.1，增强金属材质的镜面反射效果，如图8-114所示。

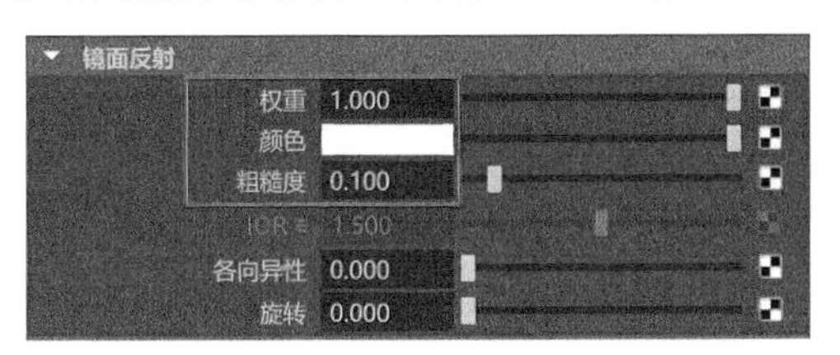

图8-114

（4）制作完成后的金属叉子材质球如图8-115所示。

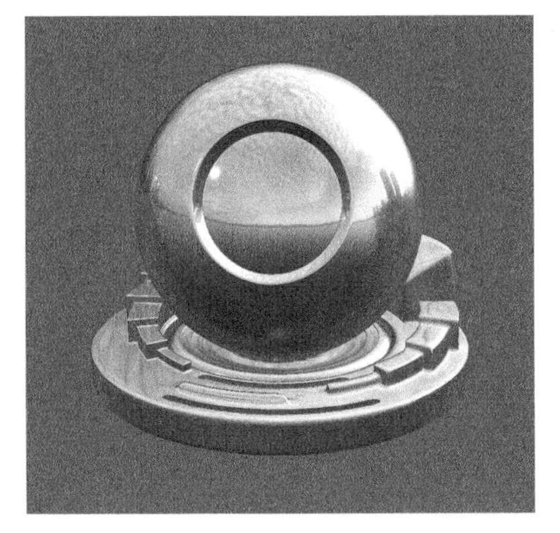

图8-115

8.5.4 制作面包材质

本实例中的面包材质渲染结果如图8-116所示，具体制作步骤如下。

（1）在场景中选择面包模型，如图8-117所示，并为其指定标准曲面材质。

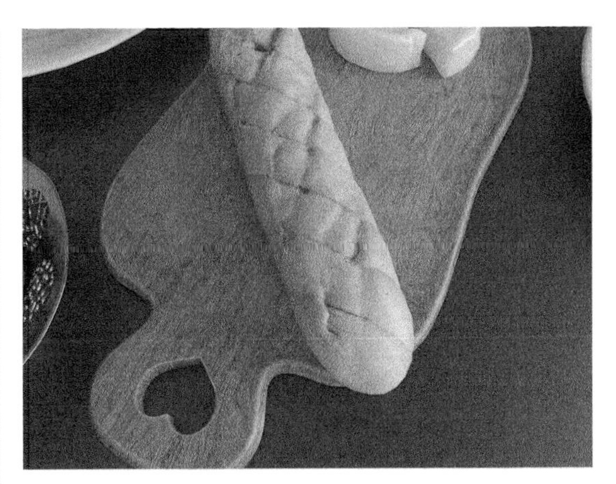

图8-116

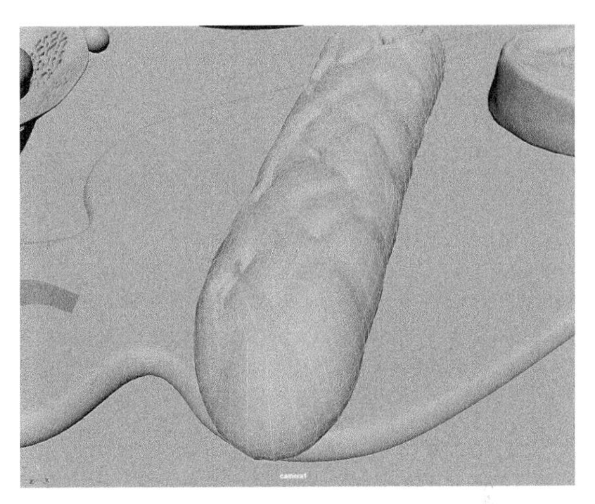

图8-117

（2）在“基础”卷展栏中为“颜色”指定一张“长面包.jpg”贴图文件，如图8-118所示。

图8-118

（3）展开“镜面反射”卷展栏，设置“权重”值为0.5，“粗糙度”值为0.4，如图8-119所示。

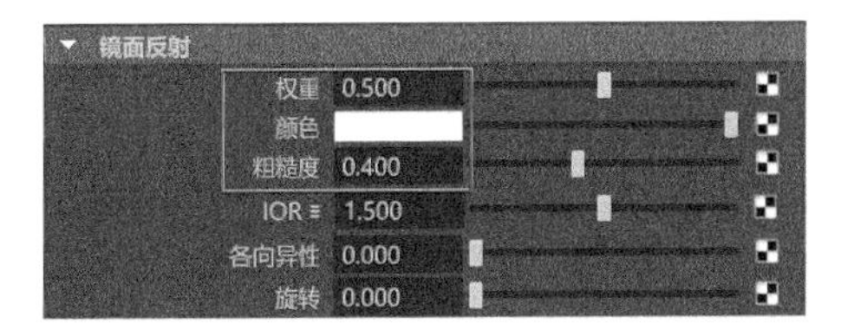

图8-119

（4）制作完成后的面包材质球如图 8-120 所示。

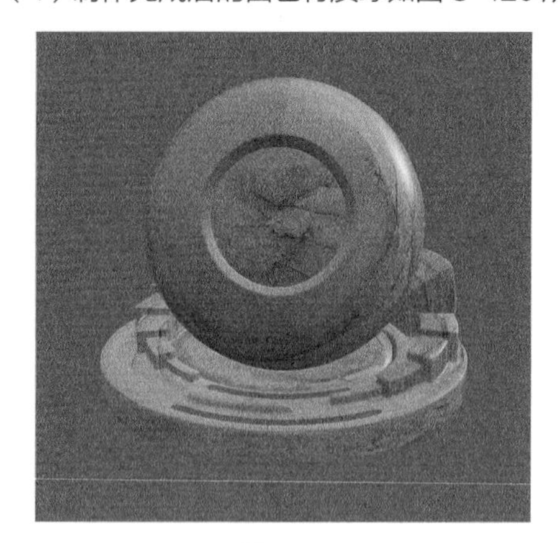

图8-120

8.5.5 制作葡萄材质

本实例中的葡萄材质渲染结果如图 8-121 所示，具体制作步骤如下。

图8-121

（1）在场景中选择葡萄模型，如图 8-122 所示，并为其指定标准曲面材质。

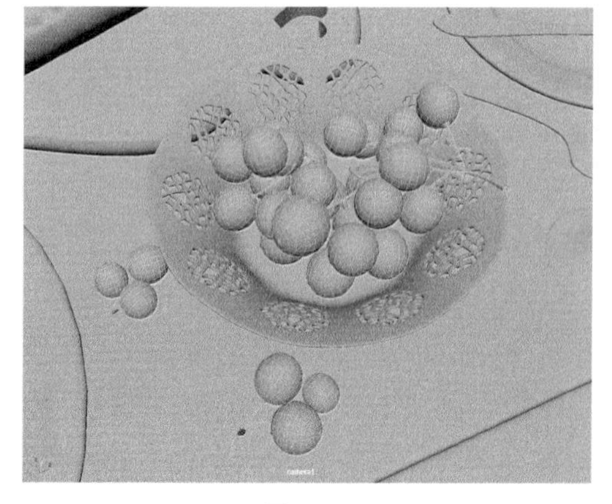

图8-122

（2）在“基础”卷展栏中，为“颜色”指定一张“葡萄.jpg”贴图文件，如图 8-123 所示。

图8-123

（3）展开“镜面反射”卷展栏，设置“权重”值为 1，“粗糙度”值为 0.3，如图 8-124 所示。

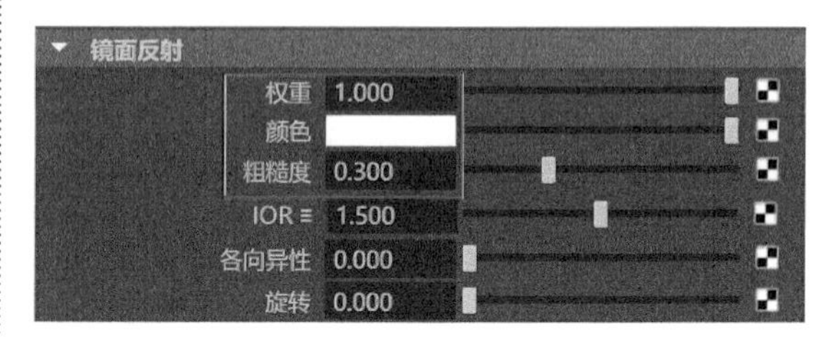

图8-124

（4）制作完成后的葡萄材质球如图 8-125 所示。

图8-125

8.5.6 制作奶酪材质

本实例中的奶酪材质渲染效果如图 8-126 所示，具体制作步骤如下。

（1）在场景中选择奶酪模型，如图 8-127 所示，并为其指定标准曲面材质。

（2）在“基础”卷展栏中为“颜色”指定一张“奶酪.jpg”贴图文件，如图 8-128 所示。

图8-126

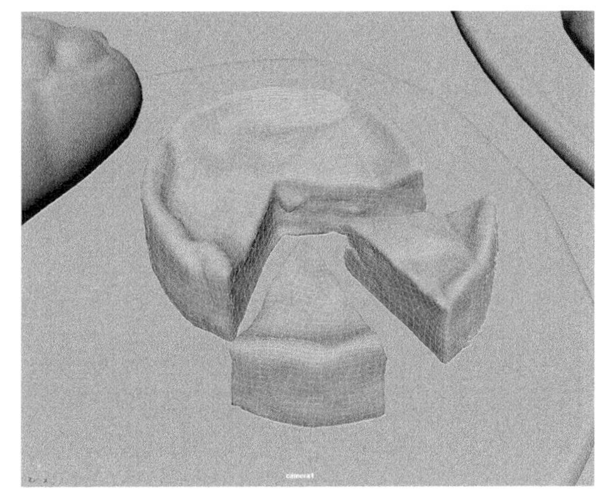
图8-127

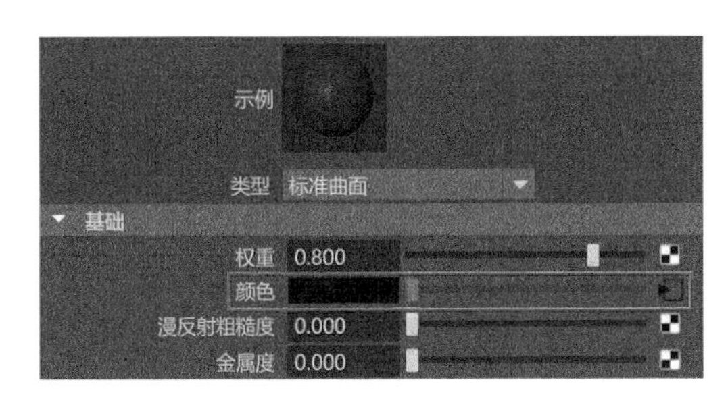

图8-128

（3）展开“镜面反射”卷展栏，设置“权重”值为1，“颜色”为白色，“粗糙度”值为0.4，如图8-129所示。

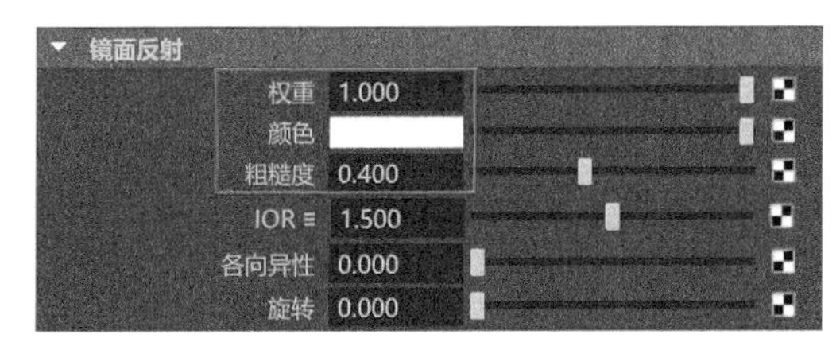

图8-129

（4）在“次表面”卷展栏中设置“权重”值为0.5，“颜色”为黄色，如图8-130所示。“颜色”的设置读者可以参考图8-131所示的参数值。

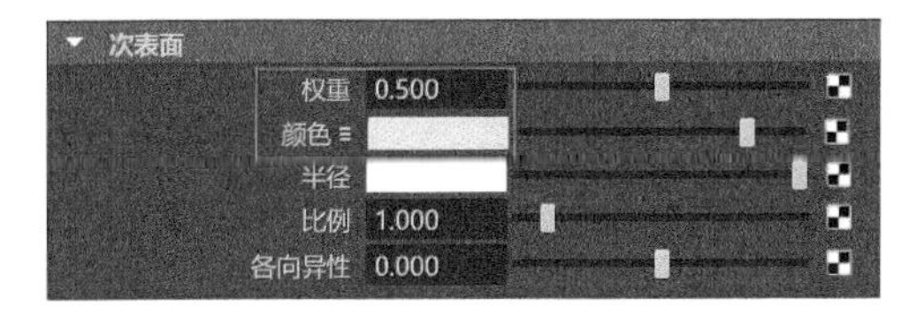

图8-130

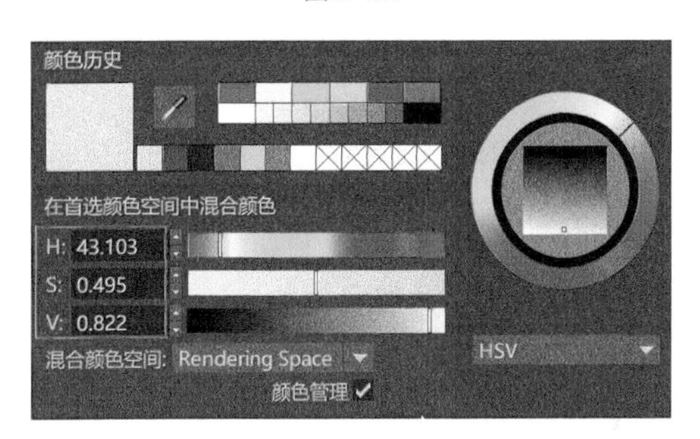

图8-131

（5）制作完成后的奶酪材质球如图8-132所示。

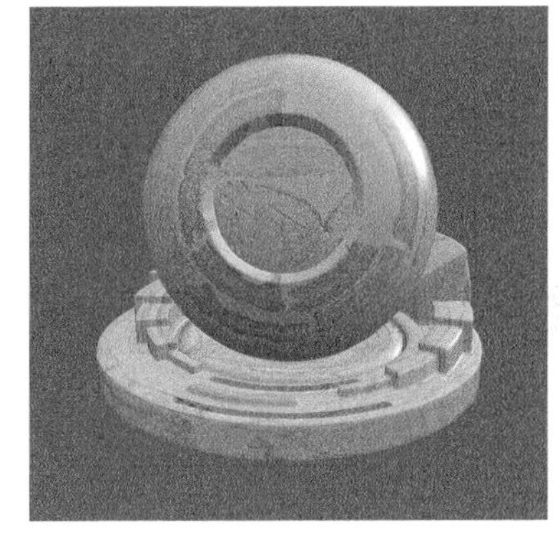
图8-132

8.5.7 制作天光照明效果

接下来进行场景灯光照明设置，具体制作步骤如下。

（1）在“Arnold”工具架中单击“Create Area Light”（创建区域光）按钮，如图8-133所示，在场景中创建一个Arnold渲染器的区域灯光。

图8-133

（2）按快捷键R，使用“缩放”工具对区域灯光进行缩放，在“右视图”中调整其大小和位置，如图 8-134 所示，与场景中房间的窗户大小相近即可。

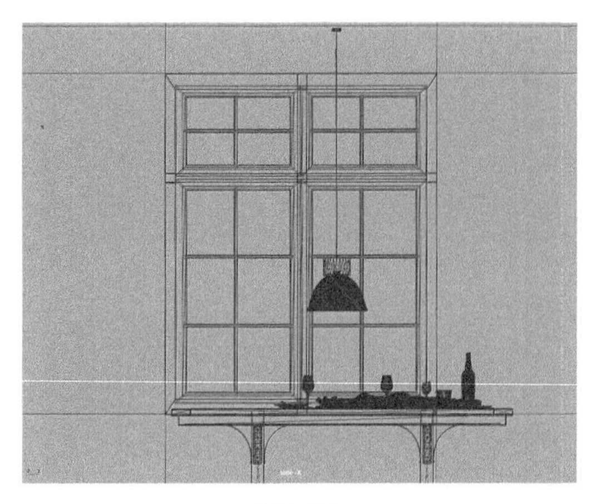

图8-134

（3）使用“移动”工具调整区域光的位置，如图 8-135 所示，将灯光放置在房间外窗户模型的位置处。

图8-135

（4）在“属性编辑器”面板中，展开“Arnold Area Light Attributes”（Arnold 区域灯光属性）卷展栏，设置灯光的“Intensity”值为 500，“Exposure”值为 9，提高区域光的照明强度，如图 8-136 所示。

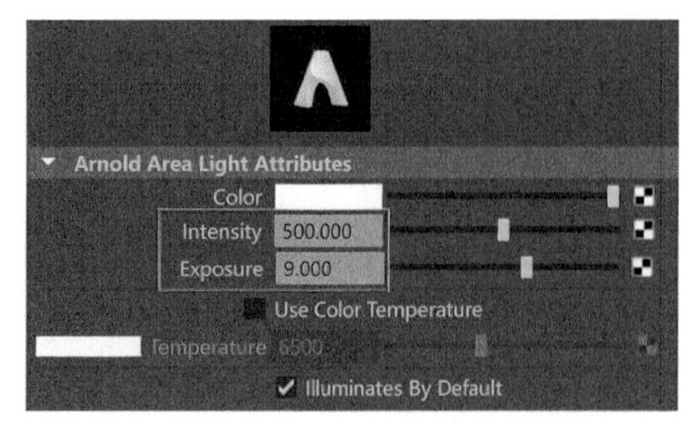

图8-136

（5）观察场景中的房间模型，我们可以看到该房间的一侧墙上有两个窗户。将刚刚创建的区域灯光复制一个，并调整其至另一个窗户模型的位置处，如图 8-137 所示。

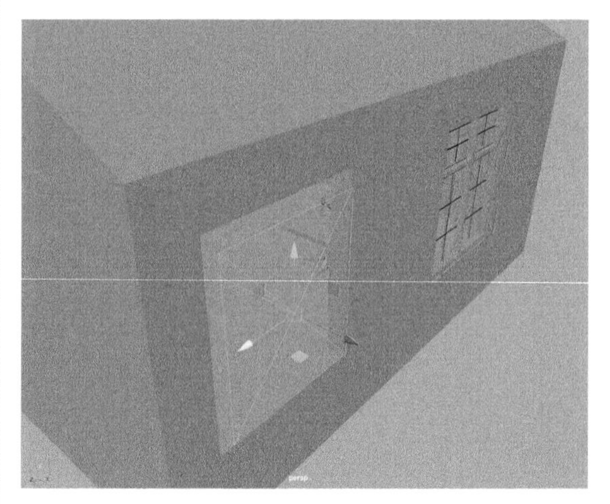

图8-137

8.5.8 渲染设置

（1）打开“渲染设置”面板，在“公用”选项卡中展开“图像大小”卷展栏，设置渲染图像的“宽度”为1600像素，“高度”为1200像素，如图8-138所示。

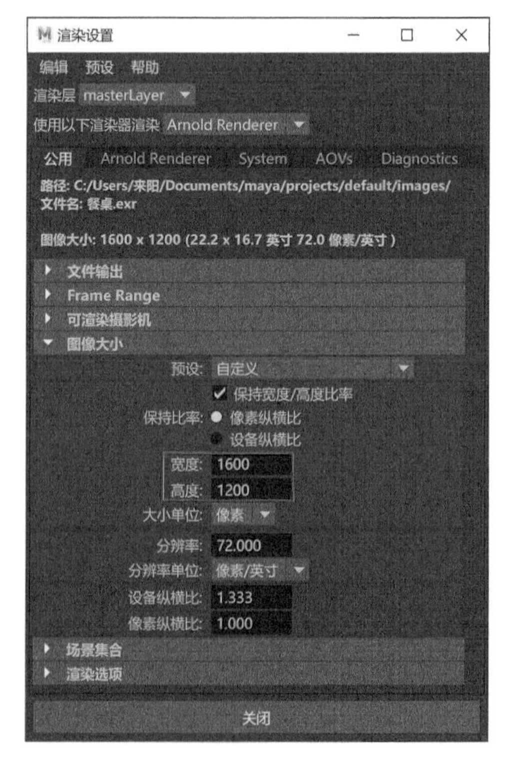

图8-138

（2）在“Arnold Renderer”选项卡中展开“Sampling”卷展栏，设置“Camera（AA）”值为5，提高渲染图像的计算采样精度，如图8-139所示。

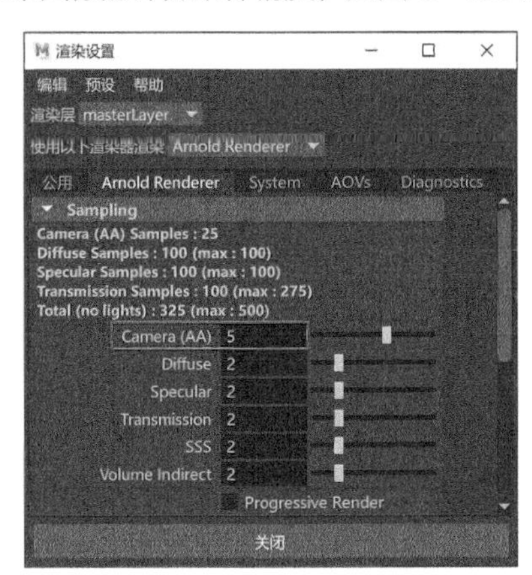

图8-139

（3）设置完成后，渲染场景，渲染结果如图8-140所示。

图8-140

（4）在“Arnold RenderView”（Arnold渲染窗口）右侧的“Display”（显示）选项卡中，设置渲染图像的“Gamma”值为1.5，“Exposure”值为1，“View Transform”为“Rec 709 gamma”，如图8-141所示。

图8-141

（5）本实例的最终渲染结果如图8-142所示。

图8-142

动画技术

扫码在线观看
案例讲解视频

9.1 动画概述

动画是一门集合了漫画、电影、数字媒体等多种艺术形式的综合艺术，也是一门年轻的学科。它经过了100多年的发展，迄今已经形成了较为完善的理论体系和多元化产业，其独特的艺术魅力深受人们的喜爱。在本书中，动画仅狭义地指代使用Maya来设置对象的形变及运动记录过程。Maya是欧特克公司推出的旗舰级三维动画软件，为广大三维动画师提供了功能丰富、强大的动画工具来制作优秀的动画作品。通过对Maya多种动画工具的组合使用，场景看起来会更加生动，角色看起来会更加真实。

在Maya中给对象设置动画的工作流程跟传统的设置木偶动画的流程非常相似。例如，在制作木偶动画时，木偶的头部、身体和四肢这些部分不可能在分散的情况下就开始动画的制作，在三维软件中也是如此。我们通常需要将要设置动画的模型进行分组，并且设置好这些模型对象之间的相互影响关系（这一过程称为“绑定”或“装置”），最后再进行动画的制作，遵从这一规律制作出来的三维动画将会大大减少后期设置关键帧所消耗的时间，并且还有利于动画项目的修改及完善。Maya还内置了动力学技术模块，可以为场景中的对象进行逼真而细腻的动力学动画计算，从而为三维动画师节省了大量的工作步骤及时间，极大地提高了动画的精准程度。有关动画设置方面的工具图标，我们可以在“动画”工具架和“绑定”工具架中找到，如图9-1和图9-2所示。

图9-1

图9-2

下面将对其中较为常用的工具图标进行详细讲解。另外，通过观察，我们不难发现这两个工具架中有部分工具图标是重复出现的。

9.2 动画基本操作

有关动画基本操作的工具图标位于“动画”工具架的前半部分，如图9-3所示。

图9-3

常用工具解析

播放预览：为场景动画生成预览影片。

运动轨迹：为所选择的对象生成动画运动轨迹曲线。

重影：为所选对象显示重影效果。

取消重影：取消所选对象的重影效果。

烘焙动画：烘焙所选择对象的动画关键帧。

9.2.1 播放预览

单击“播放预览”按钮，可以在Maya中生成动画预览影片，影片生成完成后，会自动启用当前计算机中的视频播放器播放该动画影片。双击“播放预览”按钮还可以打开“播放预览选项”面板，如图9-4所示。

常用参数解析

时间范围：用于设置播放预览显示的是整个时间滑块的范围，还是用户自己设定的范围。如果选择“开始/结束”选项，则会自动激活下方的“开始时间”和“结束时间”这两个参数。

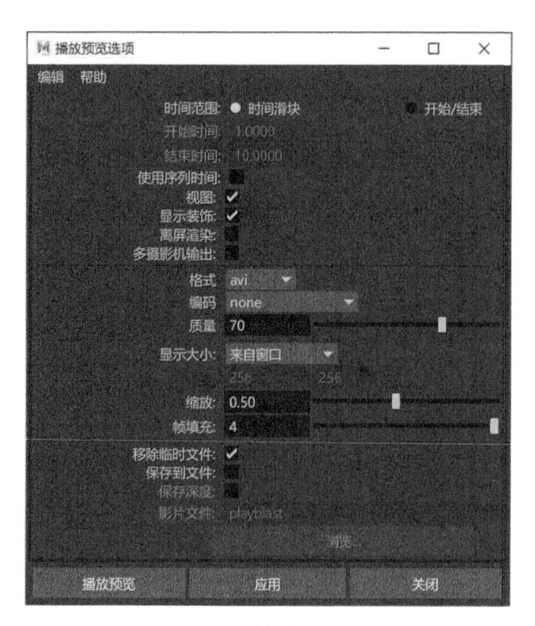

图9-4

使用序列时间：勾选该选项会使用“摄影机序列器”中的“序列时间”参数值来播放预览动画。

视图：勾选该选项，播放预览将使用默认的查看器显示图像。

显示装饰：勾选该选项，将显示摄影机名称以及视图左下方的坐标轴。

离屏渲染：允许用户在不打开 Maya 场景视图的情况下使用“脚本编辑器”来播放预览。

多摄影机输出：与立体摄影机搭配使用该选项，可以同时捕捉左侧摄影机和右侧摄影机的输出画面。

格式：选择预览影片的生成格式。

编码：选择影片输出的编解码器。

质量：设置影片的压缩质量。

显示大小：设置预览影片的显示大小。

缩放：设置预览影片相对于视图显示大小的比例值。

9.2.2 动画运动轨迹

使用“运动轨迹”这一工具可以很方便地在 Maya 的视图区域内观察物体的运动状态。例如，当动画师在制作角色动画时，使用该功能可以查看角色全身每个关节的动画轨迹形态。图 9-5 所示为一具骨骼奔跑时的动画运动轨迹，其中，显示为红色的部分是已经播放完成的动作轨迹，显示为蓝色的部分是即将播放的动作轨迹。在视图中对运动轨迹进行修改还会影响整个运动对象的动画效果，如图 9-6 所示。

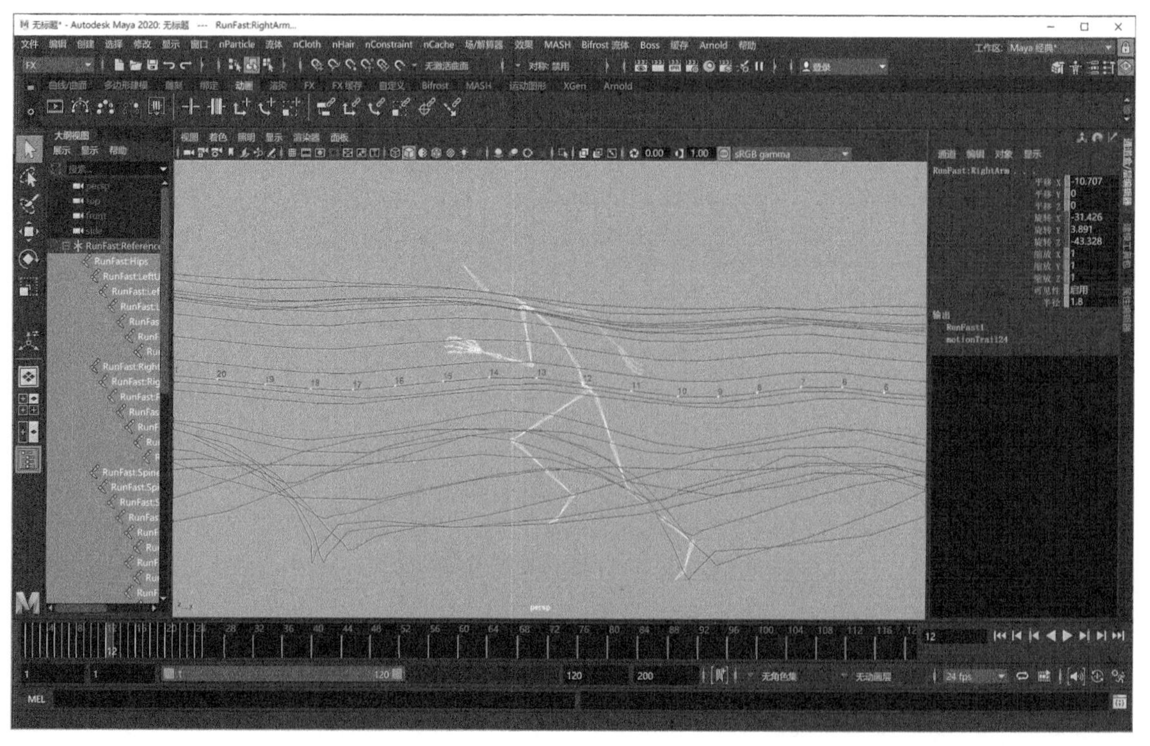

图9-5

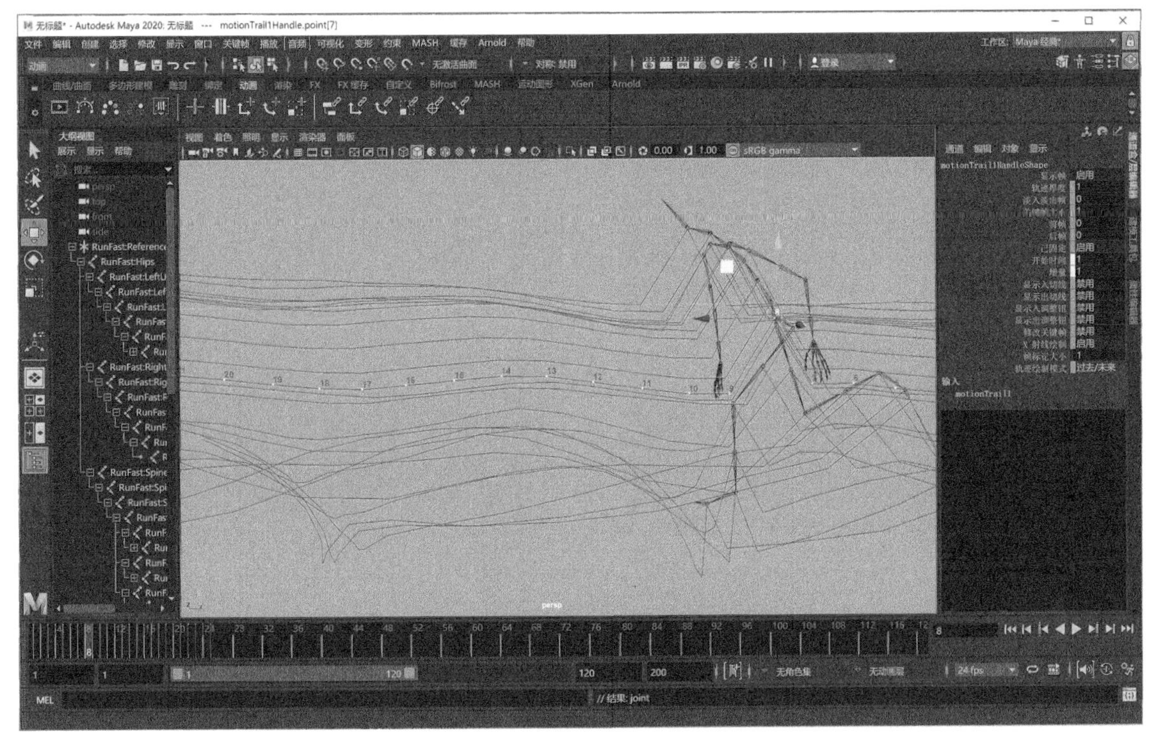

图9-6

双击“运动轨迹”按钮，可以打开“运动轨迹选项”面板，其中的参数设置如图 9-7 所示。

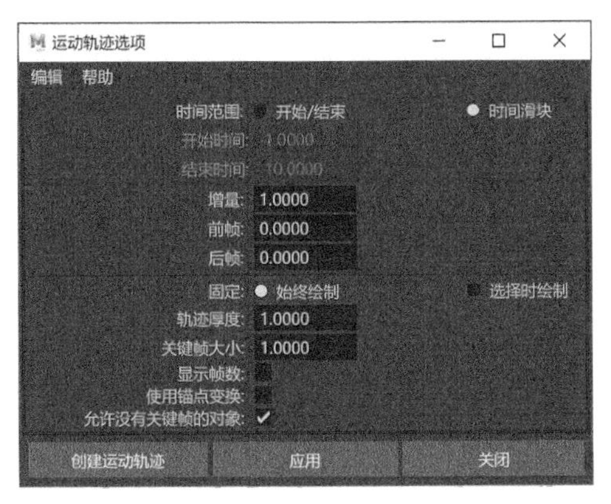

图9-7

常用参数解析

时间范围：设置运动轨迹显示的时间范围，有“开始 / 结束”和“时间滑块”这两个选项可用。

增量：设置运动轨迹生成的分辨率。

前帧：设置运动轨迹当前时间前的帧数。

后帧：设置运动轨迹当前时间后的帧数。

固定：当选择“始终绘制”选项时，运动轨迹在场景中总是可见；当选择“选择时绘制”选项时，则仅在选择对象时显示运动轨迹。

轨迹厚度：用于设置运动轨迹曲线的粗细。图 9-8 所示为该值分别是 1 和 5 的运动轨迹显示结果对比。

关键帧大小：设置在运动轨迹上显示的关键帧的大小。图 9-9 所示为该值分别是 1 和 10 的关键帧显示结果对比。

显示帧数：用于设置显示或隐藏运动轨迹上的关键点的帧数。

9.2.3　动画重影效果

在传统动画的制作中，动画师可以通过快速翻开连续的动画图纸以观察对象的动画节奏效果，令人欣慰的是，Maya 也为动画师提供了用来模拟这一功能的工具，即“重影”。使用 Maya 的重影功能可为所选择对象的当前帧显示多个动画对象，通过这些图像，动画师可以很方便地观察物体的运动效果是否符合自己的需要。图 9-10 所示为在视图中设置了重影前后的蝴蝶飞舞动画显示效果对比。

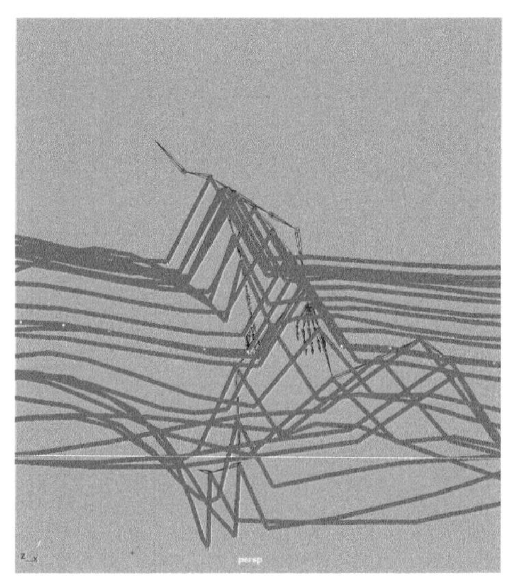

图9-8

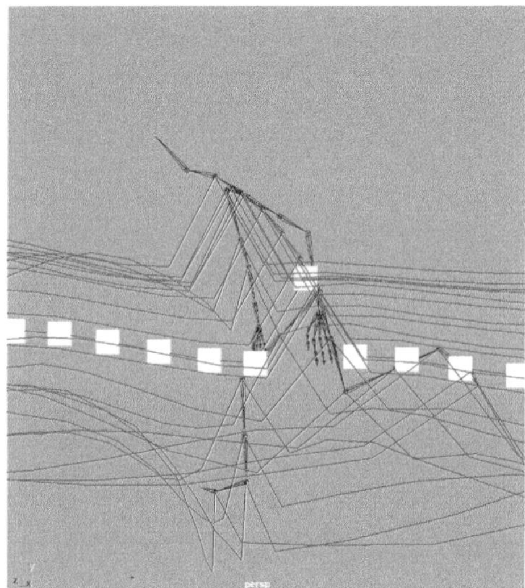

图9-9

图9-10

9.2.4 烘焙动画

通过“烘焙动画”工具，动画师可以使用模拟所生成的动画曲线来对当前场景中的对象进行动画编辑。烘焙动画的参数设置如图 9-11 所示。

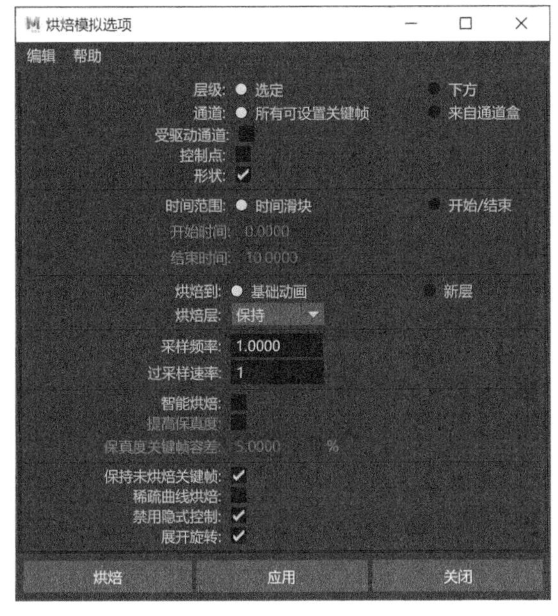

图9-11

常用参数解析

层次：指定将如何从分组的或设置为子对象的对象的层次中烘焙关键帧集。

选定：指定要烘焙的关键帧集将仅包含当前选定对象的动画曲线。

下方：指定要烘焙的关键帧集将包括选定对象以及层次中其下方的所有对象的动画曲线。

通道：指定动画曲线将包括在关键帧集中的通道（可设置关键帧属性）。

所有可设置关键帧：指定关键帧集将包括选定对象的所有可设置关键帧属性的动画曲线。

来自通道盒：指定关键帧集将仅包括当前在“通道盒”中选定的那些通道的动画曲线。

受驱动通道：指定关键帧集将只包括所有受驱动关键帧。受驱动关键帧使可设置关键帧属性（通道）的值能够由其他属性的值所驱动。

控制点：指定关键帧集是否将包括选定可变形对象的控制点的所有动画曲线。控制点包括“NURBS 控制顶点”（CV）“多边形顶点”和“晶格点”。

形状：指定关键帧集是否将包括选定对象的形状节点以及其变换节点的动画曲线。

时间范围：指定关键帧集的动画曲线的时间范围。

开始/结束：指定从“开始时间”到“结束时间”的时间范围。

时间滑块：指定由时间滑块的“播放开始”和“播放结束”时间定义的时间范围。

开始时间：指定时间范围的开始（“开始/结束”选项时可用）。

结束时间：指定时间范围的结束（选择“开始/结束”选项时可用）。

烘焙到：指定希望如何烘焙来自层的动画。

采样频率：指定 Maya 对动画进行求值及生成关键帧的频率。增大该值时，Maya 为动画设置关键帧的频率将会减少。减小该值时，效果相反。

智能烘焙：勾选时，会通过仅在烘焙动画曲线具有关键帧的时间处放置关键帧，以限制在烘焙过程期间生成的关键帧的数量。

提高保真度：勾选时，会根据设置的百分比值向结果（烘焙）曲线添加关键帧。

保真度关键帧容差：使用该值可以确定 Maya 何时可以将附加的关键帧添加到结果曲线。

保持未烘焙关键帧：勾选时，可保持处于烘焙时间范围之外的关键帧，仅适用于直接连接的动画曲线。

稀疏曲线烘焙：该选项仅对直接连接的动画曲线起作用，勾选时会生成烘焙结果，该烘焙结果仅创建足以表示动画曲线的形状的关键帧。

禁用隐式控制：勾选时，会在执行烘焙模拟之后立即禁用诸如 IK 控制柄等控件的效果。

9.3 关键帧设置

“动画”工具架的中间部分为与“关键帧”有关的工具图标，如图 9-12 所示。

图9-12

常用工具解析

设置关键帧：在所有选定通道上设置关键帧。

设置动画关键帧：在已设置动画关键帧的通道上设置关键帧。

设置平移关键帧：在选定对象的平移通道上设置关键帧。

设置旋转关键帧：在选定对象的旋转通道上设置关键帧。

设置缩放关键帧：在选定对象的缩放通道上设置关键帧。

9.3.1 设置关键帧

在 Maya 中，我们给一个模型在不同的时间帧上分别对其位置设置了关键帧，软件就会自动在这段时间内生成模型的位置变换动画。“设置关键帧”工具可以用来快速记录所选对象“变换属性”的变化情况，单击该按钮，我们可以看到所选对象的“平移”“旋转”和“缩放”这 3 个属性会同时生成关键帧，如图 9-13 所示。

▼ 变换属性

平移	0.100	0.000	11.993
旋转	0.000	0.000	0.000
缩放	1.000	1.000	1.000
斜切	0.000	0.000	0.000
旋转顺序	xyz		
旋转轴	0.000	0.000	0.000

✔ 继承变换

图9-13

在“动画”工具架中双击“设置关键帧”按钮，即可打开“设置关键帧选项”面板，如图 9-14 所示。

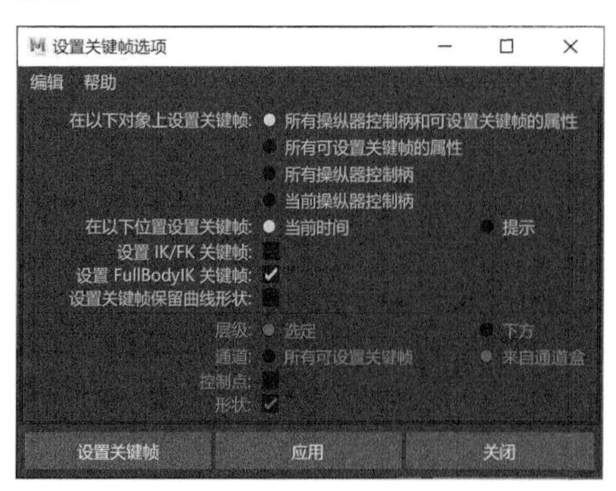

图9-14

常用参数解析

在以下对象上设置关键帧：指定将在哪些属性上设置关键帧，Maya 为用户提供了 4 种选项，默认选项为“所有操纵器控制柄和可设置关键帧的属性”。

在以下位置设置关键帧：指定在设置关键帧时将采用何种方式确定时间。

设置 IK/FK 关键帧：如果勾选该选项，在为一个带有 IK 手柄的关节链设置关键帧时，能为 IK 手柄的所有属性和关节链的所有关节记录关键帧，并能够创建平滑的 IK/FK 动画。只有当“所有可设置关键帧的属性”选项处于被选中的状态时，这个选项才会有效。

设置 FullBodyIK 关键帧：当勾选该选项时，可以为全身的 IK 记录关键帧。

层级：指定在有组层级或父子关系层级的物体中，将采用何种方式设置关键帧。

通道：指定将采用何种方式为选择物体的通道设置关键帧。

控制点：勾选该选项时，将在选择物体的控制点上设置关键帧。

形状：勾选该选项时，将在选择物体的形状节点和变换节点上设置关键帧。

我们还可以仅对“变换属性”里的某一个单一属性设置关键帧，具体操作如下。

第 1 步：启动 Maya，单击“多边形建模”工具架中的“多边形球体”按钮，在场景中创建一个球体模型，如图 9-15 所示。

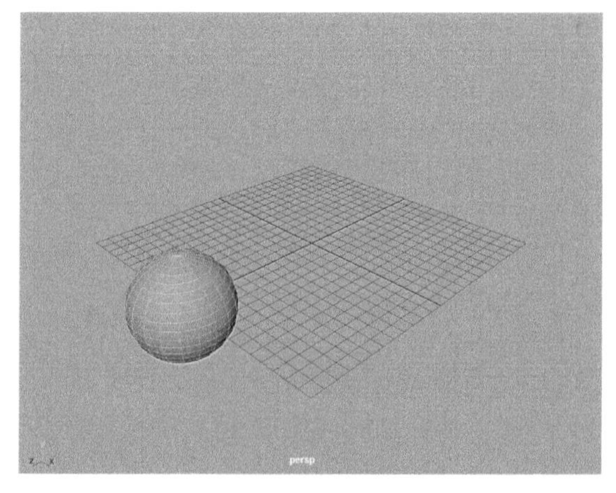

图9-15

第 2 步：在“通道盒 / 层编辑器”面板中，将鼠标指针放置于“平移 Z”属性上并单击鼠标右键，在弹出的快捷菜单中执行“为选定项设置关键帧”命令，这样球体模型的第一个平移关键帧就设置完成了，如图 9-16 所示；设置完成后，观察“平移 Z”属性，可以看到该属性后面出现一个红色方块的标记，说明该值已经记录了动画关键帧，如图 9-17 所示。

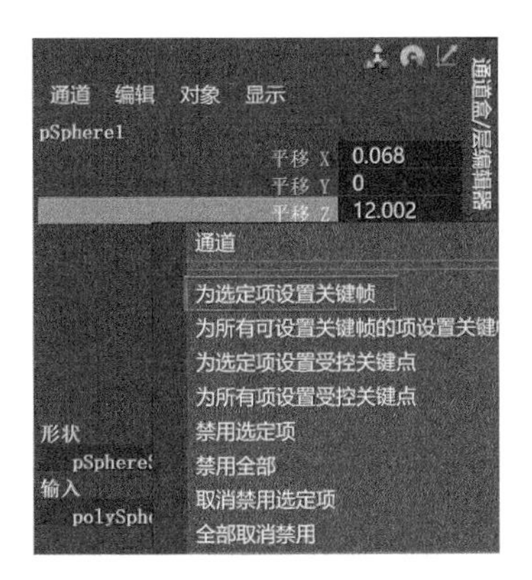

图9-16

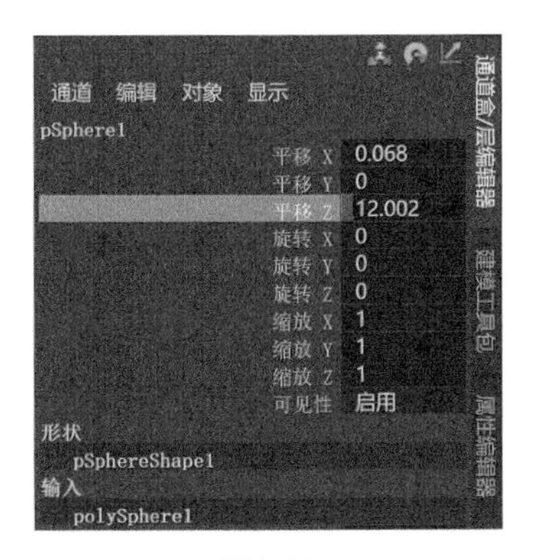

图9-17

第 3 步：将时间移至第 50 帧，沿 Z 轴更改球体模型的位置，如图 9-18 所示。

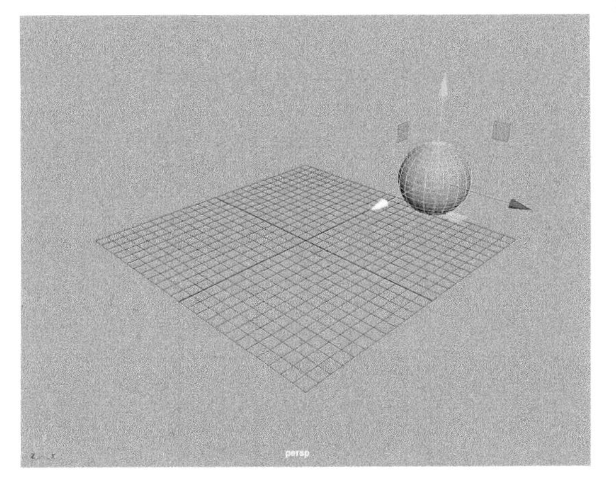

图9-18

第 4 步：使用同样的方式再次对“平移 Z”属性设置关键帧；设置完成后，可以看到已经设置了关键帧的属性后面的小方块颜色由浅红色变为了红色，如图 9-19 所示。

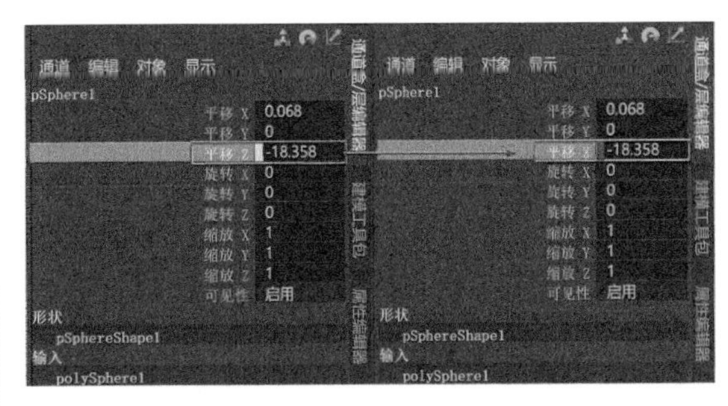

图9-19

第 5 步：制作完成后，现在拖曳时间滑块的位置就可以看到一个简单的平移动画了；图 9-20 所示为显示了运动轨迹曲线后的动画显示效果。

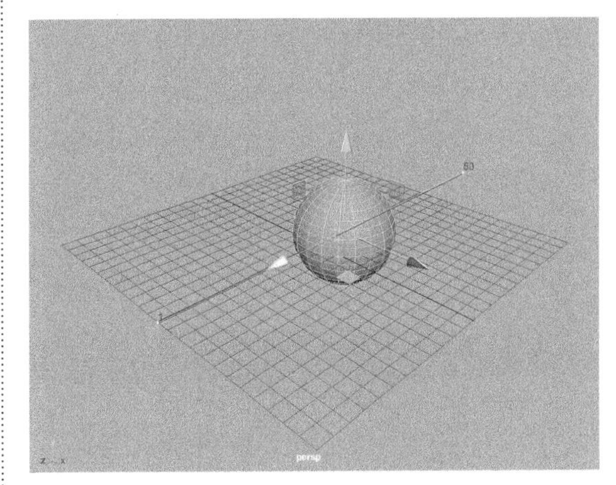

图9-20

9.3.2　设置动画关键帧

“设置动画关键帧”工具不能对没有任何属性动画关键帧记录的对象设置关键帧，我们需要先设置好所选对象属性的第一个关键帧，然后才可以使用该工具继续为有关键帧的属性设置关键帧。

9.3.3　设置平移关键帧、设置旋转关键帧和设置缩放关键帧

“设置平移关键帧”“设置旋转关键帧”和“设置缩放关键帧”这 3 个工具分别用来对所选对象的“平移”“旋转”和“缩放”这 3 个属性进行关键帧设置，

如图9-21～图9-23所示。例如，如果用户只是想记录所选择对象的位置变化情况，那么使用“设置平移关键帧”工具将会使动画工作流程变得非常高效。

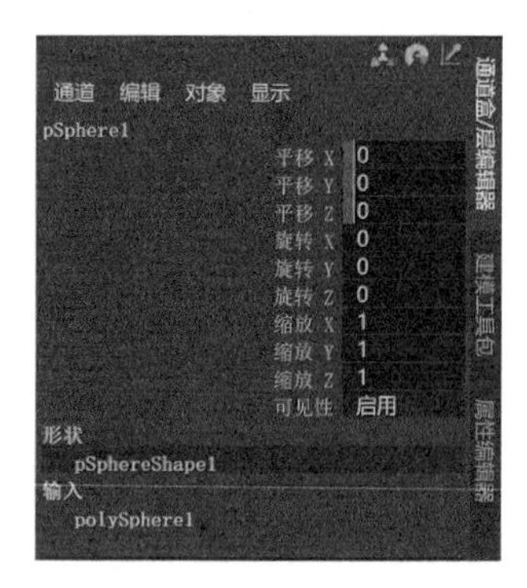

图9-21

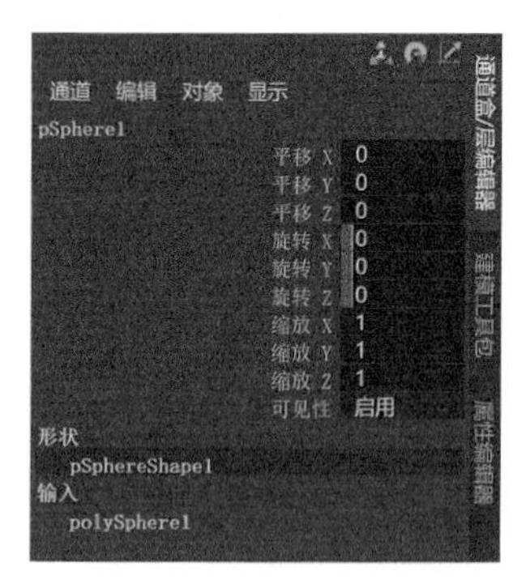

图9-22

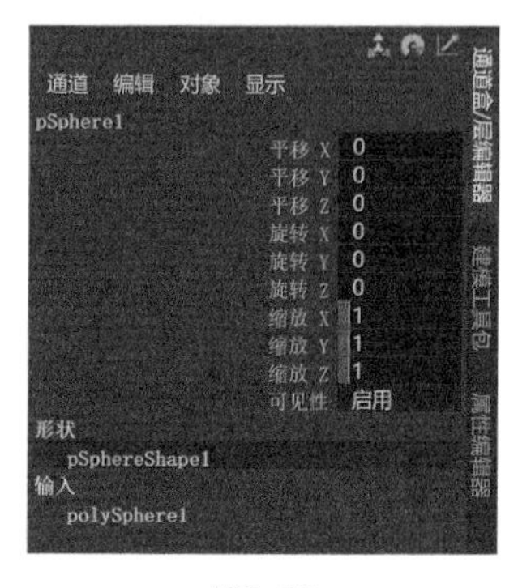

图9-23

如果用户希望删除所选对象的关键帧，则需要按住Shift键才可以选择相应的关键帧，然后单击鼠标右键，执行“删除”命令，如图9-24所示。

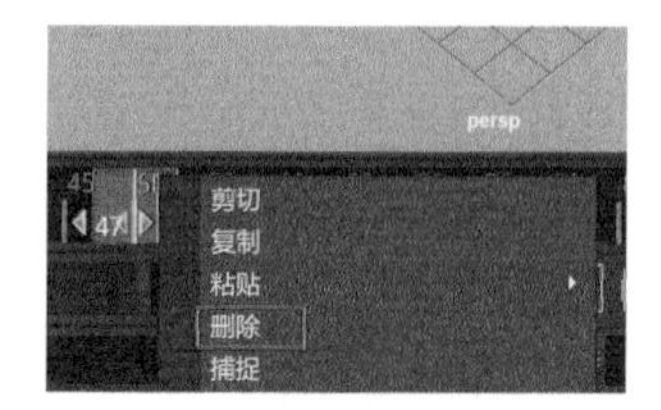

图9-24

9.3.4 设置受驱动关键帧

“绑定”工具架中的最后一个图标是“设置受驱动关键帧”工具，如图9-25所示。

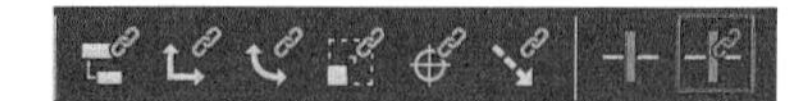

图9-25

我们可以使用该工具在Maya中对两个对象之间的不同属性设置联系，然后使用其中一个对象的某一个属性来控制另一个对象的某一个属性。双击该按钮，可以打开“设置受驱动关键帧”面板，我们可以在此面板中分别设置“驱动者”和“受驱动”的相关属性，如图9-26所示。

图9-26

9.4 动画约束

Maya提供了一系列的“约束”工具供用户解决复杂的动画设置制作问题，我们可以在“动画”工具架或者“绑定”工具架中找到这些工具，如图9-27所示。

图9-27

常用工具解析

父约束：将一个对象的变换控制约束到另一个对象的变换控制上。

点约束：将一个对象约束到另一个对象的位置上。

方向约束：将一个对象约束到另一个对象的方向上。

缩放约束：将一个对象约束到另一个对象的比例上。

目标约束：将一个网格约束为始终指向另一个网格。

极向量约束：约束 IK 控制柄的末端以跟随另一个对象的位置。

9.4.1 父约束

“父约束”可以在一个对象与多个对象之间同时建立联系，双击“动画”工具架中的“父约束”按钮，即可打开“父约束选项”面板，如图 9-28 所示。

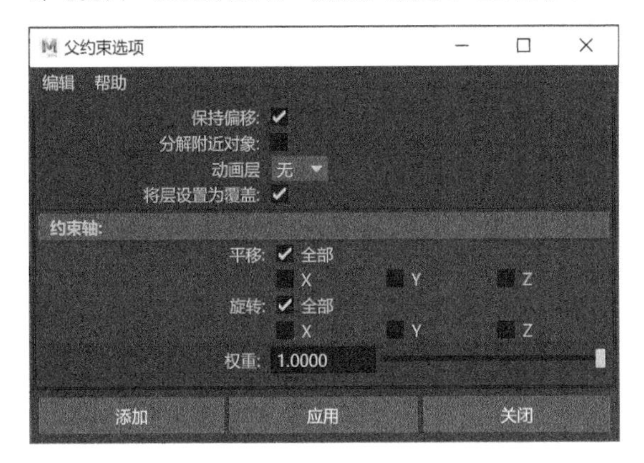

图9-28

常用参数解析

保持偏移：保持受约束对象的原始状态（约束之前的状态）、相对平移和旋转。勾选该选项可以保持受约束对象之间的空间和旋转关系。

分解附近对象：如果受约束对象与目标对象之间存在旋转偏移，则勾选此选项可找到接近受约束对象［而不是目标对象（默认）］的旋转分解。

动画层：使用该选项可以选择要添加父约束的动画。

将层设置为覆盖：勾选时，在“动画层”下拉列表框中选择的层会在将约束添加到动画层时自动设置为“覆盖”模式。

约束轴：决定父约束是受特定轴（X、Y、Z）限制还是受“全部”轴限制。如果勾选“全部”选项，“X”“Y”和“Z”选项将变暗。

权重：仅当存在多个目标对象时，“权重”才有用。

9.4.2 点约束

用户可以使用“点约束”工具设置一个对象的位置受到另外一个或者多个对象的位置的影响。双击“动画”工具架中的“点约束”按钮，即可打开“点约束选项”面板，如图 9-29 所示。

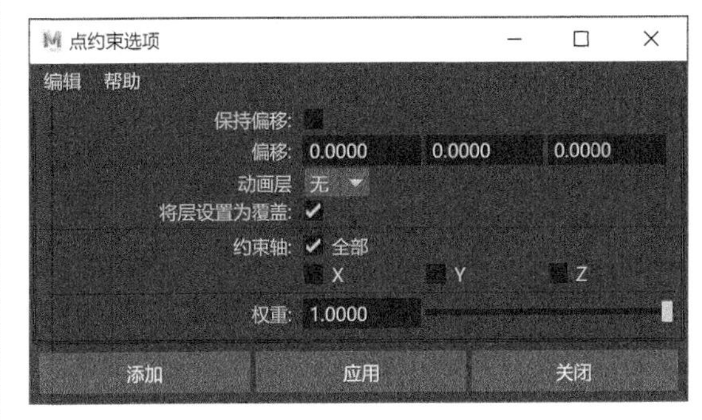

图9-29

常用参数解析

保持偏移：保留受约束对象的原始平移（约束之前的状态）和相对平移。使用该选项可以保持受约束对象之间的空间关系。

偏移：为受约束对象指定相对于目标点的偏移位置（平移 X、Y 和 Z）。请注意，目标点是目标对象旋转枢轴的位置，或是多个目标对象旋转枢轴的平均位置，默认值均为 0。

动画层：允许用户选择要向其中添加点约束的动画层。

将层设置为覆盖：勾选时，在“动画层”下拉列表框中选择的层会在将约束添加到动画层时自动设置为“覆盖”模式。

约束轴：确定是否将点约束限制到特定轴（X、Y、Z）或“全部”轴。

权重：指定目标对象可以影响受约束对象的位置的程度。

9.4.3 方向约束

使用“方向约束”工具，用户可以将一个对象的方向设置为受场景中的其他一个或多个对象的影响。双击“动画”工具架中的“方向约束”按钮，即可打开“方向约束选项”面板，如图9-30所示。

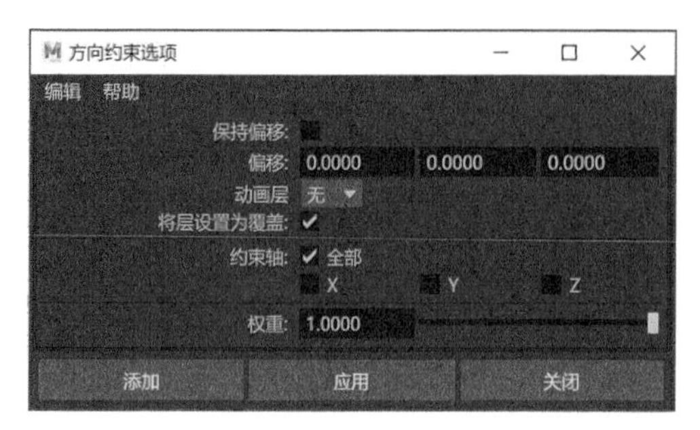

图9-30

常用参数解析

保持偏移：保持受约束对象的原始旋转（在约束之前的状态）和相对旋转。使用该选项可以保持受约束对象之间的旋转关系。

偏移：为受约束对象指定相对于目标点的偏移位置（平移X、Y和Z）。

动画层：可用于选择要添加方向约束的动画层。

将层设置为覆盖：勾选时，在“动画层”下拉列表框中选择的层会在将约束添加到动画层时自动设置为“覆盖”模式。

约束轴：决定方向约束是否受到特定轴（X、Y、Z）的限制或受到“全部”轴的限制。如果勾选“全部”选项，“X”“Y”和“Z”选项将变暗。

权重：指定目标对象可以影响受约束对象的位置的程度。

9.4.4 缩放约束

使用“缩放约束”工具，用户可以将一个缩放对象与另外一个或多个对象相匹配。双击“动画”工具架中的“缩放约束”按钮，即可打开“缩放约束选项”面板，如图9-31所示。

技巧与提示 “缩放约束选项”面板内的属性与“点约束选项”面板内的属性极为相似，因此读者可自行参考上一小节内的属性说明。

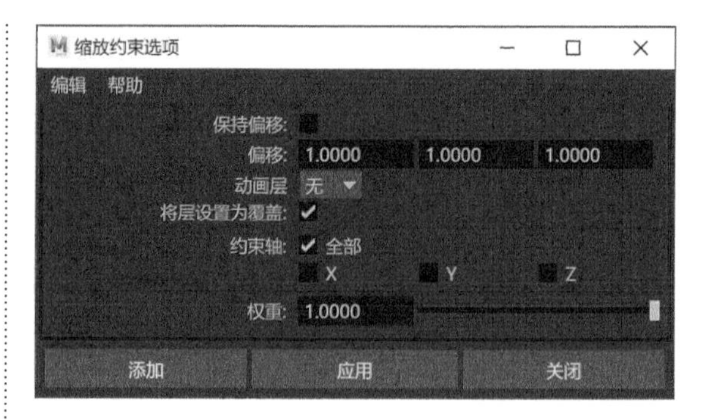

图9-31

9.4.5 目标约束

“目标约束”工具可约束某个对象的方向，以使该对象对准其他对象。例如，在角色设置中，目标约束可以用来设置用于控制眼球转动的定位器。双击“动画”工具架中的“目标约束”按钮，即可打开“目标约束选项”面板，如图9-32所示。

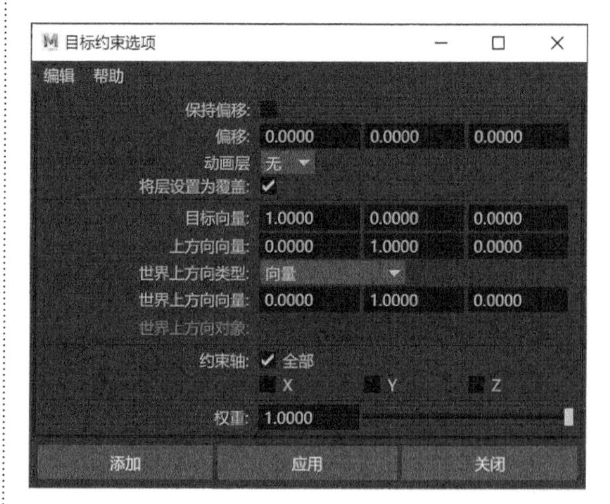

图9-32

常用参数解析

保持偏移：保持受约束对象的原始状态（约束之前的状态）、相对平移和旋转。使用该选项可以保持受约束对象之间的空间和旋转关系。

偏移：为受约束对象指定相对于目标点的偏移位置（平移X、Y和Z）。

动画层：可用于选择要添加目标约束的动画层。

将层设置为覆盖：勾选时，在“动画层”下拉列表框中选择的层会在将约束添加到动画层时自动设置为“覆盖”模式。

目标向量：指定目标向量相对于受约束对象局部空间的方向。目标向量将指向目标点，强制受约束对象相应地确定其本身的方向。默认值指定对象在X轴正半轴进行局部旋转以与目标向量对齐，以指向目标点（1，0，0）。

上方向向量：指定上方向向量相对于受约束对象局部空间的方向。

世界上方向向量：指定世界上方向向量相对于场景世界空间的方向。

世界上方向对象：指定上方向向量尝试对准指定对象的原点，而不是与世界上方向向量对齐。

约束轴：确定是否将目标约束限于特定轴（X、Y、Z）或“全部”轴。如果勾选“全部”选项，“X”“Y”和“Z”选项将变暗。

权重：指定受约束对象的方向可受目标对象影响的程度。

9.4.6 极向量约束

“极向量约束”工具常常应用于角色装备技术中手臂骨骼及腿部骨骼的设置上，用来设置手肘弯曲的方向及膝盖的朝向。双击“动画”工具架中的“极向量约束”按钮，即可打开“极向量约束选项”面板，如图9-33所示。

图9-33

常用参数解析

权重：指定受约束对象的方向可受目标对象影响的程度。

9.4.7 运动路径

“运动路径”可以将一个对象约束到一条曲线上，执行菜单栏“约束 > 运动路径 > 连接到运动路径”命令可以为所选择的对象设置运动路径约束。有关“运动路径”的属性在“连接到运动路径选项”面板中可以找到，如图9-34所示。

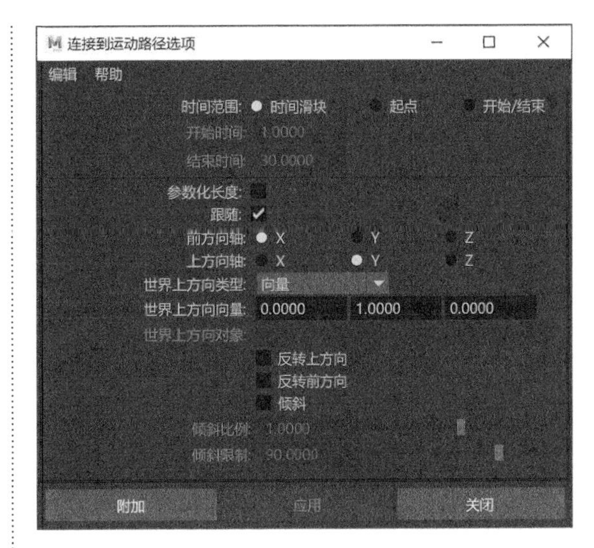

图9-34

常用参数解析

时间范围：设置沿曲线定义运动路径的开始时间和结束时间。

时间滑块：将在“时间滑块”中设置的值用于运动路径的起点和终点。

起点：仅在曲线的起点处或在下面的“开始时间”中设置的其他值处创建一个位置标记。对象将放置在路径的起点处，但除非沿路径放置其他位置标记，否则动画将无法运行。可以使用运动路径操纵器添加其他位置标记。

开始/结束：在曲线的起点和终点处创建位置标记，并在下面的“开始时间”和“结束时间”中设置时间值。

开始时间：指定运动路径动画的开始时间。仅当启用了“时间范围”中的“起点”或“开始/结束”时可用。

结束时间：指定运动路径动画的结束时间。仅当启用了“时间范围”中的“开始/结束”时可用。

参数化长度：指定Maya用于定位沿曲线移动的对象的方法。

跟随：如果勾选，Maya会在对象沿曲线移动时计算它的方向。

前方向轴：指定对象的哪个局部轴（X、Y或Z）与前方向向量对齐。这将指定沿运动路径移动的前方向。

上方向轴：指定对象的哪个局部轴（X、Y或Z）

与上方向向量对齐。这将在对象沿运动路径移动时指定它的上方向。上方向向量与“世界上方向类型”指定的世界上方向向量对齐。

世界上方向类型：指定上方向向量对齐的世界上方向向量类型，有“场景上方向”“对象上方向”“对象旋转上方向”“向量”和“法线”这 5 个选项可选，如图 9-35 所示。

图9-35

场景上方向：指定上方向向量尝试与场景上方向轴（而不是世界上方向向量）对齐。

对象上方向：指定上方向向量尝试对准指定对象的原点，而不是与世界上方向向量对齐。世界上方向向量将被忽略。该对象称为“世界上方向对象”，可通过“世界上方向对象”选项指定。如果未指定世界上方向对象，上方向向量会尝试指向场景世界空间的原点。

对象旋转上方向：指定相对于某个对象的局部空间（而不是相对于场景的世界空间）定义世界上方向向量。在相对于场景的世界空间变换上方向向量后，其会尝试与世界上方向向量对齐。上方向向量尝试对准原点的对象被称为“世界上方向对象”。可以使用“世界上方向对象”选项指定世界上方向对象。

向量：指定上方向向量尝试与世界上方向向量尽可能近地对齐。默认情况下，世界上方向向量是相对于场景的世界空间定义的，使用“世界上方向向量”可以指定世界上方向向量相对于场景世界空间的位置。

法线：指定“上方向轴”指定的轴将尝试匹配路径曲线的法线。

世界上方向向量：指定世界上方向向量相对于场景世界空间的方向。

世界上方向对象：在“世界上方向类型”设置为“对象上方向”或“对象旋转上方向”的情况下指定世界上方向向量尝试对齐的对象。

反转上方向：如果勾选该选项，则“上方向轴”会尝试使其与上方向向量的逆方向对齐。

反转前方向：沿曲线反转对象面向的前方向。

倾斜：倾斜意味着对象将朝曲线曲率的中心倾斜，该曲线是对象移动所沿的曲线（类似于摩托车转弯）。仅当勾选“跟随”选项时，“倾斜”选项才可用，因为倾斜也会影响对象的旋转。

倾斜比例：如果增大“倾斜比例”值，那么倾斜效果会更加明显。

倾斜限制：允许用户限制倾斜量。

9.5 骨骼与绑定

为场景中的动画角色设置动画之前，需要为角色搭建骨骼并将角色模型蒙皮绑定到骨骼上。搭建骨骼的过程中，动画师还需要为角色身上的各个骨骼之间设置约束，以保证各个关节可以正常活动。为角色设置骨骼是一门非常复杂的技术，我们通常也称从事角色骨骼设置的动画师为“角色绑定师”。

在“绑定”工具架中我们可以找到与骨骼绑定有关的常用工具图标，如图 9-36 所示。

图9-36

常用工具解析

创建定位器：在场景中创建一个定位器。

创建关节：创建一个关节。

创建 IK 控制柄：在关节上创建 IK 控制柄。

绑定蒙皮：为角色绑定蒙皮至骨骼上。

快速绑定：打开“快速绑定”面板。

Human IK：在“属性编辑器”面板中显示角色控制窗口。

绘制蒙皮权重：以笔刷绘制的方式来设置蒙皮权重。

融合变形：在可以融合变形的对象上创建新的变形。

创建晶格：以较少的控制点来改变较复杂的模型结构。

创建簇：为对象上的一组点创建变换驱动的变形簇。

9.5.1 创建关节

在“绑定”工具架中双击“创建关节”按钮，可以打开“工具设置”面板，其中的参数设置如图 9-37 所示。

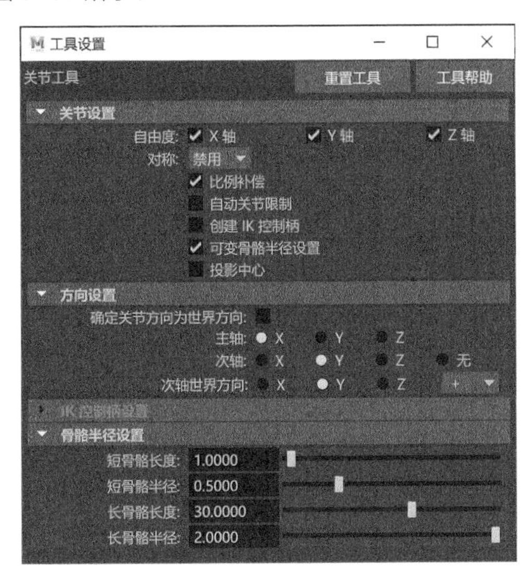

图9-37

常用参数解析

♦ “关节设置”卷展栏

自由度：指定关节在反向运动学造型期间可以围绕哪个局部轴进行旋转。

对称：可以在此设置创建关节时启用或禁用对称。

比例补偿：勾选该选项时，如果用户对关节上方的骨架进行缩放，不会影响该关节的比例大小。默认为勾选。

♦ “方向设置”卷展栏

确定关节方向为世界方向：勾选此选项后，创建的所有关节都将设定为与世界帧对齐，且每个关节的局部轴的方向与世界轴相同。

主轴：用于为关节指定主局部轴。

次轴：用于指定哪个局部轴用作关节的次方向。

次轴世界方向：用于设置次轴的世界方向。

♦ “骨骼半径设置”卷展栏

短骨骼长度：设置短骨骼的骨骼长度。

短骨骼半径：设置短骨骼的骨骼半径。

长骨骼长度：设置长骨骼的骨骼长度。

长骨骼半径：设置长骨骼的骨骼半径。

9.5.2 快速绑定

在“快速绑定”面板中，当角色绑定的方式设置为“分步”时，其参数设置如图 9-38 所示。

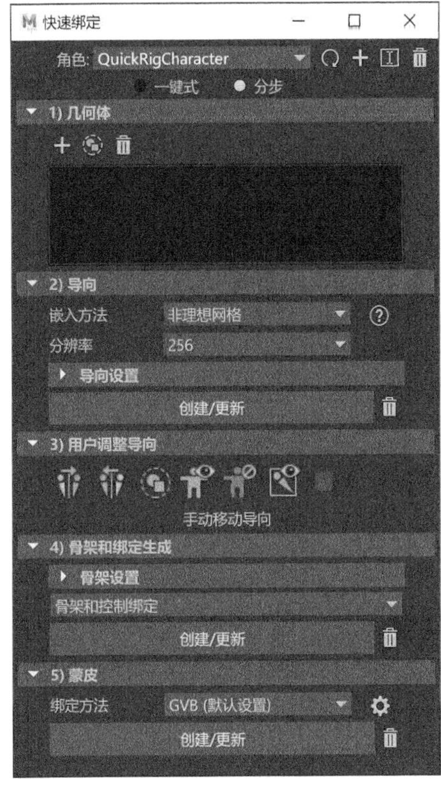

图9-38

1. “几何体”卷展栏

展开“几何体”卷展栏，其中的参数设置如图 9-39 所示。

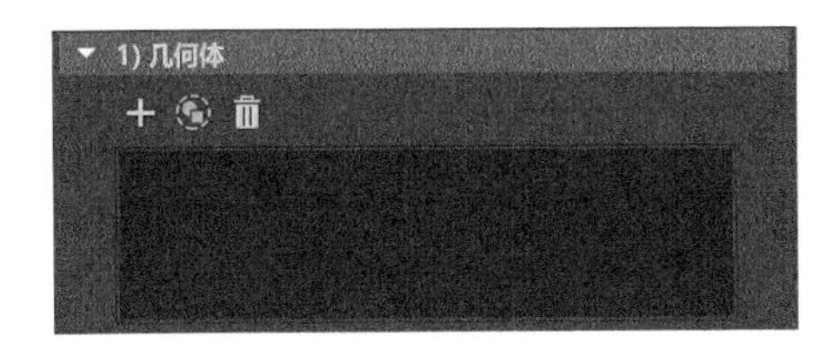

图9-39

常用参数解析

添加选定的网格：使用选定网格填充“几何体”列表。

选择所有网格：选择场景中的所有网格并将其添加到“几何体”列表中。

清除所有网格：清空“几何体”列表。

2. “导向”卷展栏

展开“导向”卷展栏，其中的参数设置如图9-40所示。

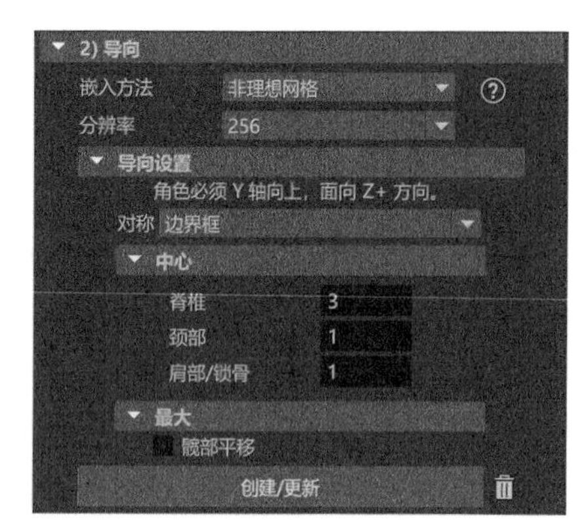

图9-40

常用参数解析

嵌入方法：此区域可用于指定使用哪种网格，以及如何以最佳方式进行装备，有“理想网格”“防水网格”“非理想网格”“多边形汤”和“无嵌入”这5个选项可选，如图9-41所示。

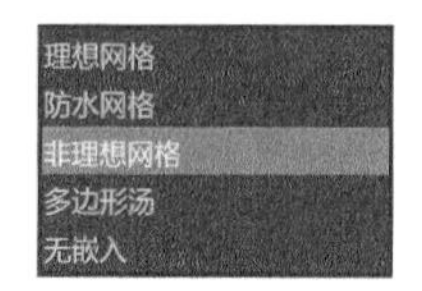

图9-41

分辨率：选择要用于装备的分辨率。分辨率越高，处理时间就越长。

导向设置：该卷展栏可用于配置导向的生成，帮助Maya使骨架关节与网格上的适当位置对齐。

对称：用于根据角色的边界框或髋部放置选择对称。

中心：用于设置创建的导向数量，进而设置生成的骨架和装备将拥有的关节数。

髋部平移：用于生成骨架的髋部平移关节。

“创建/更新”按钮：将导向添加到角色网格中。

“删除导向”按钮：清除角色网格中的导向。

3. “用户调整导向”卷展栏

展开“用户调整导向”卷展栏，其中的参数设置如图9-42所示。

图9-42

常用参数解析

从左到右镜像：使用选定导向作为源，以便将左侧导向镜像到右侧导向。

从右到左镜像：使用选定导向作为源，以便将右侧导向镜像到左侧导向。

选择导向：选择所有导向。

显示所有导向：启用导向的显示。

隐藏所有导向：隐藏导向的显示。

启用X射线关节：在所有视口中启用X射线关节。

选择导向颜色：选择导向颜色。

4. “骨架和装备生成”卷展栏

展开“骨架和装备生成”卷展栏，其中的参数设置如图9-43所示。

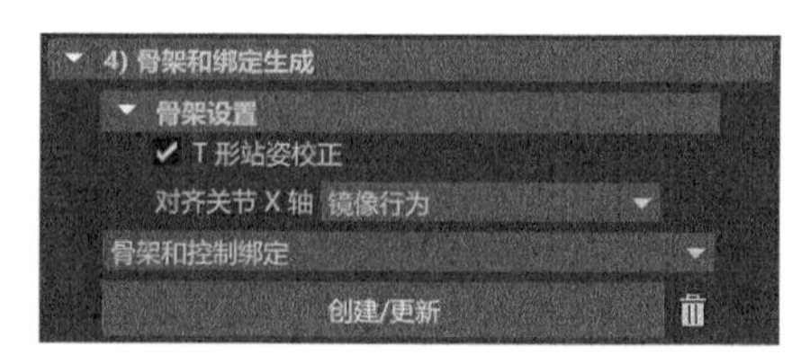

图9-43

常用参数解析

T形站姿校正：勾选此选项后，可以在调整处于T形站姿的新HumanIK骨架的骨骼大小以匹配嵌入骨架之后对其进行角色化，之后控制装备会将骨架还原到嵌入姿势。

对齐关节X轴：通过此设置可以选择如何在骨架上设置关节方向，有“镜像行为”“朝向下一个关节的X轴”和“世界－不对齐”这3个选项可选，如图9-44所示。

图9-44

骨架和控制绑定：从此下拉列表框中选择是要创

建具有控制装备的骨架，还是仅创建骨架。

“创建 / 更新”按钮：为角色网格创建带有或不带控制装备的骨架。

5.“蒙皮”卷展栏

展开“蒙皮”卷展栏，其中的参数设置如图 9-45 所示。

图9-45

常用参数解析

绑定方法：从该下拉列表框中选择蒙皮绑定的方法，有“GVB（默认设置）”和“当前设置”两个选项可选，如图 9-46 所示。

图9-46

“创建 / 更新”按钮：对角色进行蒙皮，这将完成角色网格的装备流程。

9.6　曲线图编辑器

“曲线图编辑器”是 Maya 为动画师提供的一个功能强大的关键帧动画编辑窗口，通过曲线图表的显示方式，动画师可以自由地使用窗口里所提供的工具来观察及修改动画曲线，创作出令人叹为观止的逼真动画效果。执行菜单栏“窗口 > 动画编辑器 > 曲线图编辑器”命令，如图 9-47 所示，即可打开“曲线图编辑器”窗口，如图 9-48 所示。

图9-47

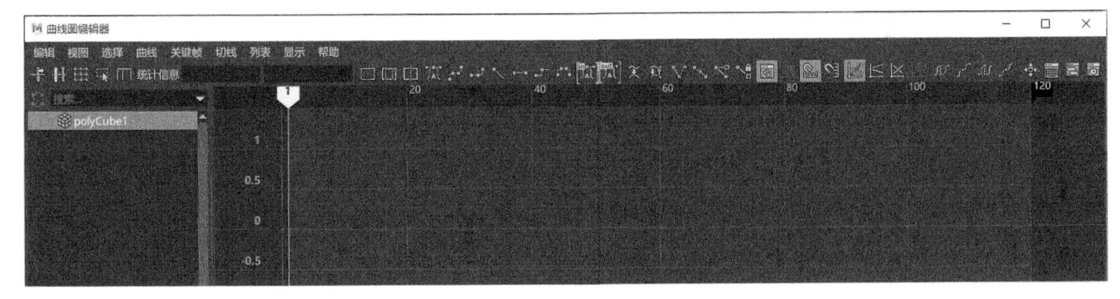

图9-48

常用工具解析

移动最近拾取的关键帧工具：使用该工具可以通过单一鼠标操作来操纵各个关键帧和切线。

插入关键帧工具：使用该工具可以添加关键帧。

晶格变形关键帧：使用该工具可以围绕关键帧组绘制一个晶格变形器，以便在“曲线图编辑器”窗口中操纵曲线，从而可以同时操纵许多关键帧。该工具可提供对动画曲线的高级别控制。

区域工具：启用区域选择模式，可以在图表视图中拖曳以选择一个区域，然后在该区域内的时间和值上缩放关键帧。

调整时间工具：双击图表视图区域可以创建重定时标记；然后可以拖曳这些标记来直接调整动画中关键帧移动的计时，使其发生得更快或更慢，还可以拖曳它们以使其提前或推后发生。

框显全部：框显当前动画曲线中的所有关键帧。

框显播放范围：框显当前“播放范围”内的所有关键帧。

使视图围绕当前时间居中：在“曲线图编辑器”图表视图中使当前时间居中。

自动切线：快速实现在“曲线图编辑器”窗口中执行菜单栏“切线 > 自动”命令。

样条线切线：快速实现在“曲线图编辑器”窗口中执行菜单栏“切线 > 样条线”命令。

钳制切线：快速实现在“曲线图编辑器”窗口中执行菜单栏“切线 > 钳制”命令。

线性切线：快速实现在“曲线图编辑器”窗口中执行菜单栏“切线 > 线性”命令。

平坦切线：快速实现在“曲线图编辑器”窗口中执行菜单栏“切线 > 平坦”命令。

阶跃切线：快速实现在“曲线图编辑器”窗口中执行菜单栏“切线 > 阶跃”命令。

高原切线：快速实现在“曲线图编辑器”窗口中执行菜单栏“切线 > 高原”命令。

默认入切线：指定默认入切线的类型，为Maya 2020新增功能。

默认出切线：指定默认出切线的类型，为Maya 2020新增功能。

缓冲区曲线快照：用于为所选择的动画曲线保存一个快照。

交换缓冲区曲线：将缓冲区曲线与已编辑的曲线交换。

断开切线：快速实现在“曲线图编辑器”窗口中执行菜单栏“切线 > 断开切线”命令。

统一切线：快速实现在“曲线图编辑器”窗口中执行菜单栏“切线 > 统一切线”命令。

自由切线长度：快速实现在“曲线图编辑器”窗口中执行菜单栏“切线 > 自由切线长度”命令。

锁定切线长度：快速实现在“曲线图编辑器”窗口中执行菜单栏“切线 > 锁定切线长度”命令。

自动加载曲线图编辑器：启用或禁用“列表”菜单中的“自动加载选定对象”命令。

时间捕捉：强制在图表视图中移动的关键帧成为最接近的整数时间单位值。

值捕捉：强制图表视图中的关键帧成为最接近的整数值。

绝对视图：快速启用或禁用“曲线图编辑器”窗口菜单栏“视图 > 绝对视图”命令。

堆叠视图：快速启用或禁用“曲线图编辑器”窗口菜单栏中的“视图 > 堆叠视图”命令。

打开摄影表：打开“摄影表”并加载当前对象的动画关键帧。

打开Trax编辑器：打开“Trax编辑器”并加载当前对象的动画片段。

打开时间编辑器：打开“时间编辑器”并加载当前对象的动画关键帧。

9.7 技术实例

9.7.1 实例：使用“设置关键帧”工具制作弹簧小人动画

本小节为本章的第一个动画技术实例，力求通过简单的操作让读者熟悉如何在Maya中为对象设置动画关键帧，实例的最终动画效果如图9-49所示。

图9-49

（1）启动Maya，打开本书配套资源“弹簧小人.mb”文件，如图9-50所示。

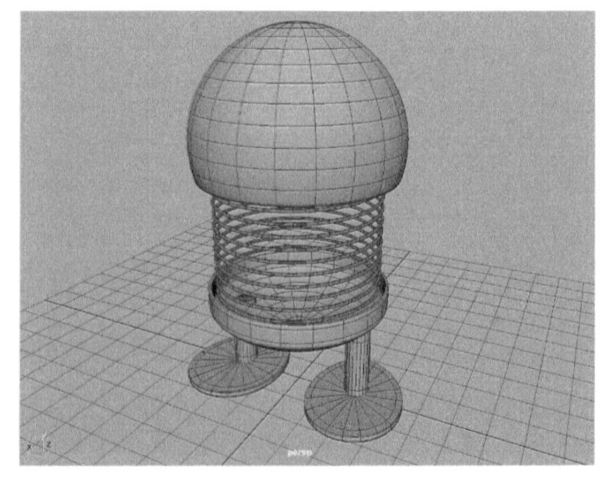

图9-50

（2）在“大纲视图”中，我们可以看到场景中只有这一个模型，如图9-51所示。

（3）制作动画之前，我们先思考一下。在本实例中弹簧小人的下半身是固定不动的，我们只有对弹簧小人模型的弹簧部分设置动画，才能得到一个正确的动画效果。

图9-51

（4）将视图切换至“前视图”，选择弹簧小人模型，按住鼠标右键，在弹出的菜单中执行“顶点”命令，如图9-52所示。

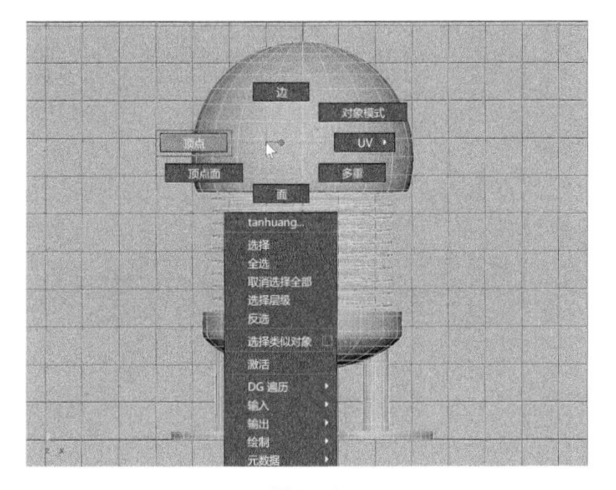

图9-52

（5）选择图9-53所示的顶点，双击“绑定”工具架中的“创建晶格”按钮，如图9-54所示，打开“晶格选项”面板。

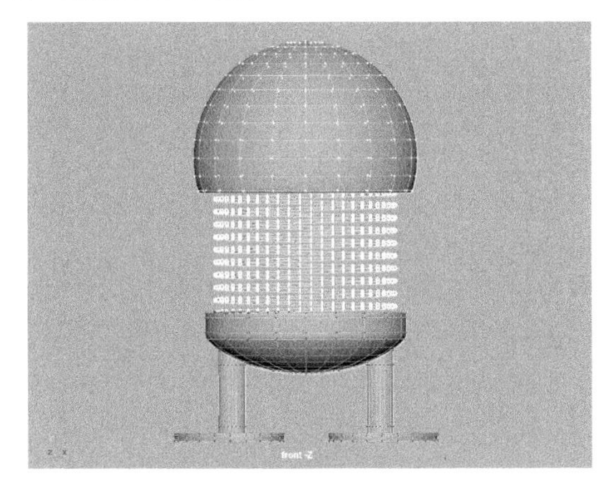

图9-53

图9-54

（6）在“晶格选项”面板的“设置”卷展栏中，更改“分段”的值为（2，3，2），如图9-55所示。单击下方的“创建”按钮，为所选择的顶点创建晶格，如图9-56所示。

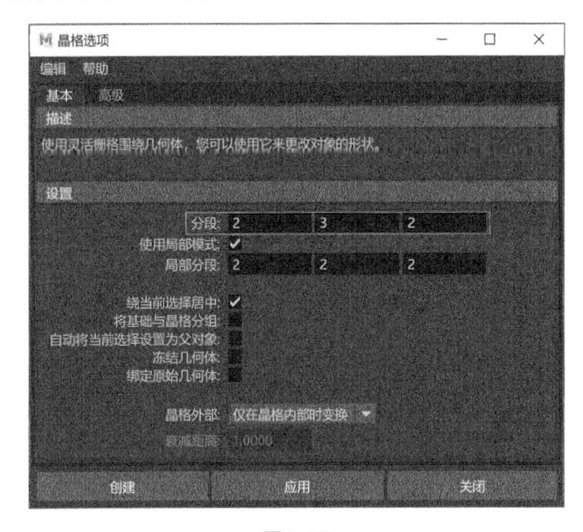

图9-55

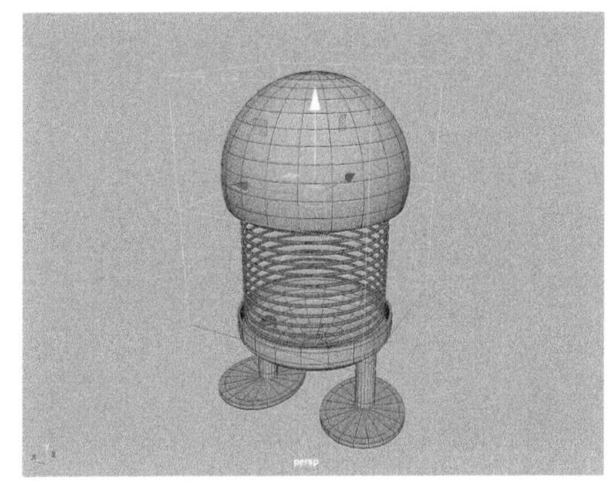

图9-56

（7）按住鼠标右键，在弹出的菜单中执行“晶格点”命令，如图9-57所示。

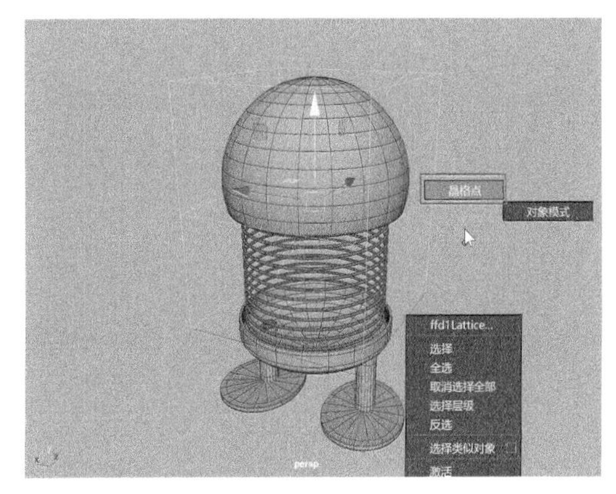

图9-57

（8）选择图9-58所示的晶格点，单击“动画”工具架中的“设置关键帧”按钮，如图9-59所示。

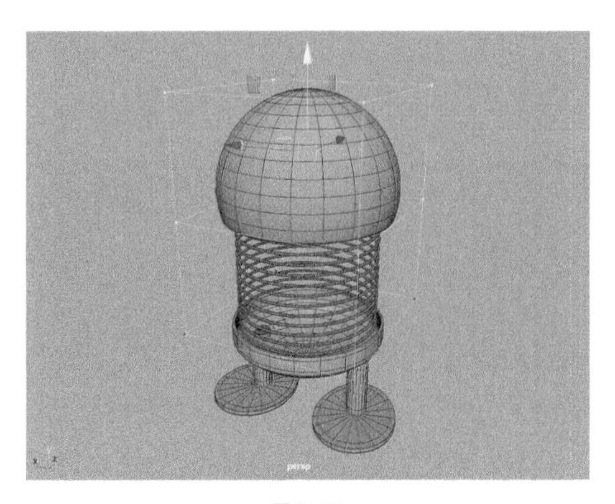

图9-58

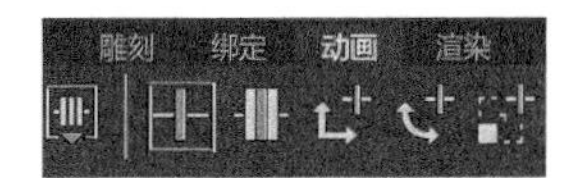

图9-59

（9）设置完成后，我们可以看到场景的第1帧处已经多了一个红色竖线的关键帧标记，如图9-60所示。

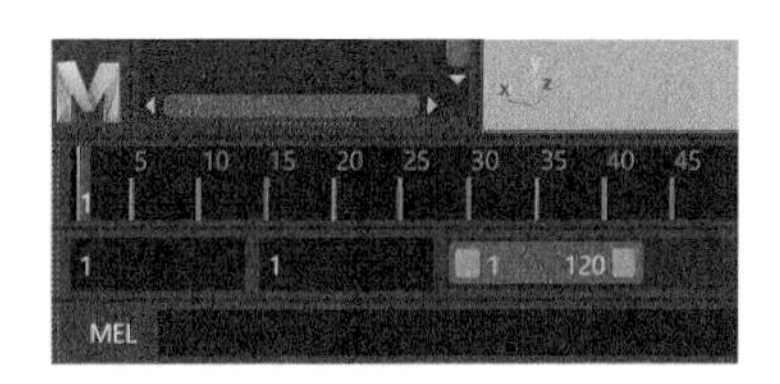

图9-60

（10）将时间滑块移动至第20帧，调整晶格点的位置，如图9-61所示，再次单击“动画”工具架中的“设置关键帧”按钮，即可在该帧位置处再次生成一个关键帧，如图9-62所示。

（11）设置完成后，按住鼠标右键，在弹出的菜单中执行“对象模式”命令，即可退出对晶格点的编辑状态，如图9-63所示。

（12）现在我们在第1帧至第20帧之间拖曳时间滑块，即可看到弹簧小人的动画效果，如图9-64所示。

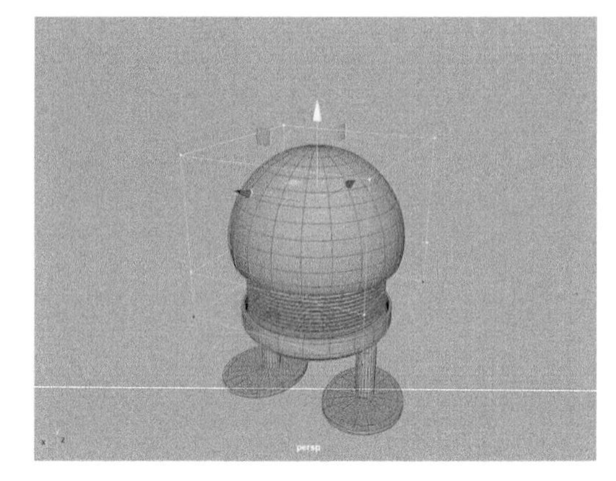

图9-61

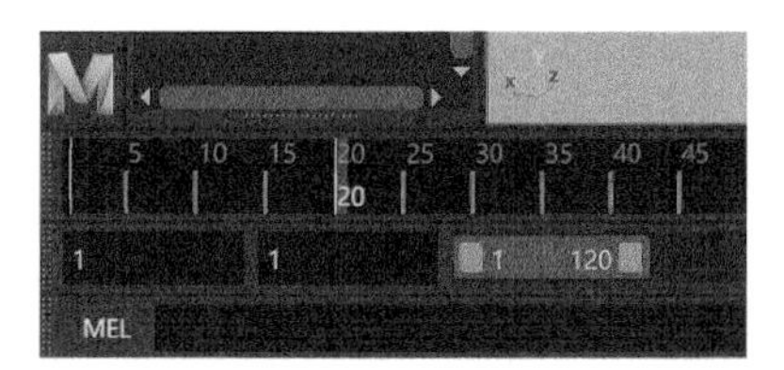

图9-62

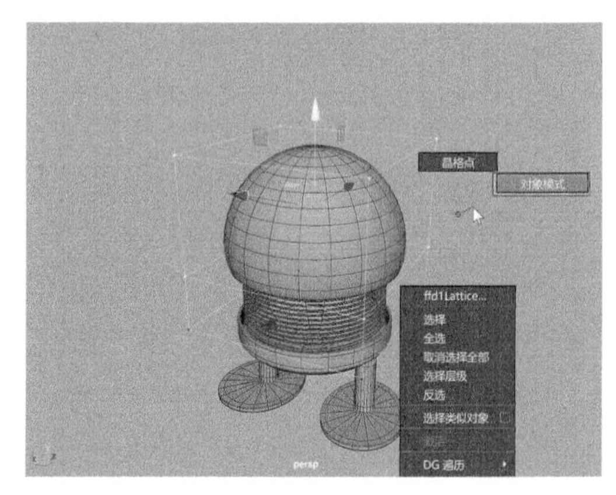

图9-63

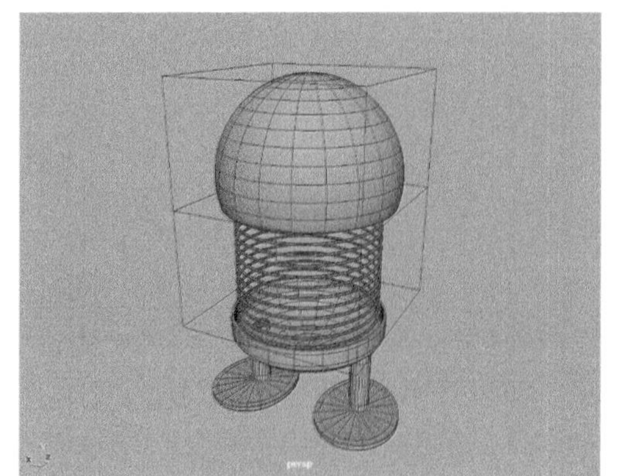

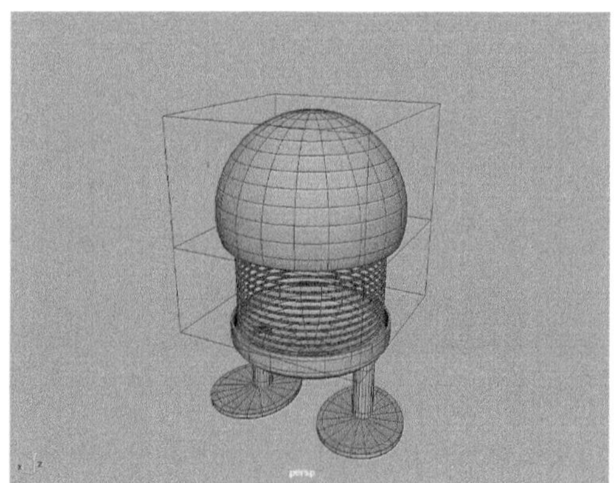

图9-64

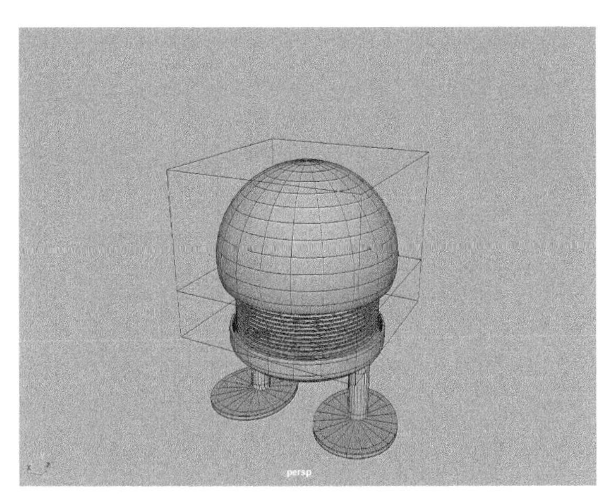

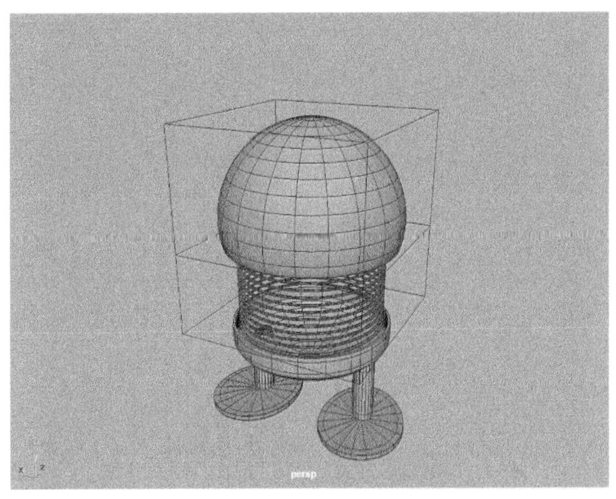

图9-64（续）

9.7.2 实例：使用“设置受驱动关键帧”工具制作门打开动画

本实例将为大家详细讲解“设置受驱动关键帧”工具的使用方法，使用一个按钮来控制门模型的打开和关闭，本实例的最终动画效果如图 9-65 所示。

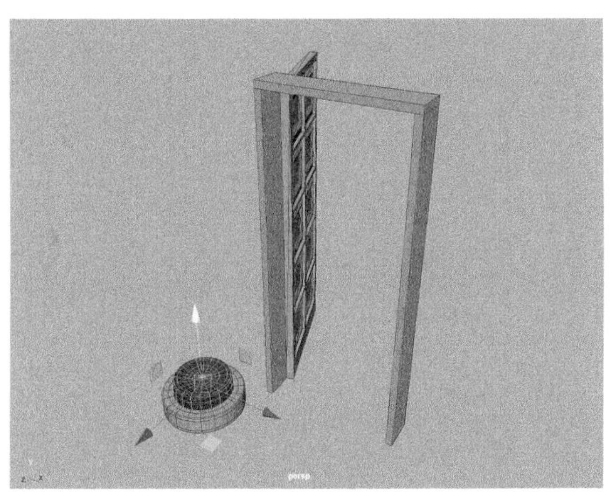

图9-65

（1）启动Maya，打开本书配套资源“门.mb”文件，里面有一个门的模型和一个按钮的模型，如图9-66所示。

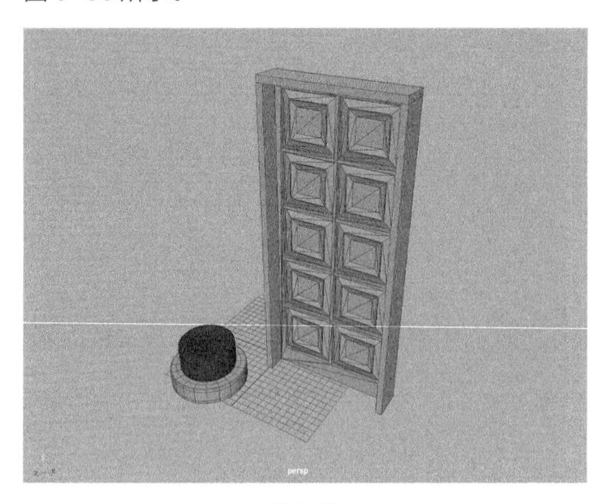

图9-66

（2）本实例中，我们要做的是让按钮来控制门的打开，所以我们先选择场景中被控制的对象——门模型，并单击“绑定”工具架中的最后一个“设置受驱动关键帧”按钮，如图9-67所示。

图9-67

（3）在弹出的“设置受驱动关键帧”面板中，可以看到门模型的名称已经在“受驱动”下面的列表内了，如图9-68所示。

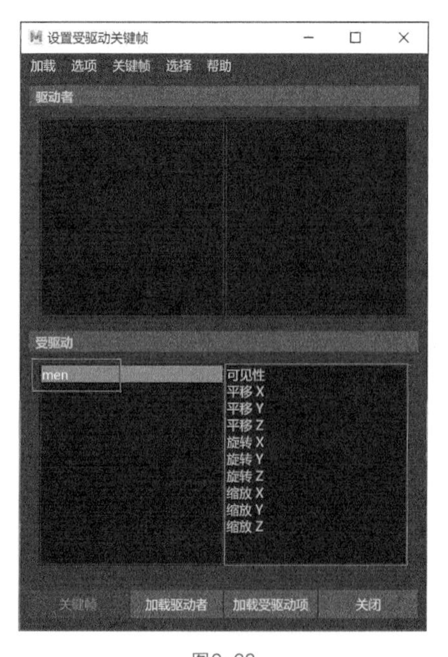

图9-68

（4）选择场景中的红色按钮模型，单击“设置受驱动关键帧”面板最下方的“加载驱动者”按钮，即可看到红色按钮模型的名称出现在了“驱动者”下面的列表内，如图9-69所示。

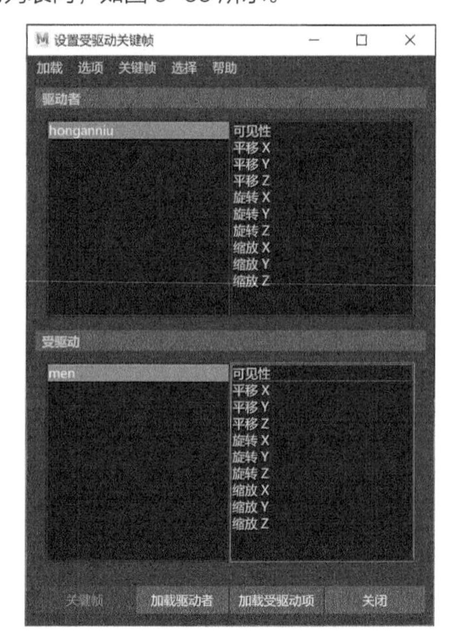

图9-69

（5）本实例中需要考虑使用红色按钮模型的上下位移变化来控制门模型的旋转变化，那么应该在“设置受驱动关键帧”面板中建立按钮的“平移Y”属性与门的“旋转Y”属性之间的联系，并单击“关键帧”按钮为这两个属性建立受驱动关键帧，如图9-70所示。

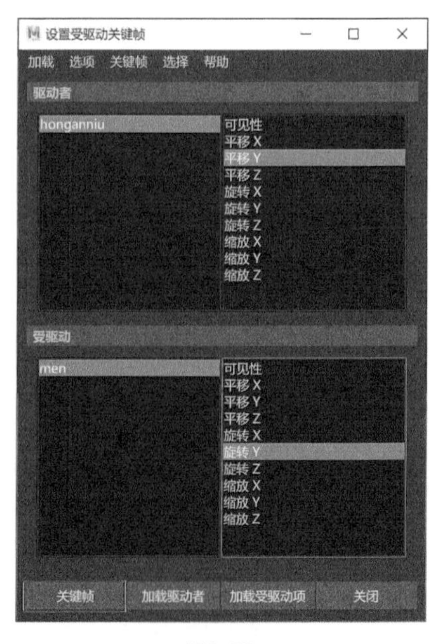

图9-70

（6）将时间滑块移动至第 20 帧位置处，沿 Y 轴向下方轻微移动红色按钮的位置，再旋转门模型的方向，如图 9-71 所示，再次单击“设置受驱动关键帧”面板中的“关键帧”按钮，即可完成这两个对象之间的驱动联系设置。

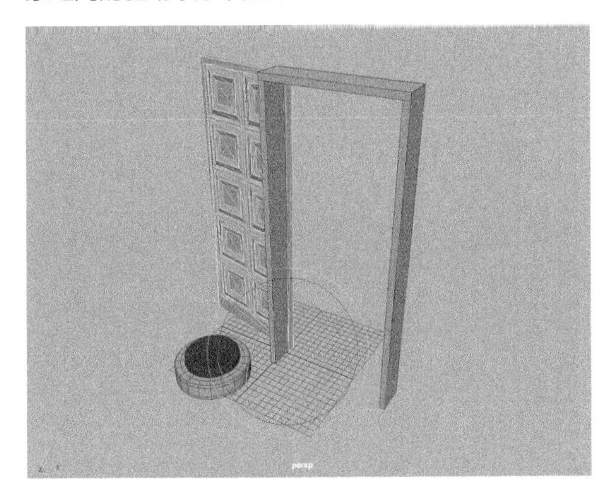

图9-71

（7）选择门模型，我们在“通道盒 / 层编辑器”面板中可以看到门模型的“旋转 Y”属性后面有一个蓝色的小方块标记，说明该属性现在正受其他属性的影响，如图 9-72 所示。同时，在“属性编辑器”面板中，展开“变换属性”卷展栏，也可以看到“旋转”属性的 Y 值背景色呈蓝色显示状态，如图 9-73 所示。

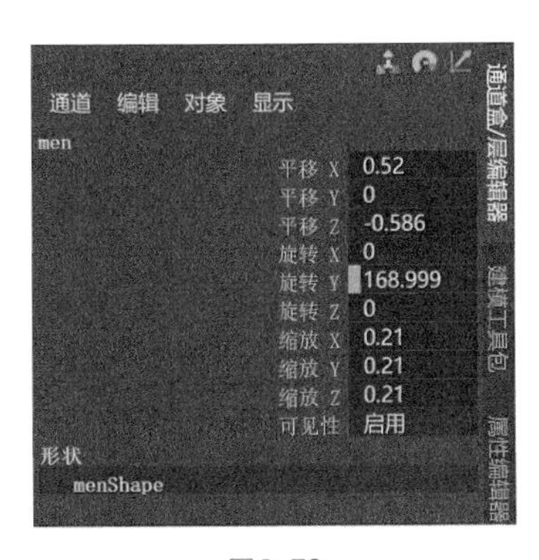

图9-72

（8）为了防止误操作，选择场景中的红色按钮模型，在“通道盒 / 层编辑器”面板中将“平移 X”“平移 Z”“旋转 X”“旋转 Y”“旋转 Z”“缩放 X”“缩放 Y”“缩放 Z”这几个属性选中，如图 9-74 所示。

（9）单击鼠标右键，在弹出的菜单中执行“锁定选定项”命令，即可锁定这些选中的参数值，锁定完成后，这些参数值后面均会出现蓝灰色的小方块标记，如图 9-75 所示。

图9-73

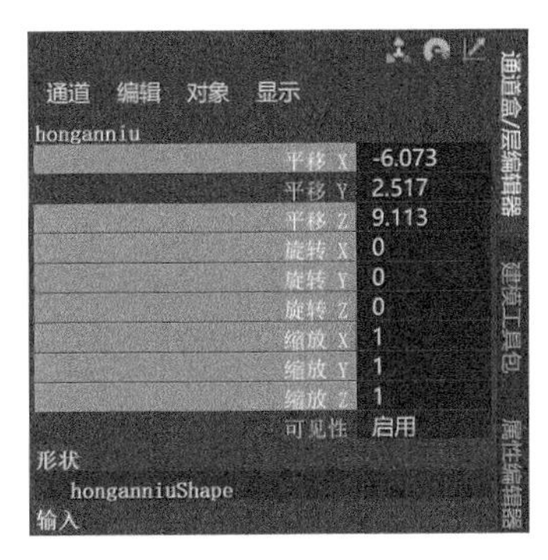

图9-74

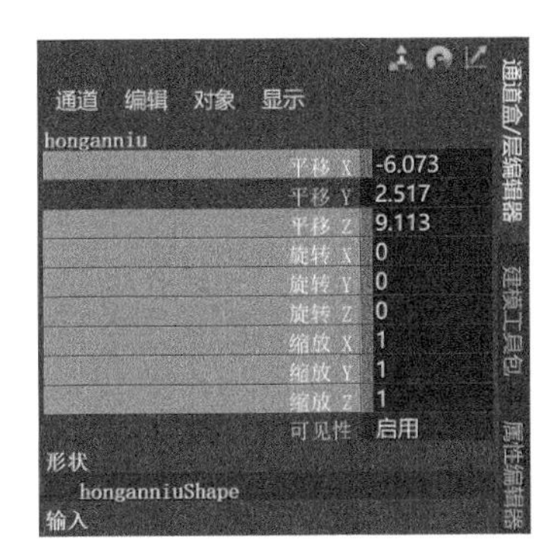

图9-75

（10）设置完成后，现在场景中的红色按钮模型只能通过鼠标调整 Y 轴的平移运动来影响门模型的打开和关闭。

9.7.3 实例：使用“运动路径”工具制作行星运动动画

本实例将为大家详细讲解行星运动动画的制作方法，这里主要应用两个工具：一个是“运动路径”工具，另一个是“父约束”工具。本实例的最终动画效果如图 9-76 所示。

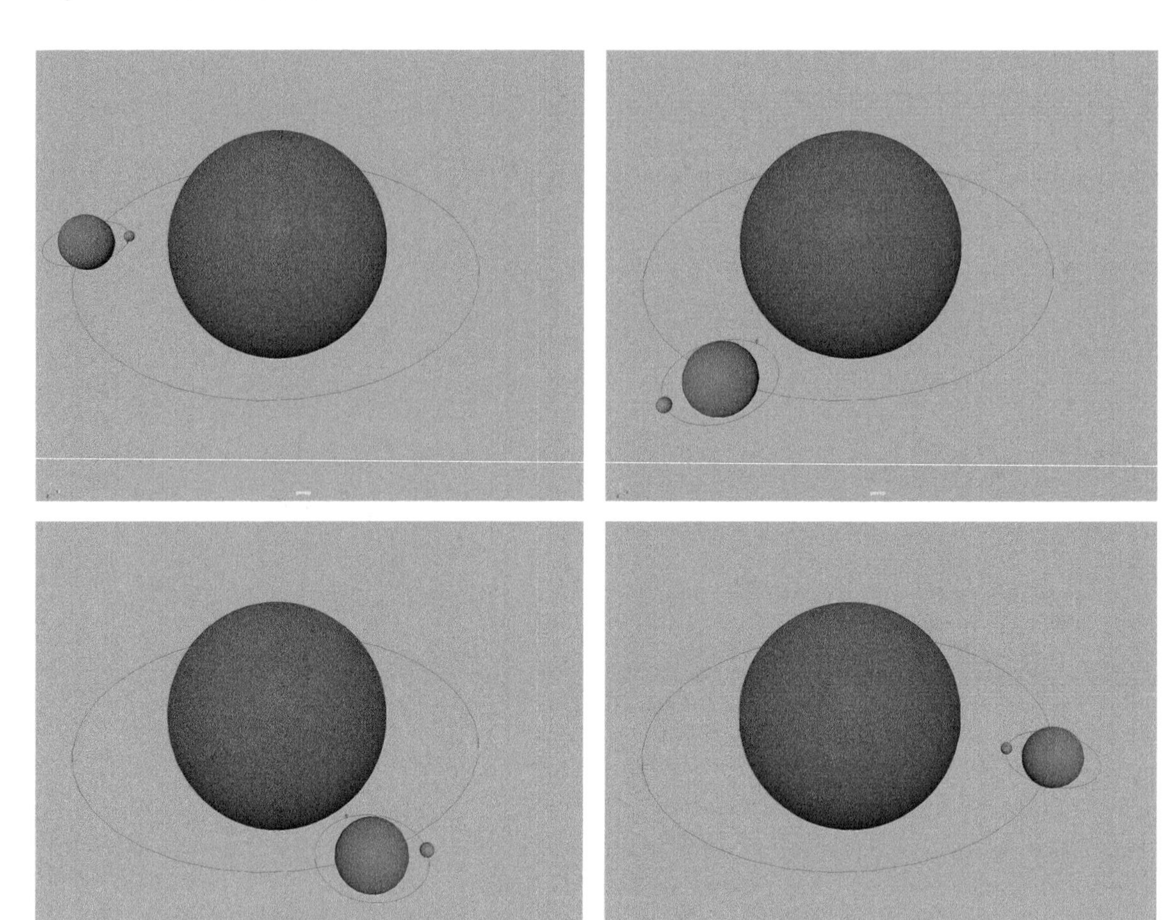

图9-76

（1）启动Maya，打开本书配套资源“行星.mb”文件，如图9-77所示。场景中有3个球体模型和2条圆形曲线。

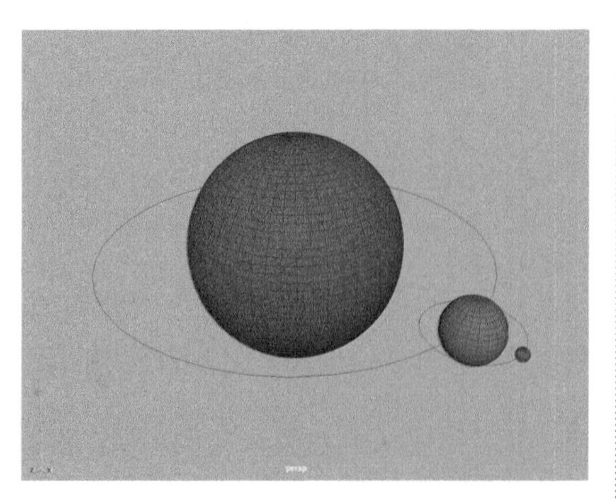

图9-77

（2）我们先制作蓝色的球体绕着绿色的球体旋转运动的动画。先选择蓝色球体，按住Shift键加选场景中绿色球体位置处的圆形曲线，如图9-78所示。执行菜单栏“约束 > 运动路径 > 连接到运动路径”命令，如图9-79所示。

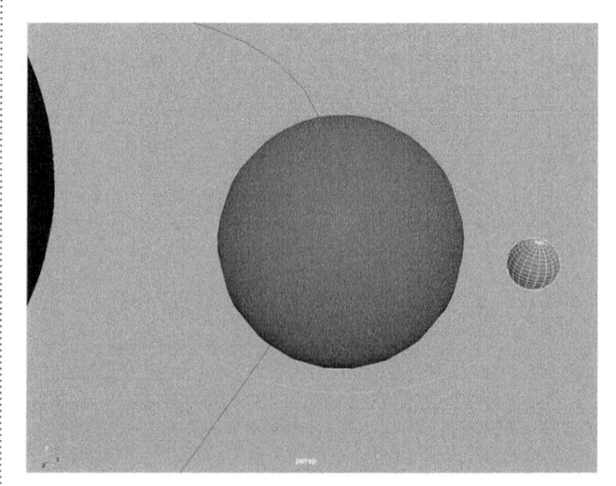

图9-78

（3）现在，我们可以看到蓝色球体已经开始绕着绿色的球体运动了。接下来，选择蓝色球体模型，在“通道盒 / 层编辑器”面板中，我们可以看到蓝色球体模型的“平移 X”“平移 Y”“平移 Z”“旋转 X”“旋转 Y”和“旋转 Z”这 6 个属性后面出现了黄色的小方块标记，说明该模型的这 6 个属性现在已经被其他属性所约束了，如图 9-80 所示。

图9-79

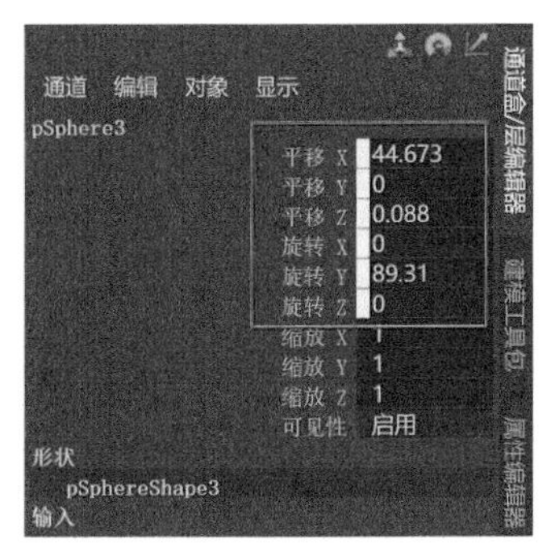

图9-80

（4）单击“输入”属性组内的 motionPath1 节点，即可显示出蓝色球体对应参数值的关键帧，如图 9-81 所示。

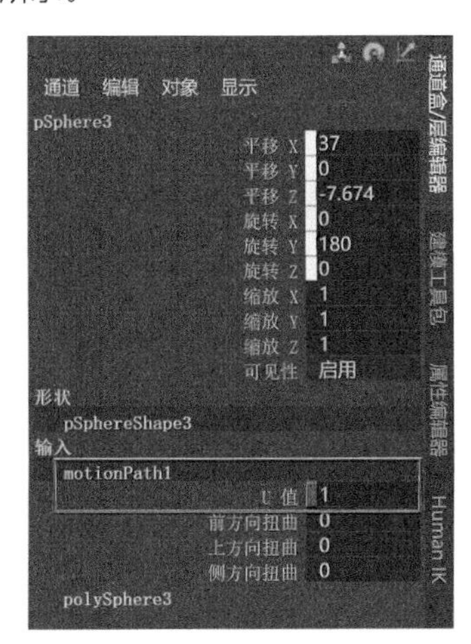

图9-81

（5）为了让蓝色球体模型在单位时间内可以绕着绿色球体多跑几圈，我们可以按住 Shift 键选择场景中第 120 帧位置处的关键帧，并将其往前移动至第 40 帧，如图 9-82 所示。

图9-82

（6）执行菜单栏“窗口 > 动画编辑器 > 曲线图编辑器”命令，打开“曲线图编辑器”窗口，如图 9-83 所示。

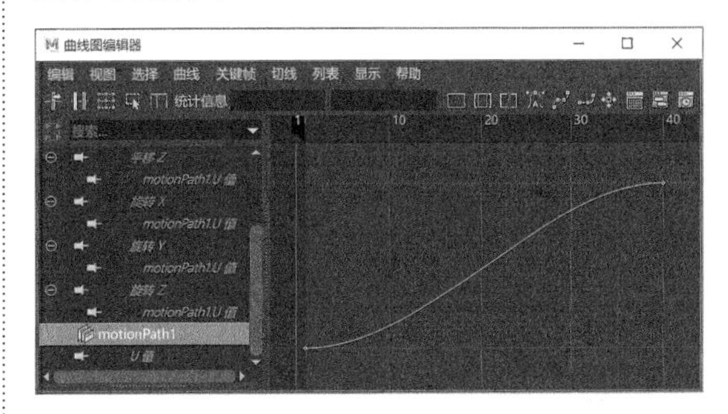

图9-83

（7）在“曲线图编辑器”窗口中，调整运动曲线的形态，如图 9-84 所示，使得蓝色小球的运动为匀速运动。

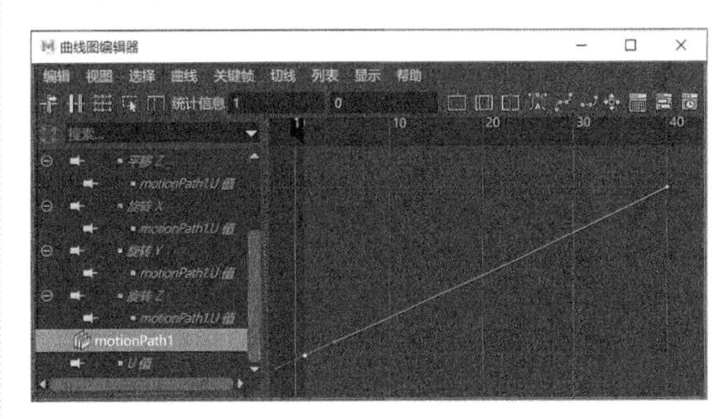

图9-84

（8）在“曲线图编辑器”窗口菜单栏中执行“曲线 > 后方无限 > 循环”命令，如图 9-85 所示，为蓝色小球的路径动画设置循环运动。这样，场景中的蓝色小球就会一直不断地围绕着绿色小球模型进行运动。

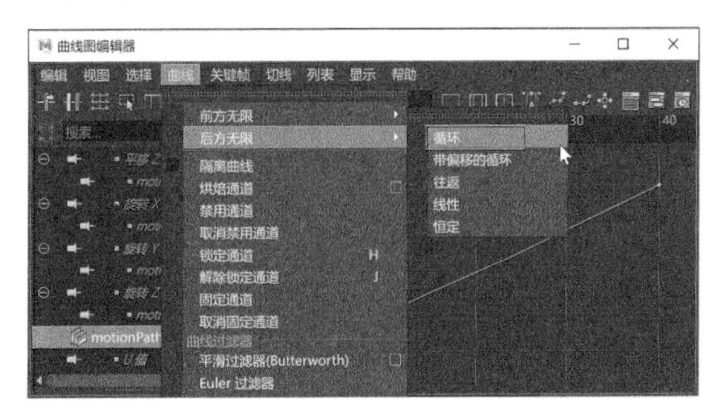

图9-85

（9）先选择场景中的绿色球体模型，再加选环绕着绿色球体的圆形曲线，单击“绑定”工具架中的“父约束”按钮，如图 9-86 所示，将曲线约束至绿色球体模型上。

图9-86

（10）设置完成后，在“大纲视图”中，我们可以看到围绕着绿色球体模型的曲线下方出现了一个约束节点，如图 9-87 所示。

图9-87

（11）在场景中先选择绿色球体模型，再按住 Shift 键选择围绕着黄色球体模型的大一些的圆形曲线，如图 9-88 所示。

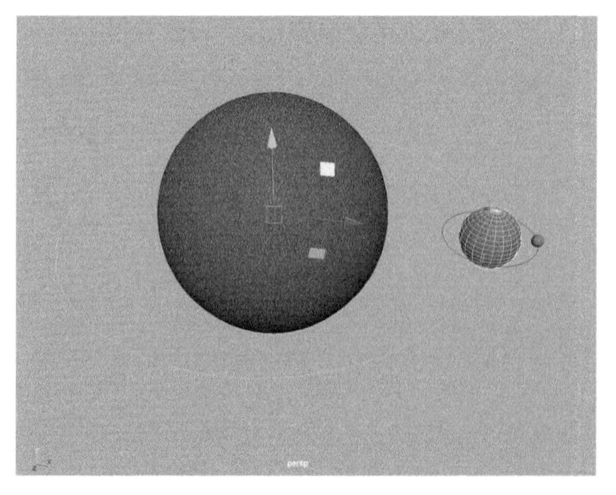

图9-88

（12）执行菜单栏“约束 > 运动路径 > 连接到运动路径”命令，制作出绿色球体围绕黄色球体运动的路径动画效果，如图 9-89 所示。

（13）使用相同的方法在“曲线图编辑器”窗口中制作出绿色球体的循环动画效果，这样蓝色球体、绿色球体的动画会随着时间滑块的移动一直不断地播放下去。

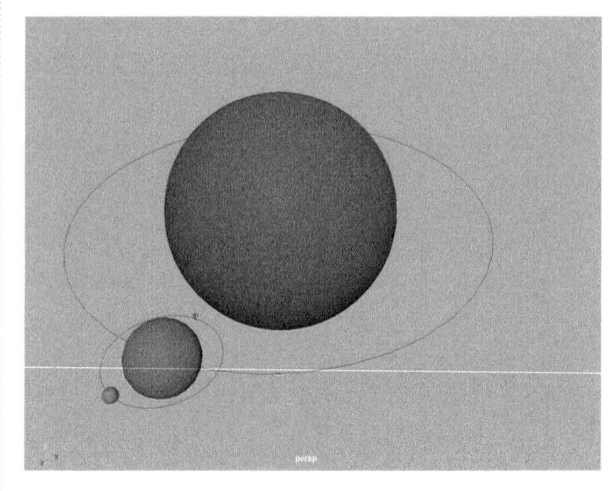

图9-89

（14）选择场景中的蓝色球体和绿色球体模型，执行菜单栏“可视化 > 为选定对象生成重影”命令，如图 9-90 所示。

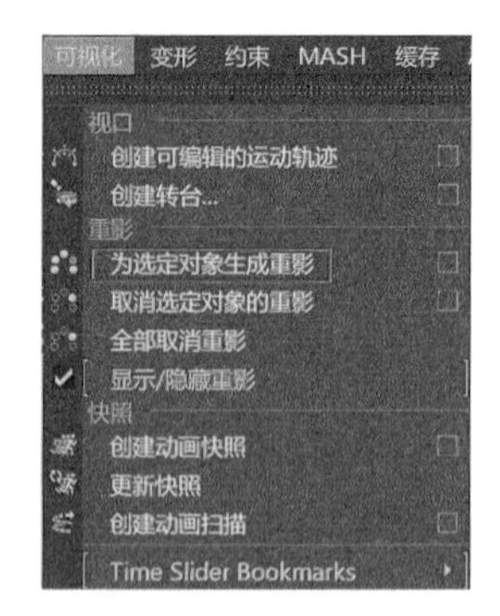

图9-90

（15）设置完成后，我们可以看到场景中球体模型所模拟的行星运动具有重影效果，如图 9-91 ~ 图 9-94 所示。

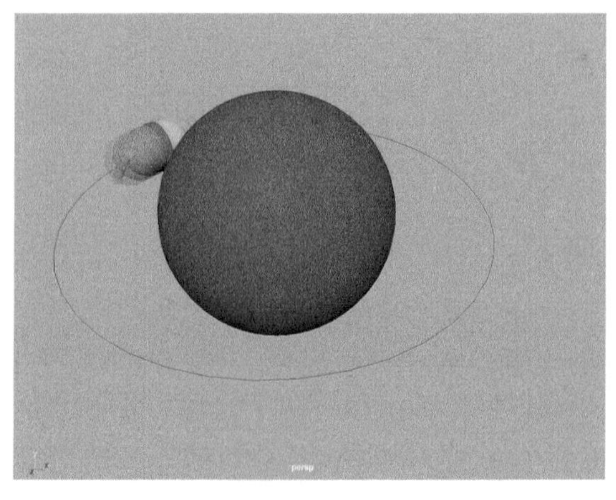

图9-91

图9-92

图9-93

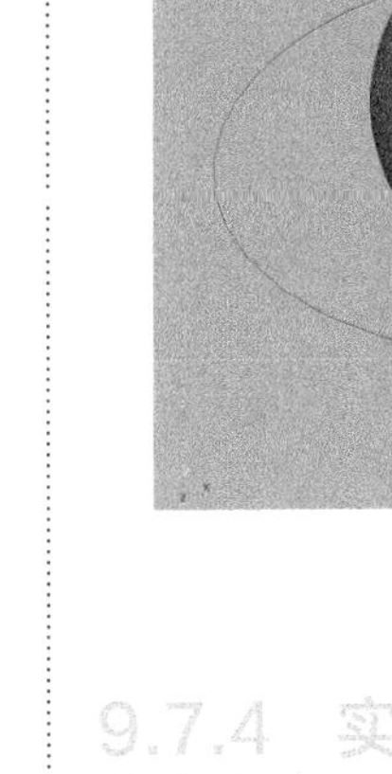

图9-94

9.7.4 实例：使用“约束”工具制作气缸运动动画

本实例通过制作一个气缸运动的动画来为大家详细讲解“父子关系”“父约束”“目标约束”等工具的搭配使用方法，最终完成效果如图 9-95 所示。

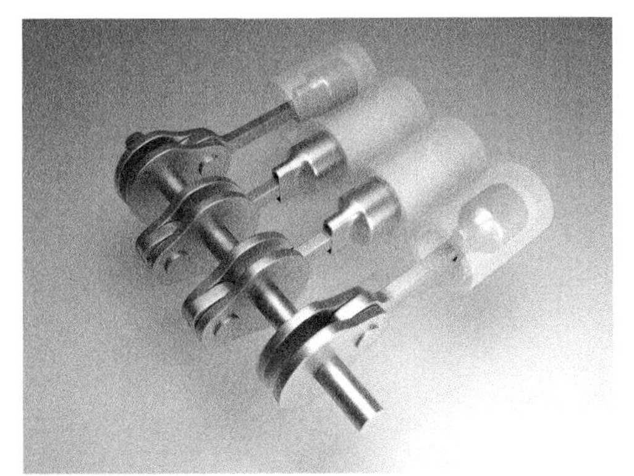

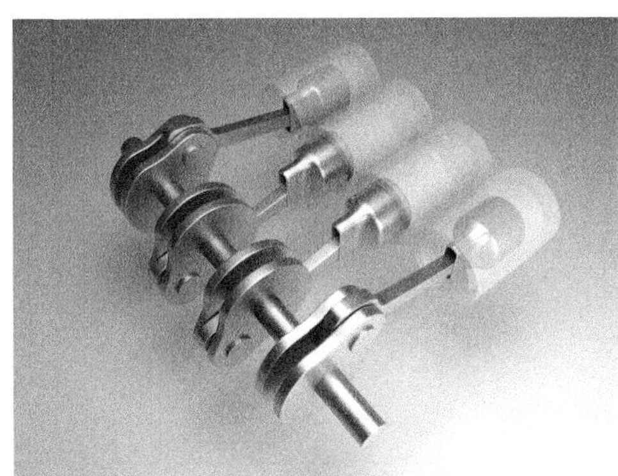

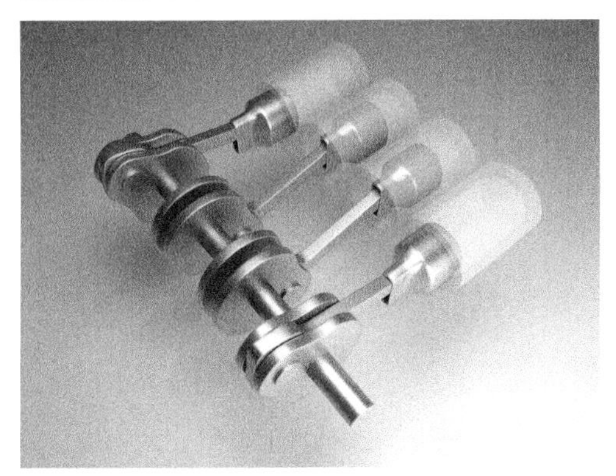

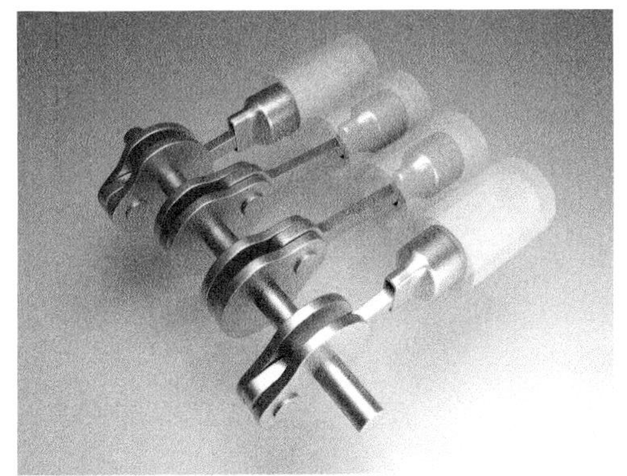

图9-95

（1）启动 Maya，打开本书配套资源“气缸 .mb”文件，里面为一组气缸的简易模型，如图 9-96 所示。

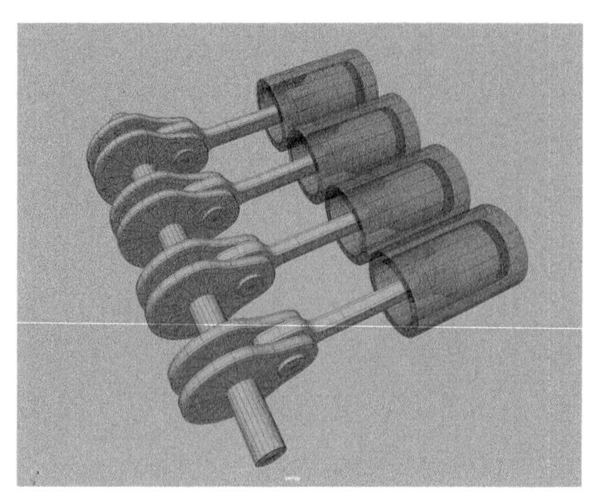

图9-96

（2）场景中一共包含有 4 个气缸，我们先设置好其中的一个气缸装置，最后再进行动画的制作。选择场景中的一个连杆模型，按住 Shift 键再加选场景中的与其配套的曲轴模型，如图 9-97 所示。

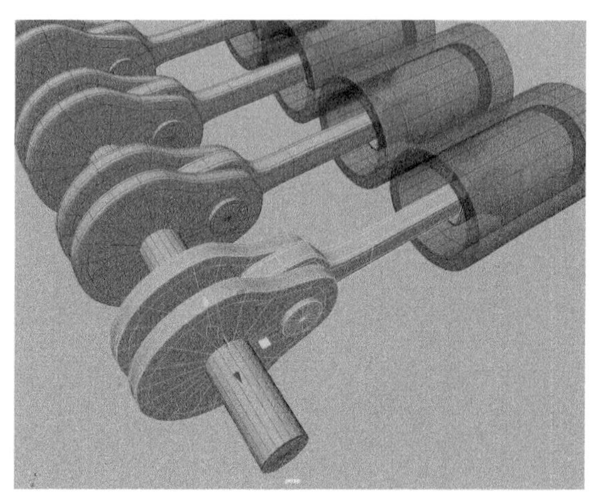

图9-97

（3）执行菜单栏“编辑 > 建立父子关系”命令，将连杆模型设置为曲轴模型的子对象。设置完成后，我们尝试着旋转一下曲轴模型，可以看到连杆也会跟着旋转，如图 9-98 所示。

（4）单击“绑定”工具架中的第一个“创建定位器”按钮，如图 9-99 所示，即可在场景中创建一个定位器。

（5）选择定位器，按住 Shift 键加选场景中的气缸模型，如图 9-100 所示。

（6）执行菜单栏“修改 > 对齐工具”命令，将定位器的位置与气缸模型对齐，如图 9-101 所示。

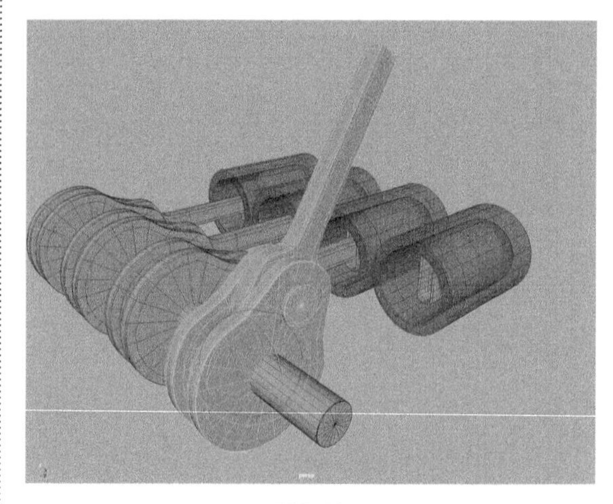

图9-98

图9-99

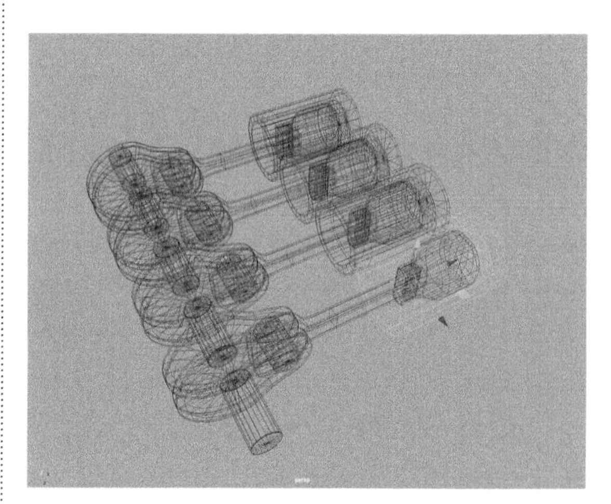

图9-100

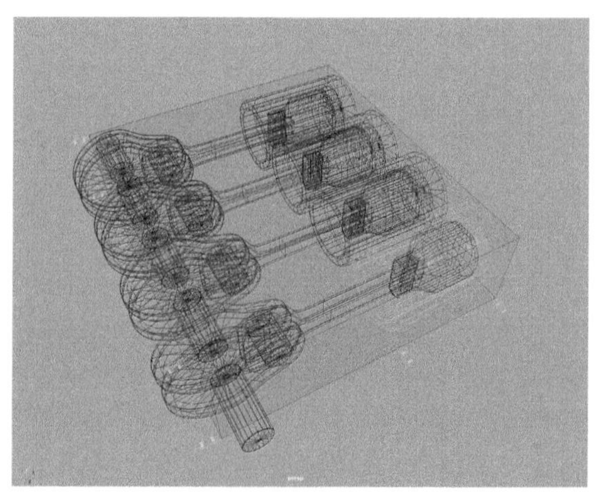

图9-101

（7）选择定位器，按住 Shift 键加选场景中与其对应的连杆模型，如图 9-102 所示。

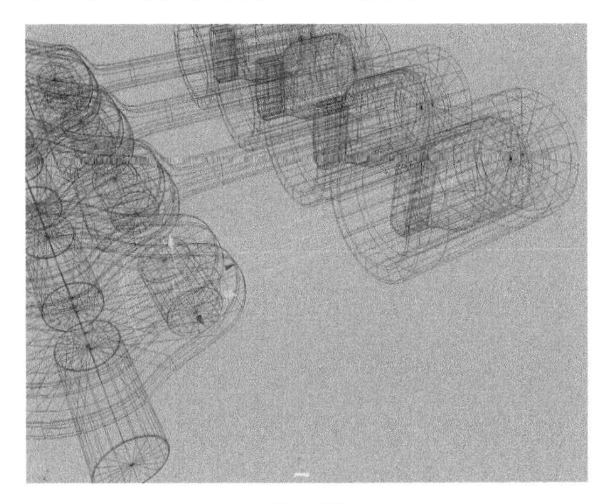

图9-102

（8）单击“绑定”工具架中的“目标约束”按钮，如图 9-103 所示，为连杆模型设置约束关系。设置完成后，在“大纲视图”中可以看到连杆模型名称的下方会出现一个约束节点，如图 9-104 所示。

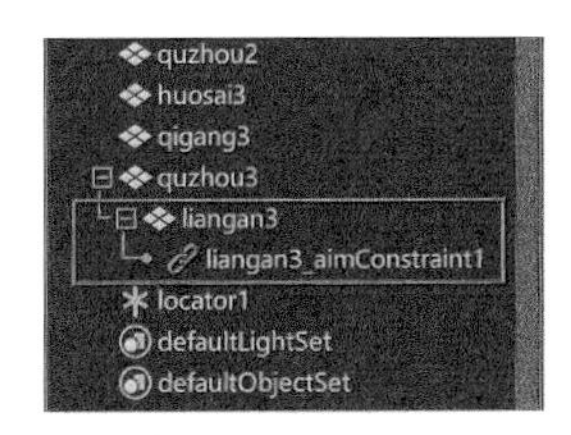

图9-103

图9-104

（9）现在我们尝试着旋转一下曲轴模型，可以看到连杆模型连接活塞模型的一侧会始终朝向气缸模型的方向，如图 9-105 所示。

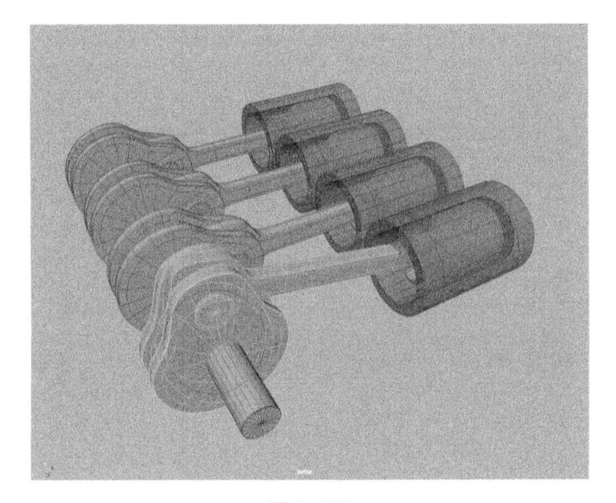

图9-105

（10）按快捷键 Z 复原曲轴模型的旋转角度。选择连杆模型，按住 Shift 键加选场景中与其对应的活塞模型，如图 9-106 所示。

图9-106

（11）单击“绑定”工具架中的“父约束”按钮，如图 9-107 所示，为气缸模型设置约束。

图9-107

（12）设置完成后，观察“大纲视图”，可以看到活塞模型的下方多了一个约束节点，如图 9-108 所示。

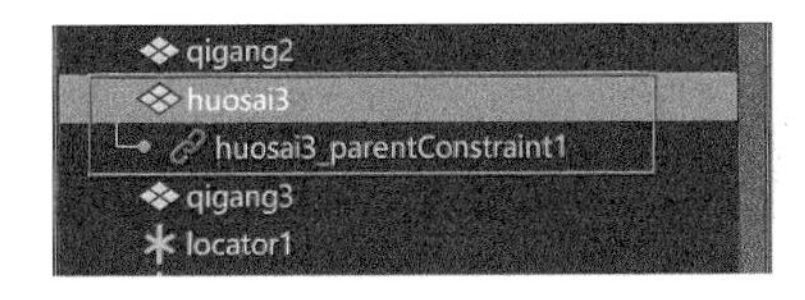

图9-108

（13）在场景中尝试旋转曲轴模型，可以看到曲轴模型的旋转会带动连杆模型和气缸模型的运动，如图 9-109 所示。

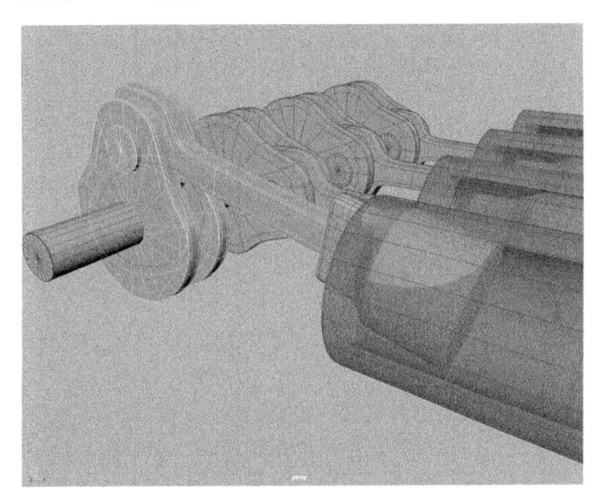

图9-109

（14）选择活塞模型，在“通道盒 / 层编辑器”面板中观察，可以看到该模型的“平移 X”“平移 Y”“平移 Z”“旋转 X”“旋转 Y”和“旋转 Z”这 6 个属性后面都出现了蓝色的小方块标记，说明这些属性受到了父约束的影响，如图 9-110 所示。

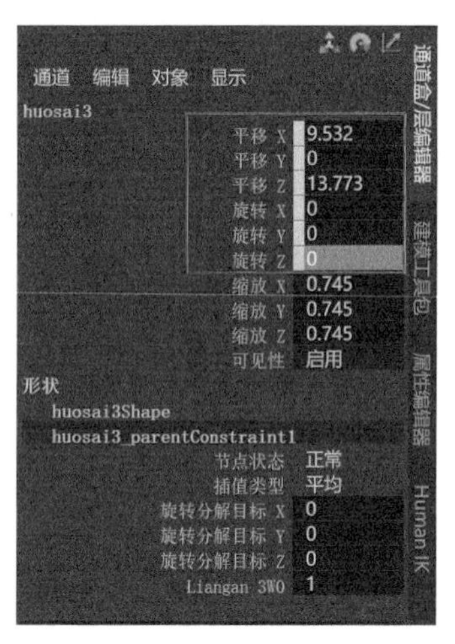

图9-110

（15）选择图 9-111 所示的属性，单击鼠标右键，在弹出的菜单中执行“断开连接”命令，取消这些属性的约束控制。这样，活塞模型仅 X 轴向上的平移值会受到连杆模型的影响，活塞模型就只能在一个方向上运动。

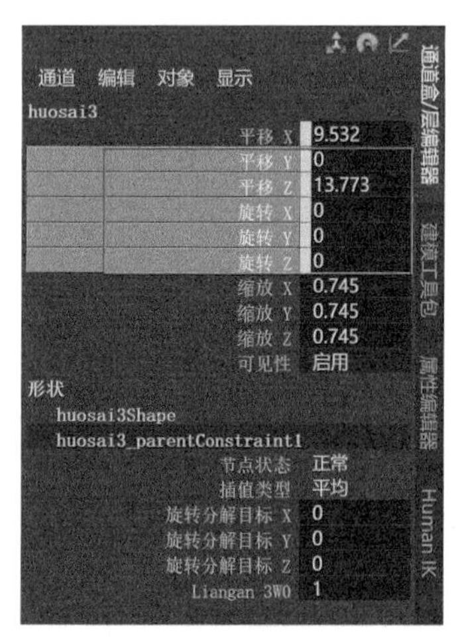

图9-111

（16）设置完成后，再次尝试旋转曲轴模型的角度，可以看到活塞模型和连杆模型的运动效果如图 9-112 所示。

（17）选择场景中的定位器，沿 X 轴向进行微调，以确保连杆模型不会出现穿透活塞模型的动画效果。这样，一个气缸的装置就制作完成了，如图 9-113 所示。

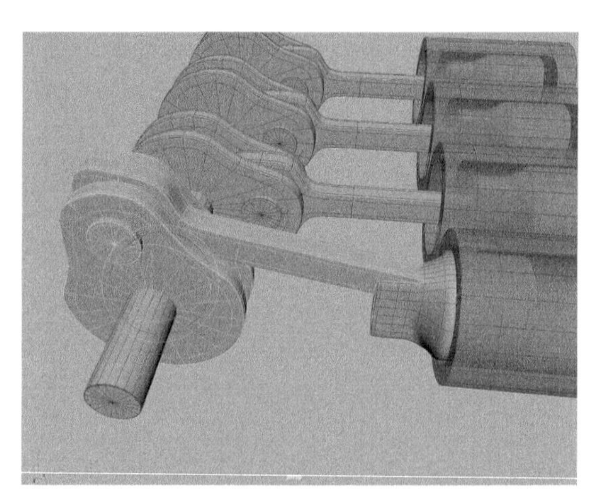

图9-112

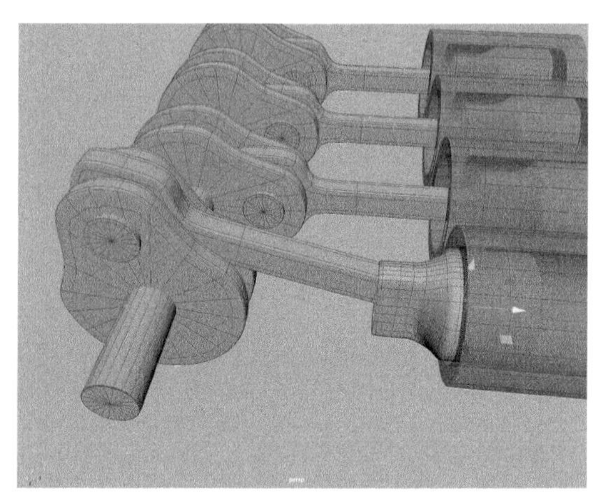

图9-113

（18）以同样的操作制作出场景里其他 3 个活塞的动画装置后，调整中间两个曲轴的旋转角度，如图 9-114 所示。

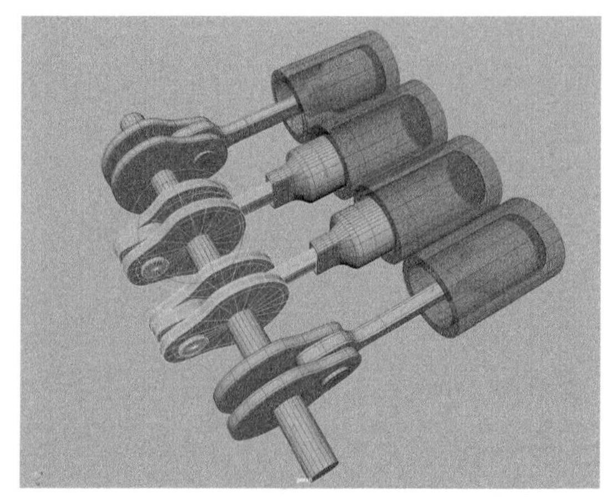

图9-114

（19）将 4 个曲轴模型选中，再加选场景中的曲轴杆模型，按快捷键 P 对所选择的模型设置父子关系，如图 9-115 所示。

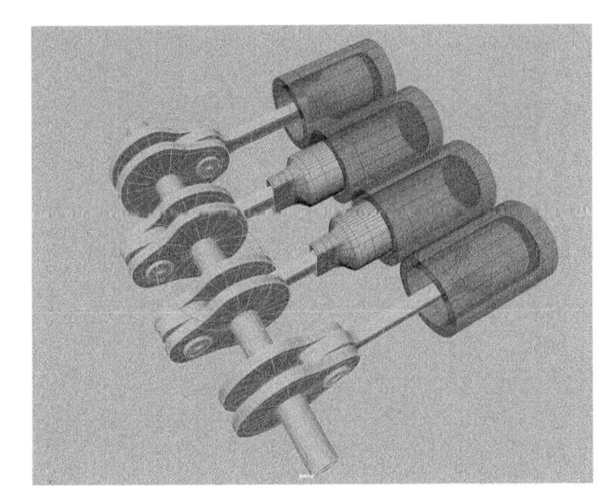

图9-115

（20）选择曲轴杆模型，在第 1 帧处对其“旋转 Z”属性设置关键帧，如图 9-116 所示。

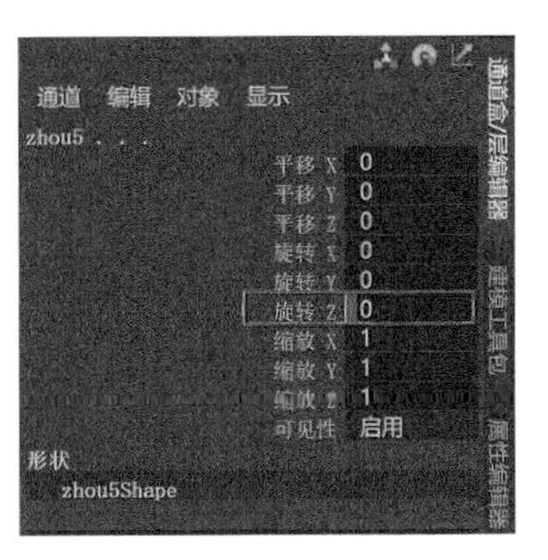

图9-116

（21）将时间滑块移动至第 20 帧，调整“旋转 Z”值为 360，再次设置关键帧，如图 9-117 所示。

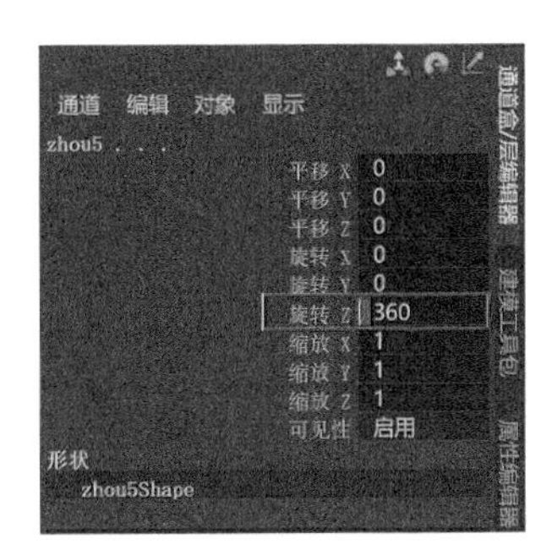

图9-117

（22）执行菜单栏“窗口 > 动画编辑器 > 曲线图编辑器”命令，在弹出的“曲线图编辑器”窗口中调整动画曲线的形态，如图 9-118 所示。

（23）在“曲线图编辑器”窗口中执行菜单栏“曲线 > 后方无限 > 循环”命令，如图 9-119 所示。

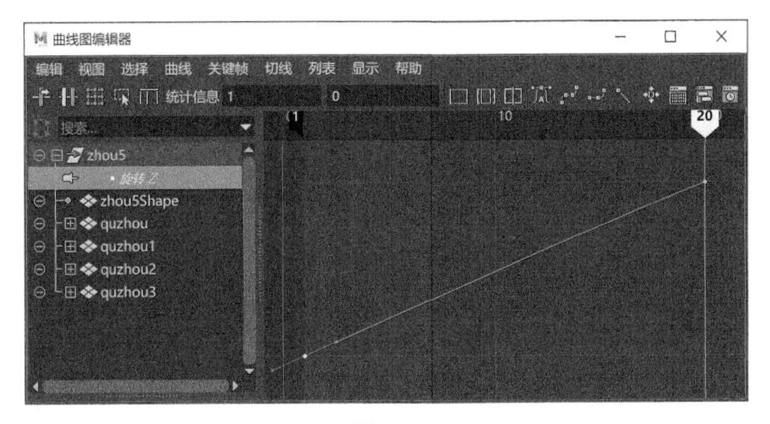

图9-118

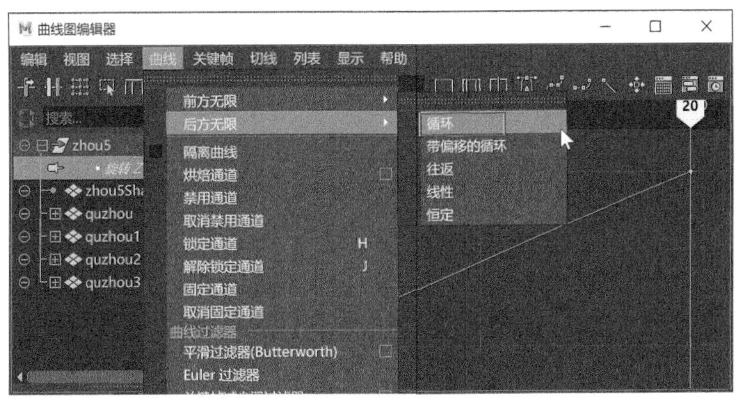

图9-119

（24）设置完成后，播放场景动画，本实例的动画最终完成效果如图 9-120 ~图 9-123 所示。

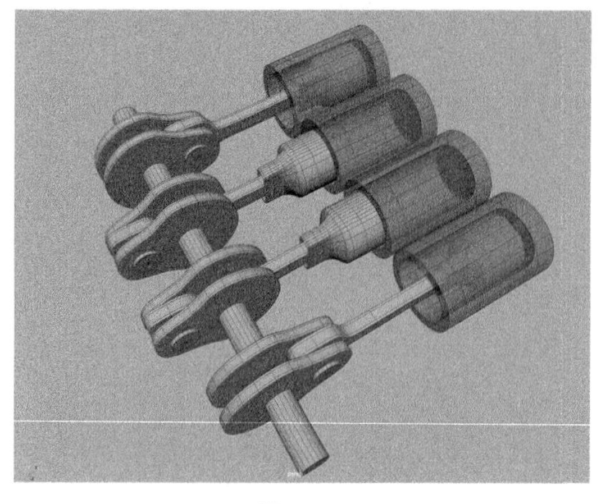

图9-120

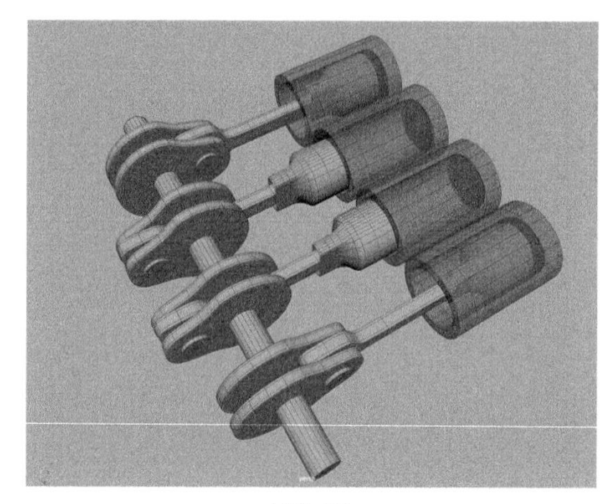

图9-121

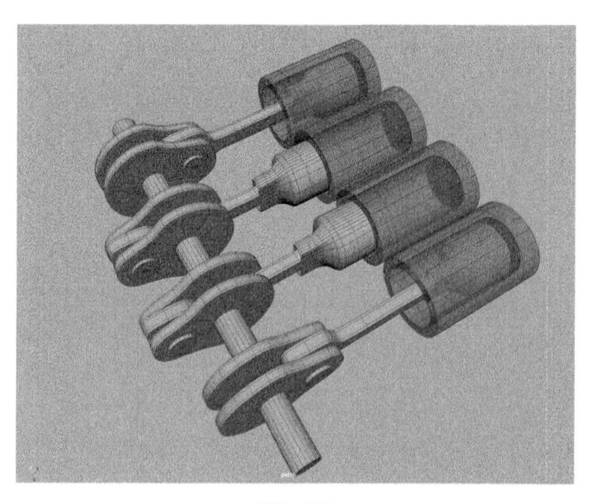

图9-122

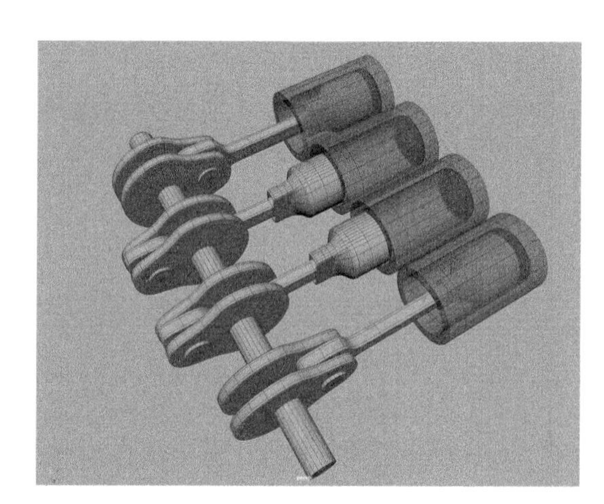

图9-123

9.7.5 实例：使用表达式制作玩具车运动动画

本实例通过制作一个玩具车的运动动画来为读者讲解表达式的使用方法及操作技巧，最终完成的动画效果如图 9-124 所示。

图9-124

图9-124（续）

（1）启动Maya，打开本书配套资源“玩具车.mb”文件，场景里面有一个玩具车的模型，如图9-125所示。

图9-125

（2）在“大纲视图”中进行观察，可以看到该玩具车模型由车身、烟囱和两个轮子模型组成，如图9-126所示。

图9-126

（3）在制作玩具车动画之前，首先将玩具车的各个结构模型进行“约束”设置，以方便后期的动画制作。

（4）在场景中选择玩具车的烟囱模型、两个轮子模型和车身模型，如图9-127所示。注意，在Maya中最后选择的对象呈绿色线框显示。

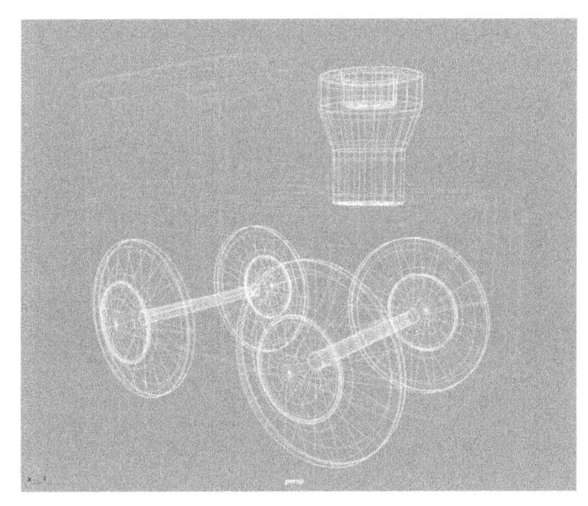

图9-127

（5）执行菜单栏“编辑 > 建立父子关系”命令，设置完成后，观察“大纲视图”，可以看到这几个模型之间的层级关系，如图9-128所示。

图9-128

（6）选择场景中的车身模型，观察一下该模型的朝向。如果是沿车身方向运动的话，那么应该是X轴向，所以，在“属性编辑器”面板中，将鼠标指针移动至“平移”属性的X值上，单击鼠标右键，在弹出的菜单中执行“创建新表达式”命令，如图9-129所示。

图9-129

（7）在弹出的“表达式编辑器”面板中，将代表车身模型X轴方向“平移”属性的表达式复制下来，如图9-130所示。

图9-130

（8）我们还需要知道轮子模型的半径。将视图切换至“前视图”，单击“曲线/曲面”工具架中的“NURBS圆形”按钮，在场景中轮子模型位置处创建一个圆形，如图9-131所示。

（9）在“属性编辑器”面板中，展开“圆形历史”卷展栏，可以看到圆形的“半径”，也就是场景中轮子模型的半径，如图9-132所示。

（10）选择场景中玩具车的前轮模型，如图9-133所示。

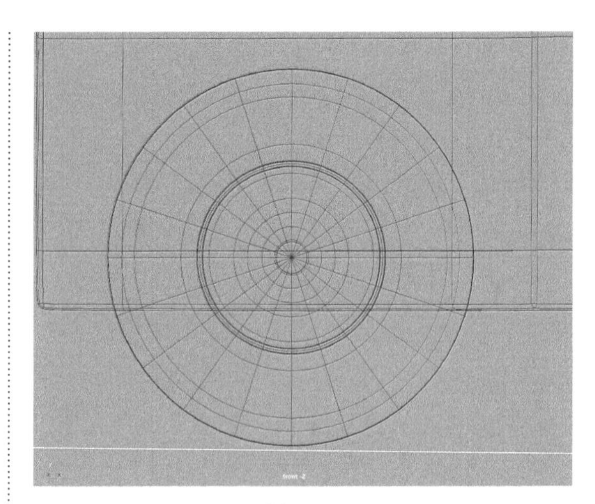

图9-131

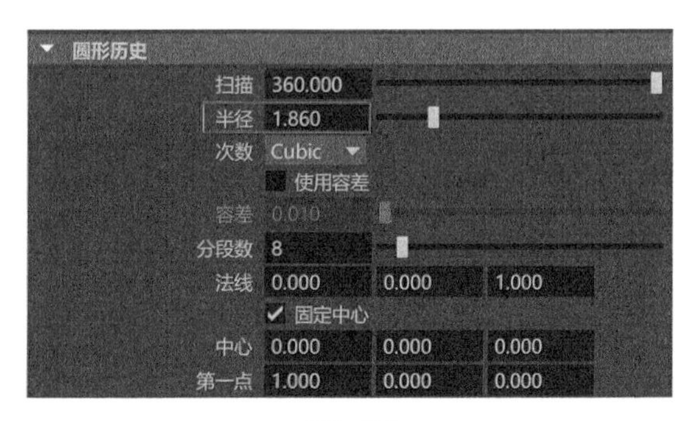

图9-132

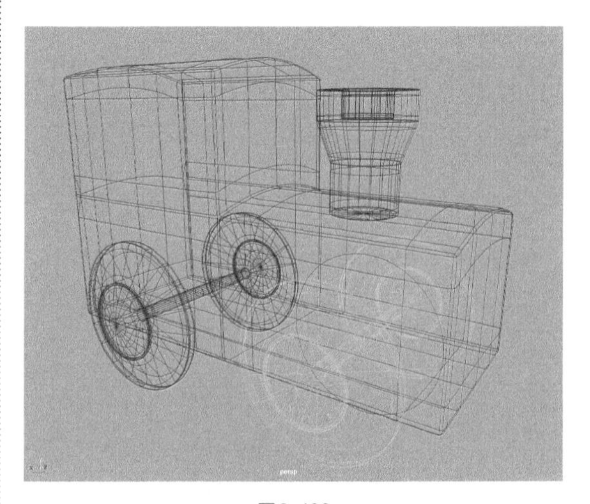

图9-133

（11）在“属性编辑器”面板中，展开“变换属性”卷展栏。将鼠标指针移动至“旋转”属性的Z值上，单击鼠标右键，在弹出的菜单中执行“创建新表达式”命令，如图9-134所示。

（12）在弹出的“表达式编辑器”面板中，将代表轮子模型Z轴方向“旋转”属性的表达式复制下来，然后在“表达式”文本框内输入以下表达式。

lunzi.rotateZ=-cheshen.translateX/1.86*180/3.14

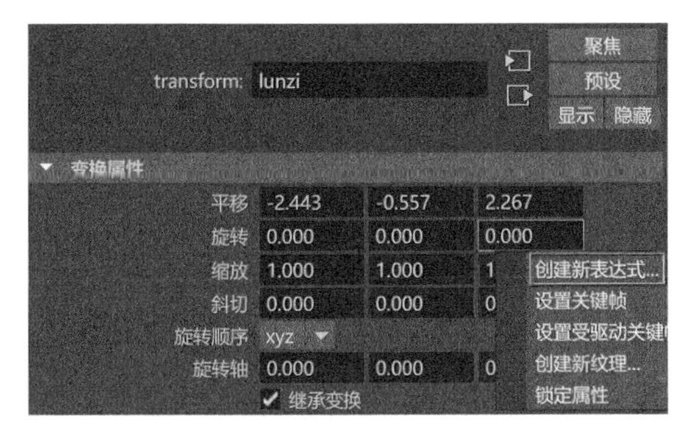

图9-134

（13）输入完成后，单击“表达式编辑器”面板下方的第一个按钮——“创建”按钮，当该按钮变成“编辑”按钮时，即表示该表达式已被执行，如图9-135所示。

图9-135

技巧与提示 “表达式”文本框里的字体默认有点小，可以按住Ctrl键并配合鼠标中键来缩放输入的字体大小。

（14）现在我们在场景中尝试沿X轴移动一下车身模型，可以看到玩具车的前轮模型已经可以自动旋转了，如图9-136所示。

（15）选择场景中玩具车的前轮模型，在“变换属性”卷展栏中观察该模型“旋转”属性的Z值的背景色已经呈紫色，说明该值受表达式的影响，如图9-137所示。

图9-136

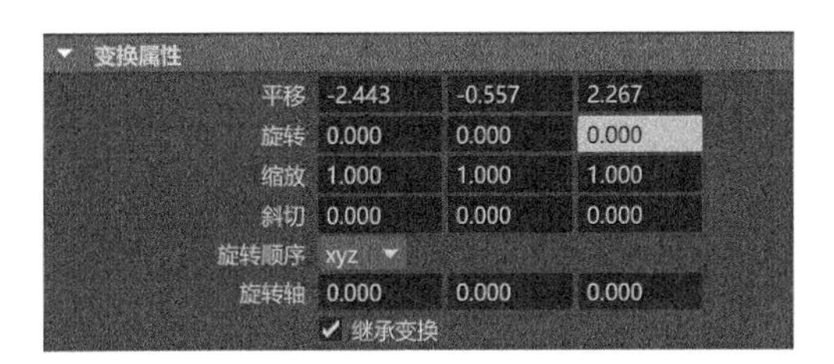

图9-137

（16）在场景中先选择玩具车的前轮模型，再加选玩具车的后轮模型，单击“绑定”工具架中的“方向约束”按钮，如图9-138所示，为后轮模型设置约束，这样后轮模型将会和前轮模型一起旋转。

图9-138

（17）设置完成后，现在我们沿X轴方向移动车身模型，即可看到玩具车的前轮模型和后轮模型一起随之移动并旋转。

（18）在场景中选择车身模型，如图9-139所示。

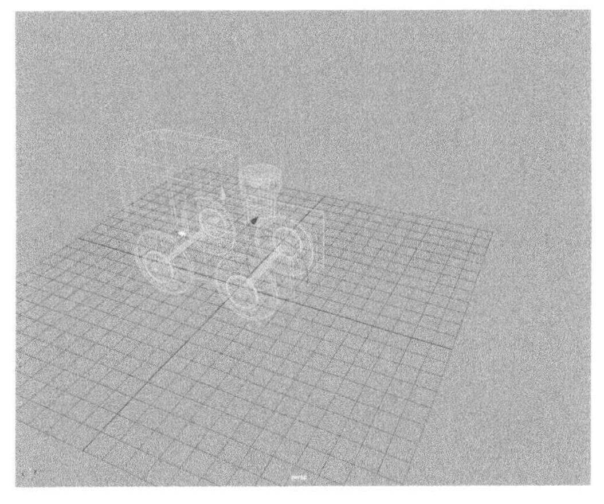

图9-139

（19）在“通道盒 / 层编辑器”面板中为“平移 X”属性设置关键帧，如图 9-140 所示。

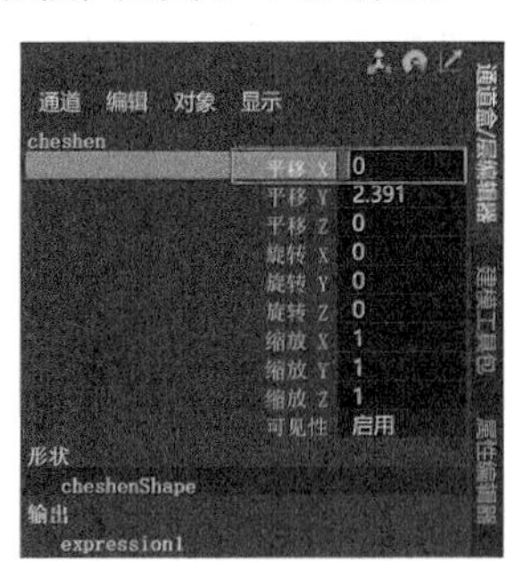

图9-140

（20）将时间滑块移动至第 120 帧位置处，沿 X 轴移动车身模型至图 9-141 所示的位置处。再次在“通道盒 / 层编辑器”面板中为“平移 X”属性设置关键帧，如图 9-142 所示。

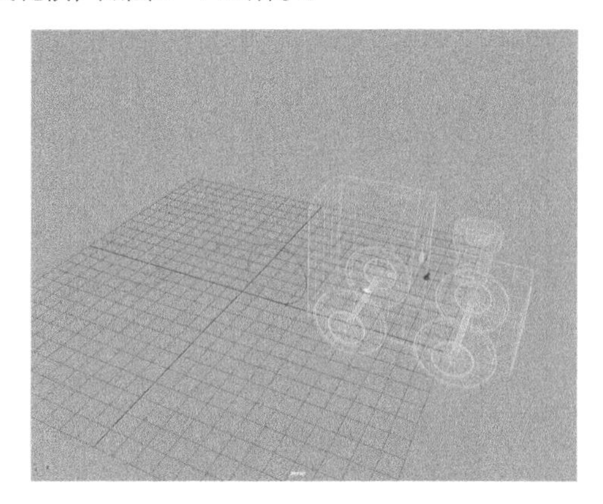

图9-141

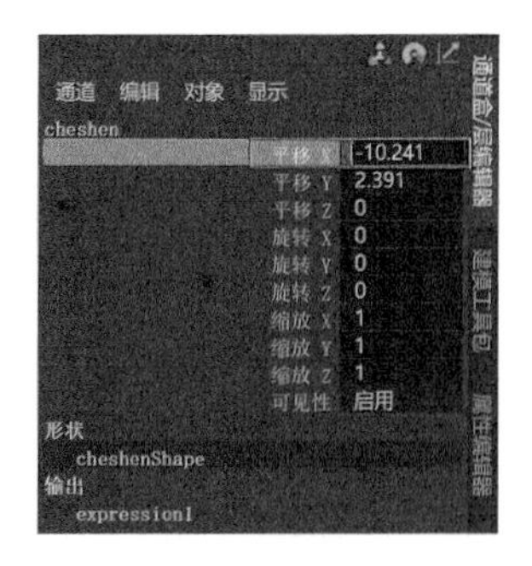

图9-142

（21）这样，玩具车的运动动画就制作完成了。

9.7.6 实例：使用表达式制作飞机运动动画

本实例将继续使用简单的表达式来辅助制作飞机的运动动画，最终效果如图 9-143 所示。

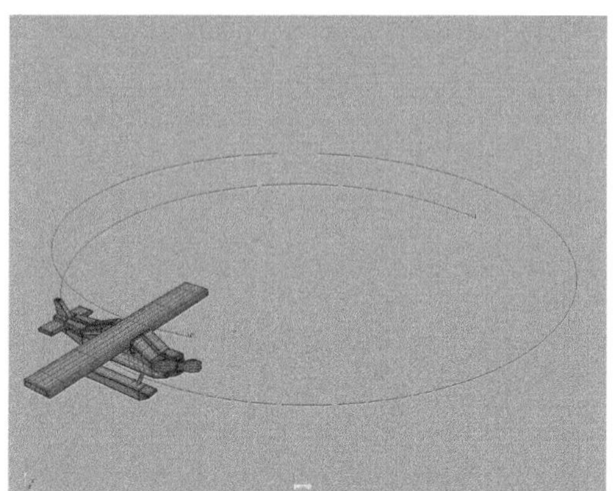

图9-143

（1）启动 Maya，打开本书配套资源“飞机 .mb”文件，里面有一个玩具飞机的模型，如图 9-144 所示。

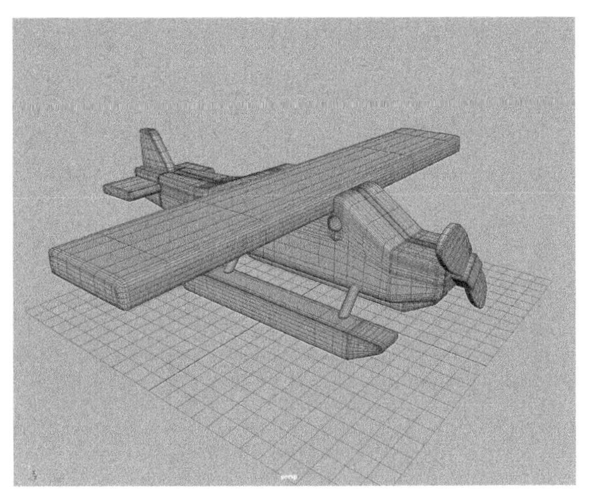

图9-144

（2）在“大纲视图”中，我们可以看到场景中的飞机由机身和螺旋桨两个部分组成，如图 9-145 所示。

图9-145

（3）我们先制作螺旋桨模型的旋转动画。选择场景中的螺旋桨模型，如图 9-146 所示。

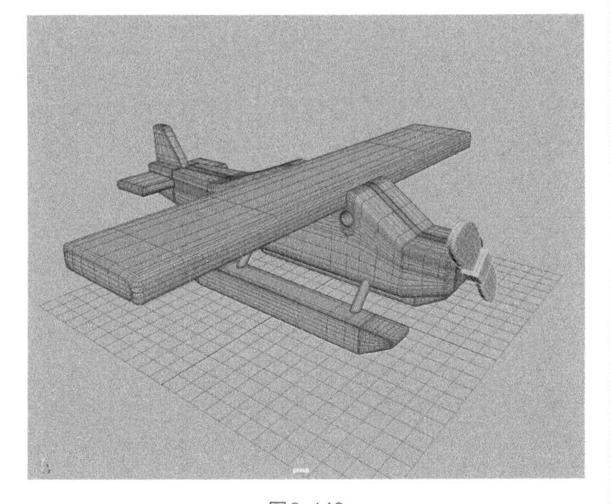

图9-146

（4）在“属性编辑器”面板中展开“变换属性”卷展栏，将鼠标指针放置于“旋转”属性的 Z 值上，单击鼠标右键，在弹出的菜单中执行“创建新表达式”命令，如图 9-147 所示。

图9-147

（5）在弹出的“表达式编辑器”面板的“表达式”文本框内输入以下表达式。

luoxuanjiang.rotateZ=time

输入完成后，单击“创建”按钮，执行该表达式，如图 9-148 所示。

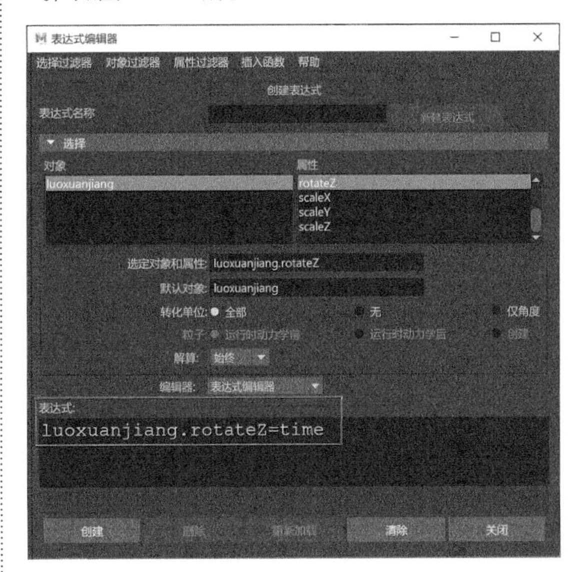

图9-148

（6）播放场景动画，现在我们可以看到螺旋桨模型随着场景中“时间滑块”的移动会自动开始旋转，但是旋转的速度非常慢。

（7）我们修改一下刚刚设置的表达式，将表达式更改为以下形式。

luoxuanjiang.rotateZ=time*1000

这样，螺旋桨旋转的速度会增加 1000 倍，然后单击“编辑”按钮，更新一下表达式，如图 9-149 所示。

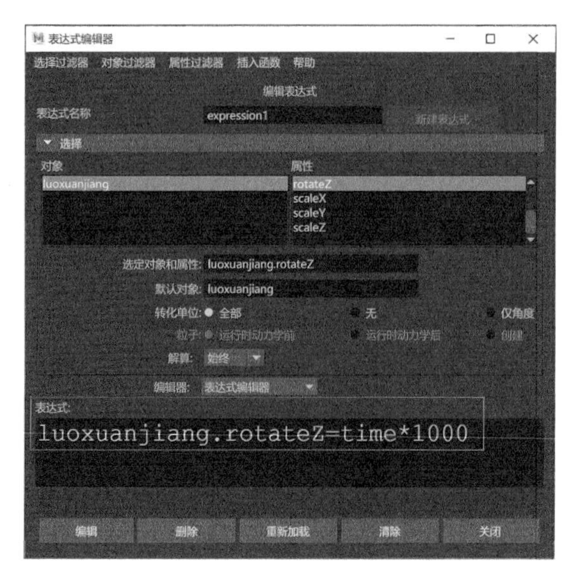

图9-149

（8）再次播放场景动画，我们可以看到螺旋桨的旋转速度就变快了许多，读者朋友们也可以尝试设置螺旋桨模型旋转速度增加的倍数。图 9-150 和图 9-151 分别为螺旋桨模型的旋转倍数为 100 和 1000 的重影效果对比。

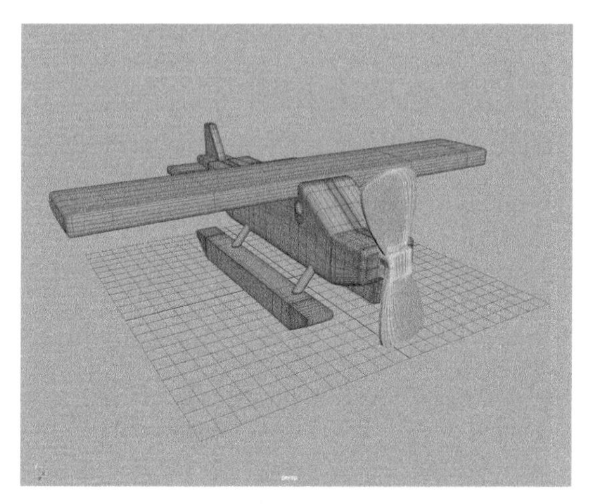

图9-150

（9）选择场景中的螺旋桨模型，加选飞机机身模型，按快捷键 P 为两者建立父子关系。设置完成后，在“大纲视图”中可以观察两者之间的层级关系，如图 9-152 所示。

（10）将工具架切换至“多边形建模”工具架，在“柏拉图多面体”图标上单击鼠标右键，在弹出的菜单中执行“螺旋线”命令，如图 9-153 所示。

（11）在场景中绘制一个螺旋线模型，如图 9-154 所示。

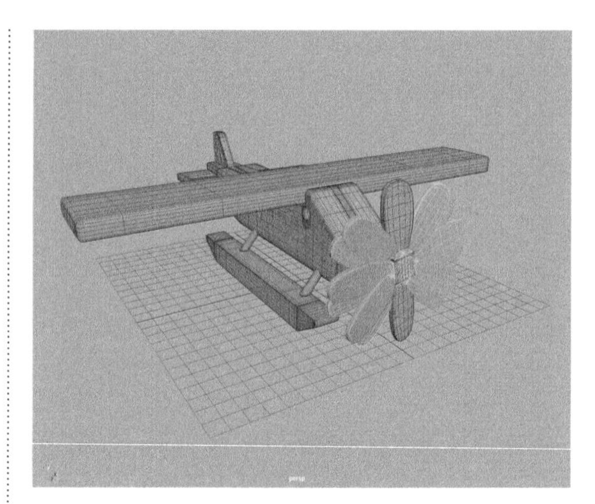

图9-151

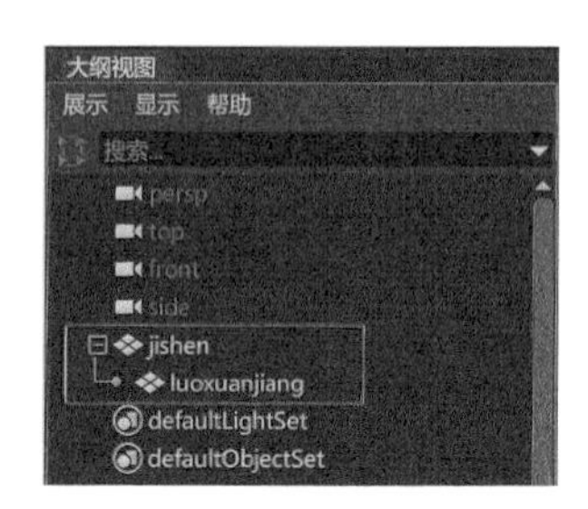

图9-152

图9-153

图9-154

（12）在螺旋线模型的“边”组件层级中，选择图 9-155 所示的边线后，执行菜单栏“修改 > 转化 > 多边形边到曲线”命令，这样就可以根据所选的边线生成一条曲线。

图9-155

（13）将场景中的螺旋线模型删除。我们可以在场景中看到一条螺旋曲线，如图 9-156 所示。

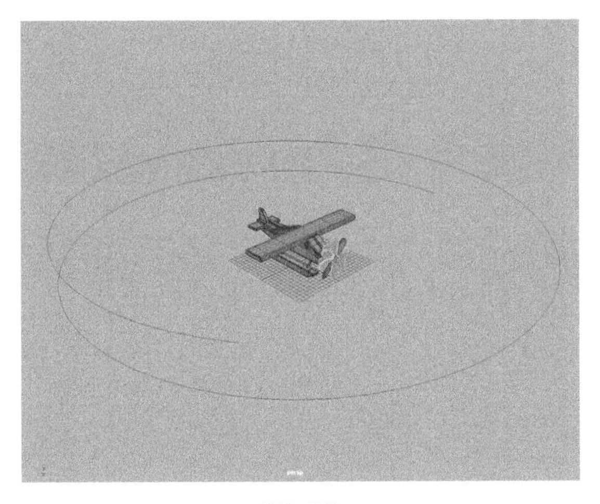

图9-156

（14）选择场景中的飞机机身模型，加选刚刚制作的螺旋曲线，执行菜单栏“约束 > 运动路径 > 连接到运动路径”命令，飞机模型的位置就移动到螺旋曲线上，如图 9-157 所示。

（15）在默认状态下，飞机是从螺旋曲线上方的顶点处开始运动，我们可以通过调整关键帧的位置来使得飞机模型从螺旋曲线下方的顶点处开始运动，然后旋转向上飞起。

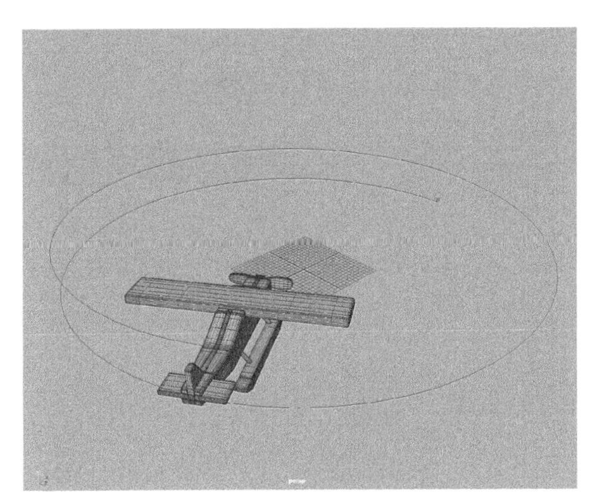

图9-157

（16）设置飞机模型的方向。在“属性编辑器”面板中，展开“运动路径属性”卷展栏，设置“前方向轴”为 Z，并勾选“反转前方向”选项，如图 9-158 所示。

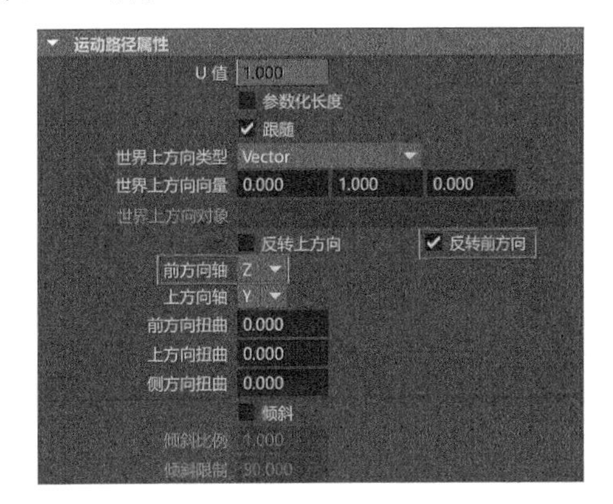

图9-158

（17）播放场景动画，我们可以看到飞机的运动方向已经更改正确了，但是还需要调整一下运动曲线，使动画效果更理想一些。执行菜单栏“窗口 > 动画编辑器 > 曲线图编辑器”命令，打开“曲线图编辑器”窗口，在这里可以看到当前飞机机身模型的运动曲线，如图 9-159 所示。

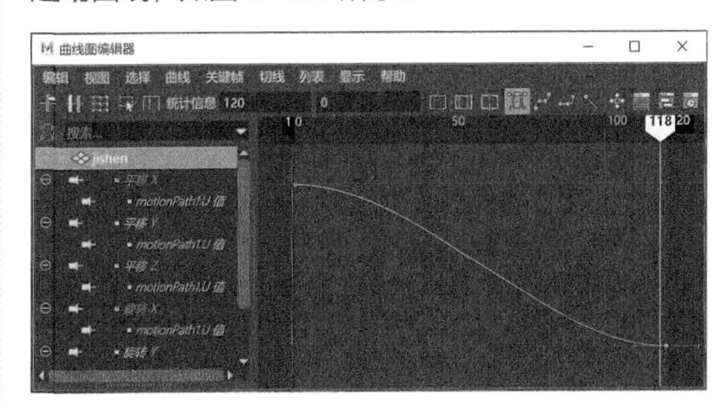

图9-159

（18）在“曲线图编辑器”窗口中，调整飞机机身模型的运动曲线，如图9-160所示。

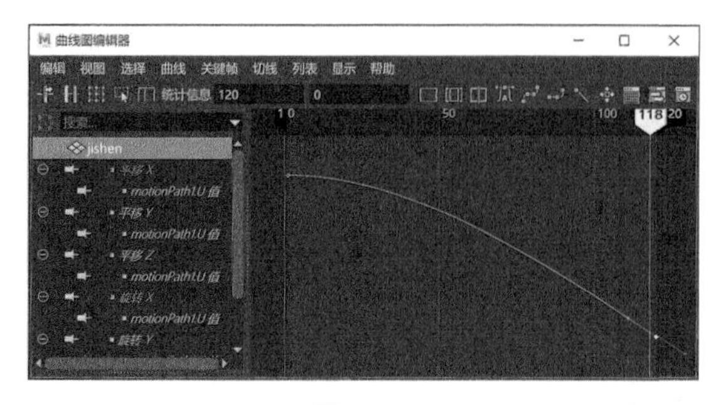

图9-160

（19）设置完成后，播放场景动画，我们看到现在飞机模型在飞行的过程中产生了先加速再匀速的动画效果，丰富和完善了飞行动画的细节。

9.7.7 实例：使用“快速绑定”工具绑定角色

本实例主要讲解“快速绑定”工具的使用方法，使用这一工具，我们可以快速为场景中的角色模型设置骨骼并蒙皮，绑定完成后的最终效果如图9-161所示。

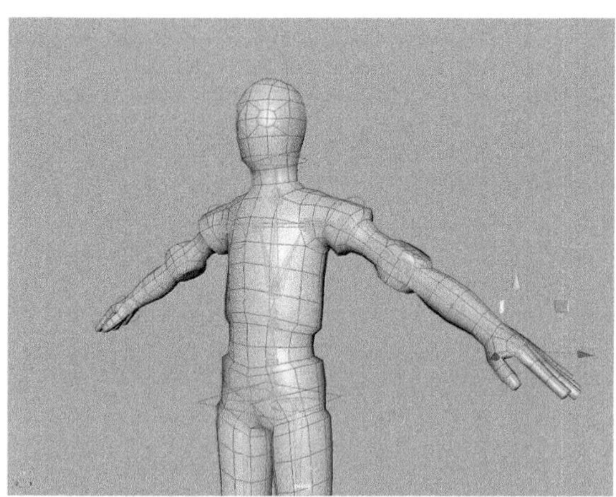

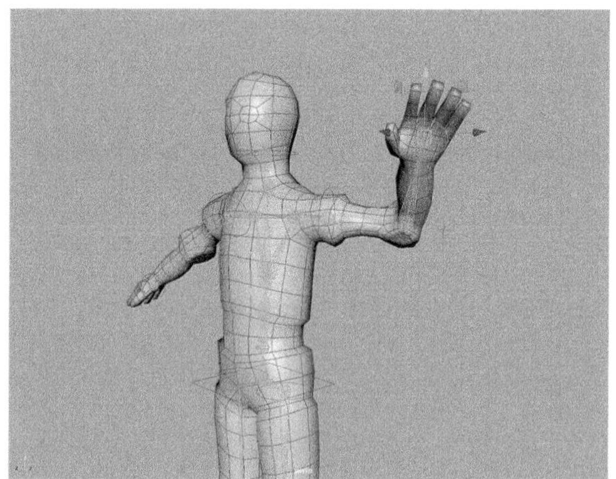

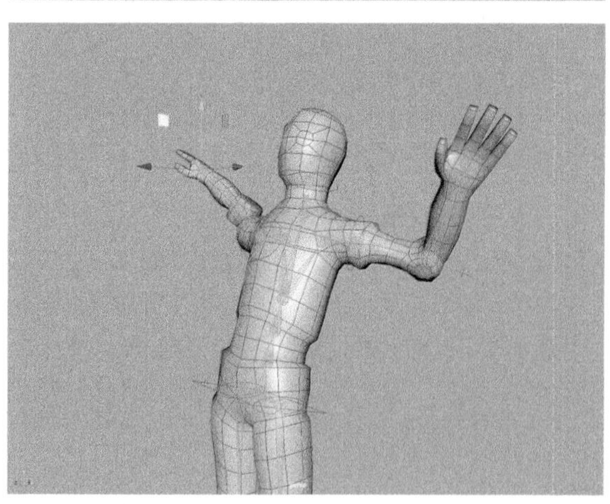

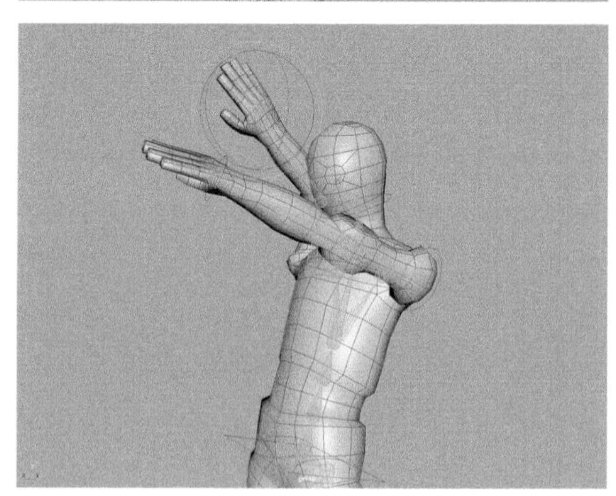

图9-161

（1）启动Maya，执行菜单栏“效果>获取效果资产”命令，可以打开“内容浏览器”窗口，如图9-162所示。

（2）在“内容浏览器”窗口左侧的“示例”选项卡中执行“Examples>Modeling>Sculpting Base Meshes>Bipeds”命令，然后将右侧窗口中的“RobotHumanoid.ma”文件拖曳至场景中，如图9-163所示，即可得到一个机器人模型，如图9-164所示。

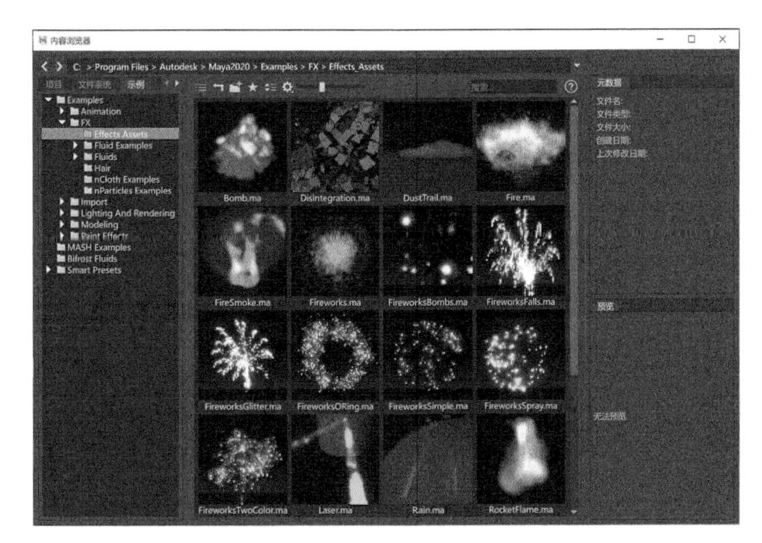

图9-162

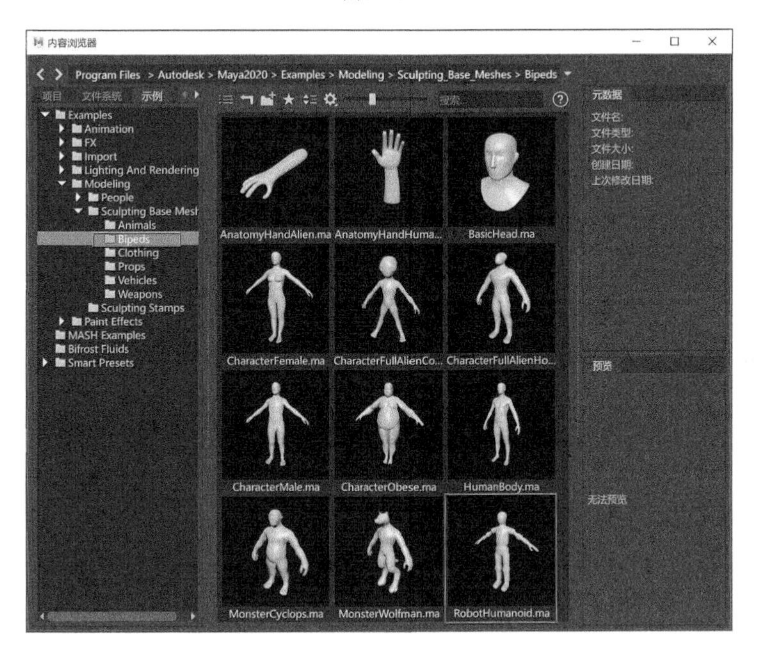

图9-163

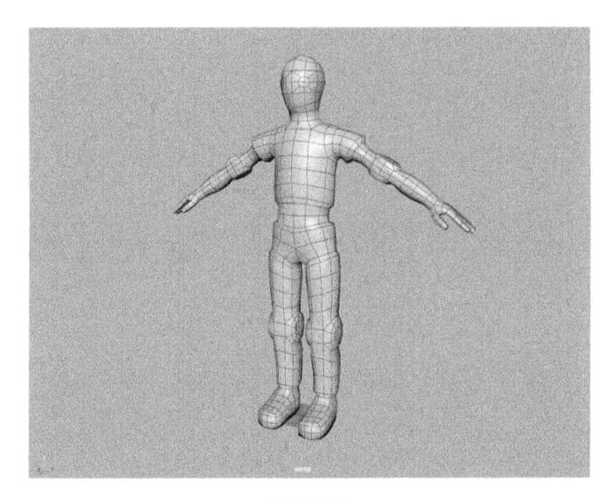

图9-164

（3）单击“绑定”工具架中的“快速绑定”按钮，如图9-165所示。打开“快速绑定”面板，如图9-166所示。

图9-165

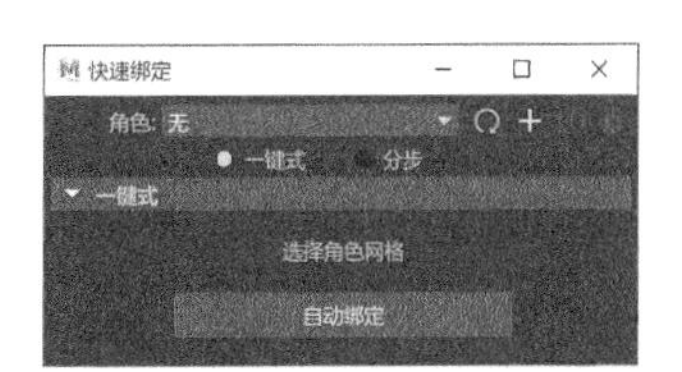

图9-166

（4）在“快速绑定”面板中，选择“分布”选项后，单击“创建新角色”按钮，即可激活该面板中的命令，如图 9-167 所示。

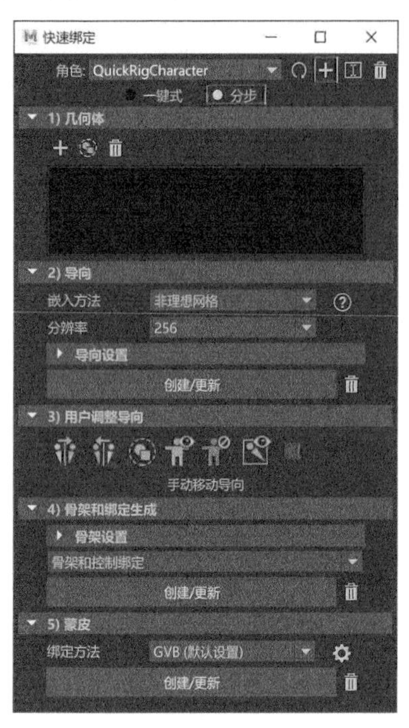

图9-167

（5）选择场景中的角色模型，单击“几何体”卷展栏中的“添加选定的网格”按钮，即可将所选择的对象添加至下方的列表内，如图 9-168 所示。

（6）展开“导向”卷展栏，准备为角色创建导向点。创建之前，我们先观察一下角色在场景中的方向是否符合规定，如果不符合规定的话，读者必须调整角色的方向才能继续进行操作。设置“颈部”值为 2，如图 9-169 所示。

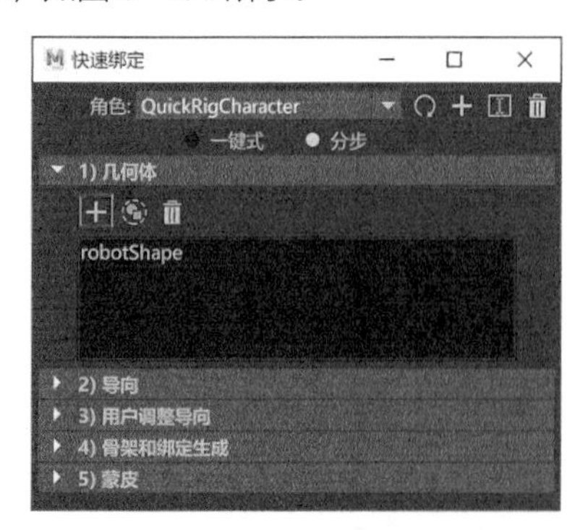

图9-168

（7）设置完成后，单击“导向”卷展栏内的“创建 / 更新”按钮，即可在场景中看到所生成的导向点，如图 9-170 所示。

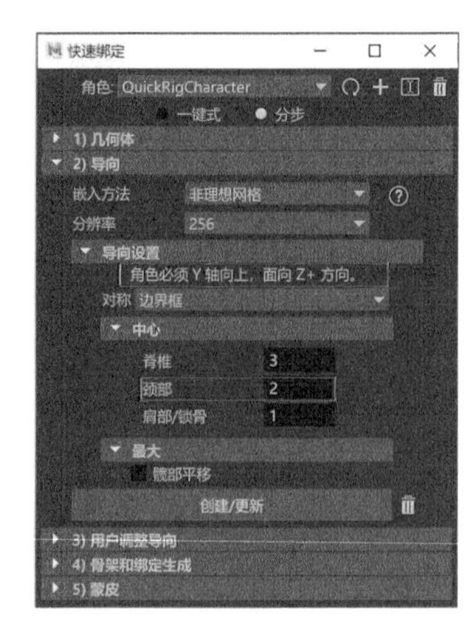

图9-169

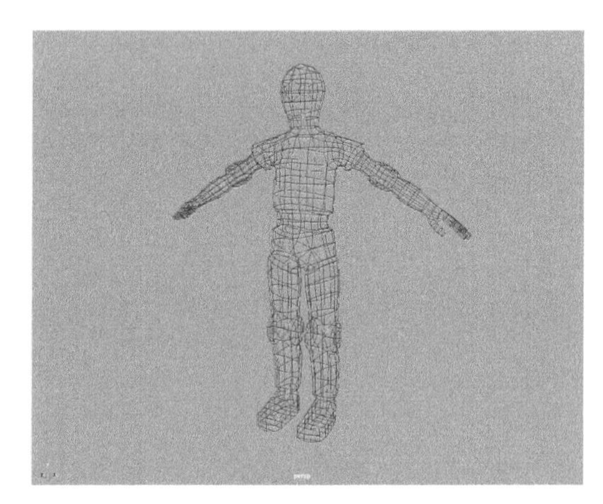

图9-170

（8）选择角色左臂肘关节处的导向点，并调整其位置，如图 9-171 所示。单击“用户调整导向”卷展栏内的第二个按钮——“将右侧导向镜像至左侧导向”按钮，即可更改角色右侧手臂肘关节处的导向点，如图 9-172 所示。

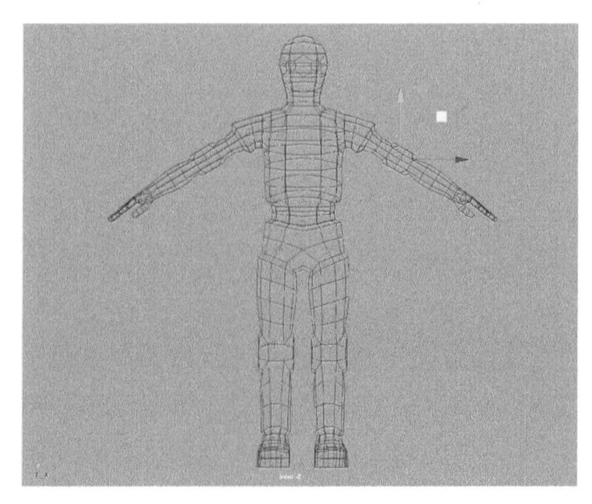

图9-171

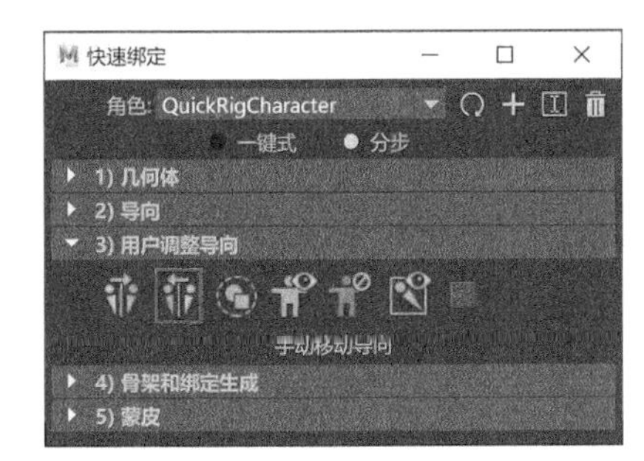

图9-172

（9）展开“骨架和绑定生成”卷展栏，单击“创建 / 更新”按钮，即可根据之前调整好的导向来自动生成骨架，如图 9-173 所示。

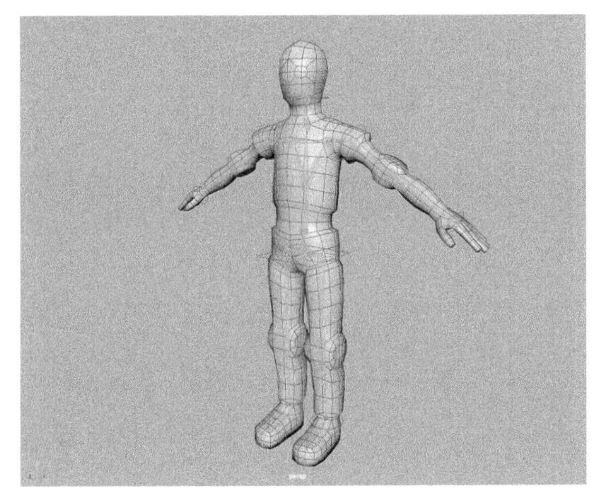

图9-173

（10）展开“蒙皮”卷展栏，单击“创建 / 更新”按钮，即可为当前角色创建蒙皮，如图 9-174 所示。

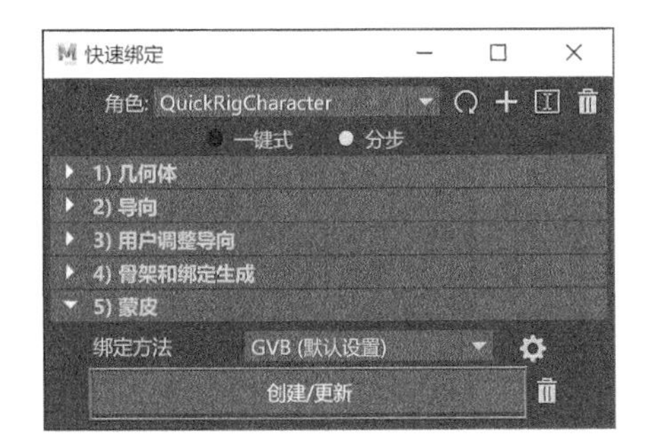

图9-174

（11）设置完成后，角色的快速装备操作就结束了，我们可以通过“Human IK”面板中的图例快速选择角色的骨骼来调整角色的姿势，如图 9-175 所示。

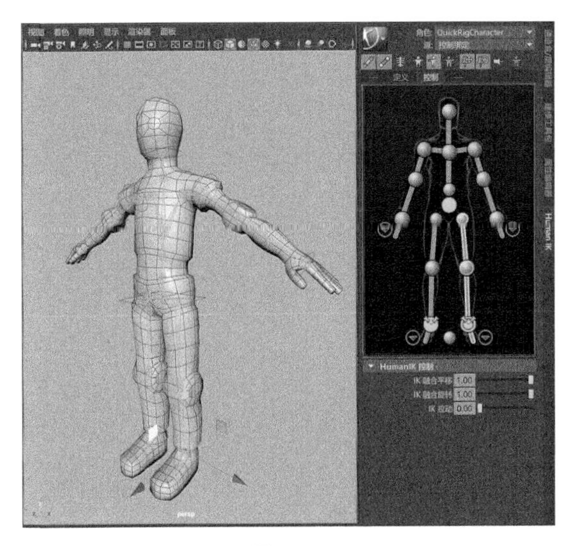

图9-175

（12）本实例的最终装备效果如图 9-176 所示。

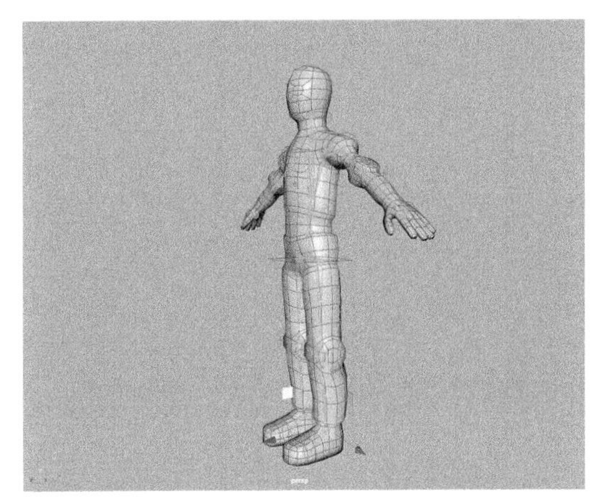

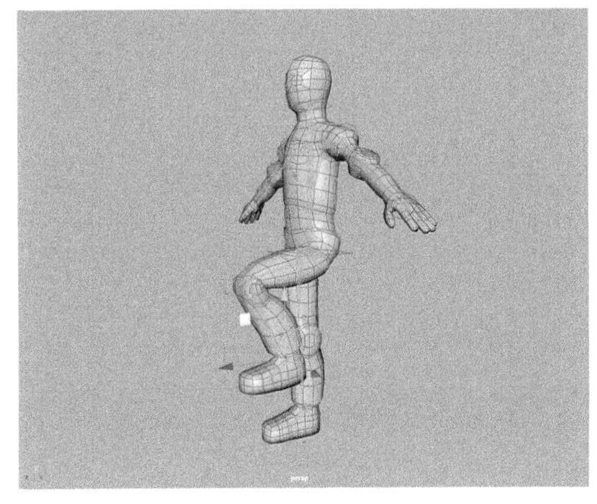

图9-176

流体动画技术

扫码在线观看
案例讲解视频

10.1　流体概述

在三维软件中，我们可以使用之前所讲的多边形建模技术制作出细节丰富、造型逼真的桌椅、餐具、武器等形体的三维模型，但是却很难制作出天空的云朵、飞溅的水花、火箭的喷气等不易抓取的几何形体。尤其是当涉及这些形体的动画制作时，我们很难仅通过设置模型的变换属性来得到一段诸如烟雾升腾的动画效果。幸好，Maya 的工程师们很早就开始考虑如何在三维软件中解决这些特殊形体的制作问题，并提供了一系列专业工具来帮助我们进行这些特殊形体及动画的制作，这就是流体动画技术。Maya 2020 主要为用户提供了两种流体动画解决方案，我们分别可以在“FX”工具架和“Bifrost”工具架中找到这些工具图标。如果用户希望在 Maya 中制作出效果理想的流体动画，除了需要学习本章的知识外，还应该多观察生活中的一些流体效果。图 10-1 和图 10-2 所示为笔者所拍摄的一些与流体特效有关的照片。

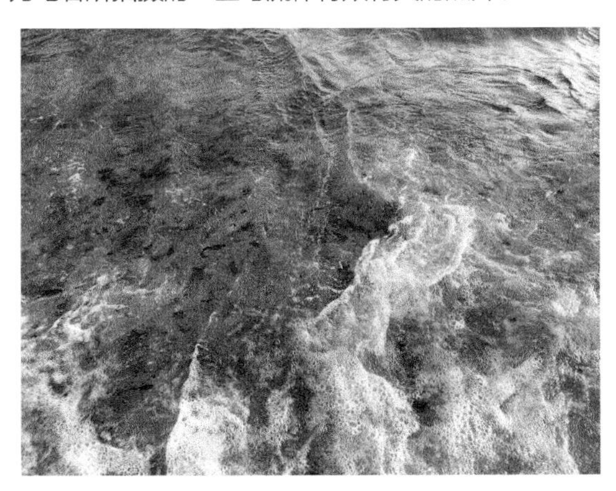

图10-1

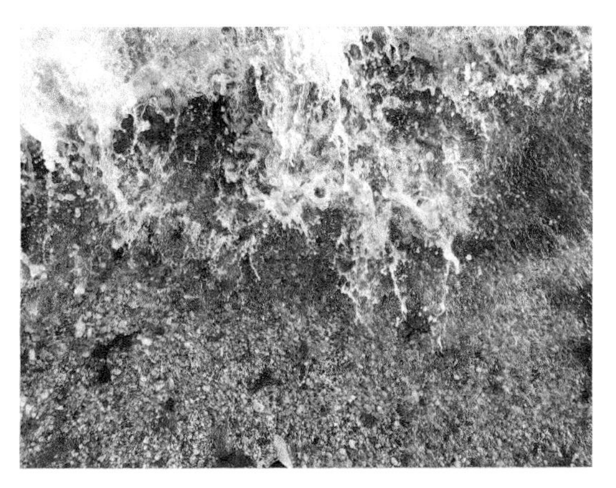

图10-2

10.2　流体系统

流体系统是 Maya 从早期一直延续至今的一套优秀的流体动画解决方案。我们可以在“FX”工具架中找到流体系统中的一些常用工具图标，如图 10-3 所示。

图10-3

常用工具解析

具有发射器的 3D 流体容器：创建发射器和 3D 流体容器。

具有发射器的 2D 流体容器：创建发射器和 2D 流体容器。

从对象发射流体：根据所选择的对象来发射流体。

使碰撞：为流体与场景中的几何体对象设置碰撞。

10.2.1　3D流体容器

在 Maya 中，流体模拟计算通常被限定在一个区域之中，这个区域被称为“容器”。如果是 3D 流体容器，那么该容器就是一个具有 3 个方向的立体空间。如果是 2D 流体容器，那么该容器就是一个具有两个方向的平面空间。如果我们要模拟细节丰富的流体动画特写镜头，大多数情况下需要单击“FX”工具架中的“具有发射器的 3D 流体容器”图标，在场景中创建一个 3D 流体容器来进行流体动画的制作，如图 10-4 所示。

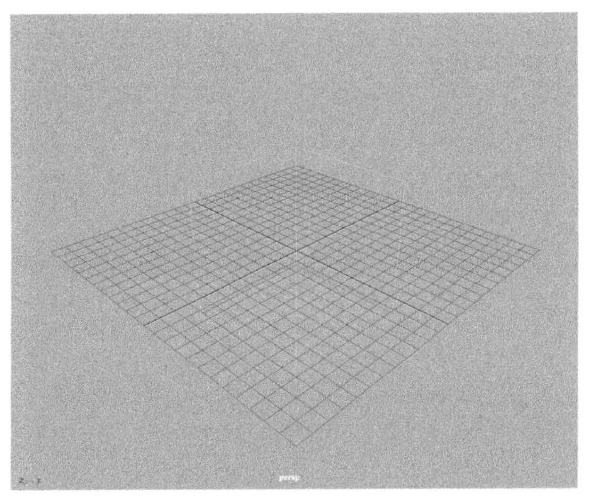

图10-4

双击“具有发射器的 3D 流体容器”图标后，可以弹出“创建具有发射器的 3D 容器选项”面板，如图 10-5 所示。

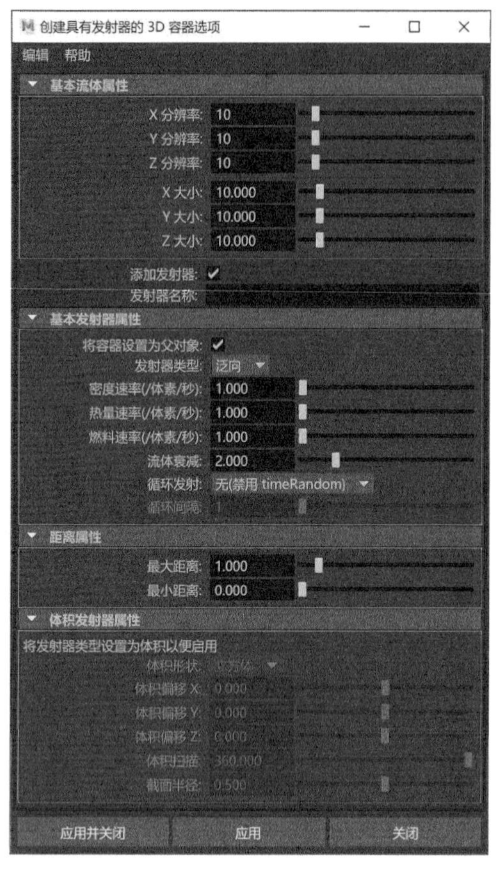

图10-5

常用参数解析

♦ “基本流体属性”卷展栏

X 分辨率、Y 分辨率、Z 分辨率：分别用来控制 3D 流体容器在 X、Y 和 Z 方向上的分辨率。

X 大小、Y 大小和 Z 大小：分别用来控制 3D 流体容器在 X、Y 和 Z 方向上的大小。

添加发射器：创建 3D 流体容器的同时，还会创建一个流体发射器。

发射器名称：允许用户事先设置好发射器的名称。

♦ “基本发射器属性”卷展栏

将容器设置为父对象：勾选该选项后，创建出来的发射器将以 3D 流体容器为父对象。

发射器类型：用来选择发射器的类型，有“泛向”和“体积”两种类型，如图 10-6 所示。

图10-6

密度速率（/ 体素 / 秒）：设置每秒将“密度”值发射到栅格体素的平均速率。

热量速率（/ 体素 / 秒）：设置每秒将“温度”值发射到栅格体素的平均速率。

燃料速率（/ 体素 / 秒）：设置每秒将“燃料”值发射到栅格体素的平均速率。

流体衰减：设置流体发射的衰减值。

循环发射：设定以一定的间隔（以帧为单位）重新启动随机数流。

循环间隔：指定随机数流在两次重新启动期间的帧数。

♦ “距离属性”卷展栏

最大距离：从发射器创建新的特性值的最大距离。

最小距离：从发射器创建新的特性值的最小距离。

♦ “体积发射器属性”卷展栏

体积形状：当“发射器类型”设置为“体积”时，该发射器将使用“体积形状”，共有“立方体”“球体”“圆柱体”“圆锥体”和“圆环”这 5 种选项，如图 10-7 所示。图 10-8 ~ 图 10-12 所示分别为“体积形状”选择了不同选项后的流体发射器显示结果。

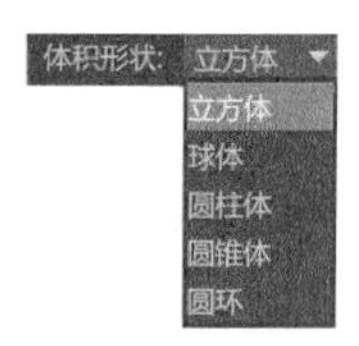

图10-7

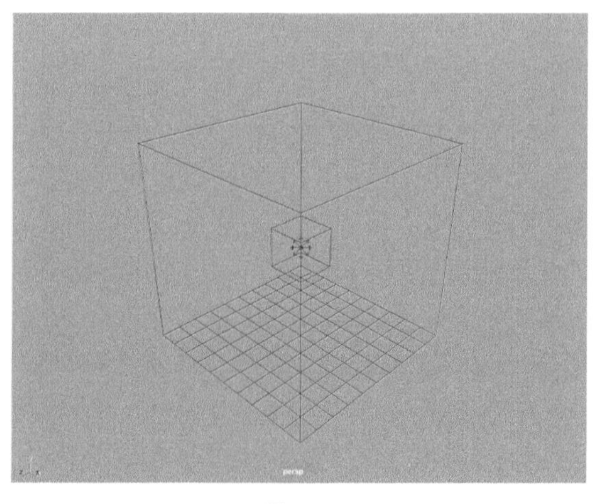

图10-8

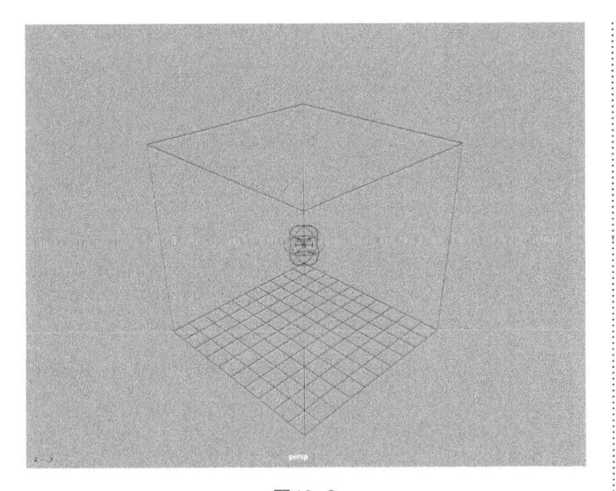

图10-9

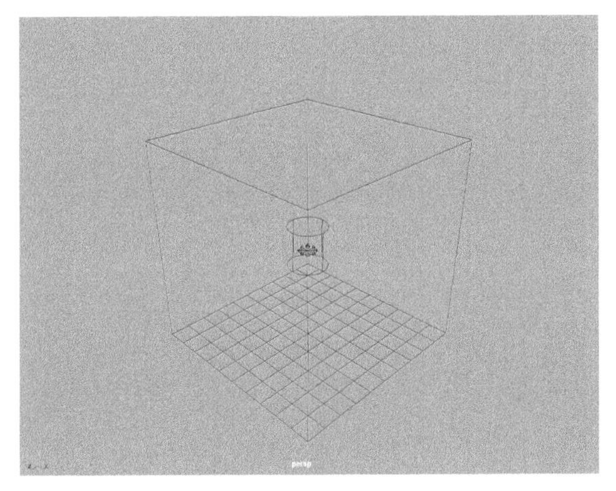

图10-10

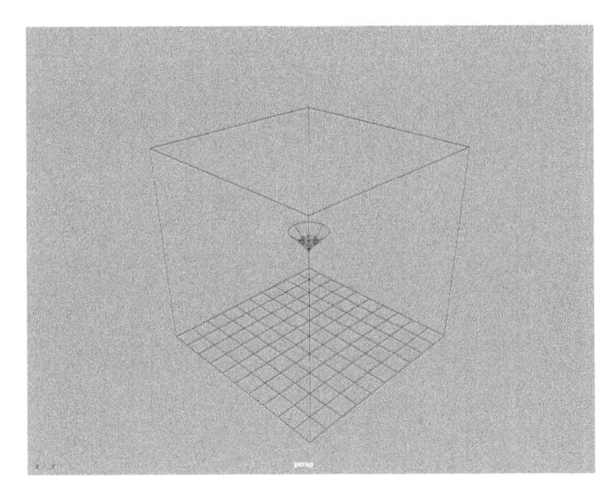

图10-11

体积偏移 X、体积偏移 Y 和体积偏移 Z：分别用来控制发射体积中心距发射器原点在 X、Y、Z 方向上的偏移值。

体积扫描：控制体积发射的圆弧。

截面半径：该属性仅应用于“圆环”体积形状。

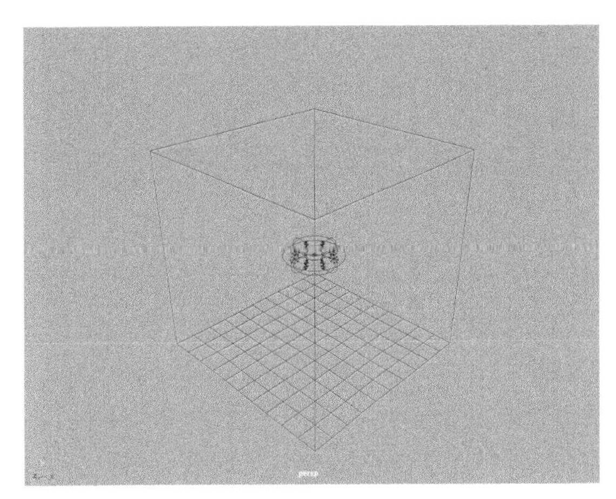

图10-12

10.2.2　2D流体容器

双击“FX”工具架中的“具有发射器的 2D 流体容器”图标，可以打开“创建具有发射器的 2D 容器选项”面板，其中的参数设置如图 10-13 所示。

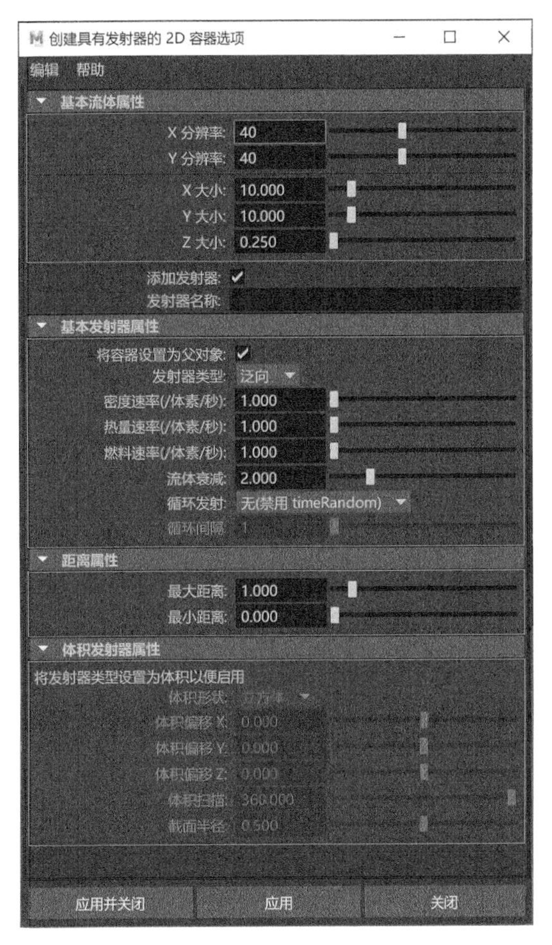

图10-13

技巧与提示 通过对“创建具有发射器的2D容器选项”面板与“创建具有发射器的3D容器选项”面板进行比对，读者不难发现这两个面板的参数设置基本上一模一样，所以在此不再重复讲解。

10.2.3 从对象发射流体

双击“FX”工具架中的“从对象发射流体”图标，可以打开“从对象发射选项”面板，其中的参数设置如图10-14所示。通过观察，我们可以发现里面的参数与前面所讲解的参数基本上一样，故不再重复讲解。

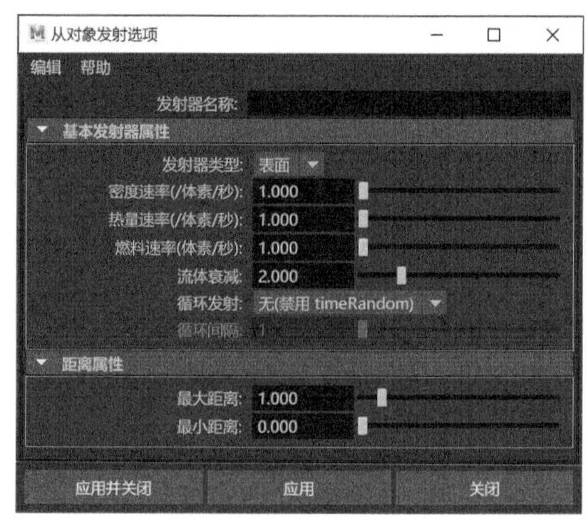

图10-14

10.2.4 使碰撞

Maya允许用户设置流体与场景中的多边形对象发生碰撞的效果，在场景中选好要设置碰撞的流体和多边形对象，单击“FX”工具架中的“使碰撞”图标，就可以轻易完成这一设置。图10-15所示分别为设置碰撞效果前后的流体动画结果对比。

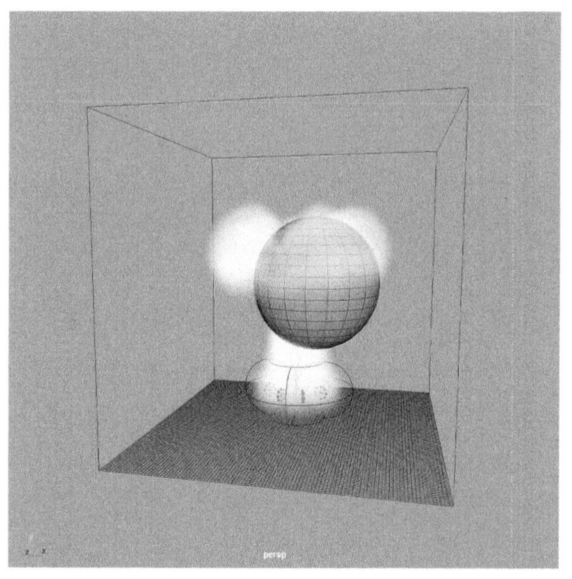

图10-15

双击“FX”工具架中的“使碰撞”图标，还可以打开“使碰撞选项”面板，如图10-16所示。

图10-16

常用参数解析

细分因子：该值可以控制碰撞动画的计算精度，值越大，计算越精确。

10.2.5 流体属性

控制流体属性的大部分参数都在“属性编辑器”

面板中的“fluidShape1”选项卡中，如图10-17所示。下面介绍其中较为常用的卷展栏内的参数。

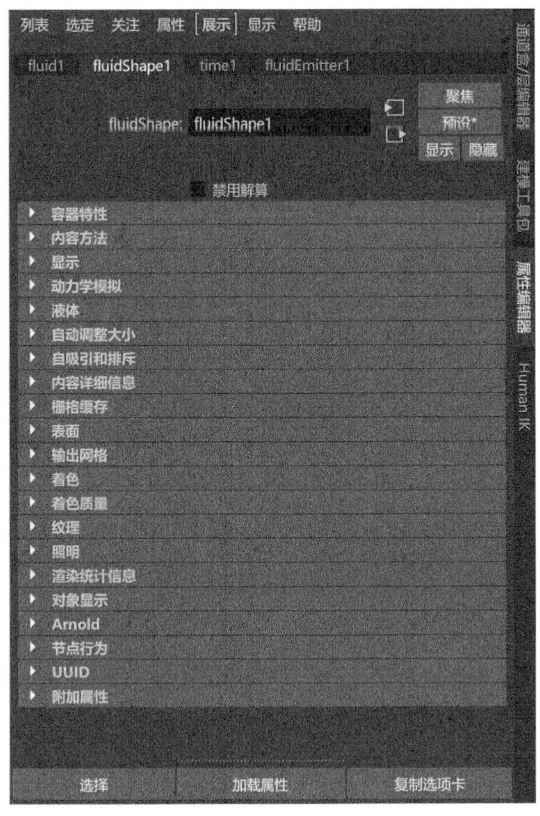

图10-17

1. “容器特性”卷展栏

展开“容器特性”卷展栏，其中的参数设置如图10-18所示。

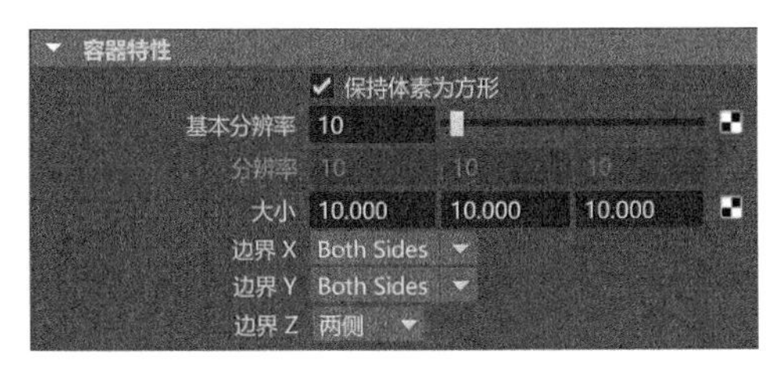

图10-18

常用参数解析

保持体素为方形：该选项处于勾选状态时，可以使用“基本分辨率”属性来同时调整流体在X、Y和Z方向上的分辨率。

基本分辨率：当“保持体素为方形”选项处于勾选状态时可用，其用来定义容器沿流体最大轴的分辨率。沿较小维度的分辨率将减少，以保持方形体素。“基本分辨率”的值越大，容器的栅格越密集，计算精度也越高。图10-19所示为该值分别是10和30的栅格密度显示对比。

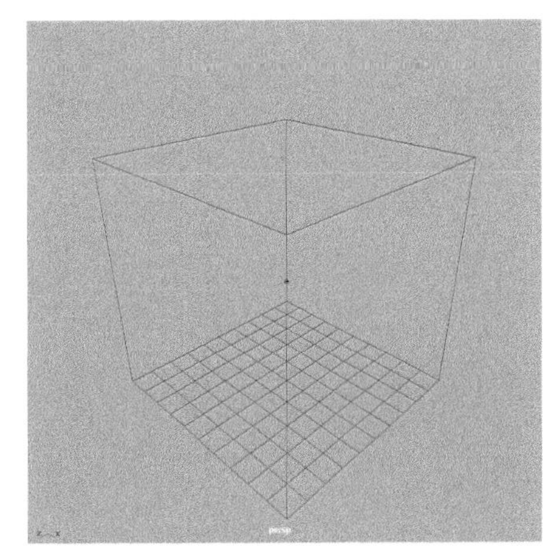

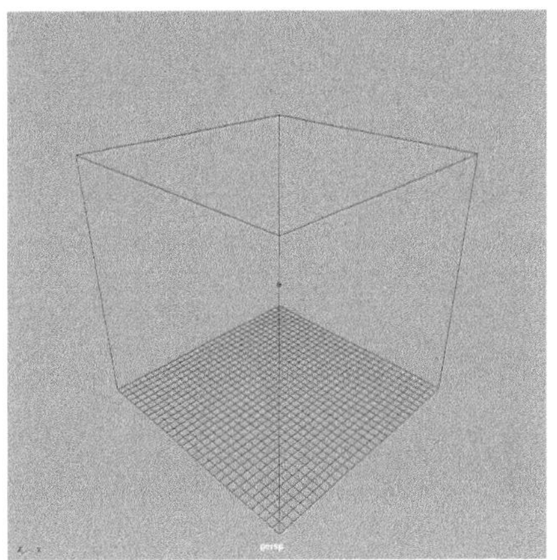

图10-19

分辨率：以体素为单位定义流体容器的分辨率。

大小：以厘米为单位定义流体容器的大小。

边界X、边界Y和边界Z：用来控制流体容器的边界处处理特性值的方式，有“None”（无）“Both Sides”（两侧）、“-X/-Y/-Z Side”（-X/-Y/-Z侧）、“X/Y/Z Side”（X/Y/Z侧）和“Wrapping”（折回）这几种方式可选，如图10-20所示。

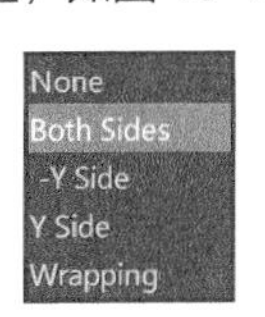

图10-20

无：使流体容器的所有边界保持开放状态，以便流体在运动时就像边界不存在一样。

两侧：关闭流体容器的两侧边界，以便它们类似于两堵墙。

-X、-Y或-Z侧：分别关闭-X、-Y或-Z边界，从而使其类似于墙。

X、Y或Z侧：分别关闭X、Y或Z边界，从而使其类似于墙。

折回：使流体从流体容器的一侧流出，又从另一侧进入。

2. “内容方法”卷展栏

展开“内容方法”卷展栏，其中的参数设置如图10-21所示。

图10-21

常用参数解析

密度、速度、温度和燃料：分别有“Off（zero）”[禁用（零）]、“Static Grid”（静态栅格）、“Dynamic Grid”（动态栅格）和“Gradient”（渐变）这几种方式可选，分别用来控制这4个属性，如图10-22所示。

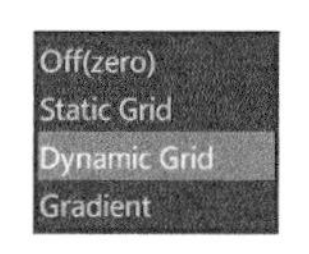

图10-22

Off（zero）：在整个流体中将参数值设置为0。选择该选项时，该属性对动力学模拟没有效果。

Static Grid：为属性创建栅格，允许用户用特定参数值填充每个体素，但是它们不能由于任何动力学模拟而更改。

Dynamic Grid：为属性创建栅格，允许用户用特定参数值填充每个体素，以便用于动力学模拟。

Gradient：使用选定的渐变以便用参数值填充流体容器。

颜色方法：只在定义了“密度”的位置显示和渲染，有“Use Shading Color”（使用着色颜色）、“Static Grid”（静态栅格）和“Dynamic Grid”（动态栅格）这3种方式可选，如图10-23所示。

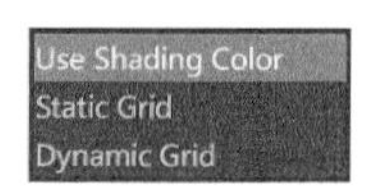

图10-23

衰减方法：将衰减边添加到流体的显示中，以避免流体出现在体积部分中。

3. “显示”卷展栏

展开“显示”卷展栏，其中的参数设置如图10-24所示。

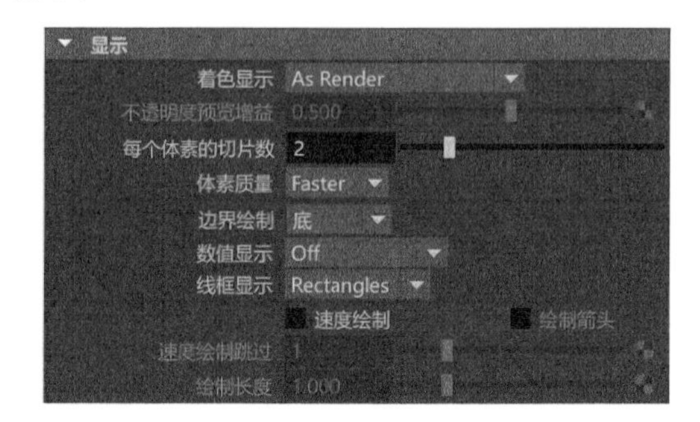

图10-24

常用参数解析

着色显示：定义当Maya处于着色显示模式时，流体容器中显示哪些流体特性。

不透明度预览增益：当“着色显示”设置为“Density”（密度）、“Temperature”（温度）、“Fuel”（燃料）等选项时，激活该设置，用于调节硬件显示的“不透明度”。

每个体素的切片数：定义当Maya处于着色显示模式时每个体素显示的切片数。切片是指在单个平面上的显示，较大的值会产生更多的细节，但会降低屏幕绘制的速度。默认值为2，最大值为12。

体素质量：该值设置为“Better”（更好），在硬件显示中显示质量会更高；如果将其设置为“Faster”（更快），则显示质量会较低，但绘制速度会更快。

边界绘制：定义流体容器在3D视图中的显示方式，有“底”“精简”“轮廓”“完全”“边界框”和“无”这6个选项可选，如图10-25所示。图10-26～图10-31所示分别为这6种方式的容器显示效果。

图10-25

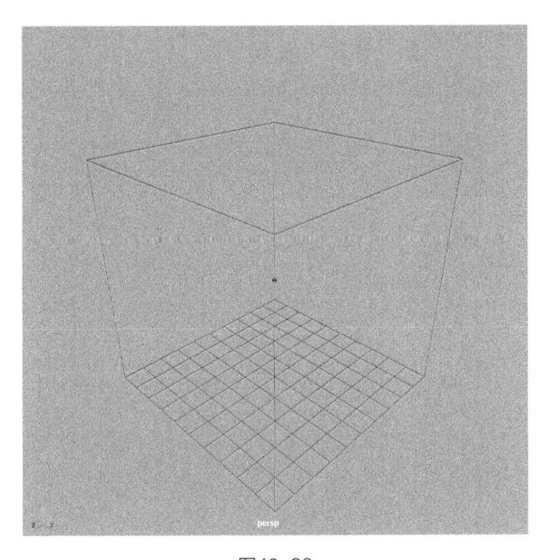

图10-26

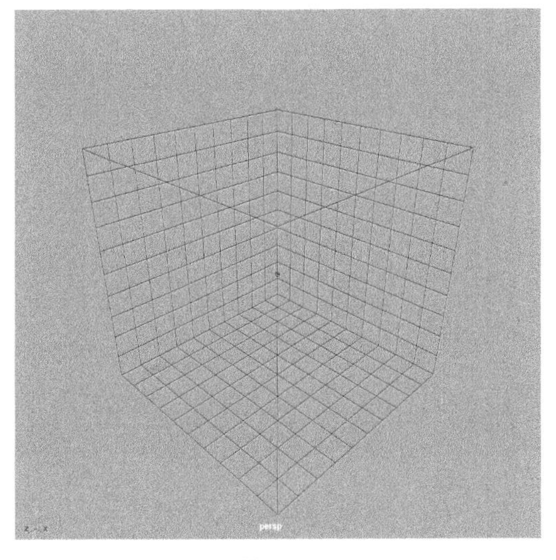

图10-27

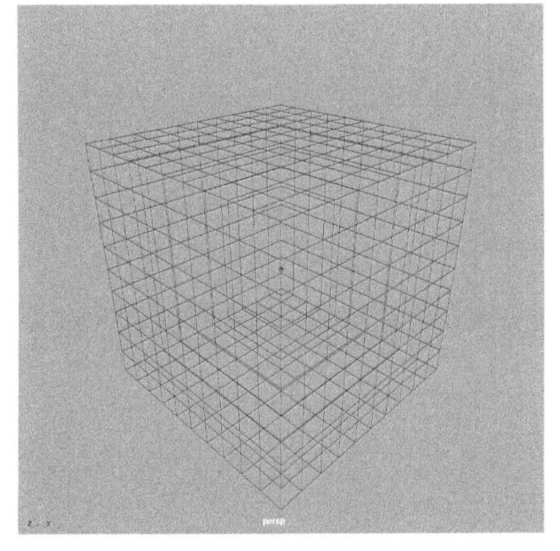

图10-28

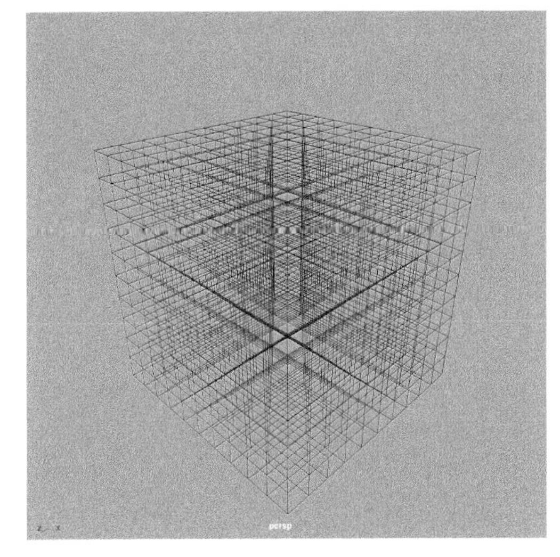

图10-29

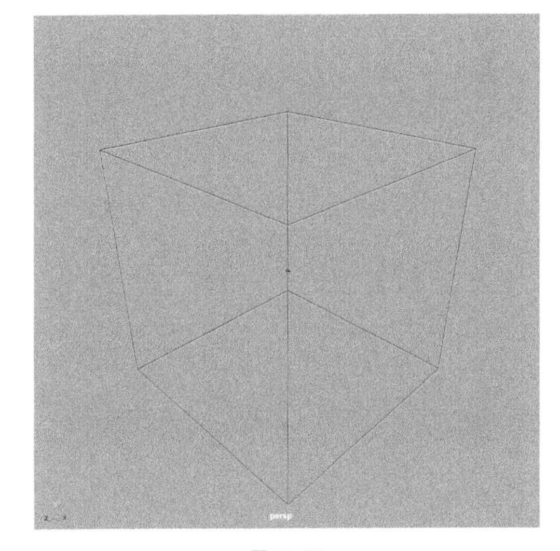

图10-30

图10-31

数值显示：在“静态栅格”或“动态栅格”的每个体素中显示选定特性（“密度”“温度”或“燃料”）的参数值。图 10-32 所示为开启“密度”参数值显示前、后的屏幕效果。

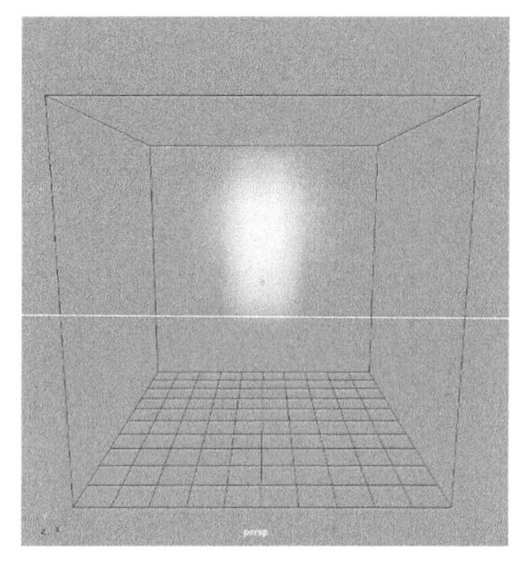

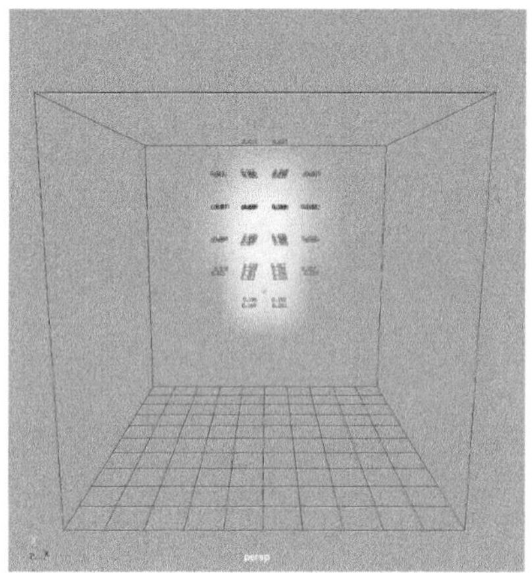

图10-32

线框显示：用于设置流体处于线框显示下的显示方式，有“Off”（禁用）、“Rectangles”（矩形）和“Particles”（粒子）这 3 种方式可选。图 10-33 所示为“线框显示”分别为“Rectangles”（矩形）和“Particles”（粒子）的显示效果对比。

速度绘制：勾选此选项可显示流体的速度向量。

绘制箭头：勾选此选项可在速度向量上显示箭头。

速度绘制跳过：增大该值可减少所绘制的速度箭头数。如果该值为 1，则每隔一个箭头省略（或跳过）一次。如果该值为 0，则绘制所有箭头。在使用高分辨率的栅格上增大该值可减少视觉混乱。

绘制长度：定义速度向量的长度（应用于速度幅值的因子）。值越大，速度分段或箭头就越长。对于非常小的力的模拟，速度场可能具有非常小的幅值。在这种情况下，增大该值将有助于可视化速度流。

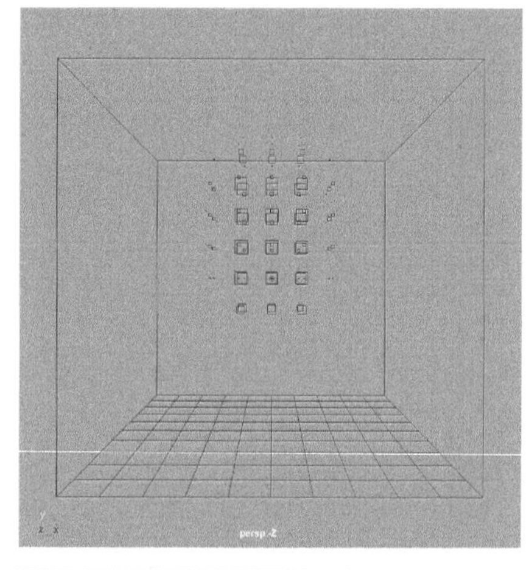

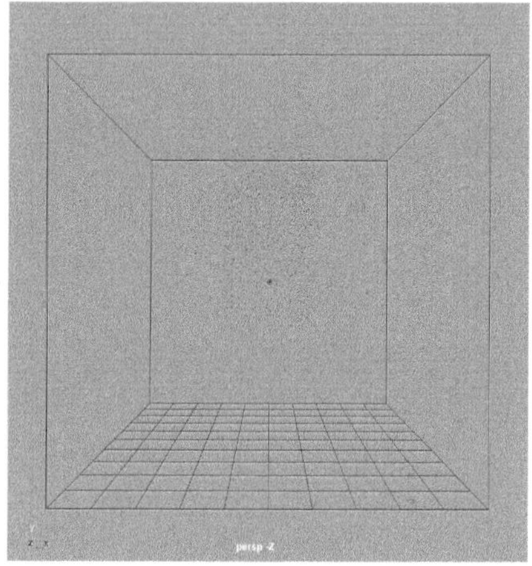

图10-33

4.“动力学模拟”卷展栏

展开“动力学模拟”卷展栏，其中的参数设置如图 10-34 所示。

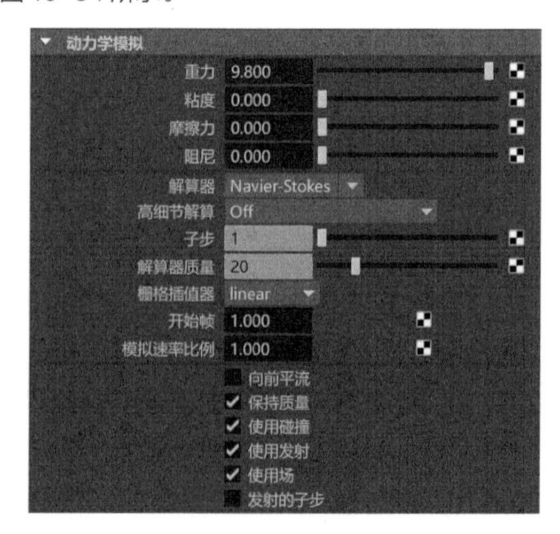

图10-34

常用参数解析

重力：用来模拟流体所受到的地球引力。

粘度：表示流体流动的阻力，或材质的厚度及非液态程度。该值很大时，流体像焦油一样流动。该值很小时，流体像水一样流动。

摩擦力：定义在“速度”解算中使用的内部摩擦力。

阻尼：在每个时间步上定义阻尼接近0的“速度”分散量。值为1时，流完全被抑制。当边界处于开放状态以防止强风逐渐增大并导致不稳定性时，少量的阻尼可能会很有用。

解算器：Maya所提供的解算器有“none”、“Navier-Stokes”和“Spring Mesh”这3种可选。“Navier-Stokes”适合用来模拟烟雾流体动画，“Spring Mesh”则适合用来模拟水面波浪动画。

高细节解算：此属性可减少模拟期间密度、速度和其他属性的扩散。例如，它可以在不增加分辨率的情况下使流体模拟看起来更详细，并允许模拟翻滚的旋涡。“高细节解算”非常适合用于创建爆炸、翻滚的云和巨浪似的烟雾等效果。

子步：指定解算器在每帧执行计算的次数。

解算器质量：提高“解算器质量”会增加解算器计算流体流的不可压缩性所使用的步骤数。

栅格插值器：选择要使用哪种插值算法以便从体素栅格内的点检索值。

开始帧：设置在哪个帧之后开始流模拟。

模拟速率比例：缩放在发射和解算中使用的时间步数。

5. “液体”卷展栏

展开“液体”卷展栏，其中的参数设置如图10-35所示。

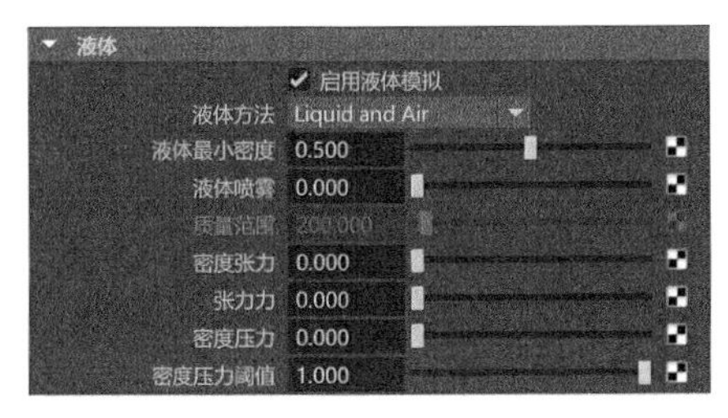

图10-35

常用参数解析

启用液体模拟：如果勾选，可以使用“液体”属性来创建外观和行为与真实液体类似的流体效果模拟。

液体方法：指定用于液体效果的液体模拟方法，有“Liquid and Air”（液体和空气）和“Density Based Mass”（基于密度的质量）这两种方式可选，如图10-36所示。

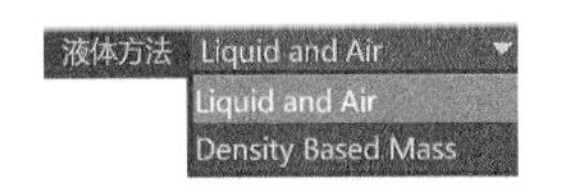

图10-36

液体最小密度：使用“液体和空气”液体方法时，指定解算器用于区分液体和空气的密度值。液体将计算为不可压缩的流体，而空气是完全可压缩的。值为0时，解算器不区分液体和空气，并将所有流体视为不可压缩，从而使其行为像单个流体。

液体喷雾：将一种向下的力应用于流体计算中。

质量范围：定义质量和流体密度之间的关系。“质量范围”值较大时，流体中的密集区域比低密度区域要重得多，从而模拟类似于空气和水的关系。

密度张力：将密度推进到圆化形状，使密度边界在流体中更明确。

张力力：应用一种力，该力基于栅格中的密度模拟曲面张力，通过在流体中添加少量的速度来修改动量。

密度压力：应用一种向外的力，以便抵消“向前平流”可能应用于流体密度的压缩效果，特别是沿容器边界。这样，该属性会尝试保持总体流体体积，以确保不损失密度。

密度压力阈值：指定密度值，达到该值时将基于每个体素应用“密度压力”。密度小于“密度压力阈值”的体素不应用“密度压力”。

6. “自动调整大小”卷展栏

展开“自动调整大小”卷展栏，其中的参数设置如图10-37所示。

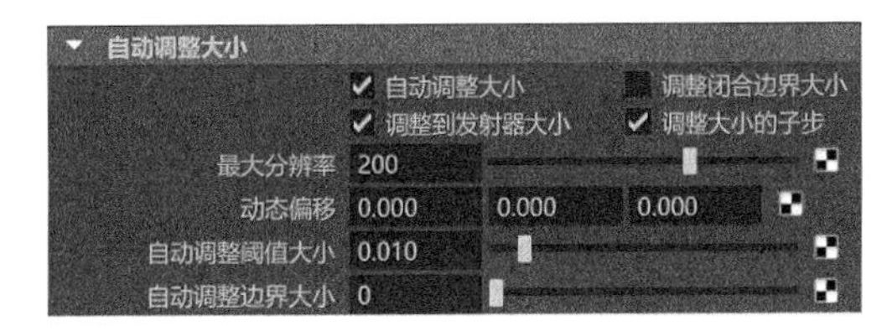

图10-37

常用参数解析

自动调整大小：如果勾选，当容器外边界附近的体素具有正密度时，“自动调整大小”会动态调整2D和3D流体容器的大小。图10-38所示为启用该选项前后的流体动画计算效果对比。

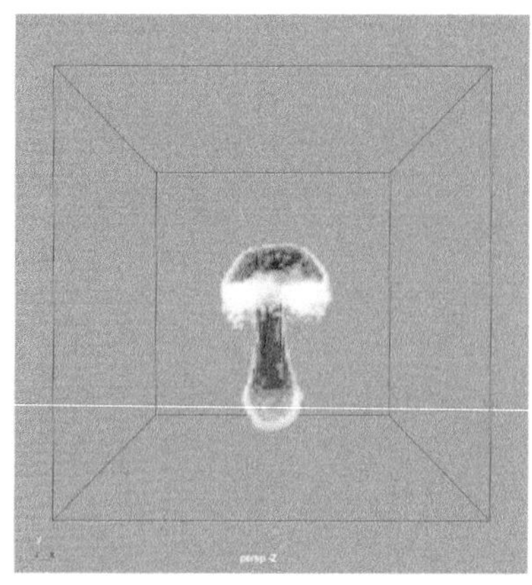

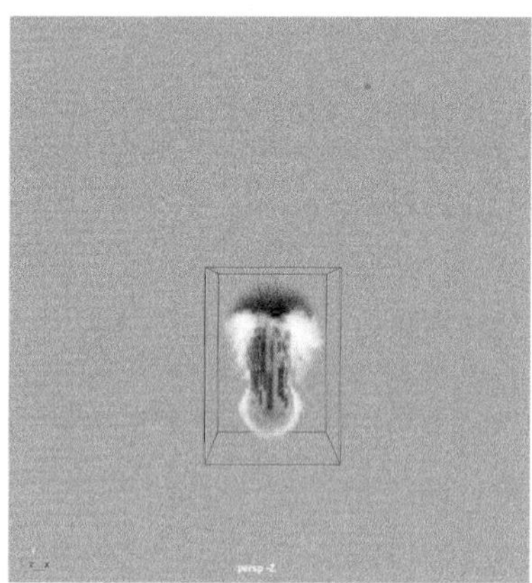

图10-38

调整闭合边界大小：如果勾选，流体容器将沿其各自“边界”属性设置为“无”“两侧”的轴调整大小。

调整到发射器大小：如果勾选，流体容器使用流体发射器的位置在场景中设置其偏移和分辨率。

调整大小的子步：如果勾选，已自动调整大小的流体容器会调整每个子步的大小。

最大分辨率：流体容器调整大小的每侧平均最大分辨率。

动态偏移：计算流体局部空间转换。

自动调整阈值大小：设置导致流体容器调整大小的密度阈值。

自动调整边界大小：指定在流体容器边界和流体中正密度区域之间添加的空体素数量。

7. “自吸引和排斥”卷展栏

展开“自吸引和排斥”卷展栏，其中的参数设置如图10-39所示。

图10-39

常用参数解析

自作用力：用于设置流体的“自作用力”是基于“密度”还是“温度”来计算。

自吸引：设置吸引力的强度。

自排斥：设置排斥力的强度。

平衡值：设置可确定体素是生成吸引力还是排斥力的目标值。密度或温度值小于设置的“平衡值”的体素会生成吸引力。密度或温度值大于设置的“平衡值”的体素会生成排斥力。

自作用力距离：设置体素中应用自作用力的最大距离。

8. “内容详细信息”卷展栏

展开“内容详细信息”卷展栏，可以看到该卷展栏内又分为“密度”“速度”“湍流”“温度”“燃料”和“颜色”这6个卷展栏，如图10-40所示。

图10-40

常用参数解析

（1）“密度”卷展栏中的参数设置如图10-41所示。

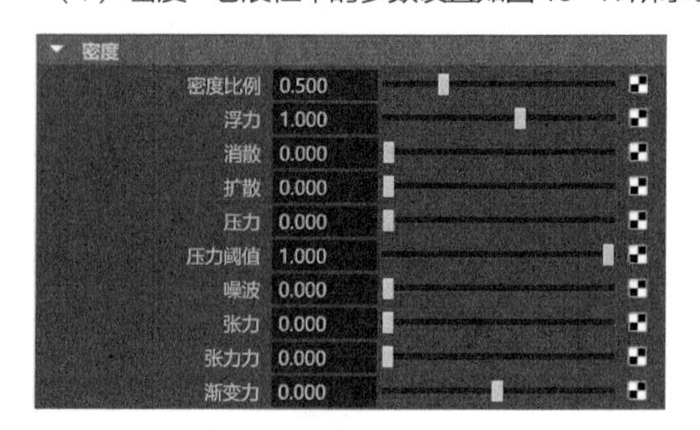

图10-41

密度比例：与流体容器中的“密度”值相乘来计算流体动画结果。使用小于1的“密度比例”会使“密度”显得更透明。使用大于1的“密度比例”会使“密度”显得更不透明。

浮力：控制流体所受到的向上的力，值越大，单位时间内流体上升的距离越远。

消散：定义“密度”在栅格中逐渐消散的速率。

扩散：定义“密度”在“动态栅格”中扩散到相邻体素的速率。

压力：应用一种向外的力，以便抵消“向前平流”可能应用于流体密度的压缩效果，特别是沿容器边界扩散时。这样，该属性会尝试保持总体流体体积，以确保不损失密度。

压力阈值：指定“密度”值，达到该值时将基于每个体素应用“密度压力”。

噪波：基于体素的速度变化，随机化每个模拟步骤的“密度”值。

张力：将密度推进到圆化形状，使密度边界在流体中更明确。

张力力：应用一种力，该力基于栅格中的密度模拟曲面张力。

渐变力：沿密度渐变或法线的方向应用力。

（2）“速度”卷展栏中的参数设置如图10-42所示。

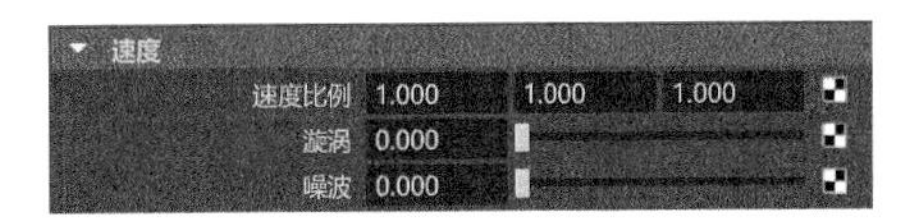

图10-42

速度比例：根据流体的X、Y或Z方向来缩放速度。

漩涡：在流体中生成小比例漩涡和涡流。图10-43所示为该值分别是0和10的流体动画效果对比。

噪波：对速度值应用随机化以便在流体中创建湍流。图10-44所示为该值分别是0和1的流体动画效果对比。

图10-43

图10-44

（3）“湍流”卷展栏中的参数设置如图10-45所示。

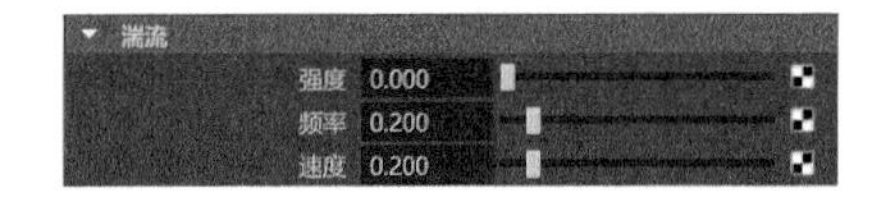

图10-45

强度：增大该值可增加湍流应用的力的强度。图10-46所示为在同一时间帧下，该值分别是0.1和0.5的流体动画效果对比。

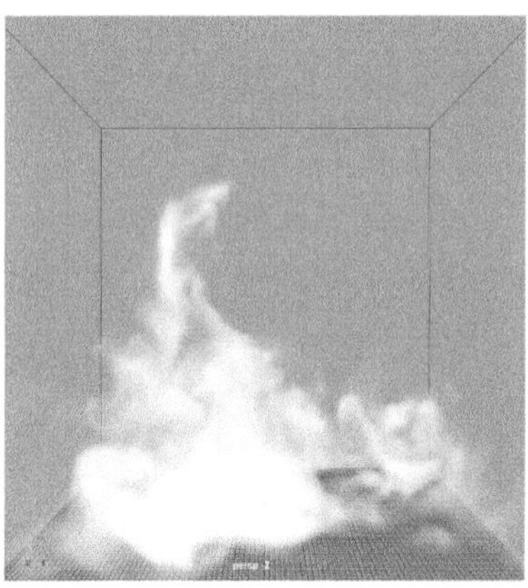

图10-46

频率：降低频率会使湍流的漩涡更大。这是湍流函数中的空间比例因子，如果湍流强度为0，则不产生任何效果。

速度：定义湍流模式随时间更改的速率。

（4）“温度”卷展栏中的参数设置如图10-47所示。

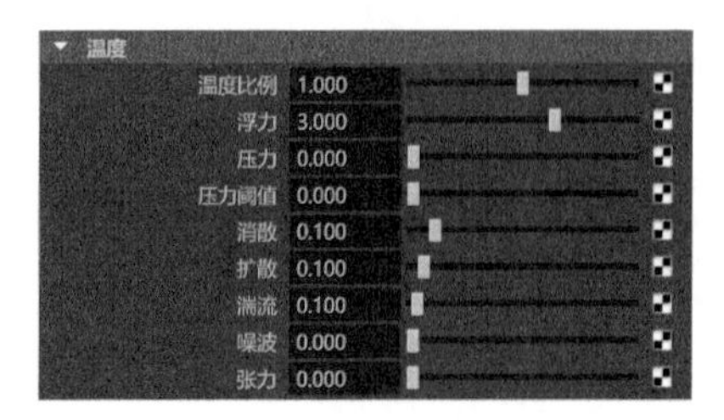

图10-47

温度比例：与容器中定义的“温度”值相乘来得到流体动画效果。

浮力：解算定义内置的浮力强度。

压力：模拟由于气体温度增加而导致的压力的增加，从而使流体快速展开。

压力阈值：指定温度值，达到该值时将基于每个体素应用“压力”。温度低于“压力阈值”的体素不应用“压力”。

消散：定义“温度”在栅格中逐渐消散的速率。

扩散：定义“温度”在“动态栅格”中的体素之间扩散的速率。

湍流：应用于“温度”的湍流上的乘数。

噪波：随机化每个模拟步骤中体素的温度值。

张力：将温度推进到圆化形状，从而使温度边界在流体中更明确。

（5）“燃料”卷展栏中的参数设置如图10-48所示。

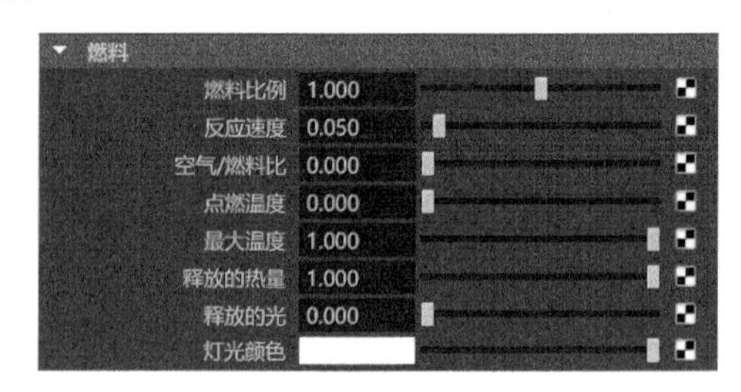

图10-48

燃料比例：与容器中定义的“燃料”值相乘来计算流体动画结果。

反应速度：定义在温度达到或高于“最大温度”值时，反应从值1转化到0的快速程度。值为1.0会导致瞬间反应。

空气/燃料比：设置完全燃烧设定体积的燃料所需的密度量。

点燃温度：定义将发生反应的最低温度。

最大温度：定义一个温度，超过该温度后反应会以最快速度进行。

释放的热量：定义整个反应过程将有多少热量释放到“温度”栅格。

释放的光：定义反应过程释放了多少光。这将直接添加到着色的最终白炽灯照明强度中，而不会输入任何栅格中。

灯光颜色：定义反应过程所释放的光的颜色。

（6）“颜色”卷展栏中的参数设置如图10-49所示。

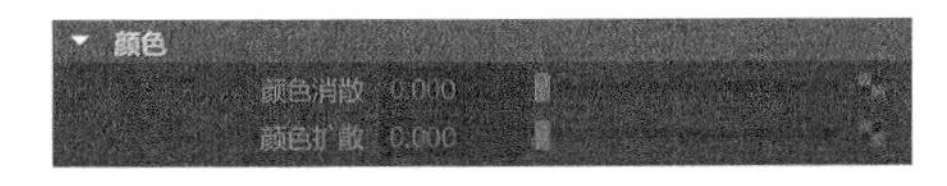

图10-49

颜色消散：定义“颜色”在栅格中消散的速率。

颜色扩散：定义“颜色”在“动态栅格”中扩散到相邻体素的速率。

9.“栅格缓存”卷展栏

展开“栅格缓存”卷展栏，其中的参数设置如图10-50所示。

图10-50

常用参数解析

读取密度：如果缓存中包含“密度”栅格，则从缓存读取“密度”值。

读取速度：如果缓存中包含“速度”栅格，则从缓存读取“速度”值。

读取温度：如果缓存中包含“温度”栅格，则从缓存读取“温度”值。

读取燃料：如果缓存中包含“燃料”栅格，则从缓存读取“燃料”值。

读取颜色：如果缓存中包含“颜色”栅格，则从缓存读取“颜色”值。

读取纹理坐标：如果缓存中包含纹理坐标，则从缓存读取它们。

读取衰减：如果缓存中包含“衰减”栅格，则从缓存读取它们。

10.“表面”卷展栏

展开“表面”卷展栏，其中的参数设置如图10-51所示。

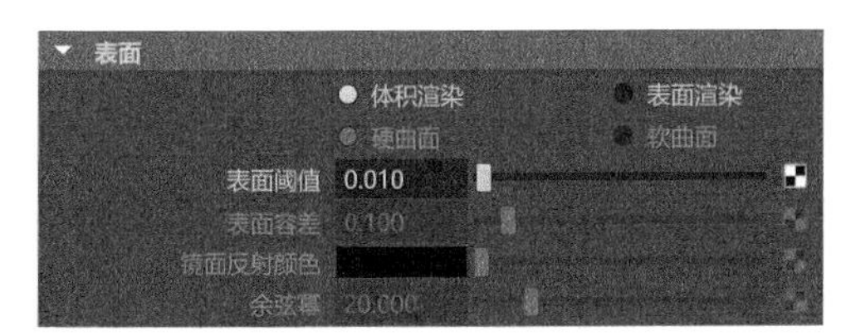

图10-51

常用参数解析

体积渲染：将流体软件渲染为体积云。

表面渲染：将流体软件渲染为曲面。

硬曲面：选择“硬曲面”可使材质的透明度在材质内部保持恒定（如玻璃或水）。此透明度仅由“透明度”属性和在物质中移动的距离确定。

软曲面：选择“软曲面”可基于“透明度”和“不透明度”属性对不断变化的“密度”进行求值。

表面阈值：阈值用于创建隐式表面。

表面容差：确定对表面取样的点与“密度”对应的精确“表面阈值”的接近程度。

镜面反射颜色：控制由于自发光而从“密度”区域发出的光的数量。

余弦幂：控制曲面上镜面反射高光（也称为“热点”）的大小。最小值为2，值越大，高光就越紧密集中。

11.“输出网格”卷展栏

展开“输出网格”卷展栏，其中的参数设置如图10-52所示。

图10-52

常用参数解析

网格方法：指定用于生成输出网格等曲面的多边形网格的类型。

网格分辨率：使用此属性可调整流体输出网格的分辨率。

网格平滑迭代次数：指定应用于输出网格的平滑量。

逐顶点颜色：如果勾选，在将流体对象转化为多边形网格时会生成“逐顶点颜色”数据。

逐顶点不透明度：如果勾选，在将流体对象转化为多边形网格时会生成“逐顶点不透明度”数据。

逐顶点白炽度：如果勾选，在将流体对象转化为多边形网格时会生成“逐顶点白炽度”数据。

逐顶点速度：如果勾选，在将流体对象转化为输出网格时会生成“逐顶点速度”数据。

逐顶点 UVW：如果勾选，在将流体对象转化为多边形网格时会生成 UV 和 UVW 颜色集。

使用渐变法线：勾选此选项可使流体输出网格上的法线更平滑。

12. “着色”卷展栏

展开“着色”卷展栏，其中的参数设置如图10-53所示。

图10-53

常用参数解析

透明度：控制流体的透明程度。图 10-54 所示为该值调整前后的流体显示结果对比。

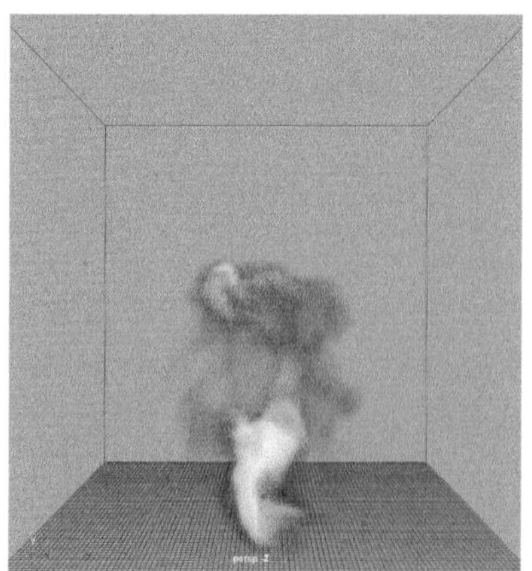

图10-54

辉光强度：控制辉光的亮度（流体周围光的微弱光晕）。

衰减形状：定义一个形状用于定义外部边界，以创建软边流体。图 10-55 ~ 图 10-59 所示分别是“衰减形状”为“Sphere”（球体）、“Cube”（立方体）、“Cone”（圆锥体）、“Double Cone”（双圆锥体）和“X Gradient”（X 渐变）的流体显示结果。

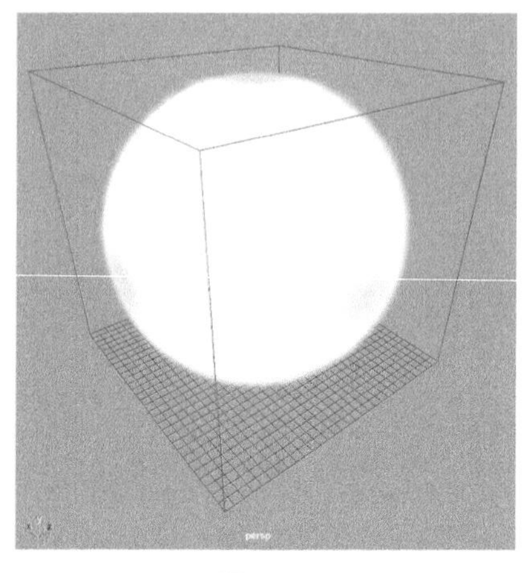

图10-55

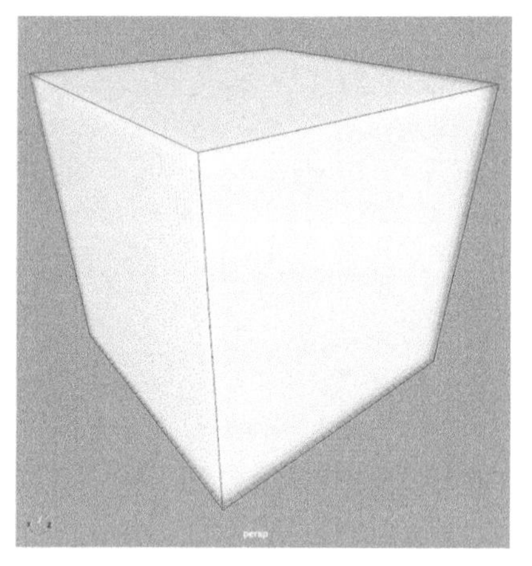

图10-56

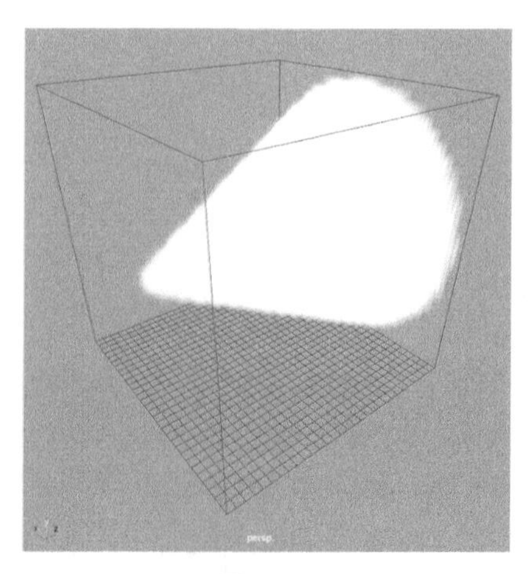

图10-57

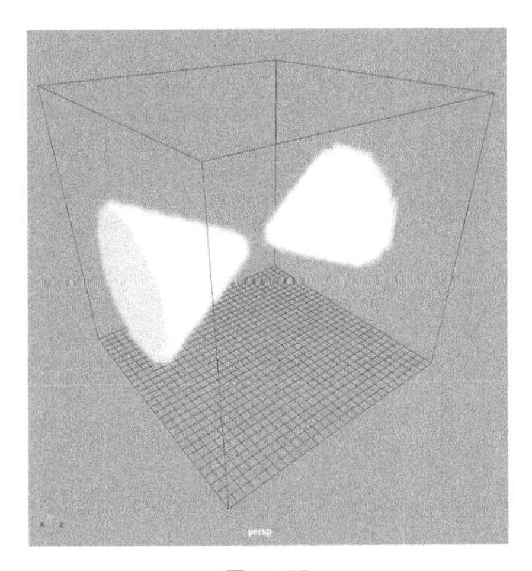

图10-58

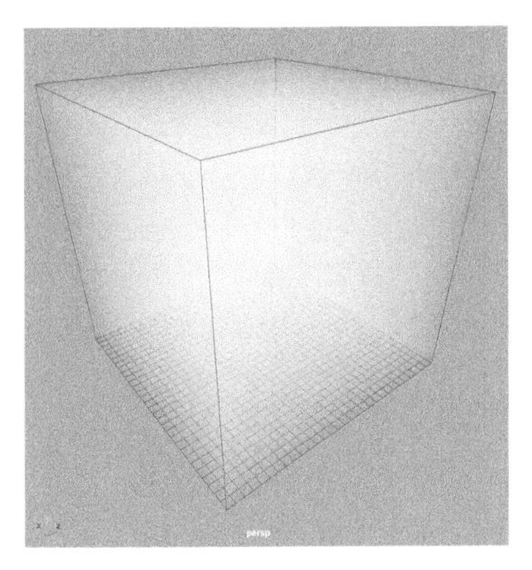

图10-59

边衰减：定义“密度”值向由“衰减形状”定义的边衰减的速率。

13. “着色质量”卷展栏

展开“着色质量”卷展栏，其中的参数设置如图10-60所示。

图10-60

常用参数解析

质量：增大该值可以增加渲染中使用的每条光线的采样数，从而提高渲染的着色质量。

对比度容差：定义“自适应”细分采样方法所允许的体积跨度的有效透明度中的最大对比度。

采样方法：控制如何在渲染期间对流体采样。

渲染插值器：在对光线进行着色时，选择从流体体素内的分数点检索值时要使用的插值算法。

14. “纹理”卷展栏

展开“纹理”卷展栏，其中的参数设置如图10-61所示。

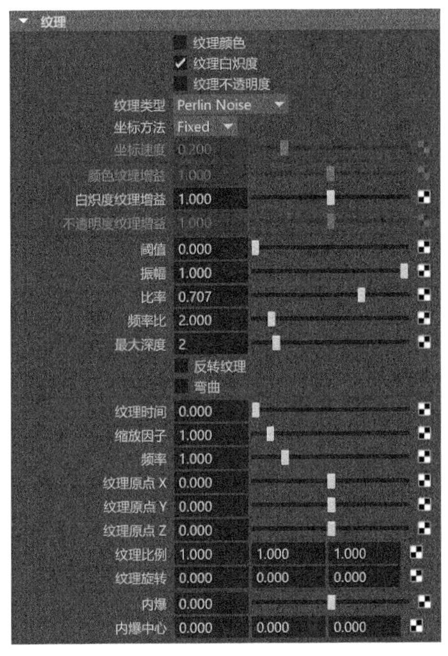

图10-61

常用参数解析

纹理颜色：勾选此选项可将当前纹理应用到颜色渐变的“颜色输入”值中。

纹理白炽度：勾选此选项可将当前纹理应用到“白炽度输入”值中。

纹理不透明度：勾选此选项可将当前纹理应用到“不透明度输入”值中。

纹理类型：选择如何在容器中对“密度”进行纹理操作，有“Perlin Noise”“Billow”“Volume Wave”“Wispy”“Space Time”和“Mandelbrot”这6项可选，如图10-62所示。

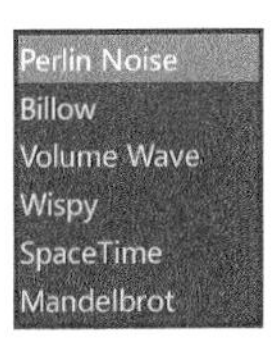

图10-62

坐标方法：选择如何定义纹理坐标。

坐标速度：控制速度移动坐标的快速程度。

颜色纹理增益：确定有多少纹理会影响“颜色输入”值。

白炽度纹理增益：确定有多少纹理会影响“白炽度输入”值。

不透明度纹理增益：确定有多少纹理会影响“不透明度输入”值。

阈值：添加到整个分形的数值，使分形更均匀明亮。

振幅：应用于纹理中所有值的比例因子，以纹理的平均值为中心。增大“振幅”值时，亮的区域会更亮，而暗的区域会更暗。

比率：控制分形噪波的频率。增大该值可增加分形中细节的精细度。

频率比：确定噪波频率的相对空间比例，控制纹理所完成的计算量。

最大深度：控制纹理所完成的计算量。

纹理时间：控制纹理变化的速率和变化量。

频率：确定噪波的基础频率。随着该值的增大，噪波会变得更加详细。

纹理原点X、Y、Z：噪波的零点。更改此值将使噪波穿透空间。

纹理比例：确定噪波在局部X、Y和Z方向的比例。

纹理旋转：设置流体内置纹理在X、Y和Z方向上的旋转值。流体的中心是旋转的枢轴点。此效果类似于在纹理放置节点上设置旋转。

内爆：围绕由“内爆中心”定义的点以同心方式包裹噪波函数。

内爆中心：定义中心点，将围绕该点定义内爆效果。

15.“照明”卷展栏

展开“照明”卷展栏，其中的参数设置如图10-63所示。

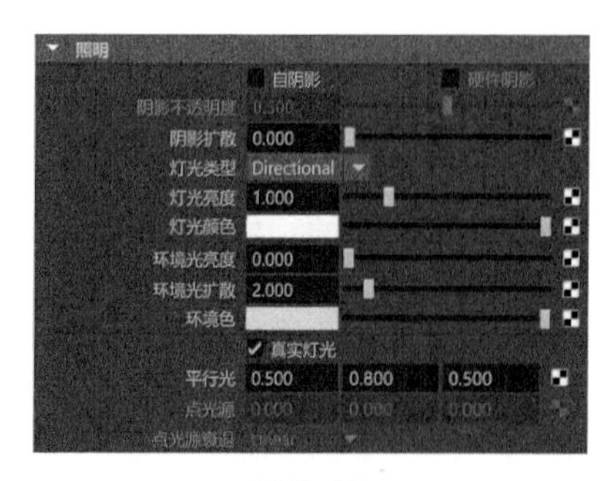

图10-63

常用参数解析

自阴影：勾选此选项可计算自身阴影。

硬件阴影：勾选此选项以便在模拟期间（硬件绘制）使流体实现自身阴影效果（流体将阴影投射到自身）。

阴影不透明度：使用此属性可使流体投射的阴影变亮或变暗。

阴影扩散：控制流体内部阴影的柔和度，以模拟局部灯光散射。

灯光类型：设置在场景视图中显示流体时，与流体一起使用的内部灯光类型。

灯光亮度：设置流体内部灯光的亮度。

灯光颜色：设置流体内部灯光的颜色。

环境光亮度：设置流体内部环境光的亮度。

环境光扩散：控制环境光如何扩散到流体密度。

环境色：设置内部环境光的颜色。

真实灯光：使用场景中的灯光进行渲染。

平行光：设置流体内部平行光在X、Y和Z方向上的构成。

点光源：设置流体内部点光源在X、Y和Z方向上的构成。

10.3 海洋与池塘

使用流体可以快速制作出非常真实的海洋与池塘的表面效果，如图10-64和图10-65所示。不过，要正确渲染出海洋与池塘的表面纹理，需要用户将Maya默认的Arnold渲染器更换为“Maya软件”渲染器。

图10-64

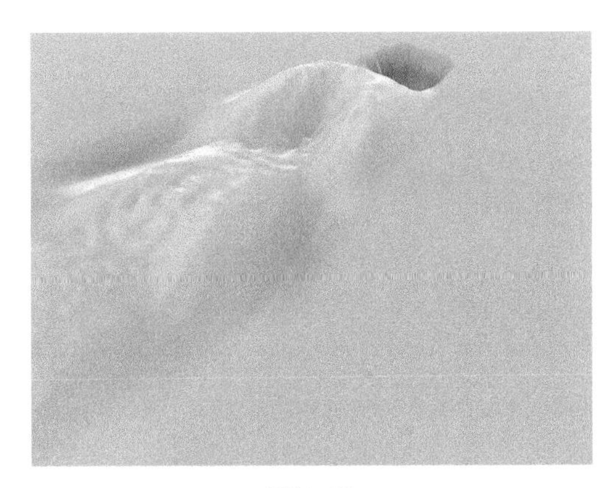

图10-65

10.3.1 创建海洋

执行菜单栏“流体 > 海洋”命令，即可在场景中生成带有动画效果的海洋，如图 10-66 所示。

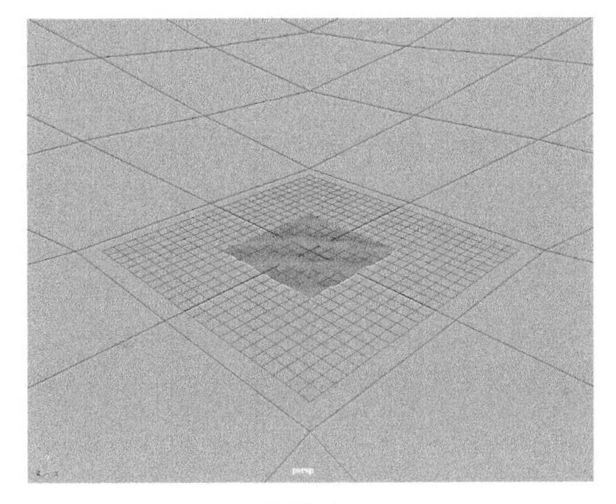

图10-66

在“属性编辑器”面板中的“oceanShader1”选项卡中，可以看到有关海洋的参数设置，如图 10-67 所示。

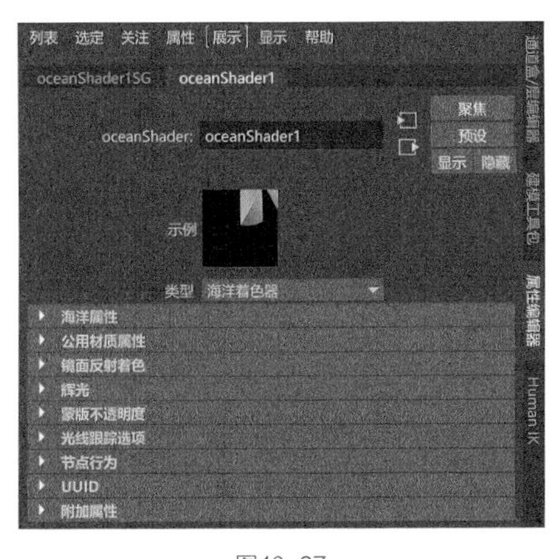

图10-67

10.3.2 海洋属性

控制海洋形态的主要参数都在“海洋属性”卷展栏中，该卷展栏还内置有“波高度”“波湍流”和“波峰”这 3 个卷展栏，其中的参数设置如图 10-68 所示。

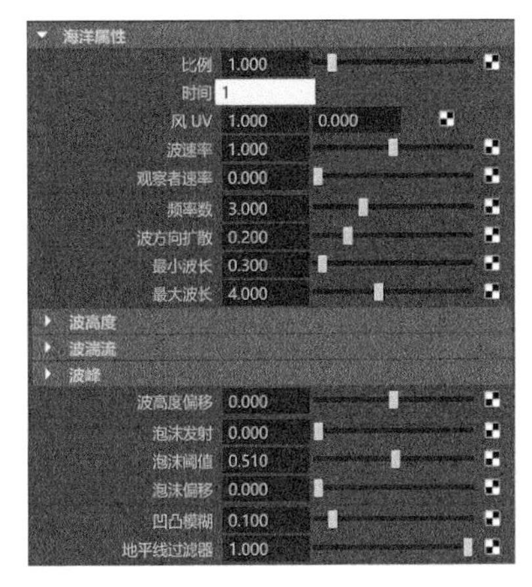

图10-68

常用参数解析

比例：控制海洋波纹的大小。图 10-69 所示为该值分别是 1 和 0.3 的海洋渲染结果对比。

图10-69

时间：控制场景中海洋纹理的速率和变化量。

风UV：控制波浪移动的（平均）方向，从而模拟出风的效果，表示为UV纹理空间中的U值和V值。

波速率：定义波浪移动的速率。

观察者速率：通过移动模拟的观察者来取消横向的波浪运动。

频率数：控制“最小波长”和“最大波长”之间插值频率的数值。

波方向扩散：根据风向定义波方向的变化。如果该值为0，则所有波浪向相同方向移动。如果该值为1，则波浪向随机方向移动。风向不一致和波浪折射等其他因素将导致波方向的自然变化。

最小波长：控制波的最小长度（以米为单位）。

最大波长：控制波的最大长度（以米为单位）。

1. “波高度”卷展栏

展开“波高度”卷展栏，这里的属性主要用来控制海洋波浪的高度，其中的参数设置如图10-70所示。

图10-70

常用参数解析

选定位置：控制右侧图表的节点位置。

选定值：控制右侧图表的数值。

插值：控制曲线上位置标记之间值的混合方式。

2. “波湍流”卷展栏

展开“波湍流”卷展栏，其中的参数设置如图10-71所示。

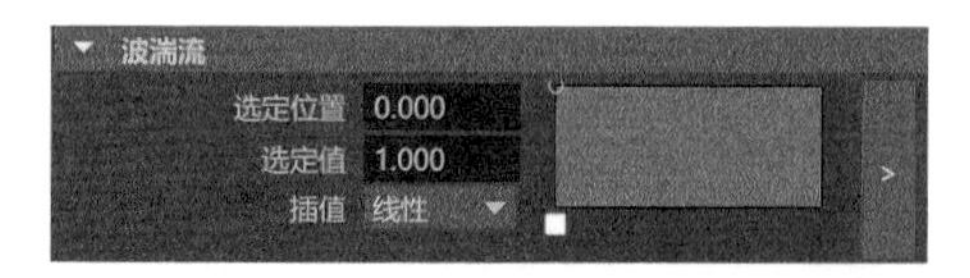

图10-71

“波湍流”卷展栏内的参数设置与“波高度”卷展栏内的参数设置极为相似，故不再重复讲解。

3. “波峰”卷展栏

展开“波峰”卷展栏，其中的参数设置如图10-72所示。

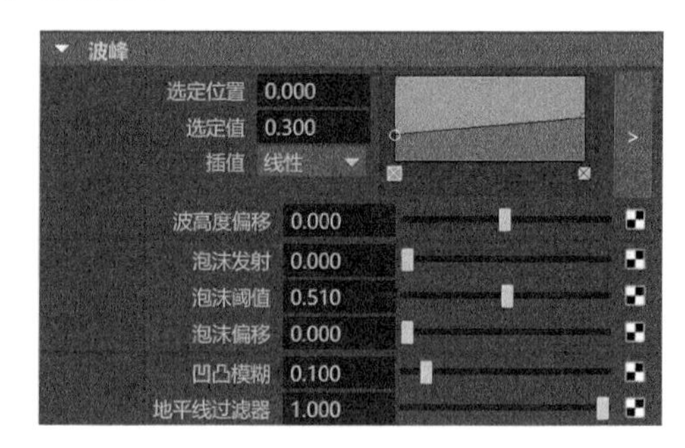

图10-72

常用参数解析

波高度偏移：海洋总体置换上的简单偏移。

泡沫发射：控制生成的超出“泡沫阈值”的泡沫密度。

泡沫阈值：控制生成泡沫所需的“波振幅”以及泡沫持续的时间。

泡沫偏移：在所有位置添加一致的泡沫。

凹凸模糊：定义在计算着色凹凸法线中使用的采样的分离（相对于最小波长）。值越大，产生的波浪越小、波峰越平滑。

地平线过滤器：基于视图距离和角度增大“凹凸模糊”，以便沿海平线平滑或过滤抖动和颤动。地平线过滤器默认值为1。

10.3.3 创建池塘

执行菜单栏“流体＞池塘”命令，即可在场景中创建池塘对象，如图10-73所示。有关池塘的参数设置，读者可以自行参考本章流体属性的相关内容。

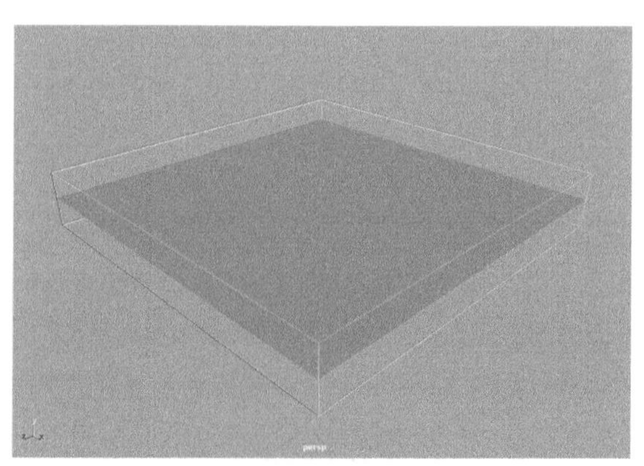

图10-73

10.3.4 创建尾迹

“创建尾迹”命令用于模拟游艇、鱼等在水面上划行的对象所产生的尾迹效果，从本质上讲就是创建了一个流体发射器来模拟这一动画。单击菜单栏“流体 > 创建尾迹”命令后面的方块按钮，即可弹出“创建尾迹”面板，如图10-74所示。

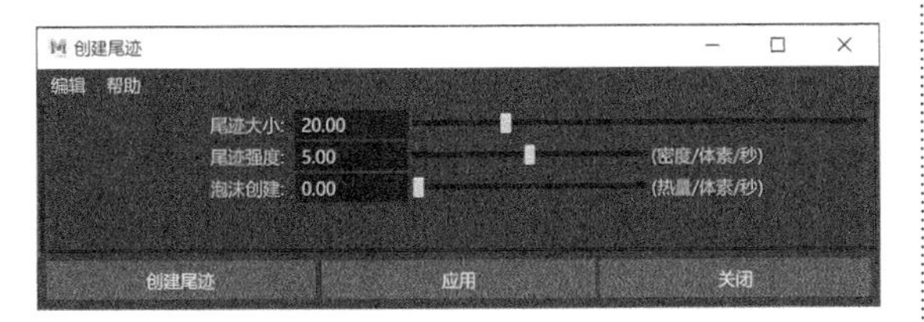

图10-74

常用参数解析

尾迹大小：对于“海洋”,“尾迹大小”将设置“尾迹”流体的大小属性（位于流体形状容器属性）；对于“池塘”，“尾迹大小”由“池塘”流体容器的大小属性确定。

尾迹强度：该值确定尾波幅值。

泡沫创建：该值确定流体发射器生成的泡沫数量。

10.4 Bifrost流体

Bifrost流体是独立于流体系统的另一套动力学系统，主要用于在Maya中模拟真实细腻的水花飞溅、火焰燃烧、烟雾缭绕等流体动力学效果。在“Bifrost”工具架中我们可以找到对应的工具图标，如图10-75所示。

图10-75

常用工具解析

液体：创建液体容器。

Aero：将所选择的多边形对象设置为Aero发射器。

发射器：将所选择的多边形对象设置为发射器。

碰撞对象：将所选择的多边形对象设置为碰撞对象。

泡沫：单击该按钮模拟泡沫。

导向：将所选择的多边形对象设置为导向网格。

发射区域：将所选择的多边形对象设置为发射区域。

场：单击该按钮创建场。

Bifrost Graph Editor：单击该按钮可以打开“Bifrost Graph Editor”面板进行事件编辑。

Bifrost Browser：单击该按钮可以打开“Bifrost Browser”面板来获取一些Bifrost实例。

10.4.1 创建液体

使用“液体”工具，我们可以将所选择的多边形网格模型设置为液体的发射器。当我们在“属性编辑器”面板中勾选“连续发射”选项时，即可从该模型上源源不断地发射液体，如图10-76所示。

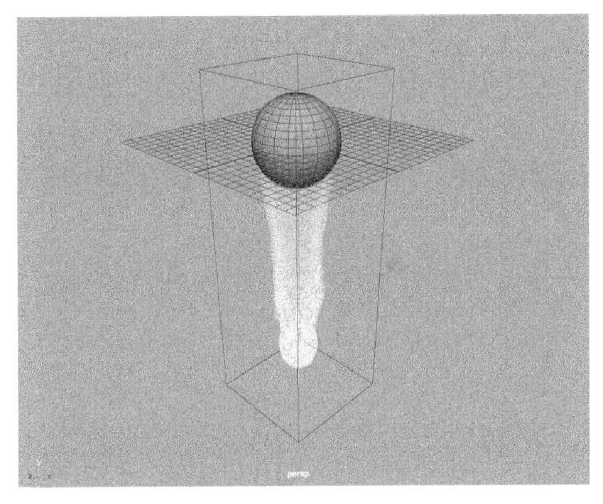

图10-76

“液体”工具的大部分参数都在“属性编辑器”面板中“bifrostLiquidPropertiesContainer1”选项卡里的“特性”卷展栏中，如图10-77所示。接下来将对Bifrost液体的部分常用属性进行详细讲解。

1. “解算器特性”卷展栏

展开“解算器特性”卷展栏，其中的参数设置如图10-78所示。

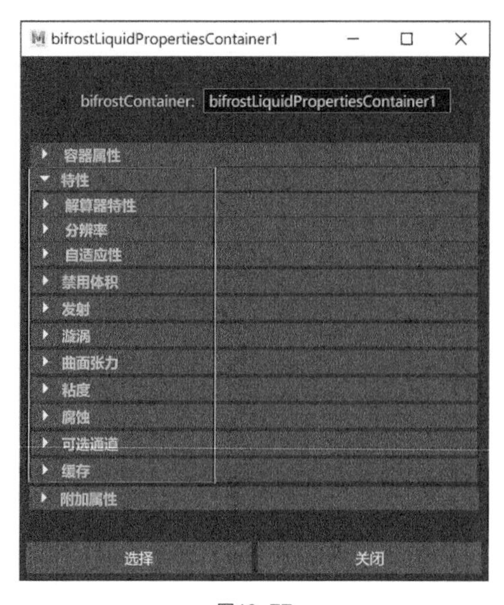

图10-77

图10-78

常用参数解析

重力幅值：用来设置重力的强度，默认情况下以 m/s^2 为单位，一般不需要更改。

重力方向：用于设置重力在世界空间中的方向，一般不需要更改。

2. “分辨率”卷展栏

展开“分辨率”卷展栏，其中的参数设置如图 10-79 所示。

图10-79

常用参数解析

主体素大小：用于控制 Bifrost 流体模拟计算的基本分辨率。

3. “自适应性”卷展栏

展开“自适应性”卷展栏，可以看到该卷展栏还内置有“空间”“传输”和“时间步”这 3 个卷展栏，其中的参数设置如图 10-80 所示。

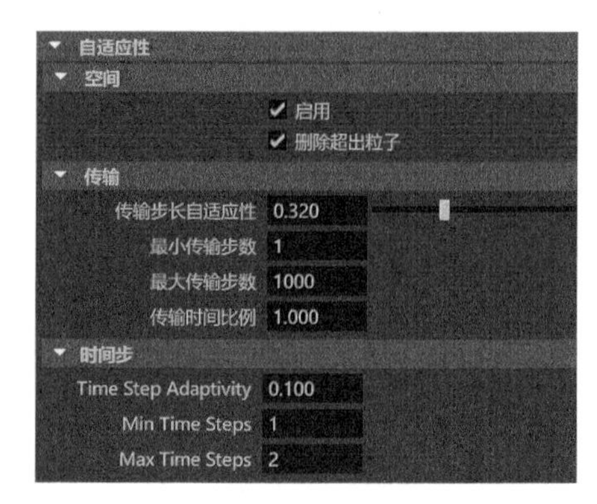

图10-80

常用参数解析

启用：勾选该选项可以减少内存消耗及液体的模拟计算时间。该选项默认为勾选，一般无须取消勾选。

删除超出粒子：勾选该选项会自动删除超出计算阈值的粒子。

传输步长自适应性：用于控制粒子每帧执行计算的精度，该值越接近 1，液体模拟所消耗的计算时间越长。

传输时间比例：用于更改粒子流的速度。

4. “粘度”卷展栏

展开“粘度”卷展栏，其中的参数设置如图 10-81 所示。

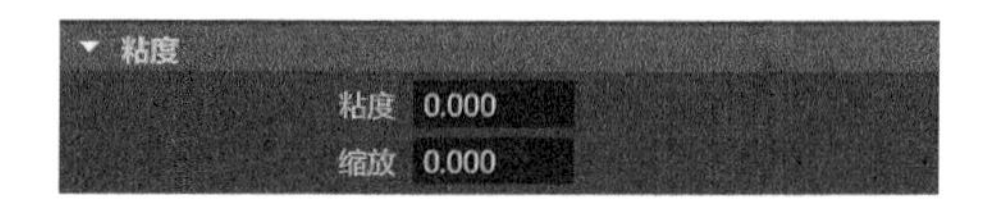

图10-81

常用参数解析

粘度：用来设置所要模拟的液体的黏稠度。

缩放：调整液体的速度以达到微调模拟液体的黏稠度效果。

10.4.2 创建烟雾

使用“Aero”工具，我们可以将所选择的多边形网格模型快速设置为烟雾的发射器，并用它来模拟烟雾升腾的特效动画，如图 10-82 所示。

“Aero”工具的大部分属性都在“属性编辑器”面板中“bifrostAeroPropertiesContainer1”选项

卡里的“特性”卷展栏中，如图10-83所示。通过对比不难看出，里面的大部分卷展栏与上一小节模拟液体的卷展栏相同，只是增加了“空气”卷展栏和“粒子密度”卷展栏。

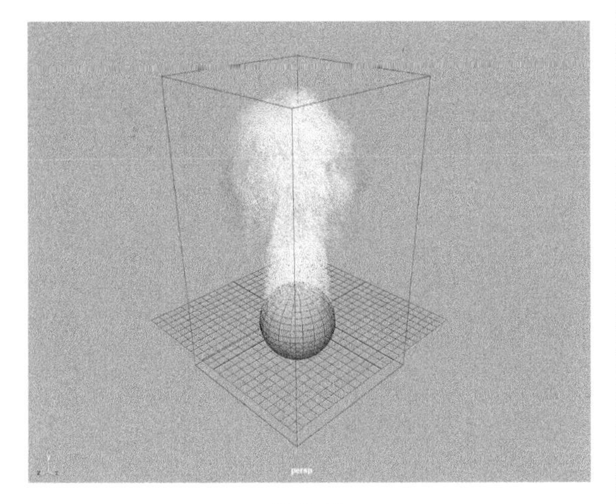

图10-82

图10-83

1.“空气”卷展栏

展开“空气”卷展栏，其中的参数设置如图10-84所示。

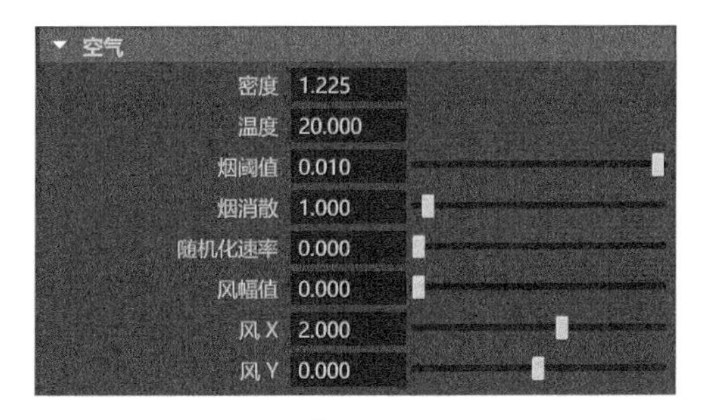

图10-84

常用参数解析

密度：用于控制烟雾的密度。

温度：设置模拟环境的温度。

烟阈值：当烟阈值低于所设置的值时会自动消隐。

烟消散：控制烟雾的消散效果。

随机化速率：控制烟雾的随机变化细节。图10-85所示为该值分别是0和100的烟雾模拟结果对比。

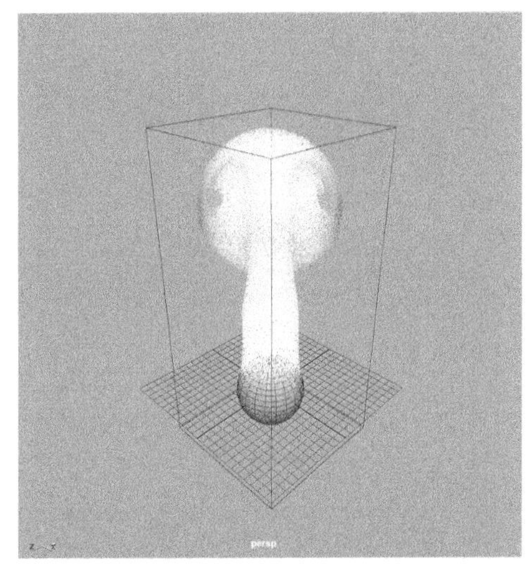

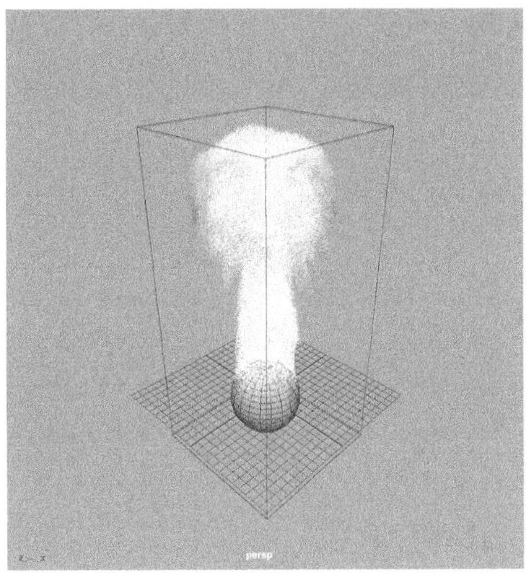

图10-85

风幅值：控制风的强度。

风X、风Y：控制风的方向。

2.“粒子密度”卷展栏

展开“粒子密度”卷展栏，其中的参数设置如图10-86所示。

图10-86

常用参数解析

翻转：控制用于计算模拟的粒子数。

渲染：控制每渲染体素的渲染粒子数。

减少流噪波：增加 Aero 体素渲染的平滑度。

10.4.3 Boss海洋模拟系统

Boss 海洋模拟系统允许用户使用波浪、涟漪和尾迹创建逼真的海洋表面。其“属性编辑器”面板的“BossSpectralWave1”选项卡是用来调整 Boss 海洋模拟系统属性的核心部分，由“全局属性”“模拟属性”“风属性”“反射波属性”“泡沫属性”“缓存属性”“诊断”和“附加属性”这 8 个卷展栏组成，如图 10-87 所示。下面介绍几个常用的卷展栏设置。

图10-87

1. “全局属性”卷展栏

展开“全局属性”卷展栏，其中的参数设置如图 10-88 所示。

常用参数解析

开始帧：用于设置 Boss 海洋模拟系统开始计算的第一帧。

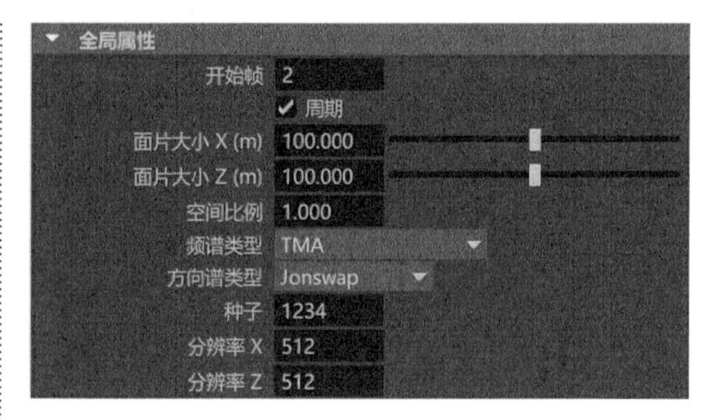

图10-88

周期：用来设置在海洋网格上是否重复显示计算出来的波浪图案，默认为勾选状态。图 10-89 所示为勾选了“周期”选项前后的海洋网格显示结果对比。

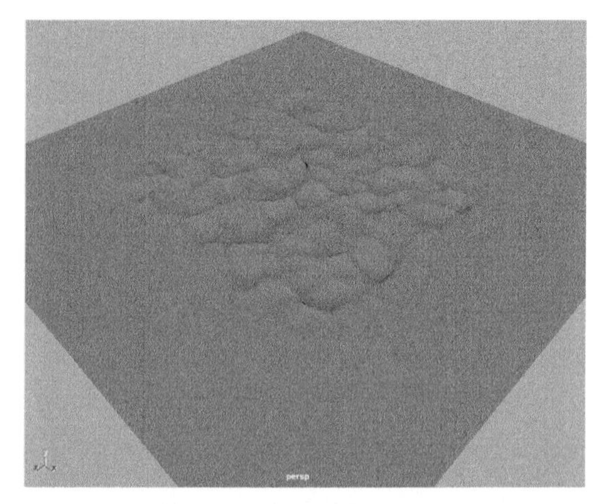

图10-89

面片大小 X（m）面片大小 Z（m）：用来设置计算海洋网格表面的立体尺寸。

空间比例：设置海洋网格在 X 和 Z 方向上的面片的线性比例大小。

频谱类型、方向谱类型：Maya 设置了多种不同的频谱类型和方向谱类型供用户选择，可以用来模拟不同类型的海洋表面效果。

种子：此值用于初始化伪随机数生成器。更改此值可生成具有相同总体特征的不同结果。

分辨率 X、分辨率 Z：分别用于计算波高度的栅格在 X 和 Z 方向上的分辨率。

2. “模拟属性”卷展栏

展开“模拟属性”卷展栏，其中的参数设置如图 10-90 所示。

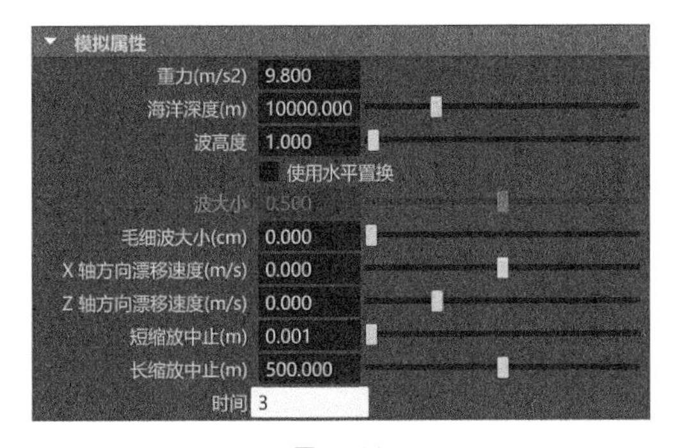

图10-90

常用参数解析

重力（m/s^2）：该值通常使用默认的 $9.8m/s^2$ 即可，值越小，产生的波浪越高且移动速度越慢；值越大，产生的波浪越低且移动速度越快。可以调整此值以更改比例。

海洋深度（m）：用于计算波浪运动的水深。在浅水中，波浪往往较长、较高及较慢。

波高度：波高度的人为倍增。如果该值介于 0 和 1 之间，则降低波高度；如果该值大于 1，则增加波高度。图 10-91 所示为该值分别是 1 和 5 的波浪渲染结果对比。

使用水平置换：在水平方向和垂直方向置换网格的顶点。这会导致波的形状更尖锐、更不圆滑。它还会生成适合向量置换贴图的缓存，因为 3 个轴上都存在偏移。图 10-92 所示分别为勾选“使用水平置换”选项前后的渲染结果对比。

波大小：控制水平置换量，调整此值可以避免输出网格中出现自相交。图 10-93 所示为该值分别是 2 和 8 的海洋波浪渲染结果对比。

图10-91

图10-92

图10-93

毛细波大小（cm）：毛细波（曲面张力传播的较小、较快的涟漪，有时可在重力传播的较大波浪顶部看到）的最大波长。毛细波通常仅在比例较小且分辨率较高的情况下可见，因此在许多情况下，可以让此值保留为 0.0 以避免执行不必要的计算。

X 轴方向漂移速度（m/s）、Z 轴方向漂移速度（m/s）：分别用于设置 X 和 Z 轴方向波浪运动，以使其行为就像是水按指定的速度移动。

短缩放中止（m）、长缩放中止（m）：分别用于设置计算中的最短和最长波长。

时间：对波浪求值的时间。在默认状态下，该值的背景色为黄色，代表此值直接连接到场景时间。用户也可以断开连接，然后使用表达式或其他控件来减慢或加快波浪运动。

3. “风属性”卷展栏

展开“风属性”卷展栏，其中的参数设置如图 10-94 所示。

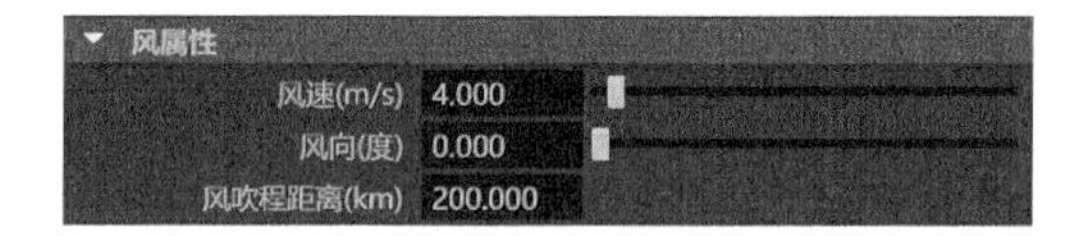

图10-94

常用参数解析

风速（m/s）：生成波浪的风的速度。该值越大，波浪越高、越长。图 10-95 所示为“风速”值分别是 4 和 15 的海洋模拟结果对比。

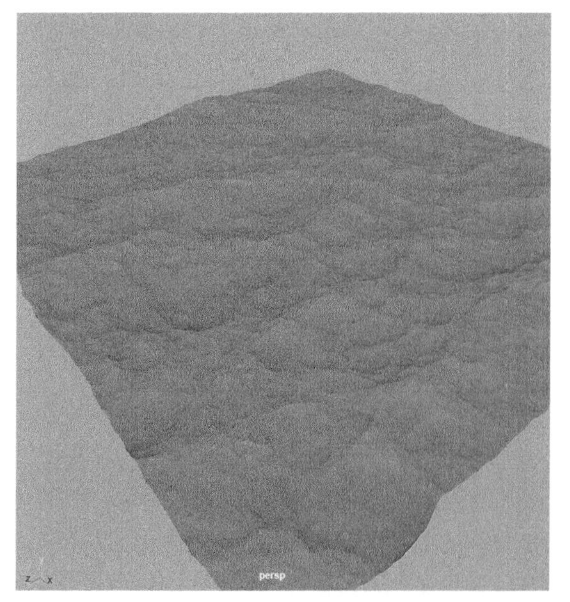

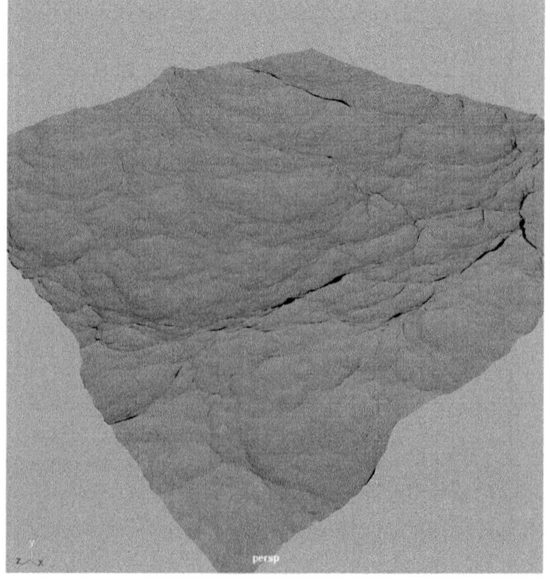

图10-95

风向（度）：生成波浪的风的方向。其中，0 代表 -X 轴方向，90 代表 -Z 轴方向，180 代表 +X 轴方向，270 代表 +Z 轴方向。

风吹程距离（km）：风应用于水面时的距离。距离较小时，波浪往往会较短、较低及较慢。图 10-96 所示为“风吹程距离”值分别是 20 和 200 的海洋模拟结果对比。

图10-96

4．“反射波属性”卷展栏

展开“反射波属性”卷展栏，其中的参数设置如图 10-97 所示。

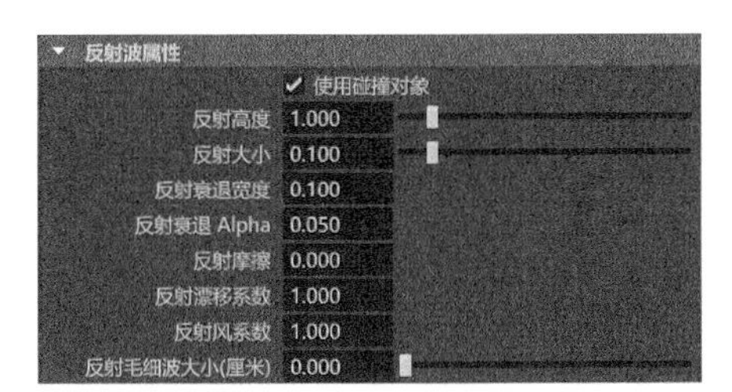

图10-97

常用参数解析

使用碰撞对象：勾选该选项会开启海洋与物体碰撞而产生的波纹计算。

反射高度：用于设置反射波纹的高度。图 10-98 所示为“反射高度”值分别是 20 和 90 的波浪计算结果对比。

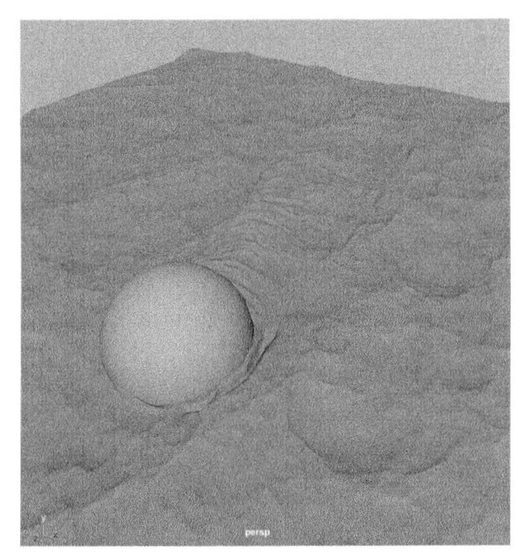

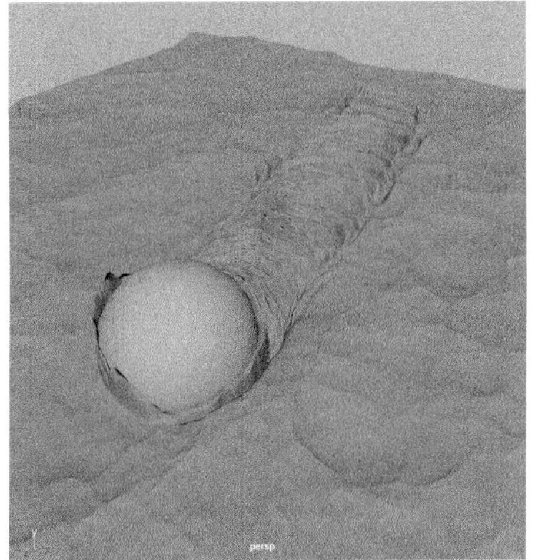

图10-98

反射大小：反射波的水平置换量的倍增。可调整此值以避免输出网格中出现自相交。

反射衰退宽度：控制抑制反射波的域边界处区域的宽度。

反射衰退 Alpha：控制沿面片边界的波抑制的平滑度。

反射摩擦：反射波的速度的阻尼因子。值为 0 时波自由传播，值为 1 时几乎立即使波衰减。

反射漂移系数：应用于反射波的“X 轴方向漂移速度（m/s）”和“Z 轴方向漂移速度（m/s）”量的倍增。

反射风系数：应用于反射波的“风速（m/s）”量的倍增。

反射毛细波大小（厘米）：能够产生反射时涟漪的最大波长。

10.5 技术实例

10.5.1 实例：使用3D流体容器制作火焰燃烧动画特效

本实例通过制作火焰燃烧动画特效来为读者详细讲解 3D 流体容器的使用技巧，最终动画完成效果如图 10-99 所示。

图10-99

（1）启动 Maya，单击“FX”工具架中的“具有发射器的 3D 流体容器”按钮，如图 10-100 所示，在场景中创建一个 3D 流体容器，如图 10-101 所示。

图10-100

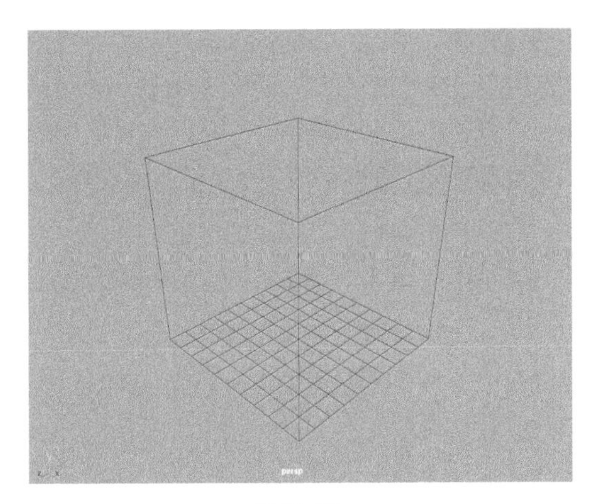

图10-101

（2）在“大纲视图”中观察，可以看到当前的场景中多了一个容器和一个流体发射器，并且流体发射器处于容器的子层级，如图 10-102 所示。

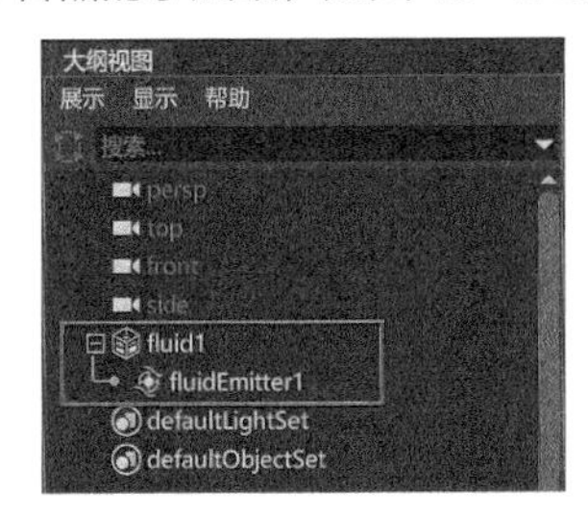

图10-102

（3）在“大纲视图”中选择流体发射器，并在场景中微调流体发射器的位置，如图 10-103 所示。

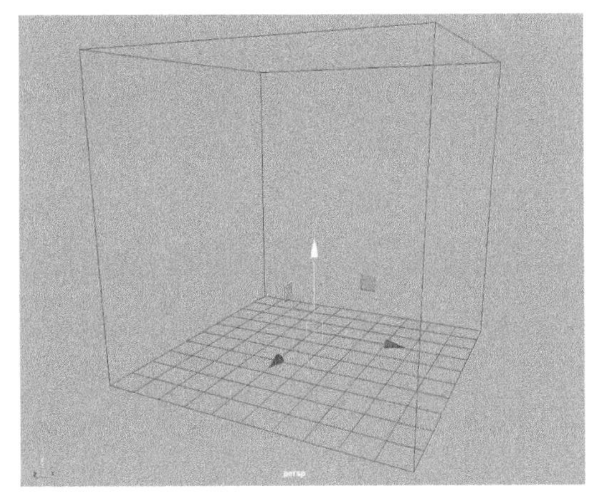

图10-103

（4）在“属性编辑器”面板中，展开“基本发射器属性”卷展栏，设置“发射器类型”为“体积”，如图 10-104 所示。这时，观察场景，我们可以看到流体发射器的形体更换为一个立方体的样子，如图 10-105 所示。

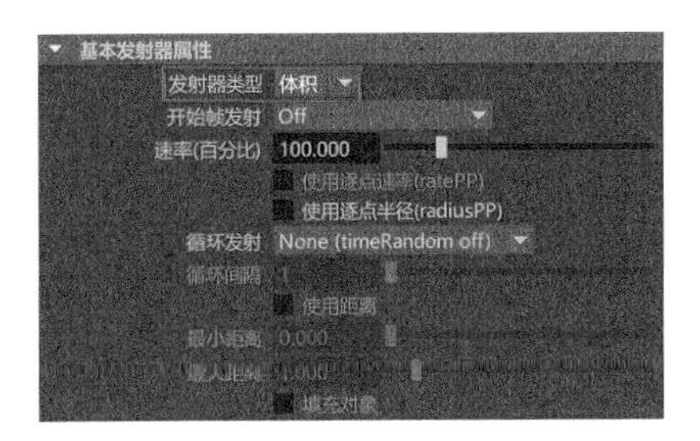

图10-104

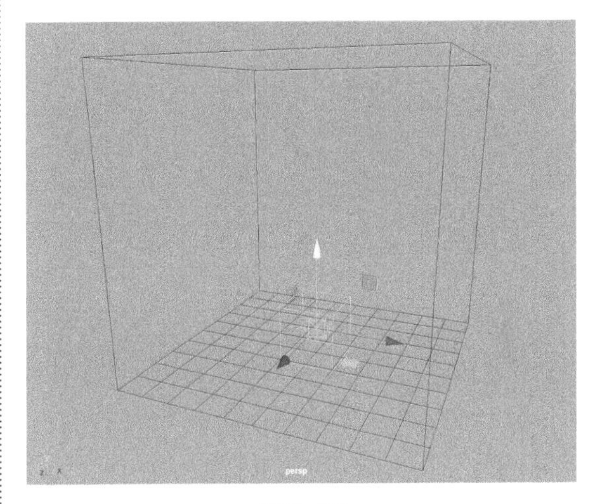

图10-105

（5）在“体积发射器属性”卷展栏中，设置“体积形状”为“Torus”，如图 10-106 所示。这时，我们可以看到流体发射器的形状更改为圆环的样子，如图 10-107 所示。

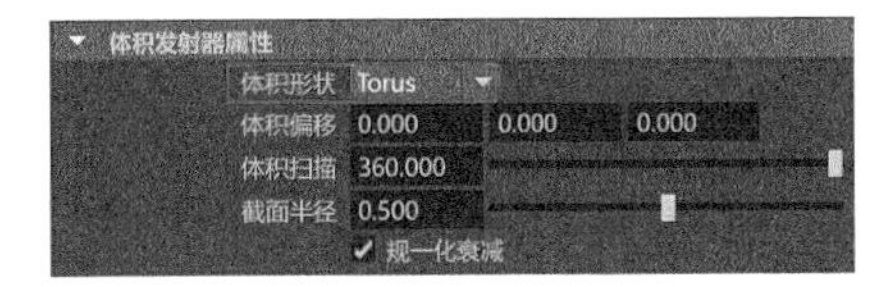

图10-106

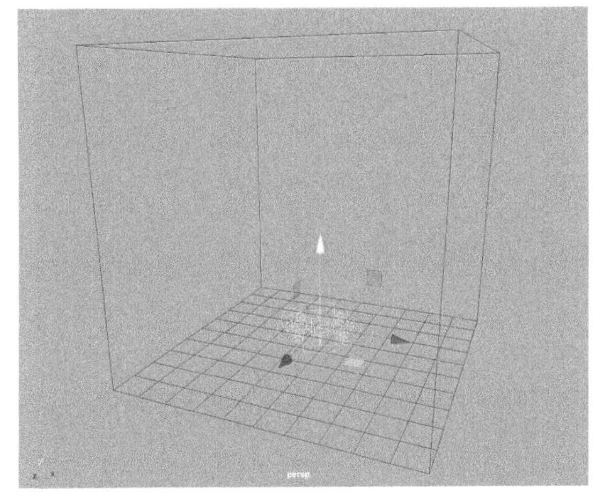

图10-107

（6）播放场景动画，流体动画的默认效果如图10-108所示。

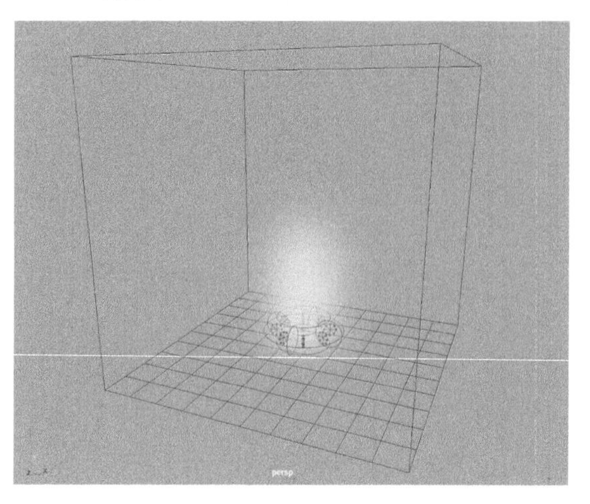

图10-108

（7）选择流体容器，在“属性编辑器”面板中展开“容器特性”卷展栏，设置“基本分辨率”值为100，提高流体动画模拟的精度，如图10-109所示。

图10-109

（8）再次播放场景动画，可以看到提高了“基本分辨率”的值后，流体发射器产生的烟雾看起来形状清晰了许多，但是动画模拟的时间也显著增加了，如图10-110所示。

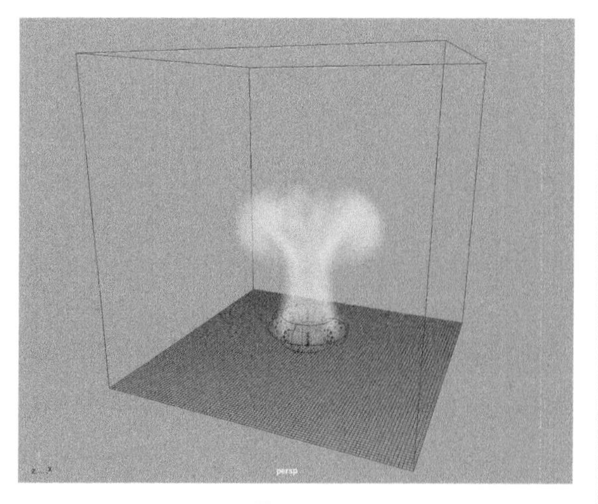

图10-110

（9）展开“着色”卷展栏，调整“透明度”参数值的滑块，控制其颜色为深灰色，如图10-111所示。这样，烟雾看起来更清楚了一些，如图10-112所示。

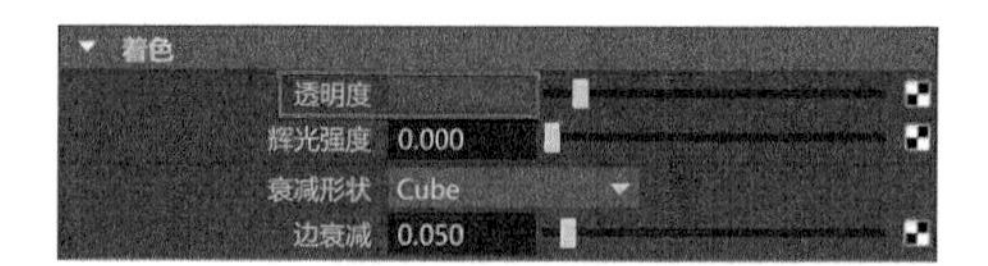

图10-111

图10-112

（10）展开“内容详细信息”卷展栏内的“速度”卷展栏，设置“旋涡”值为10，“噪波”值为0.1，如图10-113所示。这样可以使烟雾上升的形体随机一些，如图10-114所示。

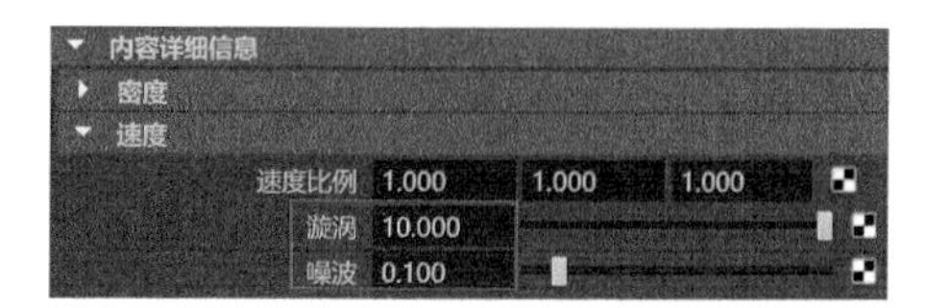

图10-113

图10-114

（11）接下来，设置流体的颜色。展开“颜色”卷展栏，设置“选定颜色”为黑色，如图10-115所示。

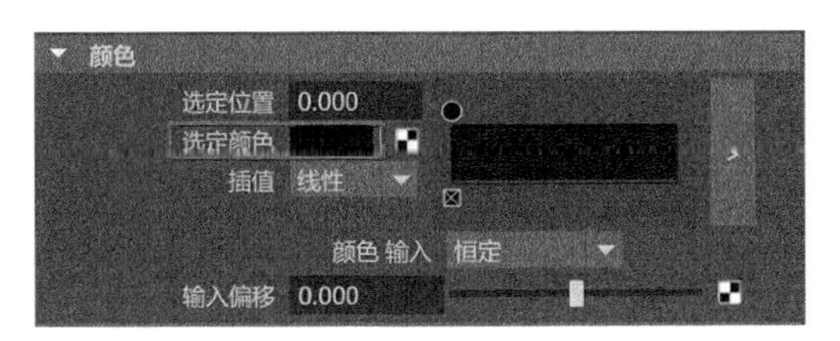

图10-115

（12）展开“白炽度”卷展栏，设置白炽度的颜色为图10-116所示的颜色，并设置“白炽度输入”为“密度”，调整“输入偏移”值为0.5，如图10-116所示。

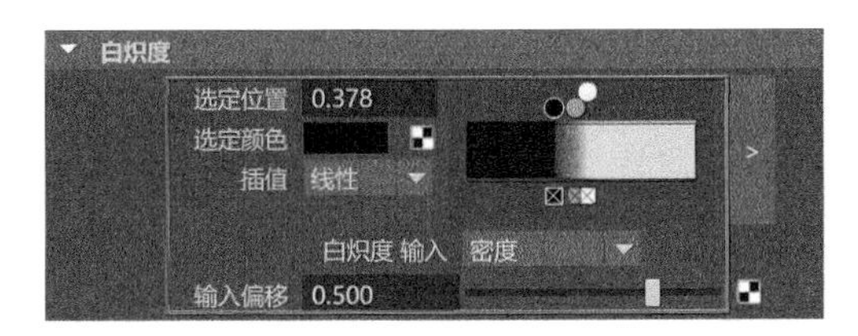

图10-116

（13）设置完成后，观察场景中的流体效果，如图10-117所示。

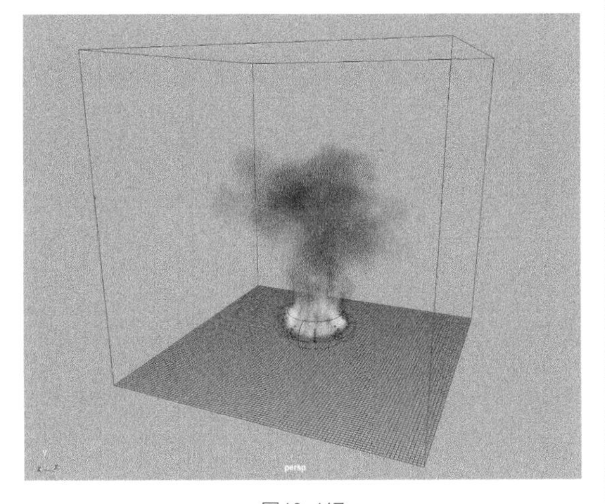

图10-117

（14）单击“Arnold”工具架中的“Create Physical Sky”（创建物理天空）按钮，如图10-118所示，为场景设置灯光。

图10-118

（15）在“属性编辑器”面板中，展开“Physical Sky Attributes”（物理天空属性）卷展栏，设置“Intensity”值为4，提高物理天空灯光的照明强度，如图10-119所示。

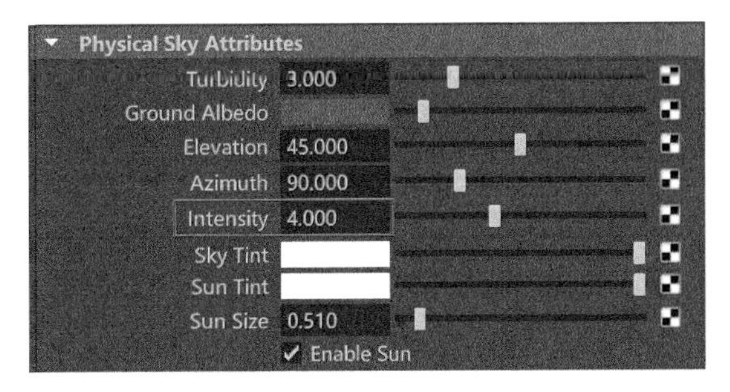

图10-119

（16）渲染场景，最终模拟出来的火焰燃烧渲染效果如图10-120所示。

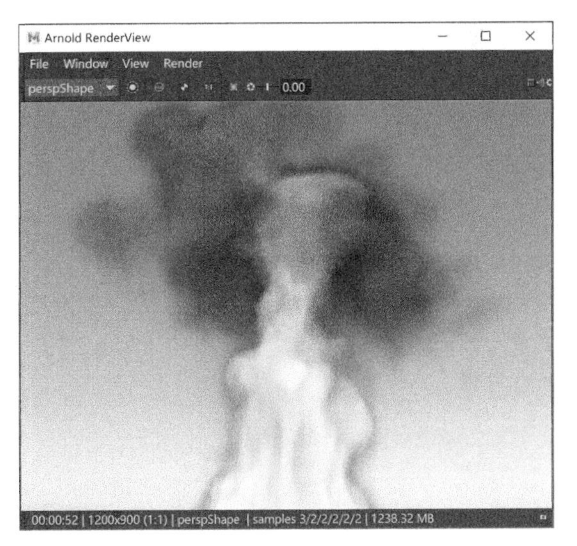

图10-120

10.5.2　实例：使用3D流体容器制作烟雾动画特效

本实例通过制作烟雾动画特效来为读者详细讲解3D流体容器的使用技巧，最终动画完成效果如图10-121所示。

（1）启动Maya，打开本书配套资源“小熊.mb”文件，里面有一个小熊的摆件模型，并设置好了材质及灯光，如图10-122所示。

（2）单击“FX”工具架中的“具有发射器的3D流体容器”按钮，在场景中创建一个3D流体容器，并调整其位置，如图10-123所示。

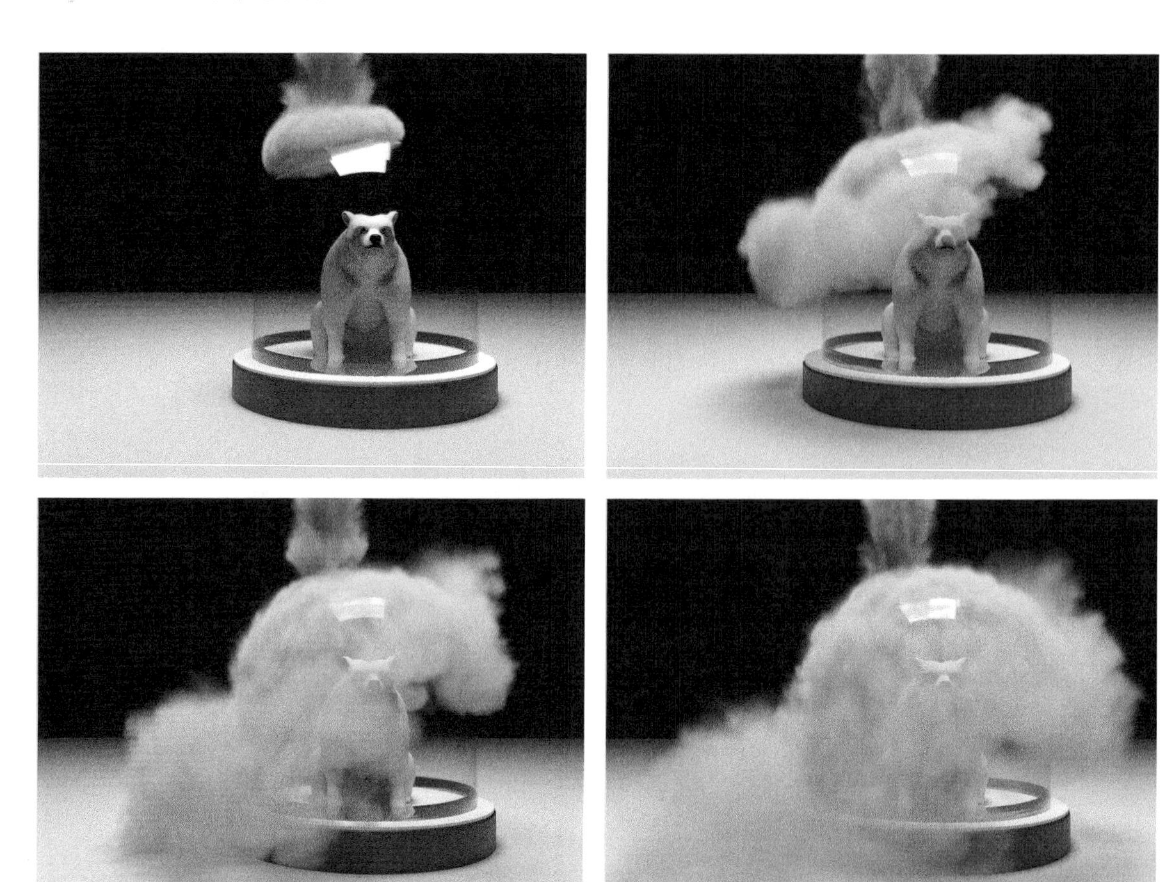

图10-121

图10-122

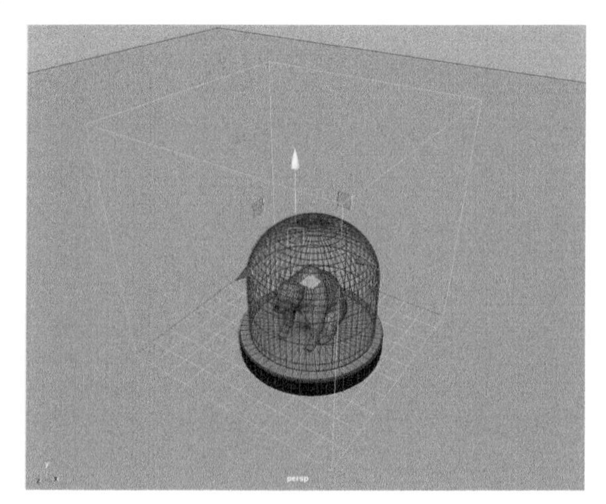

图10-123

（3）调整流体发射器的位置至小熊摆件模型的上方，如图 10-124 所示。

（4）播放场景动画，可以看到默认状态下，流体发射器产生的流体向上飘起，碰到 3D 流体容器后会产生阻挡效果，如图 10-125 所示。

（5）在“属性编辑器”面板中，展开“内容详细信息”卷展栏下的“密度”卷展栏，设置“浮力”值为 -1，如图 10-126 所示。重新播放场景动画，可以看到现在流体开始向下方缓缓下沉，如图 10-127 所示。

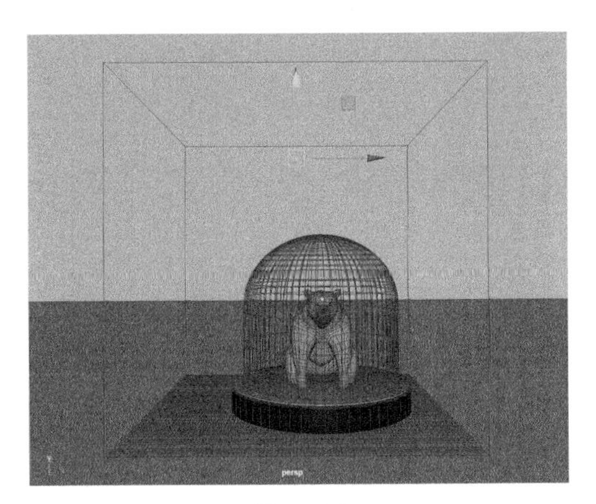

图10-124

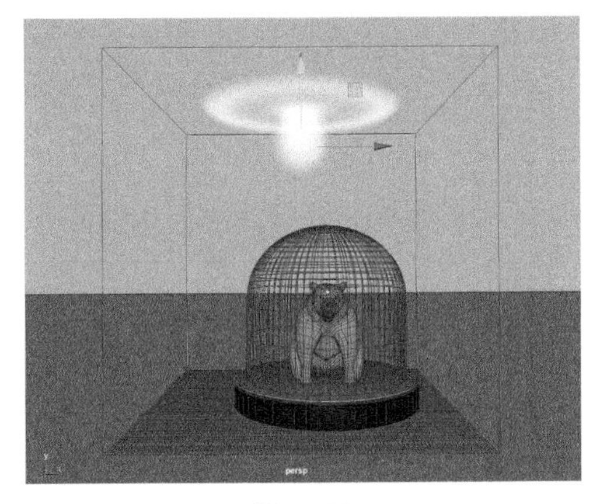

图10-125

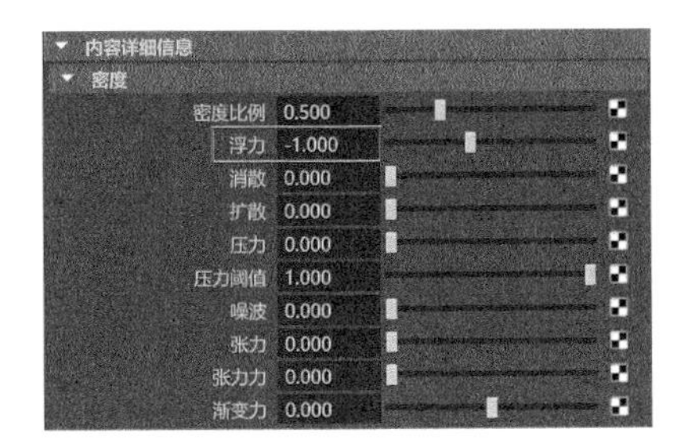

图10-126

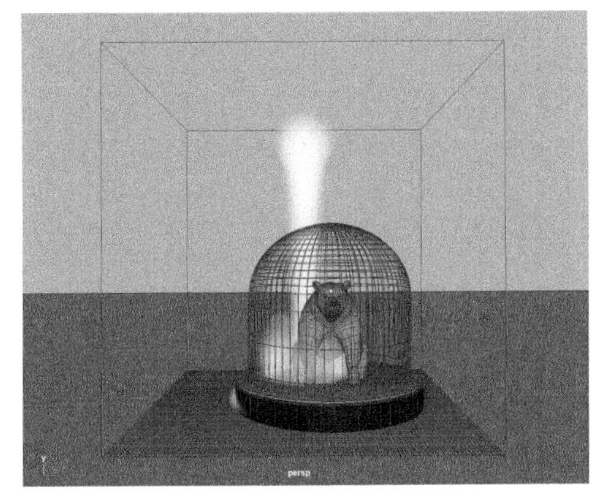

图10-127

（6）选择 3D 流体容器，再加选场景中的小熊模型外面的玻璃罩模型和底座模型，单击“FX”工具架中的“使碰撞”按钮，如图 10-128 所示，为所选择的对象设置碰撞。

图10-128

（7）设置完成后，播放场景动画，流体与玻璃罩模型产生的碰撞效果如图 10-129 所示。

图10-129

（8）将之前更改的“浮力”值设置为 -3，这样可以使单位时间内流体下沉的速度加快，如图 10-130 所示。

图10-130

（9）展开“速度”卷展栏，设置“漩涡”值为 10，“噪波”值为 0.3，如图 10-131 所示。这样可以增加流体的形态细节，如图 10-132 所示。

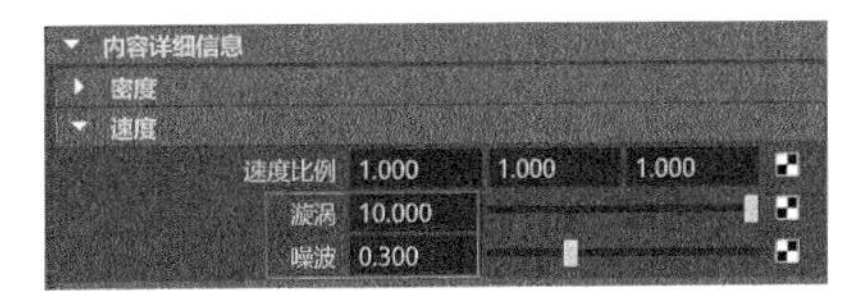

图10-131

图10-132

（10）设置“容器特性”卷展栏内的“基本分辨率”值为200，如图10-133所示。

容器特性
保持体素为方形
基本分辨率 200
分辨率 200 200 200
大小 10.000 10.000 10.000
边界X Both Sides
边界Y Both Sides
边界Z 两侧

图10-133

（11）选择3D流体容器，执行菜单栏“nCache>创建新缓存>Maya流体”命令，为所选择的3D流体容器创建缓存文件，如图10-134所示。

图10-134

（12）缓存文件创建完成后，本实例所模拟计算出来的烟雾效果如图10-135和图10-136所示。

图10-135

图10-136

10.5.3 实例：使用Bifrost流体制作液体飞溅动画特效

本实例主要为大家讲解Bifrost流体的使用方法和技巧，帮助读者快速掌握Bifrost流体的工作原理，最终完成效果如图10-137所示。

图10-137

图10-137（续）

（1）启动 Maya，打开本书配套资源“杯子 .mb”文件，里面为一组杯子模型和一块巧克力模型，并且设置好了动画、材质及灯光，如图 10-138 所示。

图10-138

（2）播放场景动画，可以看到巧克力模型会下落至杯子模型里面，并具有一定的起伏效果，如图 10-139 ~图 10-141 所示。

图10-139

图10-140

图10-141

（3）选择杯子模型里面的饮料模型，如图 10-142 所示。

（4）单击“Bifrost”工具架中的“液体”按钮，如图 10-143 所示，即可根据所选择的多边形网格生成液体。

（5）在“大纲视图”中观察新生成的液体对象，如图 10-144 所示。

图10-142

图10-143

图10-144

（6）在“属性编辑器”面板中，展开“显示”卷展栏，勾选“体素”选项，如图10-145所示。这样我们可以很清晰地观察到杯子里的液体对象，如图10-146所示。

图10-145

（7）播放场景动画，可以看到在默认状态下，液体会产生自由落体运动，穿透场景中的杯子模型和地面模型向下掉落，如图10-147所示。

图10-146

图10-147

（8）选择液体模型，再加选场景中的杯子模型、巧克力模型和地面模型，单击“Bifrost”工具架中的“碰撞对象”按钮，为所选择的对象设置碰撞计算，如图10-148所示。

图10-148

（9）设置完成后，隐藏饮料模型。再次播放场景动画，现在看到杯子模型可以接住里面的液体，并且下落的巧克力模型与液体碰撞后会产生水花飞溅的动画效果，如图10-149和图10-150所示。

（10）观察场景，可以发现液体飞溅的动画效果已经制作完成了。但是液体的形体看上去较为粗糙，缺乏细节。所以，接下来我们需要提高液体动画模拟的精度。

（11）展开“分辨率”卷展栏，设置“主体素大小”值为0.1；展开“传输”卷展栏，设置“传输步长自适应性”值为 0.5，如图 10-151 所示。

图10-149

图10-150

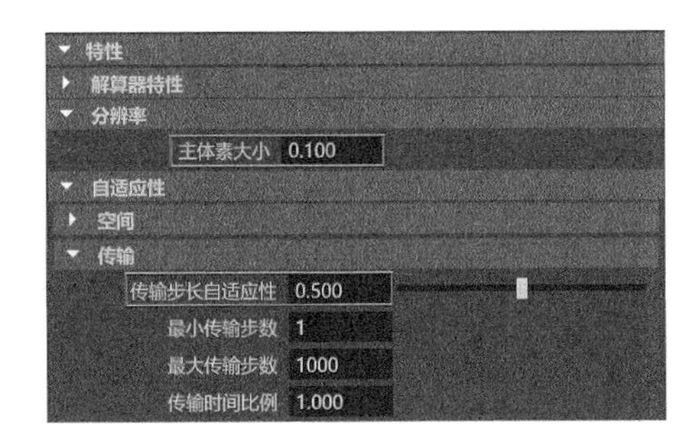

图10-151

（12）执行菜单栏“Bifrost 流体 > 计算并缓存到磁盘”命令，即可将所选择的液体动画缓存保留起来。

（13）再次播放动画，这次可以看到模拟出来的液体飞溅效果多了许多细节，如图 10-152 所示。

（14）选择液体模型，为其重新指定标准曲面材质。展开“透射”卷展栏，设置“权重”值为 0.5，如图 10-153 所示。

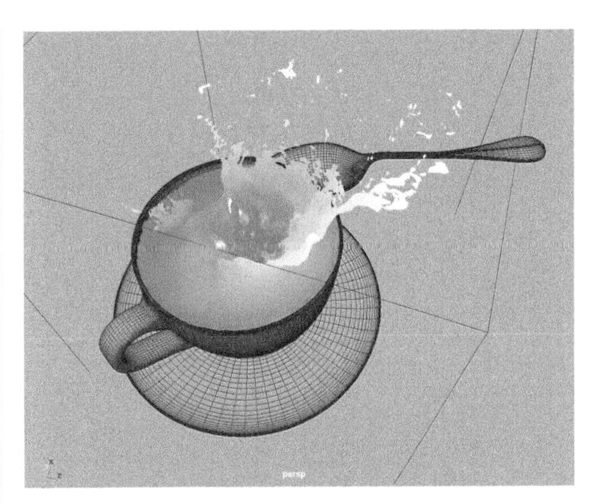

图10-152

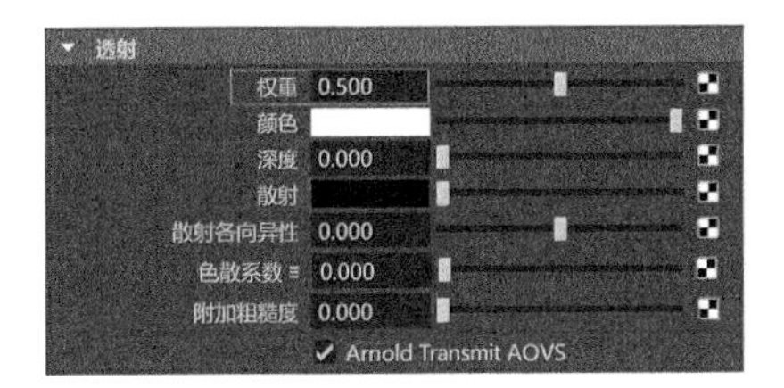

图10-153

（15）展开“次表面”卷展栏，设置“权重”值为 0.3，如图 10-154 所示。

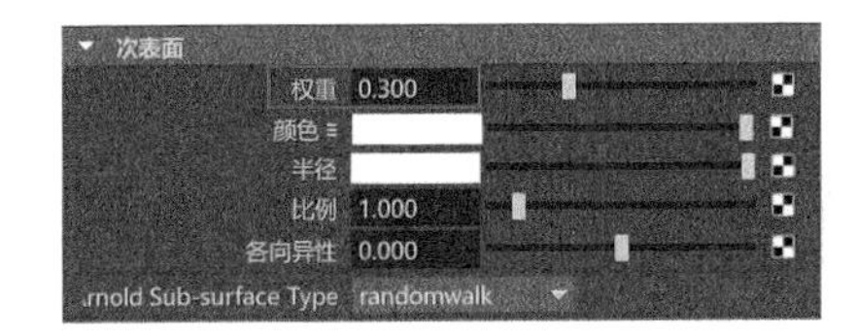

图10-154

（16）渲染场景，渲染结果如图 10-155 所示。

图10-155

10.5.4 实例：使用“海洋”命令制作海洋场景

本实例使用3D流体容器和“海洋”命令来制作海洋场景，最终效果如图10-156所示。

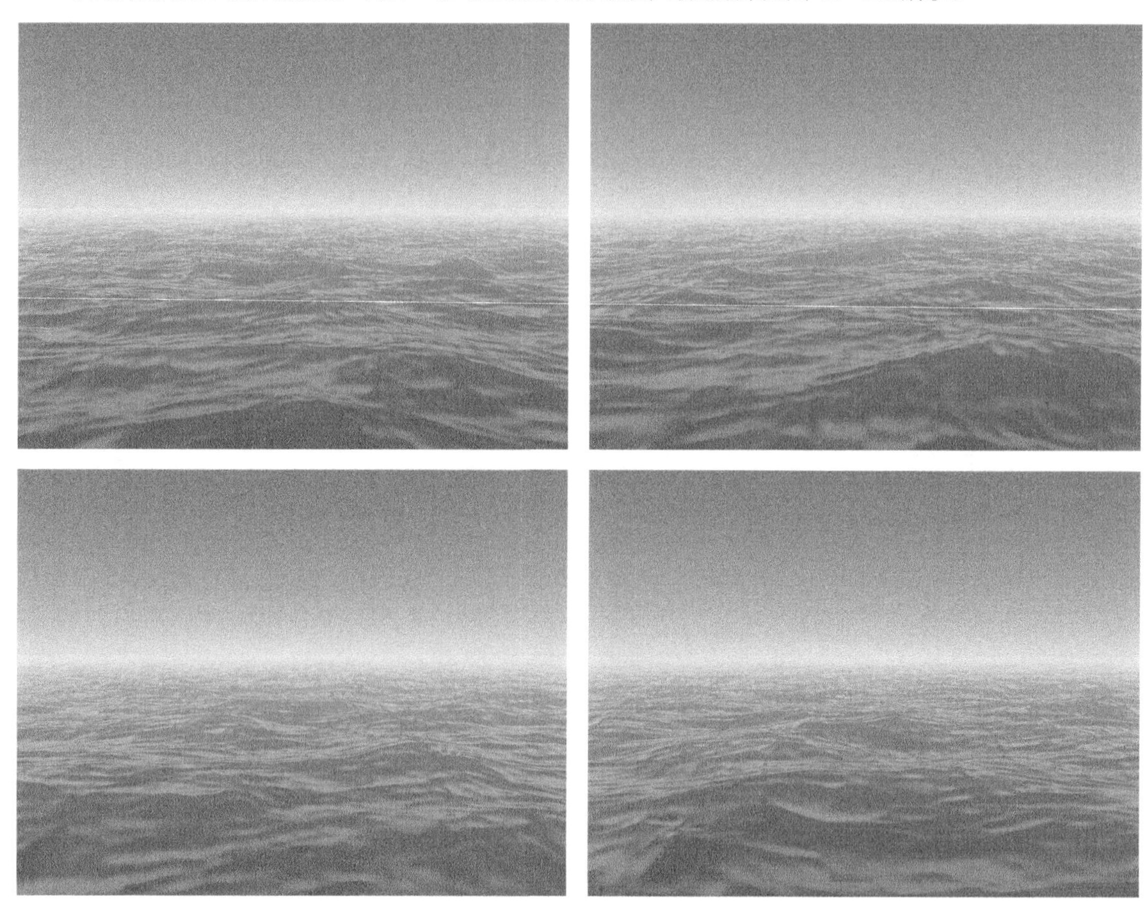

图10-156

（1）启动Maya，执行菜单栏“流体 > 海洋”命令，如图10-157所示。

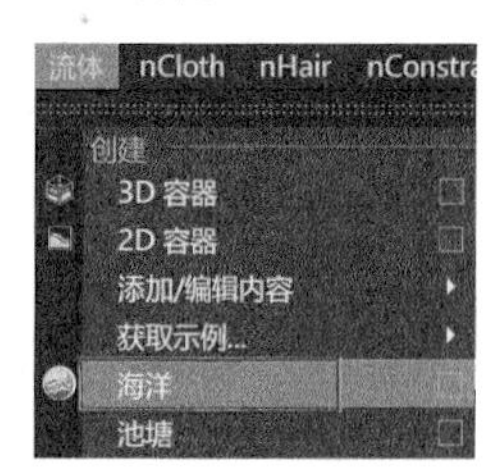

图10-157

（2）在场景中创建一个海洋对象，如图10-158所示。

（3）在“大纲视图”中观察，海洋对象由海洋平面和预览平面这两个对象组成，如图10-159所示。

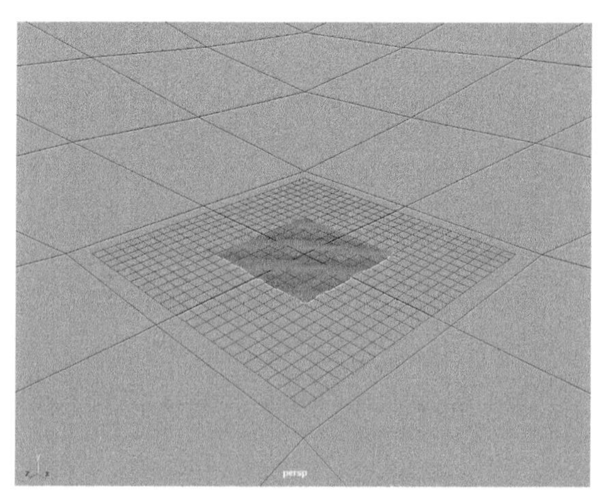

图10-158

（4）在“渲染设置”面板中，设置当前场景的渲染器为“Maya软件”渲染器，如图10-160所示。这样我们就可以渲染出海洋的正确效果了。

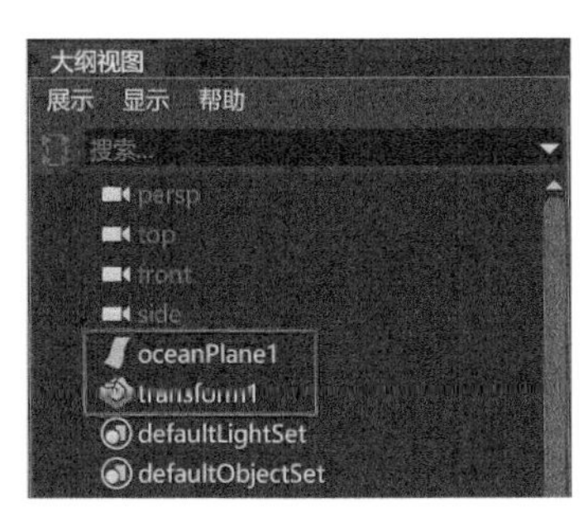

图10-159

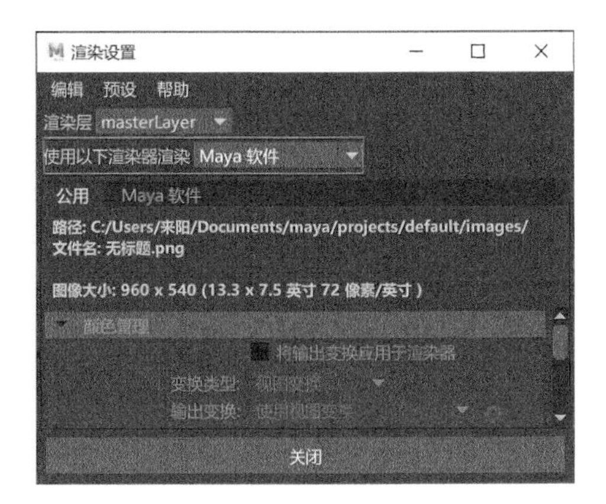

图10-160

（5）渲染场景，海洋的默认渲染结果如图10-161所示。

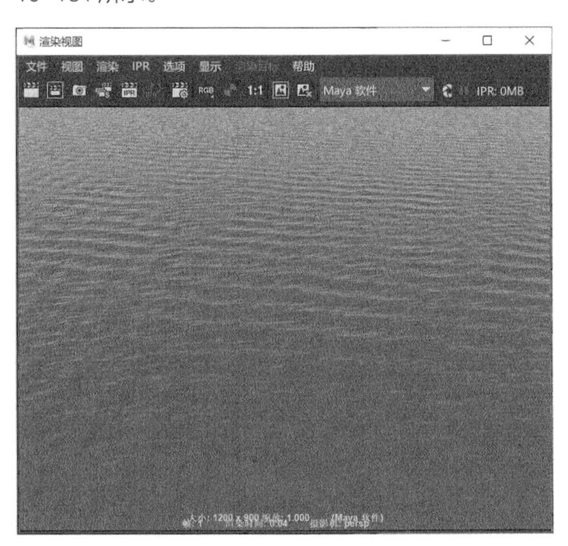

图10-161

（6）在“属性编辑器”面板中，展开“海洋属性”卷展栏。设置“频率数”值为9，提高海洋的波浪纹理细节；设置“最大波长”值为9，提高海洋的波浪大小，如图10-162所示。

（7）再次渲染场景，渲染结果如图10-163所示。

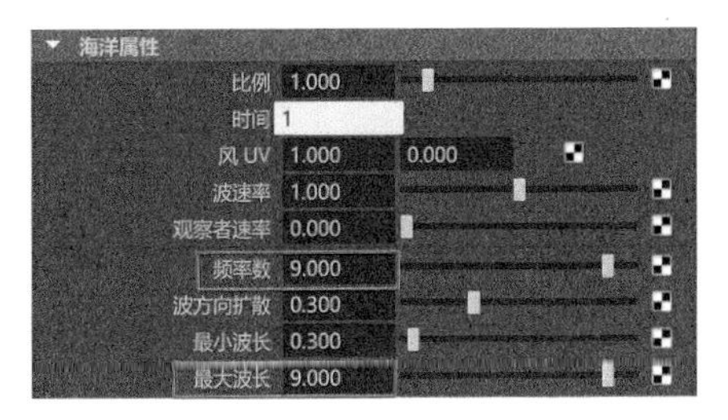

图10-162

图10-163

（8）单击“FX”工具架中的“具有发射器的3D流体容器”按钮，在场景中创建一个带有发射器的3D流体容器，如图10-164所示。

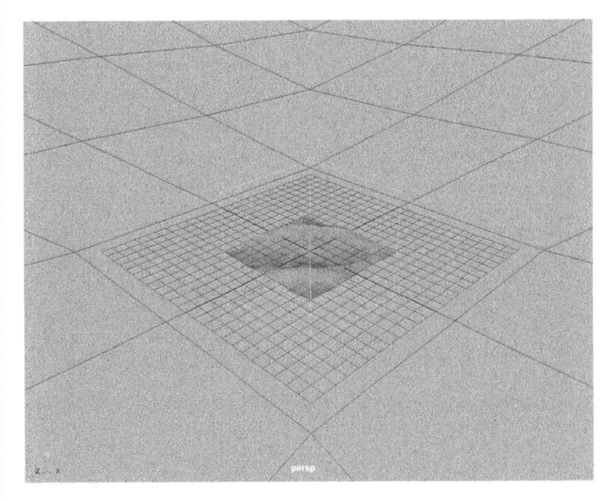

图10-164

（9）在“大纲视图”中选择流体发射器，按下Delete键将其删除，如图10-165所示。

（10）选择3D流体容器，展开“容器特性”卷展栏，设置“大小”值为（200，10，200），如图10-166所示。

图10-165

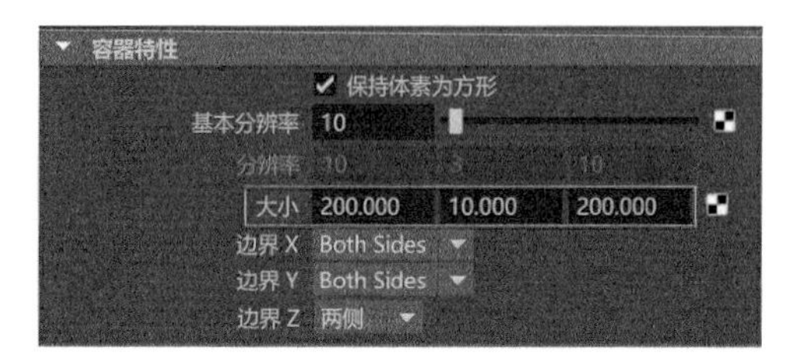

图10-166

（11）展开“不透明度”卷展栏，设置其中的参数值，如图10-167所示，这样，我们可以看到3D流体容器内已经有流体填充了，如图10-168所示。

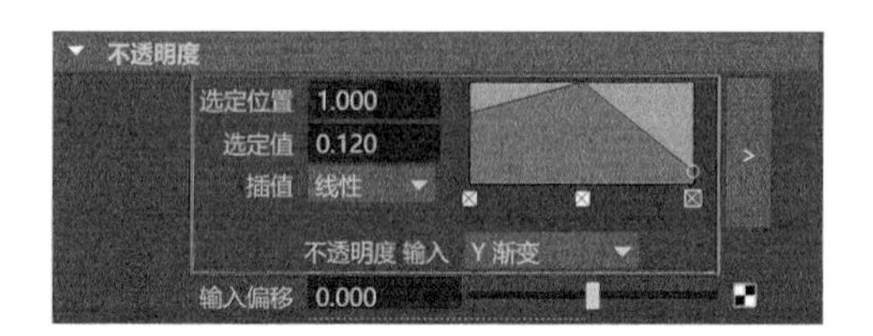

图10-167

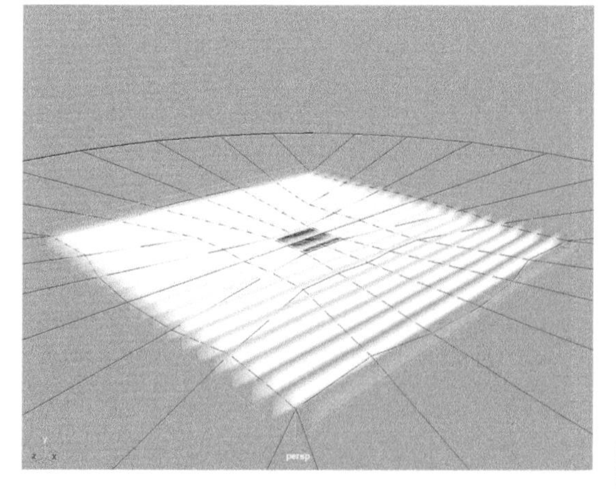

图10-168

（12）展开“着色”卷展栏，设置“透明度”为浅白色；展开“颜色”卷展栏，调整其中的参数值，如图10-169所示。

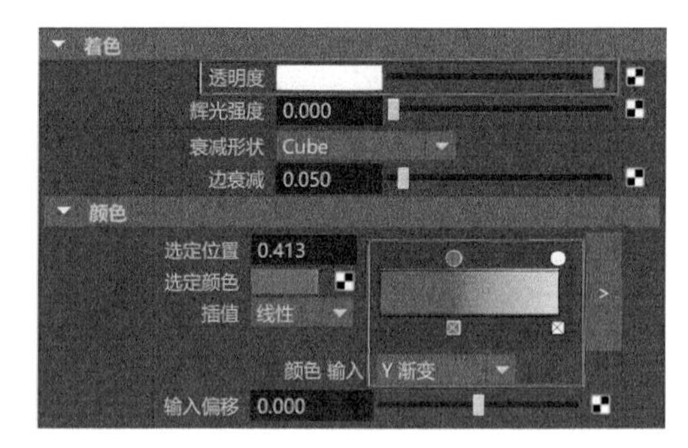

图10-169

（13）设置完成后，观察场景，可以看到3D流体容器中的流体颜色如图10-170所示。

图10-170

（14）渲染场景，添加了3D流体容器后的渲染结果如图10-171所示。

图10-171

10.5.5 实例：使用Boss海洋模拟系统制作海洋场景

本实例中我们使用 Maya 的 Boss 海洋模拟系统来制作海洋波浪的动画效果。图 10-172 所示为本实例的最终完成效果。

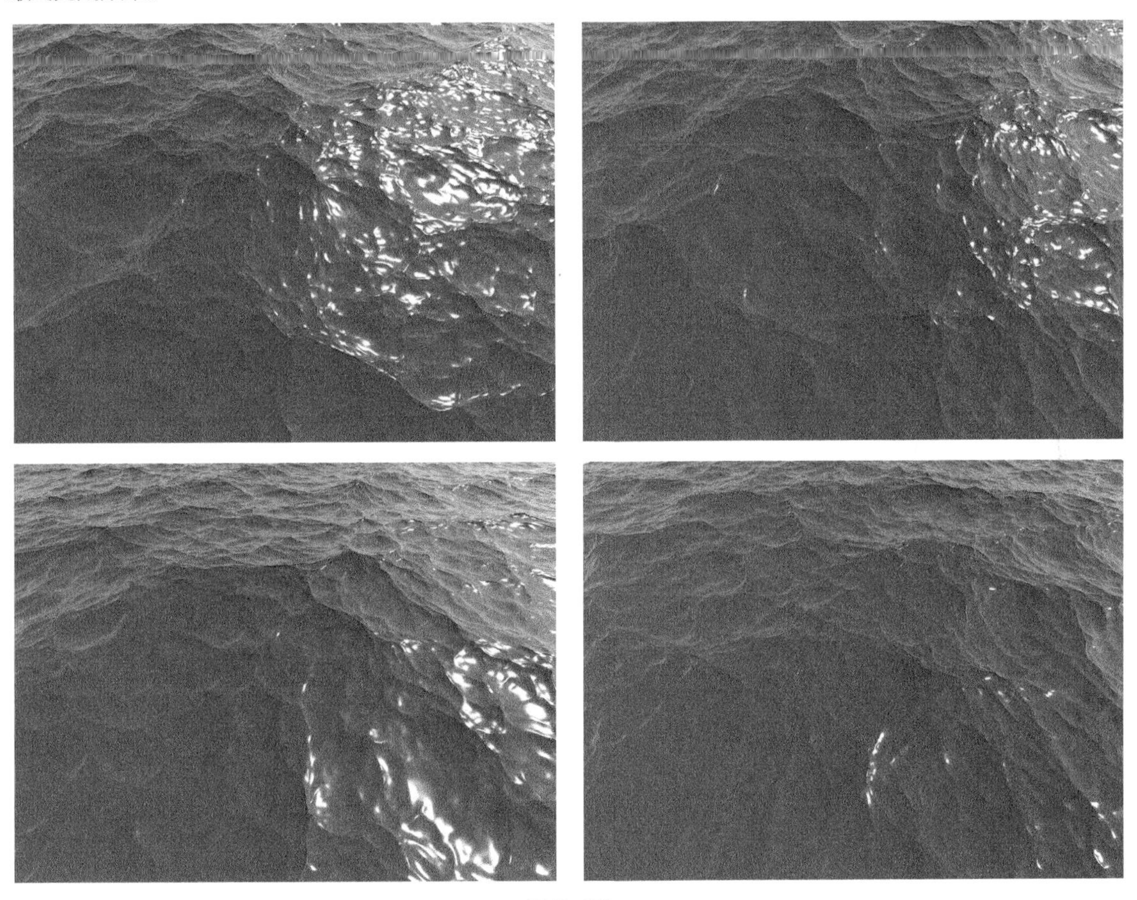

图10-172

（1）启动 Maya，单击“多边形建模”工具架中的“多边形平面”按钮，在场景中创建一个平面模型，如图 10-173 所示。

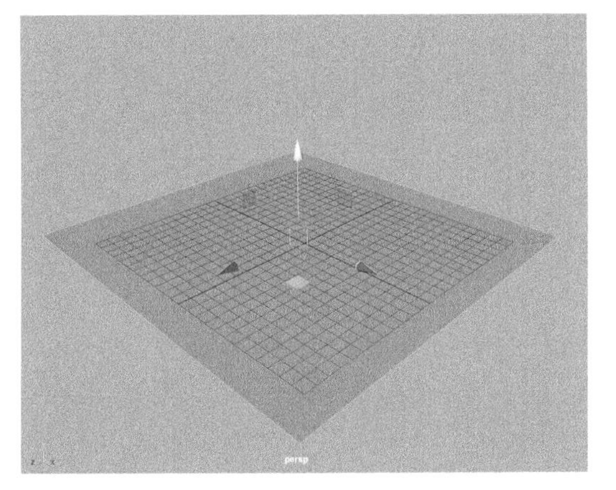

图10-173

（2）在“属性编辑器”面板中展开“多边形平面历史”卷展栏，设置平面模型的“宽度”和“高度”值均为 100，设置“细分宽度”和“高度细分数”值均为 200，如图 10-174 所示。

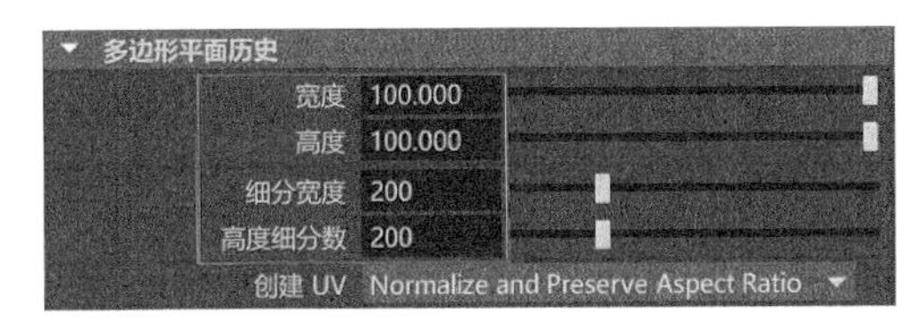

图10-174

（3）设置完成后，我们可以得到一个非常大的平面模型，如图 10-175 所示。

（4）执行菜单栏“Boss>Boss 编辑器”命令，打开“Boss Ripple/Wave Generator”面板，如图 10-176 所示。

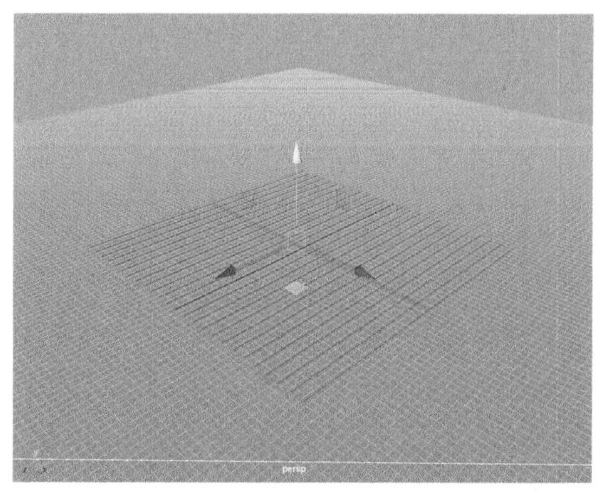

图10-175

（5）选择场景中的平面模型，单击“Boss Ripple/Wave Generator”面板中的“Create Spectral Waves”（创建光谱波浪）按钮，如图10-177所示。

（6）在“大纲视图”中可以看到，Maya根据之前所选择的平面模型的大小及细分情况，创建出一个用于模拟区域海洋的新模型，并命名为BossOutput。同时，隐藏了场景中原有的多边形平面模型，如图10-178所示。

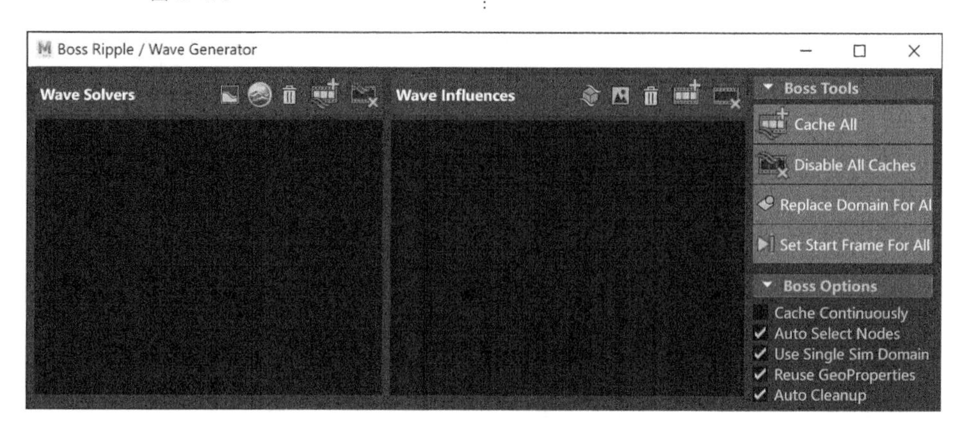

图10-176

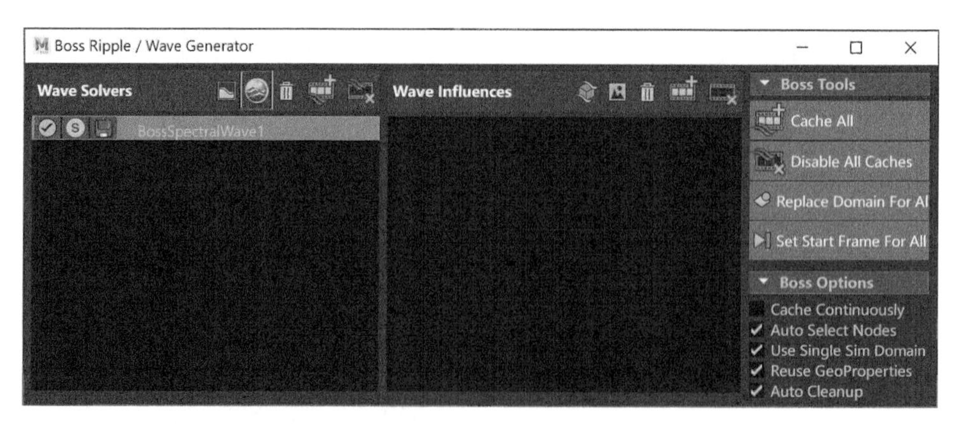

图10-177

图10-178

（7）在默认情况下，新生成的BossOutput模型与原有的多边形平面模型一模一样。拖曳一下时间帧，即可看到从第2帧起，BossOutput模型可以模拟出非常真实的海洋波浪运动效果，如图10-179所示。

（8）在“属性编辑器”面板中找到“BossSpectral Wave1”选项卡，展开“模拟属性”卷展栏，设置

"波高度"值为 2，勾选"使用水平置换"选项，并设置"波大小"值为 6，如图 10-180 所示。

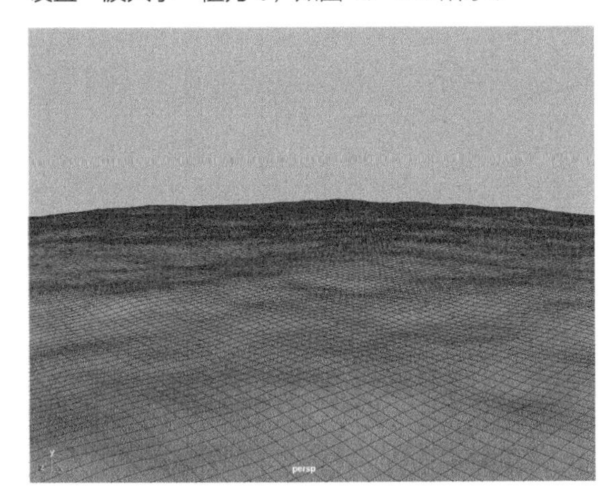

图10-179

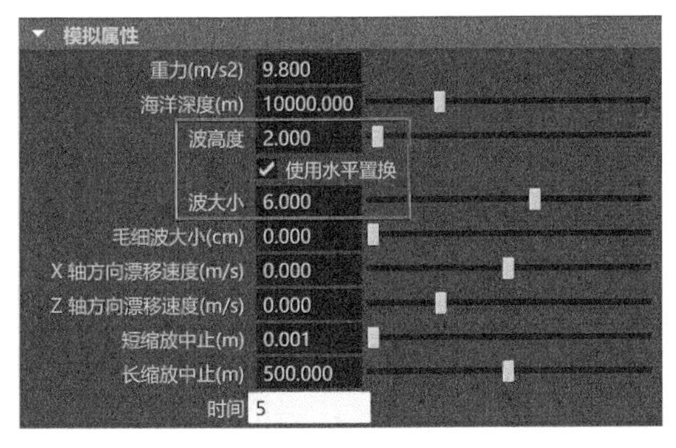

图10-180

（9）调整完成后，播放场景动画，可以看到模拟出来的海洋波浪效果，如图 10-181 ~ 图 10-183 所示。

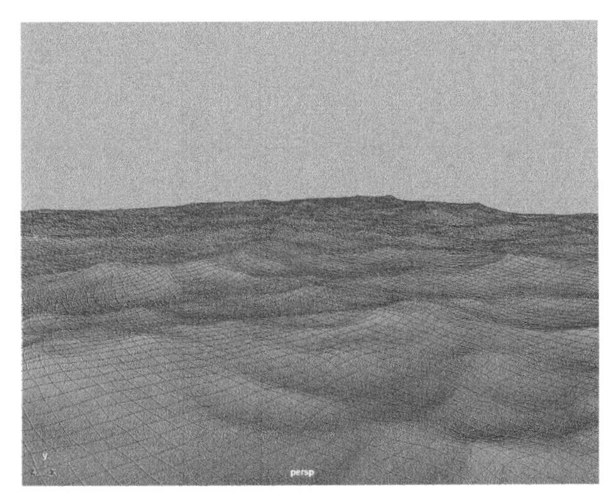

图10-181

（10）在"大纲视图"中选择平面模型，展开"多边形平面历史"卷展栏，将"细分宽度"和"高度细分数"的值均增大至 1000，如图 10-184 所示。这时，Maya 可能会弹出"多边形基本体参数检查"对话框，询问用户是否需要继续使用这么高的细分值，如图 10-185 所示，单击该对话框中的"是，不再询问"按钮即可。

图10-182

图10-183

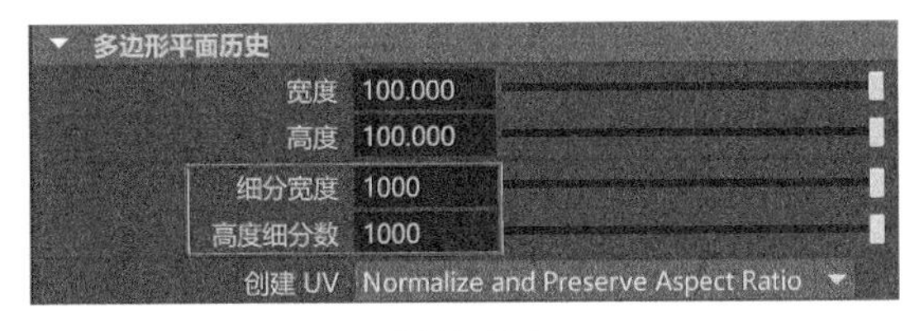

图10-184

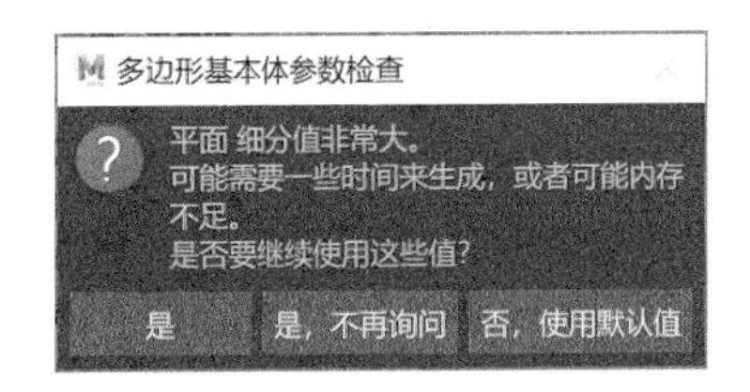

图10-185

（11）设置完成后，在视图中观察海洋模型，可以看到模型的细节效果大幅提升了。图10-186和图10-187所示为增大细分值前后的海洋模型对比结果。

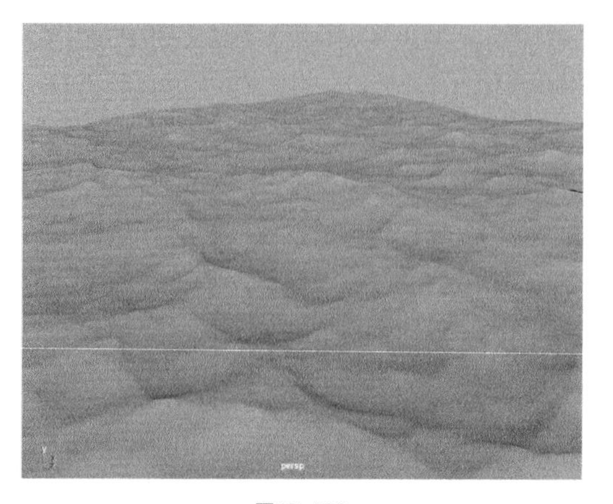

图10-186

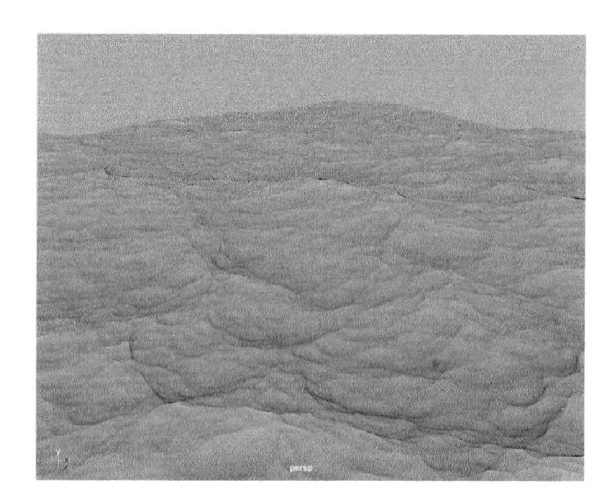

图10-187

（12）选择海洋模型，为其指定"渲染"工具架中的"标准曲面材质"，如图10-188所示。

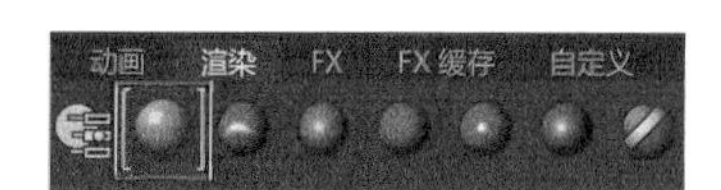

图10-188

（13）在"属性编辑器"面板中，设置"基础"卷展栏内的"颜色"为深蓝色，如图10-189所示。

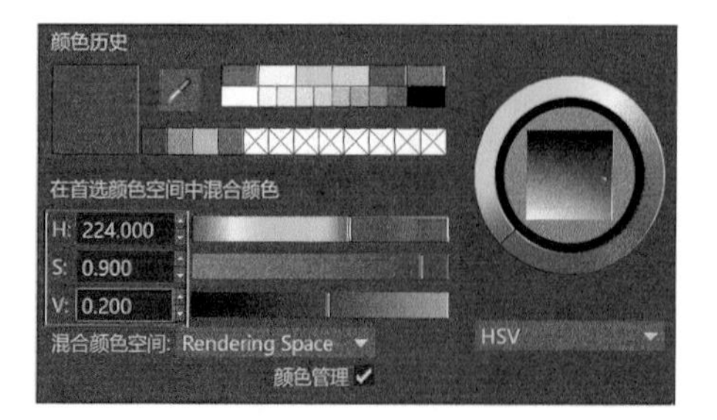

图10-189

（14）展开"镜面反射"卷展栏，设置"权重"值为1，"颜色"为白色，"粗糙度"值为0.1，如图10-190所示。

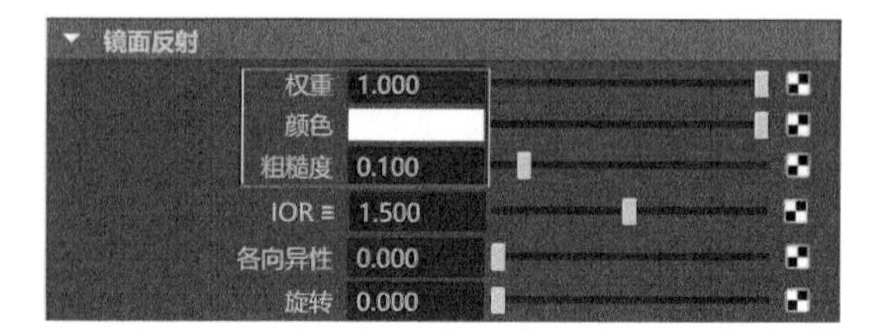

图10-190

（15）展开"透射"卷展栏，设置"权重"值为0.7，"颜色"为深绿色，如图10-191所示。"颜色"的设置读者可以参考图10-192所示的参数值。

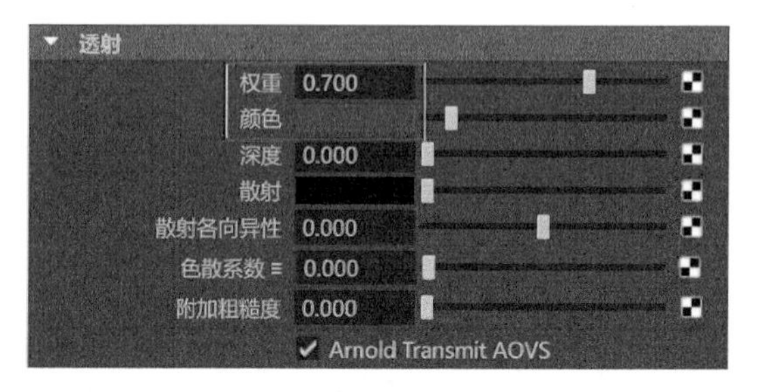

图10-191

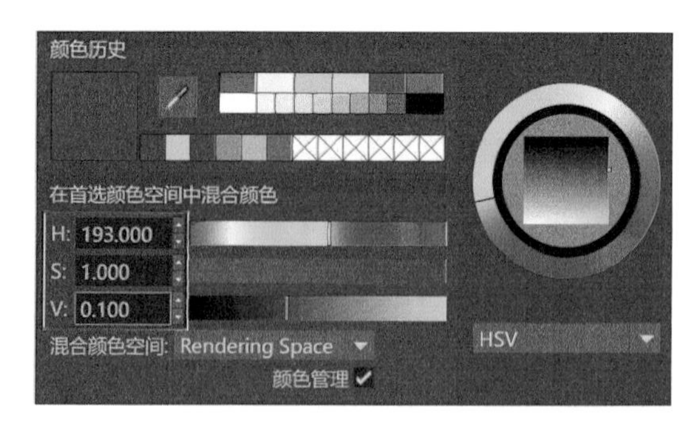

图10-192

（16）材质设置完成后，接下来为场景创建灯光。单击"Arnold"工具架中的"Create Physical Sky"（创建物理天空）按钮，在场景中创建物理天空灯光，如图10-193所示。

图10-193

（17）在"Physical Sky Attributes"（物理天空属性）卷展栏中，设置"Elevation"值为40，"Azimuth"值为90，"Intensity"值为6，如图10-194所示。

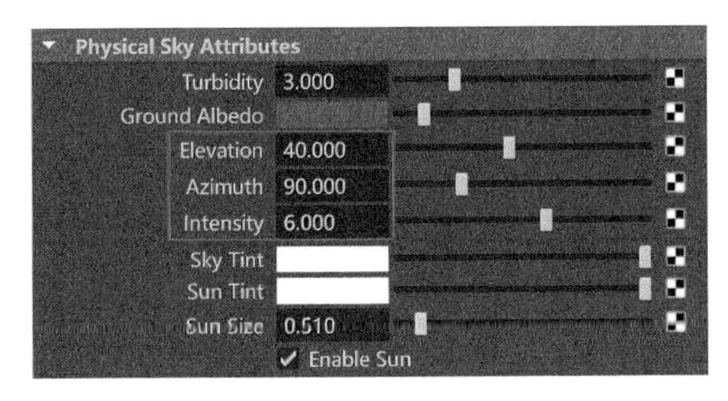

图10-194

（18）渲染场景，添加了材质和灯光的海洋波浪渲染结果如图10-195所示。

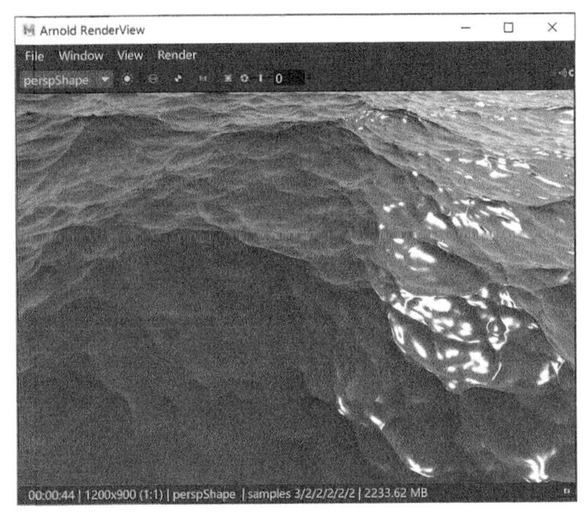

图10-195

粒子动画技术

扫码在线观看
案例讲解视频

11.1 粒子动画技术概述

粒子技术常常用来制作大量形体接近的物体一起运动时的群组动画，例如一群蜜蜂在空中飞舞，又或者天空中不断飘落的大片雪花。有时由于动画项目的特殊要求，粒子技术还可以用来模拟火焰燃烧、烟雾特效、瀑布喷泉等具有流体动力学特征的特效动画。在 Maya 2020 中，粒子系统分为 n 粒子系统和旧版粒子系统这两个部分。由于旧版粒子系统使用得比较少，故本章以 n 粒子系统为例进行讲解。有关 n 粒子的工具图标，我们可以在“FX”工具架中找到，如图 11-1 所示。

图11-1

常用工具解析

发射器：创建 n 粒子发射器。

添加发射器：将所选择的对象设置为 n 粒子发射器。

11.2 创建粒子

11.2.1 创建粒子发射器

单击“FX”工具架中的“发射器”按钮，可以在场景中创建出一个 n 粒子发射器和一个 n 粒子对象，如图 11-2 所示。播放场景动画，我们可以看到默认状态下的粒子发射形态，如图 11-3 所示。

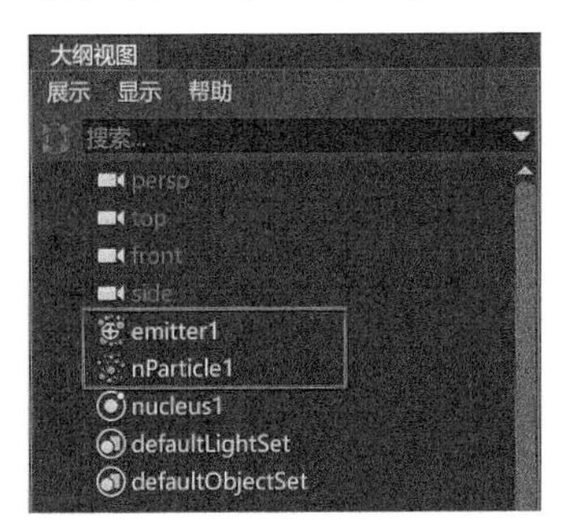

图11-2

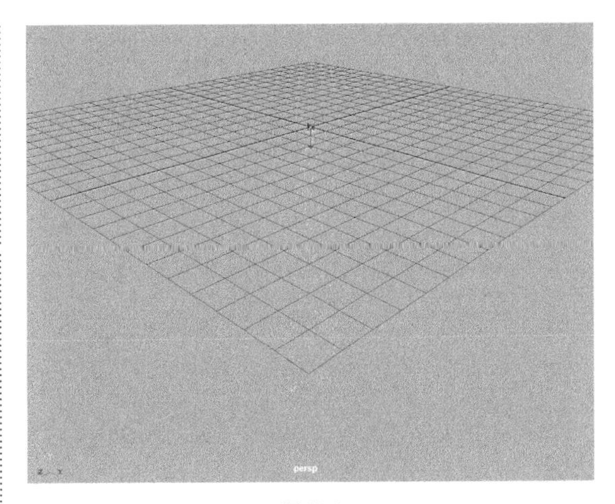

图11-3

在“属性编辑器”面板中，我们可以找到有关控制 n 粒子形态及颜色的大部分属性，这些属性被分门别类地放置在不同的卷展栏当中，如图 11-4 所示。下面来学习一下其中较为常用的属性。

图11-4

1. “计数”卷展栏

“计数”卷展栏内的参数设置如图 11-5 所示。

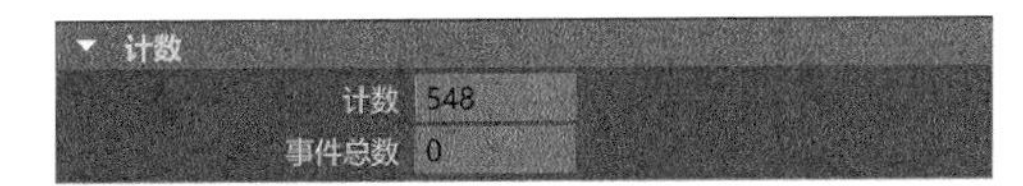

图11-5

常用参数解析

计数：用来显示场景中当前 n 粒子的数量。

事件总数：显示粒子的事件数量。

2. “寿命”卷展栏

“寿命”卷展栏内的参数设置如图 11-6 所示。

图11-6

常用参数解析

寿命模式：用来设置 n 粒子在场景中的存在时间，有“Live forever”（永生）、“Constant”（恒定）、“Random range”（随机范围）和“lifespanPP only”（仅寿命 PP）这 4 种选项可选，如图 11-7 所示。

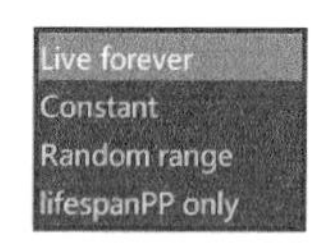

图11-7

寿命：指定粒子的寿命值。

寿命随机：用于标识每个粒子的寿命的随机变化范围。

常规种子：表示用于生成随机数的种子。

3. “粒子大小”卷展栏

“粒子大小”卷展栏内还内置有“半径比例”卷展栏，其参数设置如图 11-8 所示。

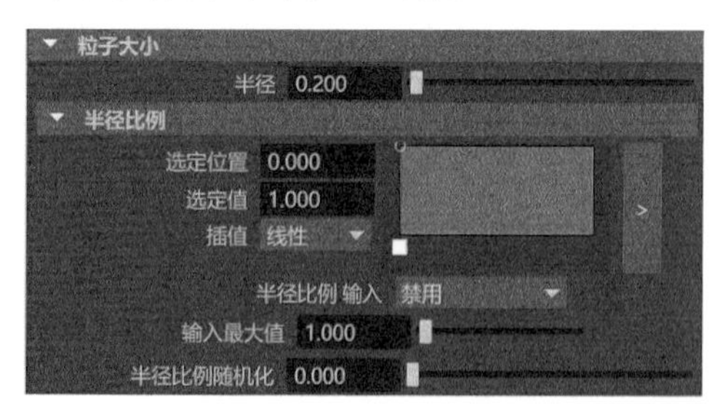

图11-8

常用参数解析

半径：用来设置粒子的半径大小。

半径比例输入：设置属性用于映射“半径比例”渐变的值。

输入最大值：设置渐变使用的范围的最大值。

半径比例随机化：设置每个粒子属性值的随机倍增。

4. “碰撞”卷展栏

“碰撞”卷展栏内的参数设置如图 11-9 所示。

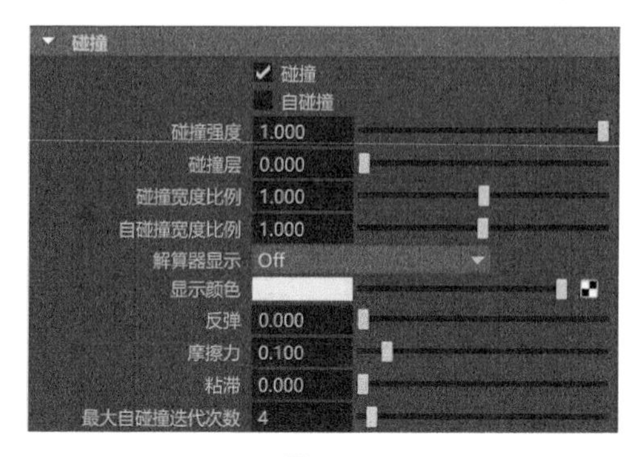

图11-9

常用参数解析

碰撞：勾选该选项时，当前的 n 粒子对象将与共用同一个 Nucleus 解算器的被动对象、nCloth 对象和其他 n 粒子对象发生碰撞。图 11-10 所示分别为启用碰撞前后的 n 粒子运动结果对比。

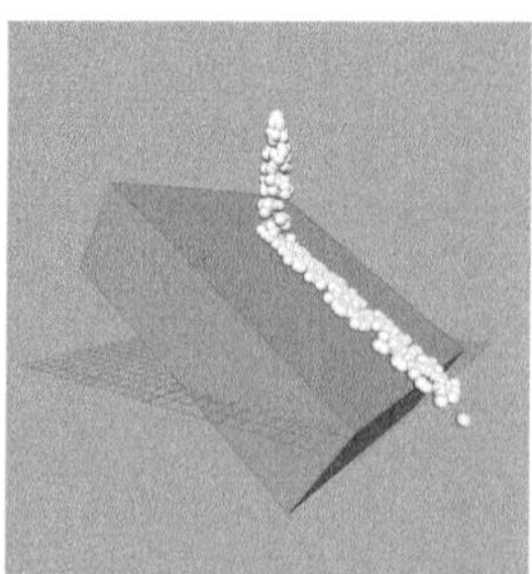

图11-10

自碰撞：勾选该选项时，n 粒子对象生成的粒子将互相碰撞。

碰撞强度：指定 n 粒子与其他 Nucleus 对象之间的碰撞强度。

碰撞层：将当前的 n 粒子对象指定给特定的碰撞层。

碰撞宽度比例：指定相对于 n 粒子半径值的碰撞厚度。图 11-11 所示为该值分别是 0.5 和 5 的 n 粒子运动结果对比。

自碰撞宽度比例：指定相对于 n 粒子半径值的自碰撞厚度。

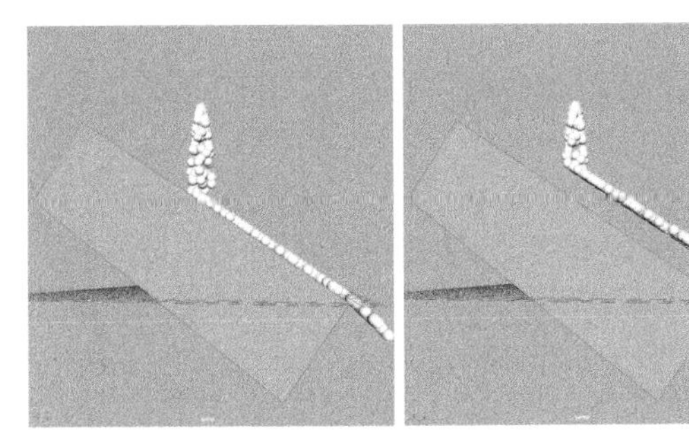

图11-11

解算器显示：指定场景视图中将显示当前 n 粒子对象的 Nucleus 解算器信息。Maya 提供了“Off”（禁用）、“Collision Thickness”（碰撞厚度）和“Self Collision Thickness”（自碰撞厚度）这 3 个选项供用户选择使用。

显示颜色：指定碰撞体积的显示颜色。

反弹：指定 n 粒子在进行自碰撞或与共用同一个 Nucleus 解算器的被动对象、nCloth 和其他 n 粒子对象发生碰撞时的偏转量或反弹量。

摩擦力：指定 n 粒子在进行自碰撞或与共用同一个 Nucleus 解算器的被动对象、nCloth 和其他 n 粒子对象发生碰撞时的相对运动阻力程度。

粘滞：指定当 nCloth、n 粒子和被动对象发生碰撞时，n 粒子对象粘贴到其他 Nucleus 对象的倾向。

最大自碰撞迭代次数：指定当前 n 粒子对象的动力学自碰撞的每模拟步最大迭代次数。

5. “动力学特性”卷展栏

“动力学特性”卷展栏内的参数设置如图 11-12 所示。

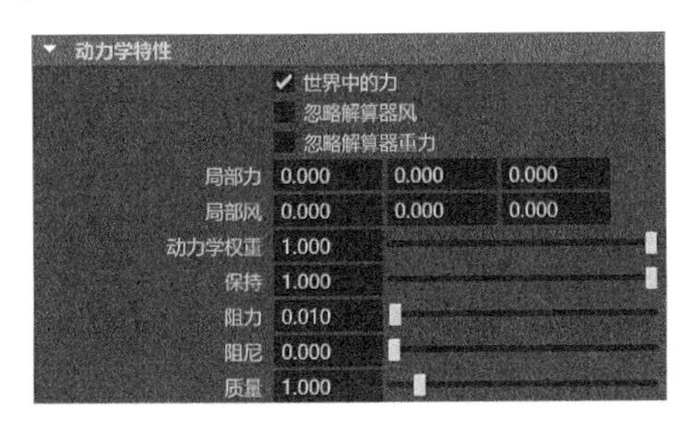

图11-12

常用参数解析

世界中的力：勾选该选项可以使 n 粒子进行额外的世界空间的重力计算。

忽略解算器风：勾选该选项时，将禁用当前 n 粒子对象的解算器“风”。

忽略解算器重力：勾选该选项时，将禁用当前 n 粒子对象的解算器“重力”。

局部力：将一个类似于 Nucleus 重力的力按照指定的量和方向应用于 n 粒子对象。该力仅应用于局部，并不影响指定给同一解算器的其他 Nucleus 对象。

局部风：将一个类似于 Nucleus 风的力按照指定的量和方向应用于 n 粒子对象。风将仅应用于局部，并不影响指定给同一解算器的其他 Nucleus 对象。

动力学权重：可用于调整场、碰撞、弹簧和目标对粒子产生的效果。该值为 0 将使连接至粒子对象的场、碰撞、弹簧和目标没有效果。该值为 1 将提供全效。输入小于 1 的值将设置比例效果。

保持：用于控制粒子对象的速率在帧与帧之间的保持程度。

阻力：指定施加于当前 n 粒子对象的阻力大小。

阻尼：指定当前 n 粒子的运动的阻尼量。

质量：指定当前 n 粒子对象的基本质量。

6. “液体模拟”卷展栏

“液体模拟”卷展栏内的参数设置如图 11-13 所示。

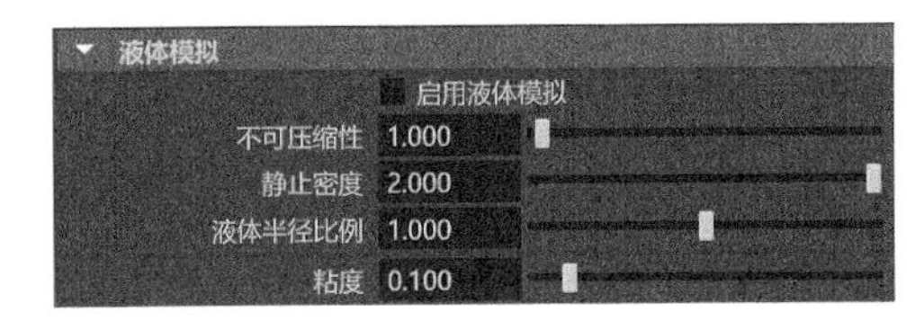

图11-13

常用参数解析

启用液体模拟：勾选该选项时，“液体模拟”属性将添加到 n 粒子对象。这样 n 粒子就可以重叠，从而形成液体的连续曲面。

不可压缩性：指定液体 n 粒子抗压缩的量。

静止密度：设置 n 粒子对象处于静止状态时液体中的 n 粒子的排列情况。

液体半径比例：指定基于 n 粒子“半径”的 n 粒子重叠量。较小的值将增加 n 粒子之间的重叠。对多数液体而言，0.5 这个值可以取得良好结果。

粘度：代表液体流动的阻力，或材质的厚度和不流动程度。如果该值很大，液体将像柏油一样流动。如果该值很小，液体将像水一样流动。

7. “输出网格”卷展栏

“输出网格”卷展栏内的参数设置如图 11-14 所示。

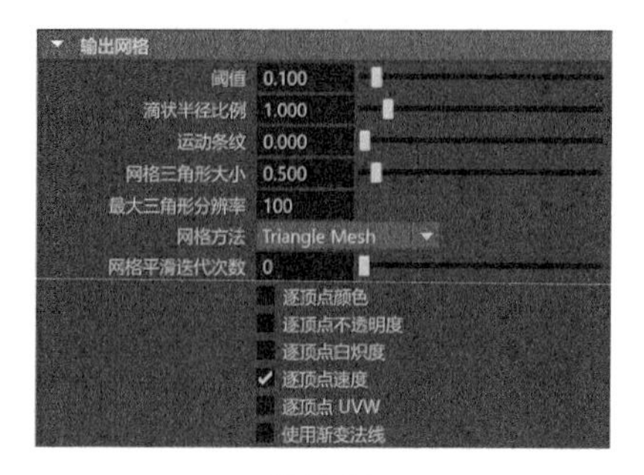

图11-14

常用参数解析

阈值：用于调整 n 粒子创建的曲面的平滑度。图 11-15 所示为该值分别是 0.01 和 0.1 的液体曲面模型效果对比。

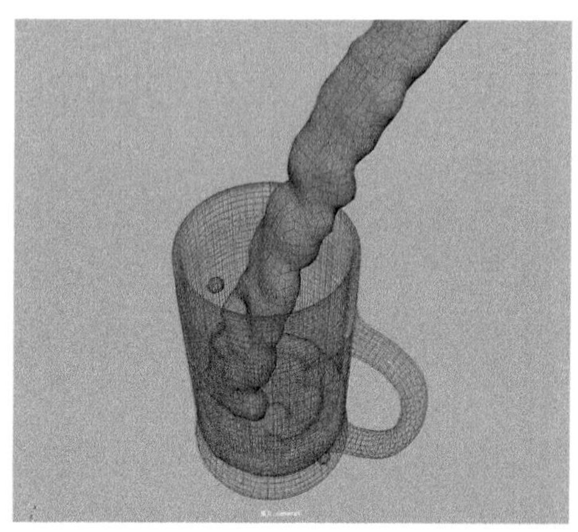

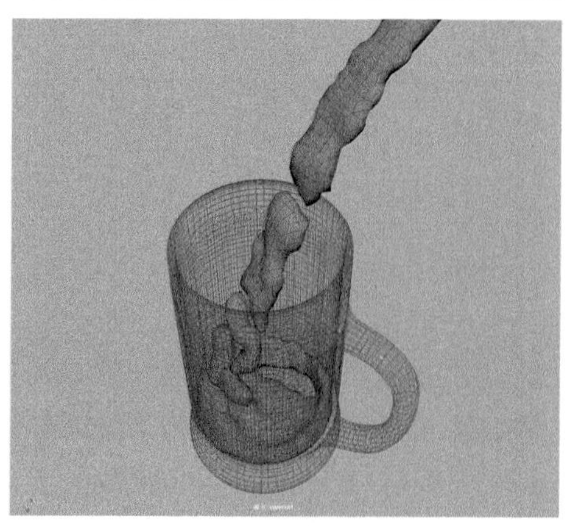

图11-15

滴状半径比例：指定 n 粒子“半径”的比例缩放量，以便在 n 粒子上创建适当平滑的曲面。

运动条纹：根据 n 粒子运动的方向及其在一个时间步内移动的距离拉长单个 n 粒子。

网格三角形大小：决定创建 n 粒子输出网格所使用的三角形的尺寸。图 11-16 所示为该值分别是 0.2 和 0.4 的液体曲面网格大小效果对比。

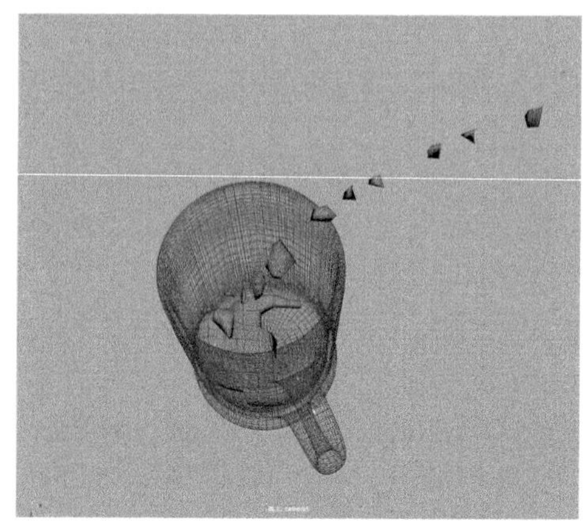

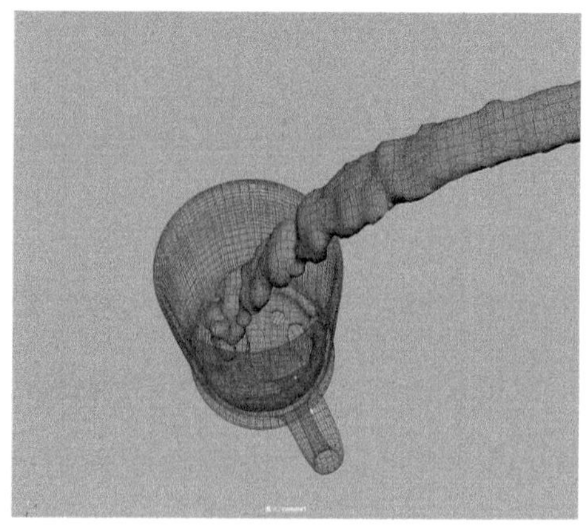

图11-16

最大三角形分辨率：指定创建输出网格所使用的栅格大小。

网格方法：指定生成 n 粒子输出网格等值面所使用的多边形网格的类型，有“Triangle Mesh”（三角形网格）、“Tetrahedra”（四面体）、“Acute Tetrahedra”（锐角四面体）和“Quad Mesh”（四边形网格）这 4 种选项可选，如图 11-17 所示。图 11-18 ~ 图 11-21 所示分别为这 4 种不同选项的液体输出网格形态。

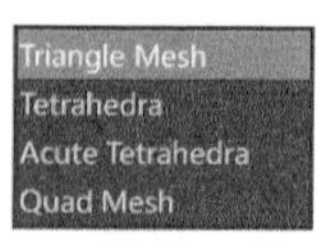

图11-17

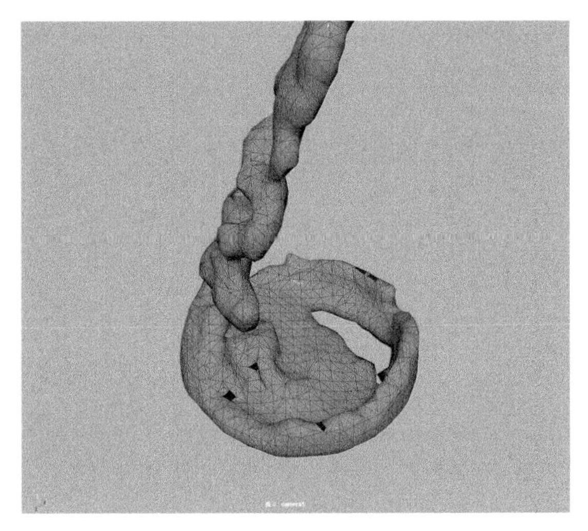

图11-18

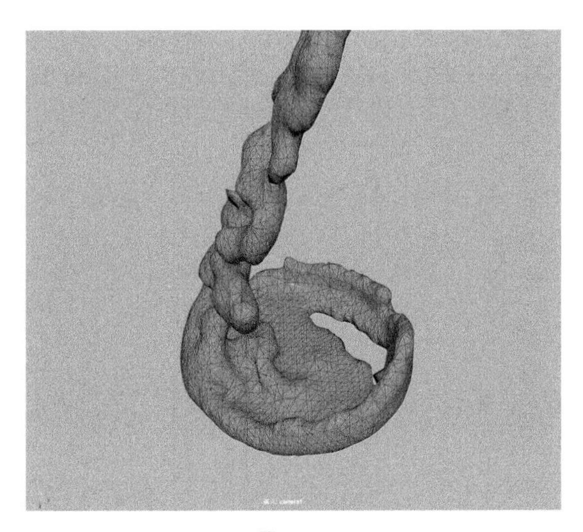

图11-19

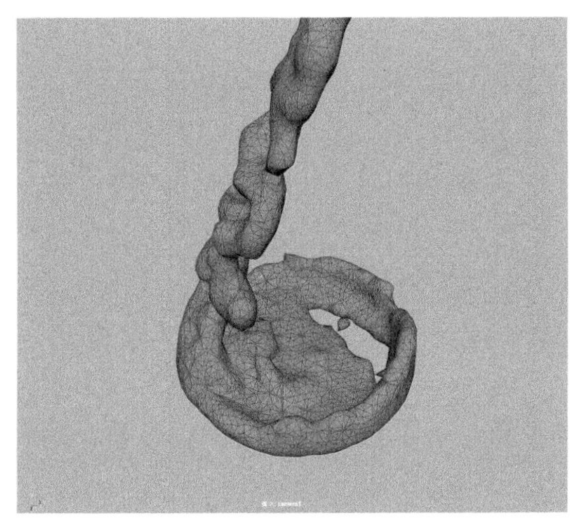

图11-20

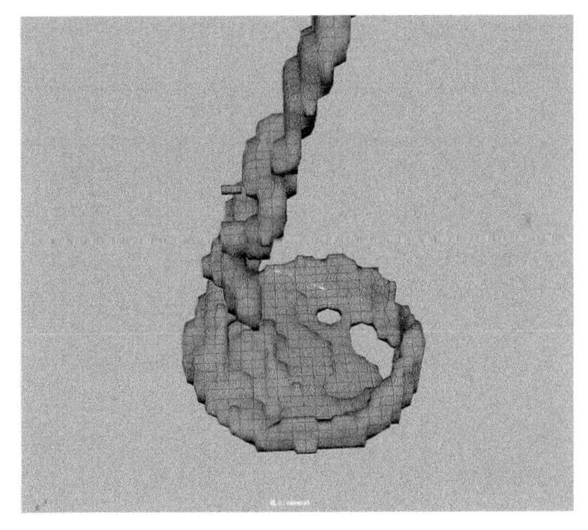

图11-21

网格平滑迭代次数：指定应用于n粒子输出网格的平滑度。平滑迭代次数可增加三角形各边的长度，使拓扑更均匀，并生成更为平滑的等值面。输出网格的平滑度随着“网格平滑迭代次数”值的增大而增加，但计算时间也将随之增加。图11-22所示为该值分别是0和2的液体平滑结果对比。

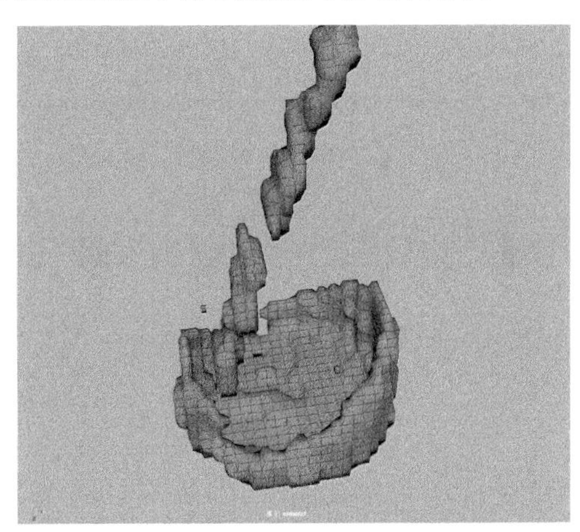

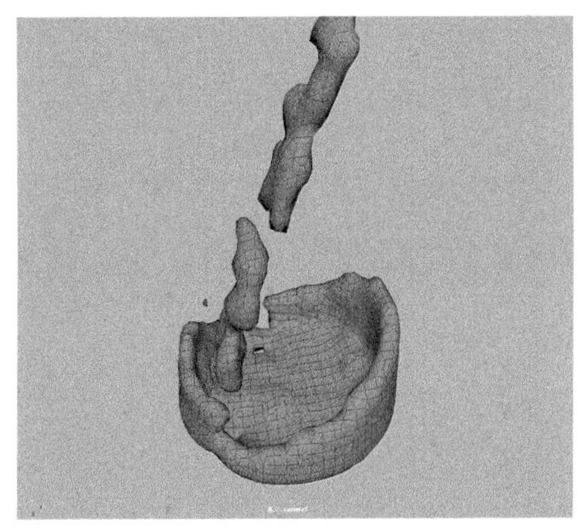

图11-22

8. “着色”卷展栏

“着色”卷展栏内的参数设置如图 11-23 所示。

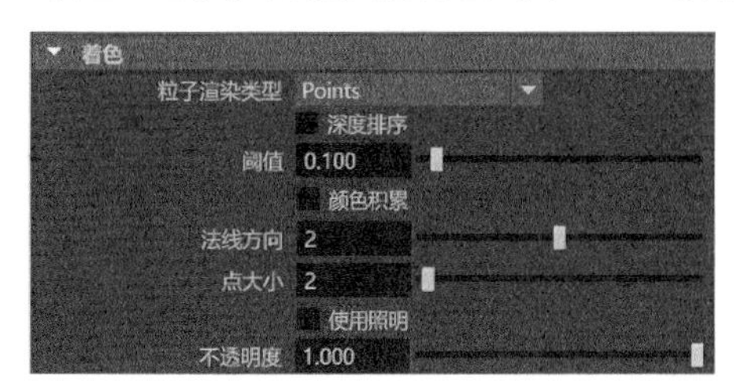

图11-23

常用参数解析

粒子渲染类型：用于设置 Maya 使用何种类型来渲染 n 粒子，Maya 提供了多达 10 种的类型供用户选择使用，如图 11-24 所示。使用不同的粒子渲染类型，n 粒子在场景中的显示也不尽相同。图 11-25 ~图 11-34 所示为 n 粒子类型分别为“MultiPoint”（多点）、“MultiStreak”（多条纹）、“Numeric”（数值）、“Points”（点）、“Spheres”（球体）、“Sprites”（精灵）、“Streak”（条纹）、“Blobby Surface（S/W）”（滴状曲面）、“Cloud（S/W）”（云）和“Tube（S/W）”（管状体）的显示效果。

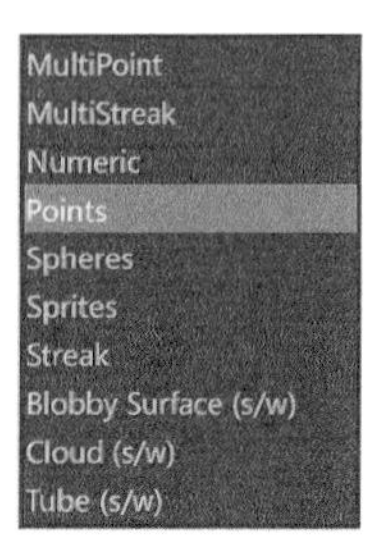

图11-24

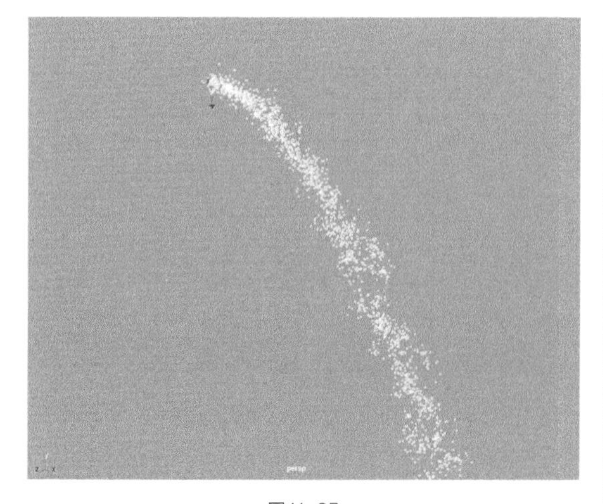

图11-25

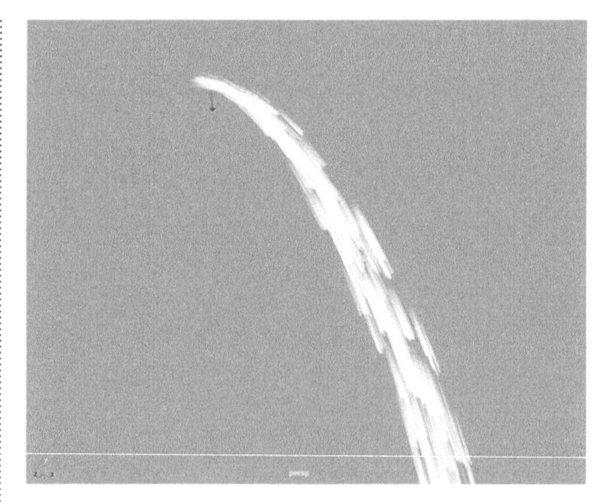

图11-26

图11-27

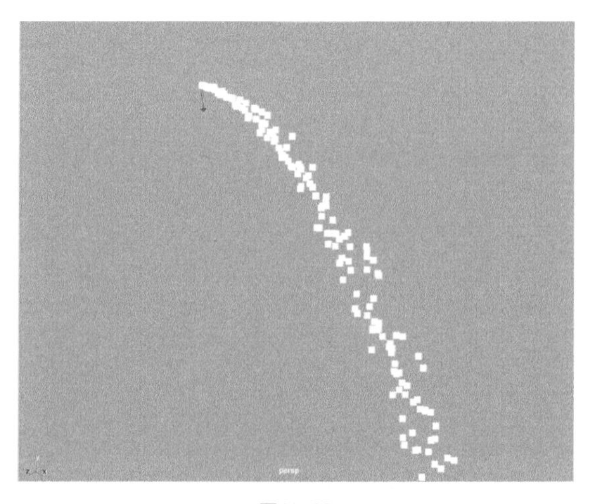

图11-28

深度排序：用于设置布尔属性是否对粒子进行深度排序计算。

阈值：控制 n 粒子生成曲面的平滑度。

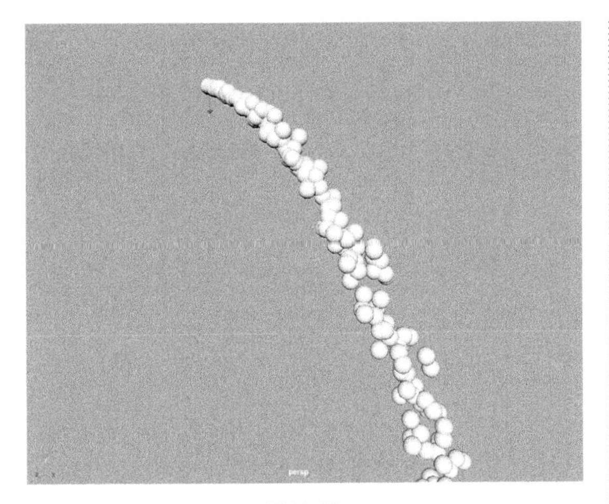

图11-29

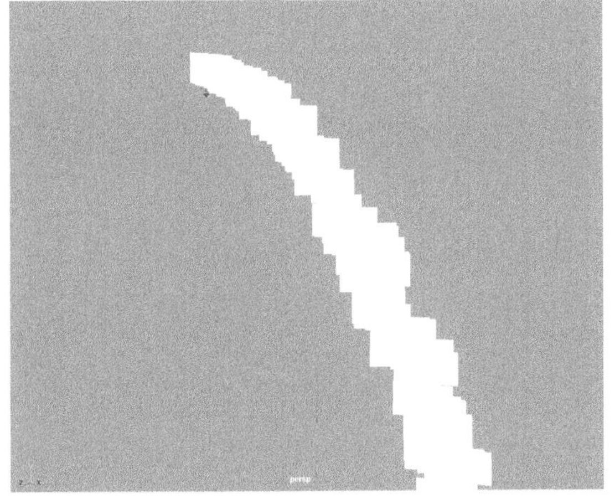

图11-30

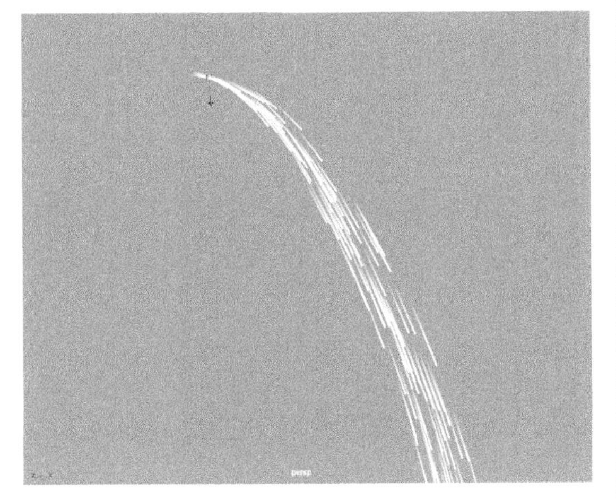

图11-31

法线方向：用于更改n粒子的法线方向。

点大小：用于控制n粒子的显示大小。图11-35所示为该值分别是6和16的显示结果对比。

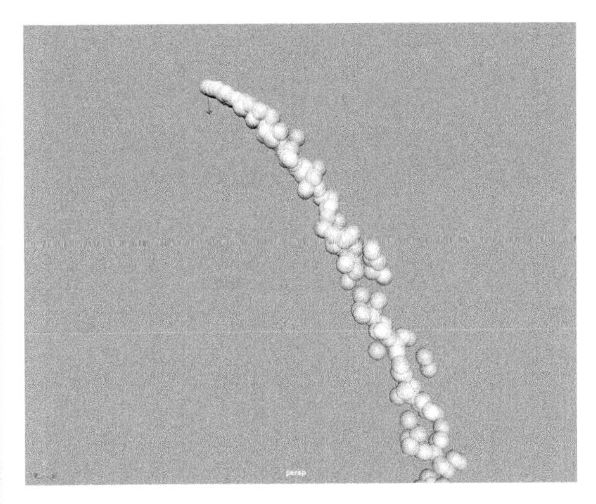

图11-32

图11-33

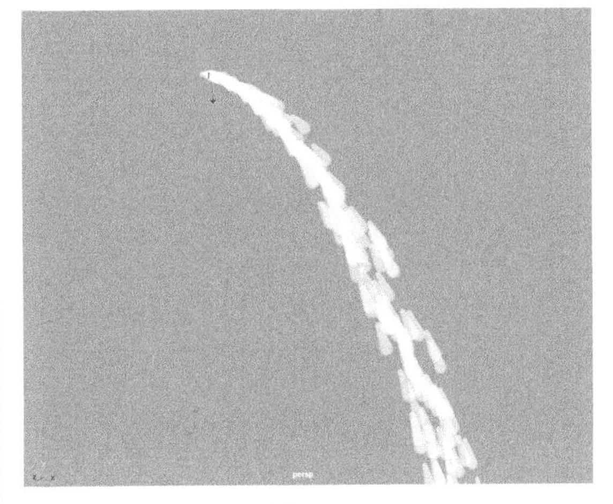

图11-34

不透明度：用于控制n粒子的不透明程度。图11-36所示为该值分别是1和0.3的显示结果对比。

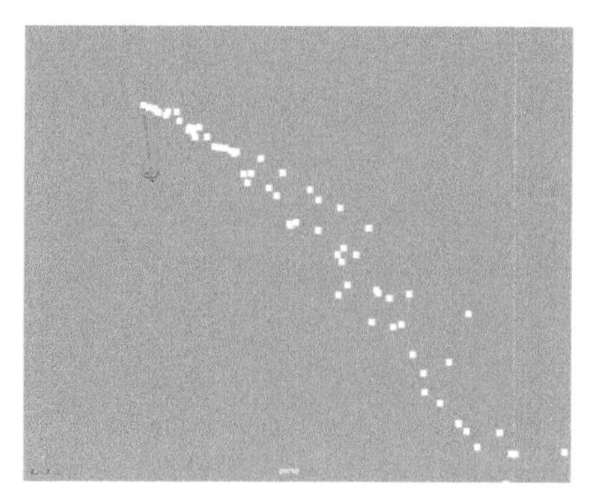
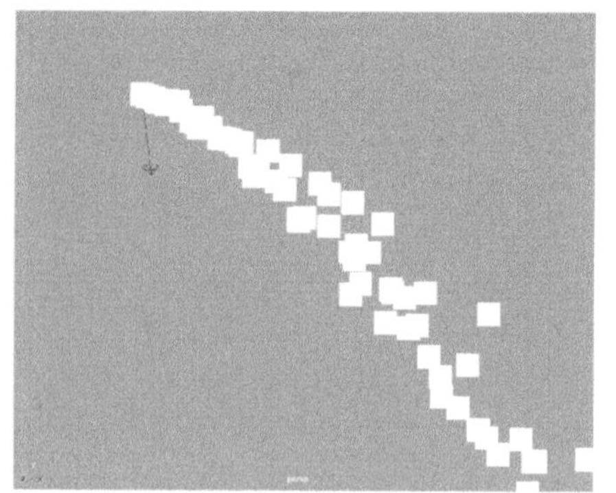

图11-35

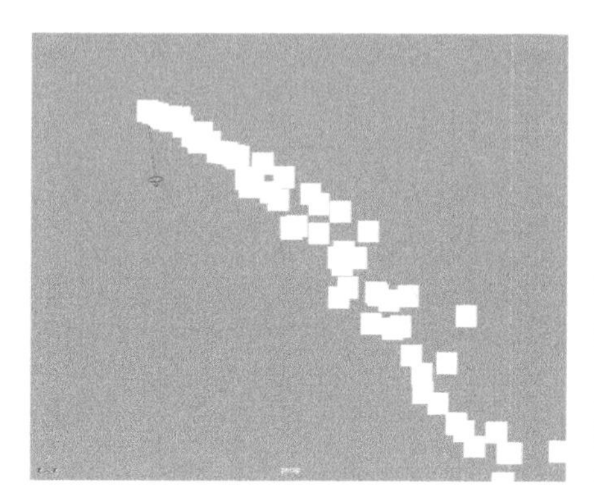
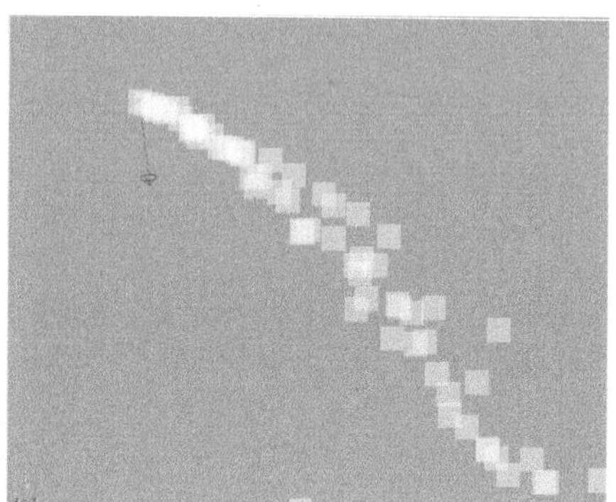

图11-36

11.2.2 以多边形对象来发射粒子

在 Maya 中，我们还可以使用场景中的多边形对象来发射 n 粒子，具体操作步骤如下。

第 1 步：新建场景，在场景中创建一个多边形立方体模型，如图 11-37 所示。

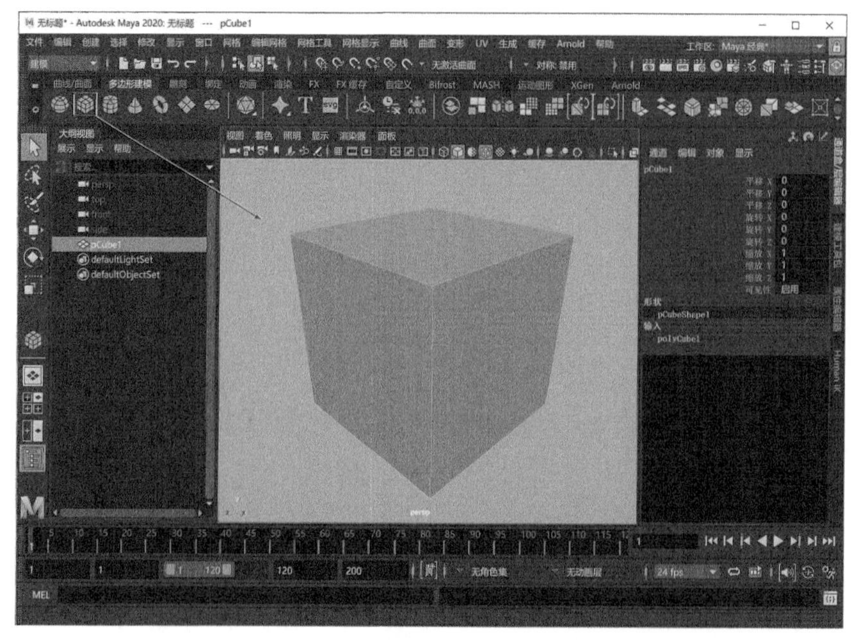

图11-37

第 2 步：选择立方体模型，单击“FX”工具架中的“添加发射器”按钮，如图 11-38 所示。

图11-38

第 3 步：播放场景动画，现在我们可以看到在默认状态下，立方体的每一个顶点位置处都开始发射 n 粒子了，如图 11-39 所示。

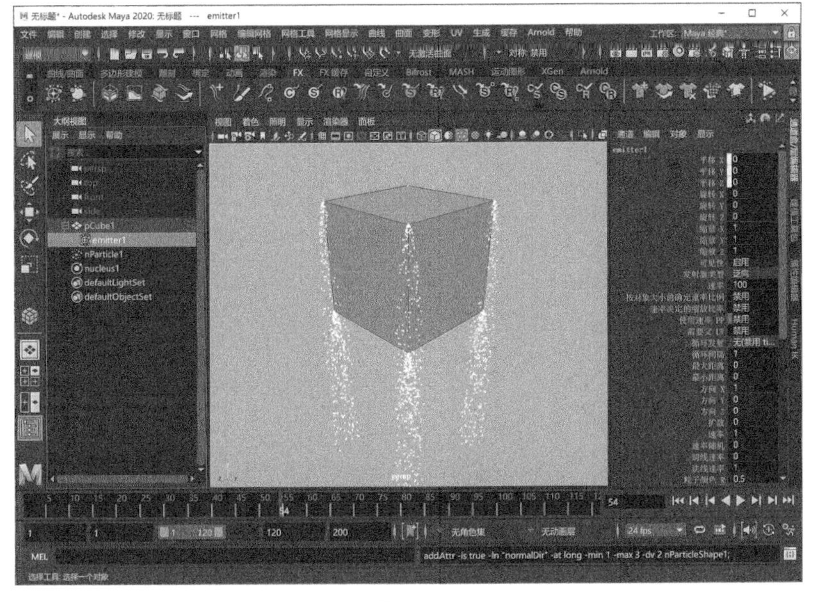

图11-39

第 4 步：在“属性编辑器”面板中展开“基本发射器属性”卷展栏，设置“发射器类型”为“Surface”，如图 11-40 所示。

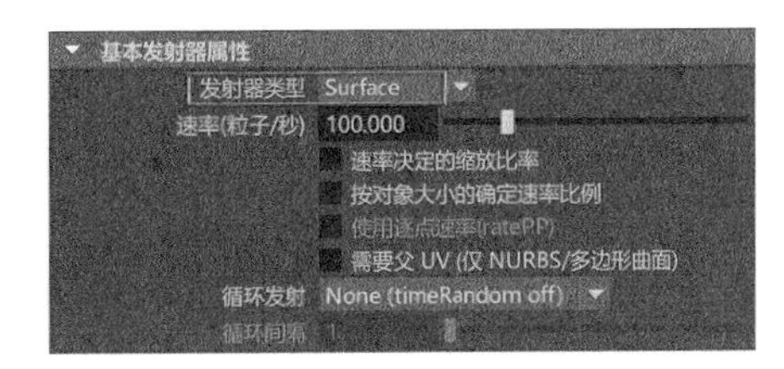

图11-40

第 5 步：再次播放场景动画，我们可以看到现在立方体模型的整个表面都可以产生 n 粒子了，如图 11-41 所示。

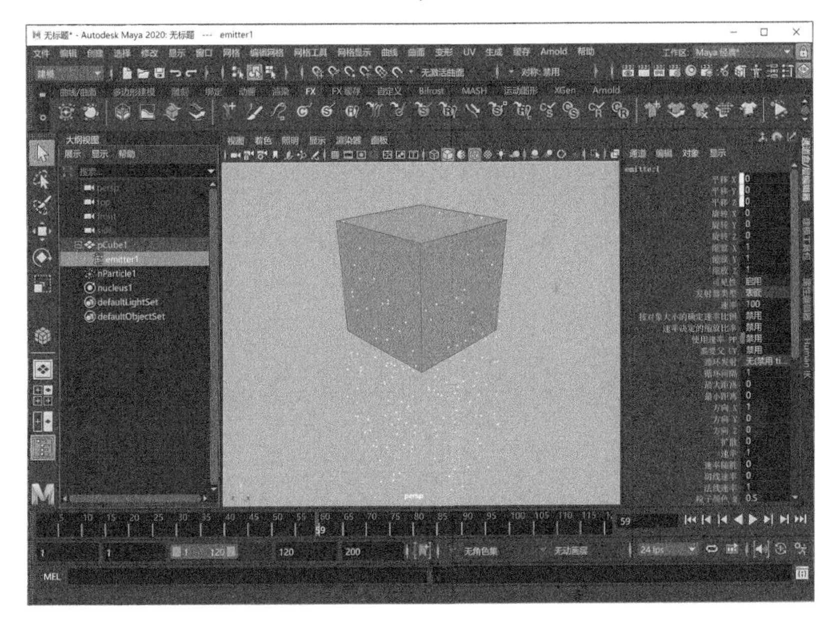

图11-41

11.2.3 以曲线对象来发射粒子

在 Maya 中，我们还可以使用场景中的曲线对象来发射 n 粒子，具体操作步骤如下。

第 1 步：新建场景，使用“NURBS 圆形”工具在场景中绘制一条圆形曲线，如图 11-42 所示。

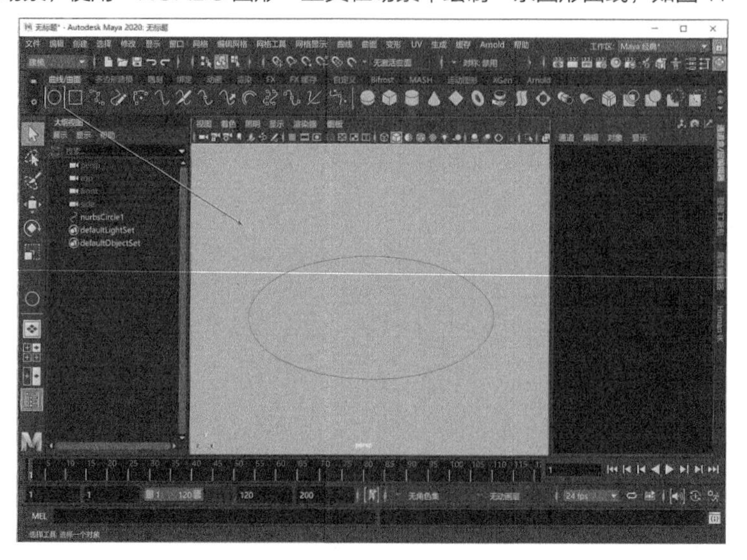

图11-42

第 2 步：选择圆形曲线，单击“FX”工具架中的“添加发射器”按钮，如图 11-43 所示。

图11-43

第 3 步：在“大纲视图”中，我们可以看到 n 粒子发射器作为子层级出现在圆形曲线节点的下方，如图 11-44 所示。

第 4 步：播放场景动画，我们可以看到圆形曲线上的 n 粒子发射情况，如图 11-45 所示。

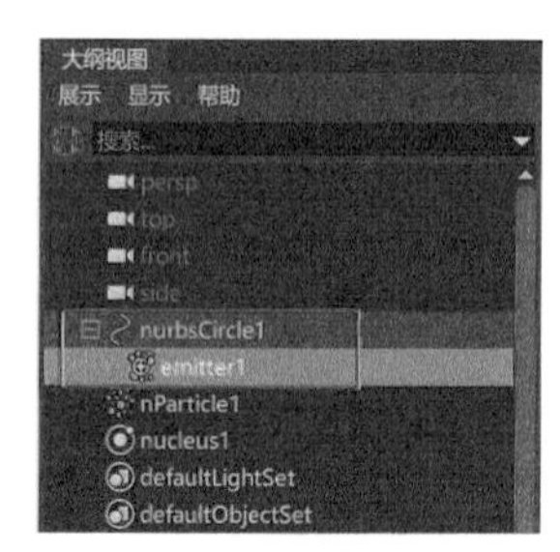

图11-44

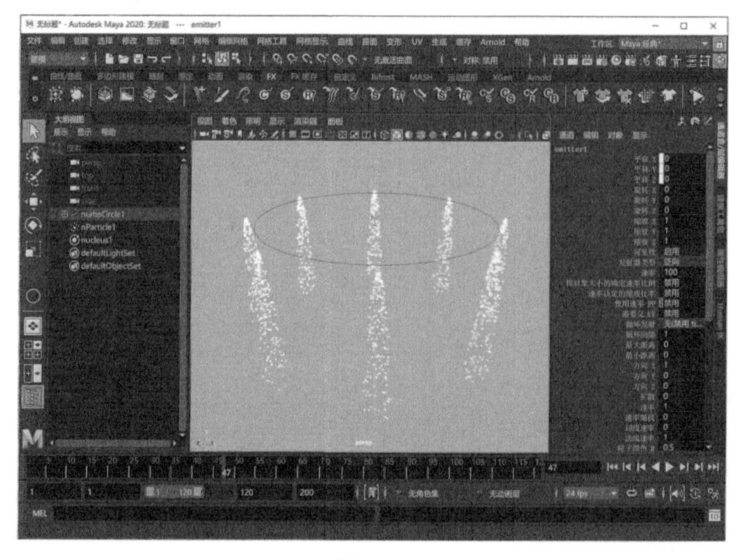

图11-45

11.2.4 填充对象

在 Maya 中，我们还可以为场景中的模型填充 n 粒子，这一操作多用来模拟杯子里面的液体动画特效。单击菜单栏“nParticle> 填充对象”命令后面的方块按钮，如图 11-46 所示，即可打开“粒子填充选项”面板，其中的参数设置如图 11-47 所示。

图11-46

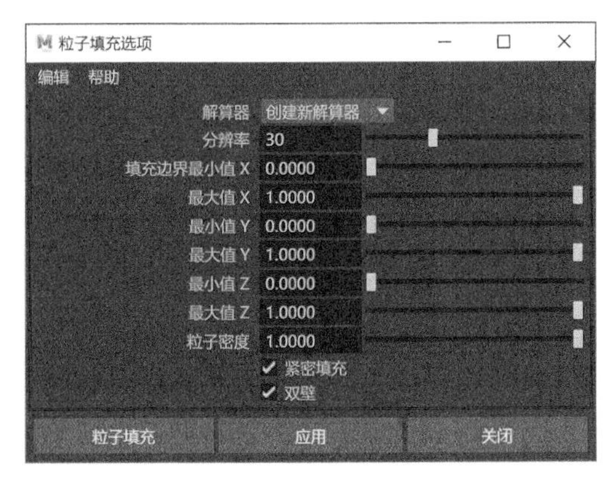

图11-47

常用参数解析

解算器：指定 n 粒子所使用的动力学解算器。

分辨率：用于设置液体填充的精度，该值越大，粒子越多，模拟的效果越好。图 11-48 和图 11-49 所示分别是该值为 10 和 50 的粒子填充效果对比。

填充边界最小值 X、Y 和 Z：设置沿相对于填充对象边界的X、Y和Z轴填充的n粒子填充下边界。该值为 0 时表示填满；该值为 1 时则为空。

填充边界最大值 X、Y 和 Z：设置沿相对于填充对象边界的 X、Y 和 Z 轴填充的 n 粒子填充上边界。该值为 0 时表示填满；该值为 1 时则为空。图 11-50 和图 11-51 所示分别是“填充边界最大值 Y”值为 1 和 0.6 时的液体填充效果对比。

图11-48

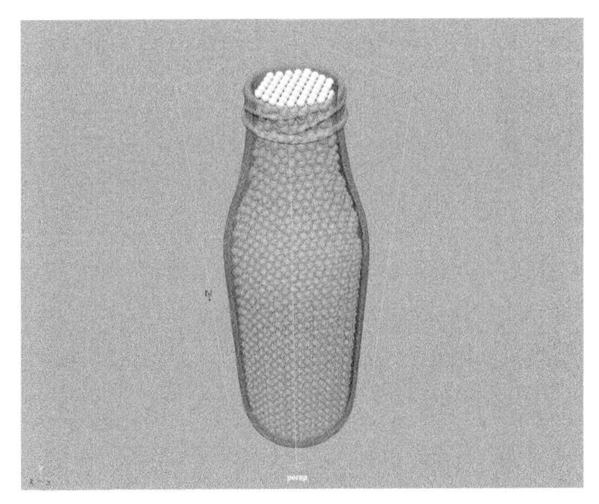

图11-49

图11-50

粒子密度：用于设置 n 粒子的大小。

紧密填充：勾选后，将以六角形填充排列尽可能紧密地定位 n 粒子，否则就以一致栅格晶格排列填充 n 粒子。

图11-51

双壁：如果要填充的模型对象具有厚度，则需要勾选该选项。

11.3 场

“场”是用于为动力学对象（如流体、柔体、n 粒子和 nCloth）的运动设置动画的力。例如，可以将旋涡场连接到发射的 n 粒子以创建旋涡运动；使用空气场可以吹动场景中的 n 粒子以创建飘散运动。

11.3.1 空气

“空气”场主要用来模拟风对场景中的粒子或者 nCloth 对象所产生的影响运动，其参数设置如图 11-52 所示。

常用参数解析

“风”按钮：将“空气”场属性设置为与风的效果近似的一种预设。

“尾迹”按钮：将“空气”场属性设置为用来模拟尾迹运动的一种预设。

“扇”按钮：将“空气”场属性设置为与本地风扇效果近似的一种预设。

幅值：设置空气场的强度，该属性设置沿空气移动方向的速度。

衰减：设置场的强度随着到受影响对象的距离的增加而减小的量。

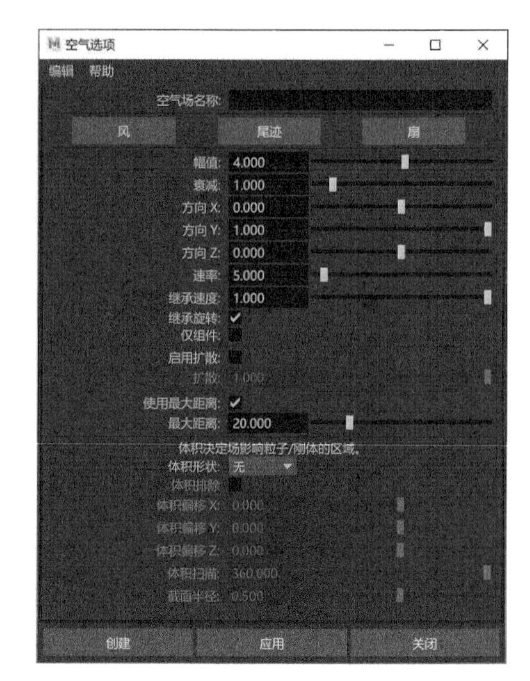

图11-52

方向 X、方向 Y、方向 Z：用于设置空气吹动的方向。

速率：控制连接的对象与空气场速度匹配的快慢。

继承速度：设置当空气场移动或以移动对象作为父对象时，其速率受父对象速率影响的百分比。

继承旋转：空气场正在旋转或以旋转对象作为父对象时，则气流会经历同样的旋转。空气场旋转中的任何更改都会更改空气场指向的方向。

仅组件：用于设置空气场仅在其“方向”“速率”和“继承速度”中所指定的方向应用力。

启用扩散：指定是否使用“扩散”角度。如果“启用扩散”被勾选，空气场将只影响“扩散”设置指定的区域内的连接对象。

扩散：表示与 3 个方向属性设置方向所成的角度，只有该角度内的对象才会受到空气场的影响。

使用最大距离：用于设置空气场所影响的范围。

最大距离：设置空气场能够施加影响的与该场之间的最大距离。

体积形状：Maya 提供了多达 6 种的空气场形状以供用户选择使用，如图 11-53 所示。这 6 种形状的空气场如图 11-54 所示。

体积排除：勾选该选项时，体积定义空间中的场对粒子或刚体没有任何影响。

体积偏移 X、体积偏移 Y、体积偏移 Z：设置从场的不同方向上来偏移体积。

图11-53

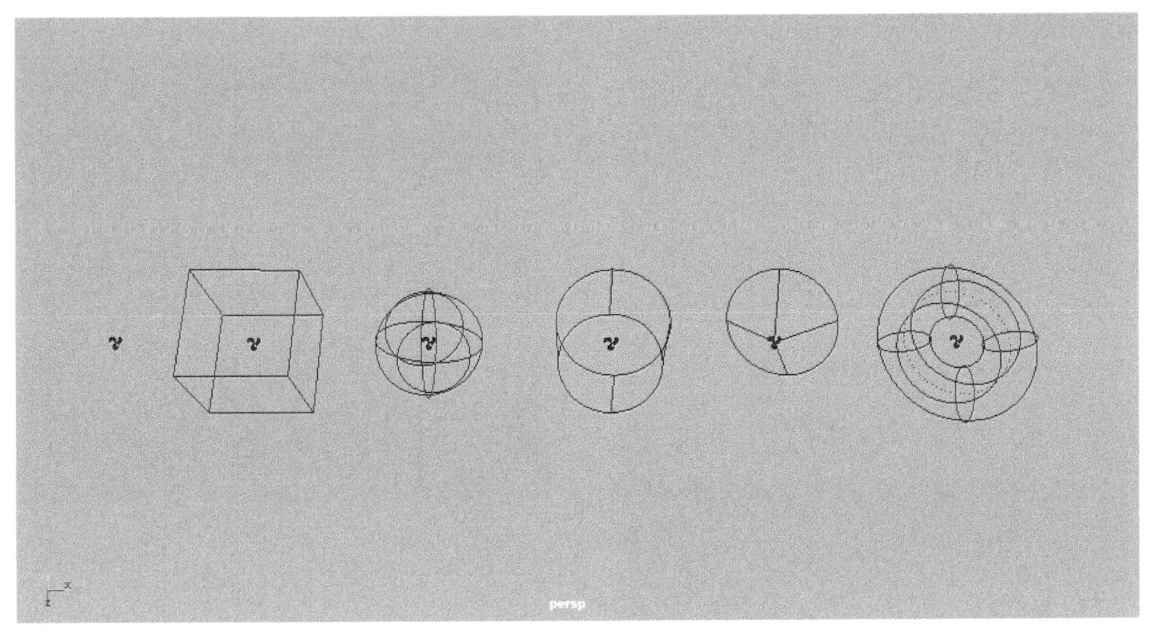

图11-54

体积扫描：定义除“立方体”外的所有体积形状的旋转范围。该值介于 0 和 360 之间。

截面半径：定义“圆环”体积形状的实体部分的厚度（相对于圆环的中心环的半径）。中心环的半径由场的比例确定。

11.3.2 阻力

“阻力”场主要用来设置阻力效果，其参数设置如图 11-55 所示。

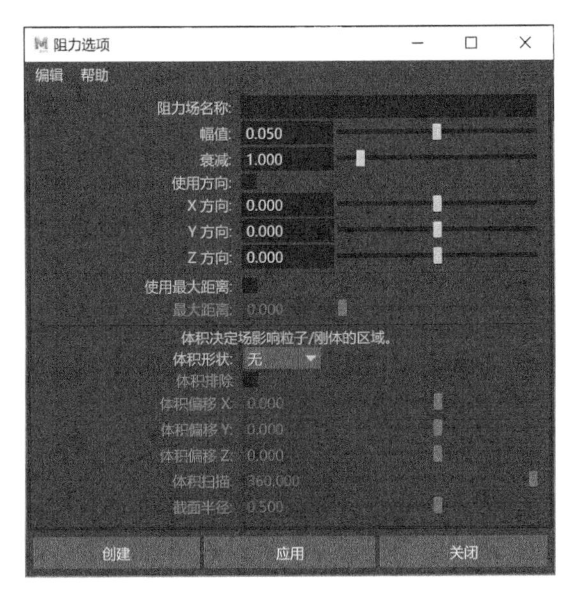

图11-55

常用参数解析

幅值：设置阻力场的强度。幅值越大，对移动对象的阻力就越大。

衰减：设置场的强度随着到受影响对象的距离的增加而减小的量。

使用方向：根据不同的方向来设置阻力。

X方向、Y方向、Z方向：用于设置阻力的方向。

11.3.3 重力

“重力”场主要用来模拟重力效果，其参数设置如图 11-56 所示。

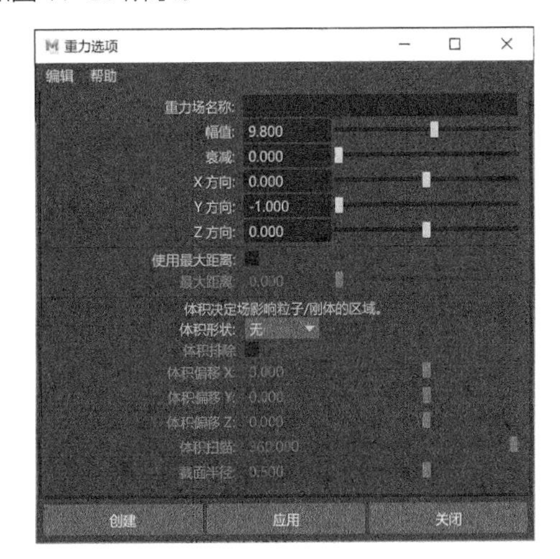

图11-56

常用参数解析

幅值：设置重力场的强度。

衰减：设置场的强度随着到受影响对象的距离的增加而减小的量。

X方向、Y方向、Z方向：用来设置重力的方向。

11.3.4 牛顿

“牛顿”场主要用来模拟拉力效果，其参数设置如图11-57所示。

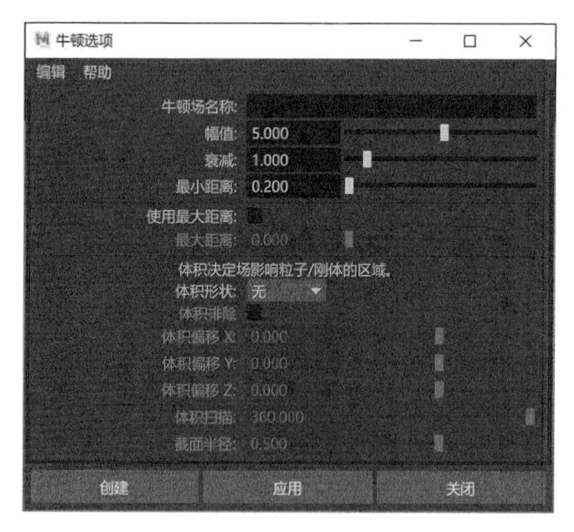

图11-57

常用参数解析

幅值：设置牛顿场的强度。该参数值越大，力就越强。如果为正数，则会向场的方向拉动对象。如果为负数，则会向场的相反方向推动对象。

衰减：设置场的强度随着到受影响对象的距离的增加而减小的量。

最小距离：设量牛顿场中能够施加场的最小距离。

11.3.5 径向

“径向”场与“牛顿”场有点相似，也是用来模拟推力及拉力，其参数设置如图11-58所示。

常用参数解析

幅值：设置径向场的强度。该参数值越大，受力越强。正数会推离对象，负数会向场的方向拉近对象。

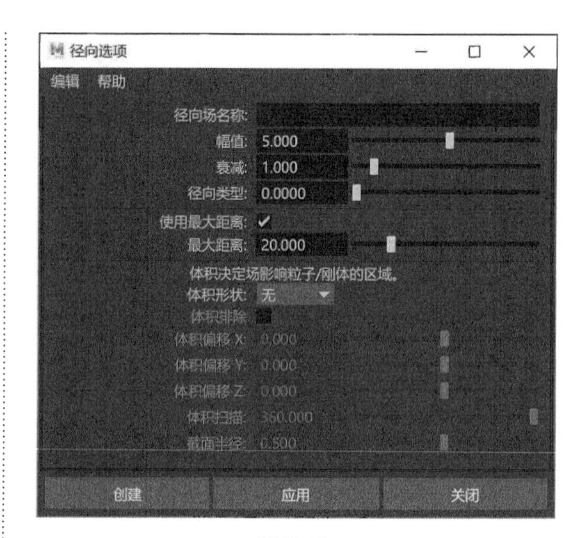

图11-58

衰减：设置场的强度随着到受影响对象的距离的增加而减小的量。

径向类型：指定径向场的影响如何随着“衰减”减小。如果该值为1，当对象接近与场之间的“最大距离”时，将导致径向场的影响快速降到零。

11.3.6 湍流

“湍流”场主要用来模拟混乱气流对n粒子或nCloth对象所产生的随机运动效果，其参数设置如图11-59所示。

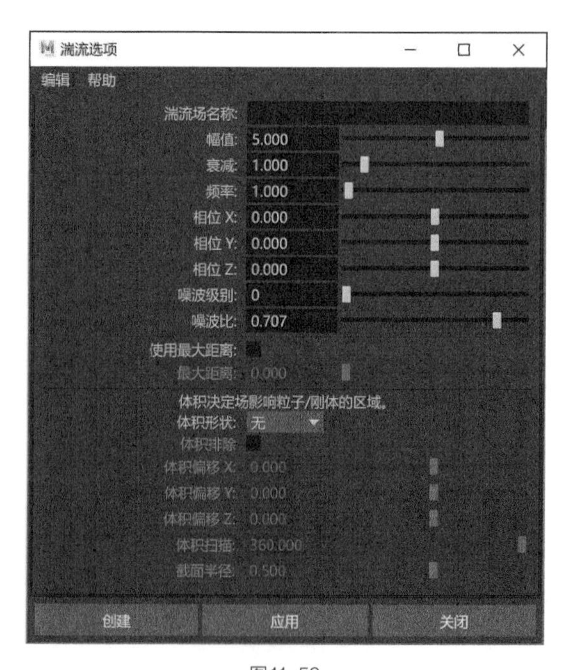

图11-59

常用参数解析

幅值：设置湍流场的强度。该参数值越大，力越强。可以使用正值或负值在随机方向上移动受影响对象。

衰减：设置场的强度随着到受影响对象的距离的增加而减小的量。

频率：设置湍流场的频率。较大的值会产生更频繁的不规则运动。

相位 X、相位 Y、相位 Z：设置湍流场的相位位移。这决定了中断的方向。

噪波级别：该参数值越大，湍流越不规则。

噪波比：用于指定噪波连续查找的权重。

11.3.7 统一

“统一”场也可以用来模拟推力及拉力，其参数设置如图 11-60 所示。

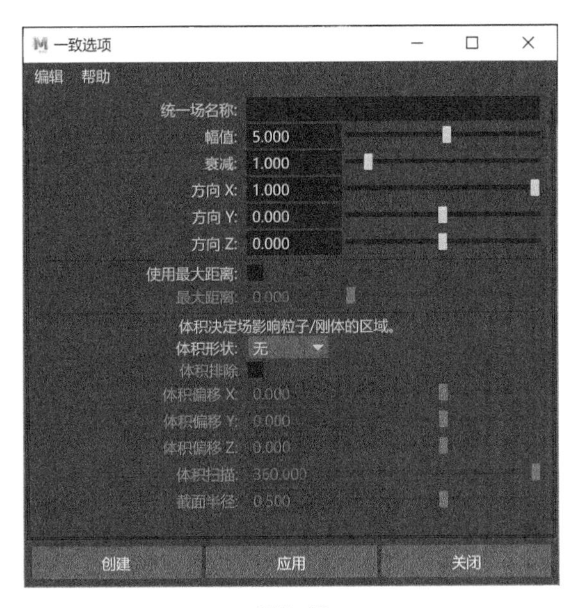

图11-60

常用参数解析

幅值：设置统一场的强度。参数值越大，力越强。正值会推开受影响的对象，负值会将对象拉向场。

衰减：设置场的强度随着到受影响对象的距离的增加而减小的量。

方向 X、方向 Y、方向 Z：指定统一场推动对象的方向。

11.3.8 漩涡

“漩涡”场用来模拟类似漩涡的旋转力，其参数设置如图 11-61 所示。

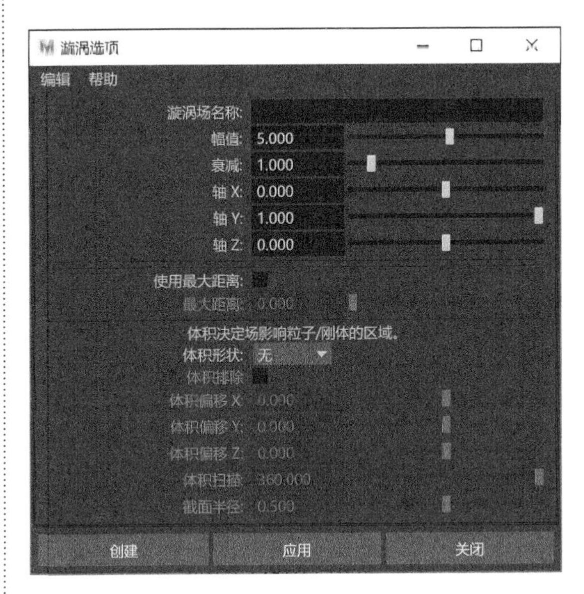

图11-61

常用参数解析

幅值：设置漩涡场的强度。该参数值越大，强度越强。正值会按逆时针方向移动受影响的对象，负值会按顺时针方向移动受影响的对象。

衰减：设置场的强度随着到受影响对象的距离的增加而减少的量。

轴 X、轴 Y、轴 Z：用于指定漩涡场对其周围施加力的轴。

11.4 技术实例

11.4.1 实例：使用n粒子制作小球约束动画

在 Maya 中，还可以使用绘制的方式在场景中单独创建 n 粒子。在本实例中将通过制作小球约束动画来讲解 n 粒子的创建过程以及动力学约束，最终动画效果如图 11-62 所示。

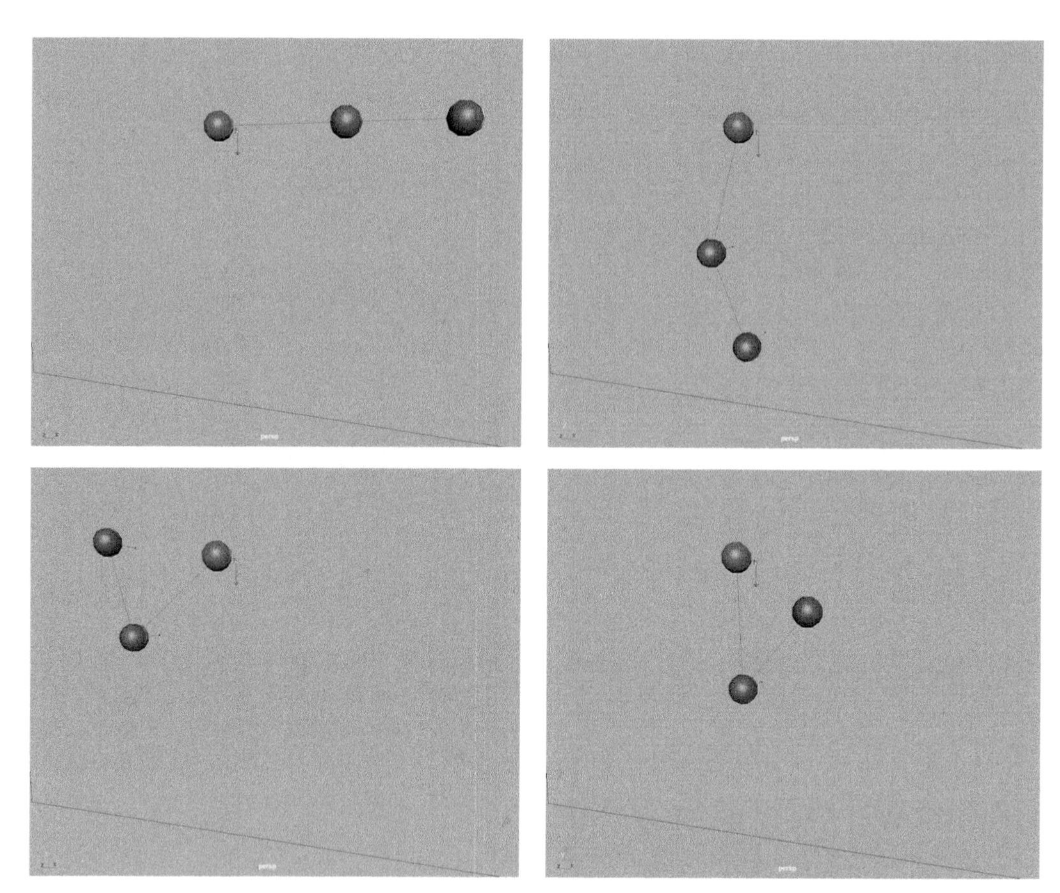

图11-62

（1）启动Maya，单击“多边形建模”工具架中的“多边形平面”按钮，如图11-63所示，在场景中绘制一个平面模型，如图11-64所示。

图11-63

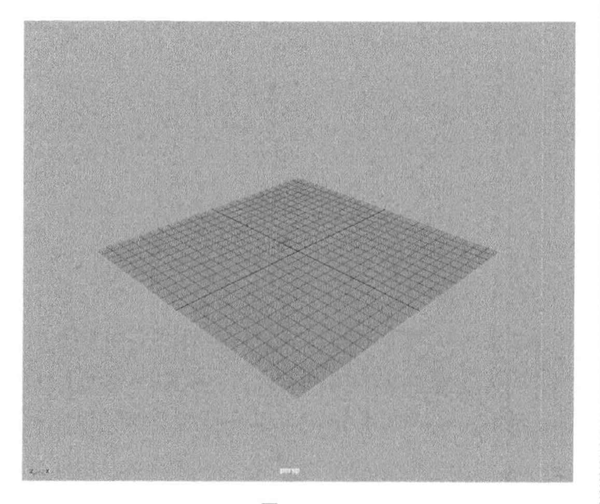

图11-64

（2）在“通道盒/层编辑器”面板中，设置平面模型的“平移X”“平移Y”和“平移Z”值均为0，设置“旋转X”值为90，设置“宽度”和“高度”值为24，如图11-65所示。

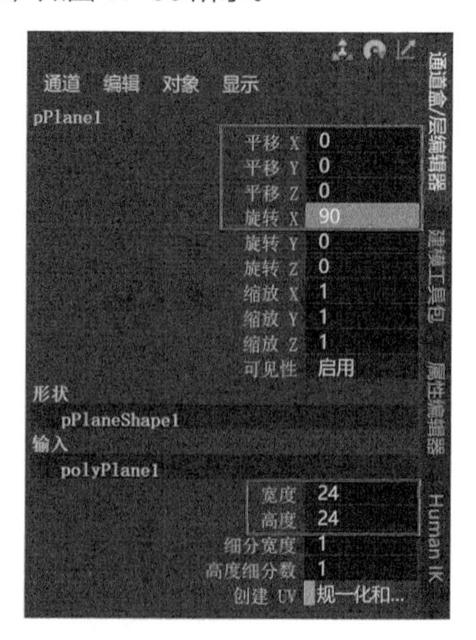

图11-65

（3）观察视图，可以看到平面模型立在场景之中，如图11-66所示。

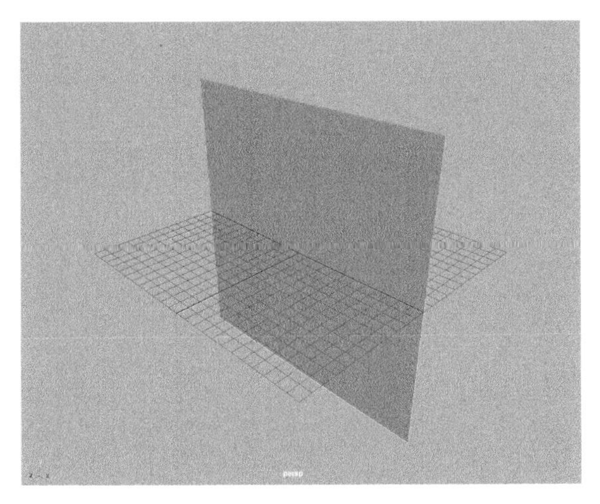

图11-66

（4）执行菜单栏“nParticle>nParticle 工具”命令，如图 11-67 所示。同时按住 X 键打开捕捉到栅格功能，在场景中图 11-68 所示的位置处绘制出 3 个粒子。

图11-67

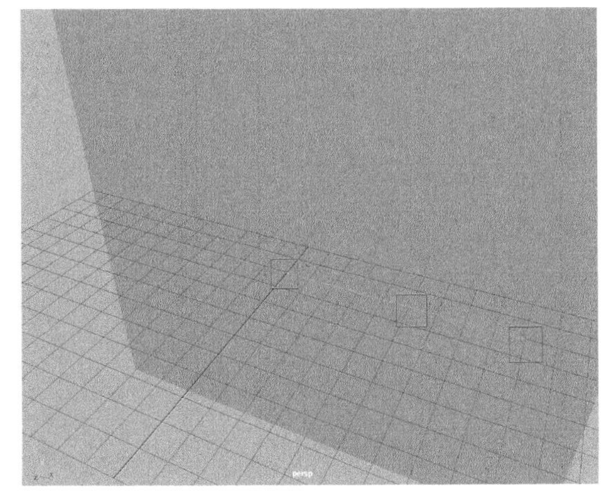

图11-68

（5）在“属性编辑器”面板中，展开“着色”卷展栏，设置“粒子渲染类型”为“Spheres”，如图 11-69 所示。

（6）展开“粒子大小”卷展栏，设置 n 粒子的“半径”值为 0.6，如图 11-70 所示。设置完成后，场景中的 n 粒子大小如图 11-71 所示。

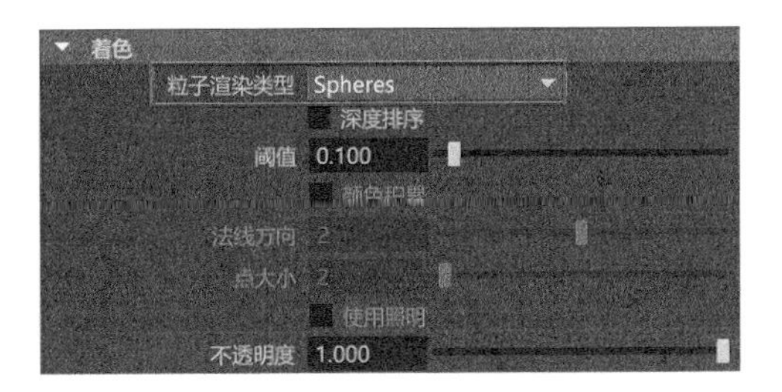

图11-69

图11-70

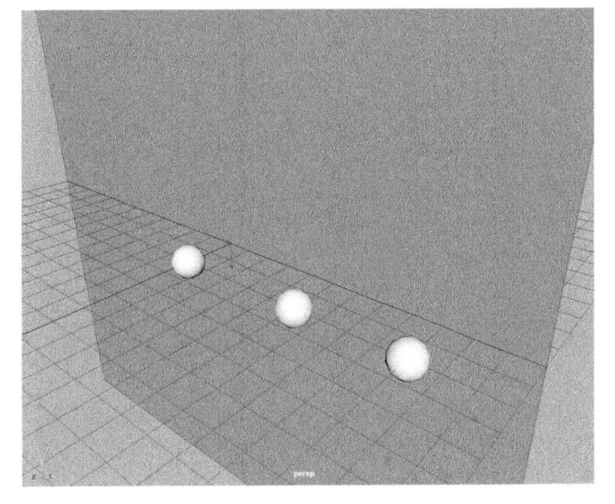

图11-71

（7）展开“颜色”卷展栏，设置其中的参数值，如图 11-72 所示。这样，场景中的 3 个 n 粒子将会显示出不同的颜色，如图 11-73 所示。

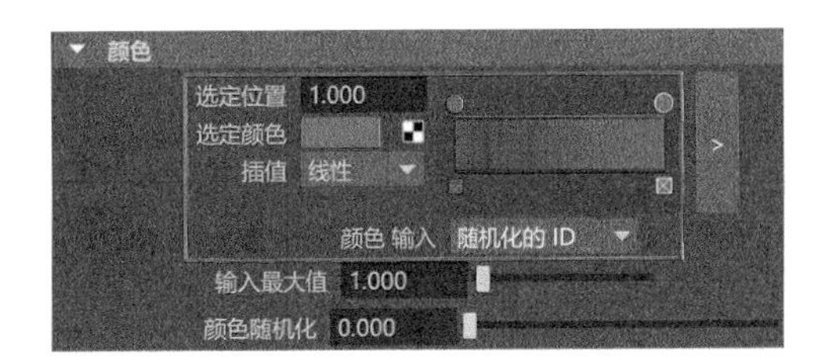

图11-72

（8）播放场景动画，可以看到在默认状态下，场景中的这 3 个 n 粒子由于受到自身重力的影响会垂直下落，如图 11-74 所示。

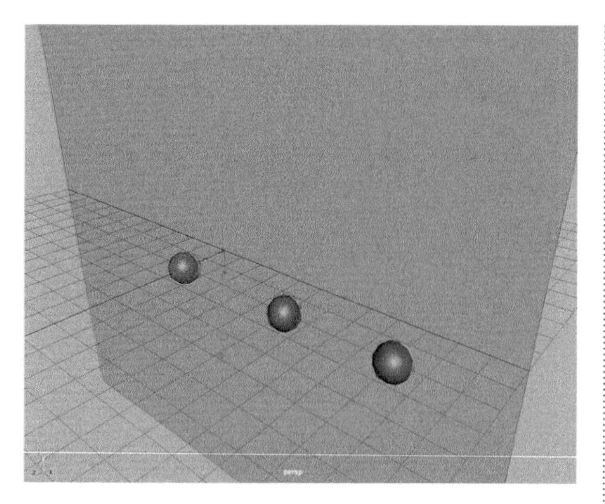

图11-73

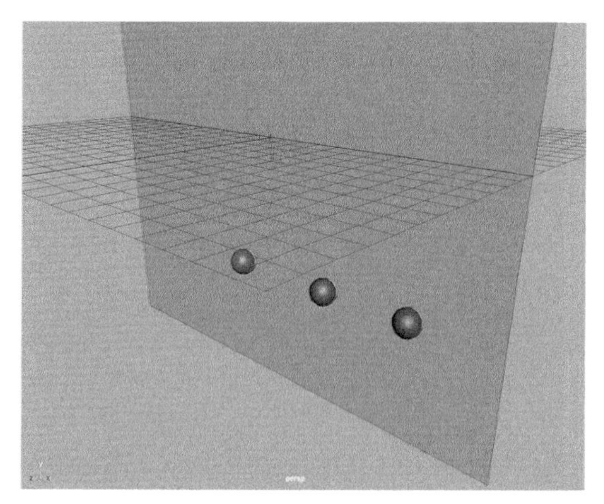

图11-74

（9）先将图中紫色的n粒子固定在原来的位置上。在第1帧时，选择场景中的n粒子，按住鼠标右键，在弹出的菜单中执行“粒子”命令，如图11-75所示。

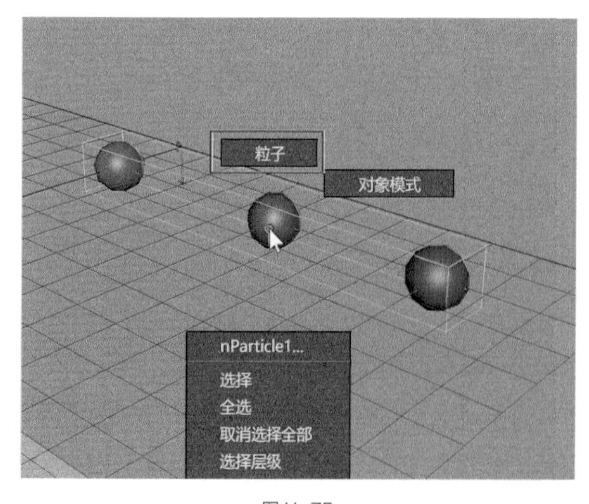

图11-75

（10）选择场景中紫色的n粒子，如图11-76所示。执行菜单栏“nConstraint>变换约束”命令，即可将所选择的粒子约束在空间中，观察“大纲视图”，可以看到里面出现了一个动力学约束节点，如图11-77所示。

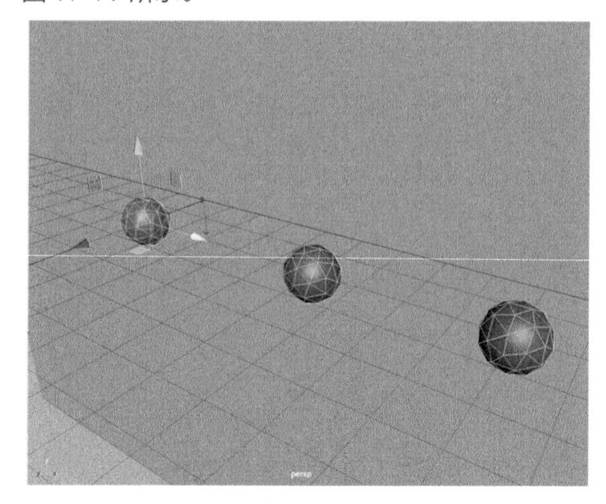

图11-76

图11-77

（11）播放场景动画，这时可以看到，设置了变换约束的粒子会保持不动，如图11-78所示。

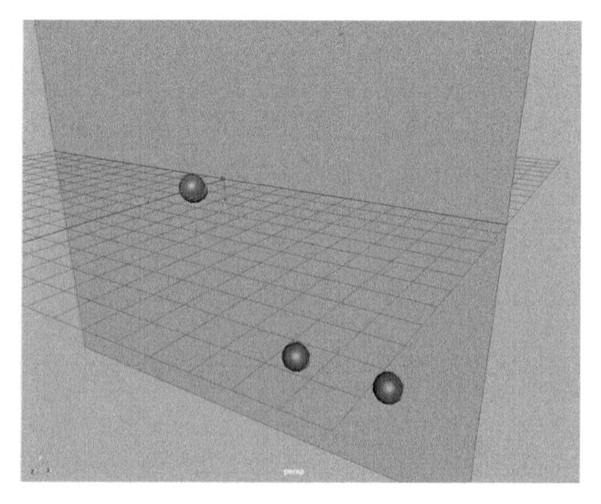

图11-78

（12）分别选择场景中的3个n粒子，如图11-79所示。执行菜单栏“nConstraint>组件到组件”命令，这样，这 3 个 n 粒子两两之间将形成动力学约束。

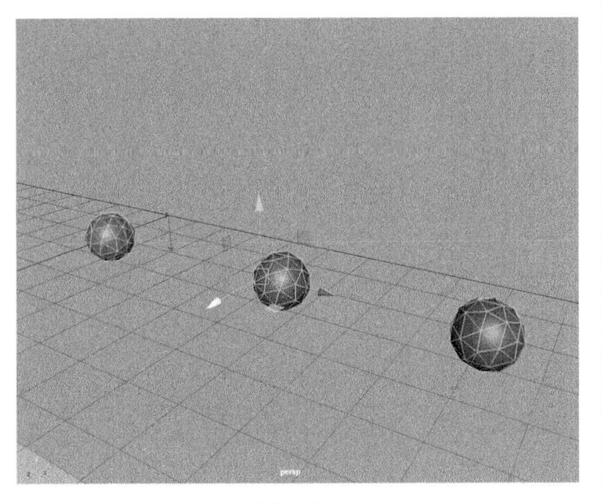

图11-79

（13）播放场景动画，可以看到 n 粒子的运动形态，如图 11-80 ~图 11-83 所示。

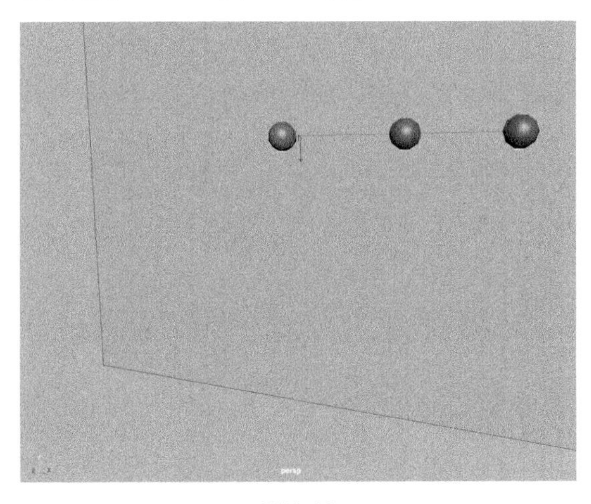

图11-80

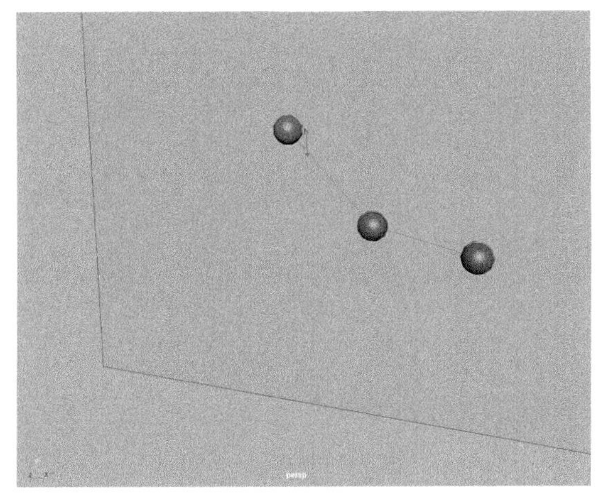

图11-81

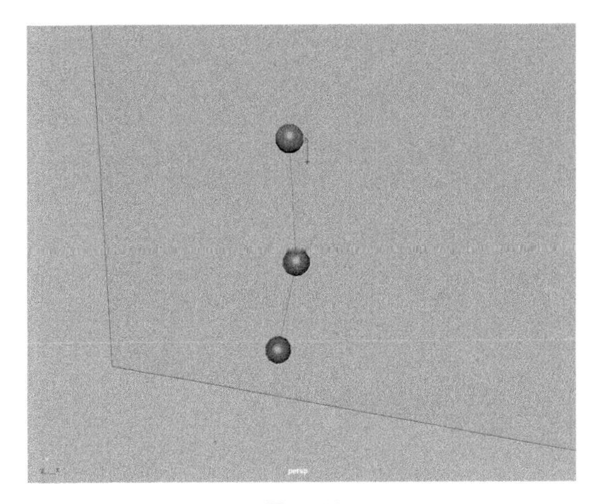

图11-82

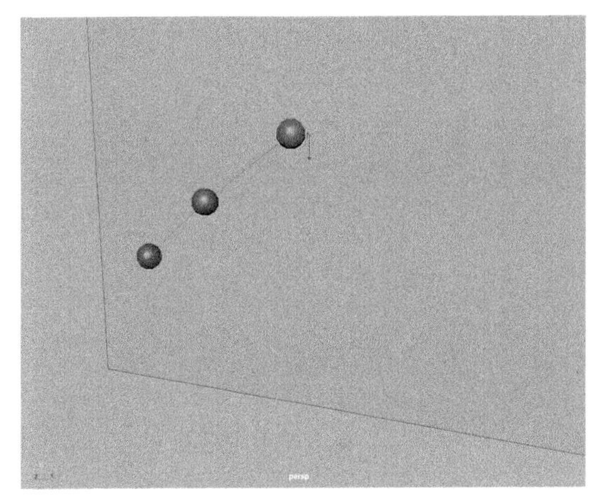

图11-83

（14）为了保证球体始终在平面模型上滑动，我们选择场景中的后两个球体，再加选平面模型，如图 11-84 所示。执行菜单栏“nConstraint> 在曲面上滑动”命令，设置完成后，观察场景，可以看到 n 粒子与平面模型之间出现了连线，如图 11-85 所示。

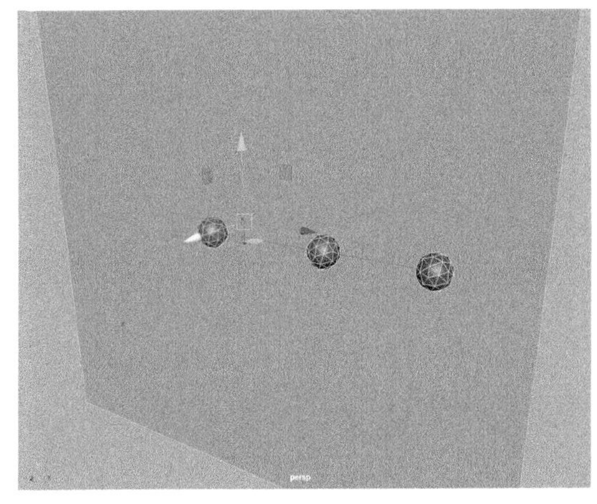

图11-84

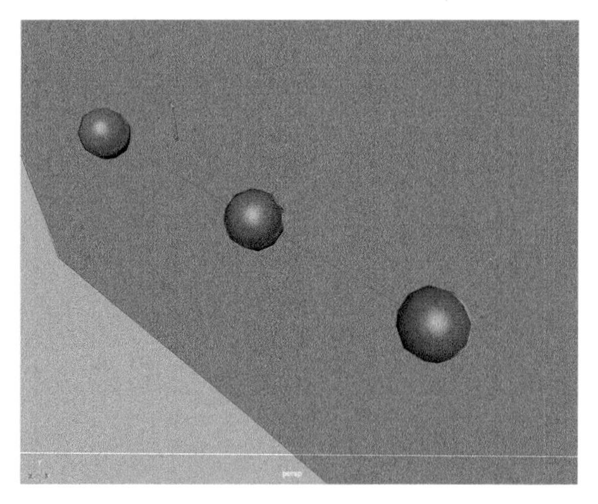

图11-85

（15）下面更改n粒子的质量。选择场景中中间的粒子球，如图11-86所示。

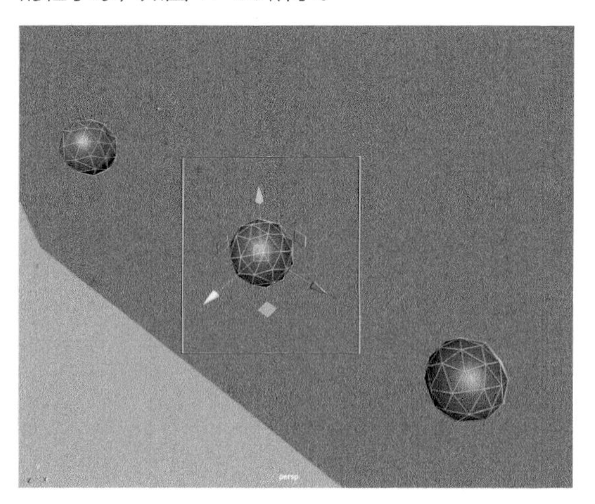

图11-86

（16）展开“每粒子(数组)属性”卷展栏，在“质量”属性后方单击鼠标右键，在弹出的菜单中执行“组件编辑器”命令，如图11-87所示。

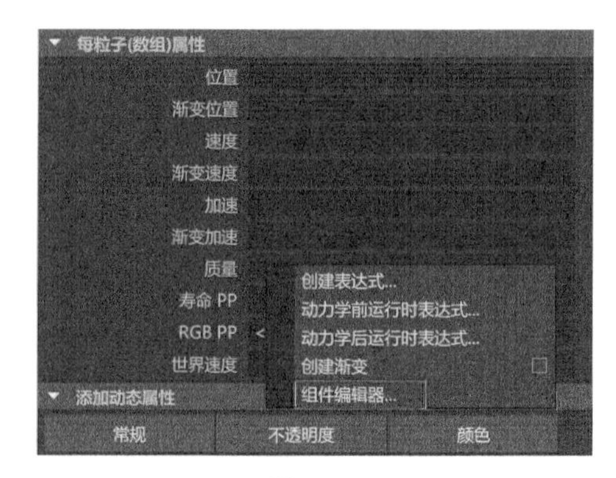

图11-87

（17）在弹出的“组件编辑器”面板中，设置所选择n粒子的“质量”为10，如图11-88所示。

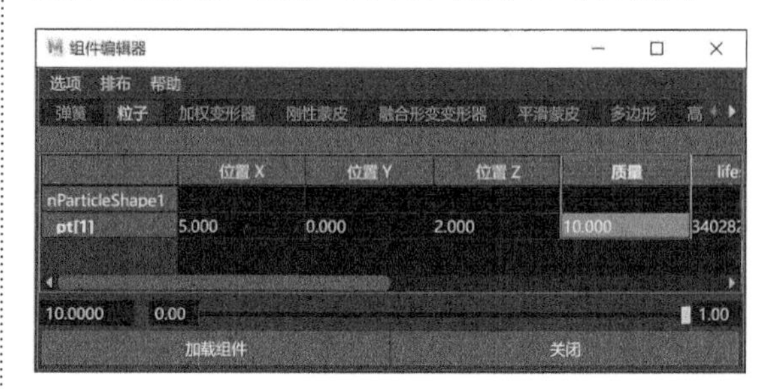

图11-88

（18）设置完成后，再次播放动画，这时可以看到当n粒子的质量不同时，每个n粒子之间的动力学影响也相应地产生了变化。

11.4.2 实例：使用n粒子制作倒酒动画

本实例通过制作一段倒酒的动画来讲解n粒子的发射属性，以及如何与场景中的对象设置碰撞，最终动画完成效果如图11-89所示。

图11-89

图11-89（续）

（1）启动 Maya，打开本书配套资源“酒杯 .mb”文件，场景中有一个酒杯模型，如图 11-90 所示。

图11-90

（2）单击“FX”工具架中的“发射器”按钮，如图11-91所示，即可在场景中创建一个n粒子发射器。

图11-91

（3）使用“移动”工具调整发射器的位置，如图 11-92 所示。

（4）播放场景动画，可以看到发射器在默认状态下发射出来的粒子运动形态，如图 11-93 所示。

图11-92

图11-93

（5）在“属性编辑器”面板中展开“基本发射器属性”卷展栏，设置“发射器类型”为“Directional”，如图 11-94 所示。

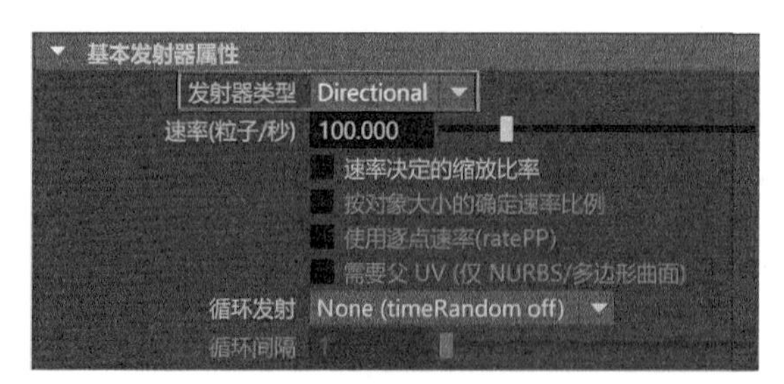

图11-94

（6）播放场景动画，可以看到现在 n 粒子沿 X 轴呈抛物线形态开始运动，如图 11-95 所示。

（7）展开“基础发射速率属性”卷展栏，设置“速率”值为 5，如图 11-96 所示。设置完成后，播放场景动画，现在 n 粒子的运动形态如图 11-97 所示。

图11-95

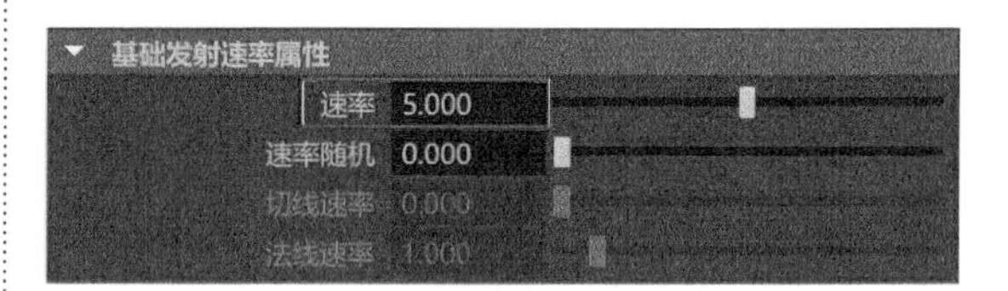

图11-96

图11-97

（8）选择场景中的 n 粒子和杯子模型，执行菜单栏“nCloth> 创建被动碰撞对象”命令，如图 11-98 所示。再次播放动画，可以看到 n 粒子在下落的过程中会被杯子模型所阻挡，如图 11-99 所示。

（9）展开“着色”卷展栏，设置“粒子渲染类型”为“Spheres”，如图 11-100 所示。

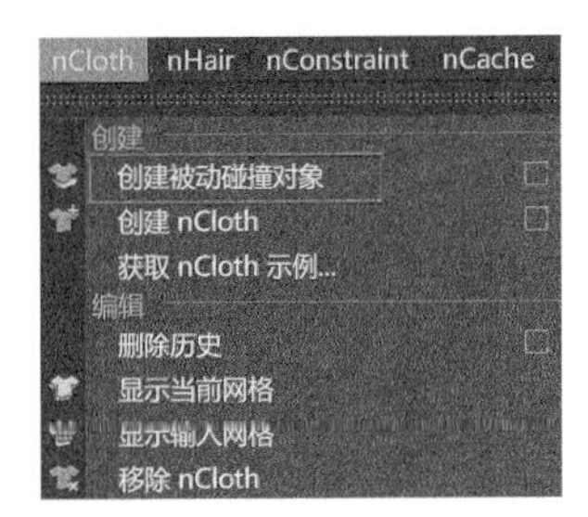

图11-98

图11-99

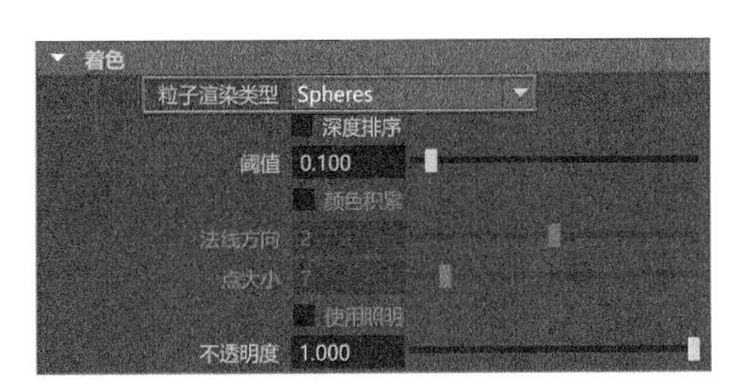

图11-100

（10）展开“碰撞”卷展栏，勾选“自碰撞”选项，如图 11-101 所示。

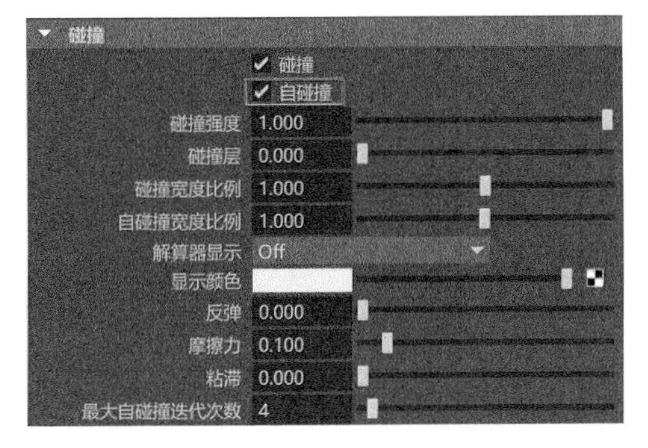

图11-101

（11）展开“距离 / 方向属性”卷展栏，设置“扩散”值为 0.001，如图 11-102 所示。

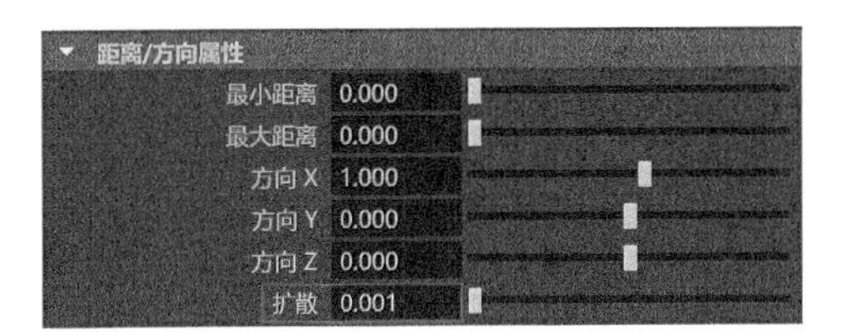

图11-102

（12）设置完成后，播放场景动画。可以看到 n 粒子被酒杯模型阻挡后会在酒杯模型里堆积起来，如图 11-103 所示。

图11-103

（13）选择 n 粒子对象，执行菜单栏“修改 > 转化 >nParticle 到多边形”命令，即可在场景中生成液体网格模型，如图 11-104 所示。

图11-104

（14）展开“输出网格”卷展栏，设置“滴状半径比例”值为 1.2，“网格三角形大小”值为 0.1，“网格平滑迭代次数”值为 1，如图 11-105 所示。

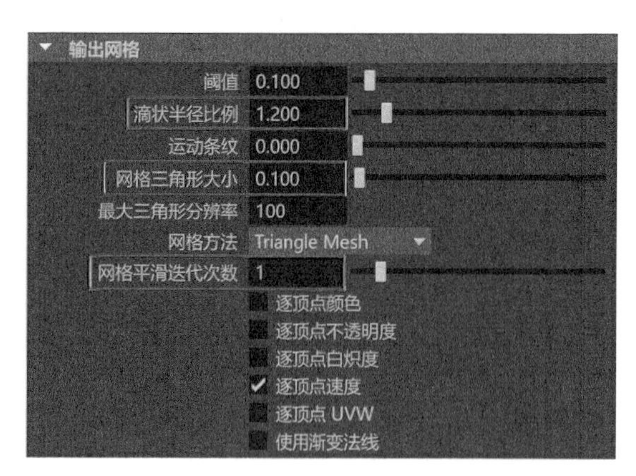

图11-105

（15）观察视图，现在可以看到场景中生成的液体网格模型，如图 11-106 所示。

图11-106

（16）再次微调液体形状。展开“基本发射器属性”卷展栏，设置“速率（粒子/秒）”值为 300，增加单位时间内 n 粒子的生成数量，如图 11-107 所示。

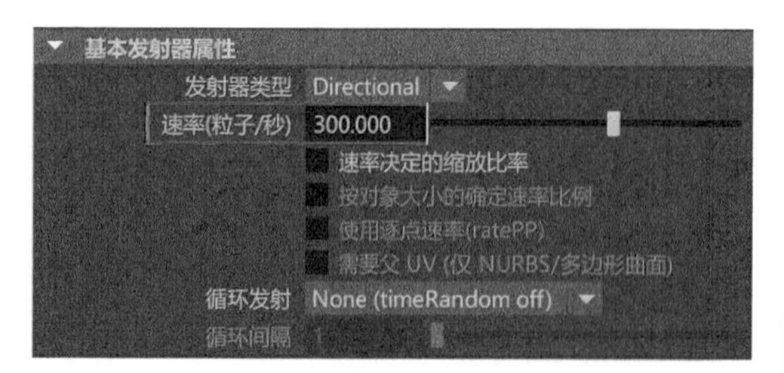

图11-107

（17）展开“碰撞”卷展栏，设置“自碰撞宽度比例”值为 0.6，降低粒子之间的自碰撞宽度，如图 11-108 所示。

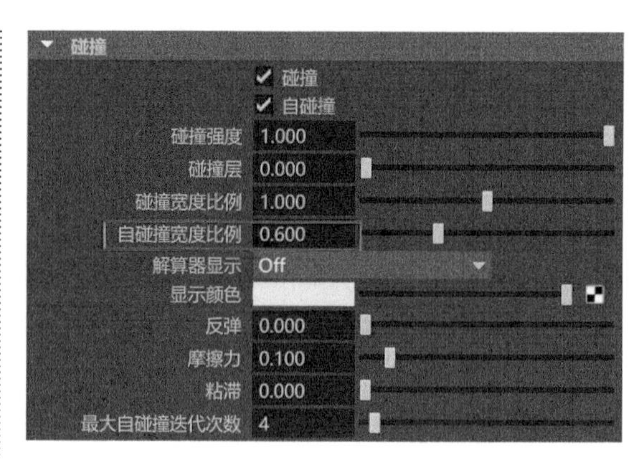

图11-108

（18）展开“输出网格”卷展栏，设置“网格三角形大小”值为 0.25，如图 11-109 所示。

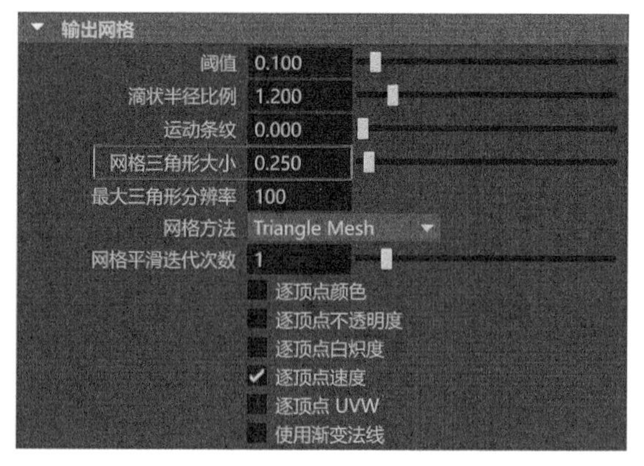

图11-109

（19）重新播放场景动画，生成的液体网格模型效果如图 11-110 所示。

图11-110

（20）本实例模拟出来的倒酒动画最终效果如图 11-111 所示。

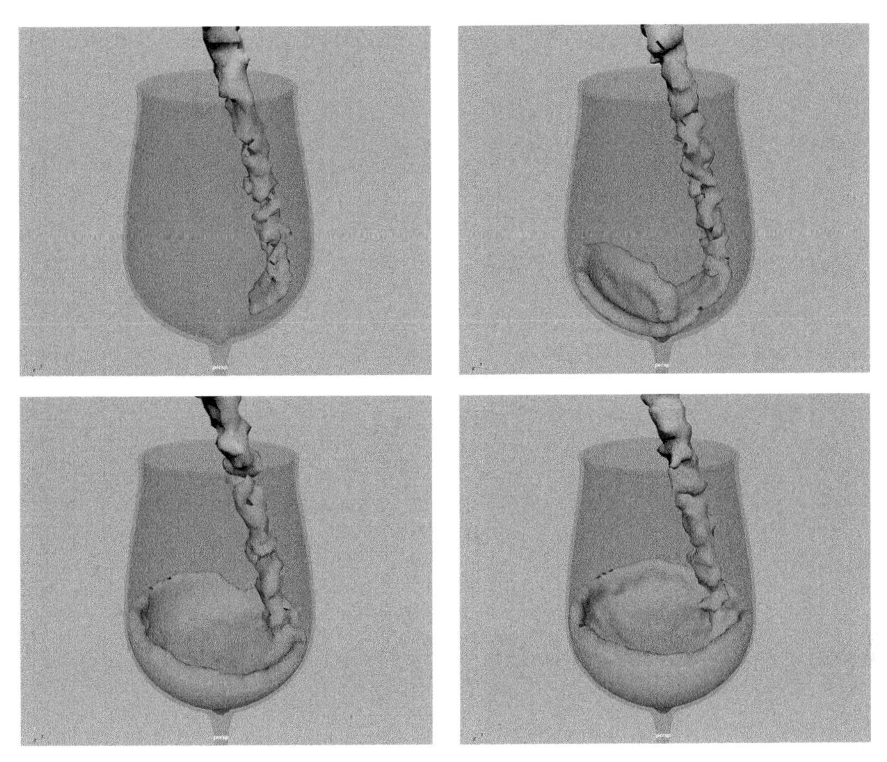

图11-111

11.4.3 实例：使用n粒子制作万箭齐发动画

本实例通过制作一个万箭齐发的动画效果，来为读者讲解如何使用场景中的模型替换 n 粒子的形态，最终动画完成效果如图 11-112 所示。

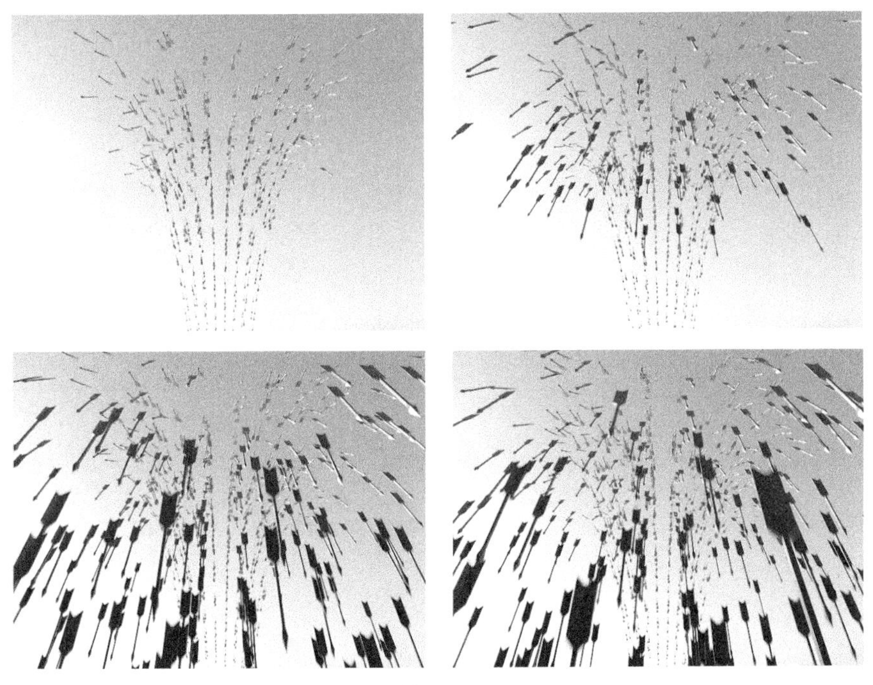

图11-112

（1）启动 Maya，打开本书配套资源“箭 .mb”文件，如图 11-113 所示。

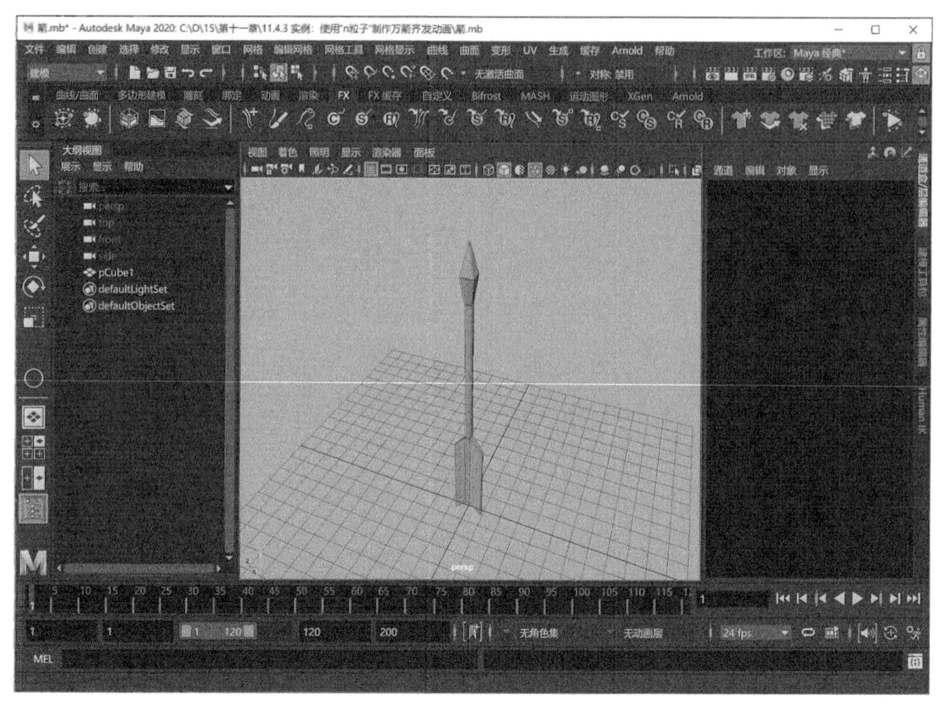

图11-113

（2）单击“多边形建模”工具架中的“多边形平面”按钮，在场景中创建一个平面模型，如图 11-114 所示。

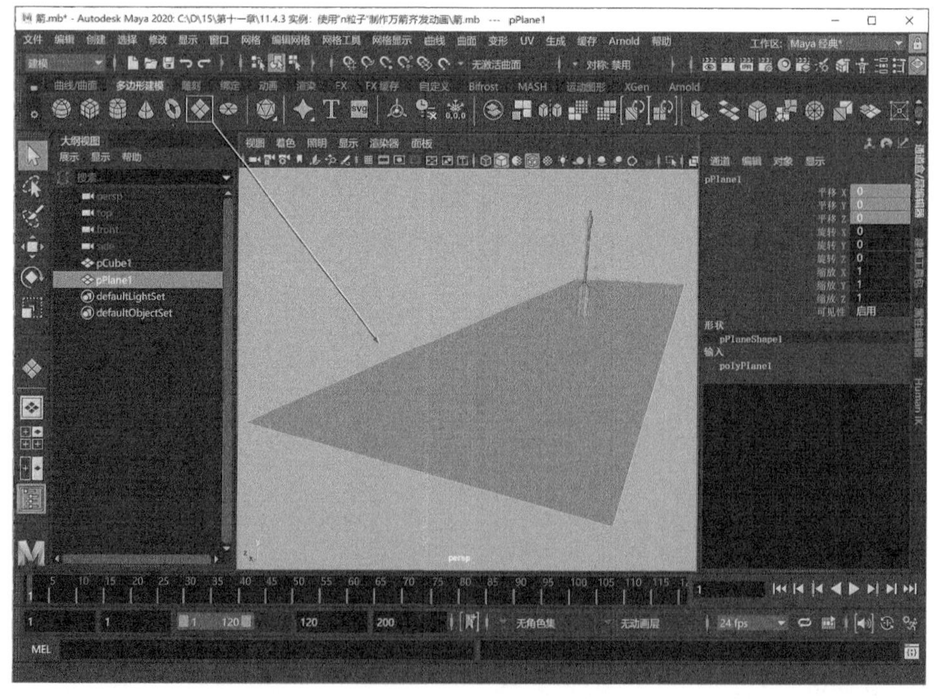

图11-114

（3）在“通道盒 / 层编辑器”面板中设置平面模型的属性，如图 11-115 所示，设置好平面模型的位置、旋转角度、细分值和尺寸大小。

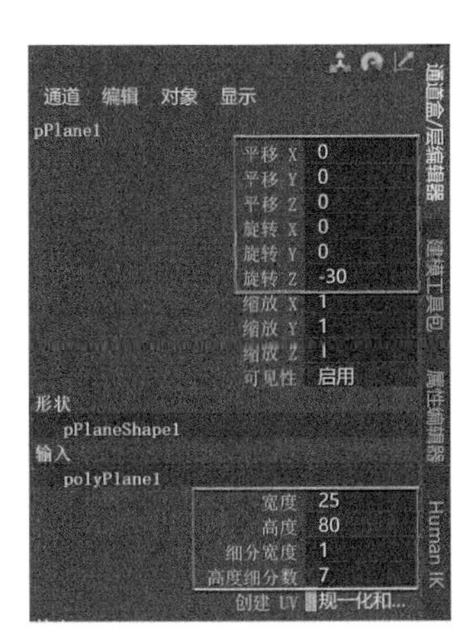

图11-115

（4）选择平面模型，单击“FX”工具架中的“添加发射器”按钮，如图11-116所示。这样在“大纲视图”中可以看到n粒子发射器会作为平面模型的子层级出现，如图11-117所示。

图11-116

图11-117

（5）播放场景动画，默认状态下的n粒子发射运动形态如图11-118所示。

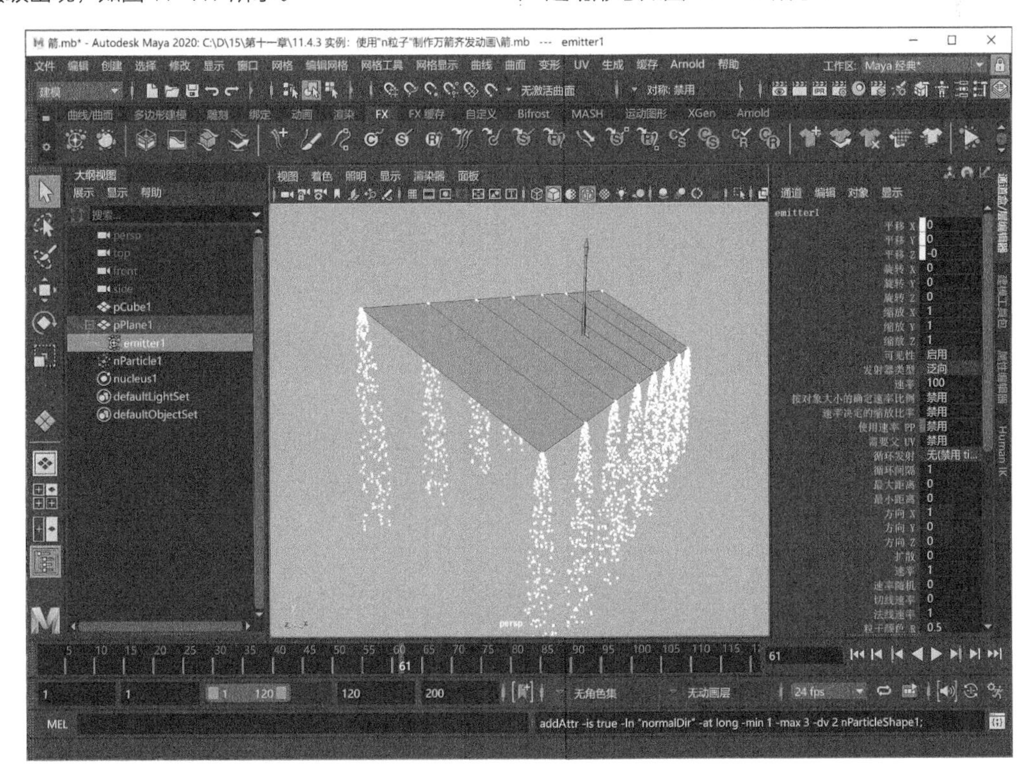

图11-118

（6）在“属性编辑器”面板中展开“基本发射器属性”卷展栏，设置“发射器类型”为“Directional”，如图11-119所示。

（7）展开“距离/方向属性”卷展栏，设置“方向X”值为1，“方向Y”值为1.5，如图11-120所示。

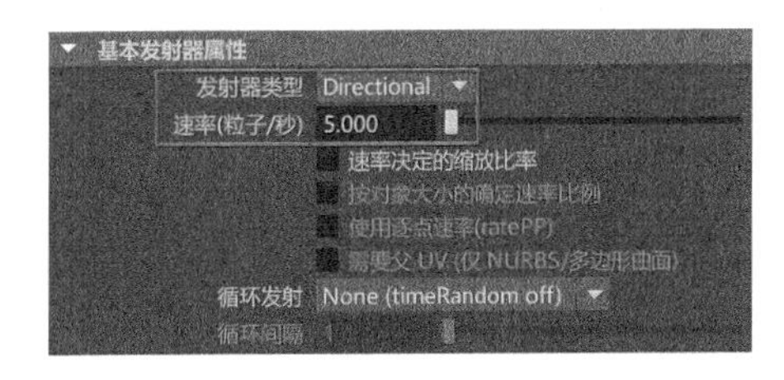

图11-119

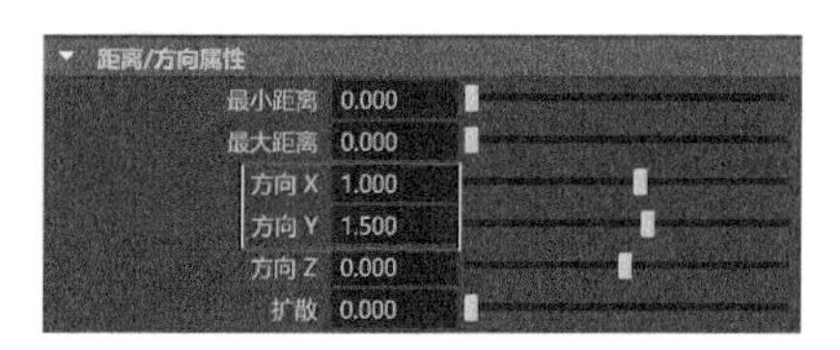

图11-120

（8）展开“基础发射速率属性”卷展栏，设置“速率”值为200，“速率随机”值为20，如图11-121所示。

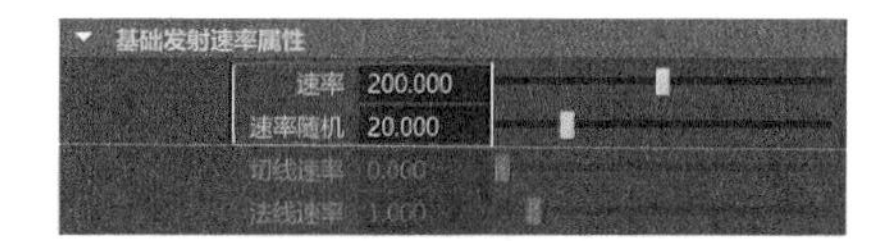

图11-121

（9）播放场景动画，现在n粒子发射的运动状态如图11-122所示。

（10）选择场景中的箭模型，单击菜单栏“nParticle>实例化器”命令后面的方块按钮，打开“粒子实例化器选项”面板。我们可以看到，箭模型的名称会自动出现在“实例化对象”列表中，如图11-123所示。

（11）单击“粒子实例化器选项”面板下方的“创建”按钮，关闭该面板后再次播放场景动画，这时我们可以看到平面模型所发射的n粒子已经被全部替换为箭模型，如图11-124所示。

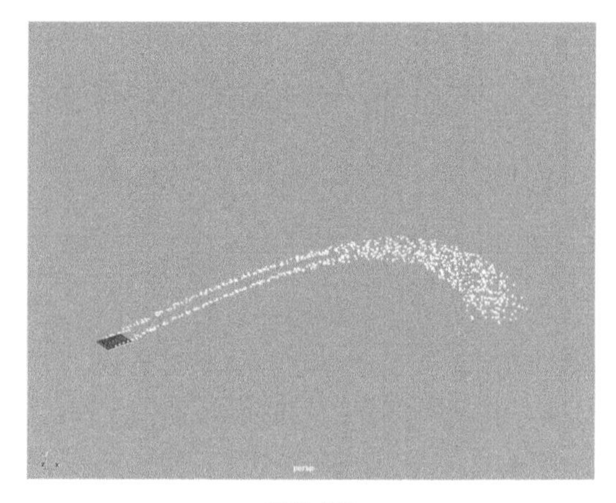

图11-122

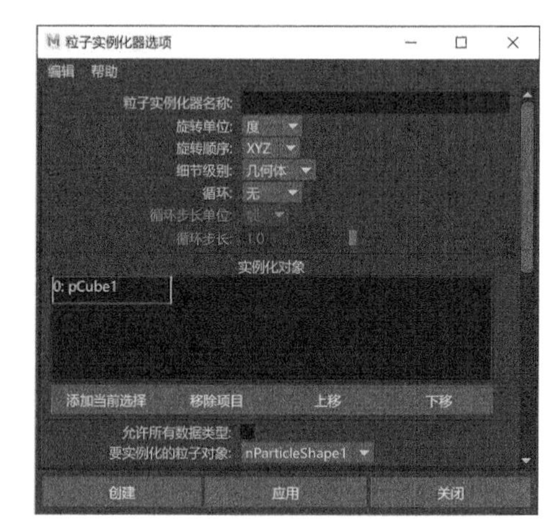

图11-123

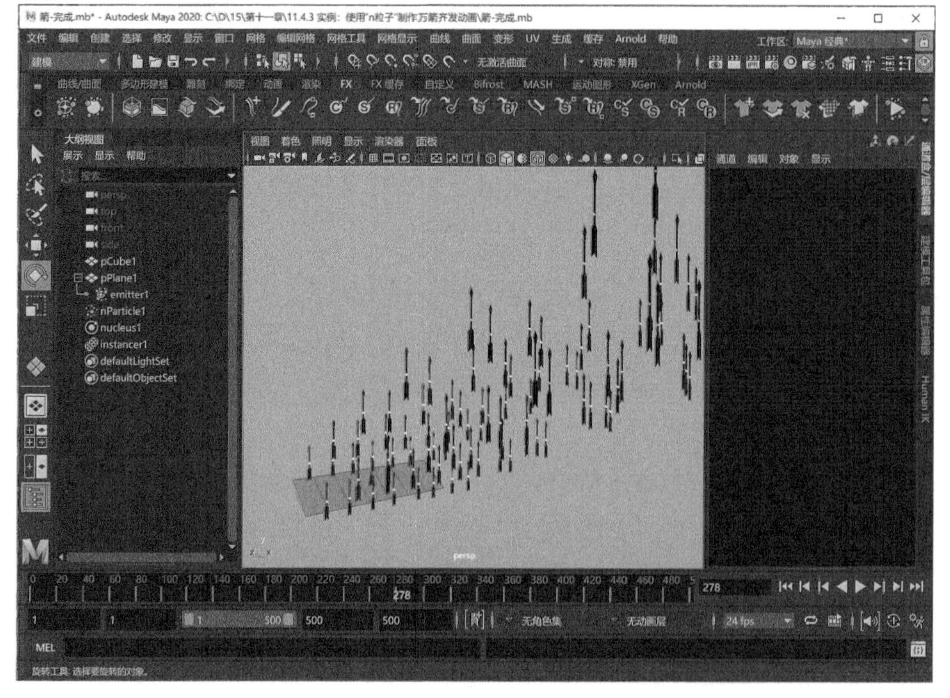

图11-124

（12）展开“实例化器（几何体替换）”卷展栏内的“旋转选项”卷展栏，设置“目标方向”为“速度”，如图11-125所示。这样，我们可以看到n粒子的方向会随着粒子自身的运动方向产生变化，如图11-126所示。

（13）选择场景中的箭模型，在其“面”组件层级中选择整个箭模型上的所有面，如图11-127所示。

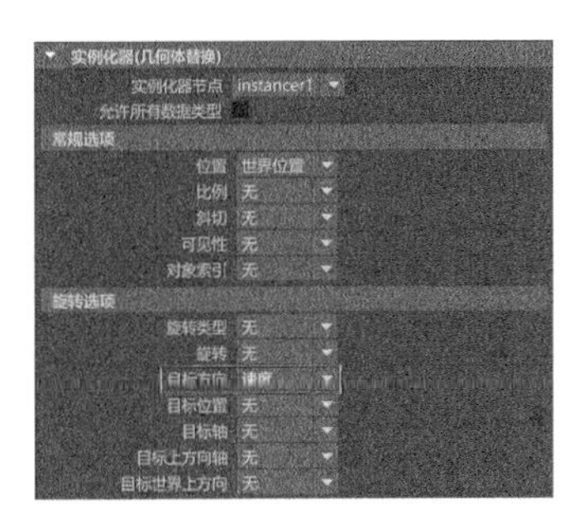

图11-125

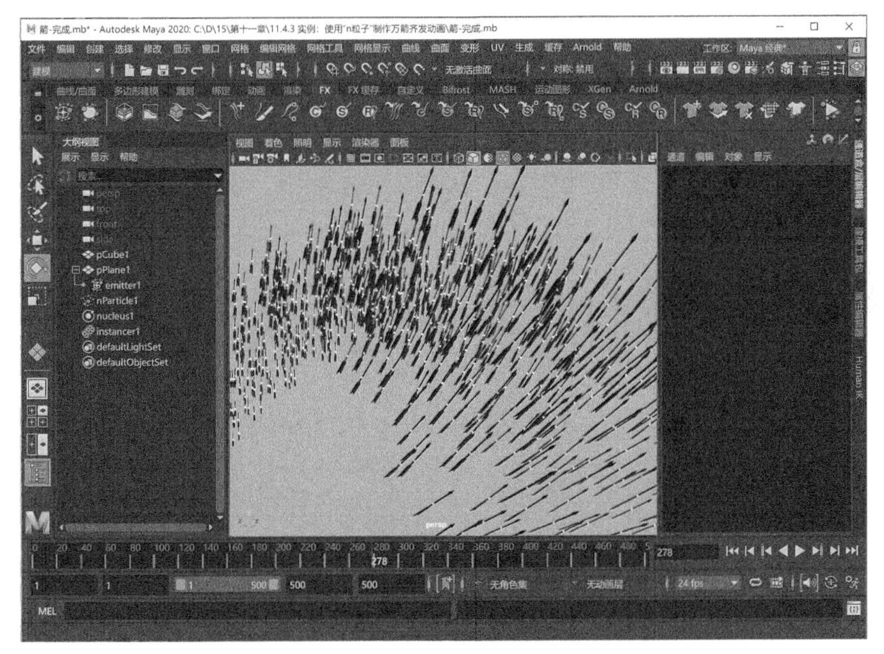

图11-126

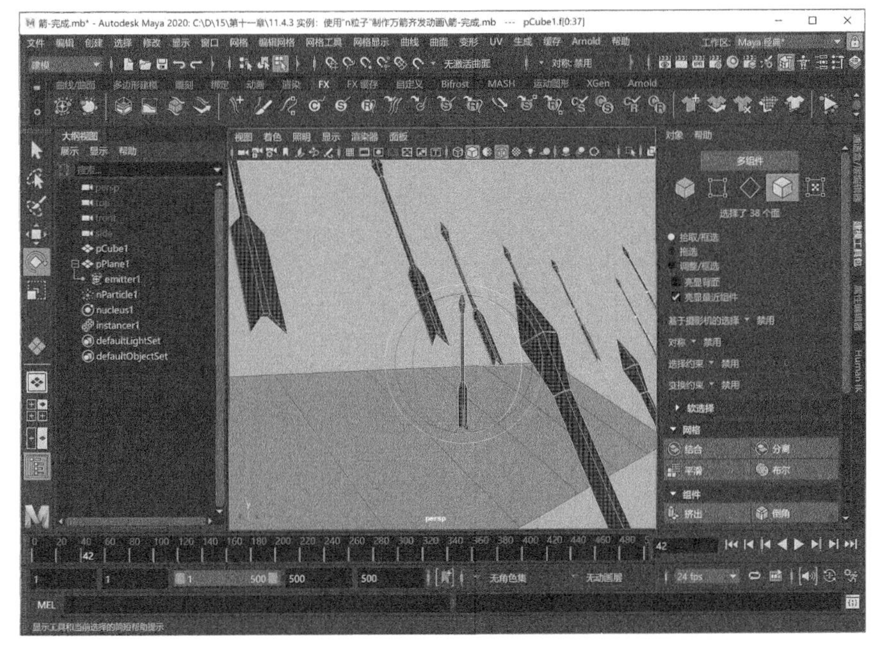

图11-127

（14）双击“旋转工具”按钮，打开“工具设置”面板，设置“步长捕捉”为“相对”，设置其值为90，如图11-128所示。

（15）对箭模型进行旋转，即可影响到粒子箭的方向，如图11-129所示。

（16）设置完成后，播放场景动画，最终完成的动画效果如图11-130～图11-133所示。

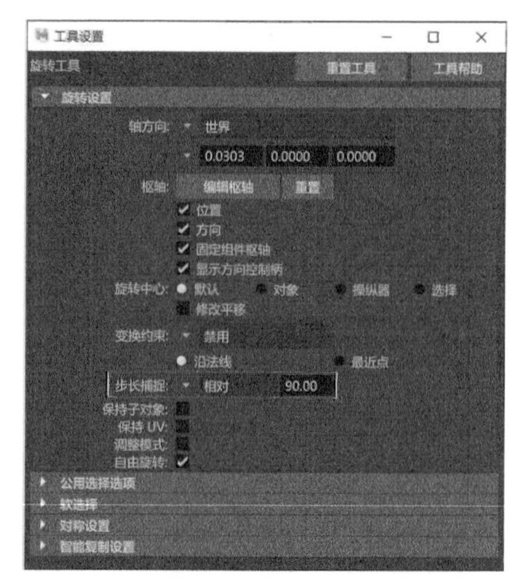

图11-128

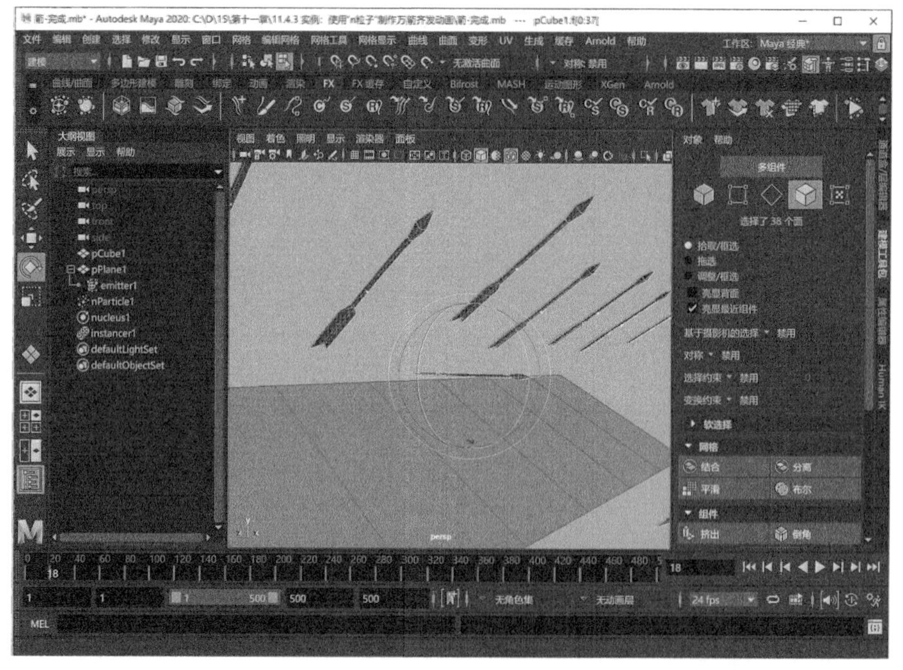

图11-129

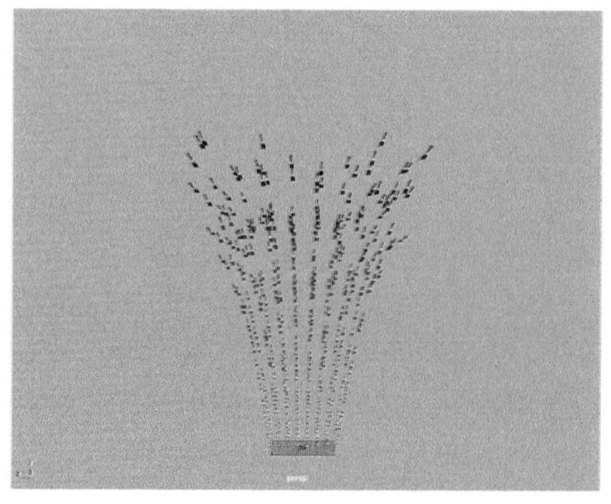

图11-130

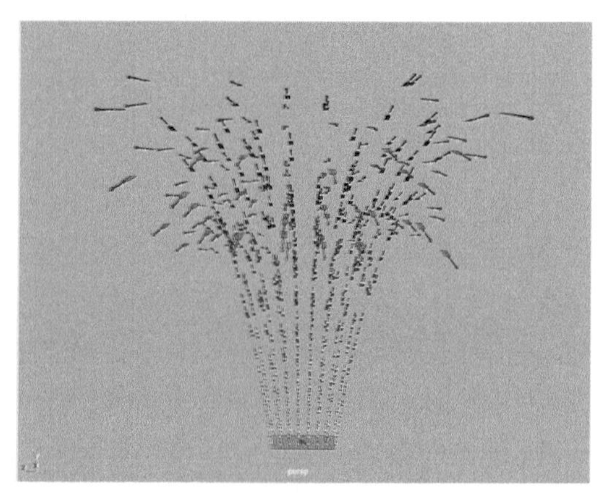

图11-131

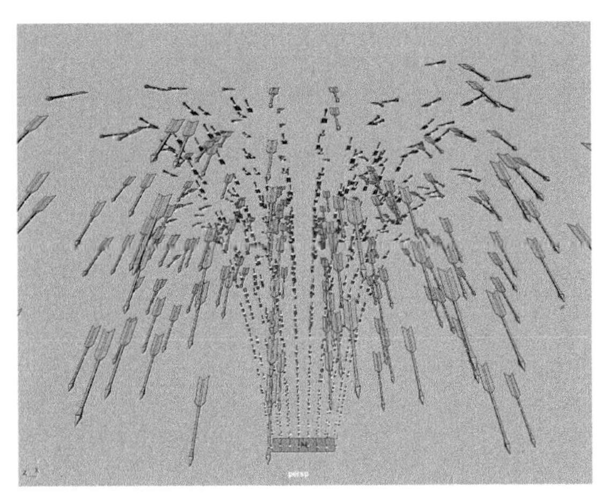

图11-132

图11-133

11.4.4 实例：使用n粒子制作下雪动画

本实例为大家详细讲解使用 n 粒子来模拟下雪的动画效果，最终渲染结果如图 11-134 所示。

图11-134

（1）启动 Maya，打开本书配套资源“别墅 .mb”文件，场景中已经设置好了材质、灯光及摄影机，如图 11-135 所示。

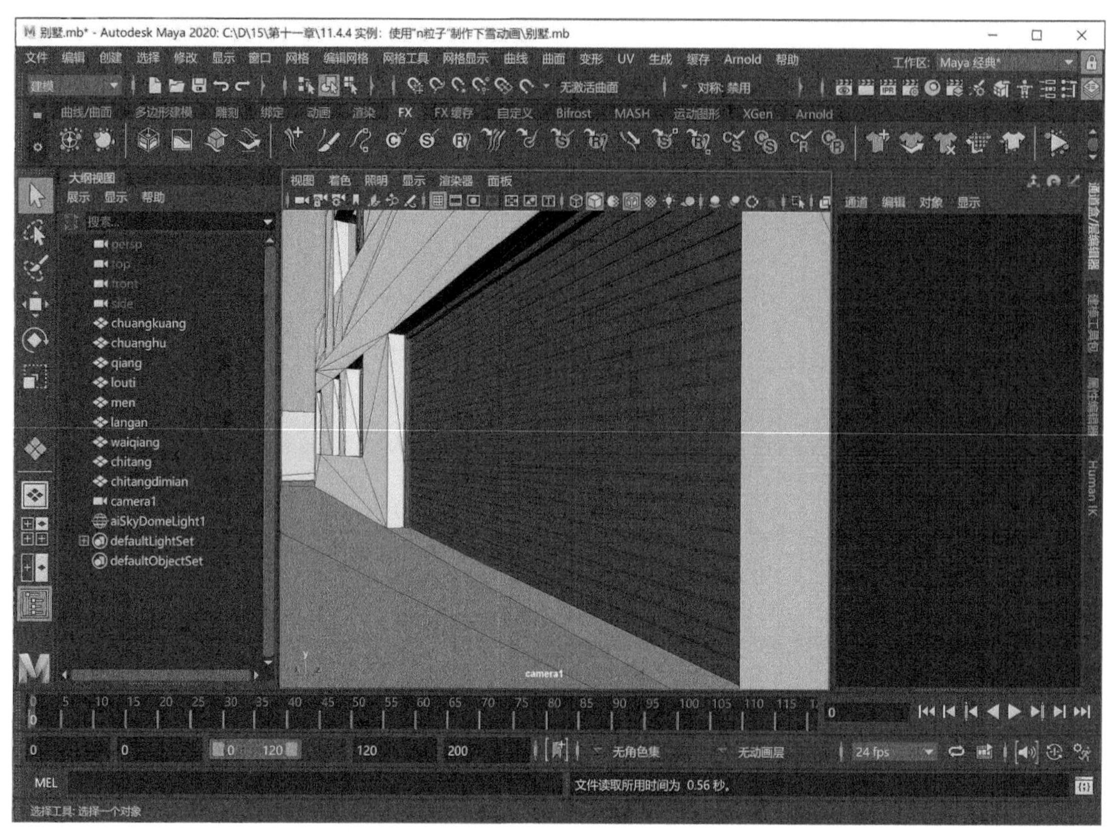

图11-135

（2）单击“多边形建模”工具架中的“多边形平面”按钮，如图11-136所示，在场景中创建一个平面模型。

图11-136

（3）在“属性编辑器”面板中展开“多边形平面历史”卷展栏，设置“宽度”值为1000，“高度”值为200，“细分宽度”值为9，“高度细分数”值为4，如图11-137所示。

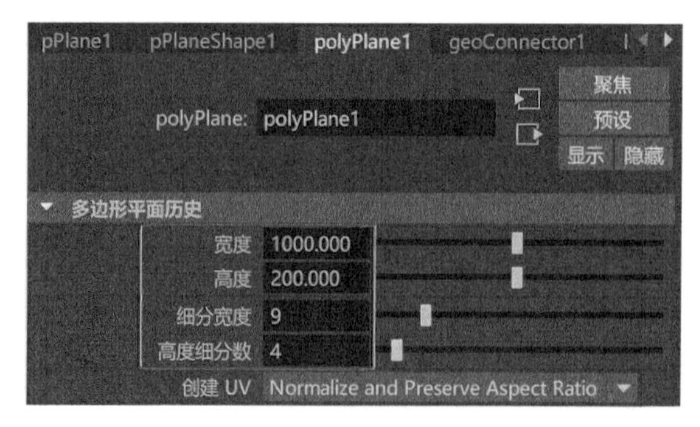

图11-137

（4）调整平面模型的位置至场景中摄影机的上方，如图11-138所示。

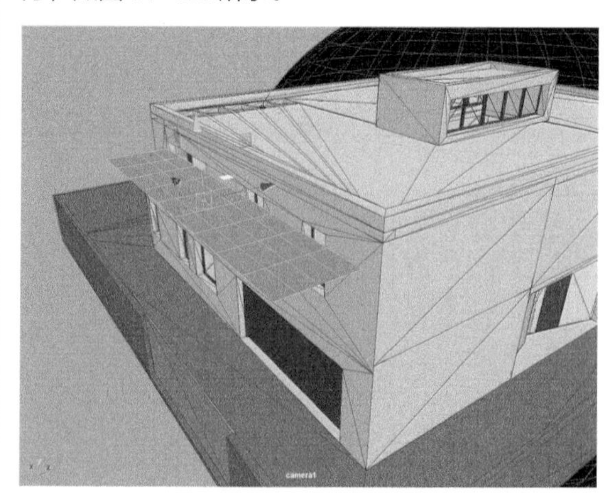

图11-138

（5）选择平面模型，单击“FX”工具架中的“添加发射器”按钮，如图11-139所示，将所选择的模型设置为n粒子的发射器。

图11-139

（6）展开“基本发射器属性”卷展栏，设置“发射器类型”为“Directional”，如图11-140所示。

图11-140

（7）展开“距离/方向属性”卷展栏，设置“方向Y”值为-1，“扩散”值为0.7，如图11-141所示。

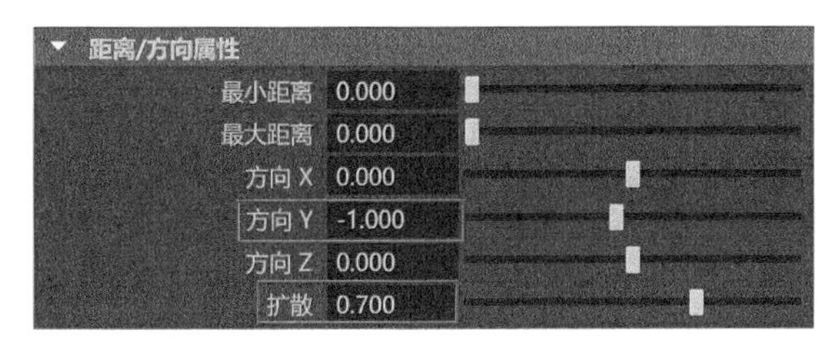

图11-141

（8）展开“基础发射速率属性”卷展栏，设置“速率”值为200，如图11-142所示，提高粒子下落的速度。

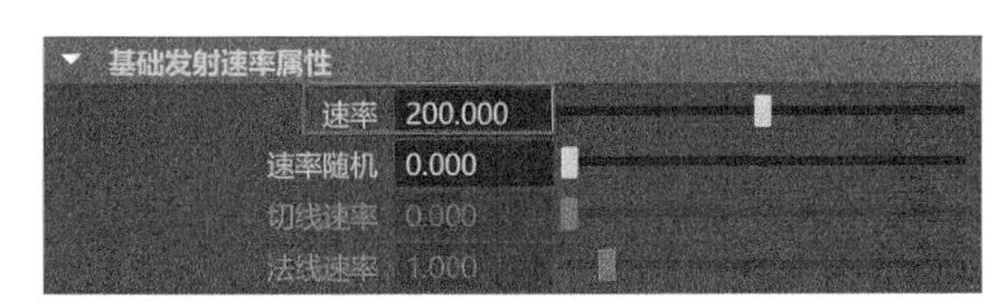

图11-142

（9）展开“重力和风”卷展栏，设置“风速”值为50，“风向”值为（-1，0，0），如图11-143所示。

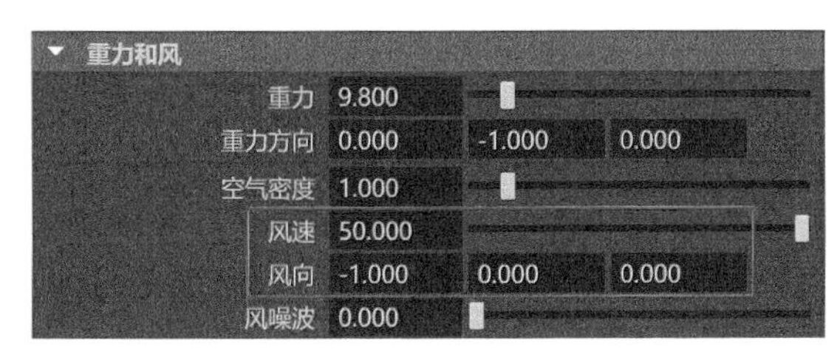

图11-143

（10）展开“着色”卷展栏，设置“粒子渲染类型”为“Spheres”，如图11-144所示。

（11）展开“粒子大小”卷展栏，设置n粒子的“半径”值为0.4，如图11-145所示。

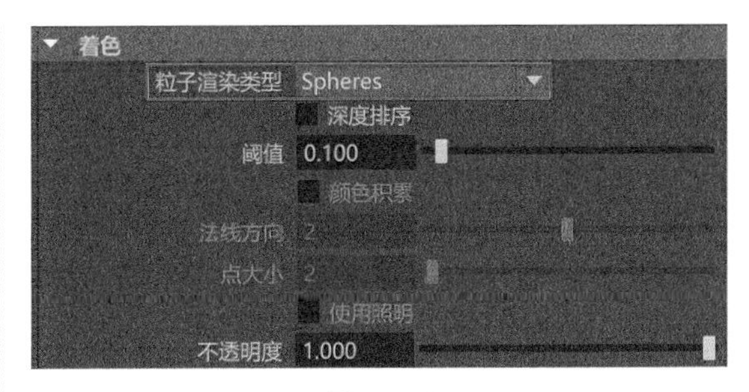

图11-144

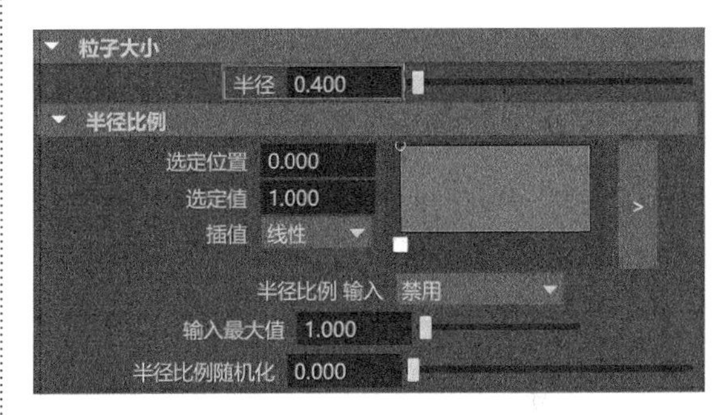

图11-145

（12）展开“寿命”卷展栏，设置“寿命模式”为“Constant”，设置“寿命”值为4，如图11-146所示。

图11-146

（13）设置完成后，播放场景动画，可以看到n粒子模拟出来的下雪效果，如图11-147所示。

图11-147

（14）选择n粒子对象，为其指定标准曲面材质。展开“发射”卷展栏，设置“权重”值为1，如

图11-148所示。

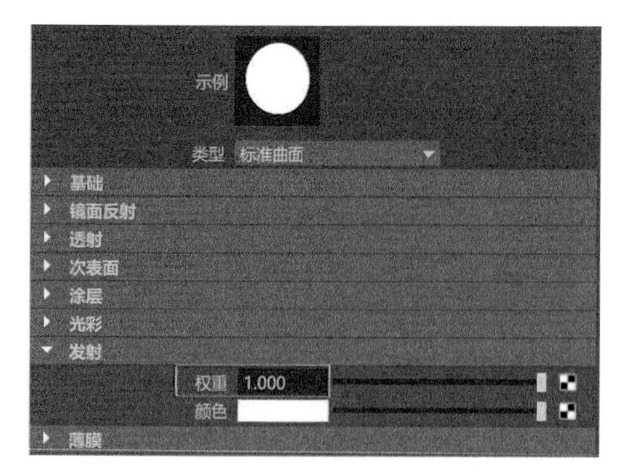

图11-148

（15）设置完成后，渲染场景，渲染结果如图11-149所示。

图11-149

（16）打开“渲染设置”面板，展开“Motion Blur”卷展栏，勾选“Enable”选项，开启运动模糊效果计算，如图11-150所示。

（17）再次渲染场景，本实例的最终渲染效果如图11-151所示。

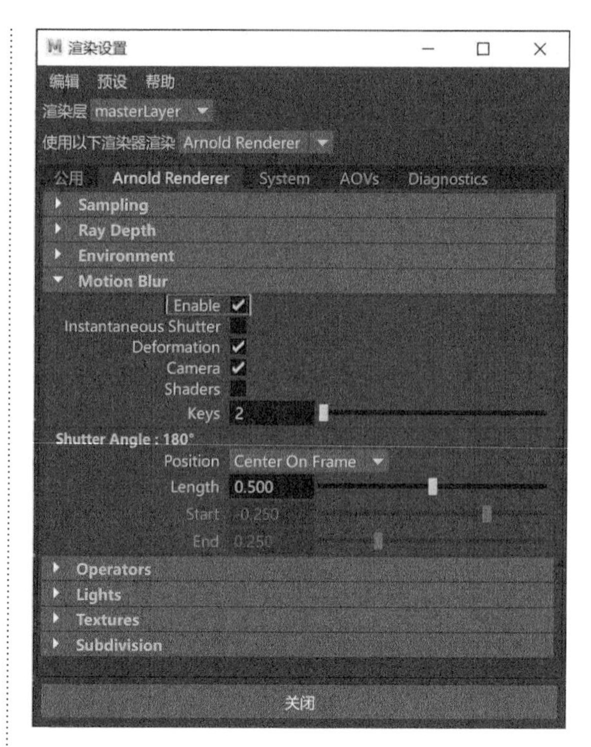

图11-150

图11-151

布料动画技术

扫码在线观看
案例讲解视频

12.1 布料概述

布料的运动属于一类很特殊的动画。由于布料在运动中会产生大量的、各种形态的随机褶皱，使得动画师们很难使用传统的对物体设置关键帧动画的方式来进行布料运动动画的制作，所以如何制作出真实自然的布料动画一直是众多三维软件生产商所共同面对的一项技术难题。Maya 中的 nCloth 是一项生成真实布料运动特效的高级技术。nCloth 可以稳定、迅速地模拟出动态布料的形态，主要用于模拟布料和环境产生交互作用的动态效果，其中包括碰撞对象（如角色）和力学（如重力和风）。我们在学习本章内容之前，还应对真实世界中的布料形态有所了解。图 12-1 和图 12-2 所示为笔者平时拍摄的一些布料素材照片。

图12-1

图12-2

12.2 布料模拟

我们在“FX”工具架的后半部分可以找到几个常用的与 nCloth 相关的工具图标，如图 12-3 所示。

图12-3

常用工具解析

从选定网格创建 nCloth：将场景中选定的模型设置为 nCloth 对象。

创建被动碰撞对象：将场景中选定的模型设置为可以被 nCloth 或 n 粒子碰撞的对象。

移除 nCloth：将场景中的 nCloth 对象还原为普通模型。

显示输入网格：将 nCloth 对象在视图中恢复为布料动画计算之前的几何形态。

显示当前网格：将 nCloth 对象在视图中恢复为布料动画计算之后的当前几何形态。

12.2.1 创建布料对象

选择场景中的多边形网格对象，单击“FX”工具架中的“从选定网格创建 nCloth”按钮，即可将所选择的对象设置为布料对象。具体操作步骤如下。

第 1 步：新建场景。单击“多边形建模”工具架中的“多边形球体”按钮，在场景中创建一个球体模型，如图 12-4 所示。

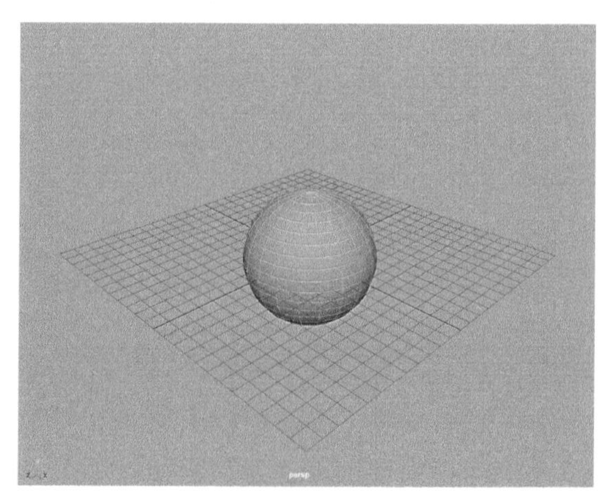

图12-4

第 2 步：使用“移动”工具沿 Y 轴向上调整球体模型的位置，如图 12-5 所示。

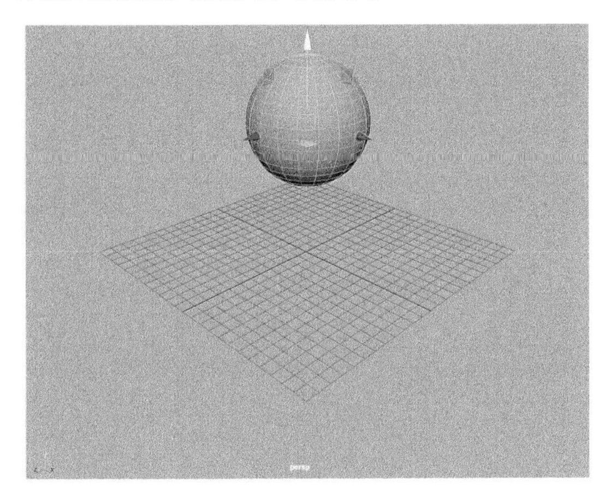

图12-5

第 3 步：选择球体模型，单击“FX”工具架中的“从选定网格创建 nCloth”按钮，如图 12-6 所示。

图12-6

第 4 步：播放场景动画，我们可以看到默认状态下的球体模型受到重力影响向下方掉落，如图 12-7 所示。

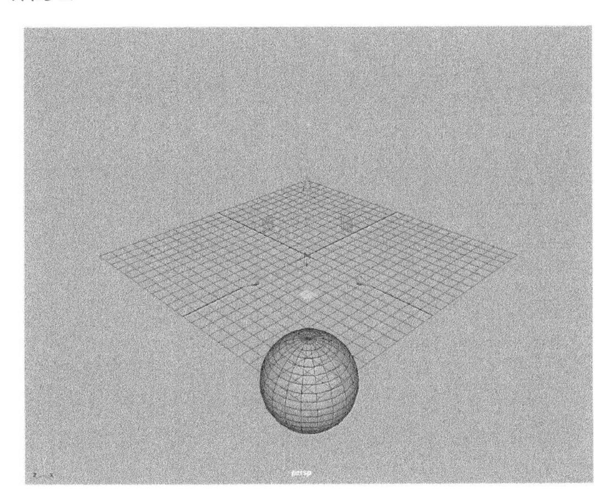

图12-7

第 5 步：展开“地平面”卷展栏，勾选“使用平面”选项，如图 12-8 所示。

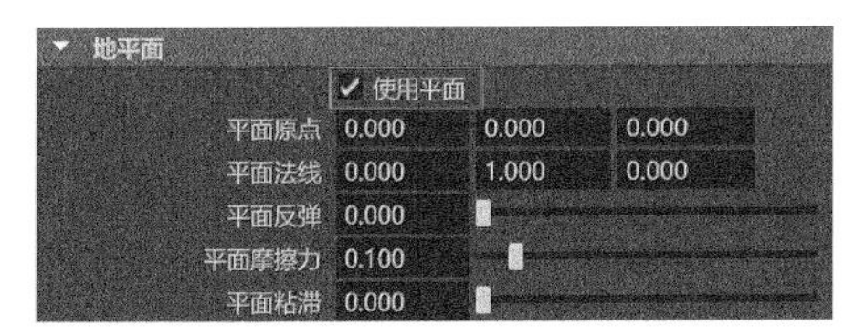

图12-8

第 6 步：播放场景动画，我们可以看到球体模型掉落的过程中会被栅格所处的平面接住，如图 12-9 所示。

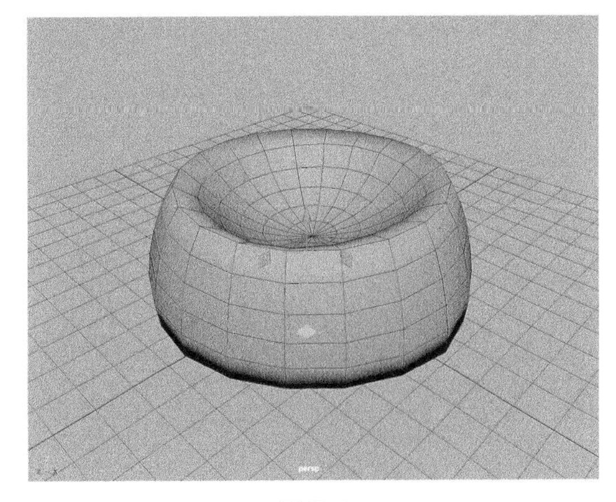

图12-9

第 7 步：这样，我们就使用布料动画技术制作出了一个柔软的坐垫模型。如果读者觉得这个球体模型的形变效果有点大，我们还可以在“动力学特性”卷展栏中设置“变形阻力”值为 0.5，如图 12-10 所示。

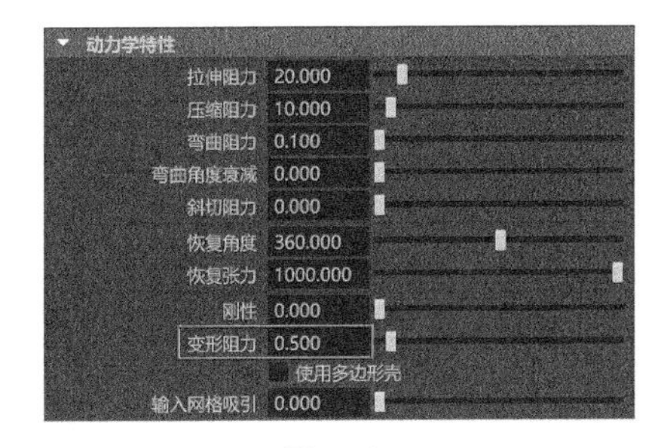

图12-10

第 8 步：设置完成后，再次播放场景动画，可以看到球体产生的形变效果会适当降低，如图 12-11 所示。

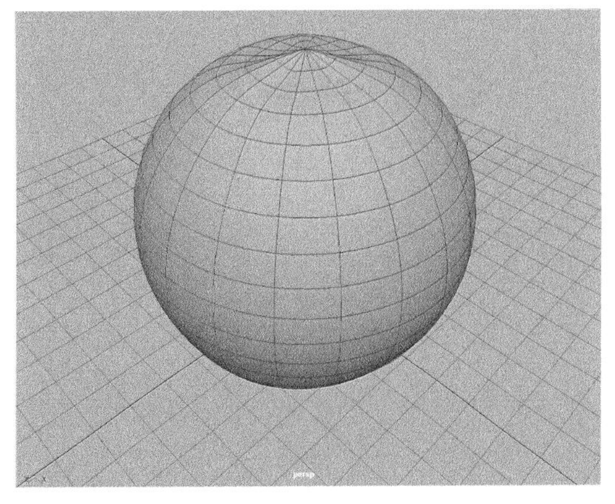

图12-11

12.2.2 布料属性

有关设置布料属性的大部分属性均被放置于“属性编辑器”面板内的各个卷展栏之中，如图12-12所示。下面详细讲解其中较为常用的属性。

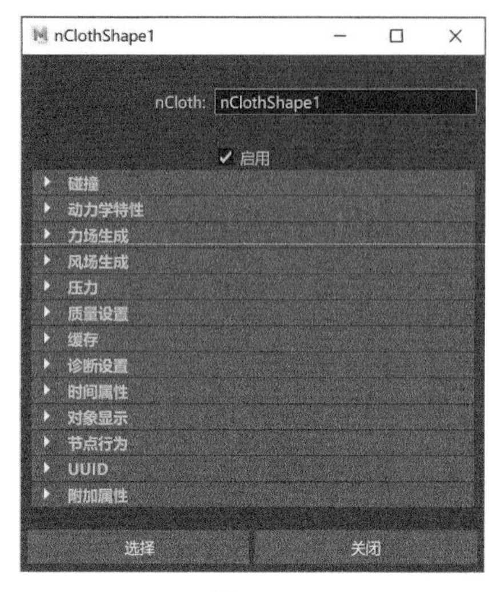

图12-12

1. “碰撞”卷展栏

展开“碰撞”卷展栏，其中的参数设置如图12-13所示。

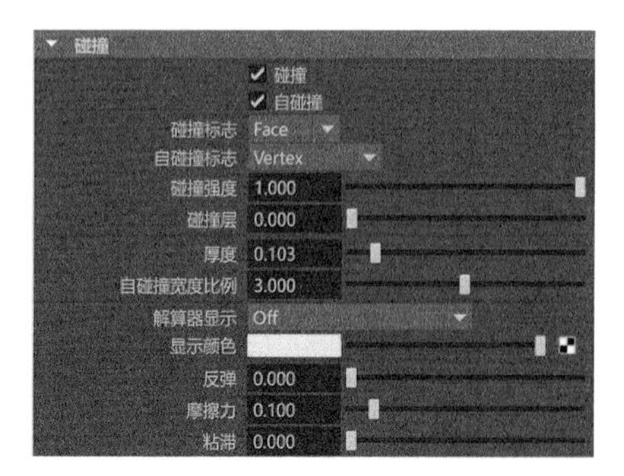

图12-13

常用参数解析

碰撞：如果勾选该选项，那么当前nCloth对象会与被动对象、n粒子对象以及共享相同的Nucleus解算器的其他nCloth对象发生碰撞；如果取消勾选该选项，那么当前nCloth对象不会与被动对象、n粒子对象或任何其他nCloth对象发生碰撞。图12-14和图12-15所示分别为勾选该选项前后的布料动画计算结果对比。

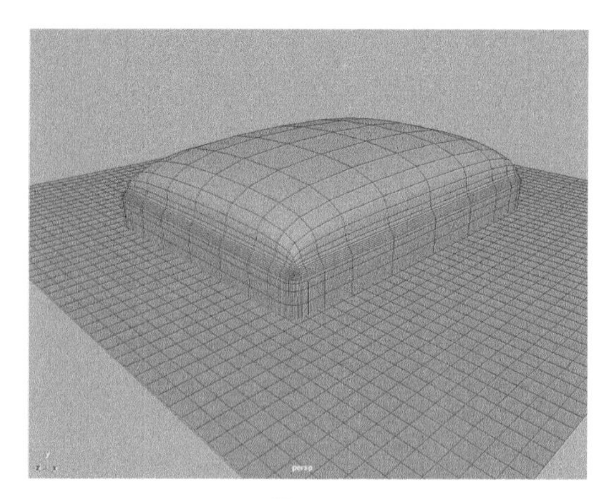

图12-14

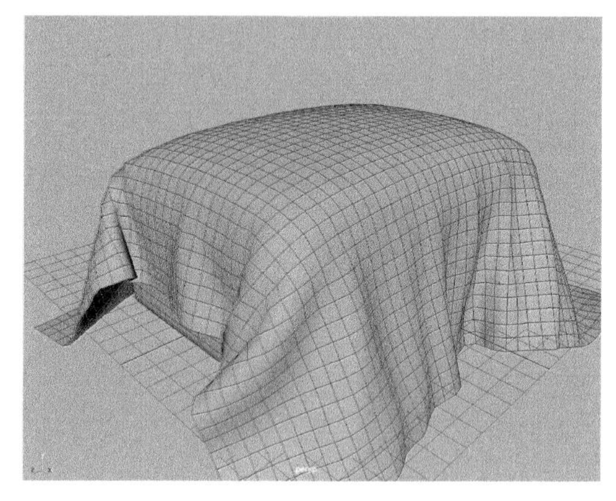

图12-15

自碰撞：如果勾选该选项，那么当前nCloth对象会与它自己的输出网格发生碰撞；如果取消勾选该选项，那么当前nCloth对象不会与它自己的输出网格发生碰撞。图12-16和图12-17所示分别为勾选该选项前后的布料动画计算结果对比，通过对比可以看出，在未勾选“自碰撞”选项的情况下所计算出来的布料动画有明显的穿帮现象。

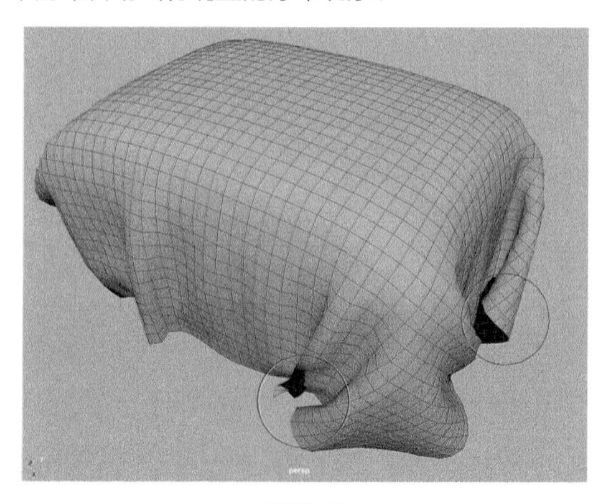

图12-16

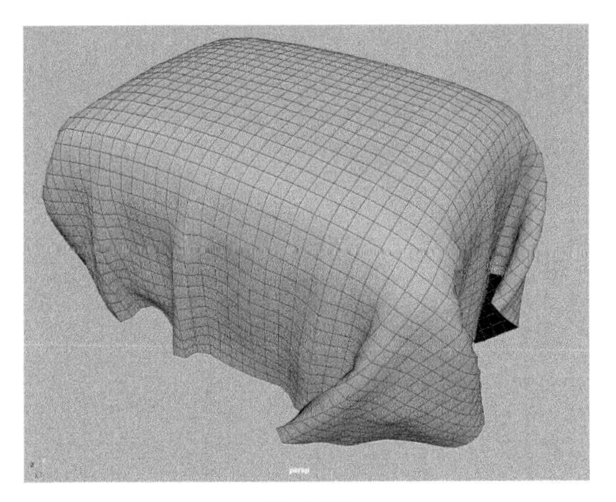

图12-17

碰撞标志：指定当前 nCloth 对象的哪个组件会参与其碰撞。

自碰撞标志：指定当前 nCloth 对象的哪个组件会参与其自碰撞。

碰撞强度：指定 nCloth 对象与其他 Nucleus 对象之间碰撞的强度。在使用默认值 1 时，对象与自身或其他 Nucleus 对象发生完全碰撞；该值处于 0 和 1 之间时会减弱完全碰撞；该值为 0 时会禁用对象的碰撞。

碰撞层：将当前 nCloth 对象指定给某个特定碰撞层。

厚度：指定当前 nCloth 对象的碰撞体积的半径或深度。nCloth 碰撞体积是与 nCloth 的顶点、边和面的不可渲染的曲面偏移，Nucleus 解算器在计算自碰撞或被动对象碰撞时会使用这些顶点、边和面。厚度越大，nCloth 对象所模拟的布料越厚实，布料运动越缓慢，感觉会有点像是质地比较硬一些的皮革效果。图 12-18 和图 12-19 所示为该值分别是 0.1 和 0.5 的布料模拟动画效果对比。

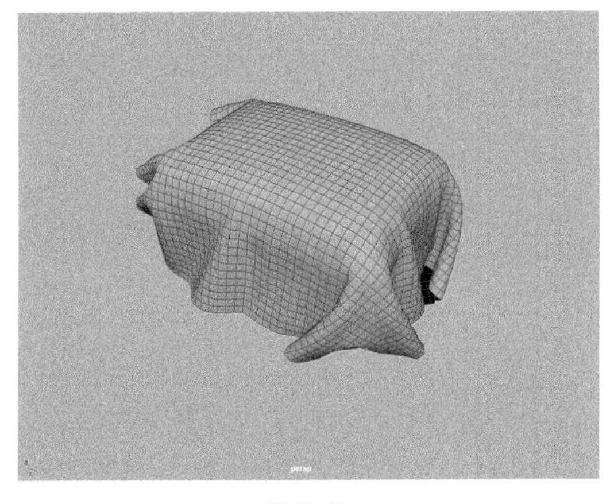

图12-18

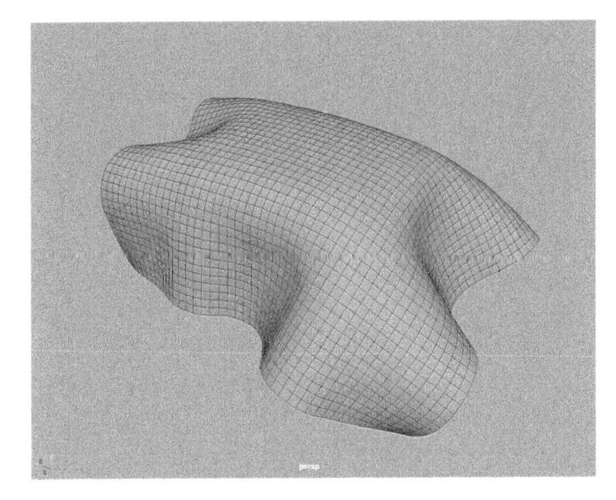

图12-19

自碰撞宽度比例：为当前 nCloth 对象指定自碰撞比例值。

解算器显示：指定会在场景视图中为当前 nCloth 对象显示哪些 Nucleus 解算器信息，有“Off”（禁用）、“Collision Thickness”（碰撞厚度）、“Self Collision Thickness”（自碰撞厚度）、“Stretch Links”（拉伸链接）、“Bend Links”（弯曲链接）和“Weighting”（权重）这 6 个选项可选，如图 12-20 所示。图 12-21 ~ 图 12-26 所示分别为“解算器显示”使用了这 6 个选项后，nCloth 对象在视图中的显示结果。

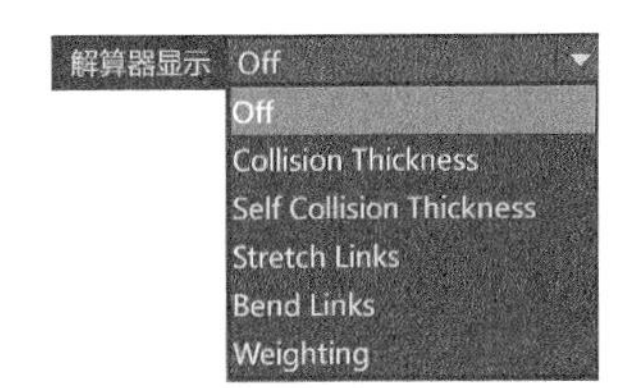

图12-20

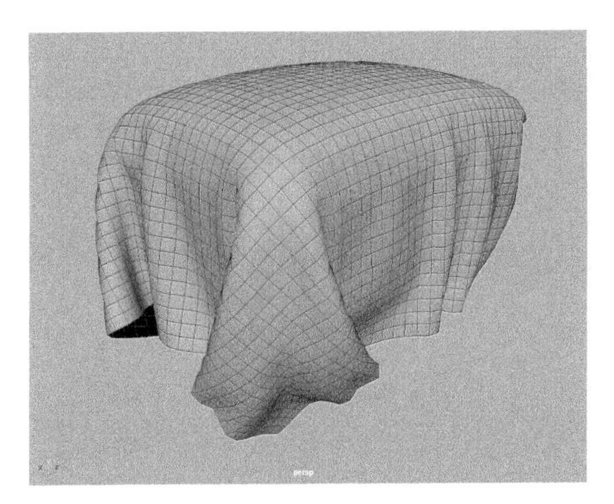

图12-21

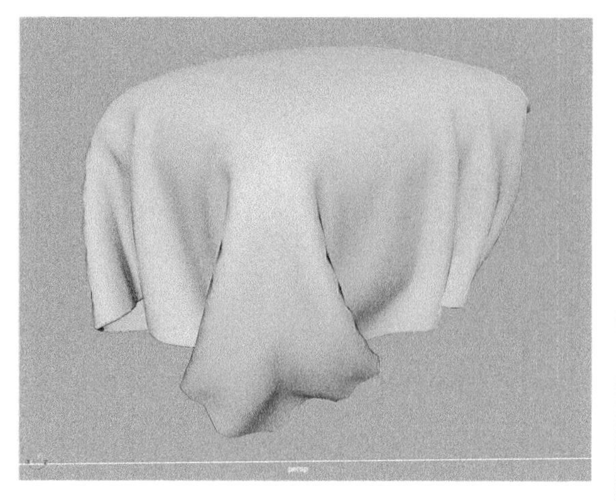

图12-22

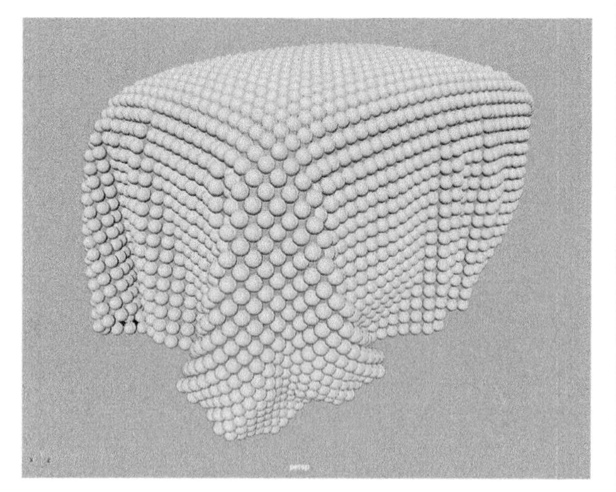

图12-23

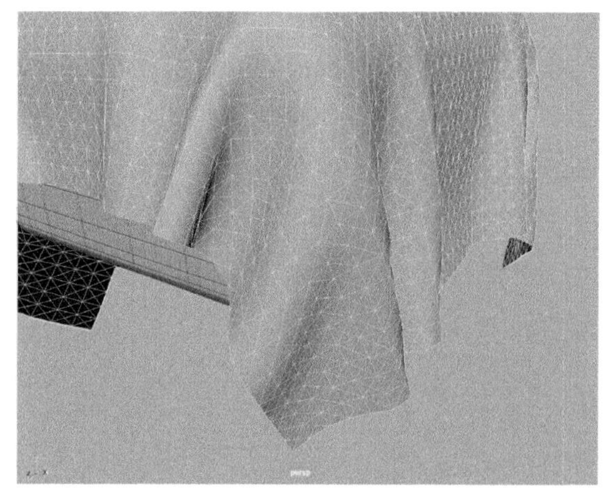

图12-24

显示颜色：为当前 nCloth 对象指定解算器显示的颜色，默认为黄色，我们也可以将此颜色设置为其他色彩，如图 12-27 所示。

反弹：指定当前 nCloth 对象的弹性或反弹度。

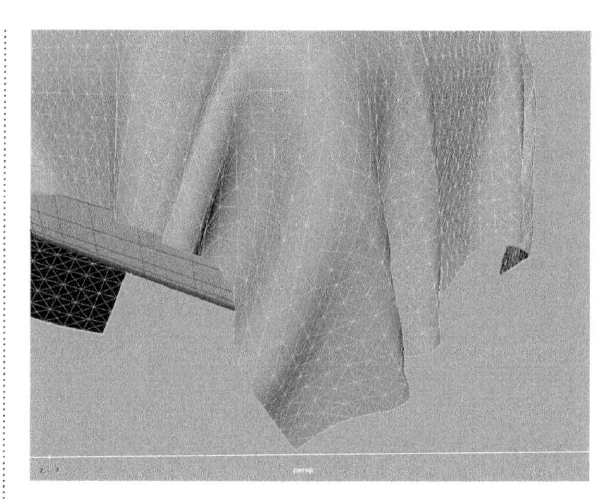

图12-25

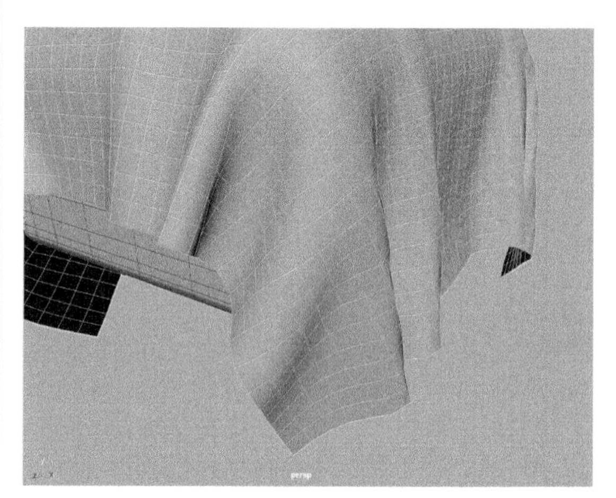

图12-26

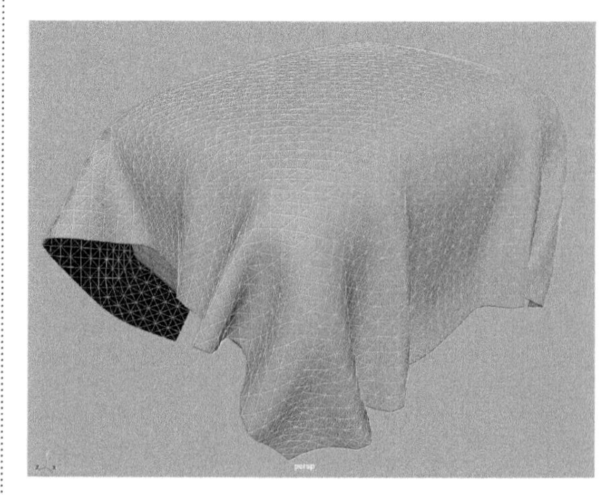

图12-27

摩擦力：指定当前 nCloth 对象的摩擦力的量。

粘滞：指定当 nCloth、n 粒子和被动对象发生碰撞时 nCloth 对象粘滞到其他 Nucleus 对象的倾向性。

2. “动力学特性”卷展栏

展开“动力学特性”卷展栏，其中的参数设置如图12-28所示。

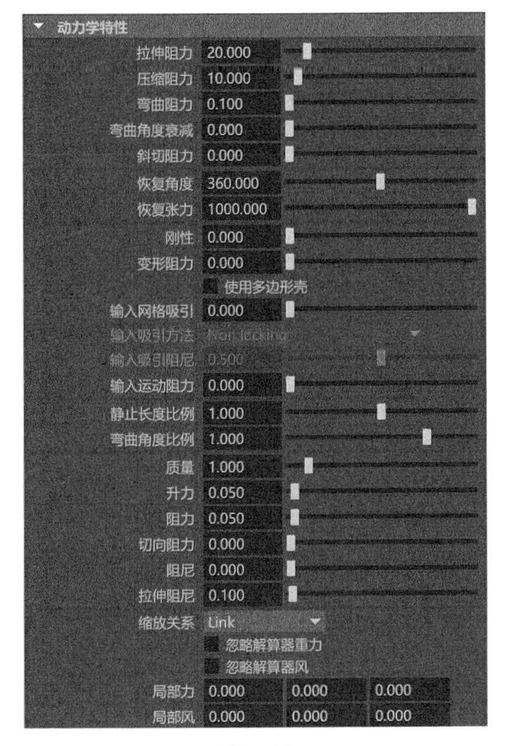

图12-28

常用参数解析

拉伸阻力：指定当前nCloth对象在受到张力时抵制拉伸的量。

压缩阻力：指定当前nCloth对象抵制压缩的量。图12-29和图12-30所示为该值分别是0和0.2的布料模拟效果。

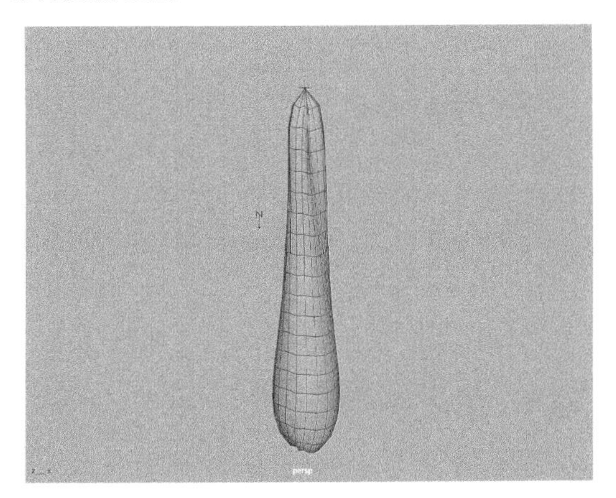

图12-29

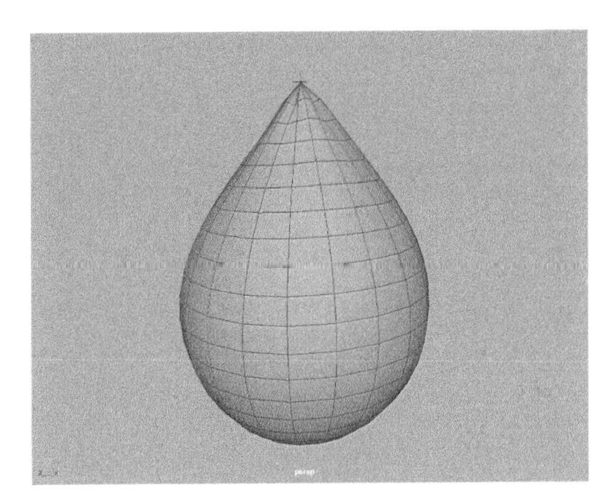

图12-30

弯曲阻力：指定在处于应力下时nCloth对象在边上抵制弯曲的量。高弯曲阻力使nCloth对象变得僵硬，这样它就不会弯曲，也不会从曲面的边悬垂下去，而低弯曲阻力使nCloth对象的行为就像是悬挂在桌子边缘上的一块桌布。

弯曲角度衰减：指定“弯曲阻力”如何随当前nCloth对象的弯曲角度而变化。

斜切阻力：指定当前nCloth对象抵制斜切的量。

恢复角度：在没有力作用在nCloth对象上时，指定当前nCloth对象在无法再返回到其静止角度之前可以在边上弯曲的程度。

恢复张力：在没有力作用在nCloth对象上时，指定当前nCloth对象中的链接在无法再返回到其静止角度之前可以拉伸的程度。

刚性：指定当前nCloth对象希望充当刚体的程度。该值为1会使nCloth对象充当一个刚体，而值在0到1之间会使nCloth对象成为介于布料和刚体之间的一种混合。图12-31和图12-32所示为“刚性”值分别是0和0.001的布料模拟动画结果对比。

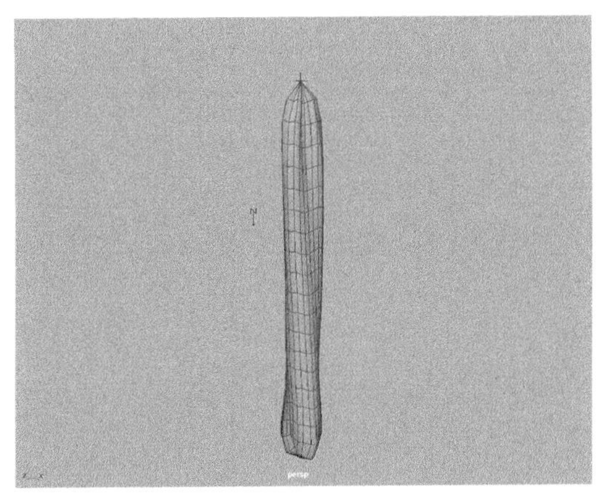

图12-31

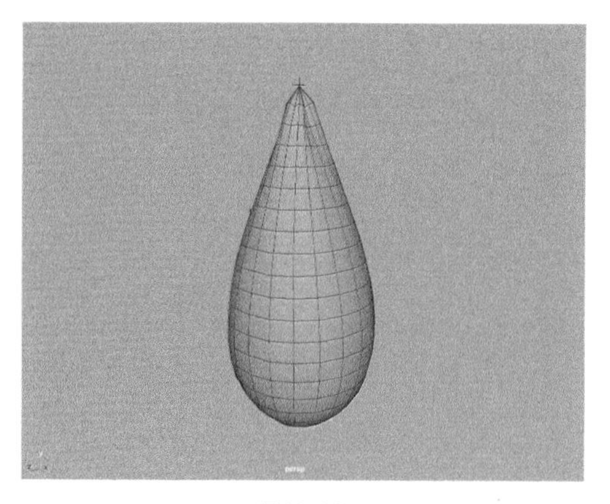

图12-32

变形阻力：指定当前 nCloth 对象希望保持其当前形状的程度。

使用多边形壳：如果勾选该选项，则会将“刚性”和“变形阻力”应用到 nCloth 对象网格的各个多边形壳。

输入网格吸引：指定将当前 nCloth 对象吸引到其输入网格的形状的程度。较大的值可确保在模拟过程中 nCloth 对象变形和碰撞时，nCloth 对象会尽可能接近地返回到其输入网格的形状。反之，较小的值表示 nCloth 对象不会返回到其输入网格的形状。

输入吸引阻尼：指定“输入网格吸引”的效果的弹性。较大的值会导致 nCloth 对象弹性降低，因为阻尼会消耗能量。较小的值会导致 nCloth 对象弹性更大，因为阻尼影响不大。

输入运动阻力：指定应用于 nCloth 对象的运动力的强度。

静止长度比例：确定如何基于在开始帧处确定的长度动态缩放静止长度。

弯曲角度比例：确定如何基于在开始帧处确定的弯曲角度动态缩放弯曲角度。

质量：指定当前 nCloth 对象的基础质量。

升力：指定应用于当前 nCloth 对象的升力的量。

阻力：指定应用于当前 nCloth 对象的阻力的量。

切向阻力：偏移阻力相对于当前 nCloth 对象的曲面切线的效果。

阻尼：指定减慢当前 nCloth 对象的运动的量。通过消耗能量，阻尼会逐渐减弱 nCloth 对象的移动和振动程度。

3. “力场生成”卷展栏

展开“力场生成”卷展栏，其中的参数设置如图 12-33 所示。

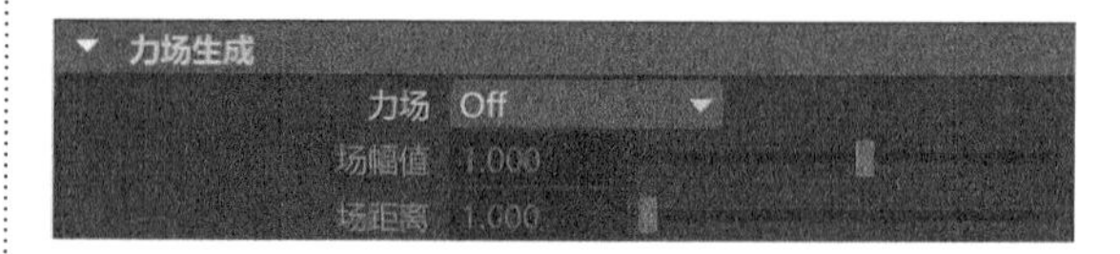

图12-33

常用参数解析

力场：设置“力场”的方向，表示力是从 nCloth 对象的哪一部分生成的。

场幅值：设置“力场”的强度。

场距离：设置与力的曲面的距离。

4. “风场生成”卷展栏

展开“风场生成”卷展栏，其中的参数设置如图 12-34 所示。

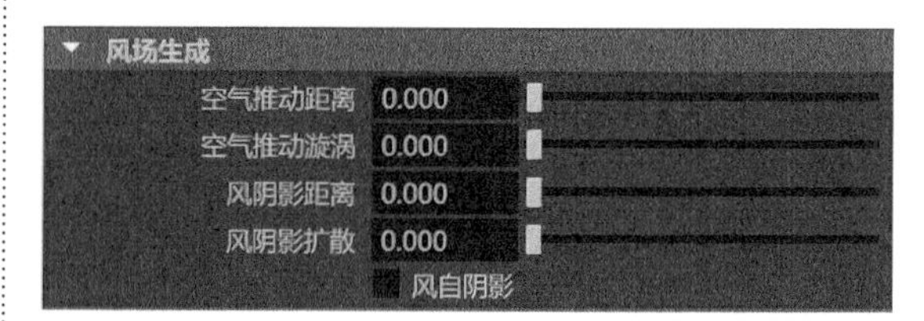

图12-34

常用参数解析

空气推动距离：指定一个距离，在该距离内，当前 nCloth 对象的运动创建的风会影响处于同一 Nucleus 系统中的其他 nCloth 对象。

空气推动旋涡：指定在由当前 nCloth 对象推动的空气流动中循环或旋转的量，以及在由当前 nCloth 对象的运动创建的风的流动中卷曲的量。

风阴影距离：指定一个距离，在该距离内，当前 nCloth 对象会从其系统中的其他 nCloth、n 粒子和被动对象阻止其 Nucleus 系统的动力学风。

风阴影扩散：指定当前 nCloth 对象在阻止其 Nucleus 系统中的动力学风时，动力学风围绕当前 nCloth 对象卷曲的量。

5. “压力”卷展栏

展开“压力”卷展栏，其中的参数设置如图 12-35 所示。

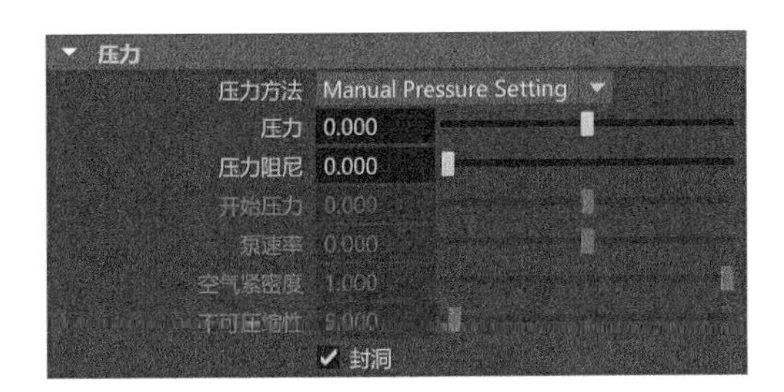

图12-35

常用参数解析

压力方法：用于设置使用何种方式来计算压力。

压力：用于设置对 nCloth 对象的压力值。

压力阻尼：指定为当前 nCloth 对象减弱空气压力的量。

开始压力：指定在当前 nCloth 对象的模拟开始帧处，nCloth 对象内部的相对空气压力。

泵速率：指定将空气压力添加到当前 nCloth 对象的速率。

空气紧密度：指定空气可以从当前 nCloth 对象漏出的速率，或当前 nCloth 对象的表面的可渗透程度。

不可压缩性：指定当前 nCloth 对象的内部空气体积的不可压缩性。

6.“质量设置”卷展栏

展开“质量设置”卷展栏，其中的参数设置如图 12-36 所示。

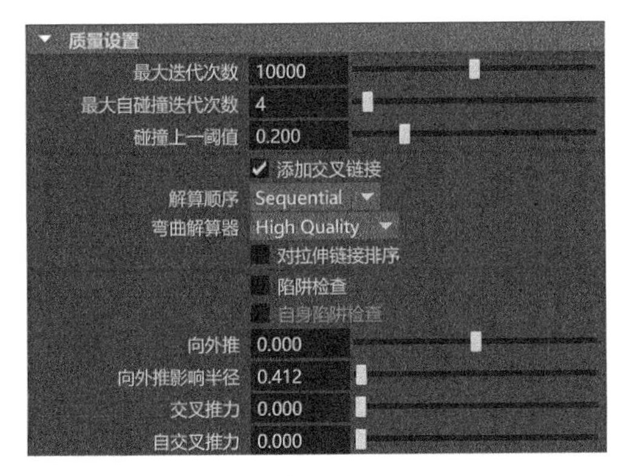

图12-36

常用参数解析

最大迭代次数：为当前 nCloth 对象的动力学特性指定每个模拟步骤的最大迭代次数。

最大自碰撞迭代次数：为当前 nCloth 对象指定每个模拟步骤的最大自碰撞迭代次数。迭代次数是在一个模拟步长内发生的计算次数。随着迭代次数的增加，精确度会提高，但计算时间也会增加。

碰撞上一阈值：设置碰撞迭代次数是否为每个模拟步长中执行的最后一次计算。

添加交叉链接：向当前 nCloth 对象添加交叉链接。对于包含 3 个以上的顶点的面，这样会创建链接，从而使每个顶点连接到每个其他顶点。与对四边形进行三角化相比，使用交叉链接对四边形进行平衡会更好。

解算顺序：指定是否以“Sequential”（顺序）或“Parallel”（平行）的方式对当前 nCloth 对象的链接进行求值，如图 12-37 所示。

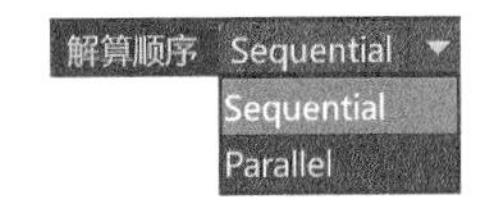

图12-37

弯曲解算器：设置用于计算“弯曲阻力”的解算器方法，如图 12-38 所示，有“Simple”（简单）、“High Quality”（高质量）和“Flip Tracking”（翻转跟踪）这 3 种方式可选。

图12-38

向外推：将相交或穿透的对象向外推，直至达到当前 nCloth 对象曲面中最近点的力。如果值为 1，则将对象向外推一个步长。如果值较小，则会将其向外推更多步长，但结果会更平滑。

向外推影响半径：指定与“向外推”属性影响的当前 nCloth 对象曲面的最大距离。

交叉推力：沿着与当前 nCloth 对象交叉的轮廓应用于对象的力。

自交叉推力：沿当前 nCloth 对象与其自身交叉的轮廓应用力。

12.2.3 获取nCloth示例

Maya 提供了多个完整的布料动画场景文件供用户学习，并可以应用于具体的动画项目中，执行菜单栏“nCloth>获取nCloth示例”命令，如图12-39所示，即可在“内容浏览器”面板中快速找到这些布料动画的工程文件，如图12-40所示。

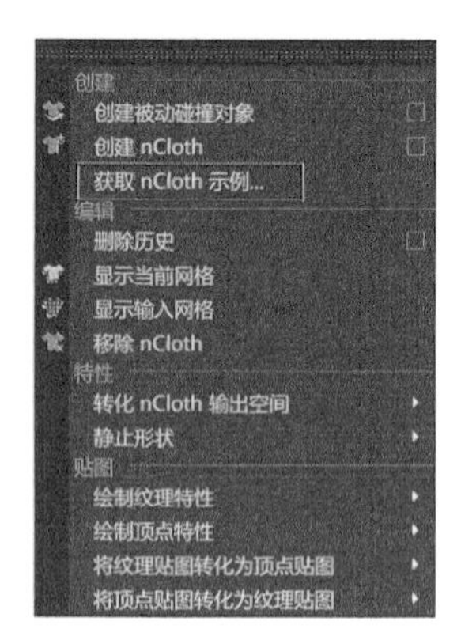

图12-39

图12-40

12.3 技术实例

12.3.1 实例：使用nCloth对象制作悬挂的毛巾

本实例将为读者详细讲解毛巾模型的制作方法，通过学习本小节的内容，读者可以快速掌握nCloth动画技术的设置原理，最终的动画效果如图12-41所示。

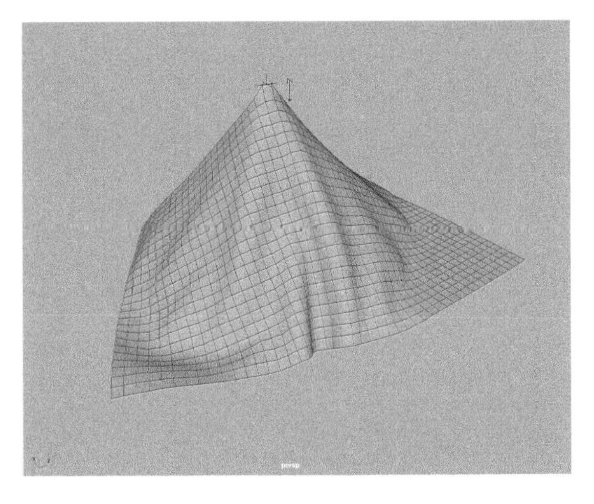

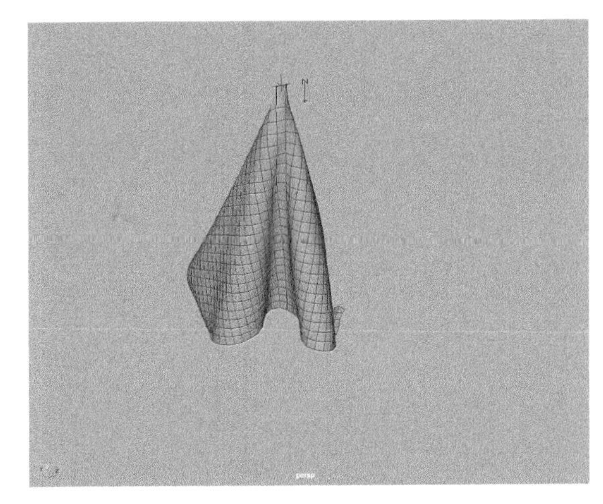

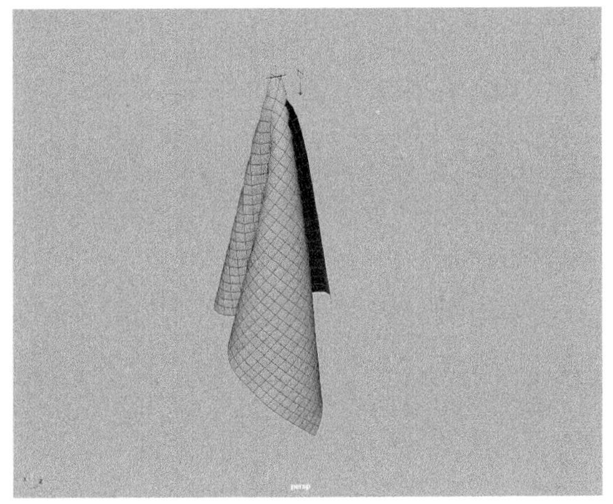

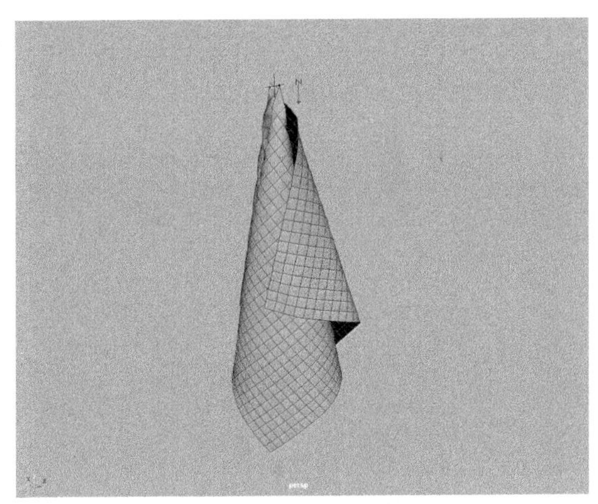

图12-41

（1）启动 Maya，单击“多边形建模”工具架中的“多边形平面”按钮，在场景中创建一个平面模型，如图 12-42 所示。

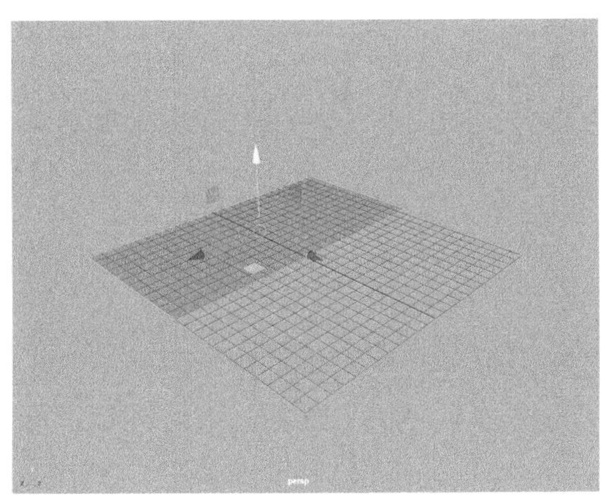

图12-42

（2）在“通道盒 / 层编辑器”面板中，设置平面模型的平移、旋转、宽高、细分的值，如图 12-43 所示。

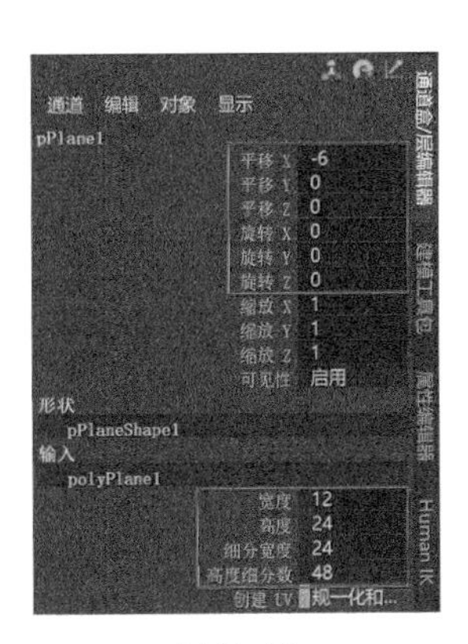

图12-43

（3）选择平面模型，单击“FX”工具架中的“从选定网格创建 nCloth”按钮，如图 12-44 所示，即可将所选择的对象设置为布料对象，如图 12-45 所示。

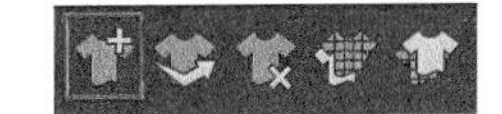

图12-44

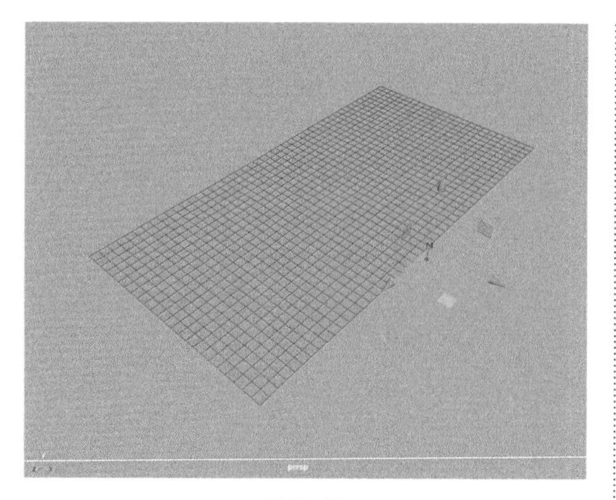

图12-45

（4）按住鼠标右键，在弹出的菜单中执行“顶点”命令，如图 12-46 所示。

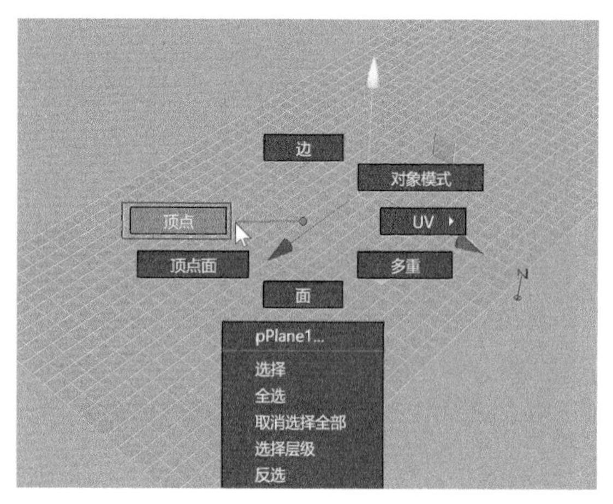

图12-46

（5）选择图 12-47 所示的顶点，执行菜单栏“nConstraint> 变换约束”命令，将所选择的顶点约束到一个定位器上，如图 12-48 所示。

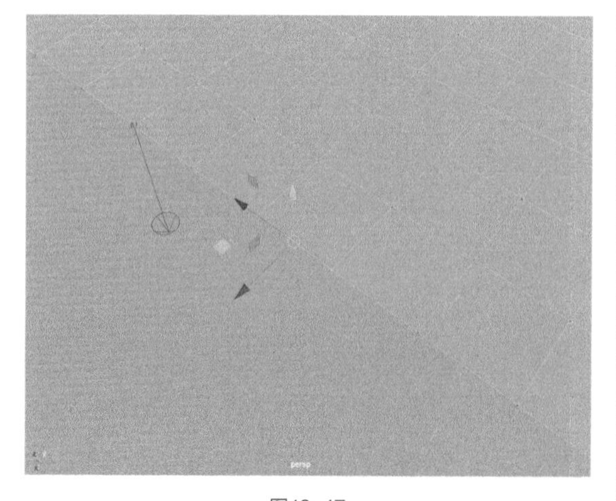

图12-47

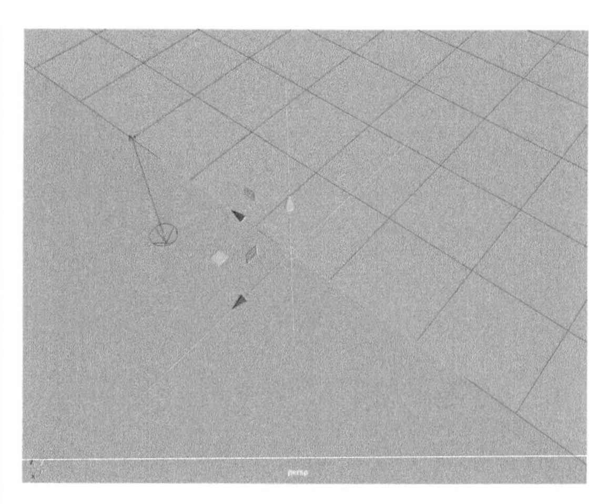

图12-48

（6）设置完成后，播放场景动画，如图 12-49 所示。我们可以看到一条悬挂的毛巾就制作完成了。

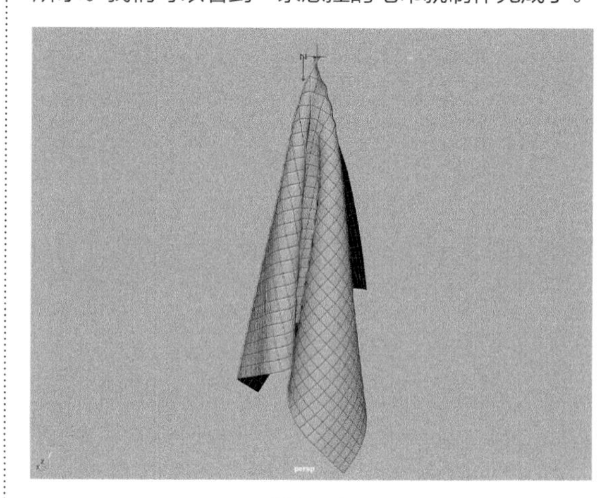

图12-49

12.3.2 实例：使用nCloth对象制作飘动的破碎布料动画

本实例主要制作一块破碎布料的动画效果，动画完成效果如图 12-50 所示。

（1）启动 Maya，单击“多边形建模”工具架中的“多边形平面”按钮，在场景中创建一个平面模型，如图 12-51 所示。

（2）在“通道盒 / 层编辑器”面板中，设置平面模型的平移、旋转、宽高、细分的值，如图 12-52 所示。

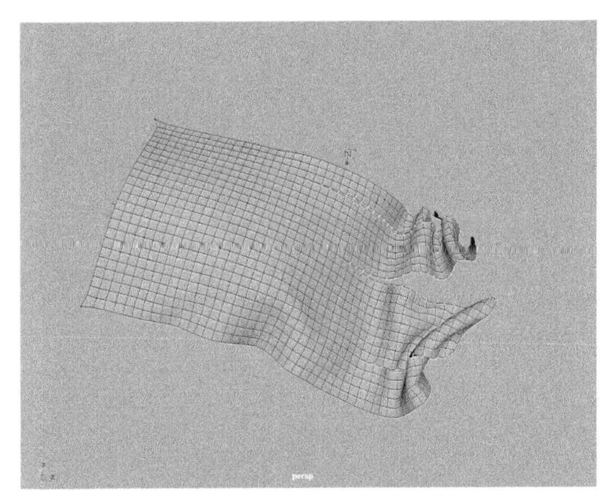

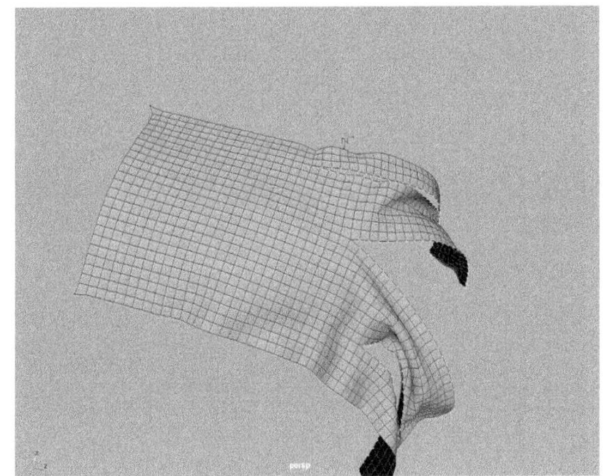

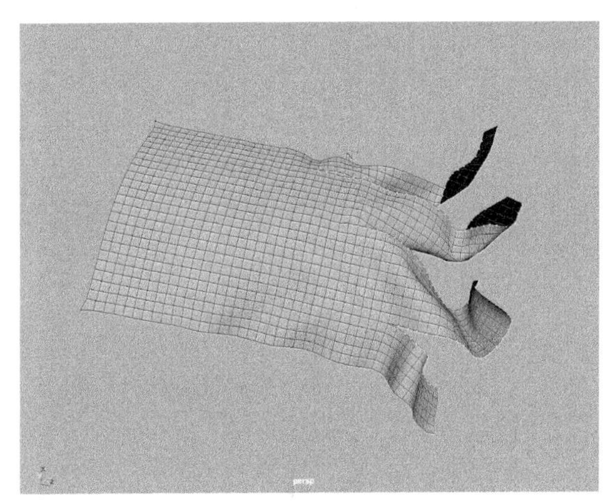

图12-50

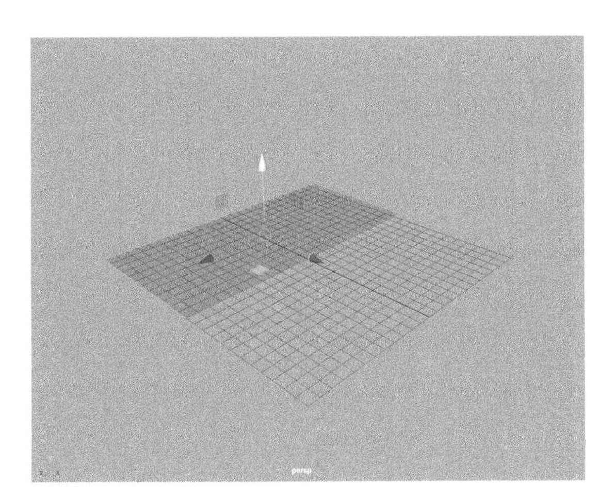

图12-51

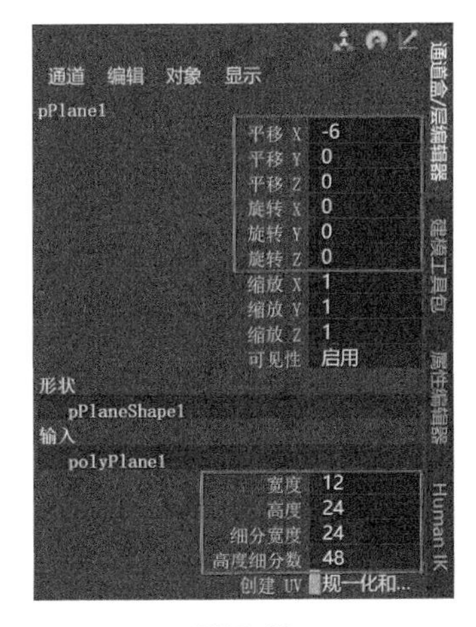

图12-52

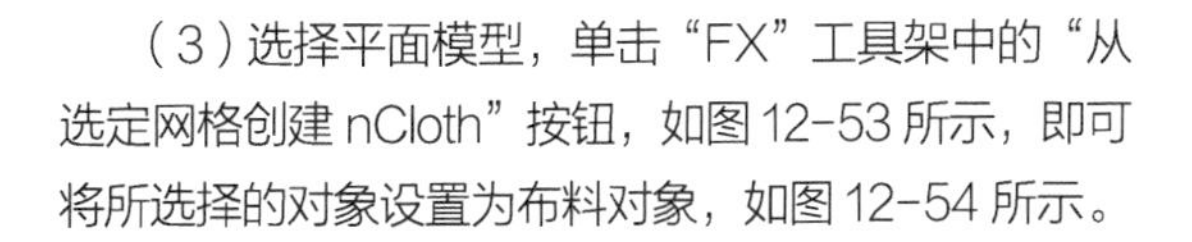

（3）选择平面模型，单击“FX”工具架中的“从选定网格创建 nCloth”按钮，如图 12-53 所示，即可将所选择的对象设置为布料对象，如图 12-54 所示。

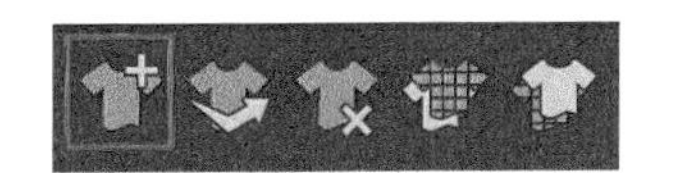

图12-53

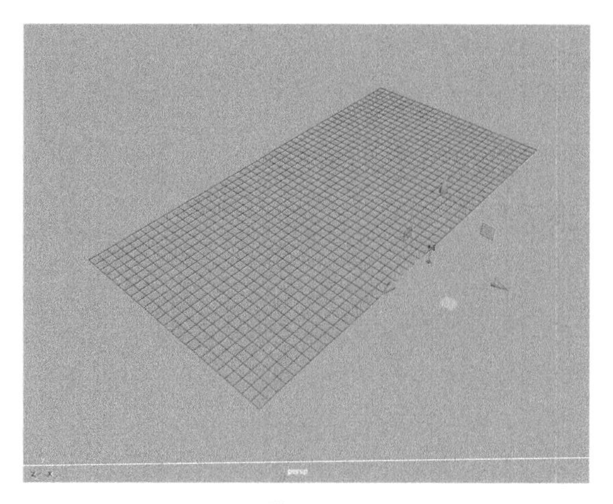

图12-54

（4）按住鼠标右键，在弹出的菜单中执行“顶点”命令，如图12-55所示。

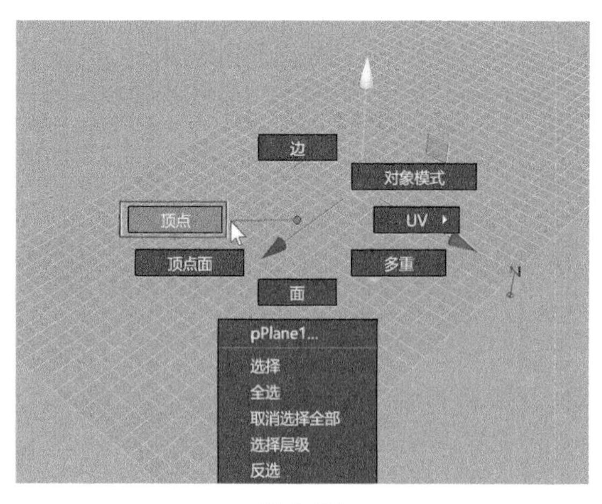

图12-55

（5）选择图12-56所示的顶点，执行菜单栏“nConstraint>变换约束”命令，将所选择的顶点约束到空间上，如图12-57所示。

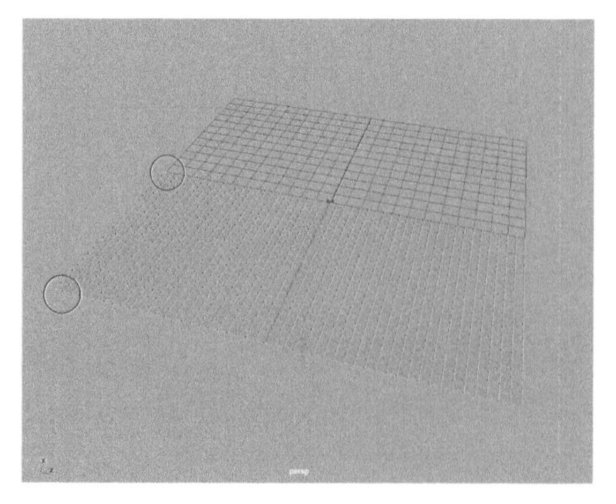

图12-56

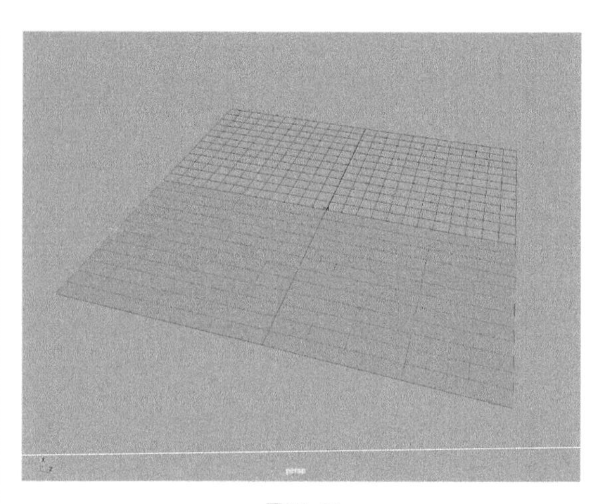

图12-57

（6）展开“属性编辑器”面板中的“重力和风”卷展栏，设置“风速”值为20,“风向”值为（0，0，1），如图12-58所示。

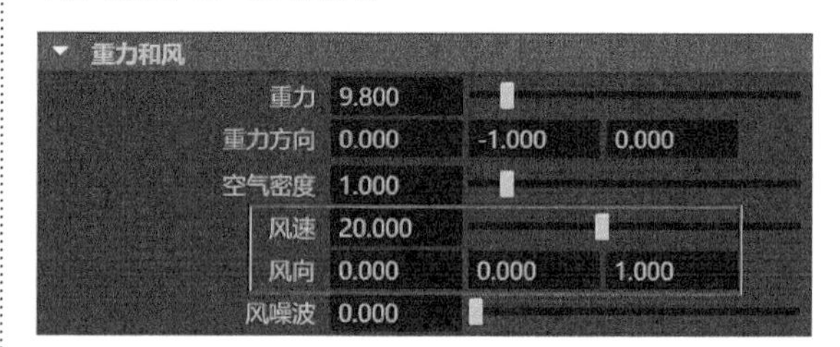

图12-58

（7）设置完成后，播放场景动画，我们可以看到布料动画的形态，如图12-59和图12-60所示。

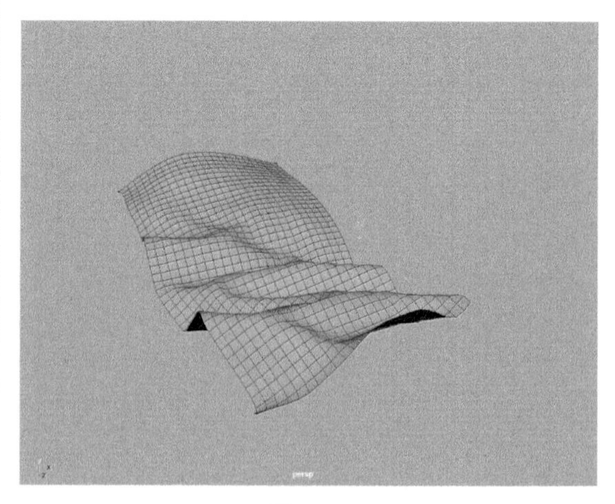

图12-59

（8）制作布料的破碎效果。选择图12-61所示的顶点，执行菜单栏“nConstraint>可撕裂曲面”命令，如图12-62所示。

（9）展开“连接密度范围”卷展栏，设置“粘合强度比例”值为0，如图12-63所示。

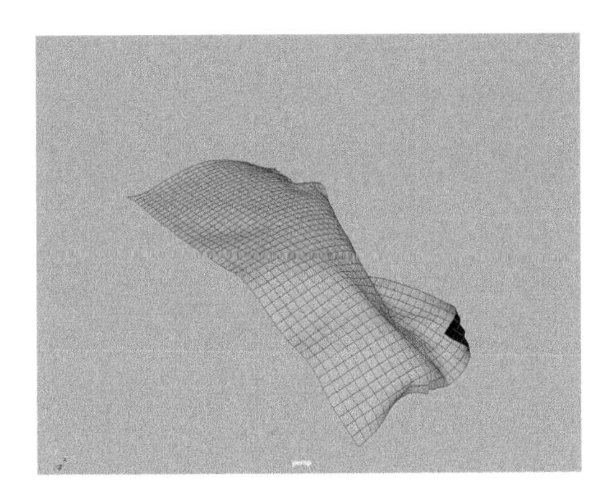

图12-60

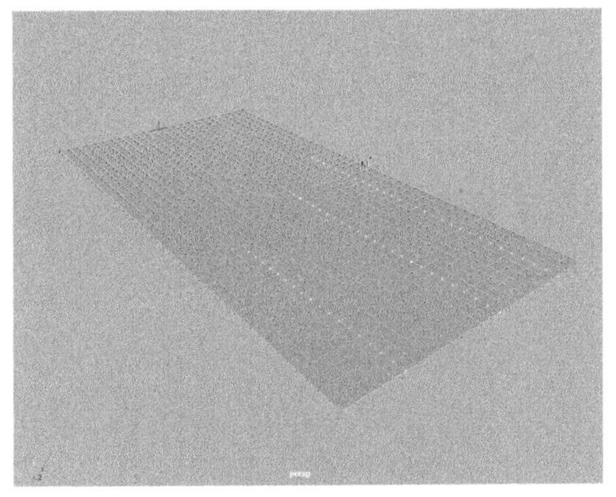

图12-61

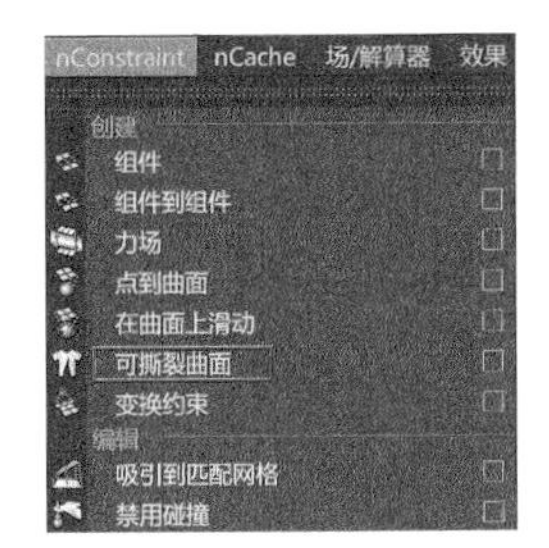

图12-62

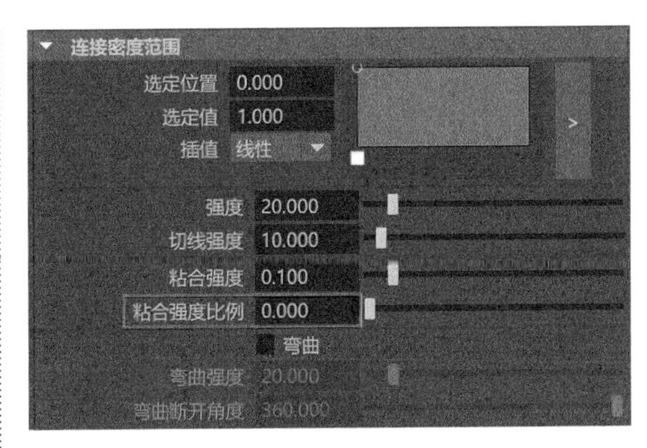

图12-63

（10）播放动画，可以看到布料上之前被选择的顶点位置处产生了撕裂效果，如图 12-64 所示。

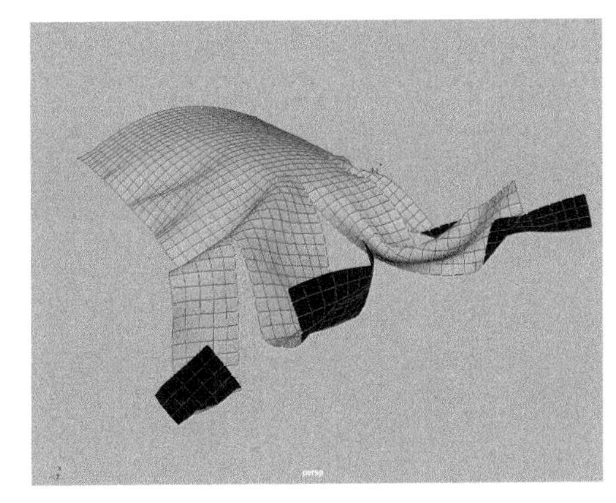

图12-64

12.3.3　实例：使用nCloth对象制作床单

本实例讲解床单模型的制作技巧，最终效果如图 12-65 所示。

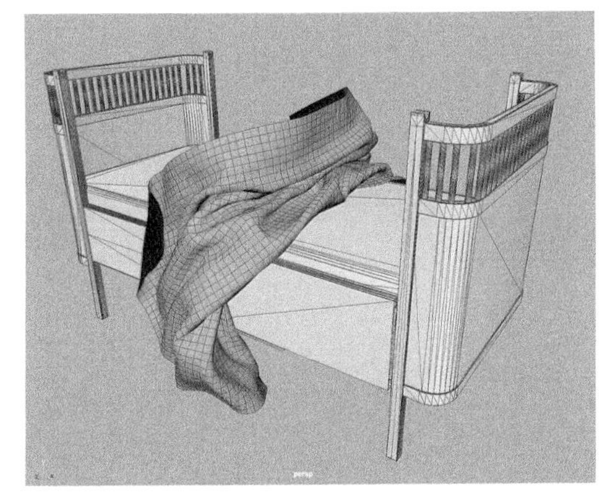

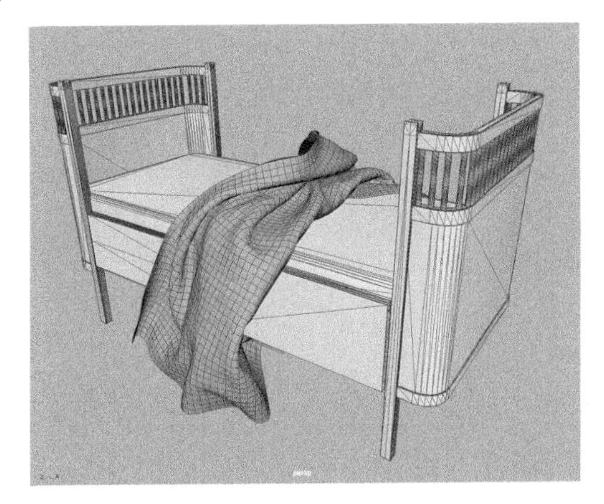

图12-65

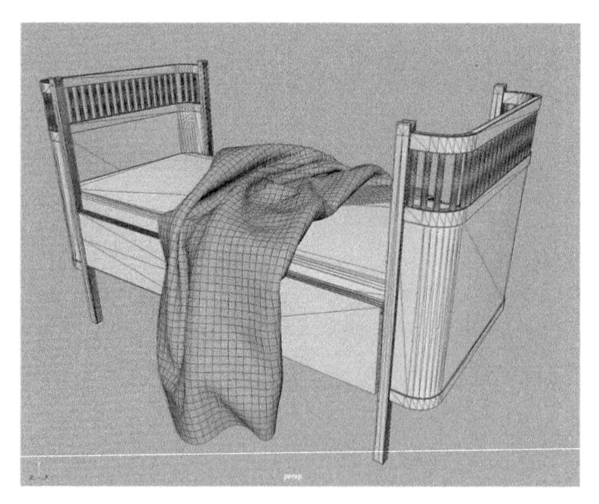

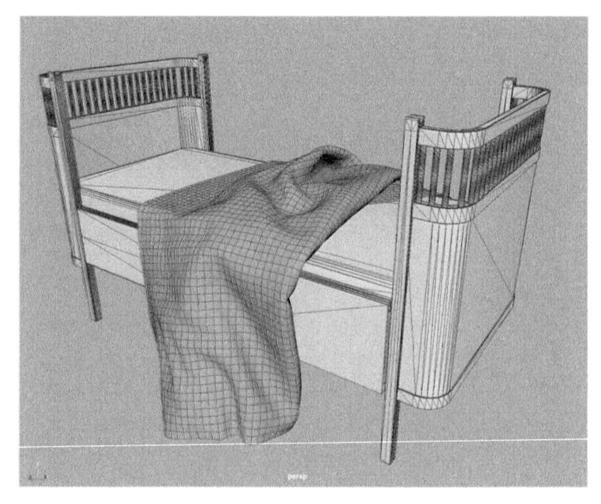

图12-65（续）

（1）启动 Maya，打开本书配套资源“儿童床 .mb”文件，如图 12-66 所示。

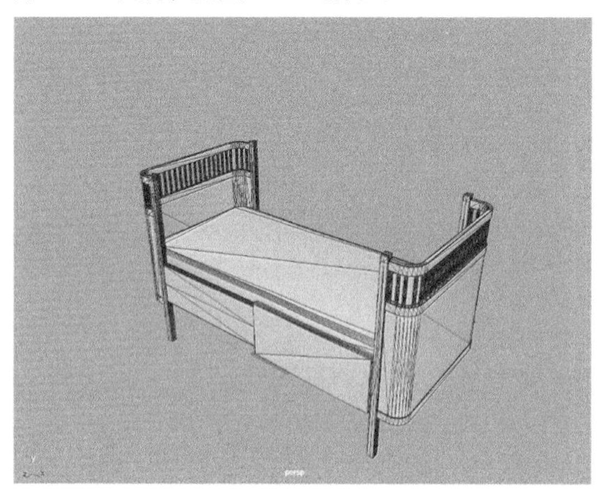

图12-66

（2）单击“多边形建模”工具架中的“多边形平面”按钮，在场景中绘制出一个平面模型，如图 12-67 所示。

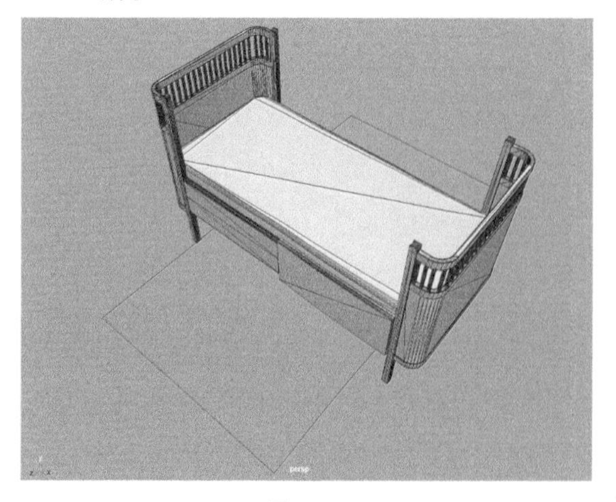

图12-67

（3）在“通道盒 / 层编辑器”面板中，设置平面的参数，如图 12-68 所示。

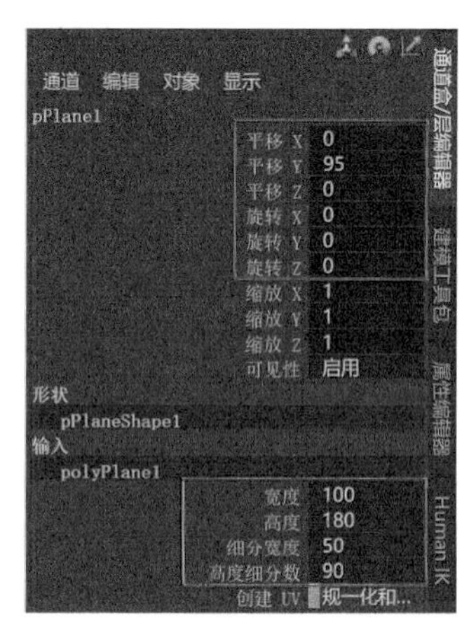

图12-68

（4）选择平面模型，单击“FX”工具架中的“从选定网格创建 nCloth”按钮，将所选择的对象设置为布料对象，如图 12-69 所示。

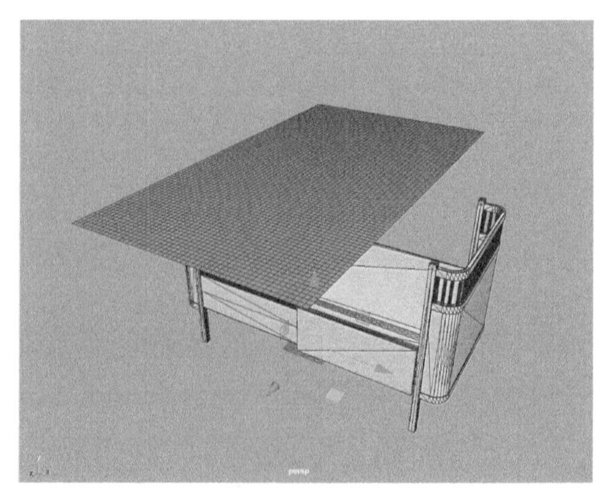

图12-69

（5）选择场景中的床体模型和床垫模型，单击“FX”工具架中的“创建被动碰撞对象”按钮，如图12-70所示。

图12-70

（6）设置完成后，播放场景动画，可以看到平面下落时与床体和床垫模型产生的碰撞效果，如图12-71所示。

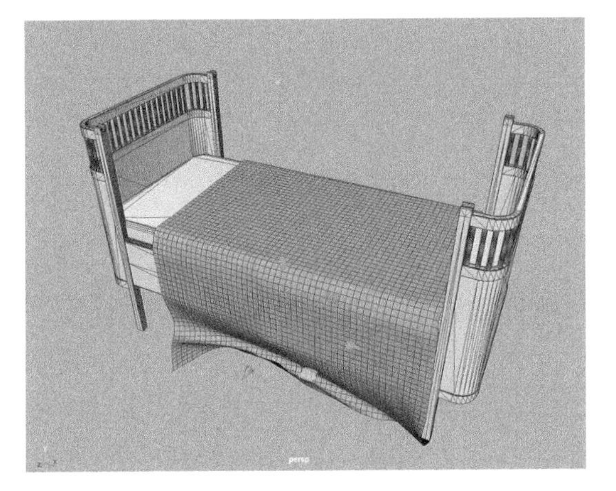

图12-71

（7）我们尝试为床单模型计算出更多的褶皱细节。选择目前计算好形态的床单模型，按快捷键Ctrl+D复制出一个计算好形态的床单模型，并调整其位置和旋转方向，如图12-72所示，然后删除原来的平面模型。

（8）将新复制出来的床单模型设置为布料，并重新播放场景动画。这次我们可以看到床单模型上出现了较多的褶皱细节，如图12-73所示。

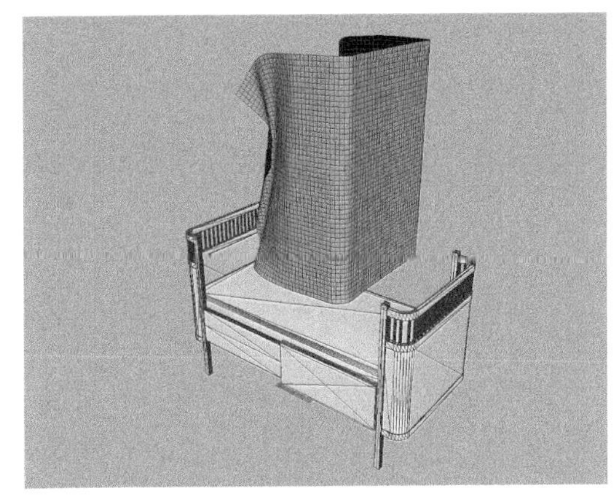

图12-72

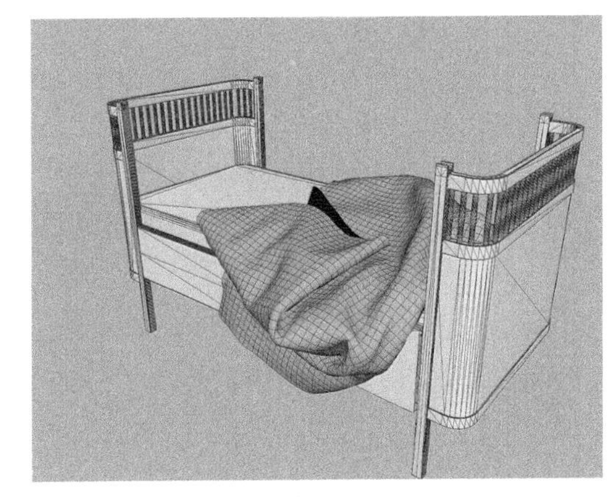

图12-73

12.3.4　实例：使用nCloth对象制作卷起来的毛巾

本实例讲解卷起来的毛巾的制作技巧，最终效果如图12-74所示。

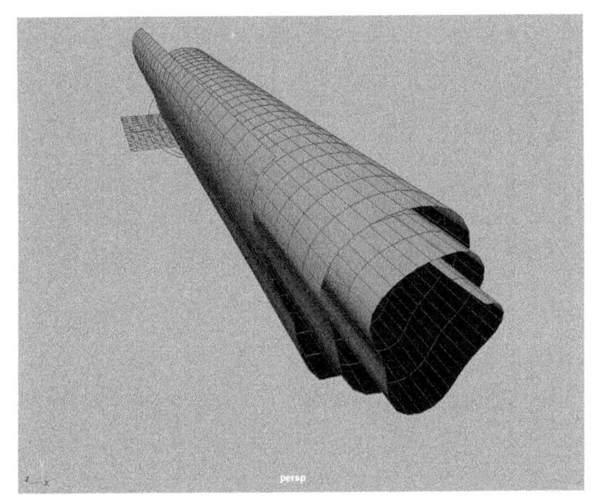

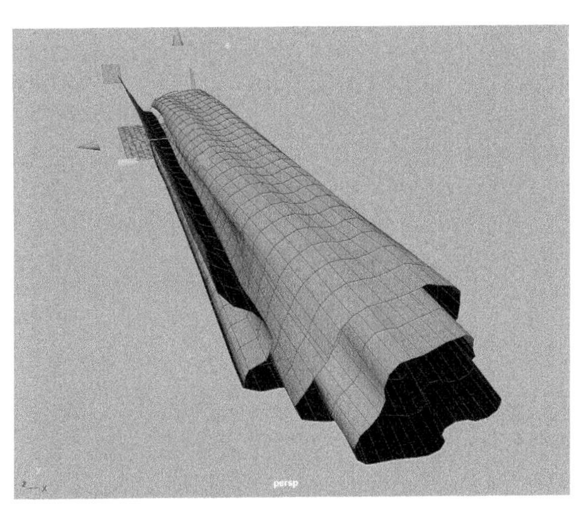

图12-74

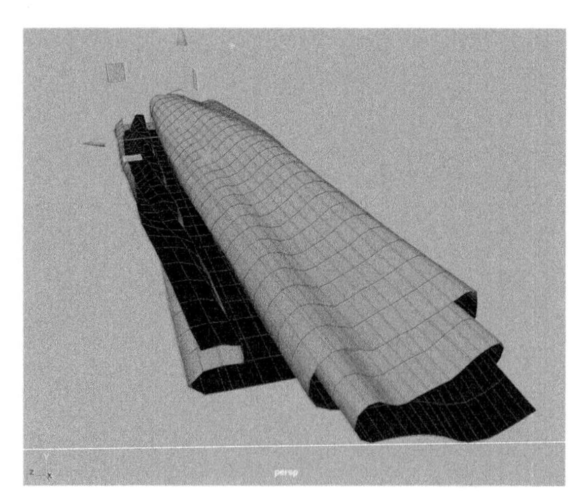

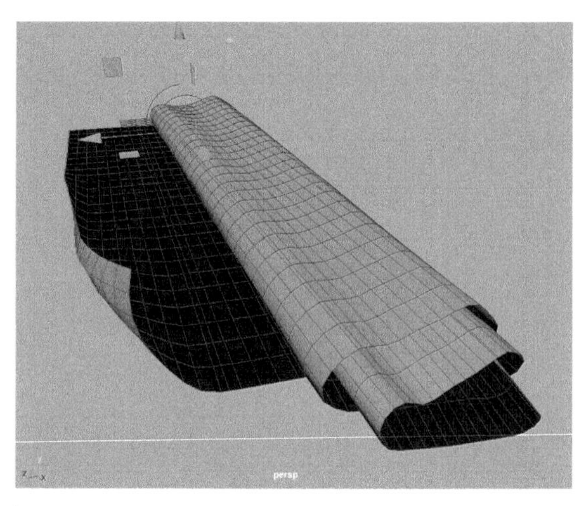

图12-74（续）

（1）启动Maya，将鼠标指针移动至“多边形建模”工具架中的“柏拉图多面体”图标上，单击鼠标右键，在弹出的菜单中执行“螺旋线”命令，如图12-75所示。

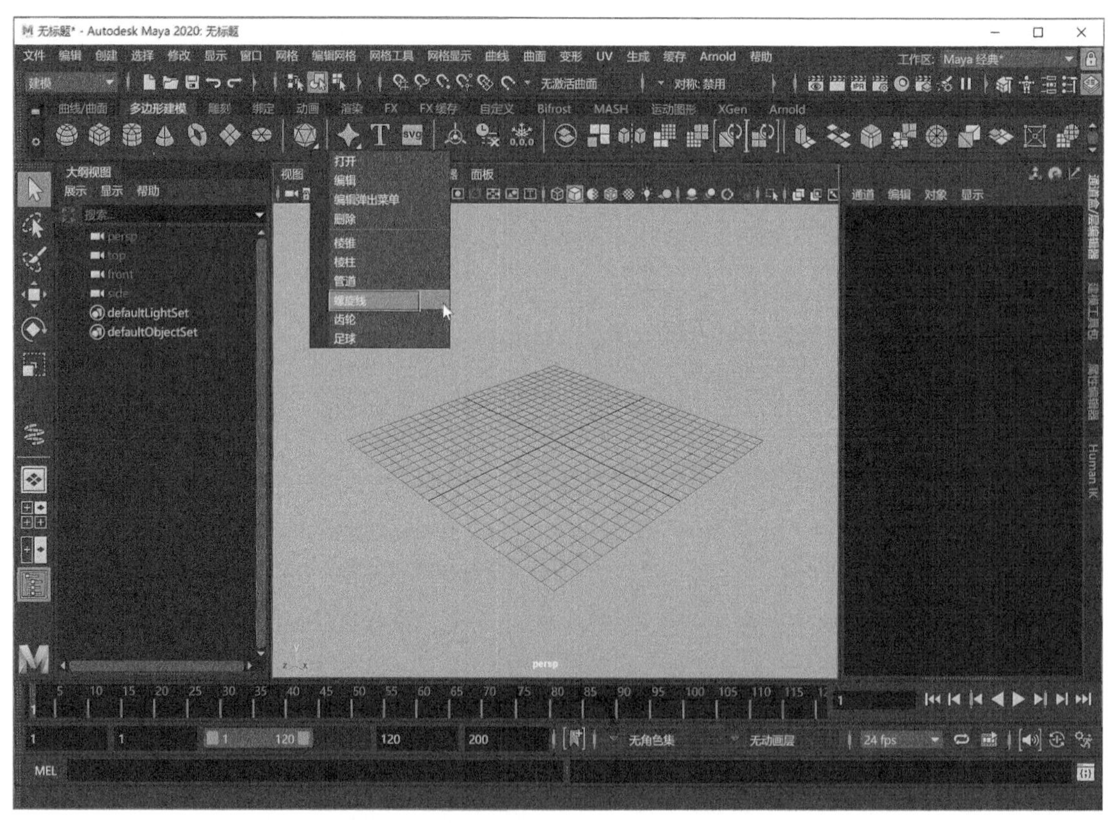

图12-75

（2）在场景中绘制出一个螺旋线模型，如图12-76所示。

（3）在“属性编辑器”面板中展开“多边形螺旋线历史”卷展栏，设置“圈数”值为3，“高度”值为10，“宽度”值为16，“半径”值为1，“轴向细分数”值为8，“圈细分数”值为30，“端面细分数”值为0，如图12-77所示。

（4）展开“变换属性”卷展栏，设置“平移”值为（0，0，0），“旋转”值为（0，0，90），如图12-78所示。

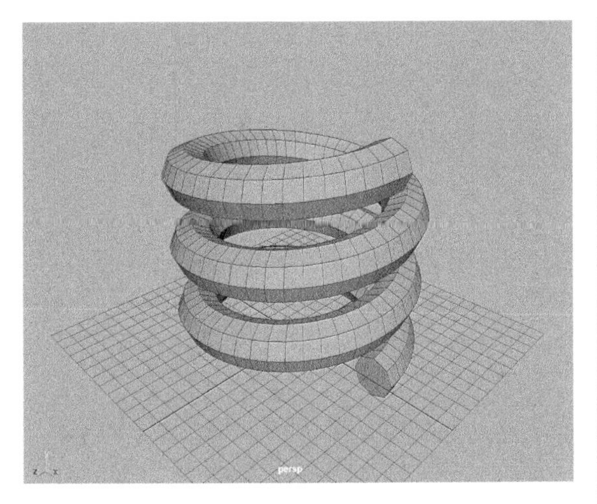

图12-76

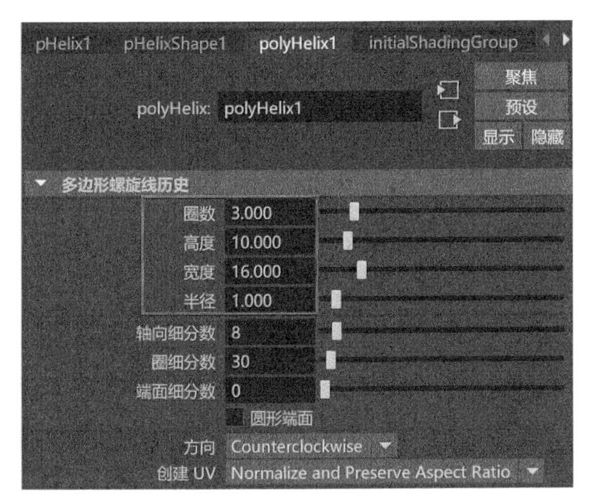

图12-77

图12-78

（5）设置完成后，螺旋线模型的形态如图12-79所示。

（6）选择螺旋线模型，将显示菜单切换至“动画”，执行菜单栏“变形＞晶格”命令，为其添加晶格，如图12-80所示。

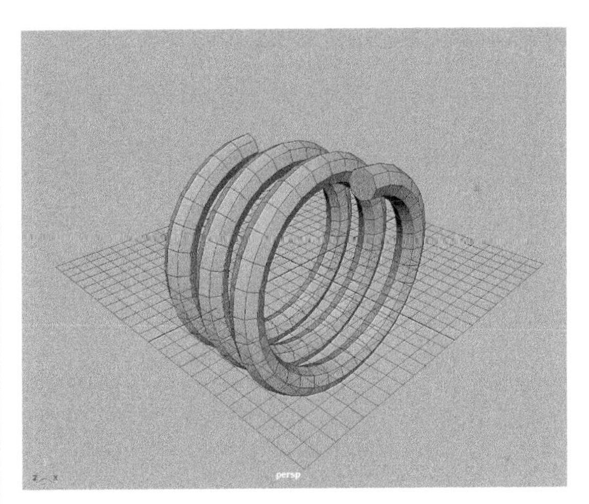

图12-79

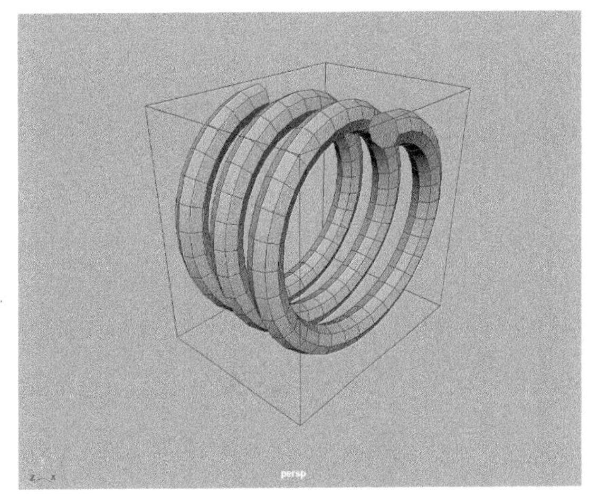

图12-80

（7）按住鼠标右键，在弹出的菜单中执行“晶格点”命令，如图12-81所示。

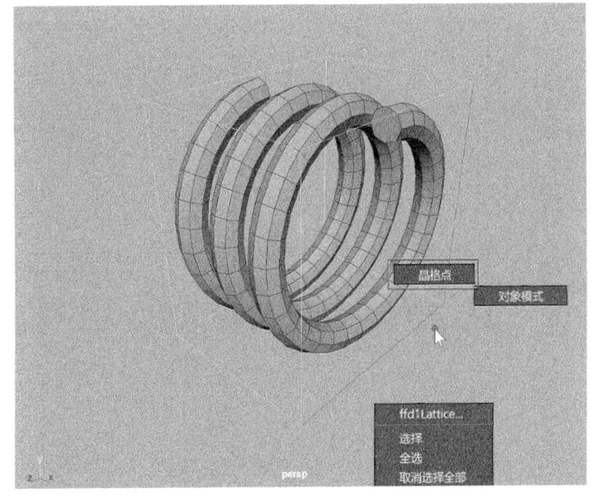

图12-81

（8）选择图12-82所示的晶格点，使用“缩放”

工具对其调整至图12-83所示的形态。

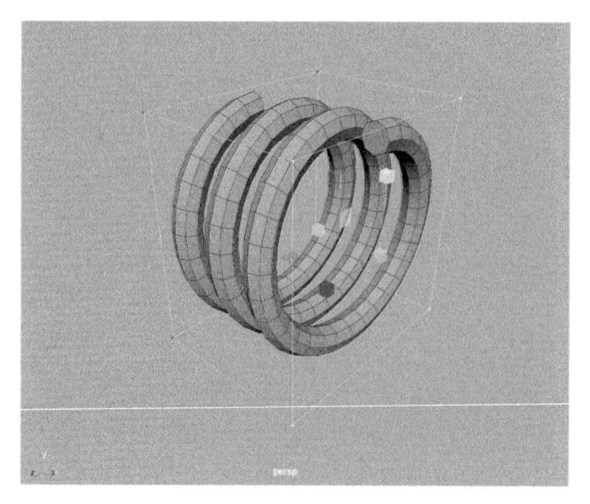

图12-82

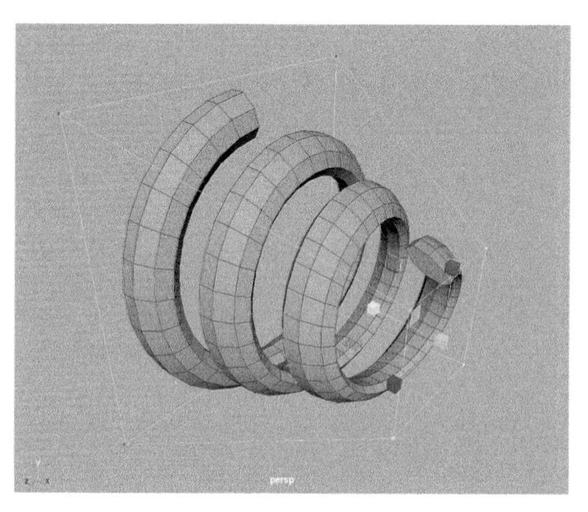

图12-83

（9）选择螺旋线模型，按住鼠标右键，在弹出的菜单中执行“边”命令，如图12-84所示。

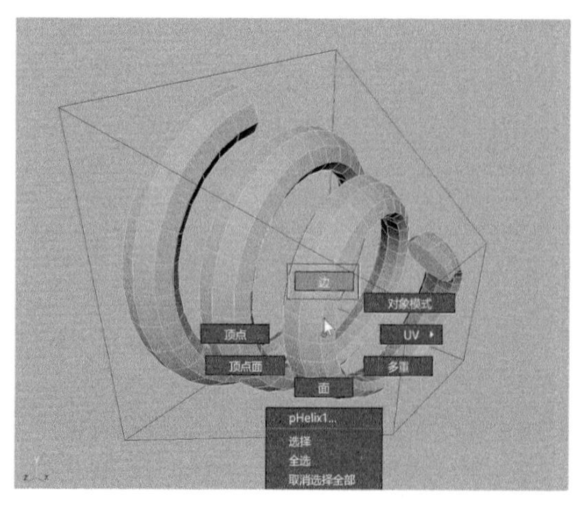

图12-84

（10）选择图12-85所示的边线，执行菜单栏“修改 > 转化 > 多边形边到曲线”命令，根据所选择的边提取出来一条曲线，如图12-86所示。

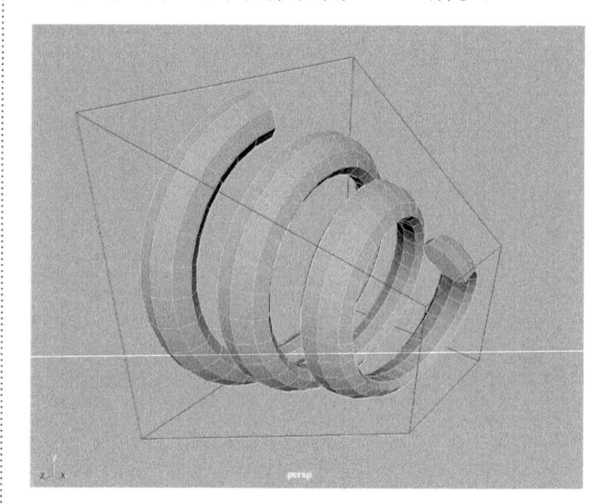

图12-85

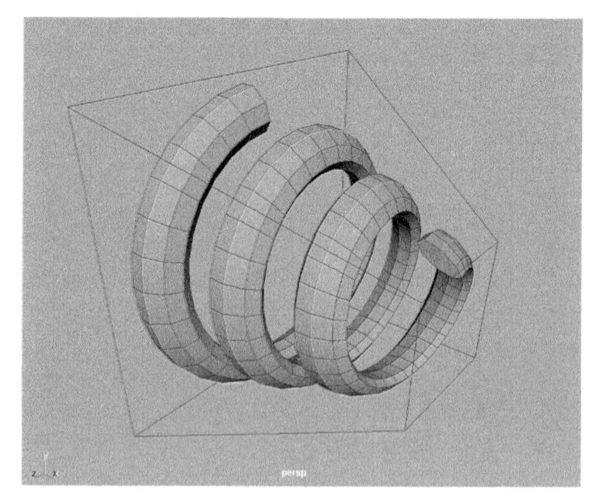

图12-86

（11）删除场景中的螺旋线模型，仅保留螺旋曲线即可，如图12-87所示。

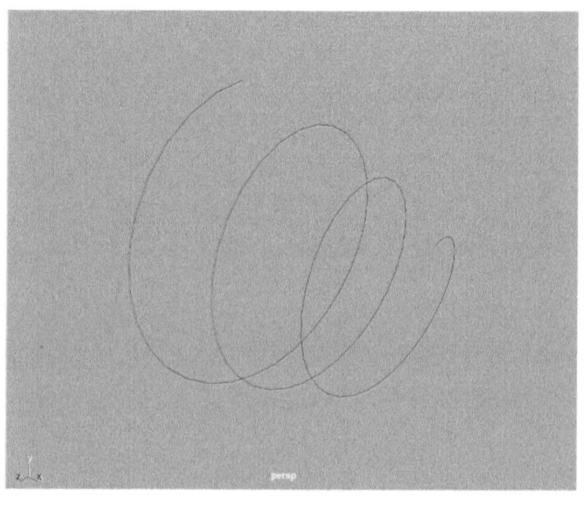

图12-87

（12）选择场景中的螺旋曲线，双击“曲线 / 曲面”工具架中的“挤出”按钮，如图 12-88 所示，打开“挤出选项”面板。

图12-88

（13）在“挤出选项”面板中，设置“样式”为“距离”，“挤出长度”值为 80，“方向向量”为“X 轴”，“输出几何体”为“多边形”，“类型”为“四边形”，“细分方法”为“计数”，“计数”值为 200，如图 12-89 所示。

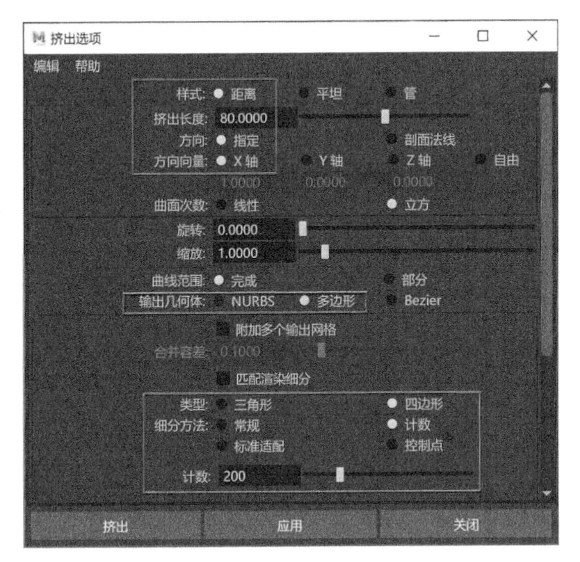

图12-89

（14）设置完成后，单击“挤出”按钮，即可得到一个卷起来的毛巾模型效果，如图 12-90 所示。

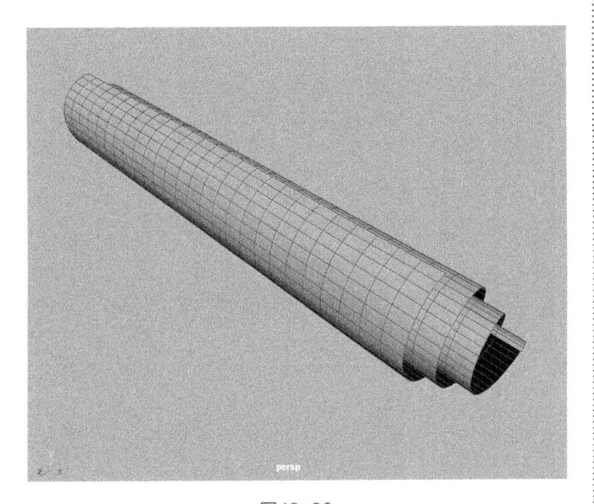

图12-90

（15）选择毛巾模型，单击“FX”工具架中的“从选定网格创建 nCloth”按钮，如图 12-91 所示。

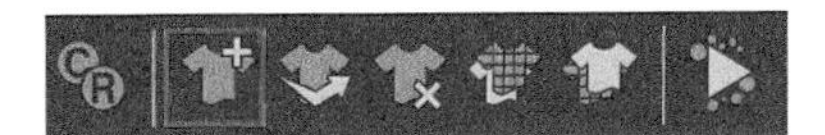

图12-91

（16）在“地平面”卷展栏中，勾选“使用平面”选项，如图 12-92 所示。

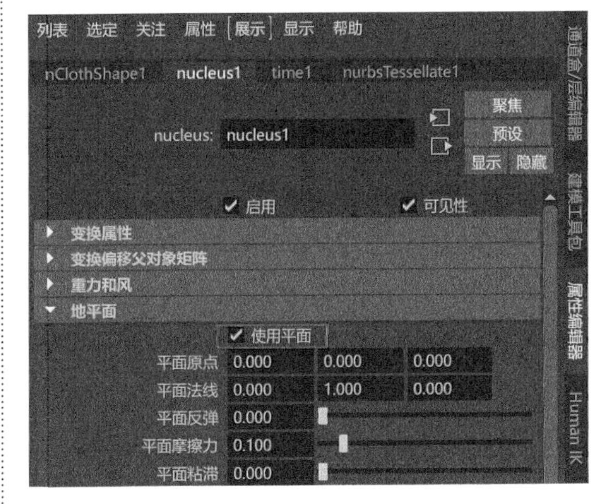

图12-92

（17）在“碰撞”卷展栏中，设置“厚度”值为 0.3，如图 12-93 所示。这样可以尽量避免布料计算出现穿插情况。

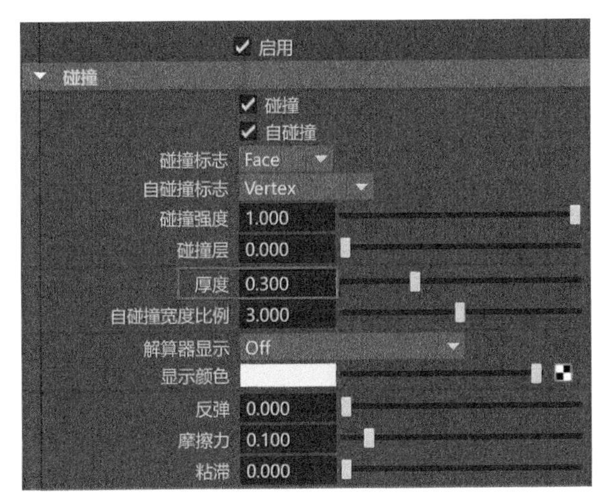

图12-93

（18）设置完成后，播放场景动画，制作完成的毛巾效果如图 12-94 所示。

毛巾.mb* - Autodesk Maya 2020: C:\D\15\第十二章\12.3.4 使用nCloth制作卷起来的毛巾\毛巾.mb --- nClothShape1
文件 编辑 创建 选择 修改 显示 窗口 nParticle 流体 nCloth nHair nConstraint nCache 场/解算器 效果 MASH Bifrost 流体 Boss 缓存
工作区: Maya 经典*
曲线/曲面 多边形建模 雕刻 绑定 动画 渲染 FX FX 缓存 自定义 Bifrost MASH 运动图形 XGen Arnold
大纲视图
展示 显示 帮助
persp
top
front
side
polyToCurve1
extrudedSurface1
nucleus1
nCloth1
defaultLightSet
defaultObjectSet
视图 着色 照明 显示 渲染器 面板
persp
通道 编辑 对象 显示
nClothShape1
为动力学 启用
深度排序 禁用
从缓存播放 禁用
厚度 0.3
反弹 0
摩擦力 0.1
阻尼 0
粘滞 0
碰撞强度 1
碰撞标志 面
自碰撞标志 顶点
最大自碰撞迭代次数 4
最大迭代次数 10000
点质量 1
静止长度比例 1
局部力 X 0
局部力 Y 0
局部力 Z 0
局部风 X 0
局部风 Y 0
局部风 Z 0
碰撞 启用
自碰撞 启用
碰撞层 0
风阴影扩散 0
风阴影距离 0
空气推动距离 0
空气推动漩涡 0
向外推 0
149
无角色集
无动画层
24 fps
MEL

图12-94